# Visual C++ 开发

# 从入门到精通

王东华 李樱◎编著

人民邮电出版社

北 京

**图书在版编目（ＣＩＰ）数据**

Visual C++ 开发从入门到精通 / 王东华，李樱编著
. -- 北京：人民邮电出版社，2016.9
ISBN 978-7-115-41868-5

Ⅰ. ①V… Ⅱ. ①王… ②李… Ⅲ. ①C语言－程序设
计 Ⅳ. ①TP312

中国版本图书馆CIP数据核字(2016)第126557号

## 内 容 提 要

　　本书循序渐进、由浅入深地讲解了 Visual C++（简称 VC）的开发技术，并通过具体实例的实现
过程演练了各个知识点的具体使用流程。全书共 21 章。第 1 章讲解了 Visual C++技术的基础知识，
包括搭建开发环境和编写第一个程序；第 2～6 章讲解了 Visual C++基础语法、条件语句、流程控制、
其他数据类型和函数等知识，这些内容都是 Visual C++开发技术的核心知识；第 7～14 章讲解了面
向对象、类、图形图像编程和动态链接库的基本知识，这是全书的重点和难点；第 15～19 章讲解了
数据库技术、多线编程、网络编程和多媒体编程等内容；第 20～21 章通过 2 个综合实例的实现过程，
介绍了 Visual C++技术在综合项目中的开发过程。全书内容以"技术解惑"和"范例演练"贯穿全
书，引领读者全面掌握 Visual C++语言开发。

　　本书不但适用于 Visual C++的初学者，也适于有一定 Visual C++基础的读者，还可以作为大专
院校相关专业师生的学习用书和培训学校的教材。

◆ 编　　著　王东华　李　樱
　　责任编辑　张　涛
　　责任印制　焦志炜

◆ 人民邮电出版社出版发行　　北京市丰台区成寿寺路 11 号
　　邮编　100164　电子邮件　315@ptpress.com.cn
　　网址　http://www.ptpress.com.cn
　　固安县铭成印刷有限公司印刷

◆ 开本：787×1092　1/16
　　印张：29.75　　　　　　　2016 年 9 月第 1 版
　　字数：790 千字　　　　　　2024 年 7 月河北第 7 次印刷

定价：69.00 元（附光盘）

读者服务热线：(010)81055410　印装质量热线：(010)81055316
反盗版热线：(010)81055315
广告经营许可证：京东市监广登字20170147号

# 前　言

从你开始学习编程的那一刻起，就注定了以后要走的路：从编程学习开始，依次经历实习生、程序员、软件工程师、架构师、CTO 等职位的磨砺；当你站在职位顶峰的位置蓦然回首，会发现自己的成功并不是偶然，在程序员的成长之路上会有不断修改代码，寻找并解决 Bug、不停测试程序和修改项目的经历；不可否认的是，只要你在自己的开发生涯中稳扎稳打，并且善于总结和学习，最终将会得到可喜的收获。

**选择一本合适的书**

对于一名想从事程序开发的初学者来说，究竟如何学习才能提高自己的开发技术呢？其一的答案就是买一本合适的程序开发图书进行学习。但是，市面上许多面向初学者的编程图书中，大多数篇幅都是基础知识讲解，多偏向于理论；读者读了以后面对实战项目时还是无从下手，如何实现从理论平滑过渡到项目实战，是初学者迫切需要的图书，为此，作者特意编写了本书。

本书用一本书的容量讲解了入门类、范例类和项目实战类 3 类图书的内容。并且对实战知识不是点到为止地讲解，而是深入地探讨。用纸质书＋光盘资料（视频和源程序）＋网络答疑的方式，实现了入门＋范例演练＋项目实战的完美呈现，帮助读者从入门平滑过渡到适应项目实战的角色。

**本书的特色**

1．以"入门到精通"的写作方法构建内容，让读者入门容易

为了使读者能够完全看懂本书的内容，本书遵循"入门到精通"基础类图书的写法，循序渐进地讲解这门开发语言的基础知识。

2．破解语言难点，"技术解惑"贯穿全书，绕过学习中的陷阱

本书不是编程语言知识点的罗列式讲解，为了帮助读者学懂基本知识点，每章都会有"技术解惑"板块，让读者知其然又知其所以然，也就是看得明白，学得通。

3．全书共计 461 个实例，和"实例大全"类图书同数量级的范例。

书中共有 461 个实例，其中 153 个正文实例，2 个综合实例。每一个正文实例都穿插加入了 2 个与知识点相关的范例，即 306 个拓展范例。通过对这些实例及范例的练习，实现了对知识点的横向切入和纵向比较，让读者有更多的实践演练机会，并且可以从不同的角度展现一个知识点的用法，真正实现了举一反三的效果。

4．视频讲解，降低学习难度

书中每一章节均提供声、图并茂的语音教学视频，这些视频能够引导初学者快速入门，增强学习的信心，从而快速理解所学知识。

5．贴心提示和注意事项提醒

本书根据需要在各章安排了很多"注意""说明"和"技巧"等小板块，让读者可以在学习过程中更轻松地理解相关知识点及概念，更快地掌握个别技术的应用技巧。

6．源程序＋视频＋PPT 丰富的学习资料，让学习更轻松

因为本书的内容非常多，不可能用一本书的篇幅囊括"基础+范例+项目案例"的内容，所以，需要配套 DVD 光盘来辅助实现。在本书的光盘中不但有全书的源代码，而且还精心制作了实例讲解视频。本书配套的 PPT 资料可以在网站下载（www.toppr.net）。

7．QQ 群+网站论坛实现教学互动，形成互帮互学的朋友圈

本书作者为了方便给读者答疑，特提供了网站论坛、QQ 群等技术支持，并且随时在线与读者互动。让大家在互学互帮中形成一个良好的学习编程的氛围。

本书的学习论坛是：www.toppr.net。

本书的 QQ 群是：347459801。

## 本书的内容

本书循序渐进、由浅入深地详细讲解了 Visual C++语言开发的技术，并通过具体实例的实现过程演练了各个知识点的具体应用。全书共 21 章，分别讲解了 Visual C++的基本语法、运算符和表达式、流程控制语句、其他数据类型、函数、类和封装、创建 MFC 应用程序、对话框、控件、文档和视图、图形和图像编程、动态链接库、ActiveX 控件、数据库技术、多线程、网络编程技术、多媒体编程、注册表编程、仿 QQ 通讯工具实现和专业理财系统等内容，并以"技术解惑"和"范例演练"贯穿全书，引领读者全面掌握 Visual C++语言开发。

## 各章的内容版式

本书的最大特色是实现了入门知识、实例演示、范例演练、技术解惑、综合实战 5 大部分内容的融合。其中各章内容由如下模块构成。

① 入门知识。循序渐进地讲解了 Visual C++ 语言开发的基本知识点。

② 实例演示。遵循理论加实践的教学模式，用 153 个典型实例演示了各个入门知识点的用法。

③ 范例演练。为了加深对知识点的融会贯通，为实例配套了演练范例，全书共计 306 个范例，多角度演示了各个知识的用法和技巧。

④ 技术解惑：把读者容易混淆的部分单独用一个板块进行讲解和剖析，对读者所学的知识实现了"拔高"处理。

下面以本书第 9 章为例，演示本书各章内容版式的具体结构。

---

① 入门知识

# 9.4　消息对话框

知识点讲解：光盘、视频\PPT 讲解（知识点）\第 9 章\消息对话框.mp4

消息对话框和公用对话框类似，能够提示一些有用的信息给客户。在 Visual C++ 6.0 应用中，提供了专用函数来实现消息对话框的功能，这些函数的原型如下。

```
int AfxMessageBox( LPCTSTR lpszText, UINT nType = MB_OK, UINT nIDHelp = 0);
int MessageBox(HWND hWnd,LPCTSTR LpText,LPCTSTR LpCaption,UINT nType);
int CWnd::MessageBox(LPCTSTR lpText,LPCTSTR lpCaption=NULL,UINT nType=MB_OK);
```

上述各个参数的具体说明如下。

❑ LpText。表示信息对话框中显示的文本。

❑ LpCaption。表示对话框的标题。

❑ HWnd。表示对话框父窗口的句柄。

❑ NIDHelp。表示信息的上下文帮助 ID。

❑ NType。表示对话框的图标和按钮风格。

---

| | |
|---|---|
| | 上述 3 个函数分别是 MFC 全局函数、Windows API 函数和 CWnd 类的成员函数，具体功能基本相同，但是适用范围有所不同。函数 AfxMessageBox()和函数 MessageBox()可以在程序任何地方使用，但第三个函数只能用于控件、对话框、窗口等一些类中。 |
| ② 实 例 演 示 | **实例 055**　**通过消息对话框显示当前鼠标操作**<br>视频路径　光盘\视频\实例\第 9 章\055　　视频路径　光盘\视频\实例\第 9 章\055<br><br>本实例的具体实现流程如下。<br>（1）创建单文档应用程序 Message，为类 CMessageView 添加单击的消息映射函数 OnLButtonDown()，具体代码如下。 |

③ 范 例 演 练

```
void CMessageView::OnLButtonDown(UINT nFlags,
 CPoint point
)
{
  // TODO: Add your message handler code here and/or call default
  AfxMessageBox("单击!", MB_ICONASTERISK);
  CView::OnLButtonDown(nFlags, point);
}
```

范例 109：实现全屏显示的窗体
源码路径：光盘\演练范例
视频路径：光盘\演练范例
范例 110：实现带滚动条的窗体
源码路径：光盘\演练范例
视频路径：光盘\演练范例

（2）为类 CMessageView 添加滚动鼠标的消息映射函数 OnMouseWheel()具体代码如下。

```
BOOL CMessageView::OnMouseWheel(UINT nFlags, short zDelta, CPoint pt)
{
  // TODO: Add your message handler code here and/or call default
  ::MessageBox(NULL, "滚动鼠标中键!", "Information", MB_ICONASTERISK);
  return CView::OnMouseWheel(nFlags, zDelta, pt);
}
```

（3）为类 CMessageView 添加单击右键的消息映射函数 OnRButtonDown()，具体代码如下。

```
void CMessageView::OnRButtonDown(UINT nFlags, CPoint point)
{
  // TODO: Add your message handler code here and/or call default
  MessageBox("单击鼠标右键!", "Information", MB_ICONASTERISK);
  CView::OnRButtonDown(nFlags, point);
}
```

编译运行后显示单击鼠标右键的运行界面，如图 9-19 所示。

图 9-19　程序运行界面

④
技术解惑

# 9.5　技 术 解 惑

**9.5.1　是否可以把一个对话框的控件复制到另一个对话框中**

**9.5.2　如何保存编辑框中的内容**

**9.5.3　解决 MFC 生成的 exe 程序不能在其他计算机上运行的问题**

**赠送资料**

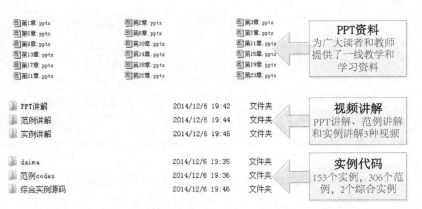

**售后服务**

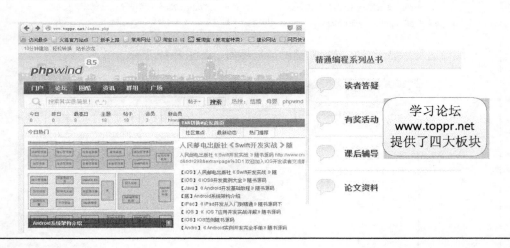

## 本书的读者对象

初学编程的自学者　　　　　　　　编程爱好者

| | |
|---|---|
| 大中专院校的教师和学生 | 相关培训机构的教师和学员 |
| 毕业设计的学生 | 初、中级程序开发人员 |
| 软件测试人员 | 参加实习的初级程序员 |
| 在职程序员 | |

## 致谢

本书在编写过程中，十分感谢我的家人给予的巨大支持。本人水平毕竟有限，书中存在纰漏之处在所难免，诚请读者提出意见或建议，以便修订并使之更臻完善。编辑联系邮箱：zhangtao@ptpress.com.cn。

最后感谢您购买本书，希望本书能成为您编程路上的领航者，祝您阅读快乐！

作　者

# 目　录

# 本书实例

# 第 1 章

# Visual C++ 6.0 的最初印象

　　Visual C++集成开发环境是一个功能强大的可视化软件开发工具。在现实应用开发中，Visual C++ 6.0 已经成为了 C/C++程序员首选的开发工具。本章将详细讲解 Visual C++ 6.0 集成开发环境的基本知识。

**本章内容**

▶▶ Visual C++ 6.0 概述

▶▶ Visual C++ 6.0 开发环境

▶▶ 利用 Visual C++ 6.0 编写 C++程序

**技术解惑**

学习 C++是否有用

解决 Windows 7 安装 Visual C++ 6.0 的兼容性问题

怎样学好编程

# 1.1　Visual C++ 6.0 概述

📹 知识点讲解：光盘\视频\PPT 讲解（知识点）\第 1 章\Visual C++ 6.0 介绍.mp4

　　Visual C++ 6.0 是一个强大的可视化软件开发环境，通过它可以快速编写出各种 C/C++程序。从数据库应用程序到网络应用程序，从图形、图像绘制到多媒体编程，从基本的对话框、单文档、多文档应用程序到动态链接库，再到 ActiveX 控件。总之，通过 Visual C++ 6.0 这一工具，可以实现上述各类程序。

## 1.1.1　Visual C++ 6.0 的特点

　　Visual C++ 6.0 是一个功能强大的可视化软件开发工具。1993 年，微软公司推出第一个产品：Visual C++ 1.0。从那以后，不断有新版本问世。随后微软公司又推出了.NET 系列产品，其中为 Visual C++添加了很多网络功能，但是，它的应用有一定的局限性。从此以后，Visual C++已成为专业程序员进行软件开发的首选工具，其中，Visual C++ 6.0 是其中最为成熟的一个版本，也是最常用的一个版本。

　　经过多年的发展和无数程序员的总结，最终证明 Visual C++ 6.0 是 C++开发的最主流工具之一。之所以这么深受开发人员的喜爱，是由其突出的特点所决定的。Visual C++ 6.0 的主要特点如图 1-1 所示。

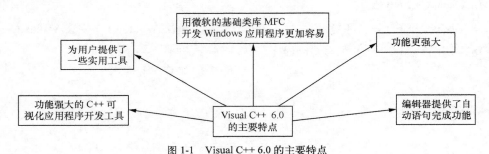

图 1-1　Visual C++ 6.0 的主要特点

## 1.1.2　安装 Visual C++ 6.0

　　要想使用 Visual C++ 6.0 集成开发环境，需要先在计算机上进行安装。安装并运行 Visual C++ 6.0 所需的软硬件配置应至少满足以下要求。

　　（1）Windows 95 或 Windows NT 操作系统。

　　（2）最小安装需要 140MB 的可用硬盘空间，典型安装需要 200MB 的可用硬盘空间，CD-ROM 安装需要 50MB 的可用硬盘空间，完整安装需要 300MB 的可用硬盘空间。

　　因为目前主流计算机配置已经远远超过 Visual C++ 6.0 的安装最小要求，因此，用户基本上不需要考虑计算机的硬件配置问题。接下来讲解安装 Visual C++ 6.0 的方法。

| 实例 001 | 安装 Visual C++ 6.0 开发环境 |
|---|---|
| | 视频路径　光盘\视频\实例\第 1 章\001 |

　　安装 Visual C++ 6.0 的具体流程如下。

　　（1）将安装光盘放入光驱，安装光盘会自动运行，弹出如图 1-2 所示的安装界面。

　　（2）在弹出的对话框中显示了所购买产品的版本信息。单击 Next 按钮到下一步。此时弹出用户许可协议对话框，如图 1-3 所示。选择 I accept the agreement 项，表示接受用户许可协议，然后才可以单击 Next 按钮进入下一步。

（3）进入图 1-4 所示的界面，输入产品序列号和用户信息，单击 Next 按钮。

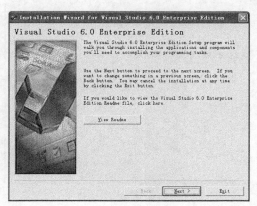

范例 001：创建基于对话框的 MFC 工程
源码路径：光盘\演练范例\001
视频路径：光盘\演练范例\001
范例 002：创建基于视图的 MFC 工程
源码路径：光盘\演练范例\002
视频路径：光盘\演练范例\002

图 1-2 安装界面

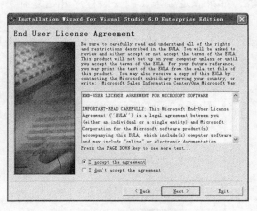

图 1-3 同意安装协议

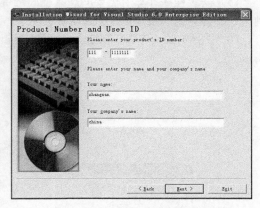

图 1-4 输入产品序列号和用户信息

（4）此时来到图 1-5 所示的界面，选择 Custom 项，单击 Next 按钮进入下一步。

（5）打开图 1-6 所示的界面，选择设置 Visual C++ 6.0 的安装路径，单击 Next 按钮进入下一步。

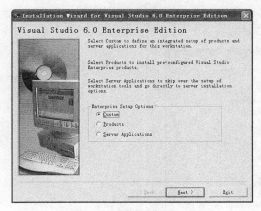

图 1-5 选择安装选项

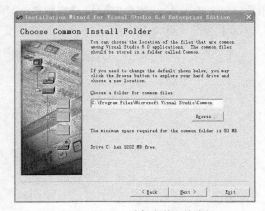

图 1-6 选择安装文件路径

（6）此时进入图 1-7 所示的界面，单击 Continue 按钮继续。

（7）此时弹出图 1-8 所示的对话框，安装程序把所有的安装项目都列出来，可从中选择需要的安装项目，单击 Continue 按钮进入下一步。

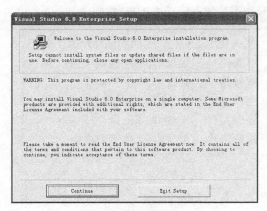
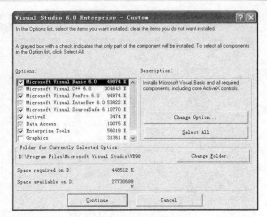

图 1-7　安装确认界面　　　　　　　　　　　图 1-8　安装项目选项

（8）安装程序计算所需要的硬盘空间是否足够，如果满足要求，则安装程序开始复制文件到用户的计算机，图 1-9 为文件复制进度条。

（9）当所有的文件都复制完毕后，需要重新启动计算机，单击 Restart Windows 按钮，如图 1-10 所示。

图 1-9　文件复制进度条　　　　　　　　　图 1-10　重新启动计算机

（10）完成 Visual C++ 6.0 的安装工作后，可以继续安装 MSDN 帮助文件。具体的操作步骤不再详述，在此只是需要提醒用户在图 1-11 所示的选项中，注意选择 MSDN 的运行方式，一般情况下选择 Full 选项，表示将所有的文件复制到硬盘。

图 1-11　MSDN 选项对话框

注意：实际系统开发中，还经常需要一些辅助工具来提高工作效率和加强开发小组内部人员的交流，如 RationalRose 软件（常用版本为 RationalRose 2003），该软件是一个高效的系统设计软件，利用该软件可以以有效的系统开发架构进行设计、合理安排开发进度，特别是对大型系统软件的开发具有重要意义。通过该软件还能够实现逆向工程，提取出现有软件的功能结构图、类图等，对分析软件具有重要的意义。另外，还有一个有效的辅助编程插件 Visual.Assist.X，该工具插件提供了很多源代码编辑的自动提示功能，对提高编程效率具有重要意义。

# 1.2　Visual C++ 6.0 开发环境

知识点讲解：光盘\视频\PPT 讲解（知识点）\第 1 章\Visual C++ 6.0 开发环境介绍.mp4

学习任何一门程序语言，都需要遵循图 1-12 所示的过程。本节将介绍 Visual C++ 6.0 集成开发环境的基本知识。

图 1-12　学习一门语言的过程

## 1.2.1　熟悉集成开发环境

在打开 Visual C++ 6.0 后，需要熟悉 Visual C++ 6.0 这个集成开发环境。首先从 Windows 操作系统中选择"开始"→"程序"→Microsoft Visual Studio 6.0→Microsoft Visual C++6.0 命令，启动 Visual C++ 集成开发环境，并出现集成开发环境的主窗口 Developer Studio。

1．主窗口 Developer Studio

Visual C++ 6.0 通过 Developer Studio 窗口将所有组件集成到开发环境中，用户便可利用 Developer Studio 编写各种 Windows 应用程序。默认情况下，集成开发环境的有关工具是无法使用的，只有在创建一个新工程或打开一个现有工程之后，才能查看集成开发环境。

**实例 002**　演示集成开发环境的主窗口 Developer Studio
视频路径　光盘\视频\实例\第 1 章\002

（1）启动 Visual C++ 6.0，选择 File→New 命令，弹出 New 对话框，如图 1-13 所示。

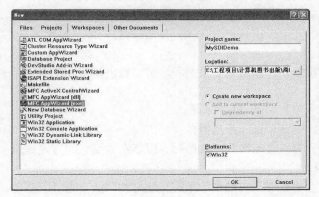

范例 003：对齐凌乱的代码
源码路径：光盘\演练范例\003
视频路径：光盘\演练范例\003
范例 004：判断代码中的括号是否匹配
源码路径：光盘\演练范例\004
视频路径：光盘\演练范例\004

图 1-13　创建一个应用程序

（2）在 Project 页面选择 MFC AppWizard[exe]选项，在 Project name 编辑框中输入项目名称"MySDIDemo"，在 Location 编辑框中输入保存项目的路径，单击 OK 按钮，进入 MFC AppWizard-Sep1 操作向导的第一步。

（3）在 MFC AppWizard-Sep1 对话框中设置应用程序类型为 Single document 项，单击 Finish 按钮后弹出 New Project Information 对话框，单击 OK 按钮，将生成应用程序框架文件，并在项目工作区窗口打开生成的应用程序项目。集成开发环境的主窗口 Developer Studio 界面如图 1-14 所示。

在 Visual C++ 6.0 集成开发环境中，其主窗口 Developer Studio 可以分为 5 个部分。

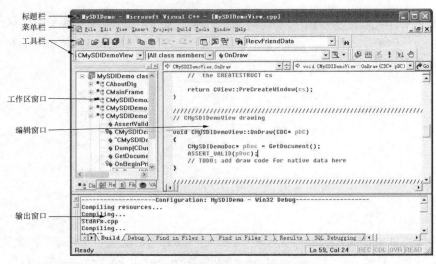

图 1-14　集成开发环境的主窗口 Developer Studio

（1）窗口最顶端为标题栏，显示当前项目的名称和当前编辑文档的名称，如"MySDIDemo-Microsoft Visual C++-[MySDIDemoView.cpp]"。名称后面有时会显示一个星号（*），表示当前文档修改后还没有保存。

（2）标题栏下面是菜单栏和工具栏，菜单栏中的菜单项包括了 Visual C++ 6.0 的全部操作命令，工具栏以位图按钮的形式显示常用操作命令。

（3）工具栏下面的左边是工作区窗口，主要包括类视图（ClassView）、资源视图（ResourceView）和文件视图（FileView）3 个页面，分别列出了当前应用程序中所有的类、资源和源文件。

（4）工具栏下面的右边是编辑窗口，用来显示当前编辑的 C++程序源文件或资源文件。编辑窗口是含有最大化、最小化、关闭按钮和系统菜单的普通框架窗口。当打开一个源文件或资源文件时，就会自动打开对应的编辑窗口。在 Developer Studio 中可以同时打开多个编辑窗口。编辑窗口可以以平铺或层叠方式显示。

（5）编辑窗口和工作区窗口下面是输出窗口，当编译、链接程序时，输出窗口会显示编译和链接信息。

2. 浮动窗口与停靠窗口

集成开发环境提供了两种类型的窗口：浮动窗口和停靠窗口。

（1）浮动窗口。这是带边框的子窗口，可以显示源代码和图形，以平铺或层叠的方式显示在集成开发环中，如图 1-14 所示的编辑窗口。

（2）停靠窗口。停靠窗口既可以固定在集成开发环境中的顶端、底端和侧面，也可以浮动在屏幕的任何位置。停靠窗口无论是浮动着还是固定着，总是出现在浮动窗口的前面。

### 1.2.2 菜单项

在集成开发环境中的菜单栏中提供了 File、Edit、View、Insert、Project、Build、Tools、Window 和 Help9 个菜单项，如图 1-15 所示。

File Edit View Insert Project Build Tools Window Help

图 1-15 集成开发环境的菜单栏

#### 1. File 菜单

File 菜单中包含了用于对文件进行操作的命令选项，如图 1-16 所示。

（1）New 菜单项。该菜单项用于打开 New 对话框，利用 New 对话框可以创建新的文件、项目或工作区。

① 创建新的文件。如果要创建新的文件，可从 New 对话框的 Files 选项卡中选择要创建的文件类型，如图 1-17 所示。然后在 File 文本框中输入文件的名字，如果要添加新文件到已有的项目中，选中 Add to project 复选框并选择项目名。

图 1-16 File 菜单

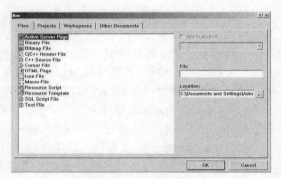

图 1-17 New 对话框

② 创建新的项目。如果要创建新的项目，在 New 对话框的 Projects 选项卡选择要创建的项目类型，如图 1-18 所示。然后在 Project Name 编辑框输入项目的名字，在 Location 编辑框中输入项目文件地址，还可以通过 Create new workspcae 和 Add to current workspace 单选按钮，确定是创建一个新的工作区，还是添加到现有的工作区。

③ 创建新的工作区。如果要创建新的工作区，则从 New 对话框的 Workspaces 选项卡中选择一种工作区类型，然后在 Workspace name 文本框中输入工作区的名字。默认只有 Blank Workspace 选项，用于创建一个空白工作区，如图 1-19 所示。

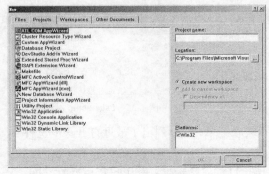

图 1-18 Projects 选项卡

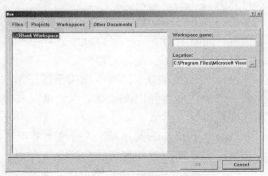

图 1-19 Workspaces 选项卡

④ 创建新的文档。如果要创建新的文档，则从 New 对话框的 Other Documents 选项卡中选择要创建的文档类型，然后在 File 文本框中输入文档的名字。如果要添加新的文档到已有的项目中，则选中 Add to project 复选框，然后选择项目名，如图 1-20 所示。

图 1-20　Other Documents 选项卡

（2）Open 菜单项。该菜单项用于打开已有的文件，如 C++文件、Web 文件、宏文件、资源文件、定义文件、工作区文件、项目文件等。选择 Open 菜单项，将弹出 Open 对话框，可以从中选择要打开的文件所在驱动器、路径及文件名。

（3）Close 菜单项。该菜单项用于关闭已打开的文件，如果系统中包含多个已打开的文件，那么使用该选项就会将当前活动窗口或选定的窗口中的文件关闭。

（4）Open Workspace 菜单项。与 Open 菜单项类似，该项也用于打开已有的文件，但主要用于打开工作区文件。选择该项将弹出 Open Workspace 对话框。

（5）Save Workspace 菜单项。该菜单项保存打开的工作区项目。

（6）Close Workspace 菜单项。该菜单项用于关闭打开的工作区。

（7）Save 菜单项。该菜单项用于保存活动窗口或者当前选定窗口中的文件内容。如果所保存的文件是新文件，则系统会弹出 Save as 对话框，提示用户输入有效的文件名。

（8）Save As 菜单项。该选项的功能与 Save 菜单项类似，也是保存打开的文件，不过该菜单项是将打开的文件用新的文件名加以保存。如果保存文件时想要保留该文件的备份，而不想覆盖原来的文件，那么就可以使用 Save As 选项，将文件用另一名字保存起来，这样就不会使新文件覆盖原来的旧文件。

（9）Save All 菜单项。该菜单项用于保存所有窗口内的文件内容，而不仅仅是当前活动窗口或选定窗口的文件内容。如果某一窗口中的文件未被保存过，系统就会自动提示为该文件输入有效的文件名。

（10）Page Setup 菜单项。该菜单项用于设置和格式化打印结果。选择该项将弹出 Page Setup 对话框，如图 1-21 所示，可以从中建立每个打印页的标题和脚注并设置上、下、左、右边距。

（11）Print 菜单项。该菜单项用于打印当前活动窗口中的内容。选择该项将弹出 Print 对话框，可以从中设置打印范围和打印机类型。

图 1-21　Page Setup 对话框

（12）Recent Files 菜单项。选择该菜单项将打开级联菜单，其中列出了最近打开过的文件名，单击某个名字即可打开相应的文件。

（13）Recent Workspaces 菜单项。选择该菜单项将打开级联菜单，其中包含最近打开的工作区，单击某个名字即可打开相应的工作区。

以上两选项为打开操作提供了一种快捷方法。

（14）Exit菜单项。选择该菜单项将退出Visual C++ 6.0开发环境，在退出前，系统会自动提示用户保存各窗口的内容。

2. Edit 菜单

Edit菜单中包含了用于实现编辑或者搜索功能的命令选项，如图1-22所示。

（1）Undo菜单项。该菜单项用于取消最近一次的编辑修改操作。

（2）Redo菜单项。该菜单项用于最近一次的Undo操作，可以恢复被Undo命令取消的修改操作。

（3）Cut菜单项。该菜单项将当前活动窗口中选定的内容复制到剪贴板中，然后再将其从当前活动窗口中删除。

（4）Copy菜单项。该菜单项将当前活动窗口中被选定的内容复制到剪贴板中，但并不将其从当前活动窗口中删除。

（5）Paste菜单项。该菜单项用于将剪贴板中的内容插入当前光标所在的位置，必须先将内容剪切或者复制到剪贴板后，才能进行粘贴。

（6）Delete菜单项。该菜单项用于删除被选定的内容，删除以后还可以使用Undo命令来恢复删除操作。

（7）Select All菜单项。该菜单项用于选择当前活动窗口中的所有内容。

（8）Find菜单项。该菜单项用于查找指定的字符串，选择Find项将弹出Find对话框，如图1-23所示。

图 1-22  Edit 菜单

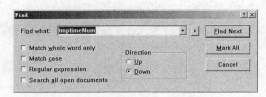

图 1-23  Find 对话框

（9）Find in Files菜单项。该菜单项用于在多个文件间搜索文本，搜索的对象既可以是文本字符串，也可以是正则表达式。

（10）Replace菜单项。该菜单项用于替换指定的字符串。选择Replace项将弹出Replace对话框。可以在Find What文本框中输入替换的文本串，再在Replace With文本框中输入被替换的文本串。与Find项一样，该项也可以选择匹配方式，如大小写区分或不区分、正则表达式等。

（11）Go To菜单项。选择该菜单项将弹出Go To对话框，从中可以指定如何将光标移到当前活动窗口的指定位置（如指定的行号、地址、书签、对象的定义位置、对象的引用位置等）。

（12）Bookmarks菜单项。选择该菜单项将弹出Bookmarks对话框，从中可以设置或取消书签，用于在源文件中做标记。

（13）Advanced菜单项。选择该菜单项将弹出级联菜单，其中包含用于编辑或者修改的高级命令，如增量式搜索、将选定内容全部转换为大写或小写、显示或者隐藏制表符等。

（14）Breakpoints菜单项。选择该菜单项将弹出Breakpoints对话框，如图1-24所示，从中可以设置、删除和查看断点。

（15）List Members菜单项。把鼠标指针放入某类名或该类成员函数区域内，然后选择该菜单项，系统将列出该类成员列表，包括成员变量及成员函数，可对源程序的编辑起到提示作用。

（16）Type Info菜单项。把鼠标指针放在类名或其成员函数及变量名上，然后选择该菜单项，系统将列出相应的简短类型信息。

（17）Parameter Info菜单项。把鼠标指针放在函数名上，然后，选择该菜单项，系统将列出该函数形参信息供参考。

（18）Complate Word菜单项。选择该菜单项，可以把未写完的系统API函数或MFC函数名自动补足。

3. View 菜单

View菜单包含了用于实现检查源代码和调试信息功能的命令选项，如图1-25所示。

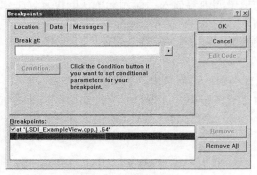

图 1-24　Breakpoints 对话框　　　　　　　　　　　图 1-25　View 菜单

（1）ClassWinzard菜单项。选择该项将启动MFC ClassWizard对话框，如图1-26所示。

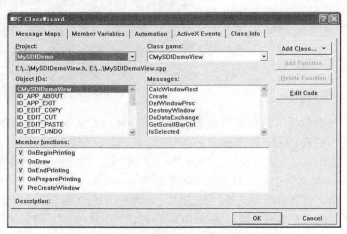

图 1-26　MFC ClassWizard 对话框

（2）Resource Symbols菜单项。选择该项用于打开资源符号浏览器，如图1-27所示，从中可以浏览和编辑资源符号。资源符号是映射到整数值上的一串字符，可以在源代码或资源编辑器中通过资源符号引用资源。

（3）Resource Includes菜单项。选择该项将弹出Resource Includes对话框，如图1-28所示，从

中可以修改资源符号文件名和预处理器指令。

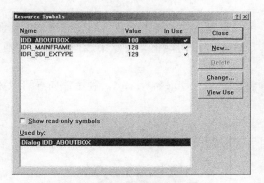

图 1-27 Resource Symbols 对话框

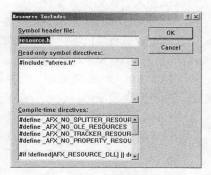

图 1-28 Resource Includes 对话框

（4）Full Screen菜单项。选择该项能够按全屏幕方式显示活动窗口。切换到全屏幕方式后，可以单击Toole Ful Sceen按钮或按Esc键切换回原来的显示方式。

（5）Workspace菜单项。如果工作区窗口未显示，选择该选项将显示工作区窗口。

（6）Output菜单项。在输出窗口显示程序建立过程的有关信息或错误信息，并显示调试运行时的输出结果。

（7）Debug Windows菜单项。选择该项将弹出级联菜单，用于显示调试信息窗口。这些命令选项只有在调试运行状态时才可用，如图1-29所示。

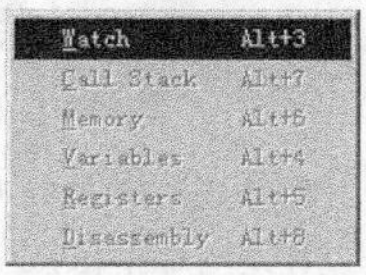

① Watch菜单项。在Watch窗口显示变量或者表达式的值。另外，还可以输入和编辑所要观察的表达式。

② Call Stack菜单项。选择该项将弹出Call Stack窗口，从中显示所有已被调用但还未返回的函数。可以用Options对话框为Debug选项卡来设置有关的选项。

图 1-29 Debug Windows 级联菜单

③ Memory菜单项。选择该项将弹出Memory窗口，从中显示内存的当前内容。至于显示格式可以用Options对话框的Debug选项卡来设置。

④ Variables菜单项。显示当前语句和前一条语句中所使用的变量信息和函数返回值信息。这里的变量局限于当前函数或由this所指向的对象。

⑤ Registers菜单项。选择该项将弹出Registers窗口，其中显示各通用寄存器及CPU状态寄存器的当前内容。至于显示格式，可以用Options对话框为Debug选项卡来设置。

⑥ Disassembly菜单项。选择该项将显示有关的反汇编代码及源代码，以便使用户直接进入反汇编调试或混合调试（即汇编调试与反汇编调试同时进行）。显示格式可以用Options对话框的Debug选项卡来设置。

（8）Refresh菜单项。选择该项将刷新选定的内容。

（9）Properties菜单项。选择该项可以从弹出的属性对话框设置或查阅对象的属性。

4. Insert 菜单

Insert菜单中的命令选项如图1-30所示，使用它们可以创建新的类、创建新的资源、插入文件到文档中、添加新的ATL对象到项目中。

（1）New Class菜单项。选择该菜单项，将弹出New Class对话框，利用该对话框可以创建新的类并添加到项目中。

（2）New Form菜单项。选择该菜单项，将弹出New Form对话框，利用该对话框可以创建新的对话框并添加到项目中。该选项是添加新的对话框的快捷方法。

（3）Resource菜单项。选择该菜单项，将弹出Insert Resurce对话框，利用该对话框可以创建新的资源或插入资源到资源文件中。

（4）Resource Copy菜单项。选择该菜单项，可以创建选定资源的备份，即复制选定的资源。

（5）File As Text菜单项。选择该菜单项将弹出Insert File对话框，可从中选择要插入文档的文件。

（6）New ATL Object菜单项。选择该菜单项将启动ATL Object Wizard，利用该向导可以添加新的ATL对象到项目中。

5．Project 菜单

Project菜单中的命令选项如图1-31所示，用于管理项目和工作区。

图 1-30　Insert 菜单

图 1-31　Project 菜单

（1）Set Active Project菜单项。选择指定的项目为工作区中的活动项目。

（2）Add To Project菜单项。选择该菜单项将弹出级联菜单，用于添加文件、文件夹、数据链接到项目。

（3）Dependencies菜单项。选择该菜单项将弹出Project Dependencies对话框，利用该对话框可以编辑项目之间的依赖关系。

（4）Settings菜单项。选择该菜单项将弹出Project Settings对话框，如图1-32所示，从中可为项目配置指定不同的设置。

6．Build 菜单

Build菜单中的命令选项如图1-33所示，其功能是编译建立和执行应用程序。

（1）Compile菜单项。该菜单项用于编译显示在源代码编辑窗口中的源文件，用于检查源文件中是否有语法错误。如果在编译过程中检查出语法错误（警告或错误），那么将在输出窗口中显示错误信息。

（2）Build菜单项。查看项目中的所有文件，并对最近修改过的文件（其标志日期比可执行文件日期要新）进行编译和链接。如果建立过程中检测出某些语法错误就将它们显示在输出窗口中。

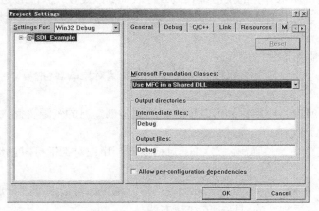

图 1-32　Project Settings 对话框

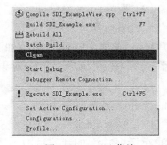

图 1-33　Build 菜单

（3）Rebuild All菜单项。该菜单项与Build菜单项的唯一区别在于Rebuild All选项在编译和链接项目中的文件时，不管其标志日期是何时，一律重新进行编译和链接。

（4）Batch Build菜单项。该菜单项用于一次建立多个项目，选择该项将弹出Batch Build对话框，指定要建立的项目。

（5）Clean菜单项。该菜单项用于删除项目的中间文件和输出文件。

（6）Start Debug菜单项。选择该菜单项将弹出级联菜单，其中包含启动调试器控制程序运行的子选项Go、Step Into、Run To Cursor和Attach to Process，如图1-34所示。

启动调试器后，Debug菜单将代Build菜单出现在菜单栏，如图1-35所示。使用Debug菜单可以控制程序的执行。

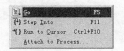

图 1-34　Start Debug 级联菜单　　　　　　图 1-35　Debug 菜单

（7）Debugger Remote Connection菜单项。选择该菜单项将弹出Remote Connection对话框，可以从中设置远程调试链接。

（8）Execute菜单项。该菜单项用于运行程序。Visual C++系统将根据被运行程序的目标格式自动调用相应的环境。

（9）Set Active Configuration菜单项。该菜单项用于选择活动项目的配置,如Win32 Release 和Win32 Debug。

（10）Configurations菜单项。选择该菜单项将弹出Configurations对话框，可以从中编辑项目的配置。

（11）Profile菜单项。剖视器Profile用于检查程序运行行为。利用剖视器提供的信息，可以找出代码中哪些部分是高效的，哪些部分要更加仔细地检查。此外，利用剖视器还可以给出未执行代码区域的诊断信息。剖视器通常不用于查错，而是用于使程序能更好地运行。在使用剖视器之前，必须通过Project Settings对话框的Link选项打开剖视使能（Enable profiling）。

7.　Tools 菜单

Tools菜单中的命令选项如图1-36所示，它用来浏览程序符号定制菜单与工具栏激活常用的工具（如Spy++等）或者更改选项设置等。

（1）Source Browser菜单项。默认情况下，在建立一个Visual C++ 6.0项目时，编译器会创建与项目中每一程序文件信息有关的.SBR文件实用程序BSCMAKE，这个实用程序会汇编这些.SBR文件为单个浏览信息数据库，浏览信息数据库的名字由项目基类名加上扩展名.BSC组成。

选择 Source Browser 选项将弹出 Browse 对话框，如图 1-37 所示。其中显示与程序中所有符号（类、函数、数据、宏、类型）有关的信息。对于不同类型的对象或上下文，浏览窗口的外观和控件是不同的。

（2）Close Source Browser File菜单项。选择该项可关闭打开的浏览信息数据库。

（3）Spy++菜单项。Spy++是Win32实用程序，用于给出系统的进程、线程、窗口和窗口消息的图形表示，如图1-38所示。

图 1-36　Tools 菜单

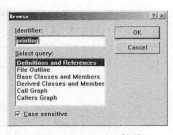

图 1-37　Browse 对话框

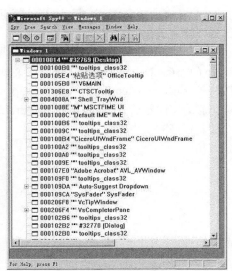

图 1-38　Spy++的对话框

Spy++具有如下3个功能。

①显示系统对象(包括进程、线程和窗口)间的图形关系。

②搜索指定的窗口、线程、进程或消息。

③查看选定对象的属性。

（4）Customize菜单项。选择该项后会弹出Customize对话框，如图1-39所示。从中可以对命令、工具栏、工具菜单和快捷键等进行定制，如添加命令到Tools菜单中、删除Tools菜单中的命令、更改命令快捷键、修改工具栏等。

（5）Options菜单项。选择该项将弹出Options对话框，如图1-40所示，可以对Visual C++ 6.0的环境设置进行更改，如调试器设置、窗口设置、目录设置和工作区设置等。

（6）Macro菜单项。用于创建和编辑宏文件。

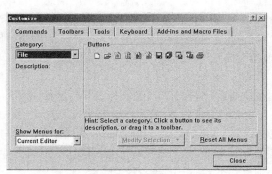

图 1-39　Customize 对话框

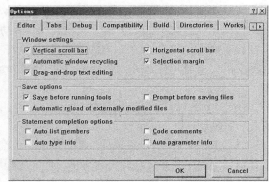

图 1-40　Options 对话框

## 8．Window 菜单

在Window菜单中包含了用于控制窗口属性的命令选项，如图1-41所示。

（1）New Window菜单项。选择该菜单项，将打开新的窗口，从中显示当前文档信息。

（2）Split菜单项。选择该菜单项，可将窗口拆分为多个面板，为同时查看同一文档的不同内容提供了方便。

（3）Docking View菜单项。选择该菜单项，将打开或者关闭窗口的船坞化特征。

（4）Close菜单项。选择该菜单项，将关闭选定的活动窗口。

（5）Close All菜单项。选择该菜单项，将关闭所有打开的窗口。

（6）Next菜单项。选择该菜单项，将激活下一个未船坞化的窗口。

（7）Previous菜单项。选择该菜单项，将激活上一个未船坞化的窗口。

（8）Cascade菜单项。该菜单项用于在屏幕上重新排放当前所有打开的窗口，就像放置一叠卡片一样。这样，用户就可以很容易地查看打开窗口的数目以及相应的文件名。这种排列窗口方法的缺点是只能看到最顶层窗口的内容。

（9）Tile Horizontally菜单项。选择该菜单项将使当前所有打开的窗口在屏幕上横向平铺。每个打开的窗口都具有同样的形状和大小。这种排列窗口方法的优点是可以同时浏览所有打开窗口的内容，缺点是如果打开的窗口过多，那么每个窗口就会太小。

（10）Tile Vertically菜单项。选择该菜单项将使当前所有打开的窗口在屏幕上纵向平铺。

（11）打开窗口的历史记录。在Tile Vertically项下面列出了最近打开的窗口的文件名，单击某个文件名即可显示相应的窗口。

（12）Windows菜单项。选择该项将打开Windows对话框，从中可以管理刚打开的窗口。

9.  Help 菜单

通过选择Help菜单可以弹出Visual C++ 6.0 的帮助窗口MSDN（Microsoft Develper Network），如图1-42所示。它应用HTML Help技术，使得查询帮助与编写代码可以同时进行，可以一边编程一边查询帮助，效率得到极大提高。

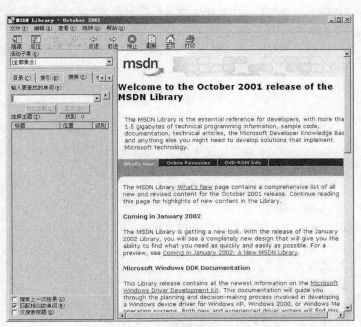

图 1-41  Window 菜单                    图 1-42  MSDN 帮助窗口

选择Help菜单的Contents、Search或Index项均可以激活MSDN窗口。另外，在源代码编辑窗口中，选定对象（把鼠标指针置于其上）后按F2键，亦能启动MSDN窗口。

### 1.2.3　工具栏

Windows应用程序一般都提供了工具栏，工具栏是由一些形象化的位图按钮组成，一般都对应于菜单命令，以便方便、快捷地使用Visual C++集成开发环境的常用功能。

集成开发环境的工具栏以停靠窗口的形式出现，工具栏的位置可以通过鼠标拖曳的方法改变，并可以根据需要进行显示或隐藏的切换。一般的方法是选择Tools→Customize命令，打开Customize对话框，然后选择Toolbars选项卡，并根据需要进行选择，如图1-43所示。

用户也可以在菜单栏或工具栏的空白处右击，然后在弹出的快捷菜单中选择要显示或隐藏的工具栏，如图1-44所示。

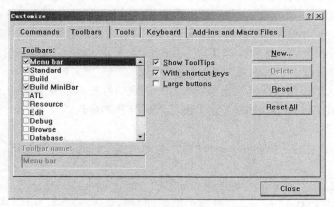

图 1-43　设置工具栏　　　　　　　　　　　图 1-44　显示或隐藏工具栏

Visual C++ 6.0集成开发环境的工具栏有很多个，下面简要讲解几个经常用到的。

1.　Standard 工具栏

Standard工具栏包括一些与文件和编辑有关的常用操作命令，其中按钮的功能与File、Edit和View等主菜单中某个菜单项对应，如图1-45所示。

图 1-45　Standard 工具栏

在Visual C++ 6.0集成开发环境中，Standard工具栏中按钮的基本功能如下。

- ❑　New Text File：创建新的文本文件。
- ❑　Open：打开一个现有的文件。
- ❑　Save：保存当前的文件。
- ❑　Save All：保存所有打开的文件。
- ❑　Cut：剪切选定的内容。
- ❑　Copy：复制选定的内容。
- ❑　Past：粘贴。
- ❑　Undo：撤销上一次的操作。
- ❑　Redo：恢复被撤销的编辑操作。
- ❑　Workspace：显示或隐藏工作区窗口。
- ❑　Output：显示或隐藏输出窗口。
- ❑　Window List：显示当前已经打开的窗口。
- ❑　Find In Files：在多个文件中查找指定的字符串。

❑　Find：在当前文件中查找指定的字符串。

❑　Search：打开 MSDN。

2．Build MiniBar 工具栏

Build MiniBar工具栏也包括项目的选择、编译、链接和调试等操作命令，如图1-46所示。

Build MiniBar工具栏的基本功能如下。

❑　Compile：编译程序。

❑　Build：编译、链接并生成应用程序。

图 1-46　Build MiniBar 工具栏

❑　Stop Build：终止应用程序的编译或链接。

❑　Execute Program：运行应用程序。

❑　Go：开始或继续调试程序。

❑　Insert/Remove Breakpoint：在程序中插入或取消断点。

3．WizardBar 工具栏

在默认情况下，Visual C++ 6.0 集成开发环境中将显示 WizardBar 工具栏，它是对 Visual C++ IDE 中特色功能的快捷操作，如图 1-47 所示。

图 1-47　WizardBar 工具栏

使用 WizardBar 工具栏使类和成员函数的操作更加方便，单击 WizardBar 工具栏中的按钮即可实现多项功能。WizardBar 工具栏具有上下文跟踪功能，能动态跟踪源代码的当前位置，并显示当前项目中的相关信息。当用户在源代码编辑窗口中进行编辑时，WizardBar 工具栏将显示当前鼠标指针处的类或成员函数。当前鼠标指针指向函数定义以外的区域时，WizardBar 工具栏的 Member 列表框变灰。当用户编辑对话框时，WizardBar 工具栏将跟踪鼠标指针所选择的对话框或对话框控件。

## 1.2.4　项目与项目工作区

Developer Studio 以项目工作区（Project Workspace）的方式来组织文件、项目和项目配置，项目工作区记录了一个项目的集成开发环境的设置，通过项目工作区窗口可以查看和访问项目中的所有元素。

项目工作区用项目工作区文件 DSW（Developer Studio Workspace File）来描述，文件后缀名为.dsw。工作区文件保存了应用程序集成开发环境的项目设置信息，它将一个 DSP 项目文件与具体的 Developer Studio 结合在一起，在 Visual C++集成开发环境中，一般以打开工作区文件 DSW 的方式来打开指定的项目。

创建项目后，用户可以通过项目工作区 Workspace 窗口来查看项目中的组成元素，如图 1-48 所示。Workspace 窗口一般由 ClassView、ResourceView、FileView 这 3 个页面组成。这些页面按照一定的逻辑关系将一个项目分成几个部分，以树形结构显示项目所创建的类、资源和文件。用户可以方便地使用 3 个页面标签在不同视图之间进行切换，通过它们查看项目中所有的类、资源和文件。

下面介绍 3 个页面视图的结构与作用。

1．类视图

类视图（ClassView）用于显示项目中定义的 C++类，如图 1-49 所示。扩展顶层文件夹可以显示类，扩展类可以显示该类的成员。通过类视图，可以定义新类、直接跳转到代码（如类定义、函数或方法定义等）、创建函数或方法声明等。

图 1-48　工作区窗口

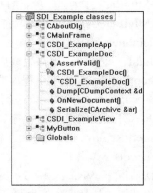

图 1-49　类视图

**2．资源视图**

资源视图（ResourceView）用于显示项目中包含的资源文件。扩展顶层文件夹可以显示资源类型，扩展资源类型可以显示其下的资源，如图 1-50 所示。

**3．文件视图**

文件视图（FileView）显示项目之间的关系以及包含在项目工作区中的文件。扩展顶层文件夹可以显示包含在项目中的文件，如图 1-51 所示。

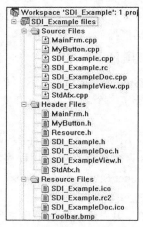

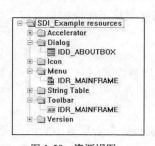

图 1-50　资源视图

图 1-51　文件视图

## 1.2.5　编辑器窗口

程序代码由操作码和数据组成，除了一般数据，一个 Windows 应用程序还大量使用被称为资源的数据。Visual C++ 6.0 作为可视化的程序开发工具，提供了功能强大的源代码编辑器和各种类型的资源编辑器。

**1．源代码编辑器**

Visual C++的源代码编辑器可用于编辑很多类型的文件，如 C/C++头文件、C++源文件、Text 文本文件和 HTML 文件等。当打开或建立上述类型的文件时，该编辑器自动打开。Visual C++ 6.0

的源代码编辑器除了具有一般的编辑功能，如复制、查找和替换等，还具有方便编程的特色功能，如编辑 C++源程序时，在编辑窗口中将根据 C++语法对不同的语句元素以不同的颜色显示，并进行合适长度的自动缩进。

源代码编辑器还具有自动提示功能，当用户输入源程序代码时，编辑器会显示对应类的成员函数和变量，如图 1-52 所示。用户可以在成员列表中选择需要的成员，这减少了输入的工作量，也避免了手工输入出错的可能。当输入函数用语句时，编辑器会自动提示函数的参数个数和类型。用户还可将鼠标指针指向变量、函数或类，此时编辑器将给出对应的变量类型、函数声明或类的信息。

2. 资源编辑器

在 Windows 环境下，资源是独立于程序源代码的，作为一种界面成分，资源可以从源代码中获取信息，并在其中执行某种动作。Visual C++ 6.0 可以处理的资源有快捷键（Accelerator）、位图（Bitmap）、光标（Cursor）、对话框（Dialog Box）、图标（Icon）、菜单（Menu）、串表（StringTable）、工具栏（Toolbar）和版本信息（Version In formation）等。由于不同的资源具有不同的特点，因此，Visual C++ 6.0 提供了不同的资源编辑器和资源属性对话框。使用资源编辑器，可以创建新的资源、修改已有的资源、复制已有的资源，以及删除不需要的资源等。

3. 工具栏编辑器

工具栏通常由多个工具按钮组成，通过工具按钮可以快速执行使用最频繁的命令。系统将每个工具栏保存为相应的位图，其中包括工具栏上每个工具按钮的图像。工具按钮的图像具有相同的尺寸，默认为 16 像素×16 像素。工具按钮的图像在位图中依次排列，这种排列次序表明了屏幕上显示时工具按钮在工具栏上的排列次序。每个工具按钮都有相应的状态和风格（如被按下的、无效的、不确定的等）。

工具栏编辑器用于创建工具栏资源并可以将已有位图转换为工具栏资源。工具栏编辑器以图形方式显示要处理的工具栏及正被选择的工具栏按钮图像。图 1-53 是打开某一工具栏后的工具栏编辑器。

图 1-52 源代码编辑器的自动提示功能

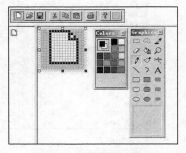

图 1-53 工具栏编辑器

创建新的工具栏有两种方法：一是直接创建，另一种是将已有的位图转换为工具栏。如果要直接创建，则选择 Insert→Resource 命令，在弹出的 Insert Resource 对话框中选择 Toolbar 项，然后单击 New 按钮进入工具栏编辑器后直接编辑。将已有位图转换为工具栏的方法如下。

（1）在图形编辑器中打开已有的位图资源。

（2）选择 Image→Toolbar Editor 命令，弹出 New Toolbar Resource 对话框，在该对话框中设置与位图匹配的图标图像的高度和宽度。然后单击 OK 按钮进入工具栏编辑器。

（3）完成转换后，选择 Edit→Properties 命令，从弹出的属性对话框中设置工具栏按钮的命令 ID。创建工具栏资源后，可以使用 Class Wizard 将工具栏按钮与源代码连接。

#### 4. 快捷键编辑器

使用快捷键编辑器可以添加、删除、更改和浏览项目所用到的快捷键，可以查看和更改与快捷键表中每个条目有关的资源标识符（资源标识符用于在程序代码中引用快捷键表中的每个条目），还可以为每个菜单选项定义快捷键。图 1-54 是打开某一快捷键表资源后的快捷键编辑器。

如果要在快捷键表中添加新的快捷键，选中表尾的新项方框，在此输入快捷键名，弹出 Accel Properties 对话框，如图 1-55 所示。在 Key 文本框输入键名，在 ID 文本框输入加速键标识符。

| ID | Key | Type |
|---|---|---|
| ID_EDIT_COPY | Ctrl + C | VIRTKEY |
| ID_FILE_NEW | Ctrl + N | VIRTKEY |
| ID_FILE_OPEN | Ctrl + O | VIRTKEY |
| ID_FILE_PRINT | Ctrl + P | VIRTKEY |
| ID_FILE_SAVE | Ctrl + S | VIRTKEY |
| ID_EDIT_PASTE | Ctrl + V | VIRTKEY |
| ID_EDIT_UNDO | Alt + VK_BACK | VIRTKEY |
| ID_EDIT_CUT | Shift + VK_DELETE | VIRTKEY |
| ID_NEXT_PANE | VK_F6 | VIRTKEY |
| ID_PREV_PANE | Shift + VK_F6 | VIRTKEY |
| ID_EDIT_COPY | Ctrl + VK_INSERT | VIRTKEY |
| ID_EDIT_PASTE | Shift + VK_INSERT | VIRTKEY |
| ID_EDIT_CUT | Ctrl + X | VIRTKEY |
| ID_EDIT_UNDO | Ctrl + Z | VIRTKEY |

图 1-54　快捷键表资源

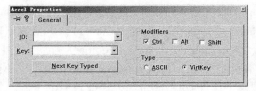

图 1-55　Accel Properties 对话框

#### 5. 串表编辑器

串表也是一种 Windows 资源，包含了应用程序用到的所有串的 ID 号、值和标题，例如，状态栏提示可以放在串表中。每个应用程序只能有一个串表，串表中的串以 16 个为一组构成段或块，某一串属于哪一段取决于该串的标识符值。例如，标识符值为 0～15 的串放在第一段，标识符值为 16～32 的串放在第二段等。图 1-56 为打开某一应用程序的串表资源后的串表编辑器。

| ID | Value | Caption |
|---|---|---|
| IDR_MAINFRAME | 128 | SDI_Example\n\nSDI_Ex\n\n\nSDIExample.Document\nSDI_Ex Docum |
| AFX_IDS_APP_TITLE | 57344 | SDI_Example |
| AFX_IDS_IDLEMESSAGE | 57345 | 就绪 |
| ID_FILE_NEW | 57600 | 建立新文档\n新建 |
| ID_FILE_OPEN | 57601 | 打开一个现有文档\n打开 |
| ID_FILE_CLOSE | 57602 | 关闭活动文档\n关闭 |
| ID_FILE_SAVE | 57603 | 保存活动文档\n保存 |
| ID_FILE_SAVE_AS | 57604 | 将活动文档以一个新文件名保存\n另存为 |
| ID_FILE_PAGE_SETUP | 57605 | 改变打印选项\n页面设置 |
| ID_FILE_PRINT_SETUP | 57606 | 改变打印机及打印选项\n打印设置 |
| ID_FILE_PRINT | 57607 | 打印活动文档\n打印 |
| ID_FILE_PRINT_PREVIEW | 57609 | 显示整页\n打印预览 |
| ID_FILE_MRU_FILE1 | 57616 | 打开该文档 |
| ID_FILE_MRU_FILE2 | 57617 | 打开该文档 |
| ID_FILE_MRU_FILE3 | 57618 | 打开该文档 |
| ID_FILE_MRU_FILE4 | 57619 | 打开该文档 |
| ID_FILE_MRU_FILE5 | 57620 | 打开该文档 |
| ID_FILE_MRU_FILE6 | 57621 | 打开该文档 |

图 1-56　串编辑器

在串表编辑器中，串表中的每个段用水平线分开。如果要在串表中添加新的串，在要添加串的串段中，选择新项方框，在此输入串标识符，弹出 String Properties 对话框，如图 1-57 所示。在 ID 文本框输入串标识符和值，在 Caption 文本框输入串标题。

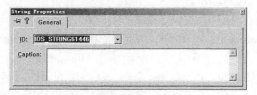

图 1-57　String Properties 对话框

6. 版本信息编辑器

版本信息主要由公司名称、产品标识、产品版本号、版权和商标注册等信息组成。尽管版本信息不是应用程序必须的，但它是标识应用程序的有效手段。每个应用程序只能有一个版本信息资源。版本信息编辑器是用于编辑和维护版本信息的工具，如图 1-58 所示，是打开某一应用程序的版本信息资源后的版本信息编辑器。

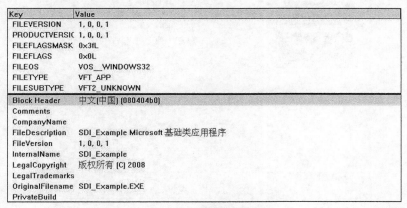

图1-58　版本信息编辑器

# 1.3　利用 Visual C++ 6.0 编写 C++程序

知识点讲解：光盘\视频\PPT 讲解（知识点）\第 1 章\利用 Visual C++ 6.0 编写 C++程序.mp4

| 实例 003 | 编写、调试和运行一个标准的 C++程序 | |
|---|---|---|
| | 源码路径　光盘\daima\part 01 | 视频路径　光盘\视频\实例\第 1 章\003 |

本实例的功能是，使用 Visual C++6.0 编写、调试并运行一个标准的 C++程序。本实例的具体实现流程如下。

（1）选择 File→New 命令，在 New 对话框中选择 Win32 Console Application 项，在对话框中的 Location 和 Project name 中输入路径，如图 1-59 所示。

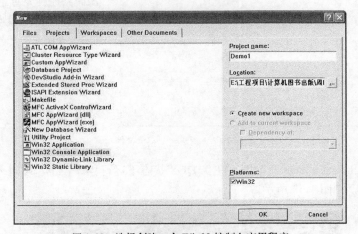

图1-59　选择创建一个 Win32 控制台应用程序

（2）单击 OK 按钮，进入下一步，选择 An empty project 项，单击 Finish 按钮建立项目，如图 1-60 所示。

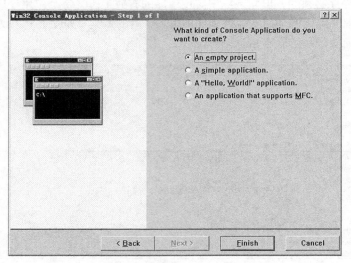

图 1-60　创建一个空的工程

（3）建立和编辑 C++源程序文件，选择 Project→Add to Project→New 命令，在 New 对话框的 File 页面选择 C++ Source File 项，输入文件名，单击 OK 按钮，编辑源程序代码，如图 1-61所示。

（4）编译程序、生成可执行程序。选择 Build→Build 命令，即可以建立可执行程序，若有语法错误，编译器会在窗口下方的输出窗口中显示错误信息。

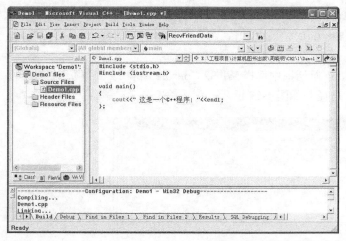

范例 005：创建一个调试程序
源码路径：光盘\演练范例\005
视频路径：光盘\演练范例\005
范例 006：在 C++中进行远程调试
源码路径：光盘\演练范例\006
视频路径：光盘\演练范例\006

图 1-61　新建一个 C++文件

（5）选择 Bulid→Execute 命令既可在伪 DOS 状态下运行程序，也可以进入 DOS 状态后运行已建立的程序，如图 1-62 所示。

图 1-62　控制台应用程序运行界面

# 1.4 技 术 解 惑

Visual C++ 6.0 开发技术博大精深，能够用于多个领域，因此，一直深受广大程序员的喜爱。作为一名初学者，肯定会在学习过程中遇到很多疑问和困惑。为此，在本节的内容中，作者将自己的心得体会传授给大家，帮助读者解决困惑。

## 1.4.1 学习 C++ 是否有用

下面就介绍一下 C++ 的优势，以增强大家学习的信心。

（1）C++ 是一门全能的语言

首先我们先要知道 C++ 是一门什么语言，简单来说，C++ 是一门接近于全能的语言。为什么说是接近呢？因为 C++ 有一门语言是无法取代的，那就是汇编。再直白点来说，汇编对于寄存器的操作，C++ 是无法胜任的。

"接近"可以理解了，那么"全能"呢？大家都知道，C++ 是兼容 C 语言的。不严谨地说，大家可以简单地认为 C 只是 C++ 的一个子集，所以 C 能做的 C++ 也能做。

（2）桌面应用的优势有多大。

目前在桌面领域，C++ 确实还能占有一席之地。但这仅有的一席之地，也岌岌可危。在 Windows XP 之前，因为系统都是没有预装 .NET Framework，所以 C++ 的对手无非就是 Visual Basic，但后 Windows XP 时代就不一样了。Vista 便已经预装了 .NET Framework，更不用说 Windows 7 了。看起来，今后在桌面应用领域，C++ 还能有很大发展空间的，也许就剩下大型的 3D 游戏了。虽然用 .NET 配合 OpenGL 或 Direct3D 也能做 C++ 的事，但效率却会大打折扣。虽然随着硬件的不断提升，这折扣会不断缩小，但毕竟还是存在的。

（3）C++ 是嵌入式领域开发的乐土。

嵌入式领域是 C++ 的天下，我们可以看 Windows 的内核代码、看 Windows 的 BSP 包，全部清一色的 C++。

（4）C++ 很简单。

C++ 的入门很简单，但学好却很难，这是因为 C++ 太灵活了。对于一种功能，C++ 有各种各样的方法，比如，传递给函数的形参，有时候该使用指针，有时候却该使用引用，就连平常得再也不能平常的指针转型，有 C 的括号形式，还有 C++ 特有的 dynamic_cast 和 reinterpret_cast，究竟哪个才是该使用的？更不用说分配内存了，既有 malloc，又有 new，如果算上 STL 的话，还有一个 resize。

C++ 还有更让初学者迷惑的是，即使不用 STL，不用类，不用虚拟继承，甚至不用 C++ 的一切特性，也能够完成相应的功能。

学好 C++ 的方法有很多，仁者见仁，智者见智，但有一点是共通的，那就是多看书。只要仔细阅读本书，吸收并消化，相信一定能学好 C++。

## 1.4.2 解决 Windows 7 安装 Visual C++ 6.0 的兼容性问题

有很多初学者提出了 Windows 7 下安装 Visual C++ 6.0 不兼容的问题。为了说明这个问题，下面以 Visual C++ 6.0 简体中文企业版为例，讲解在 Windows 7 系统中的安装过程。

（1）运行 setup.exe 安装程序，弹出如图 1-63 所示的程序兼容性助手提示框，这是 Windows 7 在警告用户 Visual C++ 6.0 存在兼容性问题。选中"不再显示此消息"复选框，单击"运行程序"按钮。

（2）进入选择安装类型对话框，在此要选择 Custom 安装类型，如图 1-64 所示。

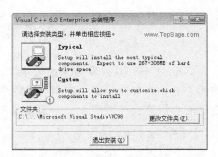

图 1-63　兼容性助手提示框　　　　　　　图 1-64　选择 Custom 安装类型

（3）在 Custom 安装里选择 Tools 组件，然后单击"更改选项"按钮，如图 1-65 所示。

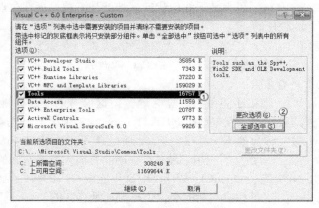

图 1-65　单击更改选项按钮

（4）在弹出的新界面中，取消选中 OLE/Com Object Viewer 复选框，如图 1-66 所示。

图 1-66　OLE/Com Object Viewer 复选框

如果再返回到组件选择界面时，Tools 复选框就变为灰色的了，因为我们取消选中了 OLE/Com Object Viewer，如图 1-67 所示。

（5）接下来的步骤按照默认选项安装即可，最后会出现安装成功的提示，如图 1-68 所示。

（6）安装完成后，启动 Visual C++ 6.0 的时候，会出现"此程序存在已知的兼容性问题"的提示。选中"不再显示此消息"复选框，单击"运行程序"按钮，如图 1-69 所示，此时会成功地打开安装的 Visual C++ 6.0。

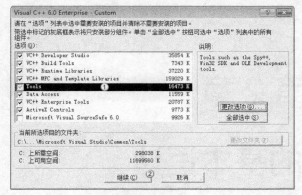

图 1-67 选项变灰色

图 1-68 安装成功提示

图 1-69 选中"不再显示此消息"复选框

### 1.4.3 怎样学好编程

学习程序开发之路是充满挑战的，枯燥的代码和烦琐的调试有时会使你感觉到无味；但同时也充满着乐趣，每一个功能的调试成功都会使你充满自豪和成就感。作为一名初学者，该怎样学好编程呢？下面给出几点建议。

1. 培养兴趣

兴趣是我们学习任何知识的动力，在现实中，往往我们会对喜欢的事情充满热情，也乐于耗费精力。对于编程来说，只要你喜欢感受那调试成功的喜悦，就说明你已经对编程产生了兴趣。而调试成功的喜悦会让你更加喜欢编程，从而带来更多的成就感。

2. 多看代码，多实践

当有一定的语法基础以后，一定要多看别人的代码，其目的是掌握程序的结构和流程，看完之后需要自己动手实践。程序开发讲究精细，哪怕是一个标点的错误都不会调试成功。有人说学习编程的秘诀是编程、编程、再编程，练习、练习、再练习，这就充分说明了实践的重要性。

在刚开始学习编程的时候可以练习一些习题，如果遇到不明白的地方，最好编写一个小程序进行验证，这样能给自己留下深刻的印象。动手的过程中要不断纠正自己不好的编程习惯和认识错误。在有一定的基础以后，可以尝试编一点小游戏、由几个网页构成的简单站点。基础很扎实的时候，可以编一些大型系统或桌面程序。也可以利用网上丰富的源代码资源，获取后分析这些代码。

3. 脚踏实地，稳扎稳打

欲速则不达，这在学习编程时也是如此，不能刚学会了基本语法知识，调试成功了几段代码，就感觉自己学会该种语言了，要脚踏实地地学下去，打好基础，学好基本语法，方能确保自己更好地掌握这种语言。

# 第 2 章

# C++的基本语法

学习 Visual C++ 6.0 开发知识，需要具备 C++语言的基本知识，特别是语法知识。C++是继 C 语言之后的又一门受程序员欢迎的编程语言，它不但是 C 的加强版，而且吸取了传统汇编语言的优点，开创了全新的面向对象语言世界。从此，软件领域彻底进入面向对象时代。由此可以看出，C++的最重要特征是：面向对象。语法是任何一门编程语言的基础，一个程序员只有在掌握了语法知识后，才能根据语法规则编写出项目需要的代码。本章将详细介绍 C++语言的基本语法知识。

| 本章内容 | 技术解惑 |
|---|---|
| ▶▶ 面向对象 | C++标识符的长度 |
| ▶▶ 分析 C++的程序结构 | 字符和字符串的区别 |
| ▶▶ 必须遵循的编码规范 | C++字符串和 C 字符串的转换 |
| ▶▶ 输入/输出基础 | C++字符串和字符串结束标志 |
| ▶▶ 标识符 | C++中的面向对象、C 中的面向过程的含义 |
| ▶▶ 数据类型 | |
| ▶▶ 变量 | 面向对象和面向过程的区别 |
| ▶▶ 常量 | C++中常量的命名 |
| | 在 C++程序中如何定义常量 |
| | 使用关键字 const 的注意事项 |
| | 关于全局变量的初始化，C 语言和 C++是否有区别 |
| | C/C++变量在内存中的分布 |
| | 静态变量的初始化顺序 |

# 2.1 面向对象

知识点讲解：光盘\视频\PPT 讲解（知识点）\第 2 章\面向对象.mp4

面向对象程序设计即 OOP，是 Object-Oriented Programming 的缩写。由于很多原因，国内大部分程序设计人员并没有很深的 OOP 理论，很多人从一开始学习到工作很多年都只是接触到 C/C++、Java、Visual Basic 等静态类型语言，而对纯粹的 OOP 思想及动态类型语言知之甚少，不知道世界上还有一些可以针对变量不绑定类型的编程语言。本节将简要讲解面向对象技术的基本知识。

## 2.1.1 什么是 OOP

OOP 的许多思想都来自 Simula 语言，并在 Smalltalk 语言的完善和标准化过程中得到更多的扩展和重新注解。与函数式程序设计（Functional-programming）和逻辑式程序设计（Logic-programming）所代表的接近于机器的实际计算模型不同的是，OOP 几乎没有引入精确的数学描述，而是倾向于建立一个对象模型，该模型能够近似反映应用领域内实体之间的关系，它近似一种人类认知事物所采用的哲学观的计算模型。

对象的产生通常基于两种基本方式：以原型对象为基础产生新对象和以类为基础产生新对象。

1. 基于原型

原型模型本身就是通过提供一个有代表性的对象来产生各种新的对象，并由此继续产生更符合实际应用的对象。而原型-委托也是 OOP 中的对象抽象，是代码共享机制中的一种。

2. 基于类

一个类提供了一个或多个对象的通用性描述。从形式化的观点看，类与类型有关，因此，一个类相当于从该类产生的实例的集合。在类模型基础上还诞生了一种拥有元类的新对象模型，即类本身也是一种其他类的对象。

## 2.1.2 面向对象编程

面向对象编程是 C++编程的指导思想。使用 C++进行编程时，应该首先利用对象建模技术来分析目标问题，抽象出相关对象的共性，对它们进行分类，并分析各类之间的关系；然后用类来描述同一类对象，归纳出类之间的关系。Coad 和 Yourdon 在对象建模技术、面向对象编程和知识库系统的基础上设计了一整套面向对象的方法，具体来说，分为面向对象分析（OOA）和面向对象设计（OOD）。对象建模技术、面向对象分析和面向对象设计共同构成了系统设计的过程，如图 2-1 所示。

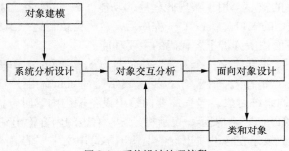

图 2-1　系统设计处理流程

# 2.2　分析 C++的程序结构

知识点讲解：光盘\视频\PPT 讲解（知识点）\第 2 章\分析 C++的程序结构.mp4

程序结构即程序的组织结构，它包括语句结构、语法规则和表达式，其内容包含代码组织结构和文件组织结构。在 C++开发中，我们必须严格遵循这些规则，才能编写出高效、易懂的程序。

## 2.2.1　从一段代码看 C++程序结构

先看如下代码。

```
//这是一个演示程序，它从命令行读入一个整数，然后加1再输出
#include <stdafx.h>
#include <iostream.h>
int main(){
    int x;
    cout<<"请输入一个数字：";
    cin>>x;
    cout<<"x=x+1="<<x<<endl;
    return 0;
}
```

在上述代码中，将整段程序被划分为如下 3 个部分。

**1. 注释部分**

注释部分即上述代码中的首行，用双斜杠标注。

```
//这是一个演示程序，它从命令行读入一个整数，然后加1再输出
```

注释部分即对当前程序的解释说明，通常会说明此文件的作用和版权等信息。

**2. 预处理部分**

预处理部分即上述代码中的第二行。

```
#include <iostream.h>
```

预处理是指在编译前需要提前处理的工作。例如，此段代码表示编译器在预处理时，将文件 iostream.h 中的代码嵌入该代码指示的地方，此处的#include 是编译命令。在文件 iostream.h 中声明了程序需要的输入/输出操作信息。

**3. 主程序部分**

主程序部分即剩余的代码。

```
int main(){
    int x;
    cout<<"请输入一个数字：";
    cin>>x;
    x=x+1;
    cout<<"x=x+1="<<x<<endl;
    return 0;
}
```

此部分是整个程序的核心，用于实现此程序的功能。C++的每个可执行程序都有且只有一个 main 函数，它是程序的入口。执行 C++程序后，首先会执行这个函数，然后从该函数内调用其他需要的操作。下面依次分析上述代码的主要功能。

- 第 1 行"int x;"。表示定义一个对象，并命名为 x，后面的分号表示此条代码到此结束。
- 第 2 行"cout<<"请输入一个数字："";"。表示通过 cout 输出一行文字。此处的 cout 是 C++中预定义的系统对象，当程序要向输出设备输出内容时，需要在程序中引用此对象，输出操作符用"<<"表示，表示将"<<"右边的内容输出到"<<"左边的对象上。例如，此行代码表示在标准输出设备上输出字符串文字"请输入一个数字:"。
- 第 3 行"cin>>x;"。cin 代表标准输入设备的对象，即 C++中的预定义对象。当程序需要从输入设备接受输入时，就需要在程序中使用该对象。输入的操作符是">>"，表示

将"＞＞"左边接受的输入放到右边的对象中。当程序执行到该代码时，会停止并等待来自标准输入设备的输入。输入完毕后按 Enter 键，cin 会接收输入并将输入放到对应的对象中，然后跳到下一条代码开始执行。

❑ 第 4 行"x=x+1;"。"+"当然是表示加法运算，将"+"两边的数字相加；"="表示赋值，将"="右边的运算结果放到"="左边的对象中去。

❑ 第 5 行"cout<<"x=x+1="<<x<<endl;"。这是一条在标准输出设备上输出文字的代码，包含 3 个输出操作符：第 1 个操作输入了文字 x=x+1；第 2 个操作输出对象 x 保存的值；第 3 个操作的右边是 endl，表示回车换行。

❑ 第 6 行"return 0;"。表示跳出当前程序，即返回操作系统，使用数字 0 作为返回值。

❈ 注意：很多编译器并不特别要求函数 main 必须有返回值，如 Visual C++，但为了养成好的习惯，建议必须加入返回值。

### 2.2.2 C++的文件组织

简单的 C++文件结构如图 2-2 所示。

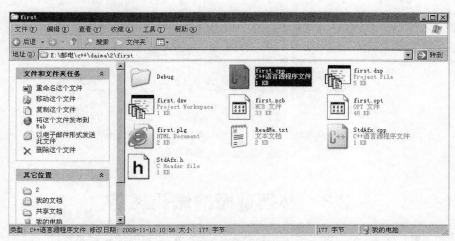

图 2-2 简单的 C++文件结构

在如图 2-2 所示的结构中，只有文件 first.cpp 包含了当前项目中的程序代码。但是在日常应用中，往往一个项目的程序代码会比较复杂，例如，经常需要编写几个类和一些过程函数。为了文档的规整有序和程序的排错，需要为文档设置比较合理的安排方法。

（1）每个类的声明写在一个头文件中，根据编译器的要求可以加.h 后缀名，也可以不加。这个头文件一般以类的名字命名。而且为了防止编译器多次包含同一个头文件，头文件总是以下面的框架组织。

```
#ifndef CLASSNMAE_H_
#define CLASSNAME_H_
在此写类的声明
#endif
```

在 CLASSNAME_H_中，CLASSNAME 就是在这个文件中声明的类名。

（2）将类的实现放在另一个文件中，取名为 classname.cpp（classname 在类声明文件中声明的类名）。并且在该文件中的第一行包含类声明的头文件，如#include " classname "（C++新标准不支持带.h 的头文件）。然后在此文件中编写类的实现代码，一般格式如下。

```
#include"classname"
```

（3）与类相似，在编写函数时，总是把函数的声明和一些常数的声明放在一个头件中，然后把函数的具体实现放在另一个头文件中。

（4）通常来说，如果在某个源文件中需要引入的头文件很多，或者为了源程序的简洁，可以将头文件的引入功能写在另一个头文件中，然后在源程序的第一行引入这个头文件即可。

（5）在文件中需要使用函数和类时，只需引入类和函数声明的头文件即可，无需包含实现的文件。

经过上述方法处理后，就会合理地为一个项目规划好整体的文件结构。在现实项目中，一个大型项目通常会包含很多.cpp文件和函数文件，如图2-3所示的结构。

图 2-3　复杂的 C++文件结构

## 2.3　必须遵循的编码规范

📀 知识点讲解：光盘\视频\PPT 讲解（知识点）\第 2 章\必须遵循的编码规范.mp4

编码规范即我们在编写代码时需要遵守的一些规则。好的编码规范可以大大提高代码的可读性和可维护性，甚至提高程序的可靠性和可修改性，保证了代码的质量。特别是在团队开发大型项目时，编码规范就成为了项目高效运作的重要要素。本节将简要介绍在编写 C++程序时必须遵循的编码规范。

### 2.3.1　养成良好的习惯

- ❑ 程序快缩进，要使用 Tab 键缩进，不能和空格键混合使用。
- ❑ 函数不要太长，如果太长，建议拆分处理。
- ❑ 不要使用太深的 if 嵌套语句，可以使用函数来代替。
- ❑ 双目操作符号前后加空格，以更加醒目。
- ❑ 单目操作符前后不加空格。
- ❑ 不要使用太长的语句，如果太长，可以分行处理。
- ❑ 每个模板中只有一个类。
- ❑ if、while、for、case、default、do 等语句要独占一行。
- ❑ 一行不能写多条语句。
- ❑ 如果表达式中有多个运算符，要用括号标出优先级。

上述建议只是众多风格的主要部分，在实际编写过程中，还需要遵循更多的规范。

### 2.3.2 必须使用的注释

注释可以帮助阅读程序，通常用于概括算法、确认变量的用途或者阐明难以理解的代码段。注释并不会增加可执行程序的大小，编译器会忽略所有注释。

C++中有两种类型的注释：单行注释和成对注释。单行注释以双斜线（//）开头，行中处于双斜杠右边的内容是注释，被编译器忽略。例如：

```
//计算m和n的和
z=add(m,n);
```

另一种定界符：注释对（/**/)，是从 C 语言继承过来的。这种注释以"/*"开头，以"*/"结尾，编译器把落入注释对"/**/"之间内容作为注释。例如：

```
/*计算m和n的和
Z只是个简单函数
*/
z=add(m,n);
```

任何允许有制表符、空格或换行符的地方都允许放注释对。注释对可跨越程序的多行，但不是一定要如此。当注释跨越多行时，最好能直观地指明每一行都是注释的一部分。我们的风格是在注释的每一行以星号开始，指明整个范围是多行注释的一部分。

程序通常混用两种注释形式。注释对一般用于多行解释，而双斜线注释则常用于半行或单行的标记。太多的注释混入程序代码可能会使代码难以理解，通常最好是将一个注释块放在所解释代码的上方。

当改变代码时，注释应与代码保持一致。程序员即使知道系统其他形式的文档已经过期，还是会信任注释，认为它会是正确的。错误的注释比没有注释更糟，因为它会误导后来者。

在使用注释时，必须遵循下述原则。

❑ 禁止乱用注释。

❑ 注释必须和被注释内容一致，不能描述和其无关的内容。

❑ 注释要放在被注释内容的上方或被注释语句的后面。

❑ 函数头部需要注释，主要包含文件名、作者信息、功能信息和版本信息。

❑ 注释对不可嵌套：注释总是以"/*"开始并以"*/"结束。这意味着，一个注释对不能出现在另一个注释对中。由注释对嵌套导致的编译器错误信息容易使人迷惑。

# 2.4 输入/输出基础

知识点讲解：光盘\视频\PPT 讲解（知识点）\第 2 章\输入输出基础.mp4

C++并没有直接定义进行输入或输出（I/O）的任何语句，而是由标准库（Standard Library）提供，I/O 库为程序员提供了大量的工具。然而对于许多应用来说（包括本书的例子），编程者只需要了解一些基本的概念和操作即可。本书中的大多数例子都使用了处理格式化输入和输出的 iostream 库。iostream 库的基础是两种命名为 istream 和 ostream 的类型，分别表示输入流和输出流。流是指要从某种 I/O 设备上读入或写出的字符序列。术语"流"试图说明字符是随着时间顺序生成或消耗的。本节将简要讲解 C++实现输入和输出的基本知识。

### 2.4.1 标准输入与输出对象

标准库定义了 4 个 I/O 对象。处理输入时使用命名为 cin（读作 see-in）的 istream 类型对象。这个对象也叫做标准输入（Standard Input）。处理输出时使用命名为 cout（读作 see-out）的 ostream 类型对象，这个对象也称为标准输出（Standard Output）。标准库还定义了另外两个 ostream 对象，分别命名为 cerr 和 clog（分别读作"see-err"和"see-log"）。cerr 对象又叫做标准错误（Standard Error），通常用来输出警告和错误信息给程序的使用者。而 clog 对象用于产生程序执行的一般信息。

在一般情况下，系统将这些对象与执行程序的窗口联系起来。这样，当我们从 cin 读入时，数据从执行程序的窗口读入，当写到 cout、cerr 或 clog 时，输出至同一窗口。运行程序时，大部分操作系统都提供了重定向输入或输出流的方法。利用重定向可以将这些流与所选择的文件联系起来。

## 2.4.2　一个使用 I/O 库的程序

到目前为止，我们已经明白如何编译与执行简单的程序了，虽然那个程序什么也不做。接下来先看一看应该如何实现把两数相加的处理代码。我们可以使用 I/O 库来扩充 main 程序，实现输出用户给出的两个数的和的功能，具体代码如下。

```
#include <iostream>
int main()
{
    std::cout << "输入两个数字： " << std::endl;
    int v1, v2
    std::cin >> v1 >> v2;
    std::cout << "它们的和是" << v1 << " and " << v2
             << " is " << v1 + v2 << std::endl;
    return 0;
}
```

在上述代码中，首先在用户屏幕上显示提示语"输入两个数字："，输入后按 Enten 键，将输出两者的和。程序的第一行是一个预处理指示。

```
#include <iostream>
```

该行代码的功能是告诉编译器要使用 iostream 库。尖括号里的名字是一个头文件。当程序使用库工具时必须包含相关的头文件。#include 指令必须单独写成一行——头文件名和#include 必须在同一行。通常，#include 指令应出现在任何函数的外部。而且习惯上，程序的所有#include 指示都在文件开头部分出现。

1．写入到流

main 函数体中第一条语句执行了一个表达式（Expression）。C++中，一个表达式由一个或几个操作数和通常是一个操作符组成。该语句的表达式使用输出操作符（<<操作符），在标准输出上输出如下提示语。

```
std::cout << "输入两个数字:" << std::endl;
```

上述代码用了两次输出操作符，每个输出操作符实例都接受两个操作数：左操作数必须是 ostream 对象，右操作数是要输出的值。操作符将其右操作数写到作为其左操作数的 ostream 对象。

在 C++中，每个表达式产生一个结果，通常是将运算符作用到其操作数所产生的值。当操作符是输出操作符时，结果是左操作数的值。也就是说，输出操作返回的值是输出流本身。

既然输出操作符返回的是其左操作数，那么我们就可以将输出请求连接在一起。输出提示语的那条语句等价于。

```
 (std::cout << "输入两个数字:") << std::endl;
```

因为（std::cout << "Enter two numbers:"）返回其左操作数 std::cout，这条语句等价于下面的代码。

```
std::cout << "输入两个数字:";
std::cout << std::endl;
```

endl 是一个特殊值，称为操纵符（Manipulator），将它写入输出流时，具有输出换行的效果，并刷新与设备相关联的缓冲区（Buffer）。通过刷新缓冲区，保证用户立即看到写入到流中的输出。

　注意：程序员经常在调试过程中插入输出语句，这些语句都应该刷新输出流。忘记刷新输出流可能会造成输出停留在缓冲区中，如果程序崩溃，将会导致程序错误推断崩溃位置。

2. 使用标准库中的名字

细心的读者会注意到这个程序中使用的是 std::cout 和 std::endl，而不是 cout 和 endl。前缀 std::表明 cout 和 endl 是定义在命名空间（Namespace）std 中的。命名空间使程序员可以避免与库中定义的名字相同引起的无意冲突。因为标准库定义的名字是定义在命名空间中，所以我们可以按自己的意图使用相同的名字。

标准库使用命名空间的副作用是，当我们使用标准库中的名字时，必须显式地表达出使用的是命名空间 std 下的名字。std::cout 的写法使用了作用域操作符（Scope Operator，::操作符），表示使用的是定义在命名空间 std 中的 cout。

3. 读入流

在输出提示语后，将读入用户输入的数据。先定义两个名为 v1 和 v2 的变量来保存输入。

```
int v1, v2;
```

将这些变量定义为 int 类型，int 类型是一种代表整数值的内置类型。这些变量未初始化，表示没有赋给它们初始值。这些变量在首次使用时会读入一个值，因此可以没有初始值。下一条语句读取输入。

```
std::cin >> v1 >> v2;
```

输入操作符（>>操作符）的行为与输出操作符相似，功能是接受一个 istream 对象作为其左操作数，接受一个对象作为其右操作数，它从 istream 操作数读取数据并保存到右操作数中。像输出操作符一样，输入操作符返回其左操作数作为结果。由于输入操作符返回其左操作数，我们可以将输入请求序列合并成单个语句。换句话说，这个输入操作等价于下面的代码。

```
std::cin >> v1;
std::cin >> v2;
```

输入操作的效果是从标准输入读取两个值，将第一个存放在 v1 中，第二个存放在 v2 中。

4. 完成程序

剩下的就是要输出结果。

```
std::cout << "它们的和是" << v1 << " and " << v2
          << " is " << v1 + v2 << std::endl;
```

上述代码虽然比输出提示语的语句长，但是在概念上没什么区别，功能是将每个操作数输出到标准输出。有趣的是操作数并不都是同一类型的值，有些操作数是字符串字面值。例如，下面的字符串。

```
"它们的和是"
```

其他是不同的 int 值，如 v1、v2 以及对算术表达式 v1 + v2 求值的结果。iostream 库定义了接受全部内置类型的输入/输出操作符版本。

✿ 注意：在编写 C++程序时，大部分出现空格符的地方，可用换行符代替。这条规则的一个例外是字符串字面值中的空格符不能用换行符代替。另一个例外是换行符不允许出现在预处理指示中。

# 2.5 标 识 符

📀 知识点讲解：光盘\视频\PPT 讲解（知识点）\第 2 章\标识符.mp4

标识符就是为变量、函数、类及其他对象所起的名称，但是它们不能随意命名，因为在 C++系统中，已经预定义了很多标识符，这些预定义的标识符不能被用来定义其他意义。

## 2.5.1 C++中的保留字

C++中的保留字即我们前面提到的已经预定义了的标识符，常见的 C++保留字如表 2-1 所示。

**表 2-1** C++预定义标识符

| asm | default | float | operator | static_cast | union |
|---|---|---|---|---|---|
| auto | delete | for | private | struct | unsigned |
| bool | do | friend | protected | switch | using |
| break | double | goto | public | template | virtual |
| case | dynamic_cast | if | register | this | void |
| catch | else | inline | reinterpret_cast | throw | volatile |
| char | enum | int | return | true | wchar_t |
| class | explicit | long | short | try | while |
| const | export | mutable | signed | typedef | . |
| const_cast | extern | namespace | sizeof | typeid | . . |
| Continue | false | new | static | typename | .. |

表 2-1 中的预留关键字已经被赋予了特殊的含义，不能再被命名为其他的对象。例如，int 表示整型数据类型，float 表示浮点型数据。C++语言的标识符经常用在以下情况中。

- 标识对象或变量的名字。
- 类、结构和联合的成员。
- 函数或类的成员函数。
- 自定义类型名。
- 标识宏的名字。
- 宏的参数。

### 2.5.2　需要遵循的命名规则

在 C++语言中，标识符需要遵循如下命名规则。

（1）所有标识符必须由一个字母（a~z 或 A~Z）或下划线（_）开头。

（2）标识符的其他部分可以用字母、下划线或数字（0~9）组成。

（3）大小写字母表示不同意义，即代表不同的标识符，如前面的 cout 和 Cout。

（4）在定义标识符时，虽然语法上允许用下划线开头，但是，我们最好避免定义用下划线开头的标识符，因为编译器常常定义一些下划线开头的标识符。

（5）C++没有限制一个标识符中字符的个数，但是，大多数的编译器都会有限制。不过，我们在定义标识符时，通常并不用担心标识符中字符数会不会超过编译器的限制，因为编译器限制的数字很大（如 255）。

（6）标识符应当直观且可以拼读，可望文知意，不必进行"解码"。标识符最好采用英文单词或其组合，便于记忆和阅读。切忌使用汉语拼音来命名。程序中的英文单词一般不会太复杂，用词应当准确。例如，不要把 CurrentValue 写成 NowValue。

（7）命名规则尽量与所采用的操作系统或开发工具的风格保持一致。例如，Windows 应用程序的标识符通常采用"大小写"混排的方式，如 AddChild；而 UNIX 应用程序的标识符通常采用"小写加下划线"的方式，如 add_child，别把这两类风格混在一起用。

（8）程序中不要出现仅靠大小写区分的相似的标识符，例如：

```
int x, X; // 变量x 与 X 容易混淆
void foo(int x); // 函数foo 与FOO容易混淆
void FOO(float x);
```

（9）程序中不要出现标识符完全相同的局部变量和全局变量，尽管两者的作用域不同而不会发生语法错误，但是这样会使人产生误解。

（10）变量的名字应当使用"名词"或者"形容词＋名词"，例如：

```
float value;
float oldValue;
float newValue;
```

（11）全局函数的名字应当使用"动词"或者"动词＋名词"（动宾词组）。类的成员函数应当只使用"动词"，被省略掉的名词就是对象本身，例如：

```
drawBox(); // 全局函数
box->Draw(); // 类的成员函数
```

（12）用正确的反义词组命名具有互斥意义的变量或相反动作的函数等，例如：

```
int minValue;
int maxValue;
int SetValue(…);
int GetValue(…);
```

（13）尽量避免名字中出现数字编号，如 Value1、Value2 等，除非逻辑上的确需要编号。这是为了防止程序员偷懒，不肯为命名动脑筋而导致产生无意义的名字（因为用数字编号最省事）。

而在 Windows 应用程序中，需要遵循如下命名规则。

（1）类名和函数名用以大写字母开头的单词组合而成，例如：

```
class Node; // 类名
class LeafNode; // 类名
void Draw(void); // 函数名
void SetValue(int value); // 函数名
```

（2）变量和参数用以小写字母开头的单词组合而成，例如：

```
BOOL flag;
int drawMode;
```

（3）常量全用大写的字母，用下划线分割单词，例如：

```
const int MAX = 100;const int MAX_LENGTH = 100;
```

（4）静态变量加前缀 s_（表示 static），例如：

```
void Init(…){
static int s_initValue; // 静态变量
…
}
```

（5）如果不得已需要全局变量，则使全局变量加前缀 g_（表示 global），例如：

```
int g_howManyPeople; // 全局变量
int g_howMuchMoney; // 全局变量
```

（6）类的数据成员加前缀 m_（表示 member），这样可以避免数据成员与成员函数的参数同名，例如：

```
void Object::SetValue(int width, int height)
{
m_width = width;
m_height = height;
```

（7）为了防止某一软件库中的一些标识符和其他软件库中的冲突，可以为各种标识符加上能反映软件性质的前缀。例如，三维图形标准 OpenGL 的所有库函数均以 gl 开头，所有常量（或宏定义）均以 GL 开头。

# 2.6　数　据　类　型

知识点讲解：光盘\视频\PPT 讲解（知识点）\第 2 章\数据类型.mp4

我们编写的一系列操作都是基于数据的，但是不同的项目、不同的处理功能会需要不同的数据，为此 C++推出了数据类型这一概念。数据类型规定了数据的组织和操作方式，它能说明数据是怎么存储的以及怎么对数据进行操作。C++中的数据类型可以分为四大类。

- ❑ 数字型。
- ❑ 逻辑运算型。
- ❑ 字符型和字符串。
- ❑ 复合类型。

本节将详细讲解上述 4 种数据类型的基本知识。

### 2.6.1　数字型

数据是人们记录概念和事物的符号表示，如记录人的姓名用汉字表示、记录人的年龄用十进制数字表示、记录人的体重用十进制数字和小数点表示等，由此得到的姓名、年龄和体重都叫数据。根据数据的性质不同，将其可以分为不同的类型。在日常开发应用中，数据主要被分为数值和文字（即非数值）两大类，数值又细分为整数和小数两类。

这里的数字型是指能够进行数学运算的数据类型，可以分为整型、浮点型和双精度型。整型数字可以用十进制、八进制、十六进制等进制表示。根据整型字长的不同，又可以分为短整型、整型和长整型。

表 2-2 列出了在 32 位编译器中的基本数据类型所占空间的大小和值域范围。

**表 2-2　数据类型说明**

| 基本数据类型 | 存储空间/字节 | 数 值 范 围 |
| --- | --- | --- |
| short int | 2 | −32 768～32 767 |
| signed short int | 2 | −32 768～32 767 |
| unsigned short int | 2 | 0～65 535 |
| int | 4 | −2 147 483 648～2 147 483 647 |
| signed int | 4 | −2 147 483 648～2 147 483 647 |
| unsigned int | 4 | 0～4 294 967 295 |
| long int | 4 | −2 147 483 648～2 147 483 647 |
| signed long int | 4 | −2 147 483 648～2 147 483 647 |
| unsigned long int | 4 | 0～4 294 967 295 |
| char | 1 | −128～127 |
| signed char | 1 | −128～127 |
| unsigned char | 1 | 0～255 |
| float | 4 | −3.4×1 038～3.4×1 038 |
| double | 8 | −1.7×10 308～1.7×10 308 |
| long double | 10 | −3.4×104 932～3.4×104 932 |

### 2.6.2　逻辑运算型

逻辑运算型用来定义逻辑型数据的类型，用关键字 bool 来说明。在 C++中没有提供专门的逻辑类型，而是借用了其他类型来表示，如整型和浮点型。在 C++中用 0 来表示逻辑假，1 表示逻辑真。并分别定义了宏 true 表示真，false 表示假。C++提供了 3 种逻辑运算符，如表 2-3 所示。

**表 2-3　C++逻辑运算符**

| 运 算 符 | 名 字 | 实 例 |
| --- | --- | --- |
| ! | 逻辑非 | !(5 == 5) //结果得出 0 |
| && | 逻辑与 | 5 < 6 && 6 < 6 //结果得出 0 |
| ‖ | 逻辑或 | 5 < 6 ‖ 6 < 5 //结果得出 1 |

逻辑非（!）是单目运算符，它将操作数的逻辑值取反，即如果操作数是非零，它使表达式的值为 0；如果操作数是 0，它使表达式的值为 1。

逻辑与（&&）与逻辑或（‖）的含义如表 2-4 所示。

| 表 2-4 | 逻辑与（&&）和逻辑或（‖）运算 | | |
|---|---|---|---|
| 运 算 符 | 操作数 1 | 操作数 2 | 表达式的值 |
| 逻辑与（&&） | true | true | true |
| | false | true | false |
| | true | false | false |
| | false | false | false |
| 逻辑或（‖） | true | true | true |
| | false | true | true |
| | true | false | true |
| | false | false | false |

下面是一些有效的逻辑表达式。

```
!20                 //结果得出 0
10 &&               //结果得出 1
10 ‖ 5.5            //结果得出 1
10 && 0             //结果得出 0
```

### 2.6.3 字符型和字符串

字符型包括普通字符和转义字符，下面将详细讲解。

**1. 普通字符**

普通字符常量是由一对单引号括起来的单个字符，例如：

```
'a'                 //字符常量
'A'                 //字符常量
```

在此，a 和 A 是两个不同的常量。

字符型表示单个字符，用 char 来修饰，通常是 8 位字长，具体格式如下。

```
char var;
```

其中，char 是说明符，var 是变量名，每个变量只能容纳一个字符，每个字符用一对单引号包含进来。

**2. 转义字符**

转义字符常量是一种特殊表示形式的字符常量，是以"\"开头，后跟一些字符组成的字符序列，表示一些特殊的含义。在 C++语言中，有如下常用字符。

- ❑ \'：单引号。
- ❑ \"：双引号。
- ❑ \\：反斜杠。
- ❑ \0：空字符。
- ❑ \a：响铃。
- ❑ \b：后退。
- ❑ \f：走纸。
- ❑ \n：换行。
- ❑ \r：回车。
- ❑ \t：水平制表符。
- ❑ \v：垂直制表符。
- ❑ \xnnn：十六进制数（nnn）。

例如下面的代码：

```
printf( "This\nis\na\ntest\n\nShe said, \"How are you?\"\n" );
```

执行上述代码后将输出：

```
This
is
```

```
a
test
She said, "How are you?"
```

### 3．字符串

字符串与字符数组都是描述由多个字符构成的数据，字符串借用字符数组来完成处理。在使用字符串时需要注意如下 4 点。

（1）字符串数据用双引号表示，而字符数据用单引号。

（2）字符串的长度可以根据串中字符的个数临时确定，而字符数组的长度必须事先规定。

（3）对字符串，系统在串尾加"\0"作为字符串的结束标志，而字符数组并不要求最后一个字符为"\0"。

（4）用字符数组来处理字符串时，字符数组的长度应比要处理的字符串长度大 1，以存放串尾结束符"\0"，例如：

```
static char city[9]= "c", "h", "a", "n", "g", "s", "h", "a", "\0\" ), 0=1
```

可用字符串描述为：

```
static char city[9]={\"changsha\"}或\"changsha\";
```

上述两条语句可分别理解为用字符数组来处理字符串，用字符串对字符数组初始化。但千万注意不能在程序中给字符数组赋值，例如：

```
city—\"changsha\";   /*是绝对错误的*/
```

# 2.7　变　量

知识点讲解：光盘\视频\PPT 讲解（知识点）\第 2 章\变量.mp4

变量是指内容可以变化的量，它是访问和保存数据的媒介。变量在程序中的应用比较频繁，这就需要我们正确、灵活地使用才能够编写出高效的程序。本节将详细讲解 C++变量的基本知识。

## 2.7.1　定义变量

变量不仅向编译器声明自身的存在，并同时为自身分配所需的空间，具体格式如下。

```
type varl[=value1], var2[=value2],.........
```

其中，type 是类型名，可以是 int、char 等任何类型的说明符；varl 和 var2 是变量的名字，可以是任何合法的非保留字标识符，value1 和 value2 是常量值。如果同时定义多个变量，则变量之间必须用逗号隔开，最后一个变量后加分号。

注意：变量类型决定了应怎样去理解和操作该变量所对应的数据，变量名为程序提供了内存块的首地址和操作它的媒介。

**实例 004**　**分别定义 5 个变量，并分别初始化赋值处理**

源码路径　光盘\part02\bian　　　　　　视频路径　光盘\视频\实例\第 2 章\004

本实例的核心文件是 bian.cpp，具体实现代码如下。

```cpp
#include "stdafx.h"
#include "iostream.h"
int main(void)
{
    int a=20;        //定义整型变量a
    char ch='a';     //定义字符型变量ch
    double d1,d2;    //定义双精度型变量d1和d2
    double d3;       //定义双精度型变量d3
    /*使用定义的5个变量*/
    d1=2.9;
    d2=3.1;
    d3=14;
    d3=d1+d3;
    cout<<d1<<endl;
```

范例 007：演示变量和存储方式的关系

源码路径：光盘\演练范例\007

视频路径：光盘\演练范例\007

范例 008：获取输入的用户名和密码

源码路径：光盘\演练范例\008

视频路径：光盘\演练范例\008

```
        cout<<d2<<endl;
        cout<<d3<<endl;
        eturn 0;
}
```

在上述代码中，分别定义了 5 个变量 a、ch、d1、d2、d3，并分别为这 5 个变量进行了赋值处理。编译执行后将输出对应的结果，执行结果如图 2-4 所示。

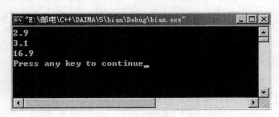

图 2-4　执行结果

### 2.7.2　声明变量

如果只需向编译器说明一个变量的存在，而不为其分配所需的存储空间，就叫变量的声明，它仅仅起到占位符的作用。具体声明格式如下。

```
extern type var1,var2,……
```

其中，extern 是关键字，表示定义的外部变量；type 是变量的类型，var1 和 var2 是变量的名称。所谓外部变量，是指变量在当前程序的外部，要么是在另外一个文件中，要么是在本文件的后面。

| 实例 005 | 使用 extern 声明了两个变量 a 和 b |
|---|---|
| 源码路径　光盘\part02\wai | 视频路径　光盘\视频\实例\第 2 章\005 |

本实例的功能是使用 extern 声明两个变量 a 和 b，实例文件 wai.cpp 的具体代码如下。

```
#include "stdafx.h"
#include "iostream.h"
#include "a_wai.h"            //变量a所在的头文件
extern int a;                 //从外部引入变量a
extern int b;                 //从外部引入变量b
int main(void)
{
    int c=10;                 //定义变量c
    cout<<"a在另一个文件内，a="<<a<<endl;
    cout<<"b是声明的，但在本文件内,b="<<b<<endl;
    cout<<"c是定义的，c="<<c<<endl;
    return 0;
}
int b = 1;                    //定义变量b
```

范例 009：判断是否是闰年
源码路径：光盘\演练范例\009
视频路径：光盘\演练范例\009
范例 010：组合判断处理
源码路径：光盘\演练范例\010
视频路径：光盘\演练范例\010

执行后的效果如图 2-5 所示。

图 2-5　执行效果

在上述代码中，extern 声明一个来自其他文件的变量 a，然后声明一个在主函数后才被定义的变量 b。变量 a 是直接调用的，它在外部文件 a_wai.h 中被定义,具体代码如下。

```
extern int a=1;
```

这样，虽然 a 和 b 都被声明为外部变量，但是 a 是在文件 a_wai.h 中定义的，b 则是在函数 main 的末尾定义的，c 则只是一个定义。

注意：在上述代码中，变量的声明并没有给变量分配存储空间，所以在声明时不能给其赋值，因为它在实际上是不存在的。如果将变量 a 的声明写为如下格式。

```
extern int a=1;              //从外部引入变量a
```

上述写法是错误的，因为此时的 a 还没有存储空间，数值 1 将无处可放。

### 2.7.3　变量的作用域

变量的作用域是指变量可以被引用的区域，变量的生存期是指变量的生命周期，变量的作用域与生存周期是密切相关的。本节将简要介绍变量作用域的基本知识。

1. 作用域和生存期

变量的作用域决定了变量的可见性，说明变量在程序哪个区域可用，即程序中哪些语句可以使用变量。作用域有 3 种：局部、全局和文件作用域。具有局部作用域的变量称为局部变量，具有全局作用域和文件作用域的变量称为全局变量。

大部分变量都具有局部作用域，它们声明在函数内部。局部的作用域开始于变量声明的位置，并在标志该函数或块结束的右括号处结束。下面的例子列出了几种不同的局部变量。

例如，局部变量和函数形参具有局部作用域。

```
void Myprogram(int x)
{                            //形参的作用域开始于此
int y=3;                     //局部变量的作用域开始于此
{
int z=x+y;                   //块内部变量z的作用域开始于此，x和y在该语句内可用
}                            //z的作用域结束
}                            //变量y、x作用域结束
```

全局变量声明在函数的外部，其作用域一般从变量声明的位置开始，在程序源文件结束处结束。全局作用域范围最广，甚至可以作用于组成该程序的所有源文件。当将多个独立编译的源文件连接成一个程序时，在某个文件中声明的全局变量或函数，在其他相连接的文件中也可以使用，但使用前必须进行 extern 外部声明。例如，如下为具有全局作用域的变量。

```
int x=1;                     //全局变量x的作用域开始于此，结束于整个程序源文件
void Myprogram(int x)
{
     ……
}
……
```

全局作用域是指在函数外部声明的变量只在当前文件范围内可用，但不能被其他文件中的函数访问。要使变量或函数具有文件作用域，必须在它们的声明前加上 static 修饰符。当将多个独立编译的源文件链接成一个程序时，可以利用 static 修饰符避免一个文件中的外部变量由于与其他文件中的变量同名而发生冲突。

下面的代码演示了具有文件作用域的全局变量。

```
staticx=1;                   //全局变量x的作用域开始于此，结束于当前文件
void Myprogram(int x)
{
……
}
……
```

在同一作用域内声明的变量不能同名，但不同作用域声明的变量可以同名。

变量的生存期是指在程序执行的过程中，一个变量从创建到被撤销的一段时间，它确定了变量是否存在。变量的生存期与作用域密切相关，一般变量只有在生存后才能可见。但作用域与生存期还是有一些区别的，作用域是指变量在源程序中的一段静态区域，而生存期是指变量在程序执行过程中存在的一段动态时间。有些变量（函数参数）没有生存期，但是有作用域；有些变量虽然在生存期，但却不在作用域。

**实例 006** 演示说明同名变量的屏蔽问题
源码路径　光盘\part02\yu　　　　　视频路径　光盘\视频\实例\第 2 章\006

本实例的核心文件是 yu.cpp，具体实现代码如下。

```
#include "stdafx.h"
#include "iostream.h"
int i_sum=100;
void main()
{
    cout<<" 这是一个C++程序！"<<endl;
    int i_sum=200;
    cout<<i_sum<<endl;
};
```

范例 011：计算某年某月某日是第几天
源码路径：光盘\演练范例\011
视频路径：光盘\演练范例\011
范例 012：猴子吃桃的问题
源码路径：光盘\演练范例\012
视频路径：光盘\演练范例\012

执行后的效果如图 2-6 所示。

在同一作用域内变量同名，在编译阶段编译器会报语法错误，我们可以方便地定位和调试。但是对于不同作用域的变量同名，则不会出现语法错误，但是会出现实例所演示的同名变量屏蔽问题。通过以上步骤，我们演示了不同作用域同名变量的屏蔽问题，而如何才能够输出正确的结果呢？则要借助作用域限定符。

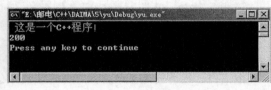

图 2-6　执行效果

2．作用域限定符

从**实例 006** 可以看出，如果局部变量和全局变量同名，则在局部作用域内只有局部变量才起作用，C 语言没有提供这种情况下访问全局变量的途径。在 C++中，可以通过作用域限定符"::"来标识同名的全局变量。

**实例 007** 使用作用域限定符"::"
源码路径　光盘\part02\xian　　　　　视频路径　光盘\视频\实例\第 2 章\007

例文件 xin.cpp 的具体实现代码如下。

```
#include "stdafx.h"
#include <iostream.h>
int i_sum=123;
void main(){
    cout<<" 这是一个C++程序！"<<endl;
    int i_sum=456;
    cout<<::i_sum<<endl;
};
```

范例 013：解决加油站的加油问题
源码路径：光盘\演练范例\013
视频路径：光盘\演练范例\013
范例 014：解决买苹果的问题
源码路径：光盘\演练范例\014
视频路径：光盘\演练范例\014\

程序运行后的效果如图 2-7 所示。

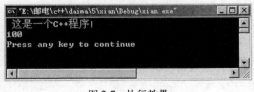

图 2-7　执行效果

通过以上步骤，演示了使用作用域限定符来解决不同作用域同名变量屏蔽问题的方法。在此需要说明的是，作用域限定符"::"只能用来访问全局变量，而不能用来访问一个在语句块外声明的同名局部变量。例如，下面的代码是错误的。

```
void main(){
    cout<<" 这是一个C++程序！"<<endl;
    int i_sum=123;
    {
```

```
            int i_sum=456;
            :i_sum=789;
        }
};
```

编译程序就会弹出以下错误提示信息。

```
error C2039: 'i_sum' : is not a member of "global namespace"
```

3．C++变量初始化

变量初始化就是对变量一个初始的赋值，此操作可以在变量定义时进行，也可以在定义后再进行。在前面的实例中，我们多次实现了变量初始化处理。

当定义一个变量时，我们应给它进行初始化的动作。当然除了系统会帮我们初始化的变量外（如全局变量、静态变量或外部变量，系统会帮我们初始化成 0、null）。对于局部变量，它是在一个堆或栈中，如果不给它初始化，那么再使用时就很难决定它的当前状态。

未初始化的变量是 C 和 C++程序中错误的常见来源。养成在使用内存之前先清除的习惯，可以避免这种错误，在定义变量的时候就将其初始化。

按照 C 和 C++相同的低层高效率传统，通常并不要求编译器初始化变量，除非你显式地这样做（如局部变量、构造函数初始式列表中遗漏的成员），应该显式地初始化变量。

几乎没有理由不对变量进行初始化。实际上没有任何理由值得冒未定义行为可能带来的危险。

4．C++变量命名规范

俗话说，没有规矩不成方圆，命名当然不能随意，而需要遵循一定的规范。C++变量的命名不但要遵循其标识符的命名规则，还要遵循一些其他规范。

❑ 变量名的第一个字符必须是字母、下划线或@。
❑ 第一个字符后的字符可以是字母、下划线或数字。
❑ 由字母（大写 A~Z 或小写 a~z）、数字（0~9）和下划线（_）组成。
❑ 不能包含除下划线之外的任何特殊字符。
❑ 不能包含换行、空格、制表符等空白字符。
❑ 不能包含 C++保留字，如 int、main 等。
❑ 要区分大小写，如 temp 和 Temp 是不同的。
❑ 变量长度无限制，但系统只会取前 1 024 个字符。
❑ 变量名要有意义，要一看便懂，提高可读性，以便于系统维护。
❑ 如果名称包含一个以上的单词，最好单词首字母大写。
❑ 在习惯上都趋于用小写字符命名。

例如，下面的变量名都是正确的。

```
aaaaaa
@aaaaaaa
_aaaaaa
```

下面的变量名是不正确的。

```
6666aaa
aa-bb
namespace
```

# 2.8　常　　量

📽 知识点讲解：光盘\视频\PPT 讲解（知识点）\第 2 章\常量.mp4

所谓常量是指内容固定不变的量，无论程序怎样变化执行，它的值永远不会变。在编程中，常量常用于保存像圆周率之类的常数。在本节的内容中，将详细介绍 C++中常量的基本知识，为读者步入本书后面知识的学习打下基础。

### 2.8.1 什么是常量

常量是指在程序执行中不变的量，它分为字面常量和符号常量（又称标识符常量）两种表示方法。如 25、-3.26、'a'、"constant"等都是字面常量，即字面本身就是它的值。符号常量是一个标识符，对应着一个存储空间，该空间中保存的数据就是该符号常量的值，这个数据是在定义符号常量时赋予的，是以后不能改变的。如 C++保留字中的 true 和 false 就是系统预先定义的两个符号常量，它们的值分别为数值 0 和 1。

注意：我们可以认为，声明一个常量与声明一个变量的区别是在语句之前加上了 const。但是，声明常量的时候必须对其进行初始化，并且在除声明语句以外的任何地方不允许再对该常量赋值。

如果一个实型文字常量没有作任何说明，那么默认其为双精度型数据。若要表示浮点型数据，要在该文字常量之后加上 F（大小写不限）；若要表示长双精度型数据，则要加上 L（大小写不限）。

cout 语句可以输出字符串，这些带着双引号的字符串的全称是字符串常量，它也是一种文字常量。而带着单引号的常量称为字符常量，它与字符串常量是不同的。字符常量只能是一个字符，而字符串常量既可以是一个字符，也可以由若干个字符组成。

在事实上，只要在不改变变量值的情况下，常量可以由一个变量来代替。但是从程序的安全和严谨角度考虑，我们并不推荐这样做。

### 2.8.2 常量的分类

1. 整型常量

整型常量简称整数，它有十进制、八进制和十六进制 3 种表示方式。

(1) 十进制整数。

十进制整数由正号（+）或负号（-）开始的、接着为首位非 0 的若干个十进制数字所组成。若前缀为正号则为正数，若前缀为负号则为负数，若无符号则认为是正数。如 38、-25、+120、74 286 等都是符合书写规定的十进制整数。

当一个十进制整数大于等于-2 147 483 648（即$-2^{31}-1$），同时小于等于 2 147 483 647（即$2^{31}$-1）时，则被系统看成 int 型常量；当在 2 147 483 648～4 294 967 295（即$2^{31}-1$）范围之内时，则被看成 unsigned int 型常量；当超过上述两个范围时，则无法用 C++整数类型表示，只有把它用实数（即带小数点的数）表示才能够被有效地存储和处理。

(2) 八进制整数。

八进制整数由首位数字为 0 的后接若干个八进制数字（借用十进制数字中的 0～7）所组成。八进制整数不带符号位，隐含为正数。如 0、012、0377、04056 等都是八进制整数，对应的十进制整数依次为 0、10、255 和 2094。

当一个八进制整数大于等于 0 同时小于等于 017777777777 时，则称为 int 型常量，当大于等于 020000000000 同时小于等于 037777777777 时，则称为 unsigned int 型常量，超过上述两个范围的八进制整数则不要使用，因为没有相对应的 C++整数类型。

(3) 十六进制整数。

十六进制整数由数字 0 和字母 x（大、小写均可）开始的、后接若干个十六进制数字（0～9，A～F 或 a～f）所组成。同八进制整数一样，十六进制整数也均为正数。如 0x0、0X25、0x1ff、0x30CA 等都是十六进制整数，对应的十进制整数依次为 0、37、511 和 4 298。

当一个十六进制整数大于等于 0，同时小于等于 0x7FFFFFFF 时，则称其为 int 型常量，当大于等于 0x80000000 同时小于等于 0xFFFFFFFF 时，则称其为 unsigned int 型常量，超过上述两个范围的十六进制整数没有对应的 C++整数类型，所以不能使用它们。

(4) 在整数末尾使用 u 和 l 字母。

对于任一种进制的整数，若后缀有字母 u（大、小写等效），则硬性规定它为一个无符号整型（unsigned int）数，若后缀有字母 l（大、小写等效），则硬性规定它为一个长整型（long int）数。在一个整数的末尾，可以同时使用 u 和 l，并且对排列无要求。如 25U、0327UL、0x3ffbL、648LU 等都是整数，其类型依次为 unsigned int、unsigned long int、long int 和 unsigned long int。

**2．字符常量**

字符常量简称字符，它以单引号作为起止标记，中间为一个或若干个字符。如'a'、'%'、'\n'、'\012'、'\125'、'\x4F'等都是合乎规定的字符常量。每个字符常量只表示一个字符，当字符常量的一对单引号内多于一个字符时，则将按规定解释为一个字符。如'a'表示字符 a，'\125'解释为字符 U（稍后便知是如何解释的）。

因为字符型的长度为 1，值域范围是－128～127 或 0～255，而在计算机领域使用的 ASCII字符，其 ASCII 码值为 0～127，正好在 C++字符型值域内。所以，每个 ASCII 字符均是一个字符型数据，即字符型中的一个值。

**3．逻辑常量**

逻辑常量是逻辑类型中的值，Visual C++用保留字 bool 表示逻辑类型，该类型只含有两个值，即整数 0 和 1，用 0 表示逻辑假，用 1 表示逻辑真。在 Visual C ++中还定义了这两个逻辑值所对应的符号常量 false 和 true，false 的值为 0，表示逻辑假，true 的值为 1，表示逻辑真。

由于逻辑值是整数 0 和 1，所以它也能够像其他整数一样出现在表达式里，参与各种整数运算。

**4．枚举常量**

枚举常量是枚举类型中的值，即枚举值。枚举类型是一种用户定义的类型，只有用户在程序中定义它后才能被使用。用户通常利用枚举类型定义程序中需要使用的一组相关的符号常量。枚举类型的定义格式如下。

```
enum <枚举类型名> {<枚举表>};
```

它是一条枚举类型定义语句，该语句以 enum 保留字开始，接着为枚举类型名，它是用户命名的一个标识符，以后就直接使用它表示该类型，枚举类型名后为该类型的定义体，它是由一对花括号和其中的枚举表组成，枚举表为一组用逗号分开的由用户命名的符号常量，每个符号常量又称为枚举常量或枚举值，例如：

```
enum color{red, yellow, blue};
enum day{Sun, Mon, Tues, Wed, Thur, Fri, Sat};
```

第一条语句定义了一个枚举类型 color，用来表示颜色，它包含 3 个枚举值 red、yellow 和blue，分别代表红色、黄色和蓝色。

第二条语句定义了一个枚举类型 day，用来表示日期，它包含 7 个枚举值，分别表示星期日、星期一至星期六。

一种枚举类型被定义后，可以像整型等预定义类型一样用在允许出现数据类型的任何地方，如可以利用它定义变量。

```
enum color c1, c2,c3;
enum day today, workday;
c1=red;
workday=Wed;
```

第一条语句开始的保留字 enum 和类型标识符 color 表示上述定义的枚举类型 color，其中enum 可以省略不写，后面的 3 个标识符 c1、c2 和 c3 表示该类型的 3 个变量，每一个变量用来表示该枚举表中列出的任一个值。

第二条语句开始的两个成分（成分之间的空格除外）表示上述定义的枚举类型 day，同样，enum 可以省略不写，后面的两个标识符 today 和 workday 表示该类型的两个变量，每一个变量用来表示该枚举表中列出的 7 个值中的任一个值。

第三条语句把枚举值 red 赋给变量 c1。

第四条语句把枚举值 Wed 赋给变量 workday。

在一个枚举类型的枚举表中列出的每一个枚举常量都对应着一个整数值，该整数值可以由系统自动确认，也可以由用户指定。若用户在枚举表中一个枚举常量后加上赋值号和一个整型常量，就表示枚举常量被赋予了这个整型常量的值，例如：

```
enum day{Sun=7, Mon=0, Tues, Wed, Thur, Fri, Sat};
```

用户指定了 Sun 的值为 7，Mon 的值为 0。

若用户没有给一个枚举常量赋初值，则系统给它赋予的值是它前一项枚举常量的值加 1，若它本身就是首项，则被自动赋予整数 0。如对于上述定义的 color 类型，red、yellow 和 blue 的值分别为 0、1 和 2；对于刚被修改定义的 day 类型，各枚举常量的值依次为 7、0、1、2、3、4、5、6。

由于各枚举常量的值是一个整数，所以可把它同一般整数一样看待，参与整数的各种运算。又由于它本身是一个符号常量，所以当作为输出数据项时，输出的是它的整数值，而不是它的标识符，这一点同输出其他类型的符号常量是一致的。

**5. 实型常量**

实型常量简称实数，它有十进制的定点和浮点两种表示方法，不存在其他进制的表示方法。

（1）定点表示。定点表示的实数简称定点数，它是由一个符号（正号可以省略）后接若干个十进制数字和一个小数点组成，这个小数点可以处在任何一个数字位之前或之后。例如.12、1.2、12.、0.12、-12.40、+3.14、-02037、-36.0 等都是符合书写规定的定点数。

（2）浮点表示。浮点表示的实数简称浮点数，它是由一个十进制整数或定点数后接一个字母 e（大、小写均可）和一个 1 至 3 位的十进制整数组成，字母 e 之前的部分称为该浮点数的尾数，之后的部分称为该浮点数的指数，该浮点数的值就是它的尾数乘以 10 的指数幂。如 3.23E5、+3.25e-8、2E4、0.376E-15、1e-6、-6.04E+12、43E0、96.e24 等都是合乎规定的浮点数，它们对应的数值分别为：$3.25 \times 10^5$、$3.25 \times 10^{-8}$、20 000、$0.376 \times 10^{-15}$、$10^{-6}$、$-6.04 \times 10^{12}$、0.43、$96 \times 10^{24}$ 等。

对于一个浮点数，若将它尾数中的小数点调整到最左边第一个非零数字的后面，则称它为规格化（或标准化）浮点数。如 21.6E8 和 -0.074E5 是非规定化的，若将它们分别调整为 2.16E9 和 -7.4E3 则都是规格化的浮点数。

（3）实数类型的确定。对于一个定点数或浮点数，C++自动按一个双精度数来存储，它占用 8 个字节的存储空间。若在一个定点数或浮点数之后加上字母 f（大、小写均可），则自动按一个单精度数来存储，它占用 4 个字节的存储空间。如 3.24 和 3.24f，虽然数值相同，但分别代表一个双精度数和一个单精度数，同样，-2.78E5 为一个双精度数，而 -2.78E5F 则为一个单精度数。

**6. 地址常量**

指针类型的值域是 $0 \sim 2^{32}-1$ 之间的所有整数，每一个整数代表内存空间中一个对应的单元（若存在的话）的存储地址，每一个整数地址都不允许用户直接使用来访问内存，以防止用户对内存系统数据的有意或无意破坏。但用户可以直接使用整数 0 作为地址常量，它是 C++中唯一允许使用的地址常量，并称为空地址常量，它对应的符号常量为 NULL，表示不代表任何地址，在 iostream.h 等头文件中有此常量的定义。

### 2.8.3 常量的应用

**实例 008** 用常/变量来保存圆周率 PI 的值

源码路径 光盘\part02\changliang　　　视频路径 光盘\视频\实例\第 2 章\008

本实例的实现文件为 changliang.cpp，具体实现代码如下。

```
#include "stdafx.h"
#include "iostream.h"
int main(void)
{
    const double _PI =3.14159;        //圆周率
    double r=0.0;                     //半径
    cin>>r;                           //从命令行读入半径的值
    double area;                      //面积
    area= _PI *r*r;                   //计算面积
    cout<<"面积是"<<area<<endl;
    return 0;
}
```

范例 015：斐波那契数列
源码路径：光盘\演练范例\015
视频路径：光盘\演练范例\015
范例 016：哥德巴赫猜想
源码路径：光盘\演练范例\016
视频路径：光盘\演练范例\016

编译执行后将首先需要输入半径，如图 2-8 所示。

按 Enter 键后输出对应的面积，如图 2-9 所示。

图 2-8　输入半径

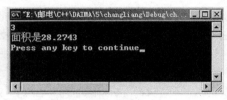

图 2-9　输出面积

在上述代码中，用常量 PI 保存了圆周率 3.14159 的值。

# 2.9　技 术 解 惑

## 2.9.1　C++标识符的长度

在几十年前，ANSI C 标准规定名字不准超过 6 个字符，现在的 C++/C 规则不再有此限制。一般来说，长名字能更好地表达含义，所以函数名、变量名、类名长达十几个字符不足为怪。那么名字是否越长越好？不见得！例如，变量名 maxval maxValueUntilOverflow 好用，单字符的名字也有用，常见的有 i、j、k、m、n、x、y、z 等，它们通常可用作函数内的局部变量。

## 2.9.2　字符和字符串的区别

字符和字符串的差异很小，因为字符串也是由一个个字符组合而成的，两者的主要区别如下。
- ❑　字符使用单引号标注，而字符串使用双引号标注。
- ❑　字符串需要使用转义字符'\0'来说明结束位置，而字符则不存在这个问题。
- ❑　字符是一个元素，只能存放单个字符。而字符串则是字符的集合，可以存放多个字符。
- ❑　相同内容的字符数组和字符串都是字符的集合，但是字符数组比字符串数组少了一个转义字符'0'。

## 2.9.3　C++字符串和 C 字符串的转换

C ++提供的由 C++字符串得到对应 C_string 的方法使用的是 data()、c_str()和 copy()。其中，data()以字符数组的形式返回字符串内容，但并不添加'\0'，c_str()返回一个以'\0'结尾的字符数组，而 copy()则把字符串的内容复制或写到既有的 c_string 或字符数组。C++字符串并不以'\0'结尾。笔者建议在程序中尽量使用 C++字符串，一般情况下不选用 c_string。

## 2.9.4　C++字符串和字符串结束标志

为了测定字符串的实际长度，C++规定了一个"字符串结束标志"，以字符'\0'代表。在上面的数组中，第 11 个字符为'\0'，表明字符串的有效字符为其前面的 10 个字符。也就是说，遇到字符'\0'就表示字符串到此结束，由它前面的字符组成字符串。

对一个字符串常量，系统会自动在所有字符的后面加一个'\0'作为结束符。例如，字符串"I am happy"共有10个字符，但是在内存中共占11个字节，最后一个字节'\0'是由系统自动加上的。

在程序中往往依靠检测'\0'的位置来判定字符串是否结束，而不是根据数组的长度来决定字符串的长度。当然，在定义字符数组时应估计实际字符串的长度，应保证数组长度始终大于字符串的实际长度。如果在一个字符数组中先后存放多个不同长度的字符串，则应使数组长度大于最长的字符串的长度。

### 2.9.5　C++中的面向对象、C中的面向过程的含义

面向对象指的是把属性和方法封装成类，实例化对象后，要完成某个操作时，直接调用类里面相应的方法。面向过程则不进行封装，要完成什么功能需要详细地把算法写出来。举个例子来说，要完成买东西这个任务，面向对象的实现方法就是，先对手下的人办个培训，教他们怎么去买（相当于定义类的属性和方法），以后要让他们买东西，只要喊"张三（或者李四，相当于实例化对象），你用上次我教你的方法去买个东西。"这样就可以了；而面向过程的方法则不进行培训，每次要去买东西，都找张三过来，再教他怎么去买，但是下次再叫他去买，又要重新教一次。

### 2.9.6　面向对象和面向过程的区别

C 语言是一门面向过程的语言，C++是一门面向对象的语言。究竟面向对象和面向过程有什么区别呢？面向过程就是分析出解决问题所需要的步骤，然后用函数把这些步骤一步一步实现，使用的时候一个一个依次调用就可以了。面向对象是把构成问题的事务分解成各个对象，建立对象的目的不是为了完成一个步骤，而是为了描述某个事物在整个解决问题步骤中的行为。

例如，要开发一个五子棋游戏，使用面向过程的设计思路的步骤如下。

（1）开始游戏，（2）黑子先走，（3）绘制画面，（4）判断输赢，（5）轮到白子，（6）绘制画面，（7）判断输赢，（8）返回步骤（2），（9）输出最后的结果。

把上面每个步骤分别用函数来实现，问题就解决了。而面向对象的设计则是从另外的思路来解决问题的，开发整个五子棋游戏的基本过程如下。

（1）设计黑白双方，这两方的行为是一模一样的。

（2）设计棋盘系统，负责绘制画面。

（3）开发规则系统，负责判定，如犯规、输赢等。

上述 3 个过程分别代表 3 个对象，其中第一类对象（玩家对象）负责接收用户输入，并告知第二类对象（棋盘对象）棋子布局的变化，棋盘对象接收到棋子的变化就要负责在屏幕上显示出这种变化，同时利用第三类对象（规则系统）来对棋局进行判定。

由此可以明显地看出，面向对象是以功能来划分问题的，而不是步骤。同样是绘制棋局，这样的行为在面向过程的设计中分散在多个步骤中，很可能出现不同的绘制版本，因为通常设计人员会考虑到实际情况进行各种各样的简化。而面向对象的设计中，绘图只可能在棋盘对象中出现，从而保证了绘图的统一。

功能上的统一保证了面向对象设计的可扩展性，比如要加入"悔棋"这一功能，如果要改动面向过程的设计，那么从输入到判断到显示这一连串的步骤都要改动，甚至步骤之间的顺序都要进行大规模调整。如果是面向对象的话，只用改动棋盘对象就行了，棋盘系统保存了黑白双方的棋谱，简单回溯就可以了，而显示和规则判断则不用顾及，同时整个对象功能的调用顺序都没有变化，改动只是局部的。

再如，要把这个五子棋游戏改为围棋游戏，如果使用的是面向过程设计，那么五子棋的规则就分布在程序的每一个角落，要改动还不如重写。但是如果一开始就使用了面向对象的设计，

那么只用改动规则对象就可以了，五子棋和围棋的区别主要就是规则，而下棋的大致步骤从面向对象的角度来看没有任何变化。

当然，要达到改动只是局部的效果需要设计人员有足够的经验，使用对象不能保证程序就是面向对象的，初学者或者蹩脚的程序员很可能以面向对象之虚而行面向过程之实，这样设计出来的所谓面向对象的程序很难有良好的可移植性和可扩展性。

### 2.9.7　C++中常量的命名

因为常量属于标识符，所以也需要遵循 C++标识符的命名规范，也和变量的命名规范类似。另外，C++常量还要遵循如下 3 点规范。

- 用#define 定义的常量最好大写且以下划线开始，如_PI 和_MAX。
- 如果用#define 定义的常量用于代替一个常数，则常量名和其常数符号要对应，如圆周率就用 PI 表示。
- 用 const 声明的常量完全遵循 C++变量的命名规范。

### 2.9.8　在 C++程序中如何定义常量

在 C++程序中，既可以用 const 定义常量，也可以用#define 定义常量，前者比后者有如下 4 个优势。

（1）const 常量有数据类型，而宏常量没有数据类型。编译器可以对 const 进行类型安全检查，而对后者只进行字符替换，没有类型安全检查，并且在字符替换中可能会产生意料不到的错误（边际效应）。

（2）有些集成化的调试工具可以对 const 常量进行调试，但是不能对宏常量进行调试。在 C++程序中只使用 const 常量而不适用宏常量，即 const 常量完全取代宏常量。

（3）编译器处理方式不同。define 宏是在预处理阶段展开；const 常量在编译运行阶段使用。

（4）存储方式不同。define 宏仅仅是展开，有多少地方使用，就展开多少次，不会分配内存；const 常量会在内存中分配（可以是堆中也可以是栈中）。

### 2.9.9　使用关键字 const 注意事项

在 C++程序中，const 是一个很重要的关键字，能够对常量施加一种约束。有约束其实不是件坏事情，无穷的权利意味着无穷的灾难。应用了 const 之后，就不可以改变变量的数值了，要是一不小心改变了编译器就会报错，你就容易找到错误的地方。不要害怕编译器报错，正如不要害怕朋友指出你的缺点一样，编译器是程序员的朋友，编译时期找到的错误越多，隐藏着的错误就会越少。所以，只要你觉得有不变的地方，就用 const 修饰，用得越多越好。比如想求圆的周长，需要用到 PI，PI 不会变的，就加 const，const double PI=3.1415926；再如，需要在函数中传引用，只读，不会变的，前面加 const；比如函数有个返回值，返回值是个引用，只读，不会变的，前面加 const；比如类中有个 private 数据，外界要以函数方式读取，不会变的，加 const；这个时候就是加在函数定义末尾，加在末尾只不过是个语法问题。其实语法问题不用太过注重，语法只不过是末节，记不住了，翻翻书就可以了，接触多了，自然记得，主要是一些概念难以理解。想一下，const 加在前面修饰函数返回值，这时候 const 不放在末尾就没有什么地方放了。

### 2.9.10　关于全局变量的初始化，C 语言和 C++是否有区别

在 C 语言中，只能用常数对全局变量进行初始化，否则编译器会报错。在 C++中，如果在一个文件中定义了：

```
int a = 5;
```

要在另一个文件中定义下面的 b：

```
int b = a;
```

前面必须对 a 进行声明：

```
extern   int   a;
```

否则编译不通过。即使是这样，int b = a;这句话也是分两步进行的：在编译阶段，编译器把 b
当成未初始化数据而将它初始化为 0；在执行阶段，在 main 被执行前有一个全局对象的构造过
程，int b = a;被当成 int 型对象 b 的副本初始化构造来执行。

其实在 C++中，全局对象、变量的初始化是独立的，如果不是像：

```
int a =   5;
```

这样的已初始化数据，那么就是像 b 这样的未初始化数据。而 C++中全局对象、变量的构造函
数调用顺序是跟声明有一定关系的，即在同一个文件中先声明的先调用。对于不同文件中的全
局对象、变量，它们的构造函数调用顺序是未定义的，取决于具体的编译器。

## 2.9.11　C/C++变量在内存中的分布

变量在内存地址的分布格式为：

```
堆-栈-代码区-全局静态-常量数据
```

同一区域的各变量按声明的顺序在内存中依次由低到高分配空间，只有未赋值的全局变量
是个例外。全局变量和静态变量如果不赋值，默认为 0。栈中的变量如果不赋值，则是一个随
机的数据。编译器会认为全局变量和静态变量是等同的，已初始化的全局变量和静态变量分配
在一起，未初始化的全局变量和静态变量分配在另一起。

## 2.9.12　静态变量的初始化顺序

静态变量进行初始化顺序是基类的静态变量先初始化，然后是它的派生类。直到所有的静
态变量都被初始化。这里需要注意全局变量和静态变量的初始化是不分次序的。这也不难理解，
其实静态变量和全局变量都被放在公共内存区。可以把静态变量理解为带有"作用域"的全局
变量。在一切初始化工作结束后，main 函数会被调用，如果某个类的构造函数被执行，那么会
先初始化基类的成员变量。要注意的是，成员变量的初始化次序只与定义成员变量的顺序有关，
与构造函数中初始化列表的顺序无关。因为成员变量的初始化次序是根据变量在内存中次序有
关，而内存中的排列顺序早在编译期就根据变量的定义次序决定了。

# 第 3 章

# 运算符和表达式

运算符就是能够运算某个事物的符号，它指定了对操作数所进行的运算类别。任何合法的变量、常量、运算符、函数的有机组合都可以称为表达式。表达式说明了一个概念或模型，是一门编程语言的基本要素。本章将详细介绍 C++运算符和表达式的基本知识。

**本章内容**

▶▶ 运算符

▶▶ 表达式详解

**技术解惑**

避免运算结果溢出的一个方案

运算符重载的权衡

运算符的优先级和结合性

C/C++表达式的限制

表达式的真正功能

# 3.1 运 算 符

知识点讲解：光盘\视频\PPT 讲解（知识点）\第 3 章\运算符详解.mp4

在 C++语言中有很多运算符，如算数运算符、关系运算符、逻辑运算符、条件运算符等。本节将详细讲解这些运算符的基本知识，为读者学习后续知识打下基础。

## 3.1.1 赋值运算符

C++语言提供了两类赋值运算符——基本赋值运算符和复合赋值运算符，具体说明如下。

❑ 基本赋值运算符：=。

❑ 复合赋值运算符：+=、-=、*=、/=、%=、<<=、>>=、&=、^=、|=。

上述各运算符的具体说明如表 3-1 所示。

表 3-1　　　　　　　　　　　　　　　赋值运算符说明

| 运 算 符 | 实 例 | 等 价 于 |
| --- | --- | --- |
| = | n=25 | |
| += | n+=25 | n=n+25 |
| -= | n-=25 | n=n-25 |
| *= | n*=25 | n=n×25 |
| /= | n/=25 | n=n/25 |
| %= | n%=25 | n=n%25 |
| &= | n&=0xF2F2 | n=n&0xF2F2 |
| \|= | n\|=0xF2F2 | n=n\|0xF2F2 |
| ^= | n^=0xF2F2 | n=n^0xF2F2 |
| <<= | n<<=4 | n=n<<4 |
| >>= | n>>=4 | n=n>>4 |

注意：

（1）赋值运算符都是双目运算符，结合性都是右结合，即赋值表达式的运算顺序是从右向左进行的。例如：

```
sum1=sum2=0                    //相当于sum1=(sum2=0)先执行sum2=0，后执行sum1=0
```

（2）C++语言要求赋值运算符左边的操作数必须是左值。例如：

```
x=3+5                          //x是左值
x+3=5                          //语法错误，x+3不是左值
```

（3）当同一个变量出现在赋值运算符的两边时，可以用复合赋值运算符表示。复合赋值运算符被视为一个整体，中间不能用空格隔开。例如：

```
a*=6                           //相当于a=a*6
a%=6                           //相当于a=a%6
```

赋值运算符的优先级是同级的。

**实例 009**　　**分别定义 x 和 y，并分别对其赋值，最后将其值输出**

源码路径　光盘\part03\fuzhi　　　　　　视频路径　光盘\视频\实例\第 3 章\009

本实例的实现文件是 fuzhi.cpp，具体实现代码如下。

```cpp
int main(void){
    int x=1;
    int y=2;
    cin>>x;
    cin>>y;
    cout<<(x+=y)<<endl;        // x+=y表示x=x+y
    cout<<(x*=y)<<endl;        // x*=y表示x=x*y
    cout<<(x%=y)<<endl;        // x%=y表示x=x%y
    cout<<(x<<=y)<<endl;// x>>=n表示x=x>>n
    cout<<(x=y=100)<<endl;     // x=y=100表示x=100,y=100
    return 0;
}
```

范例 017：字符加密
源码路径：光盘\演练范例\017
视频路径：光盘\演练范例\017
范例 018：实现变量的互换操作
源码路径：光盘\演练范例\018
视频路径：光盘\演练范例\018

　　在上述代码中，定义了变量 x 和 y，然后分别进行了赋值处理。执行后先输入 2 个数字，如图 3-1 所示；按 Enter 键后将分别输出各个复制处理后的值，如图 3-2 所示。

图 3-1　输入数字

图 3-2　输出效果

## 3.1.2　算术运算符

　　C++语言提供了 7 个算术运算符：+（正）、-（负）+、-、*、/、%。

　　加法（+）、减法（-）和乘法（*）运算符的功能分别与数学中的加法、减法和乘法的功能相同，分别计算两个操作数的和、差、积。

　　除法运算符（/）要求运算符右边的操作数不能为 0，其功能是计算两个操作数的商。当/运算符作用于两个整数时，进行整除运算。

　　%运算符要求两个操作数必须是整数，其功能是求余。例如：

```
16/3            //整除运算，结果为5
15.3/3          //普通除法运算，结果为5.1
13%5            //取余运算，结果为3
```

　　算术运算符的优先级从高到低为：单目+、-、*、/、%，双目+、-。

　　例如：

```
56%3=2
```

❀　注意：括弧中运算符的优先级相同。

## 3.1.3　比较运算符

　　比较运算符的功能是，对项目内的数据进行比较，并返回一个比较结果。在 C++中有多个比较运算符，具体说明如表 3-2 所示。

表 3-2　　　　　　　　　　　　　　　　　　C#比较运算符

| 运　算　符 | 说　　明 |
| --- | --- |
| mm= =nn | 如果 mm 等于 nn 则返回 true，反之则返回 false |
| mm!=nn | 如果 mm 不等于 nn 则返回 true，反之则返回 false |
| mm<nn | 如果 mm 小于 nn 则返回 true，反之则返回 false |
| mm> nn | 如果 mm 大于 nn 则返回 true，反之则返回 false |
| mm<= nn | 如果 mm 小于等于 nn 则返回 true，反之则返回 false |
| mm >= nn | 如果 mm 大于等于 nn 则返回 true，反之则返回 false |

看下面的一段代码。

```
bool mm=5>10;
bool mm=5>=10;
bool mm=5<10;
bool mm=5<=10;
bool mm=5!=10;
```

　　在上述代码中，分别为变量 mm 定义了不同的值进行比较处理，具体处理结果如下。

❑　"mm=5>10"：结果是返回 false。

❑　"mm=5>=10"：结果是返回 false。

❑　"mm=5<10"：结果是返回 true。

- ❑ "mm=5<=10": 结果是返回 true。
- ❑ "mm=5!=10": 结果是返回 true。

### 3.1.4 逻辑运算符

C++语言提供了 3 个逻辑运算符, 用于表示操作数之间的逻辑关系: !、&&和||。

逻辑非（!）是单目运算符, 其功能是对操作数进行取反运算。当操作数为逻辑真时,! 运算后结果为逻辑假（0）, 反之, 若操作数为逻辑假, !运算后结果为逻辑真（1）。

逻辑与（&&）和逻辑或（||）是双目运算符。当两个操作数都是逻辑真（非 0）时, &&运算后的结果为逻辑真（1）, 否则为 0; 当两个操作数都是逻辑假（0）时, || 运算后的结果为逻辑假（0）, 否则为逻辑真（1）。例如:

```
!(3>5)                  //结果为1
5>3 && 8>6              //结果为1
5>3 || 6>8             //结果为1
```

### 3.1.5 ++/--运算符

自增（++）、自减（--）运算符是 C 语言和 C++语言所特有的运算符, 它们是单目运算符。运算符++和--是一个整体, 中间不能用空格隔开。++使操作数按其类型增加 1 个单位, --使操作数按其类型减少 1 个单位。

自增、自减运算符可以放在操作数的左边, 也可以放在操作数的右边, 放在操作数左边的称为前缀增量或减量运算符, 放在操作数右边的称为后缀增量或减量运算符。前缀增量或减量运算符与后缀增量或减量运算符的关键差别在于: 表达式求值过程中增量或减量发生的时间。

前缀增量或减量运算符是先使操作数自增或自减 1 个单位, 然后使之作为表达式的值; 后缀增量或减量运算符是先将操作数的值作为表达式的值,然后再使操作数自增或自减 1 个单位。

**实例 010** | **演示自增、自减运算符的使用方法**
源码路径　光盘\part03\jiajian　　　　　视频路径　光盘\视频\实例\第 3 章\010

本实例的实现文件为 jiajian.cpp, 具体实现代码如下。

```
void main(){
//声明4个变量
int count=15,digit=16,number=9,amount=12;
//先使count的值增加1，然后将其加1后的值16作为表达式的值
cout<<++count<<endl;
//表达式的值为没有修改前digit的值16，然后使digit的值增加1
cout<<digit++<<endl;
//先使number的值减1，然后将其减1后的值8作为表达式的值
cout<<--number<<endl;
//表达式的值为没有修改前amount的值12，然后使amount的值减1
cout<<amount--<<endl;
};
```

范例 019：打印输出图形
源码路径：光盘\演练范例\019
视频路径：光盘\演练范例\019
范例 020：绘制余弦曲线
源码路径：光盘\演练范例\020
视频路径：光盘\演练范例\020

编译、运行程序, 查看结果如图 3-3 所示。

图 3-3　数据类型转换运行结果

通过以上的代码, 我们引导读者学习了自增、自减运算符的使用方法。在具体使用++和--时, 一定要注意其顺序。具体说明如下。

- ❑ "nn=mm++": 结果是 mm 等于 11, nn 等于 10。遵循先赋值, 后加 1 的原则。

- "nn=mm--"：结果是 mm 等于 9，nn 等于 10。遵循先赋值，后减 1 的原则。
- "nn=++mm"：结果是 mm 等于 11，nn 等于 11。遵循先加 1，后赋值的原则。
- "nn=--mm"：结果是 mm 等于 9，nn 等于 9。遵循先减 1，后赋值的原则。

即需要特别说明的是：在使用++和--运算符是一定要注意它们是放在操作数的左边还是右边。放在操作数左边的称为前缀增量或减量运算符，先使操作数自增或自减 1 个单位，然后使之作为表达式的值，如下面的代码语句。

```
cout<<++count<<endl;
cout<<--number<<endl;
```

放在操作数右边的称为后缀增量或减量运算符，是先将操作数的值作为表达式的值，然后再使操作数自增或自减 1 个单位，如下面的代码语句。

```
cout<<digit++<<endl;
cout<<amount--<<endl;
```

### 3.1.6　位运算符

在 C++中提供了 6 种位运算符，功能是进行二进制位的运算，具体说明如表 3-3 所示。

表 3-3　　　　　　　　　　　C++位运算符

| 运　算　符 | 名　字 | 实　例 |
|---|---|---|
| ~ | 取反 | ~'\011' // 得出 '\366' |
| & | 逐位与 | '\011' & '\027' // 得出'\001' |
| \| | 逐位或 | '\011' \| '\027' // 得出'037' |
| ^ | 逐位异或 | '\011' ^ '\027' // 得出'036' |
| << | 逐位左移 | '\011' << 2 // 得出'\044' |
| >> | 逐位右移 | '\011' >> 2 // 得出'\002' |

位运算符要求操作数是整型数，并按二进制位的顺序来处理它们。取反运算符是单目运算符，其他位运算符是双目运算符。取反运算符（~）将操作数的二进制位逐位取反。逐位与运算符（&）比较两个操作数对应的二进制位，当两个二进制位均为 1 时，该位的结果取 1，否则取 0。逐位或运算符（|）比较两个操作数对应的二进制位，当两个二进制位均为 0 时，该位的结果取 0，否则取 1。逐位异或运算符（^）比较两个操作数对应的二进制位，当两个二进制位均为 1 或均为 0 时，该位的结果取 0，否则取 1。

逐位左移运算符（<<）和逐位右移运算符（>>）均有一个正整数 n 作为右操作数，将左操作数的每一个二进制位左移或右移 n 位，空缺的位设置为 0 或 1。对于无符号整数或有符号整数，如果符号位为 0（即为正数），空缺位设置为 0；如果符号位为 1（即为负数），空缺位是设置为 0 还是设置为 1，取决于所用的计算机系统。

位操作运算符是用来进行二进制位运算的运算符。它分为两类：逻辑位运算符和移位运算符。

1．逻辑位运算符

逻辑位运算符包括~、&、^、|。

（1）单目逻辑位运算符~（按位求反）的作用是将各个二进制位由 1 变 0，由 0 变 1。

（2）双目逻辑运算符&（按位与）、|（按位或）、^（按位异或）中，优先级&高于^，而^高于|。

- 按位逻辑与（&）：对两个整数逐位进行比较，若对应位都为 1，则与运算后为 1，否则为 0。
- 按位逻辑或（|）：对两个整数逐位进行比较，若对应位都为 0，则或运算后为 0，否则为 1。

❑ 按位逻辑异或（^）：对两个整数逐位进行比较，若对应位不同，则异或运算后为 1，否则为 0。

例如：

```
short int a=0xc3 & 0x6e              //结果为42H
short int b=(0x12 | 0x3d             //结果为3fH
short int m=~0xc3                    //结果为ff3cH
short int c=0x5a ^ 0x26              //结果为7cH
```

**2．移位运算符**

移位运算符包括<<、>>，是双目运算符，使用的格式如下。

```
operation1<<>>m
```

<<运算符的功能是将操作数 operation1 向左移动 $n$ 个二进制位；>>运算符是将操作数 operation2 向右移动 $n$ 个二进制位。移位运算符并不改变 operation1 和 operation2 本身的值。

例如：

```
Short int operation1=0x8,n=3;
Short int a= operation1<<n           //操作数左移n个二进制位后，右边移出的空位用0补齐。
Short int operation2=0xa5,m=3;
Short int b= operation2>>m;          //结果为14H
```

操作数右移 $m$ 个二进制位后，左边移出的空位用 0 或符号位补齐，这与机器系统有关。位运算符的运算优先级为（括弧中运算符的优先级相同）：~高于（<<、>>）高于&高于^高于|。

## 3.1.7 求字节数运算符

C++提供了一个有用的运算符 sizeof，它是一个单目运算符，用于计算表达式或数据类型的字节数，其运算结果与不同的编译器和机器相关。当编写用于进行文件输入/输出操作或给动态列表分配内存的程序时，用户将发现，如能知道程序给这些特定变量所分配内存的大小将会很方便。其语法格式如下。

```
sizeof（类型声明符/表达式）
```

例如：

```
size(int)                            //结果为4
size(3+3.6)                          //结果为8
```

sizeof 运算符用于测试某种数据类型或表达式的类型在内存中所占的字节数。

当我们进行算术运算时，如果运算结果超出变量所能表达的数据范围时，就会发生溢出。而利用 sizeof 运算符计算变量所占的字节数，也就是说，可以算出变量的数据范围，从而避免可能出现的错误。表 3-4 给出了常用数据类型的字节数。

**表 3-4**　　　　　　　　　　　常用数据类型的字节数

| 数 据 类 型 | 占用字节数 |
|---|---|
| Char | 1 |
| Char * | 4 |
| Short | 2 |
| Int | 4（Visual C 5.0）2 （Visual C 1.5x） |
| Long | 4 |
| Float | 4 |
| Double | 8 |

## 3.1.8 条件运算符

条件运算符是 C++中唯一一个三目运算符，也被称为三元运算符，它有 3 个操作数，具体格式如下。

```
操作数1？操作数2：操作数3
```

条件运算符又可以称为 "?" 号运算符。操作数 1 一般是条件表达式，若表达式成立，即为真，则整个表达式的值为操作数 2，否则为操作数 3。例如，下面的代码执行后会输出一个小写字母。

```
cout <<('A'<=ch && ch<='Z')? ('a'+ch-'A'): ch
```

如果第一个操作数非零，表达式的值是操作数 2，否则表达式的值取操作数 3，如下面的代码。

```
int m = 1, n = 2;
int min = (m < n ? m : n);                    // min 取 1
```

由于条件运算本身是一个表达式，即条件表达式，它可以作为另一个条件表达式的操作数。也就是说，条件表达式是可以嵌套的。例如：

```
int m = 1, n = 2, p =3;
int min = (m < n ? (m < p ? m : p)
: (n < p ? n : p));
```

再看看其他的例子。

```
int a=10,b=20;
int min = (a>=b? a: b);
```

则 min 取值为 20。

由条件运算符组成的条件表达式，可以作为另一个条件表达式的操作数，即条件表达式是可以嵌套的，如下面的代码。

```
int a=10,b=20,c=30;
int min=(a>=b ?) (b<=c ? b: c): (a<=c ? a : c)    // 结果为10
```

### 3.1.9 逗号运算符

多个表达式可以用逗号组合成一个表达式，即逗号表达式。逗号运算符带两个操作数，返回值是右操作数。使用逗号表达式的一般格式如下。

```
"表达式1, 表达式2, ……, 表达式n",
```

它的值是取表达式 n 的值。例如：

```
a=10,11,12
```

则结果是 a=12。

逗号运算符的用途仅在于解决只能出现一个表达式的地方却要出现多个表达式的问题。例如：

```
d1,d2,d3,d4
```

这里 d1、d2、d3、d4 都是一个表达式。整个表达式的值由最后一个表达式的值决定。计算顺序是从左至右依次计算各个表达式的值，最后计算的表达式的值和类型便是整个表达式的值和类型。例如：

```
int m, n, min;
int mCount = 0, nCount = 0;
min = (m < n ? mCount++, m : nCount++, n);
```

在上述代码中，当 m 小于 n 时，计算 mCount++，m 存储在 min 中。否则，计算 nCount++，n 存储在 min 中。

注意：除了本章介绍的一些常用的基本运算符之外，C++中还有一些比较特殊的运算符，具体如表 3-5 所示。

**表 3-5** 其他运算符

| 类 型 | 运 算 符 | 例 子 |
|---|---|---|
| 全局变量或全局函数 | ::（全局） | : : GetSystemDirectory |
| 类中的域变量或函数 | ::（类域） | CWnd::FromHandle |
| 括号及函数调用 | ( ) | (a+b)*(a-b) |
| 指针指向的结构或类中的域变量 | -> | (CWnd *wnd)-> FromHandle |
| 结构或类中的域变量 | . | (CWnd wnd). FromHandle |
| 数组下标运算符 | [] | nYearsMonthsDays[10][12][366] |
| 内存分配运算符 | new | new CWnd |
| 内存释放运算符 | delete | delete (CWnd *wnd) |

# 3.2 表达式详解

知识点讲解：光盘\视频\PPT 讲解（知识点）\第 3 章\表达式详解.mp4

任何合法的变量、常量、运算符、函数的有机组合，都可以称为表达式。表达式说明了一个概念或模型，是一门编程语言的基本要素。和其他语言相比，C++的表达式更加高效、普遍。本章将详细介绍 C++语言中表达式的基本知识，为读者学习后续知识打下坚实的基础。

## 3.2.1 表达式概述

C++表达式的功能是，把变量和字面值组合起来进行特定运算处理，以实现特定的应用目的。运算符的范围十分广泛，有的十分简单，有的则十分复杂。但是，所有的表达式都是由运算符和被操作数构成的。具体说明如下。

- 运算符。功能是指定对特定被操作数进行什么运算，如常用的+、—、*、/运算。
- 被操作数。功能是指定被运算操作的对象，它可以是数字、文本、常量和变量等。

1. 表达式的分类

从类型上分，C++表达式可以分为如下类型。

- 算数表达式。
- 关系表达式。
- 逻辑表达式。
- 赋值表达式。
- 条件表达式。

从复杂程度上讲，C++表达式可以分如下两类。

- 原子表达式：单个数字、字符、字符串、函数等表示单一概念的值。
- 复合表达式：由原子表达式和运算符按一定规则构成的式子。

表达式可以嵌套使用，并且任何表达式都可以再作为一个元素去构成更为复杂的表达式，如 a+b 和 a-b 可以复合成表达式。

```
(a+b)*(a-b)
```

2. 表达式的书写方式

在书写 C++表达式时，应该注意如下 3 点。

（1）表达式必须是"合适的"。此原则规定每个运算符都是完全的，书写正确，放在正确的位置，有正确的语义，有正确的操作数。

（2）需要时用一些符号来增加程序的美观性。为了增加程序的美观性，表达式中可以加入任意的 Tab 键、空格符和括号。编译时，Tab 键和空格符会自动省略。使用括号不但可以提高可读性，而且可以标出运算符的优先级和结合性。

（3）末尾不能加分号。表达式的末尾不能含有分号，分号是语句的结束符，但是表达式不是语句。

## 3.2.2 类型转换

在通常情况下，我们会设定制定的类型来定义数据类型。C++很强调数据的类型，不能随意把不同数据类型的变量或常量乱赋值。但是在很多情况下有特殊需要，必须把数据转换一下，转换为需要的数据类型。C++中的数据类型转换主要有隐式转换和显式转换两种。

1. 隐式转换

所谓隐式，就是隐藏的，看不到的。这种转换经常发生在把小东西放到大箱子里的时候。

这里小和大的主要判别依据是数据类型的表示范围和精度，如 short 比 long 小、float 比 double 小等。如果一个变量的表示范围和精度都大于另一个变量定义时的类型，将后者赋值给前者就会发生隐式转换。显然，这种转换不会造成数据的丢失。

C++ 定义了一组内置的类型对象之间的标准转换，在必要时它们被编译器隐式地应用到对象上。在算式转换保证了二元操作符，如加法或乘法的两个操作数被提升为共同的类型，然后再用它表示结果的类型。两个通用的指导原则如下。

（1）为防止精度损失，如果必要的话，类型总是被提升为较宽的类型。

（2）所有含有小于整形的有序类型的算术表达式在计算之前其类型都会被转换成整形。

规则的定义如上面所述，这些规则定义了一个类型转换层次结构，我们从最宽的类型 long double 开始，那么另一个操作数无论是什么类型都将被转换成 long double。如果两个操作数不是 long double 型，若其中一个操作数的类型是 double 型，则另一个就被转换成 double 型。例如：

```
int ival;
float fval;
double dval;
dval + fval + ival          //在计算加法前fval和ival都被转换成double
```

同理，如果两个操作数都不是 double 型，而其中一个操作 float 型，则另一个被转换成 float 型。例如：

```
char cval;
int ival;
float fval;
cval + ival + fval          //在计算加法前ival和cval都被转换成float
```

如果两个操作数都不是 3 种浮点类型之一，它们一定是某种整值类型。在确定共同的目标提升类型之前，编译器将在所有小于 int 的整值类型上施加一个被称为整值提升的过程。

在进行整值提升时类型 char、signed char、unsigned char 和 short int 都被提升为类型 int。如果机器上的类型空间足够表示所有 unsigned short 型的值，这通常发生在 short 用半个字而 int 用一个字表示的情况下，则 unsigned short int 也被转换成 int，否则它会被提升为 unsigned int。wchar_t 和枚举类型被提升为能够表示其底层类型所有值的最小整数类型。在下列表达式中。

```
char cval;
bool found;
enum mumber{m1,m2,m3}mval;
unsigned long ulong;
cval + ulong;ulong + found; mval + ulong;
```

在确定两个操作数被提升的公共类型之前，cval、found 和 mval 都被提升为 int 类型。

一旦整值提升执行完毕，类型比较就又一次开始。如果一个操作是 unsigned long 型，则第二个也被转换成 unsigned long 型。在上面的例子中所有被加到 ulong 上的 3 个对象都被提升为 unsigned long 型。如果两个操作类型都不是 unsigned long 而其中一个操作 long 型，则另一个也被转换成 long 型。例如：

```
char cval;
long lval;
cval + 1024 + lval;         //在计算加法前cval和1024都被提升为long型。
```

long 型的一般转换有一个例外。如果一个操作 long 型而另一个是 unsigned int 型，那么只有机器上的 long 型的长度足以 unsigned int 的所有值时（一般来说，在 32 位操作系统中 long 型和 int 型都用一长表示，所以不满足这里的假设条件），unsigned int 才会被转换为 long 型，否则两个操作数都被提升为 unsigned long 型。若两个操作数都不是 long 型，而其中一个是 unsigned int 型，则另一个也被转换成 unsigned int 型，否则两个操作数一定都是 int 型。

尽管算术转换的这些规则带你的困惑可能多于启发，但是一般的思想是尽可能地保留类型表达式中涉及值的精度。以下是通过把不同的类型提升到当前出现的最宽的类型实现的。

**实例 011** 演示 C++隐式转换的过程

源码路径　光盘\daima\6\yinshi　　　　视频路径　光盘\视频\实例\第 3 章\011

本实例的实现文件为 yinshi.cpp，具体实现代码如下。

```
int main(void) {
    bool bval=false;
    char cval='a';
    short sval=90;              //短整型
    unsigned short usval=100;  //无符号短整型
    int ival=3;                //整型
    float fval=3.14;  //浮点型
    double dval=3.1415;//双精度型
    long double ldval=3.1415927; //长双精度型
    cout<<bval+dval<<endl;     //bval提升为int，然后转换为double
    cout<<ldval+ival<<endl;    //ival转换为long double
    cout<<cval+sval<<endl;     //提升到int
    cout<<fval+ival<<endl;     //转换为float
    cout<<ival+usval<<endl;    //依unsigned short和int的长度决定提升到哪种类型
    return 0;
}
```

范例 021：实现数字金额的中文大写转换
源码路径：光盘\演练范例\021
视频路径：光盘\演练范例\021
范例 022：将十进制数转换为二进制输出
源码路径：光盘\演练范例\022
视频路径：光盘\演练范例\022

编译执行后的效果如图 3-4 所示。

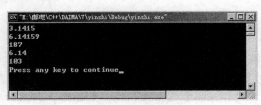

图 3-4　执行效果

在上述代码中。

❑ bval+dval。bval 是 bool 类型，首先将其处理为 int 类型；因为 dval 是 double 类型，所以 bval 还需要处理为 double 类型。

❑ ldval+ival。ldval 是 long double 类型，所以 ival 需要转换为 long bool 类型。

❑ cval+sval。变量类型都小于 int，所以均可处理为 int 类型。

❑ fval+ival。fval 是 float 类型，所以 ival 可以处理为 float 类型。

❑ ival+usval。此语句转换由特定机型上 unsigned short 和 int 的长度来决定。

2. 显式转换

与隐式转换相反，显式转换会在程序中体现出来。显式转换的简单方法如下。

```
(类型)表达式;
类型(表达式);
(类型)(表达式);
```

也就是说，如下 3 种形式都可以。

第一种：

```
s2 = (short)100000;
```

第二种：

```
s2 = short(100000);
```

第三种：

```
s2 = (short)(100000);
```

这种转换经常发生在把大东西放到小箱子里的时候，多出来的部分就不得不丢掉。若一个变量的表示范围或精度无法满足另一个变量定义的类型，将后者赋值给前者就需要进行显式转换。显式转换可能会导致部分数据（如小数）丢失。

以上的表达方式非常简洁，但是 C++并不推荐使用该方式，而推荐使用强制类型转换操作符（包括 static_cast、dynamic_cast、reinterpret_cast 和 const_cast）来完成显式转换，它们的含义如表 3-6 所示。

表 3-6　　　　　　　　　　　　　　强制类型转换操作符

| 操　作　符 | 中　文　名　称 | 含　　义 |
|---|---|---|
| dynamic_cast | 动态类型转换符 | 支持多态而存在，主要用于类之间的转换 |
| static_cast | 静态类型转换符 | 仅仅完成编译时期的转换检查 |
| reinterpret_cast | 再解释类型转换符 | 完成不同类型指针之间的相互转换 |
| const_cast | 常类型转换符 | 用来修改类型的 const 或 volatile 属性 |

# 3.3　技　术　解　惑

## 3.3.1　避免运算结果溢出的一个方案

当我们进行算术运算时，如果运算结果超出变量所能表达的数据范围时，就会发生溢出。如果能够利用 sizeof 运算符计算变量所占的字节数，就可算出变量的数据范围，从而避免可能出现的错误。

## 3.3.2　运算符重载的权衡

C++中预定义的运算符的操作对象只能是基本数据类型。但实际上，对于许多用户自定义类型（例如类），也需要类似的运算操作。这时就必须在 C++中重新定义这些运算符，赋予已有运算符新的功能，使它能够用于特定类型执行特定的操作。运算符重载的实质是函数重载，它提供了 C++的可扩展性，也是 C++ 最吸引人的特性之一。

一些编程语言没有运算符重载的特性，如 Java。这些语言的设计者认为：运算符重载会增加编程的复杂性，或者由于使用者功力的问题引起功能上的混淆，认为 a.add(b)比 a+b 更加面向对象（这个有点牵强）。无论如何，这些理由从反面也可以提醒我们：在重载运算符的时候要注意语义，权衡实施的必要性。

运算符重载是通过创建运算符函数来实现的，运算符函数定义了重载运算符将要进行的操作。运算符函数的定义与其他函数的定义类似，唯一的区别是运算符函数的函数名是由关键字operator 和其后要重载的运算符符号构成的。

## 3.3.3　运算符的优先级和结合性

当不同的运算符混合运算时，运算顺序是根据运算符的优先级而定的，优先级高的运算符先运算，优先级低的运算符后运算。在一个表达式中，如果各运算符有相同的优先级，运算顺序是从左向右，还是从右向左，是由运算符的结合性确定的。结合性是指运算符可以和左边的表达式结合，也可以与右边的表达式结合。C++运算符的优先级和结合性参见表 3-7。

表 3-7　　　　　　　　　　　　　C++运算符的优先级和结合性

| 优　先　级 | 运　算　符 | 描　　述 | 示　　例 | 结　合　性 |
|---|---|---|---|---|
| 1 | ()<br>[]<br>-><br>.<br>::<br>++<br>-- | 小括号，分组，调用<br>中括号，下标运算<br>指针，成员选择<br>点，成员选择<br>作用域<br>后缀自增<br>后缀自减 | (a + b) / 4;<br>array[4] = 2;<br>ptr->age = 34;<br>obj.age = 34;<br>Class::age = 2;<br>for( i = 0; i < 10; i++ ) ...<br>for( i = 10; i > 0; i-- ) ... | 从左至右 |

续表

| 优 先 级 | 运 算 符 | 描 述 | 示 例 | 结 合 性 |
|---|---|---|---|---|
| 2 | !<br>~<br>++<br>--<br>-<br>+<br>*<br>&<br>(type)<br>sizeof | 逻辑非<br>按位异或<br>前缀自增<br>前缀自减<br>负号<br>正号<br>解引用<br>取地址<br>强制类型转换<br>对象/类型长度 | if( !done ) ...<br>flags = ~flags;<br>for( i = 0; i < 10; ++i ) ...<br>for( i = 10; i > 0; --i ) ...<br>int i = -1;<br>int i = +1;<br>data = *ptr;<br>address = &obj;<br>int i = (int) floatNum;<br>int size = sizeof(floatNum); | 从右至左 |
| 3 | ->*<br>* | 指向成员指针<br>取成员指针 | ptr->*var = 24;<br>obj.*var = 24; | 从左至右 |
| 4 | *<br>/<br>% | 乘法<br>除法<br>模/求余 | int i = 2 * 4;<br>float f = 10 / 3;<br>int rem = 4 % 3; | |
| 5 | +<br>- | 加法<br>减法 | int i = 2 + 3;<br>int i = 5 - 1; | |
| 6 | <<<br>>> | 位左移<br>位右移 | int flags = 33 << 1;<br>int flags = 33 >> 1; | |
| 7 | <<br><=<br>><br>>= | 小于比较<br>小于等于比较<br>大于比较<br>大于等于比较 | if( i < 42 ) ...<br>if( i <= 42 ) ...<br>if( i > 42 ) ...<br>if( i >= 42 ) ... | |
| 8 | ==<br>!= | 相等比较<br>不等比较 | if( i == 42 ) ...<br>if( i != 42 ) ... | |
| 9 | & | 位与 | flags = flags & 42; | |
| 10 | ^ | 位异或 | flags = flags ^ 42; | |
| 11 | \| | 位或 | flags = flags \| 42; | |
| 12 | && | 逻辑与 | if( conditionA &&<br>conditionB ) ... | |
| 13 | \|\| | 逻辑或 | if( conditionA \|\|<br>conditionB ) ... | |
| 14 | ?: | 条件操作符 | int i = (a > b) ? a : b; | 从右至左 |
| 15 | =<br>+=<br>-=<br>*=<br>/=<br>%=<br>&=<br>^=<br>\|=<br><<=<br>>>= | 简单赋值<br>先加后赋值<br>先减后赋值<br>先乘后赋值<br>先除后赋值<br>先求除与后赋值<br>先按位与后赋值<br>先按位异或后赋值<br>先按位或后赋值<br>先按位左移后赋值<br>先按位右移后赋值 | int a = b;<br>a += 3;<br>b -= 4;<br>a *= 5;<br>a /= 2;<br>a %= 3;<br>flags &= new_flags;<br>flags ^= new_flags;<br>flags \|= new_flags;<br>flags <<= 2;<br>flags >>= 2; | |
| 16 | , | 逗号运算符 | for( i = 0, j = 0; i < 10; i++,<br>j++ ) ... | 从左到右 |

### 3.3.4　C/C++表达式的限制

在调试器窗口中输入 C/C++ 表达式时,将受到如下常规限制。

❑　调试器表达式不能调用内部或内联函数,除非该函数至少作为正常函数出现一次。

❑　调试器表达式将指针类型情况限制为一级间接寻址。例如,可以使用 (char *)sym,但是不能使用 (char **)sym 或 char far *( far *)。

❑　如果转换为类型,调试器必须已知该类型。在程序中必须有该类型的另外一个对象,不支持使用 typedef 语句创建的类型。

❑　在调试器表达式中,C++ 范围运算符 (::) 比其在源代码中具有的优先级低。在 C++ 源代码中,该运算符具有最高的优先级。在调试器中,其优先级介于基与后缀运算符 (->、++、--) 和一元运算符(!、&、*及其他)的优先级之间。

### 3.3.5　表达式的真正功能

表达式有两种功能,首先每个表达式都产生一个值,同时可能包含副作用,可能修改某些值。表达式的核心在于求值顺序点。这是一个结算点,语言要求这一侧的求值和副作用(除了临时对象的销毁以外)全部完成,才能进入下面的部分。C/C++中大部分表达式都没有求值顺序点,只有下面列出的表达式有。

❑　函数。函数调用之前有一个求值顺序点。

❑　&&、||和?。这 3 个表达式包含逻辑。其左侧逻辑完成后有一个求值顺序点。

❑　逗号表达式。逗号左侧有一个求值顺序点,注意,它们都只有一个求值顺序点,2 和 3 的右侧运算结束后并没有求值顺序点。在两个求值顺序点之间,子表达式求值和副作用的顺序是不确定的。

# 第 4 章

# 流程控制语句

    C++语言结构化程序由若干个基本结构构成，每个基本结构可以包含一条或若干条语句。程序中语句的执行顺序称为程序结构，如果程序语句是按照书写顺序执行的，则称为顺序结构；如果是按照某个条件来决定是否执行，则称为选择结构；如果某些语句要执行多次，则称为循环结构。本节将详细讲解 C++中流程控制语句的基本知识。

| 本章内容 | 技术解惑 |
|---|---|
| ▸▸ 最简单的语句和语句块 | 循环中断问题 |
| ▸▸ 最常见的顺序结构 | 分析循环语句的效率 |
| ▸▸ 选择结构 | 几种循环语句的比较 |
| ▸▸ 循环结构 | 在 C++中，for 循环该怎么读 |
| ▸▸ 跳转语句 | 一个 C++循环结构嵌套的问题 |
| | break 语句和 continue 语句的区别 |

# 4.1　最简单的语句和语句块

知识点讲解：光盘\视频\PPT 讲解（知识点）\第 4 章\最简单的语句和语句块.mp4

语句是指定程序做什么和程序所处理的数据元素的基本单元。大多数 C++语句都以分号结尾。语句有许多不同的种类，最基本的语句是把一个名称引入程序源文件中的语句。

## 4.1.1　最简单的语句

最简单的语句只有一条语句，只有一个结束标志，但是可能会有一个或一个以上的表达式。它可能只完成一种运算，也可能完成多种运算。

本实例的实现文件为 easy.cpp，具体实现代码如下。

```
#include "stdafx.h"
int main(int argc, char* argv[])
{
    printf("Hello World!\n");
    return 0;
}
```

编译执行后的效果如图 4-1 所示。

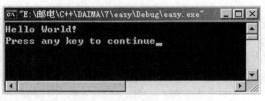

图 4-1　执行效果

上述代码是一个最简单的控制台输出程序，只由一行代码组成。

1. 不要忘记结束符

在书写语句时，末尾一定要写上分号 "；"，虽然可以拆行分写语句，但是为了美观性，建议不拆行。

2. 注意空语句

空语句是指只有一个分号的语句。在语法上需要，但逻辑上什么都不需要做时就应该使用空语句，见下面的代码。

```
;
```

上述语句就什么功能也没有，只是起到了一个占位符的作用。空语句是合法的语句，可以出现在任何需要的位置，例如：

```
i=i+1;;
```

后面的分号就是一个空语句。

## 4.1.2　语句块

可以把几个语句放在一对花括号中，此时这些语句就称为语句块。函数体就是一个语句块，如前面第一个例子所示。语句块也称为复合语句，因为在许多情况下，语句块可以看成是一个语句。实际上，在 C++中，无论把一个语句放在什么地方，都等效于给语句块加上花括号对。因此，语句块可以放在其他语句块内部，这个概念称为嵌套。事实上，语句块可以嵌套任意级。

语句块可以用大括号{}来作为标志，括号内所包含的是构成该语句块的多条语句。

**实例 012** 演示语句块的执行过程

源码路径 光盘\part04\kuai          视频路径 光盘\视频\实例\第 4 章\012

本实例的实现文件为 kuai.cpp，具体实现代码如下。

```
#include "iostream.h"
int main(int argc, char* argv[]){
    int i=11;
    if (i>10)          //语句块1
    {
        for (int j=1;j<10;j++)    //语句块2
        {
            cout<<j<<endl;
        }
    }
    return 0;
}
```

范例 023：用指定符号分割字符串

源码路径：光盘\演练范例\023

视频路径：光盘\演练范例\023

范例 024：删除文本中的汉字和句子

源码路径：光盘\演练范例\024

视频路径：光盘\演练范例\024

编译执行后的效果如图 4-2 所示。

图 4-2 执行效果

在上述代码中，大括号内的语句就构成了一个语句块。

大括号内的语句没有多和少之分，有时可能只包含一条语句，见下面的代码。

```
{
    return 0;
}
```

上述代码也是一个语句块。

括号的省略

当语句块内只包含一条语句时，大括号可以省略，例如：

```
if (i>10)
    {
cout<<i<<endl;
}
        cout<<"这是例子"<<endl;
```

上述代码中的大括号可以省略，写为：

```
if (i>10)
    cout<<i<<endl;
    cout<<"这是例子"<<endl;
```

但是如果大括号内含有多条语句，则大括号必须保留，否则将会出现运行错误。

**实例 013** 演示大括号语句块的创建过程

源码路径 光盘\part04\dakuai          视频路径 光盘\视频\实例\第 4 章\013

本实例的实现文件为 dakuai.cpp，具体实现代码如下。

```
#include "iostream.h"
int main(int argc, char* argv[]){
    int i=17;
    if (i>10)              //语句块1
    {
        for (int j=1;j<10;j++)    //语句块2
        {
            cout<<j<<endl;
        }
    }
    return 0;
}
```

范例 025：替换指定的字符串

源码路径：光盘\演练范例\025

视频路径：光盘\演练范例\025

范例 026：为字符串添加子字符串

源码路径：光盘\演练范例\026

视频路径：光盘\演练范例\026

编译执行后的效果如图 4-3 所示。

图 4-3　执行效果

在上述代码中，for (int j=1;j<10;j++)后的大括号可以省略，但是 if (i>10)后的大括号不可以省略。

### 4.1.3　语句的总结

C 语言程序的组成比较复杂，不但有变量和常量等简单元素，还有函数、数组和语句等较大的个体。但是从整体方面上看，C 语言程序的结构比较清晰，其具体组成结构如图 4-4 所示。

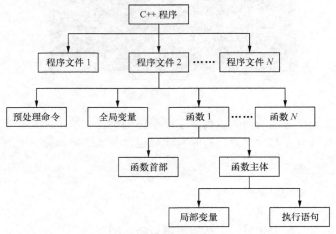

图 4-4　C 语言的程序结构

C++程序的执行部分是由语句组成的，程序的功能也是由执行语句实现的。C++语言语句可分为以下 5 类。

1. 表达式语句

表达式语句由表达式加上分号组成，其一般格式如下。

```
表达式;
```

经常所说的执行表达式语句就是计算表达式的值，例如：

```
x=3
```

是一个赋值表达式，而下面的都是语句。

```
x=y+z;                              //赋值语句
y+z;                               //加法运算语句，但计算结果不能保留，无实际意义
i++;                               //自增1语句，i值增1
```

从上面的代码可以看出，语句的最显著特点是分号 ";"。

2. 函数调用语句

由函数名、实际参数和分号组成，其一般格式如下。

```
函数名(实际参数表);
```

经常所说的执行函数语句，就是调用函数体并把实际参数赋予函数定义中的形式参数，然后执行被调函数体中的语句，来求取函数值，见下面的函数语句。

```
printf("Hello World!\n");
```

上述函数语句用于调用库函数，输出字符串。

实际上，函数语句也属于表达式语句，因为函数调用也属于表达式的一种。只是为了便于理解和使用，才把函数调用语句和表达式语句分开来讲。

3. 控制语句

C++语言中的控制语句用于控制程序的流程，以实现程序的各种结构方式。它们由特定的语句定义符组成。C语言中有9种控制语句，并可以分为以下3类。

- ❑ 条件判断语句：if语句、switch语句。
- ❑ 循环执行语句：do while语句、while语句、for语句。
- ❑ 转向语句：break语句、goto语句、continue语句、return语句。

4. 复合语句

复合语句就是把多个语句用括号{}括起来组成的语句，复合语句又通常被称为分程序。在程序中应把复合语句看成单条语句，而不是多条语句。例如，下面的语句就是一条复合语句。

```
{
x=m+n;
a=b+c;
printf("%d%d"x,a);
}
```

复合语句内的各条语句都必须以分号结尾，在括号"}"外不能加分号。

5. 空语句

只有分号组成的语句称为空语句。空语句是什么也不执行的语句，在程序中，空语句可用来作为空循环体。例如，下面的第2行语句就是空语句。

```
while(getchar()!='\n')
;
```

上述语句的功能是，只要从键盘输入的字符不是回车就重新输入。

在C++语言中，允许一行同时写几个语句，也允许一个语句被拆开后写在几行上，并且书写格式可以不固定。

# 4.2 最常见的顺序结构

知识点讲解：光盘\视频\PPT讲解（知识点）\第4章\最常见的顺序结构.mp4

C++语言是一种结构化和模块化通用程序设计语言，结构化程序设计方法可使程序结构更加清晰，提高程序的设计质量和效率。C语言的流程控制就像血管一样来控制着整个程序的运作，将各个功能统一串联起来。

顺序结构遵循了万物的生态特性，它总是从前往后按序进行。在程序中的特点就是：按照程序的书写顺序自上而下顺序执行，每条语句都必须执行，并且只能执行一次，具体流程如图4-5所示。

在图4-5所示的流程中，只能先执行A，再执行B，最后执行C。

顺序结构是C++语言程序中最简单的结构方式，在本书前面的内容中，也已经使用了多次。

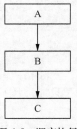

图 4-5 顺序执行

# 4.3 选 择 结 构

知识点讲解：光盘\视频\PPT讲解（知识点）\第4章\选择结构.mp4

人生并不是全部按序循环运行的，人们会根据自己的需要而选择自己的路。C语言程序的运作过程也不例外，它也会根据需要而选择要执行的语句。大多数稍微复杂的程序都会使用选择结构，其功能是根据所指定的条件，决定从预设的操作中选择一条操作语句。具体流程如图 4-6 所示。在图 4-6 所示流程中，只能根据满足的条件执行 A₁ 到 A$_n$ 之间的任意一条程序。

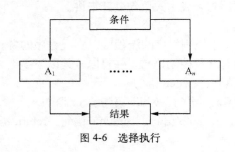

图 4-6　选择执行

### 4.3.1　单分支结构语句

对于单分支结构的 if 语句，功能是对一个表达式进行计算，并根据计算的结果决定是否执行后面的语句。单分支 if 语句的使用格式如下。

```
if(表达式)
语句
```

或：

```
if(表达式) {
语句
}
```

上述格式的含义是，如果表达式的值为真，则执行其后的语句，否则不执行该语句。其过程可表示为图 4-7。

例如，下面的代码就应用了单分支 if 语句。

```
if (i>10)
       {
cout<<i<<endl;
}
       cout<<"这是例子"<<endl;
```

### 4.3.2　双分支结构语句

在 C 语言中，可以使用 if-else 语句实现双分支结构。双分支结构语句的功能是对一个表达式进行计算，并根据得出的结果来执行其中的操作语句。

双分支 if 语句的具体格式如下。

```
if(表达式)
    语句1;
else
    语句2;
```

上述格式的含义是：如果表达式的值为真，则执行语句 1，否则将执行语句 2，语句 1 和语句 2 只能被执行一个。其过程可表示为图 4-8。

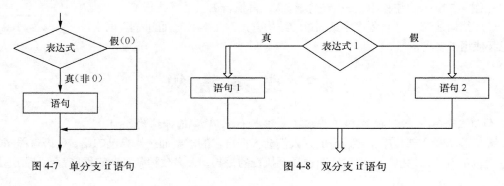

图 4-7　单分支 if 语句　　　　　图 4-8　双分支 if 语句

## 实例 014 　演示 if-else 语句的使用过程

源码路径　光盘\part04\else　　　　　视频路径　光盘\视频\实例\第 4 章\014

本实例的实现文件为 else.cpp，具体实现代码如下。

```
#include "iostream.h"
int main(int argc, char* argv[])
{
    int grade=50;
    if (grade>=60)              //判断分数是否及格
        cout<<"及格"<<endl;     //语句1，输出通过的信息
    else
        cout<<"没有及格"<<endl;//语句2，输出不通过的信息
    return 0;
}
```

范例 027：李白喝酒问题
源码路径：光盘\演练范例\027
视频路径：光盘\演练范例\027
范例 028：桃园三结义问题
源码路径：光盘\演练范例\028
视频路径：光盘\演练范例\028

编译执行后的效果如图 4-9 所示。

图 4-9　执行效果

在具体使用时，为了解决比较复杂的问题，有时需要对 if 语句进行嵌套使用。

1. 第一种嵌套格式

嵌套的位置可以固定在 else 分支下，在每一层的 else 分支下嵌套另外一个 if-else 语句。具体格式如下。

```
if(表达式1)
    语句1；
    else   if(表达式2)
    语句2；
    else   if(表达式3)
    语句3；
        …
    else   if(表达式m)
    语句m；
    else
    语句n；
```

上述格式的含义是：依次判断表达式的值，当出现某个值为真时，则执行其对应的语句。然后跳到整个 if 语句之外继续执行程序。如果所有的表达式均为假，则执行语句 $n$。然后继续执行后续程序。其过程可表示为图 4-10。

2. 第二种嵌套格式

除了上面介绍的嵌套格式外，if 语句还有另外一种嵌套格式。

```
if(表达式1)
        语句1；
{
if(表达式2)
        {
        …
        }
}
```

其中，"表达式 1"和"表达式 2"是任意的关系表达式。上述格式的功能是：如果 1 成立，则继续判断 2 是否成立，依此类推。

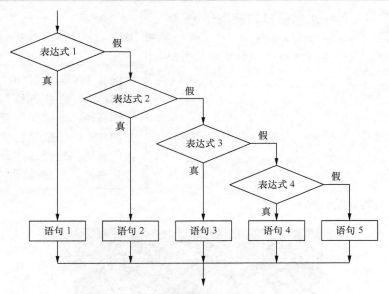

图 4-10　嵌套的 if-else 语句

| 实例 015 | 演示 if-else 嵌套语句的使用过程 | |
|---|---|---|
| | 源码路径　光盘\part04\new | 视频路径　光盘\视频\实例\第 4 章\015 |

本实例的实现文件为 new.cpp，具体实现代码如下。

```cpp
#include "iostream.h"
int main(int argc, char* argv[]){
    char *id="mmm";
    char *psw="888888";
    if (id="mmm")                     //用户名
    {
        if (psw="888888")             //口令
        {
            cout<<"欢迎光临!"<<endl;
        }
    }
    return 0;
}
```

范例 029：猜一猜商品的价格
源码路径：光盘\演练范例\029
视频路径：光盘\演练范例\029
范例 030：超市大促销
源码路径：光盘\演练范例\030
视频路径：光盘\演练范例\030

编译执行后的效果如图 4-11 所示。

图 4-11　执行效果

在上述代码中，设置了用户名和口令，只有分别输入"mmm"和"888888"后才会输出"欢迎光临"并进入系统。

### 4.3.3　多分支结构语句

血液的流向不是固定的，在流动过程中会遇到太多的分支，当然也会流向身体的多个部位。C 程序也一样，经常会选择执行多个分支。多分支选择结构有 $n$ 个操作，实际上，前面介绍的嵌套双分支语句可以实现多分支结构。在 C 语言中，专门提供了一种实现多分支结构的 switch 语句。

switch 语句的使用格式如下。

```
switch(表达式){
      case常量表达式1:
      语句1;
break;
      case常量表达式2:
      语句2;
      break;
...
      case常量表达式n:
      语句n;
break;
      default:语句n+1;
      }
```

上述格式的含义是：计算表达式的值，并逐个与其后的常量表达式值相比较，当表达式的值与某个常量表达式的值相等时，即执行其后的语句，然后不再进行判断，继续执行后面所有 case 后的语句；如表达式的值与所有 case 后的常量表达式均不相同时，则执行 default 后的语句；break 语句终止该语句的执行，跳出 switch 语句到 switch 语句后的第一条语句上。

我们常常面临多项选择的情形，在这种情况下，需要根据整数变量或表达式的值，从许多选项（多于两个）中确定执行哪个语句集。例如举行抽奖活动，顾客购买了一张有号码的彩票，如果运气好，就会赢得大奖。例如，如果彩票的号码是 147，就会赢得头等奖；如果彩票的号码是 387，就会赢得二等奖；如果彩票的号码是 29，就会赢得三等奖，其他号码则不能获奖。处理这类情形的语句称为 switch 语句。

switch 语句允许根据给定表达式的一组固定值，从多个选项中选择，这些选项称为 case。在彩票例子中，有 4 个 case，每个 case 对应一个获奖号码，再加上一个默认的 case，用于所有未获奖的号码。

switch 语句描述起来比其使用难一些。在许多 case 中选择取决于关键字 switch 后面括号中整数表达式的值。选择表达式的结果也可以是已枚举的数据类型，因为这种类型的值可以自动转换为整数。在本例中，它就是变量 ticket_number，它必须是整数类型。

可以根据需要，使用多个 case 值定义 switch 语句中的可能选项。case 值显示在 case 标签中，其形式如下。

```
case 标签:
```

如果选择表达式的值等于 case 值，就执行该 case 标签后面的语句。每个 case 值都必须是唯一的，但不必按一定的顺序，如本例所示。

case 值必须是整数常量表达式，即编译器可以计算的表达式，所以它只能使用字面量、const 变量或枚举成员。而且，所包含的所有字面量都必须是整数类型或可以强制转换为整数类型。

上述 default 标签标识默认的 case，它是一个否则模式。如果选择表达式不对应于任何一个 case 值，就执行该默认 default 后面的语句。但是，不一定要指定默认 default，如果没有指定它，且没有选中任何 case 值，switch 语句就什么也不做。

从逻辑上看，每一个 case 语句后面的 break 语句是必须有的，它在 case 语句执行后跳出 switch 语句，使程序继续执行 switch 右花括号后面的语句。如果省略了 case 后面的 break 语句，就将执行该 case 后面的所有语句。注意在最后一个 case 后面（通常是默认 case）不需要 break 语句，因为此时程序将退出 switch 语句，但加上 break 是一个很好的编程习惯，因为这可以避免以后添加另一个 case 而导致的问题。

每组 case 语句后面的 break 语句把执行权传送给 switch 后面的语句。break 语句不是强制的，但如果不加上它，就会执行所选 case 之后的所有语句，这通常不是我们希望的操作。

**实例 016**　演示 switch 语句的使用过程

源码路径　光盘\part04\switch　　　视频路径　光盘\视频\实例\第 4 章\016

本实例的实现文件为 switch.cpp，具体实现代码如下。

```
#include "iostream.h"
int main(void)
{
    int which;
    which=0;
    cout<<"1--new"<<endl;          //菜单1
    cout<<"2--open"<<endl;         //菜单2
    cout<<"0--quit"<<endl;         //菜单3
    cout<<"your choice:"<<endl;    //提示
    cin>>which;                    //输入选择的菜单项
    /*用switch语句根据which值执行不同的动作*/
    switch(which)
    {
    case 1:                        //选择了菜单1
        cout<<"新建"<<endl;
        break;
    case 2:                        //选择了菜单2
        cout<<"打开"<<endl;
        break;
    case 0:                        //选择了菜单0
        cout<<"关闭"<<endl;
        break;
    default:                       //输入的选项不在菜单中时
        cout<<"出错"<<endl;
    }
    return 1;
}
```

范例 031：获取字符串中的数字

源码路径：光盘\演练范例\031

视频路径：光盘\演练范例\031

范例 032：将指定字符串转换为大写形式

源码路径：光盘\演练范例\032

视频路径：光盘\演练范例\032

编译执行后将提示用户选择一个选项，如图 4-12 所示。

选择并按 Enter 键后，将输出对应的选项提示，如图 4-13 所示。

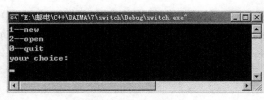

图 4-12 执行效果

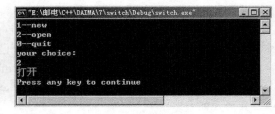

图 4-13 执行效果

如果上例中的 which 值不对应于所指定的所有 case 值，就执行 default 标签后面的语句。如果没有包括 default case，且 which 的值不等于所有的 case 值，则 switch 语句就什么也不做，程序继续执行 switch 后面的下一条语句，即 return 语句。

注意：

if 语句允许根据指定的条件，选择执行某个语句块或另一个语句块，这样语句的执行顺序就会根据程序中的数据值而变化。刚才介绍的 switch 语句允许根据整数表达式的值从一组范围固定的选项中选择。而 goto 语句是一个很生硬的指令，它允许无条件地分支指定的程序语句。要进行分支的语句必须用语句标签来标识，语句标签是一个根据与变量名相同规则定义的标识符。其后跟一个冒号，放在要使用该标签引用的语句之前。下面是一个带标签的语句示例。

MyLabel: x=1;

这个语句的标签是 MyLabel，无条件地分支该语句的语句如下。

goto MyLabel;

在程序中，应尽可能避免使用 goto 语句。goto 语句会使代码极难理解。注意，如果 goto 语句位于变量的作用域中，但绕过了变量的声明，编译器就会发出一个错误消息。

注释：goto 语句在理论上是不必要的——总是有另外一种方式可以替代 goto 语句。大多数程序员都从来不使用它。作者不赞成这种极端的态度，毕竟它是一个合法的语句，有时使用它也是很方便的。但是，应仅在与其他可用选项相比，优势非常明显时才使用它。

# 4.4　循　环　结　构

知识点讲解：光盘\视频\PPT 讲解（知识点）\第 4 章\循环结构详解.mp4

循环结构是程序中一种很重要的结构。其特点是，在给定条件成立时，反复执行某程序段，直到条件不成立为止。给定的条件称为循环条件，反复执行的程序段称为循环体。它犹如至高武学中的万流归宗心法，循环无止境，生生不息。

循环是一种机制，它允许重复执行同一个系列的语句，直到满足指定的条件为止。循环中的语句有时称为迭代语句。对循环中的语句块或语句执行一次称为迭代。

循环有两个基本元素：组成循环体的、要重复执行的语句或语句块以及决定何时停止重复循环的循环条件。循环条件有许多不同的形式，提供了控制循环的不同方式。例如：

执行循环指定的次数。

循环一直执行到给定的值超过另一个值为止。

循环一直执行到从键盘上输入某个字符为止。

可以设置循环条件，以适应使用循环的环境。但循环最终可以分为两种基本形式，如图 4-14 所示。

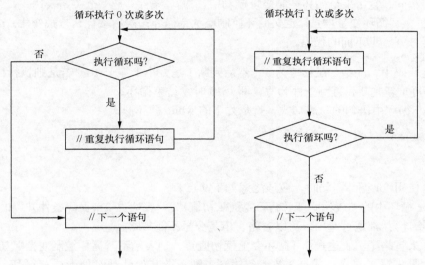

图 4-14　左右两种循环形式

这两种结构之间的区别是很明显的。在左边的结构中，循环条件在执行循环语句之前测试，因此，如果循环条件测试失败，则循环语句根本就不执行。

在右边的结构中，循环条件是在执行循环语句之后测试。其结果是在第一次测试循环条件之前，就执行了循环语句，所以这种循环至少要执行一次。在 C++中提供了多种循环语句，可以组成各种不同形式的循环结构。C 语言中常用的循环语句有如下几种。

❑ for 语句。

❑ while 语句。

❑ do-while 语句。

## 4.4.1　for 语句

for 循环主要用于对语句或语句块执行预定的次数，但也可以用于其他方式。可以使用以分号分隔开的 3 个表达式来控制 for 循环，这 3 个表达式放在关键字 for 后面的括号中。在 C++ 中，for 语句使用最为灵活。它将一个由多条语句组成的代码块执行特定的次数。for 语句也称 for 循环，因为程序会通常执行此语句多次。for 语句的一般使用格式如下。

```
for(初始化语句；条件表达式；表达式)
{
语句；
}
```

其中，"初始化语句"是初始化变量的语句，通常情况下是初始化循环变量，在首次进入循环时执行；"条件表达式"是任意合法的关系表达式；"表达式"是任意合法的表达式；"语句块"是要执行的语句。自始至终，条件表达式控制着循环的执行。

❑　当条件表达式为真时，执行循环体。

❑　当条件表达式不为真时，退出循环。

❑　如果第一次测试条件表达式为假，则循环一次也不会执行。

"表达式"通常用于修改在"初始化语句"中初始化，并在条件表达式中测试循环的变量。每次执行完循环体后，都要执行"表达式"修订循环变量。

再看下面的格式。

```
for(循环变量赋初值；循环条件；循环变量增量) 语句;
```

上述格式是 for 语句中最简单的应用形式，也是最容易理解的形式。"循环变量赋初值"总是一个赋值语句，它用来给循环控制变量赋初值；"循环条件"是一个关系表达式，它决定什么时候退出循环；"循环变量增量"定义循环控制变量每循环一次后按什么方式变化。这 3 个部分之间用分号分开。见下面的代码。

```
for(i=1; i<=10; i++)sum=sum+i;
```

在上述代码中，先给 i 赋初值为 1，然后判断 i 是否小于等于 10，若是则执行语句，之后 i 值增加 1。再重新判断，直到条件为假，即 i>10 时才结束循环。

对于 for 循环中语句的一般形式，就是如下的 while 循环形式。

```
表达式1;
while（表达式2)
    {语句
    表达式3;
}
```

在具体使用 for 循环语句时，应该注意如下 9 点。

（1）for 循环中的"表达式 1（循环变量赋初值）"、"表达式 2（循环条件）"和"表达式 3（循环变量增量）"都是可选项，可以省略，但是分号不能省略。

（2）如果省略了"表达式 1（循环变量赋初值）"，则表示不对循环控制变量赋初值。

（3）如果省略了"表达式 2（循环条件）"，则不做其他处理时便形成死循环。见下面的代码。

```
for(i=1;;i++)sum=sum+i;
```

上述代码相当于。

```
i=1;
 while(1){
 sum=sum+i;
i++;
}
```

（4）如果省略了"表达式 3（循环变量增量）"，则不对循环控制变量进行操作，这时可在语句体中加入修改循环控制变量的语句。见下面的代码。

```
for(i=1;i<=10;){
    sum=sum+i;
    i++;
}
```

（5）可以同时省略"表达式 1（循环变量赋初值）"和"表达式 3（循环变量增量）"，即只给循环条件，但是分号不能省略。

（6）3 个表达式都可以省略，如"for(;;)语句"，这是一个无限循环语句。此时除非有 break 来终止，否则将一直循环下去而成为死循环。

（7）表达式 1 可以是设置循环变量的初值的赋值表达式，也可以是其他表达式。见下面的代码。

```
for(sum=0;i<=100;i++)sum=sum+i;
```

同样，表达式 3 也可以是和循环无关的任意表达式。

（8）表达式 1 和表达式 3 可以是一个简单表达式，也可以是逗号表达式。见下面的 2 行代码。

```
for(sum=0,i=1;i<=100;i++)sum=sum+i;
for(i=0,j=100;i<=100;i++,j--)k=i+j;
```

（9）表达式 2 一般是关系表达式或逻辑表达式，但也可是数值表达式或字符表达式，只要其值非零，就执行循环体。见下面的代码。

```
for(i=0;(c=getchar())!='\n';i+=c);
```

**实例 017**     **演示 for 循环语句的使用过程**
源码路径　光盘\part04\for         视频路径　光盘\视频\实例\第 4 章\017

本实例的实现文件为 for.cpp，具体实现代码如下。

```cpp
#include "iostream.h"
int main(int argc, char* argv[]){
    int sum=0;
    int score;
    for (int i=0;i<5;i++)        //循环控制
    {
        cin>>score;
        sum=sum+score;          //累计计算和
    }
    cout<<sum<<endl;
    return 0;
}
```

> 范例 033：PK 高斯
> 源码路径：光盘\演练范例\033
> 视频路径：光盘\演练范例\033
> 范例 034：灯塔的数量
> 源码路径：光盘\演练范例\034
> 视频路径：光盘\演练范例\034

编译执行后，我们先输入 5 个分数，系统将自动累计计算输入分数的和，如图 4-15 所示。

图 4-15　执行效果

## 4.4.2　while 语句

while 语句也叫 while 循环，它不断执行一个语句块，直到条件为假为止。while 语句的一般使用格式如下。

```
while表达式
{
语句
}
```

其中，"表达式"是循环条件，"语句"是循环体。上述格式的含义是：计算表达式的值，当值为真（非 0）时，执行循环体语句。其执行过程可如图 4-16 所示。

在使用 while 循环语句时，应该要注意以下 9 点。

（1）在使用过程中，指定的条件和返回的值应为逻辑值（真或假）。

（2）应该先检查条件，后执行循环体语句，也就是说循环体中的语句只能在条件为真的时候才执行，如果第一次检查条件的结果为假，则循环中的语句根本不会执行。

（3）因为 while 循环取决于条件的值，因此，它可用在循环次数不固定或者循环次数未知的情况下。

（4）一旦循环执行完毕（当条件的结果为假时），程序就从循环最后一条语句之后的代码行继续执行。

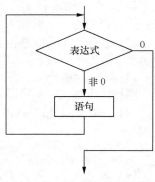

图 4-16　while 语句执行过程

（5）如果循环中包含多条语句，需要用{}括起来。

（6）while 循环体中的每条语句应以分号结束。

（7）while 循环条件中使用的变量必须先声明并初始化，才能用于 while 循环条件中。

（8）while 循环体中的语句必须以某种方式改变条件变量的值，这样循环才可能结束。如果条件表达式中变量保持不变，则循环将永远不会结束，从而成为死循环。

（9）while 语句中的表达式一般是关系表达或逻辑表达式，只要表达式的值为真（非 0）即可继续循环下去。

## 实例 018　演示 while 语句的使用过程

源码路径　光盘\part04\while　　　　　　视频路径　光盘\视频\实例\第 4 章\018

本实例的实现文件为 while.cpp，具体实现代码如下。

```cpp
#include "iostream.h"
int main(int argc, char* argv[]){
    int i=0;
    int sum=0;
    int score[5]={80,49,50,70,90};      //定义5个成绩
    while (i<5)                          //循环入口，终止条件
    {
        sum=sum+score[i];      //求成绩的和
        i=i+1;                 //修订循环变量
    }                          //循环出口
    cout<<sum<<endl;
    return 0;
}
```

范例 035：上帝创世的秘密
源码路径：光盘\演练范例\035
视频路径：光盘\演练范例\035
范例 036：小球下落
源码路径：光盘\演练范例\036
视频路径：光盘\演练范例\036

编译执行后将计算 5 个成绩的和，并将计算的和输出，如图 4-17 所示。

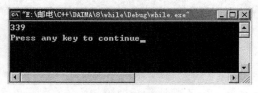

图 4-17　执行效果

在现实的具体应用中，为了满足特殊系统的需求，可以对 while 循环语句进行嵌套使用。嵌套使用 while 循环语句的具体格式如下。

```cpp
while(i <= 10)
{
    ……
    while (i <= j)
    {
        …
```

```
        ...
    }
    ...
}
```

### 4.4.3 do-while 语句

do-while 语句可以在指定条件为真时不断执行一个语句块。do-while 会在每次循环结束后检测条件，而不像 fou 语句或 while 语句那样在开始前进行检测。do-while 语句的一般使用格式如下。

```
do
{语句}
while(表达式);
```

上述格式与 while 循环的不同点在于，do-while 先执行循环中的语句，再判断表达式是否为真，如果为真则继续循环；如果为假，则终止循环。可见 do-while 循环至少要执行一次循环语句，执行过程如图 4-18 所示。

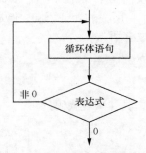

图 4-18　do-while 语句执行过程

### 实例 019　演示 do-while 语句的使用过程

源码路径　光盘\part04\dowhile　　　　　视频路径　光盘\视频\实例\第 4 章\019

本实例的实现文件为 dowhile.cpp，具体实现代码如下。

```cpp
#include "iostream.h"
int main(int argc, char* argv[])
{
    int i=0;
    int sum=0;
    int score[5]={70,30,50,80,90};//定义5个成绩
    do                //循环入口
    {
        sum+=score[i]; //求成绩的和
        i=i+1;          //修订循环变量
    }while(i<5);      //循环出口，终止条件
    cout<<sum<<endl;
    return 0;
}
```

> 范例 037：乘法口诀表
> 源码路径：光盘\演练范例\037
> 视频路径：光盘\演练范例\037
> 范例 038：判断名次
> 源码路径：光盘\演练范例\038
> 视频路径：光盘\演练范例\038

编译执行后将计算 5 个成绩的和，并将计算的和输出，如图 4-19 所示。

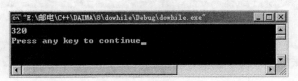

图 4-19　执行效果

# 4.5　跳　转　语　句

知识点讲解：光盘\视频\PPT 讲解（知识点）\第 4 章\跳转语句.mp4

跳转语句常用于项目内的无条件转移控制。通过跳转语句，可以将执行转到指定的位置。C++中的常用跳转语句有如下 3 种。

❏　break 语句。
❏　continue 语句。
❏　goto 语句。

本节将详细讲解上述 3 种跳转语句的基本知识。

## 4.5.1　break 语句

在本书前面的实例中，已经多次使用了 break 语句。break 语句只能被用于 switch、while、do 或 for 语句中，其功能是退出其本身所在的处理语句。但是，break 语句只能退出直接包含它的语句，而不能退出包含它的多个嵌套语句。

| 实例 020 | 演示 break 语句的使用过程 | |
| --- | --- | --- |
| | 源码路径　　光盘\part04\break | 视频路径　　光盘\视频\实例\第 4 章\020 |

本实例的实现文件为 break.cpp，具体实现代码如下。

```
#include "iostream.h"
int main(int argc, char* argv[])
{
    int sum=0;
    int d=0;
    for (;;)                    //for语句构成无限循环
    {
        cin>>d;
        sum=sum+d;              //累计求和
        if (sum>100)            //如果和大于100
            break;              //跳出循环
    }
    cout<<sum<<endl;
    return 0;
}
```

范例 039：序列求和
源码路径：光盘\演练范例\039
视频路径：光盘\演练范例\039
范例 040：简单的级数运算
源码路径：光盘\演练范例\040
视频路径：光盘\演练范例\040

编译执行后，用户可以输入 n 个数字，如果输入的数字和大于 100，则退出程序，如图 4-20 所示。

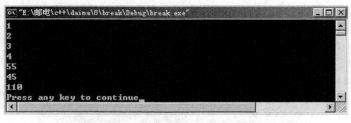

图 4-20　执行效果

## 4.5.2　continue 语句

continue 语句只能被用于 while、do 或 for 语句中，其功能是用来忽略循环语句块内位于它后面的代码，从而直接开始另外新的循环。但是，continue 语句只能使直接包含它的语句开始新的循环，而不能作用于包含它的多个嵌套语句。

| 实例 021 | 演示 continue 语句的使用过程 | |
|---|---|---|
| | 源码路径　光盘\part04\break | 视频路径　光盘\视频\实例\第 4 章\021 |

本实例的实现文件为 continue.cpp，具体实现代码如下。

```
int main(int argc, char* argv[])
{
   int i=0;
   float f=0;
   do
   {
      cin>>f;
      if (f<=0)                       //是否大于0
      {
         cout<<"出错"<<endl;          //提示出错
         continue;                    //小于0时继续读
      }
      i++;                            //计数增1
      cout<<f<<endl;                  //输出
      if (i>2)
         break;                       //输入完毕
   }while(true);

   return 0;
}
```

范例 041：计算正整数的所有因子
源码路径：光盘\演练范例\041
视频路径：光盘\演练范例\041
范例 042：一元钱的兑换方案
源码路径：光盘\演练范例\042
视频路径：光盘\演练范例\042

编译执行后，用户可以输入 3 个数字，如果输入的数字小于 0，则输出"出错"提示，如图 4-21 所示。

输入 3 个合法数字后，将退出程序，如图 4-22 所示。

图 4-21　执行效果

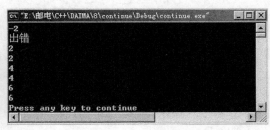

图 4-22　执行效果

### 4.5.3　goto 语句

goto 语句的功能是，将执行转到使用标签标记的处理语句。这里的标签包括 switch 语句内的 case 标签和 default 标签，以及常用标记语句内声明的标签。见下面的格式。

```
goto 标签名;
```

在上述格式内声明了一个标签，这个标签的作用域是声明它的整个语句块，包括里面包含的嵌套语句块。如果里面同名标签的作用域重叠，则会出现编译错误。并且，如果当前函数中部存在具有某名称的标签，或 goto 语句不在这个标签的范围内，也会出现编译错误。所以说，goto 语句和前面介绍的 break 语句和 continue 语句等有很大的区别，它不但能够作用于定义它的语句块内，而且能够作用于该语句块的外部。但是，goto 语句不能将执行转到该语句所包含的嵌套语句块的内部。

| 实例 022 | 演示 goto 语句的使用过程 | |
|---|---|---|
| | 源码路径　光盘\part04\break | 视频路径　光盘\视频\实例\第 4 章\022 |

本实例的实现文件为 goto.cpp，具体实现代码如下。

```
#include "iostream.h"
int main(int argc, char* argv[]){
   int k=0;
   int p=0;
```

```
    goto BBB;                //goto1
AAA:cout<<"begin"<<endl;
BBB:cout<<k<<endl;
    cin>>k;
    if (k<0)
        goto BBB;            //goto2
        //goto AAA;          //goto3
        goto CCC;            //goto4
        cout<<p;
CCC:cout<<"end"<<endl;
    return 0;
}
```

范例 043：获取字符串的汉字
源码路径：光盘\演练范例\043
视频路径：光盘\演练范例\043
范例 044：输出输入月份的英文名
源码路径：光盘\演练范例\044
视频路径：光盘\演练范例\044

在上述代码中一共有 4 条 goto 语句。其中 goto1 是向前跳转，跳转到标签 BBB；goto2 向后跳转，跳到标签 BBB；goto3 向后跳转，跳到标签 AAA；goto4 向前跳转，跳转到标签 CCC。

在上述 4 个跳转语句中，goto1 是错误的，因为超越了变量 k 定义的语句。

# 4.6　技术解惑

## 4.6.1　循环中断问题

有时需要永远地终止循环。当循环语句中没有表示继续执行的代码时，就可以使用 break 语句终止循环。如果在循环中执行 break 语句，循环就会立即终止，程序将继续执行循环后面的语句。break 语句在无限循环中用得最多，下面就来看看无限循环。

无限循环可以永远运行下去。例如，如果省略 for 循环中的测试条件，循环就没有停止机制了。除非在循环块中采用某种方式退出循环，否则循环会无休止地运行下去。

无限循环有几个实际应用，例如，监视某种警告指示器的程序，或在工业园中搜集传感器的数据，有时就是用无限循环编写的。在事先不知道需要迭代多少次时，也可以使用无限循环，如读取的输入数据量可变时。在这类情况下，退出循环的机制应在循环块中编写，而不应在循环控制表达式中设置。

在 for 无限循环的最常见形式中，所有的控制表达式都被省略了。

```
for( ; ; ) {
}
```

注意：即使没有循环控制表达式，分号也要写上。

终止该循环的唯一方式是在循环体中编写终止循环的代码。由于继续循环的条件总是 true，所以这是一个无限循环。当然，也可以有 do-while 无限循环，但它没有另外两种循环好，所以不常用。

终止无限循环的一种方式是使用 break 语句。在循环中执行 break 会立即终止循环，程序将继续执行循环后面的语句。这常常用于处理无效的输入，以输入正确的值，或者重复某个操作。

## 4.6.2　分析循环语句的效率

前面已经详细讲解了 C++的 3 种循环语句，在此，对上述循环语句进行总结，帮助读者进一步加深对知识的理解。

1．循环语句比较

对于这 3 种循环语句，比较起来具体体现在如下 3 点。

（1）这 3 种都可以用来处理同一个问题，一般可以互相代替。但一般不提倡用 goto 型循环。

（2）while 和 do-while 循环，循环体中应包括使循环趋于结束的语句，for 语句功能最强。

（3）用 while 和 do-while 循环时，循环变量初始化的操作应在 while 和 do-while 语句之前完成，而 for 语句可以在表达式中实现循环变量的初始化。

## 2．循环语句效率总结

对于程序设计的初学者来说，往往以完成题目要求的功能为目的，程序的执行效率是最容易忽略的一个问题。在循环结构中，具体表现为循环体的执行次数。例如，一个经典的素数判定问题。在数学中素数如下定义：素数即指那些大于 1，且除了 1 和它本身外，不能被其他任何数整除的数。根据这一定义，初学者很容易编写出如下程序。

```
int isprime(int n){
int i;
for(i=2;i<n;i++)
    if(n%i==0) return 0;
return 1;
}
```

上述代码程序，完全可以实现项目要求的功能。但是当对 for 循环的执行次数进行分析时应该发现，当 $n$ 不是素数时，没有任何问题；而当 $n$ 是素数时，循环体就要执行 ($n-2$) 次，而实际上是不需要这么多次的。根据数学的知识，可以将次数降为 $n/2$ 或 $n$ 的算术平方根，这样可以大大减少循环体的执行次数，提高程序的效率。

程序的执行效率是编程中时刻需要考虑的问题，也是程序设计中的基本要求。这需要许多算法方面的知识，对于初学者来说，要求可能过高，但是在讲授过程中要注意向学生灌输这种思想，从学习之初就要打下良好的基础，尤其是类似上面例子中这样显而易见的情况，可以提醒学生在编制完一道程序以后，检验一下，是否还有可优化的地方，这对以后进一步学习高级编程都是必要的。

### 4.6.3  几种循环语句的比较

在 C++程序中，通常使用 3 种循环都可以用来处理同一问题，在一般情况下它们可以互相代替。其中 while 和 do-while 循环是在 while 后面指定循环条件的，在循环体中应包含使循环趋于结束的语句（如 i++或 i=i+1 等）。而 for 循环可以在表达式中包含使循环趋于结束的操作，甚至可以将循环体中的操作全部放到表达式中。因此 for 语句的功能更强，凡用 while 循环能完成的，用 for 循环都能实现。当使用 while 和 do-while 循环时，循环变量初始化的操作应在 while 和 do-while 语句之前完成。而 for 语句可以在表达式中实现循环变量的初始化。

### 4.6.4  在 C++中，for 循环该怎么读

看下面的一段代码。

```
for(i=0;i<3;i++)
        for(j=0;j<3;j++)
            n[j]=n[i]++1;
```

在上述代码中有两个 for，这该怎么读呢？首先，从外面的开始，这样的写法要知道一点：外面循环一次，里面循环 3 次，因此，这个程序一共循环了 9 次。当 i=0 的时候，里面是 j=0、j=1、j=2 之后每一次都要执行下面的代码。

```
n[j]=n[i]++1;
```

当 i=1 的时候，里面是 j=0、j=1、j=2，之后每一次都要执行如下代码。

```
n[j]=n[i]++1;
```

当 i=2 时，里面是 j=0、j=1、j=2，之后每一次都要执行如下代码。

```
n[j]=n[i]++1;
```

### 4.6.5  一个 C++循环结构嵌套的问题

看如下代码。

```
#include<iostream>
using namespace std;
void main(){
 int i=1,a=0;
 for(;i<=5;i++){
   do
   {
```

```
      i++;
      a++;
    }while(i<3);
    i++;
  }
  cout<<a<<","<<i<<endl;
}
```

执行后的效果如图 4-23 所示。

i<=5 最后怎么加到 8 了？看上述代码的执行过程：进入循环体后，i=1，a=0，执行 i++、a++；i=2，a=1，i<3，执行 i++、a++、i=3，a=2，执行 i++，i=4，执行 for 语句的 i++；i=5，执行 for 循环体，执行 do - while 循环体——i++，a++；i=6，a=3，i>3，跳出 do - while 循环，执行 i++；i=7，执行 for 语句的 i++；i=8，最后输出 i=8、a=3。

图 4-23　执行效果

### 4.6.6　break 语句和 continue 语句的区别

break 语句常和 switch 语句配合使用。break 语句和 continue 语句也与循环语句配合使用，并对循环语句的执行起着重要的作用。且 break 语句只能用在 switch 语句和循环语句中，continue 语句只能用在循环语句中。下面我们分别介绍 break 语句和 continue 语句。

根据程序的目的，有时需要程序在满足另一个特定条件时立即终止循环，程序继续执行循环体后面的语句，break 语句可实现此功能。continue 语句实现的功能是，根据程序的目的，有时需要程序在满足另一个特定条件时跳出本次循环。continue 语句的功能与 break 语句不同，它是结束当前循环语句的当前循环，而执行下一次循环。在循环体中，continue 语句执行之后，其后的语句均不再执行。

在 while 和 do-while 循环语句中，下一次循环是从判断循环条件开始，在 for 循环语句中，下一次循环是从先计算第三个表达式，再判断循环条件开始的。例如，重复读入一些整数，当该整数为负时忽略，否则处理该整数，而该整数为 0 时，程序执行终止。

# 第 5 章

# 其他数据类型

除了在本书前面介绍的内容外，在 C++语言中还有其他的高级数据类型，如指针、数组、枚举、结构体和联合。本章将详细介绍 C++中这些数据类型的基本知识。

| 本章内容 | 技术解惑 |
|---|---|
| ▶▶ 指针 | 指针的命名规范 |
| ▶▶ 数组 | C++中指针和引用的区别 |
| ▶▶ 枚举 | 变量在语言中的实质 |
| ▶▶ 结构体 | C++开发中如何避免和解决野指针 |
| ▶▶ 联合 | 字符数组和字符串是否可以相互转换 |
| ▶▶ 自定义的型 | 静态数组的速度是否快于动态数组 |
| | Arrays 与 Vector 的区别 |
| | 数组名不是指针 |
| | 用户自定义类型所占的内存空间 |

# 5.1　指　针

知识点讲解：光盘\视频\PPT 讲解（知识点）\第 5 章\指针.mp4

指针是 C++语言中非常重要的一种数据类型。指针的使用非常灵活，通过指针可以对各种类型的数据进行快速处理。有些数据结构通过指针可以很自然地实现，而用其他类型却很难实现。本节将详细讲解指针的基本知识和用法。

## 5.1.1　什么是指针

在计算机中，所有数据都是存放在存储器中的。一般把存储器中的一个字节称为一个内存单元，不同的数据类型所占用的内存单元数不等，如整型量占 2 个单元，字符量占 1 个单元等，在前面已有详细的介绍。为了正确地访问这些内存单元，必须为每个内存单元编上号。根据一个内存单元的编号即可准确地找到该内存单元。内存单元的编号也叫地址。既然根据内存单元的编号或地址就可以找到所需的内存单元，所以通常也把这个地址称为指针。

内存单元的指针和内存单元的内容是两个不同的概念。可以用一个通俗的例子来说明它们之间的关系。例如，我们到银行去存取款时，银行工作人员将根据我们的账号去找我们的存款单，找到之后在存款单上写入存款、取款的金额。在这里，账号就是存款单的指针，存款数是存款单的内容。对于一个内存单元来说，单元的地址即为指针，其中存放的数据才是该单元的内容。在 C 语言中，允许用一个变量来存放指针，这种变量称为指针变量。因此，一个指针变量的值就是某个内存单元的地址或称为某内存单元的指针。如图 5-1 所示，设有字符变量 C，其内容为"K"（ASCII 码为十进制数 75），C 占用了 011A 号单元（地址用十六进制数表示）。设有指针变量 P，内容为 011A，这种情况我们称为 P 指向变量 C，或说 P 是指向变量 C 的指针。

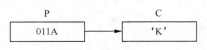

图 5-1　地址和指针

严格地说，一个指针是一个地址，是一个常量。而一个指针变量却可以被赋予不同的指针值，是变量。但常把指针变量简称为指针。为了避免混淆，我们约定："指针"是指地址，是常量，"指针变量"是指取值为地址的变量。定义指针的目的是为了通过指针去访问内存单元。

既然指针变量的值是一个地址，那么这个地址不仅可以是变量的地址，也可以是其他数据结构的地址。在一个指针变量中存放一个数组或一个函数的首地址有何意义呢？因为数组或函数都是连续存放的。通过访问指针变量取得了数组或函数的首地址，也就找到了该数组或函数。这样一来，凡是出现数组、函数的地方都可以用一个指针变量来表示，只要该指针变量中赋予数组或函数的首地址即可。这样做，将会使程序的概念十分清楚，程序本身也精练、高效。在 C 语言中，一种数据类型或数据结构往往都占有一组连续的内存单元。用"地址"这个概念并不能很好地描述一种数据类型或数据结构，而"指针"虽然实际上也是一个地址，但它却是一个数据结构的首地址，它是"指向"一个数据结构的，因而概念更为清楚，表示更为明确。这也是引入"指针"概念的一个重要原因。

## 5.1.2　定义指针的方式

了解了指针的基本知识后，在后面的内容中将进一步介绍指针的基本知识。本节将首先介绍定义指针的基本方式。

**1. 定义指针**

在 C++语言中，定义指针的方式如下。

&lt;类型名&gt;*&lt;变量名&gt;;

其中，<类型名>是指针变量所指向对象的类型，它可以是 C++语言预定义的类型，也可以是用户自定义类型。<变量名>是用户自定义的标识符。符号*表示<变量>是指针变量。而不是普通变量，例如：

```
int *ip1,ip2;            //声明了1个指针变量ip1和1个普通变量ip2
float *fp;               //声明了1个指针变量fp
```

指针运算符主要有两种："&"与"*"。"&"用于取一个变量的地址，"*"以一个指针作为其操作数，其运算结果表示所指向的变量。可以看出这两个运算符互为逆运算。

再看下面的代码。

```
int * aa;
char * bb;
float * cc;
void * dd;
shortr *ee;
bool *mm,nn;
```

在上述代码中，第一个指针是整型；第二个指针是字符型；第三个指针是浮点型；第四个是无类型指针；第五个指针是短整型；第六个同时定义了 2 个指针。

2．识别指针

指针和变量通常会混淆，在具体使用时我们可以通过 sizeof 运算符来判断。sizeof 运算符的使用格式如下。

```
sizeof(object)
```

或：

```
sizeof object
```

见下面的代码。

```
sizeof int
```

上述代码是在测试 int 类型的长度。

**实例 023　演示定义 C++指针的具体过程**

源码路径　光盘\part05\define　　　　　视频路径　光盘\视频\实例\第 5 章\023

本实例的实现文件为 define.cpp，具体实现代码如下。

```
#include "iostream.h"
int main(void)
{
    char *pChar;            //字符指针
    double *pDouble;        //双精度指针

    cout<<sizeof(pChar)<<endl;   //计算字符指针的长度
    cout<<sizeof(*pChar)<<endl;  //计算指针所指内容的长度
    cout<<sizeof(pDouble)<<endl; //计算指针的长度
    cout<<sizeof(*pDouble)<<endl;//计算指针所指内容的长度
    return 0;
}
```

范例 045：用指针自增输出数组元素
源码路径：光盘\演练范例\045
视频路径：光盘\演练范例\045
范例 046：使用指针遍历数组
源码路径：光盘\演练范例\046
视频路径：光盘\演练范例\046

执行后的效果如图 5-2 所示。

图 5-2　执行效果

从执行效果可以看出：第二条和第四条语句的输出结果不对，竟然分别是 1 和 8。这说明 *pChar 和*pDouble 是指针。

注意：虽然不能完全用 sizeof 来确定是否为指针，但是它可以作为最有用的辅助手段之一。

### 5.1.3　指针的分类

C++指针的划分依据有多种，下面分别讲解。

**1. 按指向对象划分**

按照指向对象的不同，可以将指针划分为整型指针、结构体指针和函数指针。见下面的代码。

```
int *aa;
float * bb;
char * cc;
char (*dd)[2];
char *ee[2];
char (*ff)(int num);
```

在上述代码中，定义了 6 个指针。

第 1 个：整型指针。

第 2 个：浮点指针。

第 3 个：字符指针。

第 4 个：数组指针。

第 5 个：本身是数组，叫指针数组。

第 6 个：形参是整型的函数指针。

**2. 多级性划分**

此处的指针多级性是按指针所指数据是否仍然为指针。按照此原则，C++的指针可以分为单级间指针和多级间指针。单级间指针直接指向对象，多级间指针仍然指向指针。指针的级数由指针定义时的指针标识符表示，每出现一个*就增加一级。

一个*表示变量的内容是地址，该地址指向的内存单元是数据。2 个*时，第一个*表示变量的内容实地址，第二个*表示该地址指向的内容仍然是地址，变量地址指向的才是数据。有几个*就可以理解为有几个地址变换。有 3 个*则表示经过 3 次地址变换才能定位到真正的存储数据单元。上述描述的具体结构如图 5-3 所示。

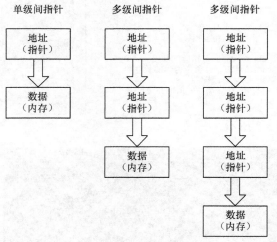

图 5-3　指针指向

### 5.1.4　指针的初始化

指针被定义后，仅仅被分配了一个 32 位的内存单元，而并没有对指针进行初始化处理。如果没有初始化，那么指针的指向是随机、未知的，这通常被称为野指针。在现实中，有些编译器会自动将指针初始化为空，但是作为编程人员，我们不要存在这种侥幸心理。如果直接引用了野指针，可能会破坏程序的运行，甚至会影响操作系统的安全。在使用指针时，必须进行初始化处理。在进行指针初始化处理时，存在如下两种类型。

- ❑ 什么都不指：给指针赋予一个值，让其不指向任何地方，即空指针。具体来说，可以赋予数值 0 或 NULL。NULL 是宏，和 0 的效果不一样。
- ❑ 内存地址。赋予一个值，指向某个特定的地址。

**实例 024** 演示初始化 C++指针的具体过程

源码路径　光盘\part05\chushi　　　　视频路径　光盘\视频\实例\第 5 章\024

本实例的实现文件为 chushi.cpp，具体实现代码如下。

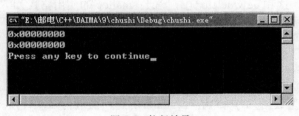

```cpp
#include "iostream.h"
int main(int argc, char* argv[])
{
    int *pInt1=0;              //赋空值
    int *pInt2=NULL;          //赋空值
    cout<<pInt1<<endl;        //输出地址
    cout<<pInt2<<endl;        //输出地址
    cout<<*pInt1<<endl;       //输出内容
    cout<<*pInt2<<endl;       //输出内容
    *pInt1=8;                 //赋值
    cout<<*pInt1<<endl;
    return 0;
}
```

范例 047：用指针遍历结构数组
源码路径：光盘\演练范例\047
视频路径：光盘\演练范例\047
范例 048：将指针作为函数的参数
源码路径：光盘\演练范例\048
视频路径：光盘\演练范例\048

执行后的效果如图 5-4 所示。

```
"E:\邮电\C++\DAIMA\9\chushi\Debug\chushi.exe"
0x00000000
0x00000000
Press any key to continue_
```

图 5-4　执行效果

在上述代码中，*pInt1 和*pInt2 两个指针被定义为空指针。因为为空，所以指针的地址都为 0，并输出地址为 0。因为地址为空，所以内容也为空，内容不能被输出。但是在输出内容时，虽然能够编译通过，但在执行时会导致程序出错。

注意：上述代码中的 "*pInt1=8" 是给指针赋值，因为 pInt1 被初始化为空，即没有被分配用来存储数据的内存单元，所以对一个空指针赋值也是很危险的，同样会造成程序错误。

1. 指针地址初始化

可以使用一个已经被初始化的指针地址来初始化一个指针，也就是说这两个指针将会指向相同的单元。如果两个指针的类型相同，可以直接赋值；否则将被转换为与被初始化指针相同类型的指针。见下面的代码。

```cpp
char *aa=mm;              //用已有指针mm赋值给aa
int *bb=(int *)mm;       //类型转换
```

在上述代码中，因为 aa 和 bb 的类型不同，所以需要强制转换类型。

2. 变量地址初始化

可以使用已经定义的变量来初始化指针，此时需要用到取地址运算符&。取地址运算符&的使用格式如下。

```cpp
指针=& 变量;
```

在此也需要指针和变量两者的类型相同，否则就需要强制类型转换。见下面的代码。

```cpp
char aa;
char *bb=&aa;            //变量地址给指针bb
```

**3. new 分配内存单元**

定义指针不是为了指向已经定义好的其他变量，而是为了创建新的存储单元，此时需要动态申请内存单元。在 C++中采用 new 运算符来申请新的存储单元。具体格式如下。

```
指针 = new 类型名
```

或：

```
指针 = new 类型名[<n>];
```

其中，[<n>]表示需要 n 个"类型名"长度的存储单元；new 返回新分配的内存单元地址。

上述第一种格式表示申请一个"类型名"长度的存储单元；第二种格式表示申请 n 个"类型名"长度的存储单元。

当申请完内存单元后，如果不再需要就需要收回这个内存单元，此时需要 delete 运算符来完成。具体格式如下。

```
delete 指针；
```

或：

```
delete []指针；
```

其中，[]表示要删除 new 分配的多个"类型名"的存储单元。见下面的代码。

```
char *p;
p=new char;                //申请内存块，将地址赋予p
*p='a';                    //修改p所指向的内容
delete p;                  //释放p所占用的内存
```

**4. malloc 函数分配内存单元**

除了 new/delete 外，C++中还保留了 C 中分配动态内存的方法。C 中使用 malloc/free 对来分配和释放动态内存，这和 new/delete 比较类似。malloc 的使用格式如下。

```
extern void *malloc(unsigned int num_bytes);
```

此函数在头文件 malloc.h 中，其功能是申请 num_bytes 字节的连续内存块。如果申请成功则返回该块的首地址；否则返回空指针 NULL。见下面的代码。

```
type *p;   p=(type*)malloc(sizeof(type)*n);
```

在上述代码中，p 是 type 型指针，sizeof(type)是计算一个 type 型数据需要的字节数，n 表示需要存储 n 个 type 型数据。(type*)是对 malloc 的返回值进行强制转换。该式的含义是申请可以存储 n 个 type 型数据的内存块，并且将块的首地址转换为 type 型赋给 p。

当用 malloc 分配的内存不再使用时，应使用 free()函数将内存块释放。具体格式如下。

```
free p;
```

其中，p 是不再使用的指针变量。同 delete 一样，free 也没有破坏指针 p 的内容，只是告诉系统收回这片内存单元，可以重新利用。所以 free 后，最好将 p 显示置空指针。

见下面的代码。

```
p=(char*)malloc(sizeof(char)*2);          //申请2个存放char类型数据的内存块
free p;                                    //释放p指向的内存单元
```

由此读者应该发现 malloc/free 与 new/delete 的区别。

❑ 前者是 C++/C 语言的标准库函数，后者是 C++的运算符，是保留字。malloc 返回的是无符号指针，需要强制转换才能赋给指针变量，而 new 可以返回正确的指针。

❑ malloc 只是分配要求的内存单元，而 new 则可以自动根据类型计算需要的内存空间。如果有构造函数，new 还会自动执行。

## 5.1.5　指针运算

指针是一个变量，指针变量可以像 C++中的其他普通变量一样进行运算处理。但是 C++指针的运算种类很有限，而且变化规律要受其所指向类型的制约。C++指针一般会接受赋值运算、部分算数运算、部分关系运算。其中指针的赋值运算在第 5.1.4 节中已经进行了详细介绍，本节只讲解指针的算数运算和关系运算。

## 1．算数运算

指针只能完成两种算数运算：加和减。指针的加减运算与普通变量的加减运算不一样，指针的加减变化规律要受所指向的类型约束。它只能与以整型作为基类型的数据类型进行运算，或者在指针变量之间。指针的运算都是以元素为单位，每次变化都是移动若干个元素位。如果指针与 0 进行加减运算，这保持原来的指向不变。

指针的加减运算不是单纯的在原地址基础上加减 1，而是加减一个数据类型的长度。所以，指针运算中"1"的意义随数据类型的不同而不同。假如指针是整型指针，那么每加减一个 1，就表示将指针的地址向前或后移动一个整型类型数据的长度，即地址要变化 4 字节，移动到下一个整型数据的首地址上。这时"1"就代表 4。如果是 double 型，那么"1"就代表 8。

指针的加减运算最好限定在事先申请的内存单元内，不要通过加减运算跨越到其他内存块内。虽然，编译器不会对这个问题报错，但这么做是很危险的。有可能在无意识的情况下访问或破坏了其他内存单元的数据。

指针可以进行加减运算，但两指针之间只能进行减运算。两个指针的减法表示计算它们之间的元素个数。如果差为负数，表示地址高的指针需要后移几次才能到地址低的指针处。如果是正数，表示地址低的指针需要移动几次才能前进到地址高的指针处。这个值实际是指针地址的算术差除以类型宽度得到的。

## 2．关系运算

指针之间除了可以进行减运算外，还可以进行关系运算。指针的关系运算是比较地址间的关系，这包括两方面：一方面是判断指针是否为空，另一方面是比较指针的相对位置。进行关系运算的两个指针必须具有相同的类型。有相同类型的两个指针 p1 和 p2，则 p1 和 p2 间的关系运算式如下。

- ❑ p1==p2：判断 p1 和 p2 是否指向同一个内存地址。
- ❑ p1>p2：判断 p1 是否处于比 p2 高的高地址内存位置。
- ❑ p1>=p2：判断 p1 是否处于不低于 p2 的内存位置。
- ❑ p1<p2：判断 p1 是否处于比 p2 低的低地址内存位置。
- ❑ p1<=p2：判断 p1 是否处于不高于 p2 的内存位置。

以上 5 种用来判断两个指针之间的比较，下面两种用来判断指针是否为空。

- ❑ p1==0：判断 p1 是否是空指针，即什么都不指。
- ❑ p1==NULL：含义同上。
- ❑ p1!=0：判断 p1 是否不是空指针，即指向某个特定地址。
- ❑ p1!=NULL：含义同上。

上述 4 种都是判断指针与空指针之间的关系，这在通过指针遍历链表、数组等连续内存单元时很有用，可以作为遍历终止的条件。

❀ 注意：C++标准中并没有规定空指针必须指向内存中的什么地方，具体用什么地址值来表示空指针取决于系统的实现。因此，NULL 并不总等于 0。这就存在零空指针和非零空指针两种，但是 C++倾向于使用零空指针。

## 5.1.6　指针的指针

指针的指针意味着指针所指向的内容仍然是另一个指针变量的地址。指针的指针是指针中的难点，不容易理解，本节将详细讲解它的内涵和用途。C++中指针的指针声明方式如下。

```
type **ptr;
```

变量访问内存单元是直接访问，用指针访问内存单元则属于间接访问。如果指针直接指向数据单元，则称为单级间址。单级间址定义时使用一个*号。如果指针指向的内容依然是地址，该地址才指向真正的数据单元，那么这种指针就叫二级间指。二级间指定义时使用两个*。

加入存在字符变量 ch='a'，则让指针 ptr1 指向 ch，指针 ptr2 指向 ptr1 的代码如下。

```
char ch='a';
char ptr1=&ch;
char **ptr2;
*ptr2=&ptr1;
```

指针的指向关系如图 5-5 所示。

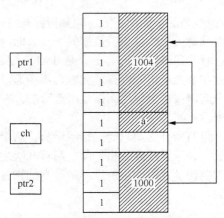

图 5-5　单级间指针与二级间指针

在图 5-5 中，ch 存放在 1004 单元中，字符变量占一个字节。ptr1 存放在 1000 开始的 4 字节内存单元中（指针是无符号整型数，占 4 字节），它的内容是 ch 所在单元地址 1004。ptr2 放在 1006 开始的 4 字节中，其内容是 ptr1 所在的内存块的首地址。它们之间的指向关系如图 5-5 中的箭头所示。

从图 5-5 可见，如果用 ptr1 去访问能 ch，则只需要一次跳转就可寻径到 ch。而如果通过 ptr2 来访问 ch，则需要先跳转到 ptr1，再跳转到 ch。

在具体程序中，定义中存在几个*号就是几级间指，访问到最终数据单元时就需要几级跳转。见下面的代码。

```
int ***aa;          //三级间指
int ****aa;         //四级间指
```

在上述代码中：aa 的内容是地址，*aa 是指针。继续向左，又是*，表明*aa 的内容是地址，**aa 是指针。再向左，还是*，表明**aa 的内容依然是地址，***aa 是指针。最后再向左是 int，没有了*，表明***aa 的内容是整型数据。

注意：理解间指时要从右向左。对于 "int ***p;" 可按如下过程理解。从右向左，先看到 p，表明变量名为 p。再向左，遇到*，表明技巧：将指针的指针用于数组和函数传值中。指针的指针常常作为函数的参数，使函数能够修改局部指针变量，即在函数内修改局部指针的指向。在数组处理中，可以用指针的指针来代替多维数组。

### 5.1.7　使用指针

指针与其他变量一样，必须先定义后使用，而且必须先初始化。否则，指针就是一个野指针，使用这样的野指针会造成不可预期的后果。第 5.4 节详细讨论了指针初始化的问题，本节就来讨论一下指针使用方面的问题，这包括两方面：赋值和取内容。

1. 指针赋值

在 5.1.4 节讲过指针的初始化，赋值与初始化基本类似，5.1.4 节谈到的初始化方法都适用于赋值。但两者也有一些细微的差别。初始化多发生在定义时，而赋值则多在定义以后。初始化时如果不是字符串，则右值只能使用地址。因为，此时指针还没有指向特定的内存单元，所以不能给它赋数据。字符串实质是字符数组，字符数组是天生的指针。系统会自动为字符串分配存储单元，并且数组的名字就是字符串的首地址指针。此时实质还是地址。赋值可以赋地址或数据，见下面的代码。

```
p1=&var;
p1=p2;
*p1=var;
```

第 1 个式子中，p1 是指针变量，var 是变量。&是取地址运算符（格式参 5.4 节），取出变量 var 的地址。所以，第 1 个式子表示让指针指向变量 var。第 2 个式子中 p1 和 p2 是同类型的指针，表示让 p1 指向 p2 所指的内存单元。第 3 个式子中，p1 是指针变量，var 是变量。*是间接操作符，表示间接访问 p1 指向的内存单元。该式表示直接用变量 var 来修改指针所指向的内存单元的内容。赋值时，若左值不带*，则只能赋予地址；否则只能赋予变量的内容。

| 实例 025 | 演示 C++指针的赋值的具体过程 |
|---|---|
| 源码路径 光盘\part05\fuzhii | 视频路径 光盘\视频\实例\第 5 章\025 |

本实例的实现文件为 fuzhii.cpp，具体实现代码如下。

```
#include "iostream.h"
int main(void){
    int zhizhen=5;
    int *p1=&zhizhen;      //取变量地址
    int *p2=p1;            //用指针赋值
    int *p3=0;             //指针赋为空
    p3=new int;            //申请内存空间
    *p3=100;               //修改所指内容
    delete p3;             //释放
    p3=0;                  //置空
    return 0;
}
```

范例 049：用指针实现逆序排序
源码路径：光盘\演练范例\049
视频路径：光盘\演练范例\049
范例 050：用指针查找最大值和最小值
源码路径：光盘\演练范例\050
视频路径：光盘\演练范例\050

在上述代码中，中指针变量 p1、p2 的初始化和赋值是一样的过程，而 p3 则是先初始化，再赋值。赋给 p1 的是变量 iVal 的地址，由取地址运算符取出。赋给 p2 的则是 p1 的指针，p2 和 p1 将都指向变量 iVal。p3 则是先初始化为空指针，再用 new 申请存储单元，然后再赋值。通过间接访问，将 100 保存到 p3 中。执行后的效果如图 5-6 所示。

图 5-6 执行效果

注意：赋地址时，不要求左值原来必须指向某个内存单元。而赋数据则要求指针必须指向某个内存单元，给其赋值只是填充了该内存单元的内容。

2. *操作符

*操作符也叫间接访问运算符，用来表示指针所指的变量，结合性为从右到左，属于单目运算。*运算符后跟的必须是指针变量。如果作为左值，则是向指针所指单元中写入数据。如果作为右值，则是从指针所指单元中读数据。具体格式如下。

```
*p=常量;
*p=var;
var=*p;
```

上述第 1 个式子是直接将常量送入 p 所指的单元；第 2 个式子是将变量 var 的值送入 p 所指向的单元内；第 3 个是将指针 p 所指单元的数据读出并赋给 var。

此外，*操作符还有如下常见的用法。

```
*(&var)=常量;
*(&var1)=var2;
var2=*(&var1);
```

其中，&是取地址操作符，*(&var)就是 var 本身。这种写法看起来很怪，但确实是可以使用的。

### 5.1.8　分析指针和引用的关系

引用就是别名或同义词，它是同一块内存单元的不同名称。常用于替代传值方式，传递参数和返回值。具有指针的特点，可节省内存复制带来的开销。具体格式如下。

```
type &ref=var;
```

其中，type 是类型名称，&是引用的说明符，ref 是引用的名称，var 是与引用同类型的变量名称。该式表示定义一个引用，该引用是 var 的别名，与 var 使用同样的内存单元。引用与指针的区别如下。

（1）引用只是变量的别名，不开辟新的空间，与原变量使用同一块内存单元。指针则是一个新的变量，有自己的存储空间。

（2）引用必须在声明时就初始化，指针则可在任何时候初始化。例如示例 7-19 中，如果希望 ref 引用变量 x，就必须在定义 ref 时用语句 int &ref=x 实现，而不能声明后，再用"ref=x"或其他形式实现。ref=x 这种形式是在给引用赋值，但此时 ref 还没有引用任何变量，因此给其赋值是不合逻辑的。实际上，如果引用在定义时悬空，编译器将报错。

（3）引用不能为空，必须总是引用一个对象。而指针则可以为空，不指向任何地方。见下面的代码。

```
int &ref=NULL;
*p=NULL;
```

上述代码中，语句 int &ref=NULL 是不允许的。而 int *p=NULL 是允许的，表示 p 什么都不指。

（4）引用一旦被初始化，就不能再引用其他对象。而指针如果没有用 const 修饰，就可以重新指向不同的变量。例如示例 40 中，ref=x 这样的语句只能在初始化时出现。因此，即使想改变引用的对象，也不会有机会去实现。

（5）如果引用被 const 修饰，则可以直接在初始化时赋常量。而指针除了 0 以外，什么时候都不能直接赋未经转换的常量。此时，引用的语义是创建一个临时的对象，并用该常量来初始化，然后对其引用，直到销毁引用才销毁该临时对象。而指针则意味着直接赋予一个地址，这是不允许的。

（6）引用声明时用&作为标识，使用时像变量一样直接使用。而指针则用*作为标识，使用时也要用*间接访问。

（7）sizeof 操作施加到引用上时，测试的是被引用对象的宽度。而用于指针时，则是测试指针本身的宽度（同一种机型上，它总是定值）。

✿ 注意：当不能决定是选择指针还是选择引用时，可以简单地参照下述原则。

（1）若指向没有命名的对象，或不恒指向同一个对象，则使用指针。

（2）若总是指向同一个对象，则使用引用。

### 5.1.9　特殊的指针

除了有明确指向和类型的指针外，有时候还常常用到一些特殊类型的指针，以应对特殊的用途。本节将向读者介绍 void 型指针和空指针，这两种指针在实际应用中经常会用到。

1. void 型指针

void 型指针就是无类型指针，此类指针没有类型，只是指向一块申请好的内存单元。void 型指针的具体格式如下。

```
void *p;
```

其中，void 表示"无类型"，表示不明确指针所指向的内存单元应该按什么格式来处理。p 是指针变量名。整体的意思是指定义了一个指针 p，却不规定应该按何种格式来解释其作指向的内存单元的内容。由于 void 只是说明被修饰的对象无类型，却不分配内存，所以除指针外不能定义其他类型变量。因为指针本身的存储空间是定义时就申请好的，其指向的内存单元可以在需要的时候再申请。但是其他类型，如 int、float 等，则必须定义即申请，否则没有内存单元来存放数据。见下面的代码。

```
void *p;   void x;
```

在上述代码中，第 1 条语句是允许的，但第 2 条是不允许的。实际上，void 几乎只是在"说明"被定义变量的类型，不涉及内存的分配。

2. 空指针

空指针就是什么都不指的指针，表示该指针没有指向任何内存单元。构造空指针有下面 2 种方法。

❑ 赋 0 值：这是唯一允许的不经转换就赋给指针的数值。

❑ 赋 NULL 值：NULL 的值往往等于 0，两者等价。

见下面的代码。

```
p=0;
p=NULL;
```

空指针常常用来初始化指针，避免野指针的出现。但是直接使用空指针也是很危险的。例如，语句"cout<<*p<<endl;"，如果 p 是空指针，程序就会异常退出。因此，对于空指针不能进行*操作。在 5.1.5 节中讲指针的关系运算时，就曾讲到过判断空指针的方法。一个负责的程序员，也应该在使用前进行判空的检测。

此外，还需要区分如下几个概念。

❑ void 型指针是无类型指针，它只是说明还没有对被指向的内存单元进行格式化解释。

❑ 野指针表示指针声明后没有初始化，没有指向特定的内存单元。

❑ 空悬指针表示指针指向的内存单元被释放了，该指针可能指向任何地方，也可能还指向原单元。

❑ 空指针则是指指针什么都不指。

✿ 注意：在数组、字符串、链表等处理中，有时并不清楚被处理的对象确切有多少个。此时，可以用判断是否为空来控制遍历的结束。

# 5.2 数　　组

📀 知识点讲解：光盘\视频\PPT 讲解（知识点）\第 5 章\数组.mp4

在前面的学习里，处理的数据都属于"简单的"数据类型，这体现在整数、浮点数、字符等数据类型的变量每个只能存储一个标量值，即单个值。在本节将要讲解的数组中，每个变量均可以存储多项信息。

## 5.2.1 数组基础

数组是许多种程序设计语言的重要组成部分，在 C 程序里经常会用到它们。正如本章开篇介绍的，诸如整数和浮点数之类的数据类型的变量每个只能存储一个值。数组的优点在于，一个数组可以把许多个值存储在同一个变量名下。

1. 定义数组

数组仍需要被声明为某一种特定的类型：数组可以用来存储浮点数、字符或整数，但不能把不同类型的数据混杂保存在同一个数组里。下面是数组的声明语法。

```
type name[x];
```

其中，type 代表变量的类型，name 是数组变量的名字（仍须遵守与其他变量相同的命名规则），x 是该数组所能容纳的数据项的个数（数组中的每一项数据称为一个元素）。例如，下面的代码创建了一个能够容纳 10 个浮点数的数组。

```
float myArray[10];
```

因为一个数组变量包含多个值，所以对各元素进行赋值和访问时会稍微复杂一些，需要通过数组的下标来访问某给定数组里的各个元素。数组的下标是一组从 0（注意，不是 1）开始编号的整数，最大编号等于数组元素的总个数减去 1。从 0 开始编号的数组下标往往会给初学者带来许多麻烦，所以我们想再重复一遍：数组中的第一个元素是下标是 0；第二个元素的下标是 1，最后一个元素的下标是 x−1，其中，x 是数组元素的个数（也叫数组的长度）。通过如下代码，演示了把一个值赋值给数组中的某个元素并输出此值的过程。

```
myArray[0] = 42.9;
    std::cout << myArray[0];
```

一般来说，只对数组中的个别元素进行处理的程序并不多见。绝大多数程序会利用一些循环语句来访问数组中的每一个元素，见下面的代码。

```
for (int i = 0; i < x; ++i) {
}
```

这个循环将遍历每一个数组元素，从 0 到 x−1。这里唯一需要注意的是，必须提前知道这个数组里有多少个元素（即 x 到底是多少）。在声明一个数组以及通过循环语句访问它时，最简单的办法是用一个常量来代表这个值。

以上概念都会在接下来的示例程序里演示。它将从用户那里接受一组数值，然后依次输出它们、它们的累加和以及它们的平均值。

2．高级数组

另一个更为高级的概念是多维数组。这类数组的元素还是数组。下面这条语句声明了一个包含 5 个元素的数组，它的每个元素都包含 10 个整数。

```
int myArray[5][10];
```

第一个方括号里的数字设定了主数组的元素个数，第二个方括号里的数字设定了每个子数组的元素个数。如果要指定某个特定的元素，比如第 1 个子数组里的第 3 个元素，需要使用如下语法。

```
myArray[0][2] = 8;
```

要想遍历这样一个数组的所有元素，需要使用两个循环，其中一个嵌套在另一个的内部。外层的循环用来访问每一个子数组（如从 myArray[0]到 myArray[4]）；内层的循环用来访问子数组里的每一个元素（如从 myArray[x][0]到 myArray[x][9]）。

根据具体的编程需要，多维数组的维数可以无限扩大，但保存在多维数组里的每一个值必须是同样的类型（字符、整数、浮点数等）。

❀　注意：可以用如下语法在创建数组时对它的元素进行赋值。

```
int numbers[3] = {345, 56, 89};
```

这只能在声明变量时进行，不能用这个办法来填充一个已经存在的数组。还可以按如下方法去做。

```
int numbers[] = {345, 56, 89}
```

对于这种情况，编译器将根据花括号里的值的个数自动地创建出一个长度与之相匹配的数组。

在 C 语言里，字符串被实际存储为一个字符数组。在 C++里也可以使用这样的数组，但因为 C++提供了更好的 std::string 类型，所以已经不必再使用那些老式的 C 方法了。

可以每次只输出一个数组元素的值。但下面这种做法不行（有输出，但不是想要的效果）。

```
int numbers[] = {345, 56, 89};
```

std::cout << numbers; 数组下标从 0 开始，忘记这一点就会犯所谓的 " 差一个 " 错误，最严重的后果是使用的数组下标并不存在。请看下面这段代码。

```
const int I = 100;   float nums[I];   nums[I] = 2340.534;                         //错误
```

### 3. 分析数组的完整性

数组的完整性是指每个数组在定义时都制定了数组维数，在定义一个数组时一般都会指定完整的维数。

（1）一维数组。一维数组定义时，维数不能省略，见下面的代码。

```
int m[9];
```

这样在上述代码中，声明了一个一维数组 m，它包含了 9 个整型数。方括号中的 9 表示一维数组 m 的完整维数。

（2）多维数组。在多维数组定义中，也要求维数全部出现。看下面的代码。

```
float m[5][6];
float n[2][2][5];
```

上述代码中，首句声明了一个二维数组 m；第二局声明了一个三维数组 n。

❋ 注意：多维数组可以看作是数组的数组。例如，float m[5][6]可以看为：m 是一个包含 5 个（每个都）包含 6 个浮点数的数组，即包含了 30 个浮点数。float n[2][2][5]可以看为：包含了 30 个浮点数，2、3、5 表示二维数组 n 的完整维数。

（3）维数不全的数组。维数不全是指在定义数组时只指定部分数组的维数，如 int[][6]、int[] 等。见下面的代码。

```
float m[][2] = {{3,2.0},{9,12}};
```

对于上述代码，括号的 2 表示显式指定了维数 2，但另一方括号中没有指定维数。在此情况下，其维数将用初始化值的个数隐式的指定数组维数。

（4）无维数。无维数是指每个数组在定义时不指定任何维数，例如：

```
int[][]
int[]
```

## 5.2.2　动态数组

动态数组是指在编译时不能确定数组长度，程序在运行时根据具体情况或条件，需要动态分配内存空间的数组。在 C++中时不能像在 Java 中一样定义这样的动态数组 "int[] arr = new int[]"。

### 1. 在堆上分配空间的动态数组

堆是一块内存空间，这个空间能够提供对动态内存分配的支持。动态数组如果要在堆上分配空间，在 C++中可以利用指针或关键字 new 来实现。

（1）动态一维数组。动态一维数组是指在运行时才分配内存空间的一维数组。

（2）动态二维数组。动态二维数组是指在运行时才分配内存空间的二维数组。

### 2. 在栈上分配空间的"假动态"数组

栈是一块内存空间，它由编译器在需要的时候分配，并由系统自动回收。在变异的时候已经知道了数组的大小，但是在定义时却看起来像动态的，所以我们称这种数组叫"假动态"数组。在 C++中，通常使用常量表达式和宏定义变量实现"假动态"数组。

（1）常量表达式 const 维数。有时数组的维数并不是一个数值，而是一个表达式，但此表达式必须在编译时计算出值。

（2）宏定义 define 维数。C++中可以使用宏定义 define 来当作维数。此种方法比较利于代码的维护，当需要改变数组的维数时，只需修改宏即可。

## 5.2.3　数组存储

在 C++中有 3 种存储数数据的方式：自动存储方式、静态存储方式和自由存储方式，每一种存储方式都有不同的对象初始化的方法和生存空间。而 C++数组有两种存储方式：行存储和列存储。本节将详细讲解存储数组的基本知识。

（1）列存储。列存储是指将数组元素按照列向量排列，第 $n+1$ 个列向量紧接在第 $n$ 个列向量的后面。

（2）行存储。行存储是指将数组元素按照行向量排列，第 *n*+1 个列向量紧接在第 *n* 个列向量的后面。

### 5.2.4 字符数组

用来存放字符量的数组称为字符数组。定义一个字符数组后，这个字符数组会返回一个头指针。可以根据这个头指针来访问数组中的每一个字符。

（1）定义字符数组。字符数组是用来存放字符型数据的，应定义成"字符型"。由于整型数组元素可以存放字符，所以整型数组也可以用来存放字符型数据。字符数组的定义格式如下。

```
char 数组名[维数表达式1][ 维数表达式2]...[ 维数表达式n];
C++字符数组的类型必须是char，维数要至少有一个。
```

（2）字符数组和字符串指针变量。字符数组和字符串指针变量都能够实现字符串存储和运算。字符串指针变量本身就是一个变量，用于存放字符串的首地址。字符串本身是存放在以该首地址为首的一块连续的内存空间中，并以'0'作为串的结束。

### 5.2.5 数组初始化

C++的数组初始化处理既可以在定义时，也可以在定义后。

❑ 在定义时用逗号分隔，用放在花括号中的数据表示初始化数组中的元素。

❑ 在程序执行时用赋值语句对其进行初始化。

1. 定义时的初始化

定义数组时，使用大括号来对数组进行初始化处理。

（1）一维数组。一维数组的初始化有两种，一种带维数，另一种不带维数，见下面的代码。

```
int array_1[5] = {1,2,3,4,5}              //初始化整型数组
int array_2[ ] = {1,2,3,4,5}              //和array_1相同
float array_3[3] = {1.5,2.5,3.5 }         //初始化浮点型数组
float array_4[ ] = {1.5,2.5,3.5 }         //和array_3相同
char array_5[3] = {'w','h','a','t'}       //初始化字型数组
char array_6[ ] = {'w','h','a','t'}       //和array_5相同
```

再看下面的代码。

```
char array_str1[ ] ="nihao aaaa"          //字符串
char array_str2[ ] ={"nihao aaa}          //字符串
```

上述两段代码的功能相同。

（2）多维数组

多维数组的初始化也有 2 种，第一种和一维数组的初始化完全相同。见下面的代码。

```
int array_1[2] [3] = {1,2,3,4,5,6}
int array_2[ ] [3]= {1,2,3,4,5,6}
```

档位数表达式为空时，数组大小和一维数组一样将由初始化数组元素的个数来隐式指定数组的维数。例如，上述代码中二维数组 array_2[ ] [3]，列维数显式指定为 3，行维被隐式指定为 2。

第二种方法是使用大括号嵌套来实现，看下面的代码。

```
int array_1[3] [4]= {{1,2,3,4},{5,6,7,8},{9,10,11,12}        //初始化二维数组
```

在各个嵌套括号间要用逗号来分隔，最后一个除外。

✿ 注意：可以只对部分元素赋初值，未赋初值的元素自动取 0 值。

例如，下面代码是对每一行的第一列元素赋值，未赋值的元素取 0 值。

```
int a[3][3]={{1},{2},{3}};
```

上述赋值后各元素的值如下。

1 0 0

2 0 0

3 0 0

### 2. 初始化赋值语句

赋值语句初始化的操作比较简单，所以在现实中比较常用。

| 实例 026 | 演示赋值语句初始化数组的具体流程 | |
|---|---|---|
| | 源码路径 光盘\part05\yuju | 视频路径 光盘\视频\实例\第 5 章\026 |

本实例的实现文件为 yuju.cpp，具体实现代码如下。

```cpp
#include "stdafx.h"
#include "iostream.h"
int main()
{
    // 定义一个 12×12 的数组
    const int nRows = 12;
    const int nCos = 12;
    int arr_ex [nRows][nCos];
    //初始化数组arr_ex
    for (int nRow1 = 0; nRow1 < nRows; nRow1++)         //循环赋值
    {
        for (int nCol1 = 0; nCol1 < nCos; nCol1++)
        {
            arr_ex [nRow1][nCol1] = nRow1 * nCol1;      //赋值语句，初始化数组
        }
    }
    // 输出数组元素的值
    for (int nRow = 1; nRow < nRows; nRow++)            //行
    {
        for (int nCol = 1; nCol < nCos; nCol++)         //列
        {
            cout << arr_ex [nRow][nCol] << "\t";
        }
        cout << endl;
    }
    return 1;
}
```

> 范例 051：计算矩阵对角线的和
> 源码路径：光盘\演练范例\051
> 视频路径：光盘\演练范例\051
> 范例 052：反向输出字符串
> 源码路径：光盘\演练范例\052
> 视频路径：光盘\演练范例\052

在上述代码中，定义了一个 12×12 的二维数组 nRows 和 nCos，编译执行后的效果如图 5-7 所示。

图 5-7 执行效果

## 5.2.6 指针和数组

指针是一个保存地址的变量，C++中的数组表示的是一个首地址，所以数组名就是指向该数组第一个元素的指针。在此前关于地址和指针的例子里，我们使用的都是标量类型：整数、实数和字符。在遇到一个标量类型的变量时，我们可以创建一个与之类型相同的指针来存放它的地址。可是，在遇到数组时该怎么办呢？

在幕后，计算机将把数组保存在一组连续的内存块里，而不是像对待其他变量那样把它保存在一个内存块里。比如，以下代码所定义的数组可能会保存在内存里。

```cpp
int myArray [] = {25, 209, -12};
```

这意味着数组有多个地址，每个地址均对应着数组中的一个元素。你也许会因此而认为访问数组的地址是一件很困难的事情，但事实刚好相反。在 C++（以及 C 语言）里，数组的名字同时也是一个指向其基地址（其第一个元素的地址）的指针。以 myArray 数组为例，这意味着

下面两条语句可以完成同样的事情。

```
int *ptr1 = &myArray[0];
int *ptr2 = myArray;
```

这两条语句都可以在指针里存放基地址，即数组中第一个元素的地址。使用解引用操作符（*），可以马上访问数组中的第一个元素。

```
std::cout << *ptr1;
*ptr2 = 98744;
```

如果想使用一个指针访问一个数组元素，问题将变成怎样才能访问其他的数组元素。解决方案是通过指针运算来改变在指针里保存的地址。

对一个指向某个数组的指针进行递增的结果是该指针将指向下一个元素的地址。现在，如果再次使用*ptr1 指针，将得到保存在第二个元素里的值。

指针运算的奇妙之处在于，地址值并不是按 1 递增的，它将按照那种数组类型在那台计算机上所需要的字节个数来递增。比如，如果有一个包含 3 个整数的数组、每个整数需要 4 字节来存储，对一个指向该数组的指针进行递增（加 1）将使地址以 4 字节为单位进行递增。如果是一个指向某个字符数组的指针（字符数组的每个元素只占用 1 字节），地址将以 1 字节为单位进行递增。

（1）指向数组的指针。可以用数组名访问数组，也可以定义一个指向数组的指针，通过指针来访问数组。指针运算的重要性在高级和抽象的程序设计工作中体现得更加明显。如果你现在还体会不到其中的奥妙，也没有关系。就目前而言，只要记住数组的名字同时也是一个指向其第一个元素的指针就行了。数组可以是任何一种数据类型，这意味着我们完全可以创建一个以指针为元素的数组，如果有必要的话。

（2）指针数组。一个数组，若其元素均为指针类型数据，称为指针数组。也就是说，指针数组中每一个元素都相当于一个指针变量。一维指针数组的定义形式如下。

```
类型名  *数组名[数组长度]
```

例如：

```
int *p[4]
```

多维数组的定义格式如下。

```
类型名  *数组名[维数表达式1]……[维数表达式n]
```

由于[]比*优先级更高，因此 p 先与[4]结合，形成 p[4]的形式，这显然是数组形式。然后再与 p 前面的*结合，*表示此数组是指针类型的，每个数组元素都指向一个整型变量。

数组指针是指向数组的一个指针，例如：

```
int (*p)[4]
```

表示一个指向 4 个元素的数组的一个指针。

### 5.2.7　使用数组

C++中数组的使用方式通常有两种：索引方式和指针方式。

本节将分别介绍。

（1）索引方式。在使用数组时，可以通过下标来访问数组元素，这种方式就被称为索引方式。C++中的数组下标是从 0 开始的。

（2）指针方式。在使用 C++数组时，可以通过指针来访问数组元素，这种方式就被称为指针方式。

# 5.3　枚　举

📀📱 知识点讲解：光盘\视频\PPT 讲解（知识点）\第 5 章\枚举.mp4

在日常生活中，会遇到很多集合类问题，其所描述的状态为有限几个。例如，比赛的结果只有输、赢、平共 3 个状态。一周有 7 天，共 7 个状态。以人为中心进行方位描述，可以包括如下的几个状态：上、下、前、后、左和右。要想在计算机中描述上述 6 种方位信息，需要定义一组整型常量，例如：

```
#define UP 1
#define DOWN 2
#define BEFORE 3
#define BACK 4
#define LEFT 5
#define RIGHT 6
```

但是从上面的定义来看 6 个常量虽然在表达了同一类型的信息，但是在语法上是彼此孤立的个体，不是一个完整的逻辑整体。其实 C 语言中所有基本数据类型都是在描述集合信息，例如，int 用于描述具 1~216 个有限元素集合的整数。是否可以引入新的用户自定义类型，描述仅仅具有上述六个元素的集合，并作为一个新的数据类型呢？C++中引入枚举类型来解决此问题。

## 5.3.1 枚举基础

枚举类型也是一种用户自定义类型，是由若干个有名字常量组成的有限集合。在程序中使用枚举常量可以增加程序的可读性，起到"见名思义"的作用。

1. 枚举类型

枚举类型的定义格式如下。

```
enum<枚举类型名>
{
<枚举元素1>[=<整型常量1>],
<枚举元素2>[=<整型常量2>],
…
<枚举元素n>[=<整型常量n>],
}
```

其中，enum 是定义枚举类型的关键字，不能省略。<枚举类型名>是用户定义的标识符。<枚举元素>也称枚举常量，也是用户定义的标识符。

C++语言允许用<整型常量>为枚举元素指定一个值。如果省略<整型常量>，默认<枚举元素1>的值为 0，<枚举元素 2>的值为 1，依此类推，<枚举元素 $n$>的值为 $n$-1。

下面的代码片段定义了一个枚举类型 season 。

```
enum season { spring=1,summer,autumn,winter};        //定义了枚举类型season
```

枚举类型 season 有 4 个元素：spring、summer、autumn 和 winter。

spring 的值被指定为 1，因此，剩余各元素的值分别为 summer=2、autumn=3、winter=4。

此外，我们还可以枚举一年的 12 个月份，一周的 7 天，以及常用的颜色等，具体代码如下。

```
//定义了枚举类型color，枚举常用的颜色
enum color{Red,Yellow,Green,Blue,Black};
//定义了枚举类型weekday，每周的7天
enum weekday {Mon=1,Tues,Wed,Thurs,Friday,Sat,Sun=0};
```

2. 枚举变量

枚举变量可以在定义枚举类型的同时声明，也可以用枚举类型声明。

3. 枚举类型变量的使用

在程序中可以将枚举元素视为一个整型常量，枚举变量的值为该枚举类型定义中的某个元素的值。枚举变量可以进行算数运算、赋值运算、关系运算或逻辑运算等。

下面的代码片段定义了一个枚举类型变量 TempS1，并为其赋值。

```
season TempS1；                    //定义季节枚举变量
TempS1= spring                     //定义变量为春季
```

对前面的颜色枚举和日期枚举变量的使用，代码如下。

```
enum color {Red,Yellow,Green,Blue,Black}c1,c2;    //声明2个枚举变量c1,c2
enum weekday {Mon=1,Tues,Wed,Thurs,Friday,Sat,Sun=0};
enum weekday day1,day2;                            //声明2个枚举变量day1,day2
```

```
c1=Green;                                    //给枚举变量c1赋值Green
day1=Sat;                                    //给枚举变量day1赋值Sat
```

### 4. 枚举的取值范围

如果某个枚举中所有枚举子的值均非负，该枚举的表示范围就是$[0/2^k-1]$，其中 $2^k$ 是能使所有枚举子都位于此范围内的最小的 2 的幂；如果存在负的枚举值，该枚举的取值范围就是$[-2^k,2^k-1]$，例如：

```
enum e1 {dark, light};                       //范围0:1
enum e3 {min = -10, max = 1000};             //范围-1024:1023
```

### 5. 枚举与整型的关系

整型值只能显式地转换成一个枚举值，但是，如果转换的结果位于该枚举取值范围之外，则结果是无定义的。

```
enum e1 {dark = 1, light = 10};
e1 VAR1 = e1(50);                            //无定义
e1 VAR2 = e1(3);                             //编译通过
```

在这里也说明了不允许隐式地从整型转换到枚举的原因，因为大部分整型值在特定的枚举里没有对应的表示。至于枚举可以当作特定的整型数来用的例子，从 open_modes 可以体会。

### 6. Sizeof

一个枚举类型的 sizeof 就是某个能够容纳其范围的整型的 sizeof，而且不会大于 sizeof(int)，除非某个枚举子的值不能用 int 或者 unsigned int 来表示。

在 32 位机器中，sizeof(int)一般等于 4。前面介绍的所有枚举，例如：

```
enum SomeCities
{
    zhanjiang,
    Maoming,
    Yangjiang,
    Jiangmen,
    Zhongshan
};
```

计算其 sizeof，可能是 1，也可能是 4。在笔者的 intel E2160 双核、32 位机器中，得到 4。

注意：在使用枚举时，必须注意如下 6 点。

（1）枚举类型可以用于 swith - case 语句。

（2）枚举类型不支持直接的 cin>>和 cout<<。例如：

```
cin>>thisMonth;        //错误，接受参数类型
cout<<nextMonth;       //输出为其标号
```

（3）枚举元素之间比较可以用 6 个操作符: <、>、<=、>=、==、!=。

（4）枚举类型可作为函数的返回类型。

（5）枚举是用户自定义类型，所以在用户可以为它定义自身的操作，如++或者<<等。但是，在没有定义之前，不能因为枚举像整型就可以默认使用。

（6）由于通过将整型数显式转换就可能得到对应枚举类型的值，所以声明一个枚举来达到限制传递给函数的参数取值范围还是力不从心的，以下是一个例子。

```
enum SomeCities{
zhanjiang=1,                                 //1
Maoming,                                     //2
Yangjiang,                                   //3
Jiangmen,                                    //4
Zhongshan = 1000 //1000
};
void printEnum(SomeCities sc)
{
cout<<sc<<endl;
}
int main(void)
{
SomeCities oneCity = SomeCities(50);         //将50通过显式转换，为oneCity赋值
printEnum(oneCity);                          //在Visual C++ 6 编译器下得到50输出
return 0;
}
```

上述代码说明，虽然 SomeCities 的定义里没有赋值为 50 的枚举值，但是，由于 50 在该枚举的取值范围内，所以通过显式声明得到一个有定义的枚举值，从而成功传递给 printEnum 函数。

### 5.3.2 使用枚举

下面通过一个具体实例来演示枚举的具体使用流程。

**实例 027** 演示枚举的具体使用流程

源码路径　光盘\part05\meiju　　　　　视频路径　光盘\part05\meiju

本实例的实现文件为 meiju.cpp，具体实现代码如下。

```cpp
#include "stdafx.h"
#include "iostream.h"
int main(void){
//星期枚举
enum week {monday,tuesday,
wednesday,thursday,friday,
saturday,sunday} w;
int i;
do{
    cout<<"please input(0~7,0 for exit):"<<endl;
    cin>>i;
    switch (i)
    {
    case 1:w=monday;      //周一
        cout<<"enum id: "<<w<<"    week="<<monday"<<endl;
        break;
    case 2:w= tuesday;      //周二
        cout<<"enum id: "<<w<<"    week="<<tuesday"<<endl;
        break;
    case 3:w=wednesday; //周三
        cout<<"enum id: "<<w<<"    week="<<wednesday"<<endl;
        break;
    case 4:w= thursday; //周四
        cout<<"enum id: "<<w<<"    week="<<thursday"<<endl;
        break;
    case 5:w=friday; //周五
        cout<<"enum id: "<<w<<"    week="<<friday"<<endl;
        break;
    case 6:w= saturday;      //周六
        cout<<"enum id: "<<w<<"    week="<<saturday"<<endl;
        break;
    case 7:w=sunday; //周日
        cout<<"enum id: "<<w<<"    week="<<sunday"<<endl;
        break;
    case 0: cout<<"Exit!"<<endl; //退出
        break;
    default:           //输入错误
        cout<<"wrong! "<<endl;
    }
}while(i!=0);
return 0;
}
```

> 范例 053：定义使用枚举
> 源码路径：光盘\演练范例\053
> 视频路径：光盘\演练范例\053
> 范例 054：创建一个 12 月份的枚举
> 源码路径：光盘\演练范例\054
> 视频路径：光盘\演练范例\054

通过上述代码，实现了一个星期枚举的定义和使用。通过从命令行输入一个数据，系统便输出对应的星期几编号。编译执行后的效果如图 5-8 所示。

图 5-8　执行效果

# 5.4 结 构 体

知识点讲解：光盘\视频\PPT 讲解（知识点）\第 5 章\结构体.mp4

C 语言和 C++有许多共同的优美之处，其中之一是程序员不必受限于这两种语言自带的数据类型，我们完全可以根据具体情况定义一些新的数据类型并创建新类型的变量。事实上，这个概念一直贯穿于 C++的核心：对象。但首先，一个比较简单的例子是结构。结构（structure）是一种由程序员定义的、由其他变量类型组合而成的数据类型。本节将详细讲解 C++结构体的基本知识。

## 5.4.1 定义结构体

在 C++语言中，定义一个结构的基本语法格式如下。

```
struct structurename {
    type varName;
    type varName;          // And so on
};
```

请注意，结构的定义必须以一个右花括号和一个分号结束。

当需要处理一些具有多种属性的数据时，结构往往是很好的选择。比如，你正在编写一个员工档案管理程序。每位员工有好几种特征，如姓名、胸牌号、工资等。我们可以把这些特征定义为如下结构。

```
struct employee {
    unsigned short id;
    std::string name;
    float wage;
};
```

C++对一个结构所能包含的变量的个数没有限制，那些变量通常称为该结构的成员，它们可以是任何一种合法的数据类型。

在定义了一个结构之后，就可以使用如下语法来创建该类型的变量了。

```
structureName myVar;
employee e1;
```

在创建出一个结构类型的变量之后，就可以通过如下语法引用它的各个成员了。

```
myVar.membername = value;
```

假设已经创建了一个 employee 类型的变量 e1，就可以像下面这样对这个结构里的变量进行赋值了。

```
e1.id = 40;
e1.name = "Charles";
e1.wage = 12.34;
```

如果在创建一个结构类型的新变量时就已经知道它各有关成员的值，还可以在声明新变量的同时把那些值赋给它的各有关成员。

```
employee el = {40, "Charles", 12.34};
```

在何处定义一个结构将影响到可以在何处使用它。如果某个结构是在任何一个函数之外和之前定义的，就可以在任何一个函数里使用这种结构类型的变量。如果某个结构是在某个函数之内定义的，则只能在这个函数里使用这种类型的变量。

## 5.4.2 指向结构的指针

在 C++里，指针可以指向结构，就像它可以指向任何其他变量那样。但接下来的问题是，怎样才能通过指针解引用该结构里的各个成员（或者说访问存放在结构里的各个值）。先从结构的定义开始。

```
struct person {
    unsigned short age;
    char gender;
};
```

接下来，创建一个 person 类型的变量。

```
person me = {40, 'M'};
```

现在，创建一个指向该结构的指针。

```
person *myself = &me;
```

因为指针的类型必须与由它保存其地址的变量的类型相一致，所以 myself 指针的类型也是 person。我们在声明它的同时把它赋值为&me——结构变量 me 在内存里的地址。

对于整数、浮点数或其他标量的变量类型，我们都可以通过对指针进行解引用来访问相应的变量值，具体如下所示：

```
int myInt = 10;
int *myPtr = &myInt;
*myPtr = 45;
```

对于指向结构的指针，我们需要使用上述语法的一种变体。

```
(*myself).age = 41;
std::cout << (*myself).gender;
```

如果觉得这样的代码不够美观，可以换用下面这种语法。

```
ptrName->memberName;
```

也就是：

```
myself->age = 41;
std::cout << myself->gender;
```

### 5.4.3　使用结构体

下面通过一个具体实例来演示 C++结构体的具体使用流程。

| 实例 028 | 演示 C++结构体的具体使用流程 | |
|---|---|---|
| | 源码路径　光盘\part05\jiegouti | 视频路径　光盘\视频\实例\第 5 章\028 |

本实例的实现文件为 jiegouti.cpp，具体实现代码如下。

```
#include "stdafx.h"
#include "iostream.h"
int main(void)
{ //定义颜色的枚举类型color
  enum color{white,black};
  struct lifangti{
      int length;
      int width;
      int height;
      enum color lifangticolor;
  }little;              //定义盒子结构体
  little.length=10;
  little.width=10;
  little.height=10;
  little.lifangticolor=black;
  cout<<"Area of lifangti: "<<little.length*little.width*little.height<<endl;
  if (little.lifangticolor==0)
      cout<<"Color of   lifangti: white"<<endl;
  else
      cout<<"Color of lifangti: black"<<endl;
  //方式2：带关键字struct的先定义枚举类型，后声明变量
  struct lifangti s1;
  //方式3：不带关键字struct的先定义枚举类型，后声明变量
  lifangti s2;
  //方式4：匿名结构体
  struct {
      int length;
      int width;
  }s3;
  return 0;
}
```

范例 055：初始化结构体变量
源码路径：光盘\演练范例\055
视频路径：光盘\演练范例\055
范例 056：将结构体作为参数并返回
源码路径：光盘\演练范例\056
视频路径：光盘\演练范例\056

上述代码首先定义了一个颜色枚举类型 color，然后定义了立方体结构体。结构体内有 4 个成员，前 3 个为整形，第 4 个为 color 枚举型，然后用此结构体创建了一个白色的正方形盒子，即立方体。编译执行后的效果如图 5-9 所示。

图 5-9　执行效果

# 5.5　联　　合

知识点讲解：光盘\视频\PPT 讲解（知识点）\第 5 章\联合.mp4

在 C++里还有许多其他的类型是我们还没有提到的。除对象以外，我们已经介绍了 C++中最重要的数据类型。到目前为止，我们已经见过整数、实数、字符、字符串、数组、指针和结构。现在，简要地介绍另一种类型联合（Union），又叫共用体。

联合与结构有很多相似之处。联合也可以容纳多种不同类型的值，但它每次只能存储这些值中的某一个。比如，如果要定义一个变量来存放某种密码——它可以是母亲的名字、身份证的最后 4 位数字或是宠物的名字，联合将是一个不错的选择。具体格式如下。

```
union id {
    std::string maidenName;
    unsigned short ssn;
    std::string pet;
};
```

在定义了这个联合之后，就可以像下面这样创建一个该类型的变量了。

```
id michael;
```

接下来，可以像对结构成员进行赋值那样对联合里的成员进行赋值，使用同样的句点语法。

```
michael.maidenName = "Colbert";
```

这条语句将把值 Colbert 存入 michael 联合的 maidenName 成员里。如果再执行下面这条语句。

```
michael.pet = "Trixie";
```

这个联合将把新值 Trixie 存入 michael 联合的 pet 成员，并丢弃 maidenName 成员里的值，不再保存刚才的 Colbert。

| 实例 029 | 演示 C++联合的具体使用流程 | |
|---|---|---|
| | 源码路径　　光盘\part05\lianhe | 视频路径　　光盘\视频\实例\第 5 章\029 |

本实例的实现文件为 lianhe.cpp，具体实现代码如下。

```
#include "stdafx.h"
#include "iostream.h"
int main(void)
{
    union example{
        int num;
        char ch[2];
        float f;
    }u1={100};    //ASCII码为100的字符是'd'
    cout<<"u1.num="<<u1.num<<endl;
    cout<<"u1.ch="<<u1.ch<<endl;
    cout<<"u1.f="<<u1.f<<endl;
    u1.num=97; //字符'a'的ASCII码
    cout<<"u1.num="<<u1.num<<endl;
    cout<<"u1.ch="<<u1.ch<<endl;
    cout<<"u1.f="<<u1.f<<endl;
    u1.ch[0]='b';                //字符'b'的ASCII码为98
    cout<<"u1.num="<<u1.num<<endl;
    cout<<"u1.ch="<<u1.ch<<endl;
    cout<<"u1.f="<<u1.f<<endl;
```

范例 057：定义共用体类型
源码路径：光盘\演练范例\057
视频路径：光盘\演练范例\057
范例 058：初始化共用体变量
源码路径：光盘\演练范例\058
视频路径：光盘\演练范例\058

```
    return 0;
}
```

在上述代码中，首先定义了联合 u1，里面有 3 个成员。因为整形占 2 字节，字符占 1 字节，浮点占 4 字节，所以联合 u1 的长度是 4 字节。编译执行后的效果如图 5-10 所示。

图 5-10　执行效果

# 5.6　自定义的型

知识点讲解：光盘\视频\PPT 讲解（知识点）\第 5 章\自定义的型.mp4

在现实生活中，信息的概念可能是长度，数量和面积等。在 C++语言中，信息被抽象为 int、float 和 double 等基本数据类型。从基本数据类型名称上，不能够看出其所代表的物理属性，并且 int、float 和 double 为系统关键字，不可以修改。

为了解决用户自定义数据类型名称的需求，C++不仅提供了丰富的数据类型，而且还允许由用户自己定义类型说明符，也就是说允许由用户为数据类型取"别名"。在 C++语言中，通过使用类型定义符 typedef 可以完成这个功能。自定义一个类型有如下 3 个好处。

- ❑　定义别名。
- ❑　简化原有类型名。
- ❑　定义和平台无关的类型。

在本节的内容中，将详细讲解在 C++程序中自定义数据类型的基本知识。

## 5.6.1　typedef 的作用

typedef 的一般使用格式如下。
```
typedef 原类型名称 新类型名称;
```
其中，"typedef"为系统保留字。

typedef的主要应用有如下的几种形式。

（1）为基本数据类型定义新的类型名。例如：
```
typedef int COUNT;
typedef double AREA;
```
此种应用的主要目的，首先是丰富数据类型中包含的属性信息，其次是为了系统移植的需要。

（2）为自定义数据类型（结构体、公用体和枚举类型）定义简洁的类型名称。例如：
```
struct Point{
double x;
double y;
double z;
};
struct Point oPoint1={100，100，0};
struct Point oPoint2;
```
其中，结构体 struct Point 为新的数据类型，在定义变量的时候均要有保留字 struct，而不能像 int 和 double 那样直接使用 Point 来定义变量。如果经过如下的修改。
```
typedef struct tagPoint{
double x;
```

```
double y;
double z;
} Point;
```

此时，定义变量的方法可以简化为如下格式。

```
Point oPoint;
```

由于定义结构体类型有多种形式，因此可以修改如下。

```
typedef struct {
double x;
double y;
double z;
} Point;
```

（3）为数组定义简洁的类型名称。例如，如下代码定义了 3 个长度为 5 的整型数组。

```
int a[10],  b[10],  c[10],  d[10];
```

在 C 语言中，可以将长度为 10 的整型数组看成一个新的数据类型，再利用 typedef 为其重定义一个新的名称，可以以更加简洁的形式定义此种类型的变量，具体的处理方式如下。

```
typedef int INT_ARRAY_10[10];
typedef int INT_ARRAY_20[20];
INT_ARRAY_10 a,  b,  c,  d;
INT_ARRAY_20 e;
```

其中，"INT_ARRAY_10" 和 "INT_ARRAY_20" 为新的类型名，10 和 20 为数组的长度。a、b、c、d 均是长度为 10 的整型数组，e 是长度为 20 的整型数组。

（4）为指针定义简洁的名称。首先为数据指针定义新的名称，例如：

```
typedef char * STRING;
STRING csName={"Jhon"};
```

然后，为函数指针定义新的名称，例如：

```
typedef int (*MyFUN)(int a,  int b);
```

其中，"MyFUN" 代表 "int *XFunction(int a，intb)" 类型指针的新名称。例如：

```
typedef int (*MyFUN)(int a,  int b);
int Max(int a,  int b);
MyFUN *pMyFun;
pMyFun= Max;
```

另外，在使用 typedef 时，应当注意如下问题。

❑ typedef 的目的是为已知数据类型增加一个新的名称，因此并没有引入新的数据类型。

❑ typedef 只适于类型名称定义，不适合变量的定义。

❑ typedef 与#define 具有相似的之处，但是实质不同。

### 5.6.2　使用 typedef

下面通过一个具体实例来演示 C++中 typedef 的具体使用流程。

**实例 030　演示使用 typedef 的具体流程**

源码路径　光盘\part05\typedef　　　　　视频路径　光盘\视频\实例\第 5 章\030

本实例的实现文件为 typedef.cpp，具体实现代码如下。

```
#include "stdafx.h"
#include "iostream.h"
int main(void){
  //定义坐标类型zuobiao
  typedef struct   tagzuobiao
  {
    int x;
    int y;
  }zuobiao;
  zuobiao center;//定义坐标类型变量
  cout<<"Please input coordinate of center:"<<endl;
  cout<<"x=";
  cin>>center.x;
  cout<<"y=";
  cin>>center.y;
```

范例 059：使用匿名共用体类型
源码路径：光盘\演练范例\059
视频路径：光盘\演练范例\059
范例 060：使用 new 创建动态结构体
源码路径：光盘\演练范例\060
视频路径：光盘\演练范例\060

```
    cout<<"center("<<center.x<<","<<center.y<<")"<<endl;
    return 0;
}
```

在上述代码中，通过使用 typedef 将一个平面结构体定义为坐标类型 zuobiao。当在后面使用它来定义变量时，就不需要写为 struct tagzuobiao 这么麻烦了，而是直接使用 zuobiao 即可。编译执行后的效果如图 5-11 所示。

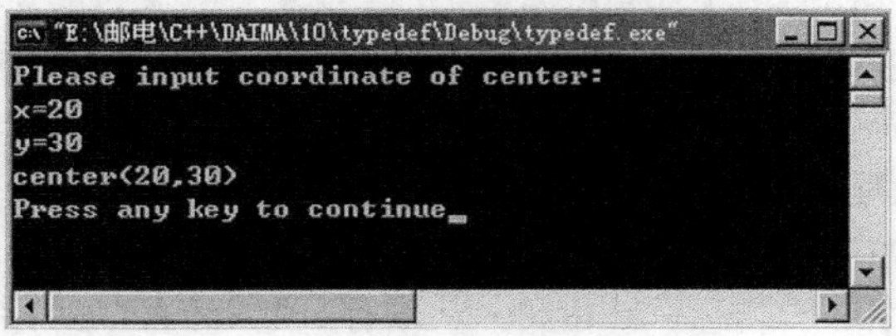

图 5-11  执行效果

# 5.7  技 术 解 惑

## 5.7.1  指针的命名规范

指针的命名没有什么硬性的规定，直观、易读、能够反映指针的性质即可。实际编程中经常用下面的规则：C++的指针变量以 p 或 ptr 开始，以表明这是一个指针；指针后面是变量的名字。变量的名字命名规则比较多，不同的程序员有不同的习惯，大致有以下几种。

❑ 用英文单词，单词首字母大写，如 pInt，pArray，pElement 等。
❑ 英文单词全小写，如 pint、parray 等。这种方式有时阅读起来并不方便，而且容易引起误解。比如，pint 也是一个单词，表示品脱，是容积单位。
❑ 在 p 和 ptr 后跟 "_"，再写单词，如 p_Int、p_int 等。

关于命名规则，往往没有一个统一的标准，主要是从便于理解、便于书写的角度出发。不同的程序员会有不同的习惯，但一定要清晰、明确，不至于引起误解。

## 5.7.2  C++中指针和引用的区别

从概念上讲，指针从本质上讲就是存放变量地址的一个变量，在逻辑上是独立的，它可以被改变，包括其所指向的地址的改变和其指向的地址中所存放的数据的改变。而引用是一个别名，它在逻辑上不是独立的，它的存在具有依附性，所以引用必须在一开始就被初始化，而且其引用的对象在其整个生命周期中是不能被改变的（自始至终只能依附于同一个变量）。

在 C++中，指针和引用经常用于函数的参数传递，然而，指针传递参数和引用传递参数是有本质上的不同的。具体说明如下。

（1）指针传递参数本质上是值传递的方式，它所传递的是一个地址值。在值传递过程中，被调函数的形式参数作为被调函数的局部变量处理，即在栈中开辟了内存空间以存放由主调函数放进来的实参的值，从而成为了实参的一个副本。值传递的特点是被调函数对形式参数的任何操作都是作为局部变量进行，不会影响主调函数的实参变量的值。

（2）而在引用传递过程中，被调函数的形式参数虽然也作为局部变量在栈中开辟了内存空间，但是这时存放的是由主调函数放进来的实参变量的地址。被调函数对形参的任何操作都被处理成间接寻址，即通过栈中存放的地址访问主调函数中的实参变量。正因为如此，被调函数对形参做的任何操作都影响了主调函数中的实参变量。

引用传递和指针传递是不同的，虽然它们都是在被调函数栈空间上的一个局部变量，但是任何对于引用参数的处理都会通过一个间接寻址的方式操作到主调函数中的相关变量。而对于指针传递的参数，如果改变被调函数中的指针地址，它将影响不到主调函数的相关变量。如果想通过指针参数传递来改变主调函数中的相关变量，那就得使用指向指针的指针，或者指针引用。

为了进一步加深大家对指针和引用的区别，接下来将从编译的角度来阐述它们之间的区别。程序在编译时分别将指针和引用添加到符号表上，符号表上记录的是变量名及变量所对应地址。指针变量在符号表上对应的地址值为指针变量的地址值，而引用在符号表上对应的地址值为引用对象的地址值。符号表生成后就不会再改，因此指针可以改变其指向的对象（指针变量中的值可以改），而引用对象则不能修改。

综上所述，总结出如下指针和引用的相同点和不同点。

（1）相同点。都是地址的概念指针指向一块内存，它的内容是所指内存的地址，而引用则是某块内存的别名。

（2）不同点。

❑　指针是一个实体，而引用仅是个别名。

❑　引用只能在定义时被初始化一次，之后不可变；指针可变；引用"从一而终"，指针可以"见异思迁"。

❑　引用没有 const，指针有 const，const 的指针不可变。

❑　引用不能为空，指针可以为空。

❑　"sizeof 引用"得到的是所指向的变量（对象）的大小，而"sizeof 指针"得到的是指针本身的大小。

❑　指针和引用的自增（++）的运算意义不一样。

❑　引用是类型安全的，而指针不是（引用比指针多了类型检查）。

### 5.7.3　变量在语言中的实质

在理解指针之前，一定要理解"变量"的存储实质，先来理解理解内存空间吧。

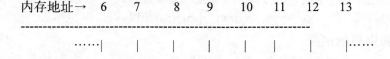

如上所示，内存只不过是一个存放数据的空间，就好像我的看电影时的电影院中的座位一样。每个座位都要编号，我们的内存要存放各种各样的数据，当然我们要知道我们的这些数据存放在什么位置吧！所以内存也要象座位一样进行编号了，这就是我们所说的内存编址。座位可以是按一个座位一个号码地从一号开始编号，内存则是一个字节一个字节进行编址，如上所示。每个字节都有个编号，我们称之为内存地址。

我们继续看看以下的 C、C++语言变量申明。

```
int I;
char a;
```

每次我们要使用某变量时都要事先这样申明它，它其实是内存中申请了一个名为 i 的整型变量宽度的空间（DOS 下的 16 位编程中其宽度为 2 字节），和一个名为 a 的字符型变量宽度的空间（占 1 字节）。

那么，如何理解变量的存在方式呢？当我们如下申明变量时。

```
int I;
char a;
```

内存中的映像可能如下所示。

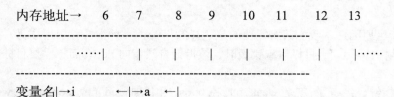

```
内存地址→    6    7     8    9     10    11    12    13
---------------------------------------------------------
          ……|    |     |    |     |     |     |    |……
---------------------------------------------------------
变量名|→i        ←|→a  ←|
```

由上可以看出，i 在内存起始地址为 6 上申请了 2 字节的空间（我这里假设了 int 的宽度为 16 位，不同系统中 int 的宽度可能是不一样的），并命名为 I。a 在内存地址为 8 上申请了 1 字节的空间，并命名为 a，这样我们就有两个不同类型的变量了。

### 5.7.4　C++开发中如何避免和解决野指针

野指针的出现会导致程序崩溃，这是每个人都不愿意看到的。Linux 会生成 coredump 文件，可用 gdb 分析。Win 下可以注册 unexception 获取调用堆栈，将错误信息写入文件。先分析下面出现野指针的场景。

```cpp
class monster_t
{
protected:
    player_t* m_attack;
public:
    void handle_ai()
    {
        if (m_attack)
        {
            int x = m_attack->get_x();
        }
    }
}
```

问题就在于，m_attack 有值，但是对应的对象已经被销毁了。这是大部分野指针出现的原因。分析类之间的关系可知，monster_t 和 player_t 是 0-1 的关系，monster_t 引用 player_t，但是 player_t 甚至都不知道有一个（或 N 个）monster 引用了自己。所以当 player 被销毁时，很难做到把所有引用该 player_t 的地方全部重置。这种问题其实比较常见，如在 player 中引用 connection，而 connection 又是被网络层管理生命周期的，也同样容易产生野指针情况。常见的解决方式是如下。

```cpp
class monster_t
{
protected:
    long m_attack_id;
public:
    void handle_ai()
    {
        player_t* attack = obj_mgr.get(m_attack_id);
        if (attack)
        {
            int x = attack->get_x();
        }
    }
}
```

另外一种与之相似的方式如下。

```cpp
class monster_t
{
protected:
    player_t* m_attack;
public:
    void handle_ai()
    {
        if (obj_mgr.is_exist(m_attack))
        {
            int x = m_attack->get_x();
        }
        else
        {
            m_attack = NULL;
        }
```

```
    }
  }
```

梳理野指针的产生原因后，我们其实需要的是这样的指针：一种指针，引用了另一个对象的地址（不然就不是指针了），当目标对象销毁时，该指针自然指向 null，而不需要目标对象主动通知重置。

幸运的是，这种指针已经有了，就是 weak_ptr。在 boost 库中，shared_ptr、scoped_ptr、weak_ptr 统称为 smartptr。可以尽量使用智能指针，避免野指针。建议尽量使用 shared_ptr 结合 weak_ptr 使用。scoped_ptr 笔者使用的较少，只是在创建线程对象的时候使用，正好符合不能复制的语义。使用 shared_ptr 和 weak_ptr 的示例代码如下。

```cpp
class monster_t
{
protected:
    weak_ptr<player_t> m_attack;
    shared_ptr<player_t> get_attack()
    {
        return shared_ptr<player_t>(m_attack);
    }
public:
    void handle_ai()
    {
        shared_ptr<player_t> attack = get_attack();
        if (attack)
        {
            int x = attack->get_x();
        }
    }
}
```

也许有人会问：monster_t 为什么不直接使用 shared_ptr？如果使用 shared_ptr 就不符合现实的模型了，monster_t 显然不应该控制 player_t 的生命周期，如果使用了 shared_ptr，那么可能导致 player_t 被延迟析构，甚至会导致内存暴涨。这也是 shared_ptr 的使用误区，所以笔者建议 shared_ptr 和 weak_ptr 尽量结合使用，否则野指针问题解决了，内存泄漏问题又来了。

### 5.7.5　字符数组和字符串是否可以相互转换

在日常应用中，C++字符数组和字符串会相互转换。例如，把一个 char 数组转换成一个 string 的过程如下。

```cpp
char *tmp1;
string tmp2;
temp2 = tmp2.insert(0, tmp1);
```

把一个 string 转换到一个 char 数组的过程如下。

```cpp
char tmp1[];
string tmp2;
strncpy(tmp1,tmp2.c_str(),temp2.length());
```

### 5.7.6　静态数组的速度是否快于动态数组

静态数组的速度快于动态数组。因为从理论上，栈在速度上是快于堆的。但是我们如果决定使用动态数组在是因为节省空间的考虑。另外要注意静态数组上限变化带来的成本。我们必须重新设定上限以解决这个 bug，然后重新编译程序。如果能控制程序的编译，这没问题。但是，你要做的是为每一个用户更新程序。没有更新的用户就可以遇到这个 bug。如果设一个大一点的上限，超出它的可能性会非常小，而且内存的浪费也不会多大，比如最多一个车间 200 人，最少一个车间 100 人，那也只浪费了 100 个空间。现在机器的内存根本不在乎这么一个空间浪费。是的，可以这么做。假设现在要将所有职工的姓名存入一个二维数组，数组的每一行表示一个车间，每行中的元素是职工的姓名。想想看，如果用静态数组，会浪费多少空间。而且还要为车间数加一个上限。这个例子并不好，因为工厂中的车间数应该是可以确定的。但是可以换个角度说，只要某几个车间，也可能是所有车间，那么你是否还坚持呢？

现实中，尤其是大型软件系统中动态数组的使用很普遍。在 C++的各种库中也有数组的实现的类，通过调用相应的类函数就可以对数组中的元素进行增/删操作。还可以通过嵌套实现二维的动态，这些类或类模板使用起来很容易。

### 5.7.7 Arrays 与 Vector 的区别

数组是 C++语言的内建的一个复合结构，与标准库提供 vector 的功能很像，不过可想而知，它们之间本质区别在于，vector 经过了详细的封装，使功能更加丰富，安全性也很好。而 arrays 是一个较为低级的语言级类型，原始的状态（语言级别直接识别）使使用它的效率可能很高，但是面临的问题就像指针一样，高效却很不安全。所以考虑使用 Arrays 的时候，一定是对性能要求较高的内部程序。

Vector 是一种精心构建的容器，它对整个容器的数组有一个全面的了解。但是数组却不是，本质上讲，它只是一个序列，并且不能改变大小（当然可以适用动态数组 new 来补偿，它甚至不知道自己的长度，因为有时候它知道序列的初始位置和每个元素的长度。

Arrays 和 Vector 是很相似的，对 Arrays 来说，形成一个可实例化的类型，需要指定存储内容和数组长短，并且这个长短需要使用 constant expression 规定，因为我们知道，只有 constant expression 这样的东西，在程序被编译的时候才知道它的实际值，才能知道到底要为该结构分配多少空间，这种需求在很多地方都会遇到，而原因都大致是这样的，就是系统需要在运行前就知道要分配多少空间，而普通的变量，在编译的时候是不知道值（要等运行的时候才赋值），而像 integral literal，常变量这样的表达式，在编译的时候就知道值，才符合要求，所以 constant expression 这个概念非常重要。

### 5.7.8 数组名不是指针

先看下面的程序（本文程序在 Win32 平台下编译）。

```
#include <iostream.h>
int main(int argc, char* argv[])
{
    char str[10];
    char *pStr = str;
    cout << sizeof(str) << endl;
    cout << sizeof(pStr) << endl;
    return 0;
}
```

我们先来推翻"数组名就是指针"的说法，用反证法。

证明：数组名不是指针。

假设：数组名是指针。

则：pStr 和 str 都是指针。

因为：在 WIN32 平台下，指针长度为 4。

所以：第 6 行和第 7 行的输出都应该为 4。

实际情况是：第 6 行输出 10，第 7 行输出 4。

所以：假设不成立，数组名不是指针。

### 5.7.9 用户自定义类型所占用的内存空间

该问题就是 sizeof( EType1 )等于多少的问题，是不是每一个用户自定义的枚举类型都具有相同的尺寸呢？在大多数的 32 位编译器下（如 Visual C C++、GCC 等）一个枚举类型的尺寸其实就是一个 sizeof( int )的大小，难道枚举类型的尺寸真的就应该是 int 类型的尺寸吗？

其实不是这样的，在 C++标准文档（ISO 14882）中并没有这样来定义，标准中是这样说明的："枚举类型的尺寸是以能够容纳最大枚举子的值的整数的尺寸"，同时标准中也说明了："枚举类型中的枚举子的值必须要能够用一个 int 类型表述"，也就是说，枚举类型的尺寸不能够超过 int 类型的尺寸，但是是不是必须和 int 类型具有相同的尺寸呢？

上面的标准已经说得很清楚了，只要能够容纳最大的枚举子的值的整数就可以了，那么就是说可以是 char、short 和 int。例如：

```
enum EType1 { e1 = CHAR_MAX };
enum EType2 { e2 = SHRT_MAX };
enum EType3 { e3 = INT_MAX };
```

上面的 3 个枚举类型分别可以用 char、short、int 的内存空间来表示，也就是。

```
sizeof( EType1 ) == sizeof( char );
sizeof( EType2 ) == sizeof( short);
sizeof( EType3 ) == sizeof( int );
```

那为什么在 32 位的编译器下都会将上面 3 个枚举类型的尺寸编译成 int 类型的尺寸呢？主要是从 32 位数据内存对其要求进行考虑的，在某些计算机硬件环境下具有对齐的强制性要求（如 sun SPARC），有些则是因为采用一个完整的 32 位字长 CPU 处理效率非常高（如 IA32）。不可以简单地假设枚举类型的尺寸就是 int 类型的尺寸，说不定会遇到一个编译器为了节约内存而采用上面的处理策略。

# 第 6 章

# 函　　数

一个大型程序的总体设计原则是模块化，将程序划分为若干个模块，每个模块完成特定的功能。模块可以作为黑盒来理解，模块之间通过参数和返回值或其他方式相联系。在 C++ 中，将经常需要的模块组装起来，就构成了一个函数。本章将详细介绍函数的基本知识。

| 本章内容 | 技术解惑 |
| --- | --- |
| ▸▸ 函数基础 | 用 typedef 定义一个函数指针类型 |
| ▸▸ 函数的参数 | const 关键字在函数中的作用 |
| ▸▸ 返回值和返回语句 | C++ 函数的内存分配机制 |
| ▸▸ 调用函数 | 主函数和子函数 |
| ▸▸ 函数递归 | 函数声明和函数定义的区别 |
| ▸▸ 指向函数的指针 | |
| ▸▸ 将函数作为参数 | |
| ▸▸ 变量的作用域和生存期 | |

# 6.1　函　数　基　础

知识点讲解：光盘\视频\PPT 讲解（知识点）\第 6 章\函数基础.mp4

函数定义就是对函数的说明描述，包括接口和函数体两部分。其中接口说明函数应该如何使用，通常包括函数名、参数和返回值；而函数体则是很熟的主题部分，能够实现这个函数的具体功能。

## 6.1.1　定义函数的方式

函数是语句序列的封装体。C++中每一个函数的定义都是由 4 个部分组成，这 4 个部分分别是类型说明符、函数名、参数表和函数体。在 C++中定义函数的格式如下。

```
<类型说明符><函数名>（<参数表>）
{
<函数体>
}
```

类型说明符指出函数的类型，即函数返回值的类型。没有返回值时，其类型说明符为 void。参数表由零个、一个或多个参数组成。如果没有参数称为无参函数，反之称为有参函数。在定义函数时，参数表内给出的参数需要指出其类型和参数名。函数体由说明语句和执行语句组成，实现函数的功能。C++中函数体内的说明语句可以根据需要随时定义，不像 C 语言一样要求放在函数体开头。C++不允许在一个函数体内再定义另一个函数，即不允许函数的嵌套定义。

函数的参数由 0 个或多个形参变量组成，用于向函数传送数值或从函数返回数值。每一个形参都有自己的类型，形参之间用逗号来分隔。

## 6.1.2　函数分类

1. 从函数定义的角度划分

从函数定义的角度看，函数可分为库函数和用户定义函数两种。

❑ 库函数。由 C++系统提供，用户无须定义，也不必在程序中做类型说明，只需在程序前包含有该函数原型的头文件即可在程序中直接调用。在前面各章的例题中反复用到 printf、scanf、getchar、putchar、gets、puts、strcat 等函数均属此类。

❑ 用户定义函数。由用户按需要写的函数。对于用户自定义函数，不仅要在程序中定义函数本身，而且在主调函数模块中还必须对该被调函数进行类型说明，然后才能使用。

2. 从是否有返回值角度划分

从这个角度看，又可把函数分为有返回值函数和无返回值函数两种。

❑ 有返回值函数。此类函数被调用执行完后将向调用者返回一个执行结果，称为函数返回值。如数学函数即属于此类函数。由用户定义的这种要返回函数值的函数，必须在函数定义和函数说明中明确返回值的类型。

❑ 无返回值函数。此类函数用于完成某项特定的处理任务，执行完成后不向调用者返回数值。这类函数类似于其他语言的过程。由于函数无须返回值，用户在定义此类函数时可以指定它的返回为"空类型"，空类型的说明符为"void"。

3. 从是否有参数角度划分

可以分为无参函数和有参函数两种。

❑ 无参函数。在函数定义、函数说明及函数调用中均不带参数。主调函数和被调函数之间不进行参数传送。此类函数通常用来完成一组指定的功能，可以返回或不返回函数值。

❑ 有参函数。也称为带参函数。在函数定义及函数说明时都有参数，称为形式参数（简称为形参)。在函数调用时也必须给出参数,称为实际参数(简称为实参)。进行函数调用时,主调函数将把实参的值传送给形参,供被调函数使用。

4. 库函数

C++提供了极为丰富的库函数,这些库函数可以从具体的功能角度进行如下分类。

- ❏ 字符类型分类函数。对字符按 ASCII 码进行分类,例如分为字母,数字,控制字符,分隔符,大小写字母等。
- ❏ 转换函数。对字符或字符串的转换,例如在字符量和各类数字量(整型、实型等)之间进行转换;在大、小写之间进行转换。
- ❏ 目录路径函数。对文件目录和路径操作。
- ❏ 诊断函数。用于内部错误检测。
- ❏ 图形函数。用于屏幕管理和各种图形功能。
- ❏ 输入/输出函数。用于完成输入/输出功能。
- ❏ 接口函数。用于与 DOS、BIOS 和硬件的接口。
- ❏ 字符串函数。用于字符串的操作和处理。
- ❏ 内存管理函数。用于内存管理。
- ❏ 数学函数。用于数学函数计算。
- ❏ 日期和时间函数。用于日期、时间转换操作。
- ❏ 进程控制函数。用于进程管理和控制。
- ❏ 其他函数。用于其他各种功能。

在 C++中,所有的函数定义,包括主函数 main 在内,都是平行的。也就是说,在一个函数的函数体内,不能再定义另一个函数,即不能嵌套定义。但是函数之间允许相互调用,也允许嵌套调用。习惯上把调用者称为主调函数。函数还可以自己调用自己,这称为递归调用。

函数 main 是主函数,它可以调用其他函数,而不允许被其他函数调用。因此,C++程序的执行总是从 main 函数开始,完成对其他函数的调用后再返回到 main 函数,最后由 main 函数结束整个程序。一个 C 源程序必须有,也只能有一个主函数 main。

返回值和参数的判断区分,对于初学者来说可能不太容易理解。在下面的内容中,对常见的几种和参数、返回值相关的函数进行讲解。

(1)没有返回值的函数。如果要定义一个没有返回值的类型那个,则需要将返回值类型指定为 void 类型。

**实例 031　演示没有返回值的函数的具体使用流程**

源码路径　光盘\part06\wu　　　　　视频路径　光盘\视频\实例\第 6 章\031

本实例的实现文件为 wu.cpp,具体实现代码如下。

```
#include "stdafx.h"
#include "iostream.h"
void DisplayWelcomeMsg ();
int main(int argc, char* argv[])
{
    DisplayWelcomeMsg();
    return 0;
}

void DisplayWelcomeMsg ()
{
cout << "这是函数输出的" << endl;
cout << "这也是函数输出的" << endl;
}
```

范例 061:使用默认的函数参数
源码路径:光盘\演练范例\061
视频路径:光盘\演练范例\061
范例 062:用函数操作不同的数据类型
源码路径:光盘\演练范例\062
视频路径:光盘\演练范例\062

在上述代码中,函数 DisplayWelcomeMsg()既没有返回值,也没有形式参数。编译执行后的效果如图 6-1 所示。

图 6-1　执行效果

（2）有返回值、无形参的函数。此类函数只有函数名和返回值类型，但是没有形式参数。

（3）既有返回值、也有形参的函数。此类函数十分完整，这是 C++项目中最常见的一类函数。

**实例 032**　演示既有返回值、也有形参函数的具体使用流程

源码路径　光盘\part06\quan　　　　　　　视频路径　光盘\视频\实例\第 6 章\032

本实例的实现文件为 quan.cpp，具体实现代码如下。

```cpp
#include "stdafx.h"
#include "iostream.h"
//定义函数MultTwo
//返回类型为整型int, 包含两个形参
int MultTwo(int x, int y)
{
    return (x*y);              //函数体
}
int main()
{
    int x, y;
    int result;
//输入整数x
    cout << "输入一个数字: ";
    cin >> x;
    cout << "\n";
//输入整数
    cout << "再次输入一个数字:";
    cin >> y;
    cout << "\n";
//计算两个整数的积
    result = MultTwo(x,y);
//输出计算后的乘积
    cout << "两数字的积是" << " : " << result <<endl;
    return 1;
}
```

范例 063：将函数放在主函数的后面
源码路径：光盘\演练范例\063
视频路径：光盘\演练范例\063
范例 064：演示使用内部函数的流程
源码路径：光盘\演练范例\064
视频路径：光盘\演练范例\064

在上述代码中，定义了一个函数 MultTwo，这个函数的功能是计算输入的两个整数的积。编译执行后的效果如图 6-2 所示。

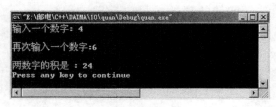

图 6-2　执行效果

注意：对于上述代码，不能将函数 MultTwo 的定义部分放到主函数 main 的后面。这样会造成编译错误，在具体应用中，函数定义可以放在主函数后，但是必须在主函数前声明此函数原型。

5. 根据返回值类型划分

根据返回值类型划分可以分为 void 函数、int 函数、float 函数、指针函数（pointer）等。看下面的代码。

```
void mm();
int nn(int x,int y);
float aa(float x,float y);
char * bb(int x);
bool mm();
```

#### 6. 根据作用域划分

根据作用域，可以将函数划分为内部函数和外部函数两种。

（1）内部函数。如果一个函数只能被本文件中其他函数调用，称之为内部函数。在定义内部函数时，在函数名和函数类型的前面加 static。函数首部的一般格式如下。

```
static 类型标识符 函数名(形参表)
```

例如：

```
static int fun(int a,int b)
```

内部函数又称为静态函数。使用内部函数，可以使函数只局限于所在文件。如果在不同的文件中有同名的内部函数，互不干扰。通常把只能由同一文件使用的函数和外部变量放在一个文件中，在它们前面都冠以 static 使之局部化，其他文件不能引用。

（2）外部函数。在定义函数时，如果在函数首部的最左端冠以关键字 extern，则表示此函数是外部函数，外部函数可供其他文件调用。例如，函数首部可以写为如下方式。

```
extern int fun (int a, int b)
```

这样，函数 fun 就可以为其他文件调用。如果在定义函数时省略 extern，则默认为外部函数。本书前面所用的函数都是外部函数。在需要调用此函数的文件中，用 extern 声明所用的函数是外部函数。

在计算机上运行一个含多文件的程序时，需要建立一个项目文件（Project File），在该项目文件中包含程序的各个文件。使用 extern 声明就能够在一个文件中调用其他文件中定义的函数，或者说把该函数的作用域扩展到本文件。extern 声明的形式就是在函数原型基础上加关键字 extern。由于函数在本质上是外部的，在程序中经常要调用其他文件中的外部函数，为方便编程，C++允许在声明函数时省写 extern。

#### 7. 根据类成员特性划分

根据类成员特性可以划分为内联函数和外联函数。

（1）内联函数。内联函数是指那些定义在类体内的成员函数，即该函数的函数体放在类体内。引入内联函数的主要目的是：解决程序中函数调用的效率问题。

内联函数在调用时不是像一般的函数那样要转去执行被调用函数的函数体，执行完成后再转回调用函数中，执行其后语句，而是在调用函数处用内联函数体的代码来替换，这样将会节省调用开销，提高运行速度。内联函数一般在类体外定义，声明部分在类体内，并使用了一个 inline 关键字。

（2）外联函数。说明在类体内，定义在类体外的成员函数叫外联函数，外联函数的函数体在类的实现部分。对外联函数的调用会在调用点生成一个调用指令（在 x86 中是 call），函数本身不会被放在调用者的函数体内，所以代码减小，但效率较低。

### 6.1.3　函数定义实例

在一个文件内可以使用外部函数，但是应该在一个头文件（.h）中声明，要使用外部函数的文件中必须包含#include 头文件。另外，读者在使用函数时不要使用太多的参数，如果过多会影响对函数的调用，造成日后维护的工作量。如果不得不使用很多参数，则可以创建一个结构体来存储这些参数。

**实例 033**　**演示用结构体存储函数参数的具体方法**

源码路径　光盘\part06\jiegouti　　　　视频路径　光盘\视频\实例\第 6 章\033

本实例的实现文件为 jiegouti.cpp，具体实现代码如下。

```cpp
#include "stdafx.h"
#include "iostream.h"
//定义一个结构体用于函数的参数
typedef struct
{
    int id;                     //学号
    float math;                 //数学
    float physics;              //物理
    float computer;             //计算机
    float chemistry;            //化学
    float english;              //英语
    float political;            //政治
    float sport;                //体育
    float history;              //历史
    float geography;            //地理
}STUDENT_PARMS;
//声明函数chengji的原型
void chengji(STUDENT_PARMS *);
//主程序
int main(void)
{
    STUDENT_PARMS student_parm;
    student_parm.math = 90;     //数学
    student_parm.physics = 80;          //物理
    student_parm.computer = 70;         //计算机
    student_parm.chemistry = 60;//化学
    student_parm.english = 50;//英语
    student_parm.political = 40;//政治
    student_parm.sport = 30;    //体育
    student_parm.history = 20;          //历史
    student_parm.geography = 10;//地理
    chengji(&student_parm);     //输出成绩
        return 1;
}
//定义一个打印成绩的函数
void chengji(STUDENT_PARMS *p)
{
    //输出学生的学号
    cout << "编号是: ";
    cout << (p->id) << "\n";
    //输出数学分数
    cout << "数学: ";
    cout << (p->math) << "\n";
    //输出物理分数
    cout << "物理: ";
    cout << (p->physics) << "\n";
    //输出计算机分数
    cout << "计算机: ";
    cout << (p->computer) << "\n";
    //输出化学分数
    cout << "chemistry score is: ";
    cout << (p->chemistry) << "\n";
    //输出英语分数
    cout << "化学: ";
    cout << (p->english) << "\n";
    //输出政治分数
    cout << "政治: ";
    cout << (p->political) << "\n";
    //输出体育成绩
    cout << "体育: ";
    cout << (p->sport) << "\n";
    //输出历史分数
    cout << "历史: ";
    cout << (p->history) << "\n";
    //输出地理成绩
    cout << "地理: ";
    cout << (p->geography) << "\n";
}
```

范例 065：罗列系统中的盘符
源码路径：光盘\演练范例\065
视频路径：光盘\演练范例\065
范例 066：遍历磁盘目录
源码路径：光盘\演练范例\066
视频路径：光盘\演练范例\066

在上述代码中，函数 chengji 的参数是结构体 STUDENT_PARMS *。编译执行后的效果如

图 6-3 所示。

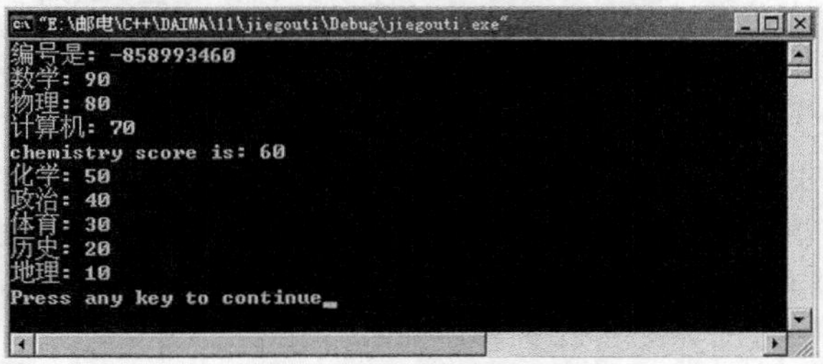

图 6-3　执行效果

# 6.2　函数的参数

知识点讲解：光盘\视频\PPT 讲解（知识点）\第 6 章\函数的参数.mp4

　　参数是函数的重要组成部分，C++中函数的参数分为形参和实参两种。本节将进一步介绍 C++函数中形参和实参的特点和两者的关系，并通过具体的实例来加深对知识的学习。

## 6.2.1　形参和实参

　　形参在函数定义中出现，在整个函数体内都可以使用，离开当前函数则不能使用。实参在主调函数中出现，当进入被调函数后，实参变量也不能使用。形参和实参的功能是进行数据传送，当发生函数调用时，主调函数把实参的值传送给被调函数的形参，从而实现主调函数向被调函数的数据传送。高级语言中函数形参和实参的主要特点如下。

- ❑ 形参变量只有在被调用时才分配内存单元，在调用结束时，即刻释放所分配的内存单元。因此，形参只有在函数内部有效。函数调用结束返回主调函数后则不能再使用该形参变量。
- ❑ 实参可以是常量、变量、表达式、函数等，无论实参是何种类型的量，在进行函数调用时，它们都必须具有确定的值，以便把这些值传送给形参。因此应预先用赋值，输入等办法使实参获得确定值。
- ❑ 实参和形参在数量上，类型上，顺序上应严格一致，否则会发生类型不匹配的错误。
- ❑ 函数调用中发生的数据传送是单向的。即只能把实参的值传送给形参，而不能把形参的值反向地传送给实参。因此在函数调用过程中，形参的值发生改变，而实参中的值不会变化。

见下面的代码。

```
void mm(float aa, float bb)
{
    cout << ++ aa << endl;
    cout << ++ bb << endl;
}
```

在上述代码中，函数 mm 分别定义了两个形参 aa 和 bb。

再看下面的代码。

```
int main(int argc, char* argv[])
{
    mm(56,34);
    return 0;
}
```

在上述代码中调用了前面定义的函数 mm，调用时传递的参数是实参。

### 6.2.2　使用数组作为函数参数

数组作函数参数可以分为 4 种情况，这几种情况的结果相同，只是所采用的调用机制不同。

1．形参是数组

形参是数组时，实参传递的是数组首地址而不是数组的值。

2．形参和实参都用数组

调用函数的实参用数组名，被调用函数的形参用数组，这种调用的机制是形参和实参共用内存中的同一个数组。因此，在被调用函数中改变了数组中某个无素的值，对调用函数该数组的该元素值也被改变，因为它们是共用同一个数组。

3．形参和实参都用对应数组的指针

在 C++中，数组名被规定为是一个指针，该指针便是指向该数组的首元素的指针，因为它的值是该数组首元素的地址值，因此，数组名是一个常量指针。

在实际中，形参和实参一个用指针，另一个用数组也是可以的。在使用指针时可以用数组名，也可以用另外定义的指向数组的指针。

4．实参用数组名形参用引用

具体做法是先用类型定义语句定义一个数组类型，然后使用数组类型来定义数组和引用。

| 实例 034 | 演示形参是数组时的具体执行结果 | |
|---|---|---|
| | 源码路径　光盘\part06\shuzu | 视频路径　光盘\视频\实例\第 6 章\034 |

本实例的实现文件为 shuzu.cpp，具体实现代码如下。

```cpp
#include "stdafx.h"
#include "iostream.h"
//定义shuzu为8个元素的整型数组
typedef int shuzu[8];
int sum_shuzu(shuzu &arr, int n)
{
    int sum =0;
    for(int i=0;i < n; i++)
    {
        sum += arr [i];    //累加
    }
    return sum;
}
int main(int argc, char* argv[])
{
    shuzu a;
    for(int i=0;i<10;i++)
    {
        a[i]=i;
    }
    cout<<sum_shuzu(a,8)<<endl;
    return 0;
}
```

范例 067：使用引用形参改变实参值
源码路径：光盘\演练范例\067
视频路径：光盘\演练范例\067
范例 068：数值和字符串的类型转换
源码路径：光盘\演练范例\068
视频路径：光盘\演练范例\068

在上述代码中，因为函数 sum_shuzu 的形参是数组时，所以实参传递的是数组首地址而不是数组的值。编译执行后的效果如图 6-4 所示。

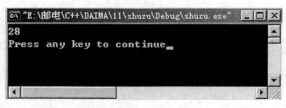

图 6-4　执行效果

# 6.3　返回值和返回语句

知识点讲解：光盘\视频\PPT 讲解（知识点）\第 6 章\返回值和返回语句.mp4

函数是一段被封装的代码，对传入的参数进行了一系列的处理。处理完毕后，还要将处理结果返回给调用函数的上一层代码，此时的处理结果就会死返回值。C++的返回值通过 return 语句来完成。在使用函数返回值时，应该注意如下问题。

（1）函数的值只能通过 return 语句返回主调函数。在 C++中，从函数返回一个值可以用 return 语句来实现，return 语句的使用格式有如下两种。

```
return 表达式;
return (表达式);
```

上述格式的功能是：计算表达式的值，并返回给主调函数。在函数中允许有多个 return 语句，但每次调用只能有一个 return 语句被执行，因此只能返回一个函数值。

（2）函数值的类型和函数定义中函数的类型应保持一致。如果两者不一致，则以函数类型为准，自动进行类型转换。如函数值为整型，在函数定义时可以省去类型说明。

不返回函数值的函数，可以明确定义为"空类型"，类型说明符为"void"。如例 8.2 中函数 s 并不向主函数返函数值，所以可定义为如下格式。

```
void s(int n){
……
}
```

一旦函数被定义为空类型后，就不能在主调函数中使用被调函数的函数值了。例如，在定义 s 为空类型后，在主函数中写下述语句是错误的。

```
sum=s(n);
```

为了使程序有良好的可读性并减少出错，只要不要求返回值的函数都应该定义为空类型。

C++语言的函数返回值类型可以分为内部类型和自定义类型两大类。在函数返回内部类型中不能返回数组类型但可以返回指向数组的指针，同样也可以返回指向函数的函数指针。如果希望返回值可以作为左值（即可以放在赋值操作符左边的）那就必须返回引用类型。

而在函数返回自定义类型（即返回类类型）中根据是否可作为左值，返回值是否可调用成员函数的不同可分为以下 4 种情况（T 表示返回类类型）。

- ❑　"T f();"。表示返回一般的类类型，返回的类类型不能作为左值，但返回的类类型可以直接调用成员函数来修改，如 function().set_Value(); 返回类类型调用复制构造函数。
- ❑　"const T f();"。此种类型与上述第一种相同，唯一不同的是返回的类类型不能调用成员函数来修改，因为有 const 限定符。
- ❑　"T& f();"。表示返回类的引用可以作为左值，并且返回的类类型引用可以直接调用成员函数来修改，返回的类类型不会调用复制构造函数。
- ❑　"const T& f();"。表示不能作为左值，不能调用成员函数修改，不会调用复制构造函数。

# 6.4　调 用 函 数

知识点讲解：光盘\视频\PPT 讲解（知识点）\第 6 章\调用函数.mp4

当定义了一个函数后，在程序中需要通过对函数的调用来执行函数体，调用函数的过程与其他语言中的子程序调用相似。下面将详细介绍 C++中函数调用的基本知识。

（1）单独调用。单独调用即使用基本的函数语句来调用，此时不要求函数有返回值，只要求完成里面的函数体即可。

（2）函数表达式。函数作为表达式中的一项出现在表达式中，以函数返回值参与表达式的运算。这种方式要求函数是有返回值的。例如，z=max(x,y)是一个赋值表达式，把 max 的返回值赋予变量 z。

（3）实参调用。函数作为另一个函数调用的实际参数出现。这种情况是把该函数的返回值作为实参进行传送，因此要求该函数必须是有返回值的。见下面的代码。

```
printf("%d",max(x,y));
```

上述格式是把 max 调用的返回值又作为 printf 函数的实参来使用的。

（4）参数传递

在进行函数调用时，经常会用到不通的参数传递方式。在 C++中共有 3 种方式，分别是按值传递、按地址传递和按引用传递。

# 6.5　函 数 递 归

知识点讲解：光盘\视频\PPT 讲解（知识点）\第 6 章\函数递归.mp4

一个函数在它的函数体内调用它自身称为递归调用。这种函数称为递归函数。C 语言允许函数的递归调用。在递归调用中，主调函数又是被调函数。执行递归函数将反复调用其自身，每调用一次就进入新的一层。

见下面的函数 m。

```
int m(int x){
        int y;
        z=m(y);
        return z;
}
```

上述函数 m 就是一个递归函数。但是运行该函数将无休止地调用其自身，这当然是不正确的。为了防止递归调用无终止地进行，必须在函数内有终止递归调用的手段。常用的办法是加条件判断，满足某种条件后就不再作递归调用，然后逐层返回。

函数递归调用方法有如下两个要素。

❑　递归调用公式。问题的解决能写成递归调用的形式。

❑　结束条件。确定何时结束递归。

从理论上我们把函数反复调用自身的过程称为递推的过程，而每个函数的返回称之为回推。递推的过程把复杂的问题一步步分解开，直到出现最简单的情况。

**实例 035**　**演示用递归方法实现数学算法的具体过程**

源码路径　光盘\part06\jisuan　　　　视频路径　光盘\视频\实例\第 6 章\035

本实例算法的描述是：一组数的规则是 1、1、2、3、5、8、13、21、34……请编写一个程序，能获得复合上述规则的任意位数的数值。本实例的实现文件为 jisuan.cpp，具体实现代码如下。

```
#include "stdafx.h"
#include "iostream.h"
long Number(int n);    //递归计算
int main(void)
{
  int n;
  long result;
  cout << "输入要计算第几个数？ ";
  cin >> n;
  result = Number(n);
  cout<< "第" << n << "个数是： " << result<<endl;
  return 1;
}
long Number(int n)
```

范例 069：演示 C++函数递归的具体过程
源码路径：光盘\演练范例\069
视频路径：光盘\演练范例\069
范例 070：给选中的字符加双引号
源码路径：光盘\演练范例\070
视频路径：光盘\演练范例\070

```
{
  if (n <= 0)
  {
    return 0;          //递归终止
  }
  else if(n > 0 && n <= 2)
  {
    return 1;          //递归终止
  }
  else
  { //递归调用
    return Number(n -1) + Number(n - 2);
  }
}
```

在上述代码中，通过函数递归求解了一个数学算法。编译执行后的效果如图 6-5 所示。

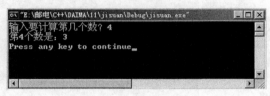

图 6-5 执行效果

# 6.6 指向函数的指针

知识点讲解：光盘\视频\PPT 讲解（知识点）\第 6 章\指向函数的指针.mp4

在 C++中，函数本身不是变量，但是可以定义指向函数的指针，即函数指针。这种指针可以被赋值、存放于数组中，传递给函数及作为函数的返回值等。函数的名字代表函数的入口地址，用于存放一个函数的入口地址，指向一个函数。通过函数指针，可以调用函数，这与通过函数名直接调用函数是相同的。

函数指针的定义格式如下。

```
数据类型 (*指针变量名)(函数形参表);
```

数据类型是指此指针所指向的函数的返回值类型，例如：

```
int (*p1)(int);
```

在此 p1 是指向（有一个 int 形参、返回整型数据的）函数的指针。再如：

```
int *p2(int);
```

在此 p2 是一个函数，有一个 int 形参，返回值为指向整型的指针

函数指针一经定义后，可指向函数类型相同（即函数形参的个数、形参类型、次序以及返回值类型完全相同）的不同函数，例如：

```
int max(int, int);
int min(int,int);
int (*p)(int, int);
```

在具体应用时，需要给函数指针赋值，使指针指向某个特定的函数，具体格式如下。

```
函数指针名 = 函数名;
```

例如：

```
p = max ;
```

将函数 max 的入口地址赋给 p 指针，则 p 指向 max 函数。

也可以用函数指针变量调用函数，具体格式如下。

```
(*函数指针)(实参表);
```

例如：

```
int a,b,c;
cin>>a>>b;
c = (*p)(a,b);
```

调用 p 指向的函数，实参为 a、b，得到的函数值赋给 c

```
c = max(a,b);
```

# 6.7 将函数作为参数

知识点讲解：光盘\视频\PPT 讲解（知识点）\第 6 章\将函数作为参数.mp4

函数作为参数就是用一个函数来当成另外一个函数的参数，要实现函数作为参数的功能，需要用函数指针的相关知识。

| 实例 036 | 演示函数作为函数参数的具体实现过程 | |
|---|---|---|
| | 源码路径　光盘\part06\canshu | 视频路径　光盘\视频\实例\第 6 章\036 |

本实例的实现文件为 canshu.cpp，具体实现代码如下。

```cpp
#include "stdafx.h"
#include "iostream.h"
//找出数组中的一个最大数
double Find(const double *pNumbers, const int Count)
{
    double Max = pNumbers[0];
    for(int i = 0; i < Count; i++)
    {
        if( Max < pNumbers[i] )          //找较大值
        {
            Max = pNumbers[i];
        }
    }
    return Max;
}
//利用一个函数Find作参数，并在Maximum函数体内进行函数调用
double Maximum(const double *pNumbers, const int Count,
            double (*Find)(const double *, const int)) //Find是函数参数(函数指针)
{
    return Find(pNumbers, Count);
}
int main()
{
    //定义一个数组
    double Numbers[] = { 100000.6, 20000.4, 30000.6, 20001.33, 90001.4 };
    //获取数组大小
    int Count    = sizeof(Numbers) / sizeof(double);
    //输出数组中的所有元素的值
    cout << "里面的数值是" << "\n";
    for(int i = 0; i < Count; i++)
    {
        cout << Numbers[i] << "\n";
    }
    //函数Maximum调用，并用另一个函数Find作为参数
    double MaxValue = Maximum(Numbers, Count, Find );
    //输出数组元素中最大的值
    cout << "里面的最大值是: " << MaxValue << endl;
    return 1;
}
```

范例 71：实现字符串翻转
源码路径：光盘\演练范例\71
视频路径：光盘\演练范例\71
范例 72：删除首尾的多余空格
源码路径：光盘\演练范例\72
视频路径：光盘\演练范例\72

在上述代码中，首先定义了一个数组 Numbers[]，然后通过函数 Find 获取了数组内的最大值，并将结果输出。编译执行后的效果如图 6-6 所示。

图 6-6　执行效果

在上述代码中，将计算数组中的最大值的函数作为了另一个函数的参数。

# 6.8 变量的作用域和生存期

知识点讲解：光盘\视频\PPT 讲解（知识点）\第 6 章\变量的作用域和生存期.mp4

在对本书前面的形参变量进行讲解时曾经提到，形参变量只在被调用期间才分配内存单元，调用结束立即释放。这一点表明形参变量只有在函数内才是有效的，离开该函数就不能再使用了。这种变量有效性的范围称变量的作用域。不仅对于形参变量，C++中所有的量都有自己的作用域。变量说明的方式不同，其作用域也不同。C 语言中的变量，按作用域范围可分为两种，即局部变量和全局变量。

## 6.8.1 变量作用域

C++中变量分为局部变量、全局变量和文件变量。所以对应的作用域也有 3 种，在下面的内容中将分别介绍。

1. 局部变量作用域

局部变量也称为内部变量，局部变量是在函数内作定义说明的。其作用域仅限于函数内，如果离开定义函数后使用，则是非法的。见下面的代码。

```
int f1(int a)                        /*函数f1*/
    {
    int b,c;
    ......
}
a,b,c有效
    int f2(int x)                    /*函数f2*/
    {
    int y,z;
......
}
main()
    {
int m,n;
......
    }
```

在上述函数 f1 内定义了 3 个变量，其中 $a$ 为形参，$b$ 和 $c$ 是一般变量。在 f1 的范围内 $a$、$b$、$c$ 有效；同样，$x$、$y$、$z$ 的作用域仅限于 f2 内，$m$、$n$ 的作用域仅限于 main 函数内。关于局部变量的作用域，应该注意如下 4 点。

（1）主函数中定义的变量也只能在主函数中使用，不能在其它函数中使用。同时，主函数中也不能使用其他函数中定义的变量。因为主函数也是一个函数，它与其他函数是平行关系。这一点是与其他语言不同的，应予以注意。

（2）形参变量是属于被调函数的局部变量，实参变量是属于主调函数的局部变量。

（3）允许在不同的函数中使用相同的变量名，它们代表不同的对象，分配不同的单元，互不干扰，也不会发生混淆。如在前例中，形参和实参的变量名都为 n，是完全允许的。

（4）在复合语句中也可定义变量，其作用域只在复合语句范围内。

2. 全局变量作用域

全局变量也称为外部变量，它是在函数外部定义的变量。全局变量不属于具体哪一个函数，只是属于一个源程序文件，其作用域是整个源程序。在函数中使用全局变量，一般应作全局变量说明。只有在函数内经过说明的全局变量才能使用，全局变量的说明符为 public。但在一个函数之前定义的全局变量，在该函数内使用时可不用再次加以说明。见下面的代码。

```
int a,b;            /*外部变量*/
void f1()           /*函数f1*/
    {
```

```
        ......
}
float x,y;          /*外部变量*/
int fz()            /*函数fz*/
{
        ......
}
main()              /*主函数*/
{
        ......
}
```

在上述代码中，$a$、$b$、$x$ 和 $y$ 都是在函数外部定义的外部变量，都是全局变量。但 $x$、$y$ 定义在函数 f1 之后，而在 f1 内又无对 $x$、$y$ 的说明，所以它们在 f1 内无效。$a$ 和 $b$ 定义在源程序最前面，所以在函数 f1、f2 及 main 内不进行说明也可使用。

对于 C++中的全局变量，还应该注意如下几点。

（1）对于局部变量的定义和说明，可以不加区分。而对于外部变量则不然，外部变量的定义和外部变量的说明并不是一回事。外部变量定义必须在所有的函数之外，且只能定义一次。其一般形式如下。

```
[extern] 类型说明符 变量名，变量名…
```

其中，方括号内的 extern 可以省去不写。例如，下面两种格式是相同的。

```
int a,b;
extern int a,b;
```

而外部变量说明出现在要使用该外部变量的各个函数内，在整个程序内，可能出现多次，外部变量说明的一般格式如下所示。

```
extern 类型说明符 变量名，变量名，…;
```

外部变量在定义时就已分配了内存单元，外部变量定义可作初始赋值，外部变量说明不能再赋初始值，只是表明在函数内要使用某外部变量。

（2）外部变量可加强函数模块之间的数据联系，但是又使函数要依靠这些变量，因而使得函数的独立性降低。从模块化程序设计的观点来看这是不利的，因此在不必要时尽量不要使用全局变量。

（3）在同一源文件中，若全局变量和局部变量同名，在局部变量的作用域内，全局变量不起任何作用。

## 6.8.2　静态存储变量和动态存储变量

从变量的作用域角度分析，可以分为全局变量和局部变量。但是如果从存储方式角度分析，则可以分为静态存储和动态存储两种。

静态存储变量通常是在变量定义时就分定存储单元并一直保持不变，直至整个程序结束。

动态存储变量是在程序执行过程中，使用它时才分配存储单元，使用完毕立即释放。典型的例子是函数的形式参数，在函数定义时并不给形参分配存储单元，只是在函数被调用时，才予以分配，调用函数完毕立即释放。假如一个函数被多次调用，则反复地分配、释放形参变量的存储单元。

从以上分析可知，静态存储变量是一直存在的，而动态存储变量则时而存在时而消失。我们又把这种由于变量存储方式不同而产生的特性称变量的生存期。生存期表示了变量存在的时间。生存期和作用域是从时间和空间这两个不同的角度来描述变量的特性，这两者既有联系又有区别一个变量究竟属于哪一种存储方式，并不能仅从其作用域来判定，还应有明确的存储类型说明。

在 C++中，有如下 4 种变量存储类型。

❑　auto：自动变量。
❑　register：寄存器变量。

❑ extern：外部变量。

❑ static：静态变量。

自动变量和寄存器变量属于动态存储方式，外部变量和静态变量属于静态存储方式。在介绍了变量的存储类型之后，可以知道对一个变量的说明不仅应说明其数据类型，还应说明其存储类型。因此变量说明的完整形式应如下。

```
存储类型说明符 数据类型说明符 变量名，变量名…;
```

见下面的格式。

```
static int a,b;                    //说明a,b为静态类型变量
auto char c1,c2;                   //说明c1,c2为自动字符变量
static int a[5]={1,2,3,4,5};       //说明a为静整型数组
extern int x,y;                    //说明x,y为外部整型变量
```

1. 自动变量

自动变量存储类型是 C++语言程序中使用最广泛的一种类型，将变量的存储属性定义为自动变量的具体格式如下。

```
auto 类型说明符 变量名;
```

在 C++语言中规定，函数内凡未加存储类型说明的变量均视为自动变量，也就是说自动变量可省去说明符 auto。在前面各章的程序中所定义的变量凡未加存储类型说明符的都是自动变量，例如：

```
int i,j,k;
char c;
……
```

上述代码等价于如下代码。

```
auto int i,j,k;
auto char c;
……
```

C++语言的自动变量具有以下特点。

（1）自动变量的作用域仅限于定义该变量的个体内。在函数中定义的自动变量，只在该函数内有效。在复合语句中定义的自动变量只在该复合语句中有效。见下面的代码。

```
int kv(int a) {
auto int x,y;
{ auto char c;
} /*c的作用域*/
……
} /*a,x,y的作用域*/
```

（2）自动变量属于动态存储方式，只有在使用它，即定义该变量的函数被调用时才给它分配存储单元，开始它的生存期。函数调用结束，释放存储单元，结束生存期。因此函数调用结束之后，自动变量的值不能保留。在复合语句中定义的自动变量，在退出复合语句后也不能再使用，否则将引起错误。

（3）由于自动变量的作用域和生存期都局限于定义它的个体内（函数或复合语句内），因此不同的个体中答应使用同名的变量而不会混淆。即使在函数内定义的自动变量也可与该函数内部的复合语句中定义的自动变量同名。

（4）对构造类型的自动变量如数组等，不可作初始化赋值。

2. 外部变量

外部变量的定义格式如下。

```
extern 类型说明符 变量名;
```

由于 C++不允许在一个函数中定义其他函数，因此函数本身是外部的。一般情况下，也可以说函数是全局函数。在缺省情况下，外部变量与函数具有如下性质：所有通过名字对外部变量与函数的引用（即使这种引用来自独立编译的函数）都是引用的同一对象（标准中把这一性质称为外部连接）。

外部变量的用途还表现在它们比内部变量有更大的作用域和更长的生存期。内部自动变量

只能在函数内部使用，当其所在函数被调用时开始存在，当函数退出时消失。而外部变量是永久存在的，他们的值在从一次函数调用到下一次函数调用之间保持不变。因此如果两个函数必须共享某些数据，而这两个函数都互不调用对方，那么最为方便的是，把这些共享数据作为外部变量，而不是作为变元来传递。

3. 静态变量

有时希望函数中局部变量的值在函数调用结束后不消失而保留原值，这时就应该指定局部变量为"静态局部变量"，用关键字 static 进行声明。静态变量存放在内存中的静态存储区，编译系统为其分配固定的存储空间。C++中使用静态函数的好处如下。

❑ 静态函数会被自动分配在一个一直使用的存储区，直到退出应用程序实例，避免了调用函数时压栈出栈，速度快很多。

❑ 关键字"static"，译成中文就是"静态的"，所以内部函数又称静态函数。但此处"static"的含义不是指存储方式，而是指对函数的作用域仅局限于本文件。使用内部函数的好处是：不同的人编写不同的函数时，不用担心自己定义的函数，是否会与其他文件中的函数同名，因为同名也没有关系。

静态变量定义的使用格式如下。

```
Static 类型标识符 变量名;
```

静态变量有两种：一种是外部静态变量，另一种是内部静态变量。

（1）外部静态变量。如果希望在一个文件中定义的外部变量的作用域仅局限于此文件中，而不能被其他文件所访问，则可以在定义此外部变量的类型说明符的前面使用 static 关键字。例如：

```
static float f;
```

此时，f 被称为静态外部变量（或称为外部静态变量），只能在本文件中使用，在其他文件中，即使使用了 extern 说明，也无法使用该变量。

（2）内部静态变量。如果希望在函数调用结束后仍然保留函数中定义的局部变量的值，则可以将该局部变量的类型说明符前加一个 static 关键字，说明为内部静态变量。

（3）静态局部变量。静态局部变量属于静态存储方式，它具有以下特点。

①静态局部变量在函数内定义它的生存期为整个源程序，但是其作用域仍与自动变量相同，只能在定义该变量的函数内使用该变量。退出该函数后，尽管该变量还继续存在，但不能使用它。

②允许对构造类静态局部量赋初值例如数组，若未赋以初值，则由系统自动赋以 0 值。

③对基本类型的静态局部变量若在说明时未赋以初值，则系统自动赋予 0 值。而对自动变量不赋初值，则其值是不定的。根据静态局部变量的特点，可以看出它是一种生存期为整个源程序的量。虽然离开定义它的函数后不能使用，但如再次调用定义它的函数时，它又可继续使用，而且保存了前次被调用后留下的值。因此，当多次调用一个函数且要求在调用之间保留某些变量的值时，可考虑采用静态局部变量。虽然用全局变量也可以达到上述目的，但全局变量有时会造成意外的副作用，因此仍以采用局部静态变量为宜。

（4）静态全局变量。全局变量（外部变量）的说明之前再冠以 static 就构成了静态的全局变量。全局变量本身就是静态存储方式，静态全局变量当然也是静态存储方式。这两者在存储方式上并无不同。这两者的区别虽在于非静态全局变量的作用域是整个源程序，当一个源程序由多个源文件组成时，非静态的全局变量在各个源文件中都是有效的。

而静态全局变量则限制了其作用域，即只在定义该变量的源文件内有效，在同一源程序的其他源文件中不能使用它。由于静态全局变量的作用域局限于一个源文件内，只能为该源文件内的函数公用，因此可以避免在其他源文件中引起错误。从以上分析可以看出，把局部变量改变为静态变量后是改变了它的存储方式即改变了它的生存期。把全局变量改变为静态变量后是改变了它的作用域，限制了它的使用范围。因此 static 这个说明符在不同的地方所起的作用是不同的。

### 4. 寄存器变量

前面介绍的各类变量都存放在存储器内，所以当对一个变量频繁读写时，必须要反复访问内存储器，从而花费大量的存取时间。为此 C 语言提供了另一种变量，即寄存器变量。这种变量存放在 CPU 的寄存器中，在使用时不需要访问内存，而直接从寄存器中读写，这样可提高执行效率。寄存器变量的说明符是 register。对于循环次数较多的循环控制变量，及循环体内反复使用的变量均可定义为寄存器变量。

对于寄存器变量，读者在使用时还要注意如下几点。

（1）只有局部自动变量和形式参数才可以定义为寄存器变量。因为寄存器变量属于动态存储方式。凡需要采用静态存储方式的量不能定义为寄存器变量。

（2）在 Turbo C，MS C 等微机上使用的 C 语言中， 实际上是把寄存器变量当成自动变量处理的。因此速度并不能提高。而在程序中允许使用寄存器变量只是为了与标准 C 保持一致。即使能真正使用寄存器变量的机器，由于 CPU 中寄存器的个数是有限的，因此使用寄存器变量的个数也是有限的。

# 6.9  技 术 解 惑

## 6.9.1  用 typedef 定义一个函数指针类型

在现实应用时，作为参数传递的函数参数个数不能太多。如果太多，可以用 typedef 来定义一个函数指针类型，对函数的参数进行简化。下面通过一个具体实例来演示 typedef 在函数作为参数中的具体使用过程，本实例的实现文件为 typedef.cpp，具体代码如下。

源码路径：光盘\daima\11\typedef

```cpp
#include "stdafx.h"
#include "iostream.h"
#include <iostream.h>
//定义函数指针类型FunctionType
typedef double (*FunctionType)   (const double *, const int);
//找出数组中的一个最大数
double Find(const double *pNumbers, const int Count)
{
    double Max = pNumbers[0];
    for(int i = 0; i < Count; i++)
        if( Max < pNumbers[i] )
            Max = pNumbers[i];
        return Max;
}
//利用函数Find作参数，并在Maximum函数体内进行函数调用
double Maximum(const double *pNumbers, const int Count, FunctionType fp)
//fp是函数指针类型的变量
{
    return fp(pNumbers, Count);
}

int main()
{
    FunctionType fp = Find;    //fp是函数指针类型变量,指向函数Find
    double Numbers[] =   { 10000.6, 10000.4, 10222.6, 20000.33, 90000.4 };
    int Count    = sizeof(Numbers) / sizeof(double);
    cout << "里面的数值是" << "\n";
    for(int i = 0; i < Count; i++)
    {
        cout << Numbers[i] << "\n";
    }
    double MaxValue = Maximum(Numbers, Count, fp );
    cout << "最大值是: " << MaxValue << endl;
    return 1;
```

}

在上述代码中，首先定义了一个数组 Numbers[]，然后通过函数 Find 获取了数组内的最大值，并将结果输出。编译执行后的效果如图 6-7 所示。

图 6-7　执行效果

### 6.9.2　const 关键字在函数中的作用

当使用了 const 关键字后，即意味着函数的返回值不能立即得到修改。如下代码将无法编译通过，这就是因为返回值立即进行了++操作（相当于对变量 z 进行了++操作），而这对于该函数而言，是不允许的。如果去掉 const，再行编译，则可以获得通过，并且打印形成 z = 7 的结果。

```
include <iostream>
  include <cstdlib>
  const int& abc(int a, int b, int c, int& result){
     result = a + b + c;
     return result;
  }
int main() {
  int a = 1; int b = 2; int c=3;
  int z;
  abc(a, b, c, z)++;   //wrong: returning a const reference
  cout << "z= " << z << endl;
  SYSTEM("PAUSE");
  return 0;
}
```

### 6.9.3　C++函数的内存分配机制

1．同一个类的对象。

共享同一个成员函数的地址空间，而每个对象有独立的成员变量地址空间，可以说成员函数是类拥有的，成员变量是对象拥有的。

2．非虚函数。

对于非虚函数的调用，编译器只根据数据类型翻译函数地址，判断调用的合法性，由第 1点可知，这些非虚函数的地址与其对象的内存地址无关(只与该类的成员函数的地址空间相关)，故对于一个父类的对象指针，调用非虚函数，不管是给他赋父类对象的指针还是子类对象的指针，他只会调用父类中的函数（只与数据类型（此为类类型）相关，与对象无关）。

3．虚函数

虚拟函数的地址翻译取决于对象的内存地址，而不取决于数据类型（编译器对函数调用的合法性检查取决于数据类型）。如果类定义了虚函数,该类及其派生类就要生成一张虚拟函数表，即 vtable。而在类的对象地址空间中存储一个该虚表的入口，占 4 字节，这个入口地址是在构造对象时由编译器写入的。所以，由于对象的内存空间包含了虚表入口，编译器能够由这个入口找到恰当的虚函数，这个函数的地址不再由数据类型决定了。故对于一个父类的对象指针，调用虚拟函数，如果给它赋父类对象的指针，那么它就调用父类中的函数，如果给它赋子类对象的指针，它就调用子类中的函数（取决于对象的内存地址）。

**4．如果类包含虚拟成员函数，则将此类的析构函数也定义为虚拟函数**

因为派生类对象往往由基类的指针引用，如果使用 new 操作符在堆中构造派生类对象，并将其地址赋给基类指针，那么最后要使用 delete 操作符删除这个基类指针（释放对象占用的堆栈）。这时如果析构函数不是虚拟的，派生类的析构函数不会被调用，会产生内存泄露。

**5．纯虚拟函数**

纯虚拟函数没有函数体，专为派生类提供重载的形式。只要形象的将虚拟函数赋值为 0，即定义了纯虚函数，例如：

```
void virtual XXXX（char* XXX） = 0;
```

定义了纯虚函数的类称为抽象基类。抽象基类节省了内存空间，但不能用来实例化对象。其派生类必须重载所有的纯虚函数，否则产生编译错误。

抽象基类虽然不能实例化，为派生类提供一个框架。抽象基类为了派生类提供了虚拟函数的重载形式，可以用抽象类的指针引用派生类的对象，这为虚拟函数的应用准备了必要条件。

## 6.9.4 主函数和子函数

C++程序是函数的集合，由一个主函数 main()和若干个子函数构成。主函数 main()是一个特殊的函数，由操作系统调用，并在程序结束时返回到操作系统。程序总是从主函数开始执行，即从主函数的前花括号开始执行，一直到主函数的后花括号为止。主函数分别调用其他子函数，子函数之间也可以相互调用。这里的函数就是结构化程序设计方法中的模块，具有内聚性和耦合性。模块的独立性要求函数具有高内聚性、低耦合性，即尽量实现功能内聚和数据耦合。

## 6.9.5 函数声明和函数定义的区别

函数的声明和函数的定义不同。函数的声明是在调用该函数前，说明函数类型和参数类型；函数的定义由语句来描述函数的功能。C++要求函数在被调用之前，应当让编译器知道该函数的原型，以便编译器利用函数原型提供的信息去检查调用的合法性，强制参数转换成为适当类型，保证参数的正确传递。对于标准库函数，其声明在头文件中，可以用#include 宏命令包含这些原型文件；对于用户自定义函数，先定义、后调用的函数可以不用声明，但后定义、先调用的函数必须声明。一般为增加程序的可理解性，常将主函数放在程序开头，这样需要在主函数前对其所调用的函数——进行声明，以消除函数所在位置的影响。

# 第 7 章

# 类 和 封 装

　　封装是将描述客观事物的一组数据和操作组合在一起，对外隐含具体的实现，通过接口来访问。这个封装体就是类。通过类，C++提供了对数据结构的封装和抽象，并为程序员提供了定义新的数据类型的手段。在这种新的数据类型中，既包含数据又包含对数据的操作。因此，被封装的数据类型本身既存储数据，又承担了数据上的操作，以及与外界的交互。本章将详细介绍 C++封装的基本知识。

| 本章内容 | 技术解惑 |
|---|---|
| ▶▶ 类 | 浅拷贝和深拷贝 |
| ▶▶ 对象 | 构造函数的错误认识和正确认识 |
| | 保护性析构函数的作用 |

# 7.1 类

知识点讲解：光盘\视频\PPT 讲解（知识点）\第 7 章\类.mp4

类是将一组对象的数据结构和操作中相同的部分抽出来组成的集合，是对象共同的特征。因此它是对对象的抽象和泛化，是对象的模板。本节将详细讲解和类有关的基本概念。

## 7.1.1 声明类

在 C++中，新的数据类型可以用 Class 来构造。类的声明语法与 C 语言中的 Struct 声明类似，只是 Class 还包含函数声明。见下面的代码。

```
class point   {
int x,y;                                    //数据
public:                                     //访问规则
void setpoint(int,int);                     //数据上的操作
}
```

在上述代码中声明了一个名为 point 的类，它包含了数据为 x、y，还包含了一个名为 setpoint() 的函数。函数被 public 关键字说明为公有的，数据没有被说明，但默认也为公有的。

再看下面的代码。

```
class student
{
private:                                    //访问规则
   int id;                                  //学号
   char* name;                              //姓名
   float chinese,english,math;              //语文、英语、数学3门课程成绩
public:                                     //访问规则
   student();                               //构造函数
  //构造函数，设置学号、姓名、3门课程成绩
   student(char,float,float,float);
     ~student();                            //析构函数
        void setid(int);                    //输出成员信息
void setname(int);
void setscore(int);
float sum;
float average;
}
```

在上述代码中，简单声明了一个类 student。在这个类中，共有 4 个数据，分别是 id、name、chinese、english、math，用于记录学生的学号、姓名和 3 门课程的成绩。它们被关键字 private 说明为私有的，即这些数据只能被类的成员函数和友元函数（见第 7.1.7 节）访问。

在上述类中声明了 8 个函数，用关键字 public 说明为公有的。

❏ 第 1 个函数是构造函数，负责构造类对象，在定义对象时由系统自动调用。

❏ 第 2 个函数也是构造函数，但是与第 1 个的形式不一样，它带了参数。这属于重载现象，本书后面的章节中有专门讲解。构造函数的名字必须和类的名字相同。

❏ 第 3 个函数是析构函数，标志是前面有一个"~"符。该函数在销毁对象时自动被调用，负责对象销毁后的善后工作。析构函数必须是类的名称前加"~"符。

❏ 第 4、5、6 这 3 个函数负责私有属性的访问。因为属性是私有，所以只有通过 student 类提供的这 3 个函数才能从类的外部访问到它们。

❏ 最后两个函数负责具体的计算工作，分别计算求总分和求平均分。

除了上述代码中的限定符 public 和 private 外，还有一个限定符是 protected。它们都用来支持信息的隐藏机制，将类的成员分成了 3 类：公有成员、私有成员和保护成员。

❏ 公有成员（包括类的属性和方法）。提供了类的外部界面，它允许类的使用者来访问它。

❏ 私有成员（包括类的属性和方法）。只能被该类的成员函数访问，也就是说只有类本身能够访问它，任何类以外的函数对私有成员的访问都是非法的。当私有成员处于类声

明中的第一部分时，此关键字可以省略。

- ❑ 保护成员。对于派生类来说，保护成员就像是公有成员，可以任意访问。但对于程序的其他部分来说就像是　成员，不允许被访问。

假设程序中有一个函数，它直接访问并操作某类的数据成员，一旦该类的数据成员被修改或者被删除，那么这个函数很可能需要被重写。如果程序中存在大量这样的函数，就会增加软件的开发和维护成本。此时，可以通过访问限定符将类的数据成员定义为私有成员，然后在类中定义一个公有的成员函数，访问并操作类中的私有属性。这样程序中的函数无法直接访问私有的数据，只有通过公有成员函数才能访问并且操作它们。

例如，为了能够访问 student 类中的语文成绩，需要增加一个公有的成员方法 getchinese()。如果类中的数据成员被修改，那么只需要修改相应的公有成员方法，而不必改动程序中的函数。例如，在下面的代码中，增加了成员 chinese 的访问函数。

```
class student
{
private:
    float chinese;                          //私有属性
    public:          float getchinese()     //私有成员chinese的访问函数
            {
                return chinese
            }
}
```

在上述类中声明了一个私有数据，用来记录语文成绩。由于是私有的，所以不能从外部访问，必须通过公有函数 getchinese() 来访问。

## 7.1.2　类的属性

类的属性又称为数据成员，用来表示类的信息。类具有的特性均可用属性来表示，属性的声明方式和变量的声明方式基本相同，具体格式如下。

```
<数据类型><属性>;
```

在第 7.1.1 节的示例中，类 point 和 student 的数据就是属性，表示了该类所具有的特征信息。再看下面的代码。

```
class person   {
    int id;                     //编号
    int age;                    //年龄
    char * name;                //姓名
}
```

在上述代码中，类 person 声明了 3 个属性，没有被限定符说明，但默认为私有的，可以直接从类的外部访问。

注意：在声明类的属性时应该注意如下两个问题。

（1）不能采用 auto、extern 和 register 修饰符进行修饰。

（2）只有采用 static 修饰符声明的静态属性才可以被显式地初始化。非静态数据成员只能通过构造函数才能够被初始化。若试图在类中直接初始化非静态数据成员，会导致编译错误。

## 7.1.3　类的方法

类的方法，又称类的成员函数。在第 7.1.1 节的示例中，类 point 和 student 内定义的函数就是成员函数，用来做计算或访问类的属性。在类体中的声明方法和普通函数的声明方式相同，其具体格式如下。

```
<函数返回类型><成员函数的名称>([<参数列表>])
{
<函数体>
}
```

在成员函数的参数列表中可以定义默认参数，也可以省略。成员函数的函数体可以在类体内被定义，也可以在类体外被定义。一般情况下，为保持类体的清晰明了和效率，只有简短的方法才在类体内定义，这些方法称为内联（inline）函数。

如果在类体外定义成员函数，必须用域运算符"::"指出该方法所属的类。其具体格式如下。

```
<函数返回类型><类名>::<成员函数的名称>([<参数列表>])
{
<函数体>
}
```

在函数体内可以直接引用类定义的属性，无论该属性是公有成员还是私有成员。例如，在第 7.1.2 节实例中的类中增加成员函数 hi()，然后在类体外定义。

```
class person  {
  int id;                                    //编号
  int age;                                   //年龄
  char * name;                               //姓名
  void hi();                                 //公有函数
}
void person::hi()                            //类体外声明
  {
  cout<<"hi,it it a example."<<endl;
  }
```

在上述代码中，成员函数 hi()在类体内声明，但却在类体外定义。因此定义具体的代码时，必须采用 person::hi 的形式。

类的每项操作都是通过方法实现的，使用某个操作就意味着要调用一个函数。这对于小的和常用的操作来说，开销是非常大的。内联函数就是用来解决这个问题的，它将该函数的代码插入在函数的每个调用处，作为函数的内部扩展，用来避免函数频繁调用机制带来的开销。虽然这种做法可以提高执行效率，但如果函数体过长会有不良后果。因此，一般对于非常简单的方法，才声明为内联函数。例如，第 7.1.1 节实例 7-3 中的成员函数 getchinese()就是一个内联函数。因此，上述代码中的成员函数 hi()要想成为内联函数，必须修改为如下形式。

```
inline float student::getchinese()           //内联函数
  {
  return chinese;
  }
```

这样用 inline 声明后，函数 getchinese()的代码将被插入在函数的每个调用处。

### 7.1.4  构造函数

构造函数就是构造类的实例时，系统自动调用的成员函数。当一个对象被创建时，它是否能够被正确地初始化，在 C++中是通过构造函数来解决问题的。每当对象被声明或者在堆栈中被分配时，构造函数即被调用。构造函数是一种特殊的类成员，其函数名和类名相同，声明格式如下。

```
<函数名>(<参数列表>);
```

| 实例 037 | 演示构造函数的使用过程 | |
|---|---|---|
| | 源码路径  光盘\part07\gouzao | 视频路径  光盘\视频\实例\第 7 章\037 |

本实例的实现文件为 gouzao.cpp，具体实现代码如下。

```
#include "iostream.h"
class student
{
private:
    int id;              //学号
    //语文、英语、数学3门课程成绩
    float chinese,english,math;
public:
    //构造函数
    student();
    //构造函数，设置学号、3门课程成绩
    student(int m_id,float m_chinese,float m_english,float m_math);
    void show();
};
//无参数构造函数的定义，初始化各属性
student::student()
```

范例 073：自定义一个图书类
源码路径：光盘\演练范例\073
视频路径：光盘\演练范例\073
范例 074：单位转换工具
源码路径：光盘\演练范例\074
视频路径：光盘\演练范例\074

```
{
    id=0;
    chinese=english=math=0;
}
//有参数构造函数的定义，初始化各属性
student::student(int m_id,float m_chinese,float m_english,float m_math)
{
    id=m_id;
    chinese=m_chinese;
    english=m_english;
    math=m_math;
}
void student::show()
{
    cout<<id<<endl;
    cout<<chinese<<endl;
    cout<<english<<endl;
    cout<<math<<endl;
}
int main()
{
    student s1(100,80,90,85);                      //显式初始化
    s1.show();
    student s2(s1);                                //拷贝构造
    s2.show();
    return 0;
}
```

在上述代码中定义了两个构造函数，第一个构造函数不带参数，所有属性都被初始化为 0；第二个构造函数带参数，用传入的参数来初始化类的属性。构造函数的个数没有限制，可以根据需要定义多个，每个都针对不同的初始化情况。编译执行后的效果如图 7-1 所示。

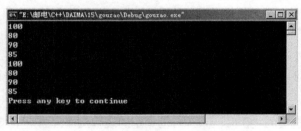

图 7-1　执行效果

在定义和使用构造函数时要注意以下 4 个问题。

❑　构造函数的名字必须与类名相同，否则编译程序将把它作为一般的成员函数来处理。

❑　构造函数没有返回值，在声明和定义构造函数时是不能说明它的类型的。

❑　构造函数的功能是对对象进行初始化，因此在构造函数中只能对属性做初始化，这些属性一般为私有成员。

❑　构造函数不能像其他方法一样被显式地调用。

自定义形式的构造函数的声明方式如下。

```
<类名>::<函数名>(<类名>&<参数名>)
{
//函数体
}
```

### 7.1.5　析构函数

析构函数也是一种特殊的成员函数，用来释放类中申请的内存或在退出前设置某些变量的值。当类对象离开它所在的作用范围，或者释放一个指向类对象的指针时，系统就会自动调用析构函数。析构函数不是必须的，主要用于释放互斥锁，或者释放内存，或者类对象不再使用时需要执行的特殊操作。

析构函数的函数名和类名相同，并且在前面加上一个"~"。该函数没有任何参数，不返回任何值。声明析构函数的格式如下。

~<函数名>();

在代码实现时，析构函数的定义方式与普通成员函数相同。

注意：析构函数可能会在程序的许多退出点被调用，所以尽量不要将它定义为内联函数，否则会导致程序代码的膨胀，降低程序的执行效率。

**实例 038  演示使用析构函数的具体过程**

| 源码路径 | 光盘\part07\xigou | 视频路径 | 光盘\视频\实例\第 7 章\038 |

本实例的实现文件为 xigou.cpp，具体实现代码所示。

```
#include <iostream.h>
class exam
{
private:
    char *str;
public:
    exam ();                //这是构造函数
    ~ exam ();              //这是析构函数
    void show();
};
exam:: exam ()
{
    str=new char[10];
    str[0]='d';
    str[1]='d';
    str[2]='\0';
}
void exam::show()
{
    cout<<str<<endl;
}
exam::~ exam ()
{
        cout<<"我是析构函数!"<<endl;
    delete[] str;
}
int main()
{
    exam s1;
    s1.show();
    cout<<"退出"<<endl;
    return 0;
}
```

范例 075：祖先的药方
源码路径：光盘\演练范例\075
视频路径：光盘\演练范例\075
范例 076：统计销售数量
源码路径：光盘\演练范例\076
视频路径：光盘\演练范例\076

在上述代码中声明了一个构造函数和一个析构函数，在构造函数内为属性 str 申请了 10 个字节的内存，并初始化。在退出程序前自动调用了类的析构函数，释放了为 str 申请的内存。编译执行后的效果如图 7-2 所示。

图 7-2  执行效果

## 7.1.6  静态成员

静态成员是用 static 修饰的成员，属性和函数都可以被说明是静态的。被定义为静态的属性或函数，在类的各个实例间是共享的，不会为每个类的实例都创建一个静态成员的实现。静态数据成员是一种特殊的属性，在定义类对象时，不会为每个类对象复制一份静态数据成员，而是让所有的类对象都共享一份静态数据成员备份。其定义格式如下。

```
static <数据类型> <属性名称>;
```

静态成员函数的声明格式如下。

```
static <返回类型> <成员函数名称>(<参数列表>);
```

通常在静态函数中访问的基本上是静态数据成员或全局变量。

| 实例 039 | 演示使用静态函数的具体过程 | |
|---|---|---|
| 源码路径 | 光盘\part07\jingtai | 视频路径　光盘\视频\实例\第 7 章\039 |

本实例的实现文件为 jingtai.cpp，具体实现代码如下。

```cpp
#include <iostream.h>
class teach
{
private:
    //静态数据成员，用于记录教师人数
    static int counter;
    int id;                  //学号
public:
    teach();                 //构造函数
    void show();
    //静态成员函数，用于设置静态属性counter
    static void setcounter(int);
};
int teach::counter=1;        //静态数据成员初始化
teach::teach()
{
    id=counter++;            //根据counter自动分配学号id
}
void teach::show()
{
    cout<<id<<endl;
}
void teach::setcounter(int new_counter)
{
    counter=new_counter;
}
void main()
{
    teach s1;
    s1.show();
    teach s2;
    s2.show();
    teach s3;
    s3.show();
    s1.setcounter(10);       //重新设置计数器
    teach s4;
    s4.show();
    teach s5;
    s5.show();
}
```

范例 077：使用单例模式
源码路径：光盘\演练范例\077
视频路径：光盘\演练范例\077
范例 078：员工之间的差异
源码路径：光盘\演练范例\078
视频路径：光盘\演练范例\078

在上述代码中定义了一个静态属性 counter 和一个静态函数 setcounter。counter 是一个计数器，它在类的所有对象间共享。因此当对象 s1 被创建时，counter 被初始化为 1，接下来的对象 s2 和 s3 中 counter 都是自动增加 counter 的值。函数 setcounter()用来修改 counter，counter 也只能被静态成员函数 setcounter 修改。修改 counter 值后，对象 s4 和 s5 就从 10 开始计数。编译执行后的效果如图 7-3 所示。

图 7-3　执行效果

### 7.1.7 友元

友元从字面上来理解，就是"朋友成员"，友元提供了直接访问类的私有成员的方法。既可以将函数定义为友元，也可以将类本身定义为友元。友元函数就是将程序中的任意一个函数，甚至是另一个类定义中的成员函数，声明为友元。该函数不是该类的成员函数，而是独立于类的外界的函数，但是该函数可以访问这个类对象中的私有成员。其定义格式如下。

```
friend <返回类型> <函数名> (<参数列表>);
```

除了友元函数外，一个类也可以被声明为另一个类的友元，该类被称为友元类。这就意味着作为友元的类中的所有成员函数都可以访问另一个类中的私有成员。其声明格式如下。

```
friend class <类名>;
```

假设有类 A 和类 B，若在类 B 的定义中将类 A 声明为友元，那么类 A 的所有成员函数都可以访问类 B 中的任意成员。

| 实例 040 | 演示使用友元的具体过程 | |
|---|---|---|
| 源码路径 光盘\part07\youyuan | | 视频路径 光盘\视频\实例\第 7 章\040 |

本实例的实现文件为 youyuan.cpp，具体实现代码如下。

```cpp
#include <iostream.h>
class B
{
private:
    int mm,nn;
public :
    B(int i,int j);
    friend class A;              //声明友元类
};
B::B(int i,int j)
{
    mm=i;
    nn=j;
}
class A
{
private:
    int ax,ay;
public:
    A(int i,int j);
    friend int sum(A );         //声明友元函数，该函数不属于该类
    int sumB(B b);              //该函数将访问类B的私有成员
};
A::A(int i,int j)
{
    ax=i;
    ay=j;
}
int sum(A a)                    //定义友元函数
{
    return (a.ax+a.ay);         //访问类对象的a的私有成员ax和ay。
}
int A::sumB(B b)
{
    return (b.mm+b.nn);         //访问类对象的b的私有成员mm和nn。
}
int main()
{
    B b(4,5);
    A a(5,10);
    cout<<sum(a)<<endl;
    cout<<a.sumB(b)<<endl;
    return 0;
}
```

范例 079：重写父类中的方法
源码路径：光盘\演练范例\079
视频路径：光盘\演练范例\079
范例 080：计算图形的面积
源码路径：光盘\演练范例\080
视频路径：光盘\演练范例\080

在上述代码中，sum 被声明为类 A 的友元函数，就可以访问类 A 的私有成员，但它并不是类 A 的成员函数。因此 sum 的具体实现在类外，且不带"A::"这样的限定。类 A 又被声明为

类 B 的友元,但 A 并不属于类 B,只是表明类 A 可以访问类 B 的私有成员。编译执行后的效果如图 7-4 所示。

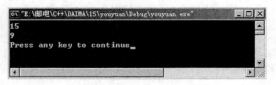

图 7-4　执行效果

❀注意: 友元只是用来说明一种关系,而不是声明一个对象。即被声明为友元的对象并不属于所在的类体,不能从所在类内访问该友元。

### 7.1.8　修饰符

修饰符就是对类的成员的限定符,主要有 const 和 mutable 两种。const 表示不希望类的对象或类的属性在程序运行的过程中被修改,mutable 表示总是可以修改。当把一个类声明为 const 时,它的所有成员属性都将自动成为 const 型。但有时又需要修改某个 const 对象中的属性,这时就需要用到 mutable 修饰符。

| 实例 041 | 演示使用 const 和 mutable 修饰符的过程 | |
|---|---|---|
| | 源码路径　光盘\part07\xiushi | 视频路径　光盘\视频\实例\第 7 章\041 |

本实例的实现文件为 xiushi.cpp,具体实现代码如下。

```cpp
#include <iostream.h>
class A
{
  int mm;
  mutable int nn;          //nn是总可以修改的
public :
  A(int i,int j);
  void show();             //非常函数
  void show() const;       //常函数
  void modifyY(int y) const;   //常函数
};
A::A(int i,int j)
{
  mm=i;
  nn=j;
}
void   A::show()
{
  cout<<"show()函数调用"<<endl;
  cout<<mm<<endl;
  cout<<nn<<endl;
}
void   A::show() const
{
  cout<<"const show()函数调用"<<endl;
  cout<<mm<<endl;
  cout<<nn<<endl;
}
void A::modifyY(int y) const
{
  nn=y;
}
void main()
{
  const   A a1(4,5);
  a1.show();
  a1.modifyY(7);
  a1.show();
  A a2(10,15);
  a2.show();
```

范例 081:汽车销售商场
源码路径:光盘\演练范例\081
视频路径:光盘\演练范例\081
范例 082:使用拷贝构造函数
源码路径:光盘\演练范例\082
视频路径:光盘\演练范例\082

```
    a2.modifyY(10000);
    a2.show();
}
```

在上述代码中在类 A 中声明了两个 show()函数。根据创建对象的不同，系统会自动选择调用不同的函数。当调用了 const a1 对象的 show()函数时，系统自动选择 const 成员函数。当调用非 const a2 对象时，系统自动选择非 const 成员函数。由于 a1 被定义为 const 型，因此必须将 ay 声明为 mutable 的，否则调用 modifyY 函数修改 ay 的值时将会报错，而调用 a2 的函数 modify 时，则不会。编译执行后的效果如图 7-5 所示。

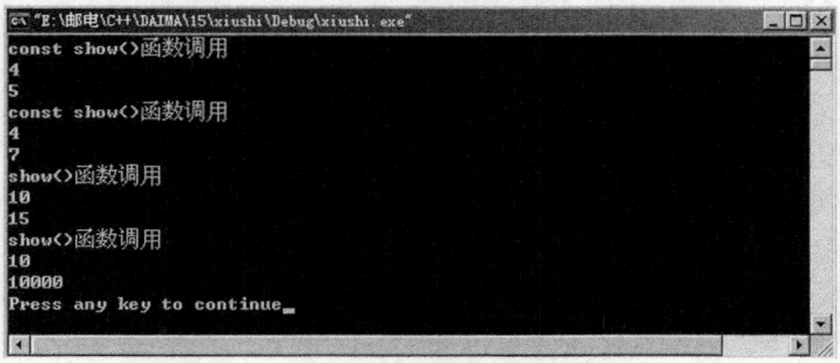

图 7-5　执行效果

### 7.1.9　指向类成员的指针

在 C++可以定义一个指针，使其指向类成员或成员函数，然后通过指针来访问类的成员。这包括指向属性成员的指针和指向成员函数的指针。

1. 指向数据成员的指针

在 C++语言中，可以定义一个指针，使其指向类成员。当属性成员为静态和非静态时，指针的使用也有不同。其中，指向非静态数据成员的指针定义格式如下。

```
<数据类型><类名>::*<指针名>[=&<类名>::<非静态数据成员>]
```

指向非静态数据成员的指针在定义时必须和类相关联，在使用时必须和具体的对象关联。

```
<类对象名>.*<指向非静态数据成员的指针>
```

指向静态数据成员的指针的定义和使用与普通指针相同，在定义时无需和类相关联，在使用时也无须和具体的对象相关联。

例如，假设已经定义了一个类 student，该类有非静态成员 math，静态成员 chin-ese。通过如下代码可以演示指向它们的指针定义方式。

```
student s1;
    int student::*pm=&student::math;      //指向非静态属性
    s1.*pm=100;                            //设置非静态属性
    int *pc=&student::chinese;             //指向静态属性
    *pc=10;
```

在上述代码中定义了指针 pc 和 pm，分别指向类的静态数据成员 chinese 和非静态数据成员 math。访问 pm 时，必须使用类实例来修饰。而访问 pc 时，与普通指针没有区别。

2. 指向成员函数的指针

定义一个指向非静态成员函数的指针必须在 3 个方面与其指向的成员函数保持一致：参数列表要相同、返回类型要相同、所属的类型要相同。定义格式如下。

```
<数据类型>(<类名>::*<指针名>)(<参数列表>)[=&<类名>::<非静态成员函数>]
```

使用指向非静态成员函数的指针的方法和使用指向非静态数据成员的指针的方法相同，格式如下。

```
(<类对象名>.*<指向非静态成员函数的指针>)(<参数列表>);
```

指向静态成员函数的指针和普通指针相同，在定义时无须和类相关联，在使用时也无需和具体的对象相关联。

```
<数据类型>(*<指针名>)(<参数列表>)[=&<类名>::<静态成员函数>]
```

例如假设类 student 有非静态成员函数 f1，非静态成员函数 f2，则下面的代码可以演示指向它们的函数指针的定义方式。

```
student s1;
    float (student::*pf1)()=&student::f1;        //指向非静态成员函数的指针
    (s1.*pf1)();                                  //调用指向非静态成员函数的指针
    void (*pf2)()=&student::f2;                   //指向静态成员函数的指针
    pf2();                                        //调用静态成员函数
```

在上述代码中指向非静态成员函数时，必须用类名作限定符，使用时则必须用类的实例作限定符。指向静态成员函数时，则不需要使用类名作限定符。

### 7.1.10  嵌套类

一个类可以在另一个类中定义，这样的类被称为嵌套类。嵌套类是其外层类的一个成员。嵌套类的定义可以出现在其外层类的公有私有或保护区中。嵌套类的名字在其外层类域中是可见的，但是在其他类域名字空间中是不可见的。这意味着嵌套类的名字不会与外层域中声明的相同名字冲突。有两种嵌套类的方法，一种是直接在外层类中定义嵌套类，格式如下。

```
class A                               //外层类
  {
  private :                           //嵌套类，声明为私有
     class B
     {
     public:                          //嵌套类中的成员是公有的
  :
     }
  :
  };
```

另一种是在类的外部定义嵌套类，格式如下。

```
class A                               //外层类
  {
  private :                           //嵌套类，声明为私有
     class B;
  :
  };
  class B
  {
  public:                             //嵌套类中的成员是公有的
  :
  }
```

通常，将嵌套类的本身声明为 private，嵌套类的数据成员和成员函数声明为 public。这样做的好处是只有外层类的友元和外层类的成员可以访问嵌套类。

如果没有在嵌套类中定义构造函数，那么必须在全局域中定义嵌套类的构造函数。由于嵌套类的名字只有在外层类中才是可见的，所以要用外层类的名字限定修饰嵌套类名。嵌套类 B 的构造函数如下。

```
A::B::B()
{...}
```

### 7.1.11  类文件的组织

信息隐藏对开发大型程序是非常有用的，它可以极大地保证程序的质量。类的用户对于类中具体如何实现的并不感兴趣，它只需要了解类的说明（其中包含着类与外界的接口），这已足够使类的使用者能够使用类。一般而言，一个较大的类可以分为 3 个文件来存放。

- ❑ 将类的说明作为一个头文件来存放。
- ❑ 类的实现单独组成一个文件，其中只含有关于类的成员函数定义，可单独编译，但因为没有入口点 main()函数，不能运行。
- ❑ 将对类的使用放在一个文件中，其中包含一个 main()函数。

# 7.2 对 象

知识点讲解：光盘\视频\PPT 讲解（知识点）\第 7 章\对象.mp4

类是对某一类事物的抽象，它定义了这类事物的属性和操作。对象则是类的具体化，是指用该抽象的类来说明的具体事物。本节将详细讲解如何用类来定义对象及对象的使用方法。

## 7.2.1 定义对象

对象是类的实例，它属于某个已知的类。因此定义对象之前，一定要先定义该对象的类。下面简单介绍对象的定义。对象在确定了它的类以后，其定义格式如下。

<类名><对象名表>

其中，<类名>是待定的对象所属的类的名字，即所定义的对象是该类类型的对象。<对象名表>中可以有一个或多个对象名，多个对象名之间用逗号分隔。<对象名表>中，可以是一般的对象名，还可以是指向对象的指针名或引用名，也可以是对象数组名。

一个对象的成员就是该对象的类所定义的成员。对象成员有数据成员和成员函数，其表示方式如下。

<对象名>.<成员名>　<对象名>-><成员名>

或者：

<对象名>.<成员名>(<参数表>)　<对象名>-><成员名>(<参数表>)

前者用来表示数据成员，后者用来表示成员函数。"."是点运算符，表示普通对象对成员的引用。"->"是指针运算符，表示指针对象对成员的引用。下面的代码演示了 3 种定义对象的方式。

```
student s1,s3;                        //普通对象
    student *ps2;                     //对象指针
    student student_array[10];       //对象数组
    s1.math=100;                      //对象属性
    s1.setmath(100);                  //成员函数
    ps2->math=90;                     //直接用指针访问成员
    ps2->setmath(90);
    (*ps2).math=90;                   //间接访问成员
    (*ps2).setmath(90);
    student_array[0].math=100;
    student_array[0].setmath(100);
```

在上述代码中，定义了 4 个对象。用普通对象访问对象的成员时，使用了"."运算符。用对象指针访问成员时，除使用"->"运算符外，也使用了"."的形式。前者是直接用指针访问对象的成员，后者是先访问对象，再访问对象的成员，两者是等价的。

## 7.2.2 使用对象

当定义一个对象后，就可以像变量一样来使用该对象。本节主要讲述对象构成的数组和指向对象的指针的用法。

### 1. 对象数组

对象数组是指每一个数组元素都是对象的数组。也就是说，若某一个类有若干个对象，就可以把这一系列对象用一个数组来存放。具体的定义格式如下。

<类名><数组名>[<数组长度>];

### 2. 对象指针

在 C++中，对象除了可以直接引用外，还可以通过对象指针来引用。其定义和使用同指向变量的指针都是相同的。例如，将上面的主函数进行修改，可以加入对象指针。

```
.../同上
    void main()
    {
        student student_array[10];
```

```
        student *s;
        s=student_array;
        for (int i=0;i<10;i++,s++)
            s->show();
    }
```

上述代码执行后和前面实例的运行结果相同。在上述程序中，定义了指向 student 类的指针 s，通过指针 s 访问类调用的方法。

### 7.2.3　this 指针

this 指针是指向调用成员函数的类对象的指针。在定义类对象时，每一个类对象都会拥有一份独立的非静态的数据成员，而共享同一份成员函数的备份。显然，这样做的好处是可以节约存储空间。但是，在程序运行过程中，类对象是如何将成员函数绑定到属于自己的数据成员上的呢？完成这项绑定任务的就是 this 指针。

在使用 this 指针时应该注意如下 3 点。

（1）this 指针只能在一个类的成员函数中调用，它表示当前对象的地址，下面是一个例子。

```
void Date::setMonth( int mn ) {
    month = mn; // 这3句是等价的
    this->month = mn;
    (*this).month = mn;
}
```

（2）this 只能在成员函数中使用，全局函数、静态函数都不能使用 this。实际上，成员函数默认第一个参数为 T* const register this，例如：

```
class A{public: int func(int p){}};
```

其中，func 的原型在编译器看来应该是。

```
int func(A* const register this, int p);
```

（3）this 在成员函数的开始前构造的，在成员的结束后清除。这个生命周期同任一个函数的参数是一样的，没有任何区别。当调用一个类的成员函数时，编译器将类的指针作为函数的 this 参数传递进去，例如：

```
A a;
a.func(10);
```

此处，编译器将会编译成。

```
A::func(&a, 10);
```

看起来和静态函数没差别，对吗？不过，区别还是有的。编译器通常会对 this 指针做一些优化的，因此，this 指针的传递效率比较高——如 Visual C++通常是通过 ecx 寄存器来传递 this 参数。

# 7.3　技术解惑

### 7.3.1　浅拷贝和深拷贝

在某些状况下，类内成员变量需要动态开辟堆内存，如果实行位拷贝，也就是把对象里的值完全复制给另一个对象，如 A=B。这时，如果 B 中有一个成员变量指针已经申请了内存，那 A 中的那个成员变量也指向同一块内存。这就出现了问题：当 B 把内存释放了（如析构），这时 A 内的指针就是野指针了，出现运行错误。

深拷贝和浅拷贝可以简单理解为：如果一个类拥有资源，当这个类的对象发生复制过程的时候，资源重新分配，这个过程就是深拷贝，反之，没有重新分配资源，就是浅拷贝。下面举个深拷贝的例子。

```
#include <iostream>
using namespace std;
class CA
```

```
{
public:
    CA(int b,char* cstr)
    {
        a=b;
        str=new char[b];
        strcpy(str,cstr);
    }
    CA(const CA& C)
    {
        a=C.a;
        str=new char[a]; //深拷贝
        if(str!=0)
            strcpy(str,C.str);
    }
    void Show()
    {
        cout<<str<<endl;
    }
    ~CA()
    {
        delete str;
    }
private:
    int a;
    char *str;
};
int main()
{
    CA A(10,"Hello!");
    CA B=A;
    B.Show();
    return 0;
}
```

深拷贝和浅拷贝的定义可以简单理解成：如果一个类拥有资源（堆，或者是其他系统资源），当这个类的对象发生复制过程的时候，这个过程就可以叫做深拷贝，反之对象存在资源，但复制过程并未复制资源的情况视为浅拷贝。浅拷贝资源后在释放资源的时候会产生资源归属不清的情况导致程序运行出错。

Test(Test &c_t)是自定义的拷贝构造函数，拷贝构造函数的名称必须与类名称一致，函数的形式参数是本类型的一个引用变量，且必须是引用。当用一个已经初始化过了的自定义类类型对象去初始化另一个新构造的对象的时候，拷贝构造函数就会被自动调用，如果你没有自定义拷贝构造函数的时候，系统将会提供给一个默认的拷贝构造函数来完成这个过程，上面代码的复制核心语句就是通过 Test(Test &c_t)拷贝构造函数内的如下语句完成的。

```
p1=c_t.p1;
```

### 7.3.2 构造函数的错误认识和正确认识

1．错误认识

（1）若程序员没有自己定义无参数的构造函数，那么编译器会自动生成默认构造函数，来进行对成员函数的初始化。

（2）编译器合成出来的 default constructor 会明确设定"class 内每一个 data member 的默认值"。但这两种种认识是有误的，不全面的。

2．正确认识

（1）默认的构造函数分为有用的和无用的，所谓无用的默认构造函数，就是一个空函数，什么操作也不做，而有用的默认构造函数是可以初始化成员的函数。

（2）对构造函数的需求也是分为两类：一类是编辑器的需求，一类是程序的需求。

① 程序的需求。若程序需求构造函数时，就是要程序员自定义构造函数来显示的初始化类的数据成员。

② 编辑器的需求。编辑器的需求也分为两类：一类是无用的空的构造函数（trivial），一类是编辑器自己合成的有用的构造函数（non-trivial）。

在用户没有自定义构造函数的情况下。

由于编辑器的需求。编辑器会调用空的、无用的默认构造函数。例如，类中没有显式定义任何构造函数。

### 7.3.3　保护性析构函数的作用

如果一个类被继承，同时定义了基类以外的成员对象，且基类析构函数不是 virtual 修饰的，那么当基类指针或引用指向派生类对象并析构（如自动对象在函数作用域结束时，或者通过 delete）时，会调用基类的析构函数而导致派生类定义的成员没有被析构，产生内存泄露等问题。虽然把析构函数定义成 virtual 的可以解决这个问题，但是当其他成员函数都不是 virtual 函数时，会在基类和派生类引入 vtable，实例引入 vptr 造成运行时的性能损失。如果确定不需要直接而是只通过派生类对象使用基类，可以把析构函数定义为 protected（这样会导致基类和派生类外使用自动对象和 delete 时的错误，因为访问权限禁止调用析构函数），就不会导致以上问题。

如果不想让外面的用户直接构造一个类（假设这个类的名字为 A）的对象，而希望用户只能构造这个类 A 的子类，那你就可以将类 A 的构造函数/析构函数声明为 protected，而将类 A 的子类的构造函数/析构函数声明为 public。例如：

```
class A
{ protected: A(){}
  public: ....
};
calss B : public A
{ public: B(){}
   ....
};
A a; // error
B b; // ok
```

如果将构造函数/析构函数声明为 private，那只能这个类的"内部"的函数才能构造这个类的对象了，例如：

```
class A
{
private:
   A(){   }
   ~A(){ }
public:
   void Instance()//类A的内部的一个函数
   {
      A a;
   }
};
```

上面的代码是能通过编译的。上面代码里的 Instance 函数就是类 A 内部的一个函数。Instance 函数体里就构建了一个 A 的对象。

但是，这个 Instance 函数还是不能够被外面调用的，这是为什么呢？如果要调用 Instance 函数，必须有一个对象被构造出来。但是构造函数被声明为 private 的了。外部不能直接构造一个对象出来。

```
A aObj; // 编译通不过
aObj.Instance();
```

但是，如果 Instance 是一个 static 静态函数的话，就可以不需要通过一个对象，而可以直接被调用，例如：

```
class A
{
private:
   A():data(10){ cout << "A" << endl; }
   ~A(){ cout << "~A" << endl; }
   public:
```

```
    static A& Instance()
    {
      static A a;
      return a;
    }
    void Print()
    {
      cout << data << endl;
    }
private:
  int data;
};
A& ra = A::Instance();
ra.Print();
```

上面的代码其实是设计模式 singleton 的一个简单的 C++代码实现。

# 第 8 章

# 创建 MFC 应用程序

由于 Visual C++ 6.0 属于 Visual Studio 集成开发环境,开发人员可以方便地使用向导快速创建各种风格的应用程序框架,并且会自动生成程序通用的源代码,减轻了开发者手工书写代码的工作量。这样可以使程序员集中精力在功能代码的编写上,降低了程序开发的门槛。作为用 Visual C++ 6.0 开发的程序员来说,真正的起步是创建一个简单的 MFC 应用程序。本章将详细介绍利用集成开发环境 Visual C++ 6.0 建立一个应用程序的基本步骤,并讲解如何在工程中应用基本的软件开发技术等内容。

**本章内容**

▶▶ 创建应用程序向导

▶▶ Class Wizard 详解

▶▶ 程序调试

**技术解惑**

Class Wizard 不能正常工作的解决办法

如何在调试过程中查看输出信息

MFC 中的异常开销问题

# 8.1　创建应用程序向导

知识点讲解：光盘\视频\PPT 讲解（知识点）\第 8 章\创建应用程序向导.mp4

Visual Studio 是一个通用的应用程序集成开发环境，包含文本编辑器、资源编辑器、工程编译工具、增量连接器、源代码浏览器、集成调试工具，以及一套联机帮助文档。在可视化开发环境下，用户可以方便地使用一个向导源码生成器，快速创建各种风格的应用程序框架，自动生成程序通用的源代码，减轻开发者手工书写代码的工作量，使程序员可以集中精力在功能代码的编写上。本节将讲解创建应用程序向导的基本知识。

## 8.1.1　MFC 应用程序开发流程

创建一个应用程序，首先要创建一个工程项目，利用项目管理程序中的所有元素，进而编译、生成应用程序。在本书第 1 章中我们已经详细介绍了集成开发环境所能够创建的项目类型。

MFC App Wizard[exe]是一个创建基于微软基础类库 MFC 的 Windows 应用程序的向导，是 Visual C++ 6.0 最常用的向导工具。当利用 MFC App Wizard[exe]创建一个项目时，可以自动生成一个 MFC 的应用程序框架。MFC 将每个应用程序共同需要使用的代码封装起来，如完成默认的程序初始化功能，建立应用程序界面和基本的 Windows 消息，简化程序员做相同的重复工作。

| 实例 042 | 使用 MFC 创建一个 Windows 应用程序 | |
|---|---|---|
| | 源码路径　　光盘\daima\part08\1 | 视频路径　　光盘\视频\实例\第 8 章\042 |

本实例的功能是，MFC App Wizard[exe]创建一个基于 MFC 微软基础类的 Windows 应用程序，创建一个单文档应用程序基本框架。本实例的具体实现流程如下。

（1）启动 Visual C++6.0，选择 File→New 命令，并在出现的对话框中选择 Projects 选项卡，然后选择 MFC App Wizard[exe]选项。在 Location 域中输入一个合适的路径名或单击 Browse 按钮来选择一个。在 Project name 文本框中输入 "SDI_Example" 作为项目名称。这时候会看到 SDI_Example 也会出现在 Location 域中，如图 8-1 所示。

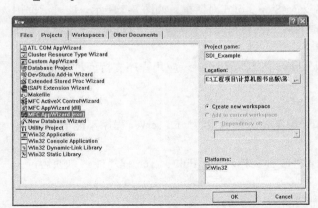

范例 083：使用模式/非模式对话框
源码路径：光盘\演练范例\083
视频路径：光盘\演练范例\083
范例 084：使用 API 调用对话框资源
源码路径：光盘\演练范例\084
视频路径：光盘\演练范例\084

图 8-1　创建基于 MFC 的应用程序

（2）单击 OK 按钮，打开 MFC AppWizard-Step1 对话框，如图 8-2 所示。这个对话框用于选择应用程序的基本结构，可以选择单文档界面（SDI）、多文档界面（MDI）和基于对话框的界面。我们选择 Single document，表示选择单文档界面，即一次只允许在程序中打开一个文件。

① What type of application would you like to create：生成何种类型的应用程序。

149

❑ Single document：单文档。

❑ Multiple documents：多文档。

❑ Dialog based：基于对话框。

② Document/View architecture support：生成文档/视图结构程序。

③ What language would you like your resources in：资源中使用何种语言。

（3）单击 Next 按钮，打开 MFC AppWizard-Step 2 of 6 对话框，如图 8-3 所示。该对话框用于选择数据库支持环境，本例中我们选择 None，表示不需要任何数据库支持。

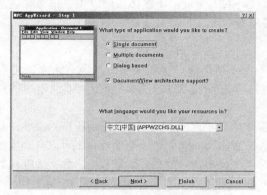

图 8-2　选择创建单文档应用程序　　　　图 8-3　选择不需要任何数据库支持

① What database support would you like to include：应用程序如何支持数据库。

❑ None：不支持数据库。

❑ Header files only：只包含文件。

❑ Database view without file support：没有支持文件的数据库视图。

❑ Database view with file support：带文件支持的数据库视图。

② If you include a database view, you must select a data source：用户如果选择包含数据库视图，则必须选择一个数据源。

（4）单击 Next 按钮，打开 MFC AppWizard-Step 3 of 6 对话框，如图 8-4 所示。该对话框用于选择是否为不同的 ActiveX 控件容器生成相应的支持代码，本例中选择 None，表示不需要任何 ActiveX 支持。

① What compound document support would you like to include：应用程序支持何种复合文档。

❑ None：不支持 OLE 复合文档。

❑ Container：容器。

❑ Mini-server：应用程序能够创建和管理复合文档对象，Mini-server 程序不能单独运行，只支持嵌入对象。

❑ Full-server：应用程序能够创建和管理复合文档对象，Full-server 程序能够单独运行，并支持链接和嵌入的对象。

❑ Both container and server：容器和服务器。

② Would you like support for compound files：是否支持复合文档。

③ What other support would you like to include：是否包含其他支持。

❑ Automation：自动化。

❑ ActiveX Controls：ActiveX 控件。

（5）单击 Next 按钮，打开 MFC AppWizard-Step 4 of 6 对话框，如图 8-5 所示。

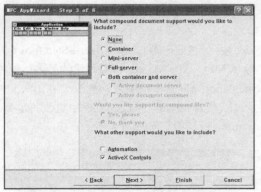

图 8-4 不需要 ActiveX 控件支持设置　　　　图 8-5 用户界面特征设置

① Docking toolbar：添加工具栏到程序中，工具栏中包括多个常用的按钮。

② Initial status bar：添加状态栏到程序中。

③ Printing and print preview：添加代码处理打印、打印设置和打印预览等菜单命令。

④ Context-sensitive Help：添加帮助按钮到程序中，并生成.rtf 文件、.hpj 文件和批处理文件帮助用户编写帮助文件。

⑤ 3D controls：为程序的用户界面添加 3D 外观。

⑥ MAPI (Messaging API)：增加代码处理邮件信息。

⑦ Windows Sockets：使程序可以使用 TCP/IP 协议与网络通信。

⑧ How do you want your toolbars to look：下面的两个按钮用于选择工具栏的外观，用户可以将工具栏设成 IE 的按钮外观。

⑨ How many files would you like on your recent file list：下面的微调框可以选择程序中保留的最近打开文件的记录个数。

（6）本例中选择系统的缺省设置，直接单击 Next 按钮，打开 MFC AppWizard-Step 5 of 6 对话框，如图 8-6 所示。

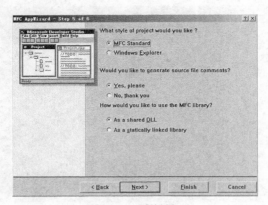

图 8-6 工程设置

① What style of project would you like：选择工程样式。

❑ MFC Standard：标准 MFC 样式

❑ Windows Explorer：Explorer 样式

② Would you like to generate source file comments：是否生成源文件注释。

③ How would you like to use the MFC library：怎样使用 MFC 类库。

❑ As a shared DLL：作为动态链接库。

❑ As a statically linked library：作为静态链接库。

（7）本例中选择系统的缺省设置，直接单击 Next 按钮，打开 MFC AppWizard-Step 6 of 6 对话框，如图 8-7 所示。该对话框在上方的列表框中显示 MFC AppWizard 将要创建的类名，选中某个类后，可以在 Class name、Header file、Implementation file 文本框中分别更改类名，头文件名和源文件名。在 Visual C++ 6.0 中，只有视图类才可以在 Base class 下拉列表框中更改其基类。

（8）单击 Finish 按钮，弹出 New Project Information 对话框，如图 8-8 所示。

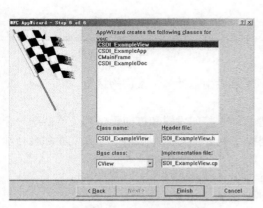

图 8-7　工程类和文件设置

图 8-8　工程设置信息

（9）在对话框中显示程序的规范说明，包括将创建的类说明、程序外观和项目工作目录等，单击 OK 按钮，MFC AppWizard 自动为程序生成所需的开始文件，并自动在项目工作区打开新项目，如图 8-9 所示。

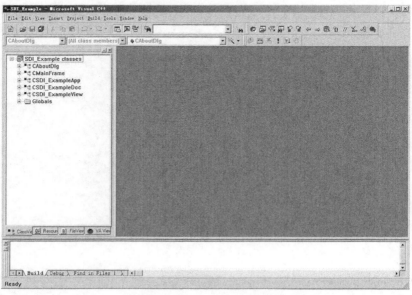

图 8-9　新建项目的集成开发界面

在项目工作区可以看到，MFC AppWizard 创建了如下 5 个类。

❑ CaboutDlg。

❑ CSDI_ExampleApp。

❑ CSDI_ExampleDoc。

❑ CSDI_ExampleView。

❑ CMainFrame。

这时可以建立并运行这个程序，选择 Build 菜单下的!Executive SDI_Example.exe 选项，运行结果如图 8-10 所示。

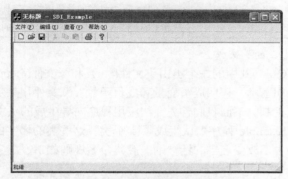

图 8-10　新建项目运行界面

## 8.1.2　使用程序向导生成的文件

在 Visual C++ 6.0 应用中，MFC 的功能是快速创建 Windows 应用程序。MFC 向导对 Windows 应用程序进行分解，并利用 MFC 的派生类对应用程序重新组装，同时还规定应用程序中所用到的 MFC 派生类对象之间的相互关系，这就是向导生成的 MFC 应用程序框架。MFC 应用程序框架的组成如图 8-11 所示。

图 8-11　MFC 应用程序框架

1．应用程序向导生成的文件类型

MFC App Wizard [exe]向导在创建可执行程序时必须首先创建一个项目，并为此项目生成一系列的文件，例如头文件、源文件和资源文件等。这些文件都放在项目文件夹内，它们各自发挥着不同的作用，表 8-1 列举了通用的文件类型及其主要作用。

表 8-1　　　　　　　　　　　　　Visual C++中通用的文件类型

| 文件后缀名 | 类　　型 | 主　要　作　用 |
| --- | --- | --- |
| dsw | 工作区文件 | 将项目的详细情况组合到 Workspace 工作区中 |
| dsp | 项目文件 | 存储项目的详细情况并代替 mak 文件 |
| h | C++头文件 | 存储类的定义代码 |
| cpp | C++源文件 | 存储类的成员函数的实现代码 |

续表

| 文件后缀名 | 类　型 | 主 要 作 用 |
|---|---|---|
| rc | 资源脚本文件 | 存储菜单、工具栏和对话框等资源 |
| rc2 | 资源文件 | 用来将资源包含到项目中 |
| ico | 图标文件 | 存储应用程序图标 |
| bmp | 位图文件 | 存储位图 |
| clw | Class Wizard 类向导文件 | 存储 Class Wizard 类向导使用的类信息 |
| ncb | 没有编译的浏览文件 | 保留 Class View 和 Class Wizard 使用的详细情况 |

2．应用程序向导生成的头文件

一般来说，Visual C++ 6.0 中的一个类由头文件(*.h)和源文件(*.cpp)两个文件支持。头文件用于定义类，包括指明基类、声明成员变量和成员函数。源文件用来实现类，主要定义成员函数的实现代码和消息机制。下面我们首先介绍应用程序向导生成的头文件。

MFC 向导为 SDI_Example 程序默认生成了 5 个类，这些类的名字由系统根据一定的规则自动命名。如果在向导中不改变名字的话，则一般其命名规则如下。

```
Class Name ＝C＋ProgectName＋ClassType
```

在定义类的头文件中的开始位置（类的定义前）有一段预处理命令代码，这些代码是系统自身生成的，主要保证编译期间的一些功能，读者可以不必关心这些代码的意义，也不用自行改动。这些代码的形式如下。

```
#if !defined(AFX_SDI_EXAMPLEVIEW_H__5A5895B9_DB3E_46BD_BFFD_C940A40F9D3D__INCLUDED_)
#define AFX_SDI_EXAMPLEVIEW_H__5A5895B9_DB3E_46BD_BFFD_C940A40F9D3D__INCLUDED_
#if _MSC_VER > 1000
#pragma once
#endif
```

除了关于对话框类 CAboutDlg，向导还为每一个类都创建了对应的头文件和实现文件。

（1）框架窗口类头文件。向导为项目 SDI_Example 生成了框架窗口类头文件 SDI_Example.h，该文件用于定义框架窗口 CMainFrame。所有的 SDI 应用程序，其框架窗口类名和文件名是统一的。CMainFrame 类是 MFC 的 CFrameWnd 类的派生类，主要负责创建标题栏、菜单栏、工具栏和状态栏。在 CMainFrame 类中声明了框架窗口中的工具栏 m_wndToolBar、状态栏 m_wndStatusBar 两个成员变量和 4 个成员函数，这将在实现文件中进行详细介绍。

（2）文档类头文件。向导为项目 SDI_Example 生成了文档类的头文件 SDI_ExampleDoc.h，该头文件用于定义文档类 CSDI_ExampleDoc。CSDI_ExampleDoc 类是 MFC 的 CDocument 类的派生类，它主要负责应用程序数据的保存和装载，实现文档的序列化功能。

（3）视图类头文件。向导为 SDI_Example 生成了视图类的头文件 SDI_ExampleView.h，该文件用于定义视图类 CSDI_ExampleView。视图类主要负责显示文档数据，也为文档对象和用户之间提供了用以交互的可视接口。另外，也完成了与文档打印相关的操作。通常，一般的绘制操作都是在该类中完成，因此有时也称视图类窗口为"绘制窗口"。

（4）应用程序类头文件。向导为 SDI_Example 生成了应用类的头文件 SDI_Example.h，用于定义应用类 CSDI_ExampleApp。应用类封装了 Windows 应用的初始化、运行以及终止的全过程。对于每一个基于框架的应用，它必须有一个且只能有一个派生于 CwinApp 的类对象。这个对象的特别之处在于它是全局变量，因此它在创建任何窗口前首先被构造。

（5）资源头文件类。在一个 Visual C++ 6.0 项目中，资源通过资源标识符加以区别，通常将项目中所有的资源标识符都放在头文件 Resource.h 中定义。该文件给所有的资源 ID 分配一个整数值。标识符的命名有一定的规则，如 IDR_MAINFRAME 代表有关主框架的资源，包括主菜单、工具栏及图标等。在表 8-2 中列出了 MFC 所规定的资源标识符前缀所表示的资源类型。

| 表 8-2 | MFC 中资源标识符前缀 |
|---|---|
| 标识符前缀 | 说　　明 |
| IDR_ | 主菜单、工具栏、应用程序图标和快捷键表 |
| IDD_ | 对话框 |
| IDC_ | 控件和光标 |
| IDS_ | 字符串 |
| IDP_ | 提示信息对话框的字符串 |
| ID_ | 菜单命令项 |

（6）Stdafx.h。向导自动为项目生成了标准包含头文件 Stdafx.h，该文件用于包含一般情况下要用到且不会被修改的头文件。有时直接向工程文件里加入一个.cpp 源文件，编译链接时总是提示找不到预编译头，此时就需要在源文件头部添加如下包含语句。

```
#include "StdAfx.h"
```

3．应用程序向导生成的实现文件

对于每一个头文件定义的类，都有一个相应类实现文件，后缀名为.cpp。在实现文件中主要实现头文件中声明的函数的实现代码和消息映射。有一些代码是系统自动生成的，例如灰色字体显示的代码，这些代码是不需要程序员自己去修改的。

（1）框架窗口类实现文件。在 Visual C++ 6.0 项目中，窗口类的实现文件是 MainForm.cpp，此文件包含了窗口框架类 CMainFrame 的成员函数实现代码。文件 MainForm.cpp 的主要代码如下。

```
// MainFrm.cpp : implementation of the CMainFrame class
//
#include "stdafx.h"
#include "SDI_Example.h"

#include "MainFrm.h"

#ifdef _DEBUG
#define new DEBUG_NEW
#undef THIS_FILE
static char THIS_FILE[] = __FILE__;
#endif
/////////////////////////////////////////////////////////////////
// CMainFrame
IMPLEMENT_DYNCREATE(CMainFrame, CFrameWnd)
BEGIN_MESSAGE_MAP(CMainFrame, CFrameWnd)
    //{{AFX_MSG_MAP(CMainFrame)
        // NOTE - the ClassWizard will add and remove mapping macros here.
        //      DO NOT EDIT what you see in these blocks of generated code !
    ON_WM_CREATE()
    //}}AFX_MSG_MAP
END_MESSAGE_MAP()
static UINT indicators[] =
{
    ID_SEPARATOR,
    ID_INDICATOR_CAPS,
    ID_INDICATOR_NUM,
    ID_INDICATOR_SCRL,
};
/////////////////////////////////////////////////////////////////
/////构造函数
CMainFrame::CMainFrame()
{
    // TODO: add member initialization code here

}
/////构造函数
CMainFrame::~CMainFrame()
{
}
///////创建工具栏m_wndToolBar和m_wndStatusBar
```

```
int CMainFrame::OnCreate(LPCREATESTRUCT lpCreateStruct)

    if (CFrameWnd::OnCreate(lpCreateStruct) == -1)
        return -1;
        if (!m_wndToolBar.CreateEx(this, TBSTYLE_FLAT, WS_CHILD | WS_VISIBLE | CBRS_TOP
        | CBRS_GRIPPER | CBRS_TOOLTIPS | CBRS_FLYBY | CBRS_SIZE_DYNAMIC) ||
        !m_wndToolBar.LoadToolBar(IDR_MAINFRAME))
    {
        TRACE0("Failed to create toolbar\n");
        return -1;          // fail to create
    }
    if (!m_wndStatusBar.Create(this) ||
        !m_wndStatusBar.SetIndicators(indicators,
        sizeof(indicators)/sizeof(UINT)))
    {
        TRACE0("Failed to create status bar\n");
        return -1;          // fail to create
    }
    // TODO: Delete these three lines if you don't want the toolbar to
    //    be dockable
    m_wndToolBar.EnableDocking(CBRS_ALIGN_ANY);
    EnableDocking(CBRS_ALIGN_ANY);
    DockControlBar(&m_wndToolBar);
    return 0;
}

BOOL CMainFrame::PreCreateWindow(CREATESTRUCT& cs)
{
    if( !CFrameWnd::PreCreateWindow(cs) )
        return FALSE;
    // TODO: Modify the Window class or styles here by modifying
    //    the CREATESTRUCT cs
    return TRUE;
}
////////////////////////////////////////////////////////////////////

#ifdef _DEBUG
void CMainFrame::AssertValid() const
{
    CFrameWnd::AssertValid();
}

void CMainFrame::Dump(CDumpContext& dc) const
{
    CFrameWnd::Dump(dc);
}

#endif //_DEBUG
```

在类 CMainFrame 的 4 个主要成员函数中，函数 AssertValid()和函数 Dump()是用来调试的，函数 AssertValid()用于诊断 CMainFrame 对象是否有效，函数 Dump()用于输出 CMainFrame 对象的状态信息。函数 OnCreate()的主要功能是创建工具栏 m_wndToolBar 和 m_wndStatusBar。函数 PreCreateWindow()是一个虚函数，如果要创建一个非默认风格的窗口，可以重载该函数，在函数中通过修改 CREATESTRUCT 的结构参数来改变窗口类、窗口类风格、窗口大小和位置等。

（2）文档类的实现文件。在 Visual C++ 6.0 项目中，向导为项目生成的文档类的实现文件是 SDI_ExampleDoc.cpp，与框架类相似的文档类也有调试函数 AssertValid()和 Dump()，其实现功能是一样的。此外，文档类中定义了重要的成员函数 OnNewDocument()和 Serialize()。当用户执行菜单中新建文件操作时，MFC 应用程序会调用 OnNewDocument()函数完成新文档的创建。而函数 Serialize()则负责文档数据的磁盘操作，即文档数据序列化。

文件 SDI_ExampleDoc.cpp 的代码如下。

```
// SDI_ExampleDoc.cpp : implementation of the CSDI_ExampleDoc class
#include "stdafx.h"
#include "SDI_Example.h"
#include "SDI_ExampleDoc.h"

#ifdef _DEBUG
```

```
#define new DEBUG_NEW
#undef THIS_FILE
static char THIS_FILE[] = __FILE__;
#endif
/////////////////////////////////////////////////////////////////////////////
// CSDI_ExampleDoc
IMPLEMENT_DYNCREATE(CSDI_ExampleDoc, CDocument)

BEGIN_MESSAGE_MAP(CSDI_ExampleDoc, CDocument)
    //{{AFX_MSG_MAP(CSDI_ExampleDoc)
        // NOTE - the ClassWizard will add and remove mapping macros here.
        //      DO NOT EDIT what you see in these blocks of generated code!
    //}}AFX_MSG_MAP
END_MESSAGE_MAP()
/////////////////////////////////////////////////////////////////////////////
// CSDI_ExampleDoc construction/destruction

CSDI_ExampleDoc::CSDI_ExampleDoc()                          /////////////构造函数
{
    // TODO: add one-time construction code here
}

CSDI_ExampleDoc::~CSDI_ExampleDoc()                         /////////////析构函数
{
}

BOOL CSDI_ExampleDoc::OnNewDocument()
{
    if (!CDocument::OnNewDocument())
        return FALSE;
    // TODO: add reinitialization code here
    // (SDI documents will reuse this document)
    return TRUE;
}

/////////////////////////////////////////////////////////////////////////////
void CSDI_ExampleDoc::Serialize(CArchive& ar)
{
    if (ar.IsStoring())
    {
    }
    else
    {
    }
}

/////////////////////////////////////////////////////////////////////////////
#ifdef _DEBUG
void CSDI_ExampleDoc::AssertValid() const
{
    CDocument::AssertValid();
}

void CSDI_ExampleDoc::Dump(CDumpContext& dc) const
{
    CDocument::Dump(dc);
}
#endif
/////////////////////////////////////////////////////////////////////////////
```

文档类实际上就是数据类，在应用程序中对数据的操作主要是在这个类中实现的，如数据的读取、存储等，都可以在文档类中实现。这是个非常重要的类，在以后的章节的文档/视图结构中我们将会详细介绍。

（3）视图类的实现文件。在 Visual C++ 6.0 项目中，视图类文件 SDI_ExampleView.cpp 的功能是实现了视图类的成员函数代码，视图对象是用来显示文档对象的内容。文件 SDI_ExampleView.cpp 的代码如下。

```
// SDI_ExampleView.cpp : implementation of the CSDI_ExampleView class
#include "stdafx.h"
#include "SDI_Example.h"
```

```cpp
#include "SDI_ExampleDoc.h"
#include "SDI_ExampleView.h"

#ifdef _DEBUG
#define new DEBUG_NEW
#undef THIS_FILE
static char THIS_FILE[] = __FILE__;
#endif

/////////////////////////////////////////////////////////////////////////////
// CSDI_ExampleView

IMPLEMENT_DYNCREATE(CSDI_ExampleView, CView)

BEGIN_MESSAGE_MAP(CSDI_ExampleView, CView)
    //{{AFX_MSG_MAP(CSDI_ExampleView)
        // NOTE - the ClassWizard will add and remove mapping macros here.
        //      DO NOT EDIT what you see in these blocks of generated code!
    //}}AFX_MSG_MAP
    // Standard printing commands
    ON_COMMAND(ID_FILE_PRINT, CView::OnFilePrint)
    ON_COMMAND(ID_FILE_PRINT_DIRECT, CView::OnFilePrint)
    ON_COMMAND(ID_FILE_PRINT_PREVIEW, CView::OnFilePrintPreview)
END_MESSAGE_MAP()

/////////////////////////////////////////////////////////////////////////////
// CSDI_ExampleView construction/destruction

CSDI_ExampleView::CSDI_ExampleView()
{
    // TODO: add construction code here

}

CSDI_ExampleView::~CSDI_ExampleView()
{
}

BOOL CSDI_ExampleView::PreCreateWindow(CREATESTRUCT& cs)
{
    // TODO: Modify the Window class or styles here by modifying
    //   the CREATESTRUCT cs

    return CView::PreCreateWindow(cs);
}

/////////////////////////////////////////////////////////////////////////////
// CSDI_ExampleView drawing

void CSDI_ExampleView::OnDraw(CDC* pDC)
{
    CSDI_ExampleDoc* pDoc = GetDocument();
    ASSERT_VALID(pDoc);
    // TODO: add draw code for native data here
}

/////////////////////////////////////////////////////////////////////////////
// CSDI_ExampleView printing

BOOL CSDI_ExampleView::OnPreparePrinting(CPrintInfo* pInfo)
{
    // default preparation
    return DoPreparePrinting(pInfo);
}

void CSDI_ExampleView::OnBeginPrinting(CDC* /*pDC*/, CPrintInfo* /*pInfo*/)
{
    // TODO: add extra initialization before printing
}

void CSDI_ExampleView::OnEndPrinting(CDC* /*pDC*/, CPrintInfo* /*pInfo*/)
{
```

```
    // TODO: add cleanup after printing
}

//////////////////////////////////////////////////////////////
// CSDI_ExampleView diagnostics

#ifdef _DEBUG
void CSDI_ExampleView::AssertValid() const
{
    CView::AssertValid();
}

void CSDI_ExampleView::Dump(CDumpContext& dc) const
{
    CView::Dump(dc);
}

CSDI_ExampleDoc* CSDI_ExampleView::GetDocument() // non-debug version is inline
{
    ASSERT(m_pDocument->IsKindOf(RUNTIME_CLASS(CSDI_ExampleDoc)));
    return (CSDI_ExampleDoc*)m_pDocument;
}
#endif //_DEBUG

//////////////////////////////////////////////////////////////
// CSDI_ExampleView message handlers
```

函数 GetDocument()用于获取当前文档对象的指针 m_pDocument。函数 OnDraw()是虚函数，负责文档对象数据在用户视图区的显示输出，可以在这个函数中添加代码实现视图的绘制操作。

**实例 043　演示视图类函数 OnDraw 的作用**

源码路径　光盘\daima\part08\2　　　　视频路径　光盘\视频\实例\第 8 章\043

本实例的功能是，通过重载视图类函数 OnDraw 输出自定义信息。具体实现代码如下。

```
void CSDI_ExampleView::OnDraw(CDC* pDC)
{
    CSDI_ExampleDoc* pDoc = GetDocument();
    ASSERT_VALID(pDoc);

/////在窗口中输出一行文字
    CString m_Message=" 欢迎光临！！！ ";      /////输出自定义信息
    pDC->TextOut (100,100,m_Message);
}
```

| 范例 085：在主窗口显示弹出登录框 |
| --- |
| 源码路径：光盘\演练范例\085 |
| 视频路径：光盘\演练范例\085 |
| 范例 086：在对话框中使用 CDialogBar |
| 源码路径：光盘\演练范例\086 |
| 视频路径：光盘\演练范例\086 |

编译执行后在应用程序的输出窗口中输出有关的自定义信息，如图 8-12 所示。

图 8-12　自定义输出信息

（4）应用程序类实现文件。应用程序类实现文件 SDI_Example.cpp 是应用程序的的主函数文件，MFC 程序的初始化、启动运行和结束等工作都是由应用程序对象完成的。下面是此文件的部分实现代码，在里面添加了部分函数的实现意义。

```
//////////////////////////////////////////////////////////////
BEGIN_MESSAGE_MAP(CSDI_ExampleApp, CWinApp)
    //{{AFX_MSG_MAP(CSDI_ExampleApp)
    ON_COMMAND(ID_APP_ABOUT, OnAppAbout)
        Class Wizard将在此处添加消息映射宏
```

```
//}}AFX_MSG_MAP
    // Standard file based document commands
    ON_COMMAND(ID_FILE_NEW, CWinApp::OnFileNew)
    ON_COMMAND(ID_FILE_OPEN, CWinApp::OnFileOpen)
    // Standard print setup command
    ON_COMMAND(ID_FILE_PRINT_SETUP, CWinApp::OnFilePrintSetup)
END_MESSAGE_MAP()

/////////////////////////////////////////////////////////////////////////
CSDI_ExampleApp::CSDI_ExampleApp()
{
    // TODO: add construction code here,
    // Place all significant initialization in InitInstance
    ////////此处添加构造函数代码，把所有重要的初始化内容放在InitInstance()函数中
}

/////////////////////////////////////////////////////////////////////////
// The one and only CSDI_ExampleApp object
////////声明唯一的theApp对象
CSDI_ExampleApp theApp;

/////////////////////////////////////////////////////////////////////////
// CSDI_ExampleApp initialization

BOOL CSDI_ExampleApp::InitInstance()
{
    ////////初始化函数，程序运行时的重要启动选项
    AfxEnableControlContainer();

    // Standard initialization
    // If you are not using these features and wish to reduce the size
    //    of your final executable, you should remove from the following
    //    the specific initialization routines you do not need.

#ifdef _AFXDLL
    Enable3dControls();
#else
    Enable3dControlsStatic();// Call this when linking to MFC statically
#endif

    // Change the registry key under which our settings are stored.
    // TODO: You should modify this string to be something appropriate
    // such as the name of your company or organization.
    SetRegistryKey(_T("Local AppWizard-Generated Applications"));
    ////////装入应用程序ini文件中的设置信息，如"文件"菜单中的"最近使用的文件列表"菜单项
    LoadStdProfileSettings();   // Load standard INI file options (including MRU)

    // Register the application's document templates.   Document templates
    //    serve as the connection between documents, frame windows and views.

    CSingleDocTemplate* pDocTemplate;
    pDocTemplate = new CSingleDocTemplate(
        IDR_MAINFRAME,
        RUNTIME_CLASS(CSDI_ExampleDoc),
        RUNTIME_CLASS(CMainFrame),           ////////SDI框架窗口
        RUNTIME_CLASS(CSDI_ExampleView));
    AddDocTemplate(pDocTemplate);

    // Parse command line for standard shell commands, DDE, file open
    CCommandLineInfo cmdInfo;
    ParseCommandLine(cmdInfo);

    // Dispatch commands specified on the command line
    if (!ProcessShellCommand(cmdInfo))
        return FALSE;

    // The one and only window has been initialized, so show and update it.
    ////////主窗口已经初始化，在此显示并刷新窗口
    m_pMainWnd->ShowWindow(SW_SHOW);
```

```
        m_pMainWnd->UpdateWindow();

        return TRUE;
}
//////////////////////////////////////////////////////////////////
class CAboutDlg : public CDialog {
public:
        CAboutDlg();
}
```

在应用程序类中，有一个非常重要的成员函数 InitInstance()，应用程序通过该函数可以完成应用程序对象的初始化工作。当启动程序时，函数 WinMain()会调用函数 InitInstance()，MFC App Wizard[exe]向导生成的函数 InitInstance()主要功能是完成如下 4 个任务。

① 注册应用程序。Windows 应用程序通过系统注册表来注册。注册表是一个文件，它包含了计算机上所有应用程序实例化信息。MFC 应用程序通过调用 SetRegistryKey()函数完成与注册表的连接，可以将函数中的参数内容修改成自己的公司名，这样就可在注册表中自己的应用程序添加一节内容，将应用程序初始化数据保存在注册表中。在函数 InitInstance()中还调用了函数 LoadStdProfileSettings()，以便从 ini 文件中装载标准文件选项或注册信息，如最近使用过的文件名等。

② 创建并注册文档模板。应用程序的文档、视图、框架类和所涉及的资源形成了一个固定的联系。这种联系就称为文档。函数 InitInstance()的另一个主要功能就是通过文档模板类 CDocTemplate 将框架窗口对象、文档对象及视图对象联系起来。文档模板对象创建后，调用 CWinApp 的成员函数 AddDocTemplate 来注册文档模板对象。

③ 处理命令行参数。启动应用程序时，除了应用程序名，还可以附加一个或几个运行参数，如指定一个文件名，这就是所谓的命令行参数。在函数 InitInstance()中调用函数 ParseCommandLine()将应用程序启动时的命令行参数分离出来，生成 CCommandLineInfo 类对象 cmdInfo，再调用函数 ProcessShellCommand()，根据命令行参数完成指定的操作，如打开命令行中指定的文档或打开新的空的文档。

④ 通过调用函数 ShowWindow()和 UpdataWindow()显示/刷新创建的框架窗口。如果用户需要完成其他程序初始化工作，可在 InitInstance()函数中添加自己的代码。初始化完成后，WinMain()函数将调用 CWinApp 的成员函数 Run()来处理消息循环，当应用程序结束时，成员函数 Run()将调用 ExitInstance()来做最后的清理工作。

4. 应用程序向导生成的资源文件

Windows 编程的一个主要特点是资源和代码的分离，即将菜单、工具栏、字符串表、对话框等资源与基本的源代码分开，这样就使得对这些资源的修改独立于源代码。使用资源使 Windows 应用程序的外观和功能更加标准化，而其程序开发也更容易。

利用向导生成应用程序时，向导将自动生成一些有关资源的文件，这些扩展名为 RC 的资源文件中定义资源，该资源文件是文本文件，可用于文本编辑器阅读，但在 Visual C++ IDE 中是利用资源编辑器进行编辑。位图和图标等图形资源分别保存在单独的文件中。

（1）资源文件。向导为程序生成了资源文件 SDI_Example.rc 和 SDI_Example.rc2。SDI_Example.rc 是 Visual C++ IDE 生成的脚本文件，它使用标准的 Windows 资源定义语句，可通过资源编辑器转换为二进制资源，并添加到应用程序的可执行文件中。Visual C++ IDE 的资源编辑器可以对资源进行可视化编辑，也可以通过 Open 命令以文本的方式打开一个资源文件进行编辑。SDI_Example.rc2.一般用于定义资源编辑器不能编译的资源。

（2）图标文件。应用程序的图标文件为 SDI_Example.ico。在资源管理器中图标作为应用程序的图形标识，在程序运行后图标将出现在主窗口标题栏的最左端，这些可以在 Visual C++ 集成开发环境中利用图像编辑器编辑和修改应用程序的图标。

（3）文档图标文件。向导为程序生成了文档图标文件 SDI_ExampleDoc.ico。文档图标一般显示在多文档程序界面上，在程序界面中没有显示这个图标，但编辑时用户可以利用相关函数获取该图标资源并显示图标，文档图标资源的 ID 为 IDR_SDI_EXAMPLETYPE.

5. 应用程序向导生成的其他文件

除了上面介绍的文件外，MFC 向导还生成了其他文件，在表 8-1 中已经简单地说明了这些文件的具体作用。

# 8.2 Class Wizard 详解

知识点讲解：光盘\视频\PPT 讲解（知识点）\第 8 章\Class Wizard 详解.mp4

在 Visual C++ 6.0 集成开发环境中，向用户提供了一个功能很强的类操作工具——ClassWizard（类向导），利用该工具可以非常方便地向应用程序中添加新类、向新类和现有类中添加成员变量、成员函数及消息处理函数等。利用 ClassWizard，我们再也不用手工编写那些繁琐的代码，只需使用简单的鼠标和键盘操作就能够完成大量的工作。本节将详细讲解 ClassWizard（类向导）的基本知识。

## 8.2.1 初识 Class Wizard

ClassWizard 是类向导，在 Visual C++ 6.0 的集成开发环境中，ClassWizard 最能体现它的特征。与 AppWizard 类似，ClassWizard 也能自动生成程序代码，只是两者生成的对象不同，AppWizard 主要用来创建应用程序的框架，而 ClassWizard 则主要是在应用程序框架的基础上创建和编辑各种类。

ClassWizard 既可以操作由 AppWizard 在应用程序框架中创建的类，又可以操作后来由 ClassWizard 自己添加的类。利用 ClassWizard 可以很轻松地完成一些最基本、最普通的工作，例如，在自己的应用程序中创建新类、映射消息、为其添加消息处理函数、覆盖虚拟函数、将对话框中的控件与某个变量相关联等。ClassWizard 只能用于使用 MFC 类库的应用程序中。

1. ClassWizard 的功能

在 Visual C++ 6.0 开发应用中，ClassWizard 的主要功能如下。

（1）创建新类。创建新类是 ClassWizard 最基本的用途之一，创建的新类是由一些主要的基类派生而来的，这些基类用于处理 Windows 的消息。对一般用户来说，这些基类已经足够使用了。

（2）实现消息映射。这些消息主要与窗口、菜单、工具栏、对话框、控件及加速键相关联。

（3）添加成员变量。利用 ClassWizard，可以很方便地向类中添加成员变量，并将这些成员变量与对话框或窗口中的控件关联起来，当控件的值改变时，所对应的成员变量的值也跟着发生变化。

（4）覆盖虚拟函数。使用 ClassWizard 可以方便地覆盖基类中定义的虚拟函数。

2. ClassWizard 的用法

在使用 ClassWizard 时，需要先打开以前创建的单文档应用程序 SDI_Example，再选择 View →ClassWizard 命令，即可启动 ClassWizard 并进入 ClassWizard 环境。ClassWizard 是一个对话框，其中包含 5 个选项卡，分别为 Message Maps、Member Variables、Automation、ActiveX Events 和 Class Info，如图 8-13 所示。通过这些选项，可以针对不同的对象完成不同的任务。

图 8-13 中各个选项卡的具体说明如下。

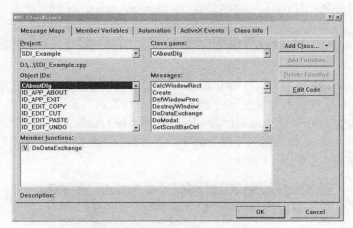

图 8-13　类向导

（1）Message Maps 选项卡。它是 ClassWizard 对话框中最重要的选项卡，主要完成创建新类、添加、删除消息处理函数等任务。该选项卡中包含了两个下拉列表框——Project 下拉列表框和 Class name 下拉列表框；3 个列表框——Object IDs 列表框、Messages 列表框和 Member functions 列表框；1 个文本信息框；4 个工具按钮。

① Project 下拉列表框。该下拉列表框用于选择当前操作的项目。当前打开的工作区中包含多个项目文件时，用户可以从这个下拉列表框中选择将要操作的项目文件。对于单项目工作区来说，其默认值就是项目文件。

② Class name 下拉列表框。该下拉列表框用于选择当前要操作的类。当用户在 Class name 下拉列表框中选中了某个类之后，Object IDs 窗口中的内容将会发生相应的变化。

③ Object IDs 列表框。该列表框用于显示当前选定类中能够产生消息的对象的 ID 值。这些对象包括菜单选项、工具栏按钮选项、对话框及各种控件等。通常 Object IDs 列表框中所包含的第一个对象就是当前类名。

④ Messages 列表框。Messages 列表框中列出了对应于 Object IDs 列表框中所选中的当前项可以处理的消息以及可被重写的 MFC 虚函数。当 Object IDs 列表框中选定当前类名时，Messages 列表框前部分显示的是当前类所能覆盖的虚拟函数，后部分显示的是能够处理的消息。如 Object IDs 列表框中选定其他对象，则 Messages 列表框显示的就是当前项可以处理的消息。

⑤ Member functions 列表框。Member functions 列表框中列出了在 Class name 下拉列表框中所选中的当前类包含的所有成员函数。其中用字母"V"标出的是 MFC 虚函数，用字母"W"标出的是 Windows 消息处理函数。

⑥ 文本信息框。在 Project 下拉列表框的下方有一个文本信息框，用于显示当前选中类的源文件，包括.h 文件和.cpp 文件。该文本信息框中显示的内容会随着选定类的变化而变化。

⑦ Add Class 按钮。该按钮用于向当前的 Project 中添加一个新类，新类可以是自己创建，也可以是从已有的文件中选取。

⑧ Add Function 按钮。该按钮用于向当前选定类中为当前选定的消息添加一个消息处理函数。其中类是在 Class name 下拉列表框中选定的类；而当前消息则是在 Messages 列表框中选定的消息。

Add Function 按钮平时是灰化禁止的，只有当用户在 Messages 列表框中选中某个特定的消息之后，该按钮才能正常显示，即此时才能使用。

⑨ Delete Function 按钮。该按钮用于在当前选定的类中删除已有的成员函数。Delete

Function 按钮平时是灰化禁止的，只有当用户在 Member functions 列表框中选中某个消息处理函数之后，才能选择该按钮。

⑩　Edit Code 按钮。单击该按钮将打开编辑窗口，并将光标位置自动跳到当前选定的成员函数的源代码处。

（2）Member Variables 选项卡。该选项卡主要用于添加与对话框中的控件相关联的成员变量，以便程序能利用这些成员变量与对话框中的控件进行数据交换。该选项卡与 Messages Maps 选项卡一样，也包含 Project 下拉列表框和 Class name 下拉列表框，分别用于选定用户操作的当前项目和当前类；Add Class 按钮用于向当前项目中添加一个新类；一个文本信息框，用于显示当前选中类的源文件，如图 8-14 所示。

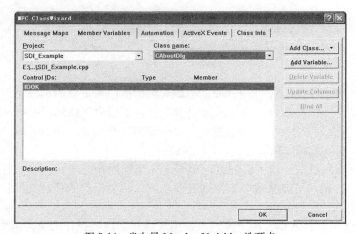

图 8-14　类向导 Member Variables 选项卡

此外，Member Variables 选项卡中还包含另 1 个列表框以及另外 4 个工具按钮。列表框中共有 3 列数据，分别如下。

①　Control Ids。该项显示了当前选定类中能够映射成员变量的控件的 ID 值。所谓能映射成员变量的控件，就是可以使用类中的成员变量来代表某个控件，当控件发生改变时，该成员变量的值也发生相应变化。

②　Type。该项表示成员变量的类型。

③　Member。该项表示成员变量的名字。

4 个功能按钮如下。

①　Add Variable 按钮。该按钮用于为当前选定的控件添加一个成员变量。

②　Delete Variable 按钮。该按钮用于删除一个现有的成员变量。该按钮平时是灰化禁止的，只有当用户在 Control IDs 列表框中选中某个成员变量以后，才能选择该按钮执行删除工作。

③　Update Columns 按钮。该按钮用于选定一个数据源，只在记录集合类中才可以使用。

④　Bind All 按钮。只适用于记录集合类，单击此按钮将把所有未绑定的记录集里的数据成员绑定到数据源的一个表中相应的列上。在默认情况下，MFC AppWizard 和 ClassWizard 将绑定所有的列，所以很少需要使用数据绑定。如果通过删除相关的数据成员将一些或所有列取消绑定，那么在这之后还可以重新绑定它们。

（3）Automation 选项卡。该选项卡允许用户加入方法或属性以增强 Automation 功能。

（4）ActiveX Events 选项卡。该选项卡允许用户加入事件以支持 ActiveX 控件。

（5）Class Info 选项卡。该选项卡用于显示和设置当前选定类中的一些重要信息。

### 8.2.2 添加类

在 Visual C++ 6.0 应用中，使用 ClassWizard 最重要的作用之一就是创建新类，开发人员不必手工添加创建类所需的大量代码，只需指定一些关于新类的重要信息，ClassWizard 将自动生成这些代码。

| 实例 044 | 为实例 042 创建单文档应用程序添加一个新类 | |
|---|---|---|
| | 源码路径　光盘\daima\part08\3 | 视频路径　光盘\视频\实例\第 8 章\044 |

本实例的功能是，利用 ClassWizard 为实例 042 创建单文档应用程序添加一个新类。本实例的具体实现流程如下。

（1）打开 SDI_Example 的项目工作区，选择 View→ClassWizard 命令，进入 ClassWizard 对话框（或者按快捷键 Ctrl＋W）。

（2）在 Message Maps 选项卡中选择功能按钮 Add Class，并从其下拉列表中选择 New 选项，将打开 New Class 对话框.

（3）在 Name 栏输入新类的名称，如 MyButton。此时我们将看到在下面的 File name 栏中显示出 ClassWizard 自动为新类定义的默认文件名：MyButton.cpp。如果不想要这个名字，也可以单击 Change 按钮对文件名进行修改，如图 8-15 所示。

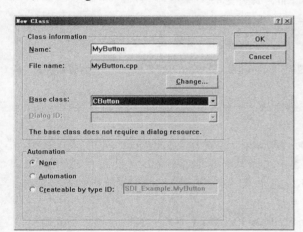

范例 087：查找/替换对话框
源码路径：光盘\演练范例\087
视频路径：光盘\演练范例\087
范例 088：打开对话框
源码路径：光盘\演练范例\088
视频路径：光盘\演练范例\088

图 8-15　New Class 对话框

（4）设定新类的基类，即该类是由什么类派生而来的。在 Base class 下拉列表框中选中所需的基类名，如 CButton。如果创建的基类需要对话框或其他资源，则应当在 Dialog ID 框中选择一个资源 ID 值。

（5）Automation 框用于设置类的自动化信息，这只适用于能够自动化的类，即由 CCmd Target 所派生的类，我们保持其默认选择 None。

（6）单击 OK 按钮结束。

此时成功地向项目中添加了一个新类 MyButton。返回 Visual C++ 6.0 的主窗口中，将发现在 SDI_Example 的项目工作区中发生了一些变化。打开 ClassView 页面，会看到一个新类 MyButton 已经被添加到该项目的类列表中了，如图 8-16 所示。同时在 SDI_ExampleView 页面中将发现 SDI_Example 项目中新增加了两个文件，即 MyButton.h 和 MyButton.cpp，如图 8-17 所示。

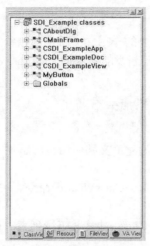
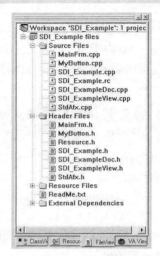

图 8-16 类视图页面　　　　　　　　　　　　图 8-17 文件视图页面

### 8.2.3 添加类成员变量

在 Visual C++ 6.0 应用中，可以用 MFC 添加类成员变量。

**实例 045**　**利用 ClassWizard 为类添加新的成员变量**

源码路径　光盘\daima\part08\4　　　　　视频路径　光盘\视频\实例\第 8 章\045

本实例的功能是，为实例 042 创建单文档应用程序的 CAboutDlg 类添加一个数据成员。本实例的具体实现流程如下。

（1）打开 SDI_Example 的项目工作区，选择 View→ClassWizard 命令，进入 ClassWizard 对话框（或者按快捷键 Ctrl+W）。

（2）在 ClassWizard 对话框中选择 Member Variables 选项卡，在 Project 下拉列表中选择当前项目名 SDI_Example，在 Class name 下拉列表中选择当前类名 CAboutDlg。此时在 Controls IDs 列表框中将显示该类中包含的控件 ID：IDOK，这个 ID 值对应于 About 对话框中的 OK 按钮，如图 8-18 所示。

（3）单击 Add Variable 按钮，将打开 Add Member Variable 对话框。在此通过如下 3 个控件设置新成员变量的一些重要信息。

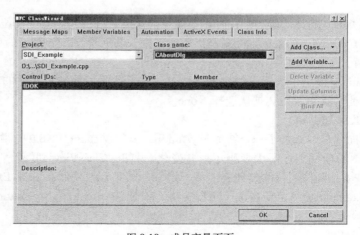

图 8-18 成员变量页面

❑ Member variable name 文本框该文本框用来输入新成员变量的名字,在默认情况下,ClassWizard 提供"m_"这个前缀以便将这个变量确认为成员变量。

❑ Category 下拉列表框。该下拉列表框用于指定新变量是一个"Value"类型的成员变量,还是一个 Control 类型的成员变量。对于标准的 Windows 控件来说,选择 Value 可以创建一个包含由用户来输入控件文本和控件状态的成员变量。而当用户选中 Control 选项时,就可以创建一个 Control 类型的变量,我们可以对这个控件直接进行访问。

❑ Variable type 下拉列表框。该下拉列表框用于选择变量的数据类型。

(4)在 ember variables name 栏中输入变量名 m_ok;在 Category 栏中选择该变量的类型——control 类型;在 Variable type 栏中选择该变量的数据类型 CButton,如图 8-19 所示。

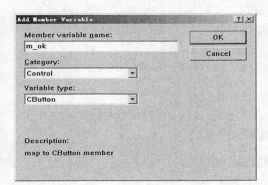

范例 089:另存为对话框
源码路径:光盘\演练范例\089
视频路径:光盘\演练范例\089
范例 090:新型打开对话框
源码路径:光盘\演练范例\090
视频路径:光盘\演练范例\090

图 8-19 添加新的数据成员

(5)单击 OK 按钮,完成添加。此时打开 SDI_Example 程序的项目工作区,会看到在类 CAboutDlg 的数据成员中新增加了一个成员变量:m_ok。在类 CAboutDlg 的成员函数 DoDataExchange()中,也添加了一条语句来映射控件 ID 值 IDOK 和成员变量 m_ok:DDX_Control(pDX, IDOK, m_ok),如图 8-20 所示。

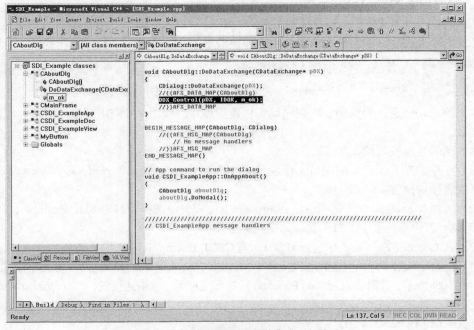

图 8-20 添加新成员变量后的集成开发界面

另外，也可以通过利用工作区窗口的类视图来为类添加新的数据成员和成员函数，具体方法如下。

（1）右击类视图窗口中要为其添加成员的类，弹出快捷菜单，如图 8-21 所示，选择 Add Member Variable 命令，将弹出 Add Member Variable 对话框，如图 8-22 所示。

图 8-21　快捷菜单

图 8-22　Add Member Variable 对话框

（2）在此填写有关信息，单击 OK 按钮，即可添加成员变量。

（3）选择 Add Member Function 命令，将弹出 Add Member Function 对话框，如图 8-23 所示。

（4）在此填写有关信息，单击 OK 按钮后即可添加成员函数。

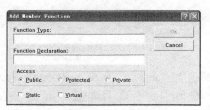

图 8-23　Add Member Function 对话框

### 8.2.4　添加消息响应函数

在 Visual C++ 6.0 应用中，在 MFC 向导中可以使用 ClassWizard 为类添加消息处理函数，专业开发人员无需手工编写消息映射所需的各种消息宏，这样大大减轻了工作量。

| 实例 046 | 为视图类添加消息响应函数 | |
|---|---|---|
| | 源码路径　光盘\daima\part08\5 | 视频路径　光盘\视频\实例\第 8 章\046 |

本实例的功能是，为实例 042 创建单文档应用程序的视图类 CSDI_ExampleView 添加消息响应函数。

本实例的具体实现流程如下。

（1）打开 SDI_Example 的项目工作区，单击菜单项 View|ClassWizard，进入 ClassWizard 对话框（或者按快捷键 Ctrl＋W）。

（2）选择 Message Maps 选项卡，在 Project 下拉列表中选择项目名 SDI_Example，在 Class name 下拉列表中选择类名 CSDI_ExampleView。

（3）在 Object IDs 列表框中选择对象 ID 为 CSDI_ExampleView。

（4）在 Messages 列表框中选择需要处理的消息为 WM_LBUTTONDOWN，即按下鼠标左键消息，如图 8-24 所示。此时会发现 Add Function 按钮已经可用。单击此按钮，ClassWizard 将选中消息的处理函数添加到 Member Functions 列表框中。在本例中，对应 WM_LBUTTONDOWN 消息的处理函数是 OnLButtonDown()。

图 8-24　添加消息响应函数

（5）单击 OK 按钮结束。

✿　注意：当用户为一些标准的 Windows 消息添加消息处理函数时，ClassWizard 一般会自动地创建一个默认的消息处理函数名。而当用户为非标准消息添加处理函数时，ClassWizard 将弹出一个对话框，并给出一个默认的函数名，用户可以重新命名该消息响应函数。

（6）添加鼠标左键按下消息响应函数的具体内容，具体代码如下。

```
void CSDI_ExampleView::OnLButtonDown(UINT nFlags, CPoint point)
{
    MessageBox("按下了鼠标左键！");
    CView::OnLButtonDown(nFlags, point);
}
```

编译运行本实例后的效果如图 8-25 所示。

| 范例 091：实现椭圆窗体效果 |
| 源码路径：光盘\演练范例\091 |
| 视频路径：光盘\演练范例\091 |
| 范例 092：实现圆角窗体效果 |
| 源码路径：光盘\演练范例\092 |
| 视频路径：光盘\演练范例\092 |

图 8-25　程序运行界面

✿　注意：当然也可以通过利用工作区窗口的类视图来为类添加消息响应函数，具体方法如下。

（1）右键单击类视图窗口中的类，弹出快捷菜单，选择 Add Windows Message Handle 命令后会弹出消息与事件处理对话框，如图 8-26 所示。

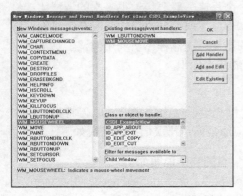

| 范例 093：实现位图背景窗体 |
| 源码路径：光盘\演练范例\093 |
| 视频路径：光盘\演练范例\093 |
| 范例 094：实现渐变色背景窗体 |
| 源码路径：光盘\演练范例\094 |
| 视频路径：光盘\演练范例\094 |

图 8-26　添加消息与事件响应函数

（2）在 New Windows message/events 栏选择要处理的消息或事件名。

（3）在 Class or object to handle 栏选择对应的类或资源 ID，单击"Add Handle"按钮就完成了消息响应函数的添加，并在 Existing message/event handlers 框列出了已经添加的消息或事件响应函数，或者单击 Add and Edit 按钮，完成消息或事件处理函数的添加，并直接进入源代码编辑窗口，填写处理代码。

### 8.2.5　覆盖虚拟函数

在 Visual C++ 6.0 应用中，可以使用 ClassWizard 来覆盖基类中定义的虚拟函数。

| 实例 047 | 利用 ClassWizard 覆盖在基类中定义的虚拟函数 | |
|---|---|---|
| | 源码路径　光盘\daima\part08\6 | 视频路径　光盘\视频\实例\第 8 章\047 |

本实例的功能是，使用 ClassWizard 覆盖基类中定义的虚拟函数。本实例的具体实现流程如下。

（1）打开 ClassWizard 对话框的 Message Maps 选项卡，在 Class name 下拉列表中选择一个类名来作为当前类，如 CSDI_ExampleView。

（2）在 Object Ids 列表框中再次选择该类名，如 CSDI_ExampleView。此时在 Messages 列表框中将列出所有可以覆盖的虚拟函数名和所有可操作的 Windows 消息。

（3）在 Messages 列表框中选择所要覆盖的虚拟函数，如 OnPaint()。

（4）单击 Add Function 按钮覆盖基类的该虚拟函数。此时在 Member functions 列表框中将显示虚拟函数名 OnPaint()。注意在此函数前有一个"V"字母，表示该函数是一个虚拟函数。

（5）单击 OK 按钮结束。

在头文件 SDI_ExampleView.h 中，可看到该虚拟函数的具体定义。

virtual void OnPaint(CDC * pDC, CPrintInfo * pInfo);

同时，在函数实现文件 SDI_ExampleView.cpp 中，可以看到该虚拟函数的函数体，具体代码如下。

```
void CSDI_ExampleView::OnPaint(CDC * pDC, CPrintInfo * pInfo)
{
//在此处加上专门代码或调用基类
CView::OnPaint(pDC, pInfo);
}
```

## 8.3　程 序 调 试

知识点讲解：光盘\视频\PPT 讲解（知识点）\第 8 章\程序调试.mp4

程序调试工作是程序设计中一个很重要的环节，一个程序一般要经过很多次的调试才能保证其基本正确。程序调试分为源程序语法错误的修改和程序逻辑设计错误的修改两个过程，编译器可以找出源程序语法上的错误，程序逻辑设计上的错误只能靠程序员利用调试工具来手工检查和修改。本节将详细讲解调试 Visual C++ 6.0 程序的基本知识。

### 8.3.1　查找源程序的语法错误

通过使用 Visual C++ 6.0 编译器，可以很容易地检测出语法上的错误，以便将其显示在 Output 输出窗口中输出语法错误信息。Visual C++ 6.0 编译器显示错误信息的格式如下。

<源程序路径>（行）：<错误代码>：<错误内容说明>

在现实应用中，最常见的 Visual C++ 6.0 编译错误信息的具体说明如下。

（1）fatal error C1010: unexpected end of file while looking for precompiled header directive。寻找预编译头文件路径时遇到了不该遇到的文件尾，一般是没有#include "stdafx.h"。

（2）fatal error C1083: Cannot open include file: 'R…….h': No such file or directory。不能打开包含文件"R…….h"：没有这样的文件或目录。

（3）error C2011: 'C……': 'class' type redefinition。类"C……"重定义。

（4）error C2018: unknown character '0xa3'。不认识的字符'0xa3'，一般是汉字或中文标点符号。

（5）error C2057: expected constant expression。希望是常量表达式，一般出现在 switch 语句的 case 分支中。

（6）error C2065: 'IDD_MYDIALOG' : undeclared identifier。"IDD_MYDIALOG"：未声明过的标识符。

（7）error C2082: redefinition of formal parameter 'bReset'。函数参数"bReset"在函数体中重定义。

（8）error C2143: syntax error: missing ':' before '{'。句法错误："{"前缺少";"。

（9）error C2146: syntax error : missing ';' before identifier 'dc'。句法错误：在"dc"前丢了";"。

（10）error C2196: case value '69' already used。值 69 已经用过（一般出现在 switch 语句的 case 分支中）。

（11）error C2509: 'OnTimer' : member function not declared in 'CHelloView'。成员函数 OnTimer 没有在 CHelloView 中声明。

（12）error C2511: 'reset': overloaded member function 'void (int)' not found in 'B'。重载的函数 void reset(int)在类 B 中找不到。

（13）error C2555: 'B::f1': overriding virtual function differs from 'A::f1' only by return type or calling convention。类 B 对类 A 中同名函数 f1 的重载仅根据返回值或调用约定上的区别。

（14）error C2660: 'SetTimer' : function does not take 2 parameters。"SetTimer"函数不传递两个参数。

（15）warning C4035: 'f……': no return value。"f……"的 return 语句没有返回值。

（16）warning C4553: '= =' : operator has no effect; did you intend '='?。没有效果的运算符"= ="，是否改为"="？

（17）warning C4700: local variable 'bReset' used without having been initialized。局部变量 bReset 没有初始化就使用。

（18）error C4716: 'CMyApp::InitInstance' : must return a value。CMyApp::InitInstance 函数必须返回一个值。

（19）LINK : fatal error LNK1168: cannot open Debug/P1.exe for writing。连接错误：不能打开 P1.exe 文件，以改写内容（一般是 P1.Exe 还在运行，未关闭）。

（20）error LNK2001:unresolved external symbol"public:virtual_ _thiscall C……::~C……(void)"。连接时发现没有实现的外部符号（变量、函数等）。

（21）function call missing argument list。调用函数的时候没有给出参数。

（22）member function definition looks like a ctor, but name does not match enclosing class。函数声明了但没有使用。

（23）unexpected end of file while looking for precompiled header directive。在寻找预编译头文件时文件意外结束，编译不正常终止可能造成这种情况。

## 8.3.2　Debug 调试

为了查找和修改程序中的逻辑设计错误，Visual C++ 6.0 提供了一个重要的集成调试工具：Debug 调试器。利用这个调试器可以很方便的在断点处停下来，通过单步跟踪执行观察变量、表达式和函数的调用关系，了解程序的实际运行情况，图 8-27 就是编译器的使用情况。断点的设置是通过按 F9 快捷键来实现的。

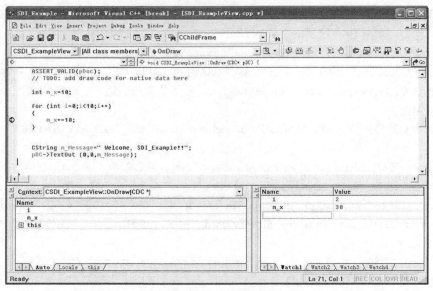

图 8-27　Visual C++Debug 调试

调出编译的方法是 Build 菜单中含有一个 Start Debug 子菜单，其中有启动 Debug 调试器的命令，或者按 F5 快捷键，程序就会执行到断点处，同时会出现一个可停靠的 Debug 工具栏和一些调试窗口。此时将鼠标指针放在程序中的某个变量名上，变量的当前值就会显示出来。

### 实例 048　用 Visual C++6.0 找到错误的所在位置

| 源码路径　光盘\daima\part08\7 | 视频路径　光盘\视频\实例\第 8 章\048 |
| --- | --- |

本实例的功能是，使用 Visual C++ 6.0 环境找到程序的错误。本实例的具体实现流程如下。

（1）打开 SDI_Example 的项目工作区。

（2）在函数 SDI_ExampleView::OnDraw() 中，添加如下不合法的变量定义。

```
void CSDI_ExampleView::OnDraw(CDC* pDC)
{
    CSDI_ExampleDoc* pDoc = GetDocument();
    ASSERT_VALID(pDoc);
    // TODO: add draw code for native data here
//错误的变量定义方式
    int m_x==10;
    CString m_Message=" Welcome，SDI_Example!!";
    pDC->TextOut (0,0,m_Message);
}
```

范例 095：实现百叶窗显示窗体
源码路径：光盘\演练范例\095
视频路径：光盘\演练范例\095
范例 096：实现淡入淡出显示窗体
源码路径：光盘\演练范例\096
视频路径：光盘\演练范例\096

（3）编译程序，编译器会给出其定义的错误信息。

```
--------------------Configuration: SDI_Example - Win32 Debug--------------------
Compiling...
SDI_ExampleView.cpp
C:\人民邮电\重点\VC++\daima\part08\8\SDI_Example\SDI_ExampleView.cpp(61) : error C2143: syntax error : missing ';'
before '=='
C:\人民邮电\重点\VC++\daima\part08\8\SDI_Example\SDI_ExampleView.cpp(61) : error C2143: syntax error : missing ';'
before '=='
Error executing cl.exe.

SDI_Example.exe - 2 error(s), 0 warning(s)
```

由此可见，编译器指出了语法错误 error，这样的错误程序不会产生执行，需要修改才能有通过。有时会出现警告 warning，这种错误编译器允许生成程序执行，但是会存在潜在的危险，应尽快消除。

（4）在 Output 窗口中双击错误提示信息可以返回到源程序的编辑窗口，并通过一个箭头符号定位到产生错误的语句可以修改，如图 8-28 所示。在 Output 窗口选择一条错误提示信息后，按 F1 键可打开 MSDN 联机帮助，显示该错误代码更详细的说明和有关的例子。

图 8-28　错误信息提示

# 8.4　技 术 解 惑

## 8.4.1　Class Wizard 不能正常工作的解决办法

在 Visual C++ 6.0 应用中，通常使用 MFC 中的 Class Wizard 生成消息处理函数。然而在很多时候，由于自己添加了手工的消息处理函数、重载函数或修改了资源，都会导致 Class Wizard 无法正常显示，造成什么都看不到了的问题。在这个时候，可以通过如下两种处理方式来解决。

（1）有时候是由于自己手工添加了函数导致 ncb 信息混乱，这时候可以把工程关掉，然后手工删除所有 ncb 文件、debug 文件夹和 release 文件夹，然后重新打开工程，这样就可以自动重建 Class Wizard 了。

（2）有时是因为自己修改了资源文件的 ID 号，比如，把某个对话框的资源 ID 号码修改了，这时需要记住。

```
enum
{ IDD = XXX }
```

其中，XXX 是新修改的资源 ID 号码，此时也要同步修改 XXX 的值，然后关闭工程并删除 ncb 文件。这时再打开工程，就可以重建 Class Wizard 信息了。

## 8.4.2　如何在调试过程中查看输出信息

当开发人员在调试 MFC 程序时，经常为了某种要求而需要查看特定位置变量的输出值信息，或者在某特定条件执行时给出一个输出标识。一般来说，有如下 3 种解决方法。

（1）调用 TRACE(LPCTSTR lpszFormat, ...)函数打印输出结果。在 MFC 应用程序中使，可

以用 TRACE 函数来打印输出结果却是非常方便，此函数的用法和在控制台程序中使用 printf 函数的使用方法和效果类似。不过也有如下两点差别。

❑ TRACE 函数的输出是在 Output 窗口的 Debug 选项下。

❑ 只有在 DEBUG 版本调试时才会有输出，如果是在 Release 版本调试或者运行程序时，将不会看到输出。

（2）使用 AfxMessageBox( )函数输出信息。AfxMessageBox( )函数在调试时也比较常用，使用方法简单，此处就不做介绍。

（3）通过编程的方式，将标准输出定向到自己创建的控制台。见下面的代码。

```
#include "io.h"
#include "fcntl.h"
  void InitConsole()
{
    int nRet= 0;
    FILE* fp;
    AllocConsole();
    nRet= _open_osfhandle((long)GetStdHandle(STD_OUTPUT_HANDLE), _O_TEXT);
    fp = _fdopen(nRet, "w");
    *stdout = *fp;
    setvbuf(stdout, NULL, _IONBF, 0);
}
```

在日常应用中，可以在初始化 MFC 程序的地方调用上述函数，便可以用控制台查看 printf 函数的打印信息。

### 8.4.3　MFC 中的异常开销问题

在 MFC 应用程序中，所有的异常对象都是从 CException 基类（它有使用起来非常方便的 GetErrorMessage 和 ReportError 成员函数）中派生来的。大多数的 MFC 异常对象都是动态分配的，而且当它们被捕获时，必须被删除。而那些没有被捕获的 MFC 异常，由 MFC 本身在函数 AfxCallWndProc 中捕获并删除。

在 MFC 应用程序中，当抛出 C++异常时，函数调用链将从此回溯搜索，寻找可以处理抛出这类异常的处理器。如果没找到，则进程结束。如果找到，调用栈将被释放，所有的自动（局部）变量也将释放，然后栈将被整理为异常处理器的上下文相关设备。因此异常开销由一个异常处理器目录和一个活动的自动变量表，它需要额外的代码、内存，而且不论异常是否抛出都会运行，并且还得加上函数调用链的搜索、自动变量的解析和栈的调整（它只在抛出异常的时候需要执行）组成。

# 第 9 章

# 对 话 框

在 Visual C++ 6.0 应用中，对话框是一种常见的用户界面，主要功能是利用其上的对话框控件输出信息和接收用户的输入。在 Visual C++ 6.0 开发应用中，熟练掌握对话框的使用方法对提高 MFC 编程效率有着重要的意义。在本章的内容中，将详细讲解 Visual C++ 6.0 中对话框的基本知识。

| 本章内容 | 技术解惑 |
|---|---|
| ▶▶ 对话框的概念 | 是否可以把一个对话框的控件复制到另一个对话框中 |
| ▶▶ 使用对话框 | |
| ▶▶ 公用对话框 | 如何保存编辑框中的内容 |
| ▶▶ 消息对话框 | 解决 MFC 生成的 exe 程序不能在其他计算机上运行的问题 |

# 9.1　对话框的概念

📀 知识点讲解：光盘\视频\PPT 讲解（知识点）\第 9 章\何谓对话框.mp4

现在的软件越来越人性化，当使用软件时会以对话框的方式提示我们应该怎样操作。图 9-1 就是一个典型的对话框。

图 9-1　一个对话框

很多的 Windows 应用程序都采用对话框来进行用户交互，对话框除了用来显示信息外，还主要用来接收用户的输入数据。在 MFC 应用中，Microsoft 把对话框的功能封装到了类 CDialog 中，类 CDialog 是从类 CWnd 派生而来，因此对话框具有一般窗口的一切功能。

## 9.1.1　基于对话框的应用程序

利用 MFC AppWizard 应用程序向导，可以快速创建一个基于对话框的应用程序。

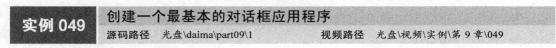

| 实例 049 | 创建一个最基本的对话框应用程序 | |
|---|---|---|
| 源码路径　光盘\daima\part09\1 | | 视频路径　光盘\视频\实例\第 9 章\049 |

本实例的具体实现流程如下。

（1）利用 MFC AppWizard 选择 MFC AppWizard[exe]工程项，创建一个 MFC 应用程序 Dialog，在创建向导的第一步，选择 Dialog based 单选按钮，如图 9-2 所示，单击 Finish 按钮，创建了一个简单的基于对话框应用程序。

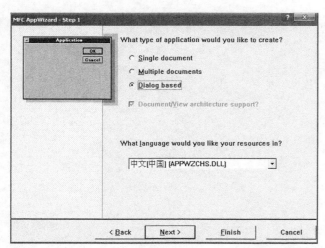

图 9-2　选择创建基于对话框的应用程序

范例 097：始终在最上面的窗体
源码路径：光盘\演练范例\097
视频路径：光盘\演练范例\097
范例 098：类似 QQ 的隐藏窗体效果
源码路径：光盘\演练范例\098
视频路径：光盘\演练范例\098

（2）在对话框应用程序创建之后，弹出如图 9-3 所示的对话框编辑器和控件工具栏界面，此时程序员可以根据程序具体功能要求添加代码。

编译运行后的效果如图 9-4 所示。

图 9-3　对话框应用程序开发界面　　　　　　　　图 9-4　对话框程序运行结果

## 9.1.2　对话框类 CDialog

类 CDialog 是所有对话框类的基类，它定义了一个构造函数和一个 Create 成员函数来创建对话框。构造函数根据对话框模板 ID 来访问对话框资源，经常用于构造一个给予资源的模态对话框；而函数 Create()则使用对话框模板创建无模态的对话框。

在类 CDialog 中定义了许多管理对话框的成员函数，其中最常用的函数如表 9-1 所示。

表 9-1　　　　　　　　　　　　　　CDialog 类中的主要函数

| 成 员 函 数 | 功 能 简 介 |
| --- | --- |
| CDialog::CDialog() | 通过调用该构造函数，根据对话框资源模板定义一个对话框 |
| CDialog::DoModal() | 激活模态对话框 |
| CDialog::Create() | 创建非模态对话框窗口 |
| CDialog::OnOK() | 单击 OK 按钮所调用的函数 |
| CDialog::OnCancel() | 单击 Cancel 按钮调用的函数 |
| CDialog::OnInitdialog() | WM_INITDIALOG 消息处理函数，显示对话框时调用该函数完成初始化工作 |
| CDialog::EndDialog() | 关闭模态对话框窗口 |

## 9.1.3　对话框数据交换与验证

在 Visual C++ 6.0 应用中，对话框数据交换（DDX）用于初始化对话框的控件和获取用户输入的数据，对话框数据验证（DDV）可以验证在对话框中输入的数据。为了使对话框的数据成员能够使用 DDX/DDV，则必须使用 ClassWizard 创建成员变量，设置数据类型，并指定验证规则。ClassWizard 通过一套特殊的语法格式来自动维护 DDX/DDV。

利用 DDX 可以把对话框类中定义的成员变量和控件进行关联，每一个控件都对应一个控件变量和值变量，打开 ClassWizard 对话框，选择 Member Variables 标签，选择需要设置 DDX 的控件，单击 Add Variable 按钮，就可以为在弹出的 Add Member Variable 对话框中向对话框空间加入变量。加入控件变量之后，单击 OK 按钮关闭 ClassWizard 对话框，ClassWizard 自动在构造函数中加入控件的初始化值。

在成员变量为 CString 和 Numeric 时，ClassWizard 支持 DDV，类型 CString 类型变量可以设置变量的最大长度，类型为 Numeric 的变量可以设置变量的最大值和最小值，DDV 自动验证数据是否满足这些限制条件。

如果使用 DDX 机制，则一般在初始化函数 OnInitDialog()或者对话框构造函数中设置成员变量的初始值，当一个对话框显示之后，所有初始值被传递到控件中。

有关数据的 DDX/DDV 在对话框类的 DoDataExchange()函数中实现。MFC 为不同类型的交换提供不同 DDX 函数，为要求 DDV 变量提供 DDV 函数。

**实例 050**　演示对话框数据交换与验证的工作机制

源码路径　光盘\daima\part09\2　　　　　视频路径　光盘\视频\实例\第 9 章\050

本实例的具体实现流程如下。

（1）首先创建基于对话框的应用程序 DDX_DDV，然后在对话框中添加两个列表框控件 IDC_LIST_1、IDC_LIST_2 和一个编辑框控件 IDC_FILENAME，如图 9-5 所示。

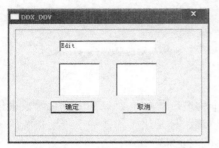

范例 099：实现晃动的窗体效果
源码路径：光盘\演练范例\099
视频路径：光盘\演练范例\099
范例 100：实现磁性窗体效果
源码路径：光盘\演练范例\100
视频路径：光盘\演练范例\100

图 9-5　设计对话框

（2）利用 ClassWizard 的 Member Variables 为加入的列表添加控件变量为 m_List1、m_List2，编辑框添加控件变量 m_EditFilename 和值变量 m_strFileName，并将编辑框控件的值变量 m_strFileName 设置最大字符串长度为 10，如图 9-6 所示。

（3）打开生成的文件 DDX_DDVDlg.h 后可以看到如下代码。

```
//{{AFX_DATA(CDDX_DDVDlg)
    enum { IDD = IDD_DDX_DDV_DIALOG };
    CEdit    m_EditFilename;
    CListBox    m_List1;
    CString m_List2;
    CString m_strFileName;
//}}AFX_DATA
```

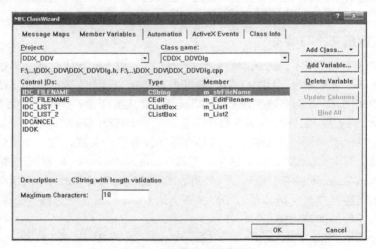

图 9-6　设置控件对应的变量

（4）在文件 DDX_DDVDlg.cpp 中，函数 DoDataExchange()的实现代码如下。

```
void CDDX_DDVDlg::DoDataExchange(CDataExchange* pDX)
{
    CDialog::DoDataExchange(pDX);
    //{{AFX_DATA_MAP(CDDX_DDVDlg)
    DDX_Control(pDX, IDC_FILENAME, m_EditFilename);
    DDX_Control(pDX, IDC_LIST_1, m_List1);
    DDX_LBString(pDX, IDC_LIST_2, m_List2);
```

```
    DDX_Text(pDX, IDC_FILENAME, m_strFileName);
    DDV_MaxChars(pDX, m_strFileName, 10);
    //}}AFX_DATA_MAP
}
```

（5）编译运行后的效果如图 9-7 所示。

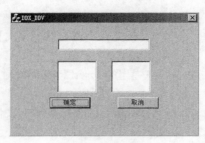

图 9-7　程序运行界面

由于编辑框控件的限制字符长度为 10，所以在输入 10 个字符之后程序就不再接受用户输入字符。

# 9.2　使用对话框

知识点讲解：光盘\视频\PPT 讲解（知识点）\第 9 章\使用对话框.mp4

在 Visual C++ 6.0 应用中，为了在屏幕上显示对话框，首先应该建立对话框资源及与其资源相关的对话框类，然后添加程序员需要的控件，以及控件对应的成员变量和消息处理函数，最后在程序中显示对话框并且访问与控件关联的成员变量。在 Visual C++ 6.0 应用中可以利用工具实现对话框功能，如对话框编辑器和 ClassWizard 类向导，来创建对话框，而不需要程序员手工添加太多的代码。本节将详细讲解在在 Visual C++ 6.0 应用中使用对话框的基本知识。

## 9.2.1　对话框的分类

尽管不同对话框的外观、大小及控件千差万别，但是从工作方式上看，对话框可以分为模态对话框和非模态对话框两种类型。

1．模态对话框

当一个模态对话框打开之后，在其关闭之前，用户不能转向其他用户界面对象，只能与该对话框进行交互。我们平时接触到的对话框，大多数都是模态对话框，例如选择 File→Save 命令后，弹出 Save 对话框，用户就不能再做其他工作，只有保存完文件或取消保存文件，关闭该对话框之后，才能做其他的工作。

2．非模态对话框

非模态对话框恰恰相反，当用户打开一个非模态对话框，对话框停留在屏幕上，仍然允许用户于其他用户对象进行交互，最典型的非模态对话框就是 Word 程序中的查找与替换对话框，打开该对话框，可以交替进行文档编辑和查找替换操作。

在 Visual C++ 6.0 应用中，可以利用 AppWizard 创建 SDI 和 MDI 应用程序，但是只有一个默认的 About 对话框，用于显示应用程序版本信息。在实际应用程序开发过程中，可以根据需要使用对话框模板来创建自己的对话框。

## 9.2.2　创建对话框

Visual C++ 6.0 提供的对话框模板创建了一个基本对话框界面，包括一个 OK 按钮和一个 Cancel 按钮等，程序员可以移动、修改和删除这些控件，或者增加自己需要的控件到对话框模板，构成应用程序所需要的对话框资源。

| 实例 051 | 向应用程序中添加一个对话框资源 |
| --- | --- |
| 源码路径　光盘\daima\part09\3 | 视频路径　光盘\视频\实例\第 9 章\051 |

本实例的具体实现流程如下。

（1）使用 AppWizard 生成一个 SDI（单文档）或 MDI（多文档）应用程序，本实例建立单文档应用程序 SDI_Dlg。

（2）选择 Insert→Resource 命令，在弹出的 Insert Resource 对话框左侧列表中选择 Dialog，单击 New 按钮。

（3）在项目工作区选择 Resource View 面板，展开 Dialog 文件夹，可以看到增加了一个对话框资源 IDD_DIALOG1，如图 9-8 所示。

范例 101：实现闪烁标题栏的窗体
源码路径：光盘\演练范例\101
视频路径：光盘\演练范例\101
范例 102：隐藏和显示标题栏
源码路径：光盘\演练范例\102
视频路径：光盘\演练范例\102

图 9-8　新添加了对话框资源 IDD_DIALOG1

### 9.2.3　编辑对话框

在第 9.2.2 小节的内容中，已经为应用程序添加了一个对话框资源，但没有进行对话框界面的设计和编辑。利用 Visual C++ 6.0 提供的可视化设计工具，可以方便地设计对话框模板。双击 Resource View 面板的 IDD_DIALOG1 后会弹出对话框编辑界面，如图 9-9 所示。

在编辑对话框的过程中，有关界面控件的布局需要经常使用 Layout 菜单的有关菜单项来实现控件的对齐方式、间隔、大小等。其中控件面板的具体说明如图 9-10 所示。

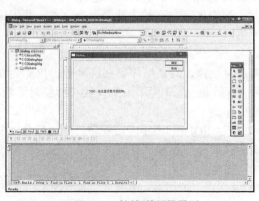

图 9-9　对话框编辑器界面

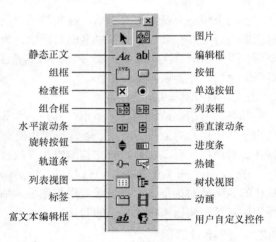

图 9-10　控件面板

**实例 052** 演示使用对话框编辑器的方法

源码路径　光盘\daima\part09\4　　　　视频路径　光盘\视频\实例\第 9 章\052

本实例的功能是，向实例 051 中创建的对话框 IDD_DIALOG1 中添加控件。本实例的具体实现流程如下。

（1）打开实例 051 的项目 SDI_Dlg，双击 Resource View 面板的 IDD_DIALOG1，打开对话框设计界面。

（2）通过鼠标调整对话框上自动添加的 OK 和 Cancle 按钮的位置，并右击，在弹出的 Dialog Properties 对话框中，更改对话框和按钮的标题。

（3）在控件面板上选择 Edit Box 按钮，在对话框上单击就可以将按钮添加到对话框上，然后可以根据需要调整按钮的大小、位置，以及通过 Dialog Properties 对话框更改按钮 ID 等，如图 9-11 所示，还可以通过 Class Wizard 为控件添加相应的变量。其他控件的添加方法与之类似。

范例 103：动态改变窗体栏的图标
源码路径：光盘\演练范例\103
视频路径：光盘\演练范例\103
范例 104：限制窗体的大小
源码路径：光盘\演练范例\104
视频路径：光盘\演练范例\104

图 9-11　对话框编辑界面

**实例 053** 通过模态对话框接收用户输入数据

源码路径　光盘\daima\part09\5　　　　视频路径　光盘\视频\实例\第 9 章\053

本实例的具体实现流程如下。

（1）利用 App Wizard 创建 SDI 应用程序 CCircleDraw。

（2）创建对话框 ID_RADIUS_DLG，并利用对话框编辑器设计如下对话框，如图 9-12 所示，其中"半径"为静态文本，编辑框用于输入半径，并设置该控件 ID 为 IDC_EDIT_RADIUS。

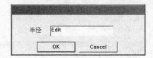

图 9-12　设计输入半径对话框

（3）双击对话框编辑器中的对话框，弹出 Adding a Class 对话框，如图 9-13 所示。

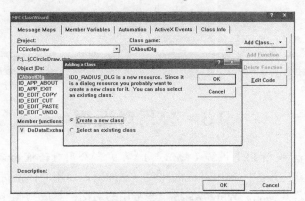

图 9-13　Adding a Class 对话框

（4）单击 OK 按钮，设置对话框类名为 CRadiusDlg，在 Class Wizard 的 Member variables 属性页界面中，设置编辑框 IDC_EDIT_RADIUS 控件变量 int m_iRadius 的最小值设置为 1，最大值为 200，具体如图 9-14 所示。

（5）在类 CCCircleDrawView 中添加成员变量 int iRadius，并在构造函数中初始化为 5。在类 CCCircleDrawView 的源文件中包含对话框类 CRadiusDlg 的头文件 RadiusDlg.h。

（6）利用菜单编辑器增加菜单"设置半径"，设置资源 ID 为 ID_SET_RADIUS，利用 ClassWizard 在类 CCCircleDrawView 中添加相应的消息处理函数 OnSetRadius()，主要代码如下。

```
void CCCircleDrawView::OnSetRadius()
{
    // TODO: Add your command handler code here
    CRadiusDlg dlg;
    if(IDOK == dlg.DoModal())
    {
        iRadius = dlg.m_iRadius;
    }
    Invalidate(FALSE);
}
```

（7）在 CCCircleDrawView 的函数 OnDraw 中添加如下代码。

```
////绘制操作
void CCCircleDrawView::OnDraw(CDC* pDC)
{
    CCCircleDrawDoc* pDoc = GetDocument();
    ASSERT_VALID(pDoc);
    // TODO: add draw code for native data here
    pDC->Ellipse(200-iRadius, 200-iRadius, 200+iRadius, 200+iRadius);
}
```

| |
|---|
| 范例 105：控制窗体的最大化和最小化 |
| 源码路径：光盘\演练范例\105 |
| 视频路径：光盘\演练范例\105 |
| 范例 106：限制对话框最大时的窗体大小 |
| 源码路径：光盘\演练范例\106 |
| 视频路径：光盘\演练范例\106 |

编译运行后的效果如图 9-15 所示。

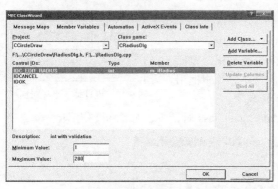

图 9-14　设置与控件关联的成员变量

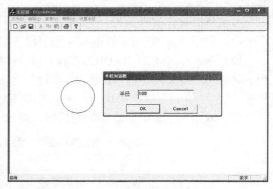

图 9-15　程序运行界面

## 9.3　公用对话框

知识点讲解：光盘\视频\PPT 讲解（知识点）\第 9 章\公用对话框.mp4

在 Visual C++ 6.0 应用中，公用对话框比较容易理解，公用对话框犹如图书馆的图书，很多人都可以借阅，是公共物品。Windows 将一些常用的对话框集成到操作系统中，用户可以在程序中直接使用这些公用对话框，不必再创建对话框资源和对话框类，减少了大量的编程工作。本节将详细讲解公用对话框的基本知识。

通过使用公共对话框，使 Windows 应用程序的设计工作变得更为简单。公共对话框是应用程序通过调用某个函数实现的，而不是通过提供对话框过程和包含对话框模板的资源文件来创建对话框。在动态链接库 COMMDLG.DLL 中定义了各种公共对话框的过程和模板。每个默认对话框过程处理公共对话框和它控制的消息，默认对话框模板定义公共对话框的外观和它的控制。

MFC 提供了一些公用对话框类，它们均是类 CDialog 的派生类，封装了公用对话框的功能。在表 9-2 中列出了 MFC 的公用对话框类。

**表 9-2** 公用对话框类

| 通用对话框类 | 用途 |
| --- | --- |
| CColorDialog | 选择颜色 |
| CFileDialog | 选择文件名，用于打开和保存文件 |
| CFindReplaceDialog | 正文查找和替换 |
| CFontDialog | 选择字体 |
| CPrintDialog | 打印和打印设置 |

注意：读者只需知道怎样创建对话框和访问对话框的数据，不必关心它们的内部细节。

### 9.3.1 类 CColorDialog

类 CColorDialog 用于实现 Color（颜色选择）公用对话框，Color 对话框的界面如图 9-16 所示。在 Windows 的画板程序中，如果用户在颜色面板的某种颜色上双击，就会显示一个 Color 对话框来让用户选择颜色。

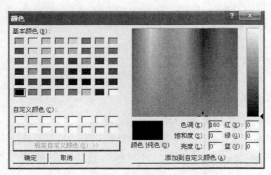

图 9-16 "颜色"对话框

创建 Color 对话框的方法与创建一般对话框的方式基本一致，具体流程如下。

（1）首先是在堆栈上构建一个 CColorDialog 对象。

（2）调用 CColorDialog::DoModal( )来启动对话框，CColorDialog 的构造函数如下。

```
CColorDialog( COLORREF clrInit = 0,
  DWORD dwFlags = 0,
  CWnd* pParentWnd = NULL
  );
```

上述各个参数的具体说明如下。

❑ clrInit：指定初始的颜色选择。

❑ dwFlags：设置对话框。

❑ pParentWnd：指定对话框的父窗口或拥有者窗口。

（3）根据 DoModal 返回的是 IDOK 还是 IDCANCEL，可以判断出用户是否确认了对颜色的选择。返回 DoModal 后，调用 CColorDialog::GetColor()返回一个 COLORREF 类型的结果来指示在对话框中选择的颜色。COLORREF 是一个 32 位的值，用来说明一个 RGB 颜色。GetColor 返回的 COLORREF 的格式是 0x00bbggrr，即低位 3 字节分别包含了蓝、绿、红 3 种颜色的强度。

### 9.3.2　类 CFileDialog

类 CFileDialog 用于实现文件选择对话框，以支持文件的打开和保存操作。用户要打开或保存文件，就会和文件选择对话框打交道，图 9-17 显示了一个标准的用于打开文件的文件选择对话框。当用 MFC AppWizard 创建应用程序时，会自动在程序中加入文件选择对话框，选择 File→Open 或 Save As 命令可以启动它们。

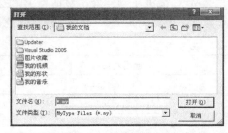

图 9-17　文件选择对话框

创建文件选择对话框的过程与创建一般对话框的类似，具体流程如下。

（1）在堆栈上构建一个 CFileDialog 对象。

（2）调用 CFileDialog::DoModal( )来启动对话框。文件对话框的构造函数如下。

```
CFileDialog( BOOL bOpenFileDialog,
 LPCTSTR lpszDefExt = NULL, LPCTSTR lpszFileName = NULL,
 DWORD dwFlags = OFN_HIDEREADONLY | OFN_OVERWRITEPROMPT,
 LPCTSTR lpszFilter = NULL,
 CWnd* pParentWnd = NULL
 );
```

上述各个参数的具体说明如下。

❑ bOpenFileDialog。如果值为 TRUE，将创建 Open（打开文件）对话框，否则就创建 Save As（保存文件）对话框

❑ lpszDefExt。指定默认的文件扩展名。

❑ lpszFileName。规定初始文件名。

❑ dwFlags。设置对话框的一些属性。

❑ lpszFilter。指向一个过滤字符串，用户如果只想选择某种或某几种类型的文件，就需要指定过滤字符串；

❑ pParentWnd。指向父窗口或拥有者窗口的指针。

过滤字符串有特定的格式，它实际上是由多个子串组成，每个子串由两部分组成，第一部分是过滤器的字面说明，如 Text file (*.txt)，第二部分是用于过滤的匹配字符串，如*.txt，在子串的两部分之间用竖线字符"|"分隔开。各个子串之间也要用"|"分隔，并且整个串的最后两个字符必须是两个连续的竖线字符"|"。

（3）如果 CFileDialog::DoModal 返回的是 IDOK，那么可以用表 9-3 列出的类 CFileDialog 的成员函数来获取与所选文件有关的信息。

表 9-3　　　　　　　　　　　　CFileDialog 类辅助成员函数

| 函　数　名 | 用　　　途 |
| --- | --- |
| GetPathName | 返回一个包含有全路径文件名的 CString 对象 |
| GetFileName | 返回一个包含有文件名（不含路径）的 CString 对象 |
| GetFileExt | 返回一个只含文件扩展名的 CString 对象 |
| GetFileTitle | 返回一个只含文件名（不含扩展名）的 CString 对象 |

### 9.3.3 类 CFindReplaceDialog

类 CFindReplaceDialog 用于实现 Find（搜索）和 Replace（替换）对话框，这两个对话框都是非模态对话框，用于在正文中搜索和替换指定的字符串。因为 Find 和 Replace 对话框是非模式对话框，它们的创建方式与其他 4 类公用对话框不同。CFindReplaceDialog 对象是用 new 操作符在堆中创建的，而不是像普通对话框那样以变量的形式创建。

要启动 Find/Replace 对话框，应该调用函数 CFindReplaceDialog::Create，而不是 DoModal。函数 Create 的声明格式如下。

```
BOOL Create( BOOL bFindDialogOnly,
  LPCTSTR lpszFindWhat,
  LPCTSTR lpszReplaceWith = NULL,
  DWORD dwFlags = FR_DOWN,
  CWnd* pParentWnd = NULL
  );
```

上述各个参数的具体说明如下。

❑ bFindDialogOnly。当值为 TRUE 时，创建的是 Find 对话框，为 FALSE 时创建的是 Replace 对话框。

❑ LpszFindWhat。指定了要搜索的字符串。

❑ LpszReplaceWith。指定了用于替换的字符串。

❑ dwFlags。设置对话框，其默认值是 FR_DOWN(向下搜索)，该参数可以是几个 FR_XXX 常量的组合，用户可以通过该参数来决定诸如是否要显示 Match case、Match Whole Word 检查框等设置。

❑ pParentWnd。指明了对话框的父窗口或拥有者窗口。

Find/Replace 对话框与其他公用对话框的另一个不同之处在于，可以在工作过程中重复同一操作而对话框不被关闭，这就方便了频繁的搜索和替换工作。类 CFindReplaceDialog 只提供了一个界面，它并不会自动实现搜索和替换功能。CFindReplaceDialog 使用了一种特殊的通知机制，当用户按下了操作的按钮后，它会向父窗口发送一个通知消息，父窗口应在该消息的消息处理函数中实现搜索和替换。

类 CFindReplaceDialog 提供了一组成员函数用来获得与用户操作有关的信息，如表 9-4 所示，这组函数一般应在通知消息处理函数中调用。

表 9-4　　　　　　　　　　类 **CFindReplaceDialog** 的辅助成员函数

| 函　数　名 | 用　　途 |
| --- | --- |
| FindNext | 如果用户单击了 Findnext 按钮，该函数返回 TRUE |
| GetNotifier | 返回一个指向当前 CFindReplaceDialog 对话框的指针 |
| GetFindString | 返回一个包含要搜索字符串的 CString 对象 |
| GetReplaceString | 返回一个包含替换字符串的 CString 对象 |
| IsTerminating | 如果对话框终止了，则返回 TRUE |
| MatchCase | 如果选择了对话框中的 Match case 检查框，则返回 TRUE |
| MatchWholeWord | 如果选择了对话框中的 Match Whole Word 检查框，则返回 TRUE |
| ReplaceAll | 如果用户单击了 Replace All 按钮，该函数返回 TRUE |
| ReplaceCurrent | 如果用户单击了 Replace 按钮，该函数返回 TRUE |
| SearchDown | 返回 TRUE 表明搜索方向向下，返回 FALSE 则向上 |

CEditView 类自动实现了 Find 和 Replace 对话框的功能，但 MFC AppWizard 并未提供相应的

菜单命令。读者可以在前面的 Register 工程的 Edit 菜单中加入&Find...和&Replace...两项，并令其 ID 分别为 ID_EDIT_FIND 和 ID_EDIT_REPLACE，则 Find/Replace 对话框的功能就可以实现。

### 9.3.4　类 CFontDialog

类 CFontDialog 支持 Font（字体）对话框，用来让用户选择字体。创建 Font 对话框的过程与创建 Color 对话框的类似，具体流程如下。

（1）在堆栈上构建一个 CFontDialog 对象。

（2）调用 CFontDialog::DoModal 来启动对话框，类 CFontDialog 的构造函数如下。

```
CFontDialog( LPLOGFONT lplfInitial = NULL,
    DWORD dwFlags = CF_EFFECTS | CF_SCREENFONTS,
    CDC* pdcPrinter = NULL,
    CWnd* pParentWnd = NULL
    );
```

上述各个参数的具体说明如下。

❑ lplfInitial。指向一个 LOGFONG 结构，用来初始化对话框中的字体设置。

❑ dwFlags。设置对话框。

❑ pdcPrinter。指向一个代表打印机的 CDC 对象，若设置该参数，则选择的字体就为打印机所用。

❑ pParentWnd。指定对话框的父窗口或拥有者窗口。

（3）如果 DoModal 返回 IDOK，那么可以调用 CFontDialog 的成员函数来获得所选字体的信息，这些函数的具体说明在表 9-5 中进行了介绍。

表 9-5　　　　　　　　　　　类 **CFontDialog** 的辅助成员函数

| 函 数 名 | 用 途 |
| --- | --- |
| GetCurrentFont | 用来获得所选字体的属性。该函数有一个参数，该参数是指向 LOGFONT 结构的指针，函数将所选字体的各种属性写入这个 LOGFONT 结构中 |
| GetFaceName | 返回一个包含所选字体名字的 CString 对象 |
| GetStyleName | 返回一个包含所选字体风格名字的 CString 对象 |
| GetSize | 返回所选字体的尺寸（以 10 个像素为单位） |
| GetColor | 返回一个含有所选字体的颜色的 COLORREF 型值 |
| GetWeight | 返回所选字体的权值 |
| IsStrikeOut | 若用户选择了空心效果则返回 TRUE，否则返回 FALSE |
| IsUnderline | 若用户选择了下划线效果则返回 TRUE，否则返回 FALSE |
| IsBold | 若用户选择了黑体风格则返回 TRUE，否则返回 FALSE |
| IsItalic | 若用户选择了斜体风格则返回 TRUE，否则返回 FALSE |

### 9.3.5　类 CPrintDialog

类 CPrintDialog 支持 Print（打印）和 Print Setup（打印设置）对话框，通过这两个对话框用户可以进行与打印有关的操作。

创建 Print 和 Print Setup 对话框的过程与创建 Color 对话框的类似，此类的构造函数如下。

```
CPrintDialog( BOOL bPrintSetupOnly,
    DWORD dwFlags = PD_ALLPAGES | PD_USEDEVMODECOPIES | PD_NOPAGENUMS | PD_HIDEPRINTTOFILE | PD_NOSELECTION,
    CWnd* pParentWnd = NULL );
```

上述各个参数的具体说明如下。

❑ bPrintSetupOnly。如果值为 TRUE，则创建的是 Print 对话框，否则，创建的是 Print Setup 对话框。

❑ dwFlags。用来设置对话框，默认设置是打印出全部页，禁止 From 和 To 编辑框，即不用确定要打印的页的范围。

❑ PD_USEDEVMODECOPIES。使对话框判断打印设备是否支持多份拷贝和校对打印 (Collate)，若不支持，就禁止相应的编辑控件和 Collate 检查框。

❑ pParentWnd。指定对话框的父窗口或拥有者窗口。

在 Visual C++ 6.0 应用中，可以调用表 9-6 中的 CPrintDialog 成员函数获得打印参数。

表 9-6 **CPrintDialog** 的辅助成员函数

| 函 数 名 | 用 途 |
|---|---|
| GetCopies | 返回要求的拷贝数 |
| GetDefaults | 在不打开对话框的情况下返回默认打印机的默认设置，返回的设置放在 m_pd 数据成员中 |
| GetDeviceName | 返回一个包含有打印机设备名的 CString 对象 |
| GetDevMode | 返回一个指向 DEVMODE 结构的指针，用来查询打印机的设备初始化信息和设备环境信息 |
| GetDriverName | 返回一个包含有打印机驱动程序名的 CString 对象 |
| GetFromPage | 返回打印范围的起始页码 |
| GetToPage | 返回打印范围的结束页码 |
| GetPortName | 返回一个包含有打印机端口名的 CString 对象 |
| GetPrinterDC | 返回所选打印设备的一个 HDC 句柄 |
| PrintAll | 若要打印文档的所有页则返回 TRUE |
| PrintCollate | 若用户选择了 Collate Copies 检查框（需要校对打印拷贝）则返回 TRUE |
| PrintRange | 如果用户要打印文档的一部分页，则返回 TRUE |
| PrintSelection | 若用户想打印当前选择的部分文档，则返回 TRUE |

用默认配置 MFC AppWizard 建立的程序，会支持 Print 和 Print Setup 对话框，用户可以在 File 菜单中启动它们。

**实例 054** 通过文件对话框获取文件名

源码路径 光盘\daima\part09\6 视频路径 光盘\视频\实例\第 9 章\054

本实例的具体实现流程如下。

（1）创建单文档应用程序 OpenFile，为类 COpenFileView 添加变量 CString strFilePath，并初始化为空。

（2）添加左键单击消息 ON_WM_LBUTTONDOWN 的响应函数 OnLButtonDown()，具体代码如下。

```
void COpenFileView::OnLButtonDown(UINT nFlags, CPoint point)
{
  // TODO: Add your message handler code here and/or call default
  char szFilters[]="All Files (*.*)|*.*|All Files (*.*)|*.*||";
  /////////文件对话框
  CFileDialog dlg(TRUE, "*.*", "*.*",OFN_FILEMUSTEXIST|
OFN_HIDEREADONLY, szFilters, this);
  if(IDOK == dlg.DoModal())
  {
        strFilePath = dlg.GetPathName();
  }
  Invalidate(FALSE);
  CView::OnLButtonDown(nFlags, point);
}
```

（3）在类 COpenFileView 的函数 OnDraw 中，添加如下代码。

```
void COpenFileView::OnDraw(CDC* pDC)
{
  COpenFileDoc* pDoc = GetDocument();
  ASSERT_VALID(pDoc);
  // TODO: add draw code for native data here
  pDC->TextOut(10, 10, strFilePath);
}
```

编译运行后的效果如图 9-18 所示。

范例 107：实现窗体的继承功能
源码路径：光盘\演练范例\107
视频路径：光盘\演练范例\107
范例 108：实现换肤窗体效果
源码路径：光盘\演练范例\108
视频路径：光盘\演练范例\108

图 9-18　程序运行结果

# 9.4　消息对话框

知识点讲解：光盘\视频\PPT 讲解（知识点）\第 9 章\消息对话框.mp4

消息对话框和公用对话框类似，能够提示一些有用的信息给客户。在 Visual C++ 6.0 应用中，提供了专用函数来实现消息对话框的功能，这些函数的原型如下。

```
int AfxMessageBox( LPCTSTR lpszText, UINT nType = MB_OK, UINT nIDHelp = 0);
int MessageBox(HWND hWnd,LPCTSTR lpText,LPCTSTR lpCaption,UINT nType);
int CWnd::MessageBox(LPCTSTR lpText,LPCTSTR lpCaption=NULL,UINT nType=MB_OK);
```

上述各个参数的具体说明如下。

- □　LpText。表示信息对话框中显示的文本。
- □　LpCaption。表示对话框的标题。
- □　hWnd。表示对话框父窗口的句柄。
- □　nIDHelp。表示信息的上下文帮助 ID。
- □　nType。表示对话框的图标和按钮风格。

上述 3 个函数分别是 MFC 全局函数、Windows API 函数和 CWnd 类的成员函数，其具体功能基本相同，但是适用范围有所不同。函数 AfxMessageBox()和函数 MessageBox()可以应用在程序的任何地方，但函数 CWnd::Message Bos()只能用于控件、对话框、窗口等一些类中。

**实例 055**　通过消息对话框显示当前鼠标操作
源码路径　光盘\daima\part09\7　　　　视频路径　光盘\视频\实例\第 9 章\055

本实例的具体实现流程如下。

（1）创建单文档应用程序 Message，为类 CMessageView 添加单击的消息映射函数 OnLButtonDown()，具体代码如下。

```
void CMessageView::OnLButtonDown(UINT nFlags,
  CPoint point
)
{
  // TODO: Add your message handler code here and/or call default
  AfxMessageBox("单击!", MB_ICONASTERISK);
  CView::OnLButtonDown(nFlags, point);
}
```

范例 109：实现全屏显示的窗体
源码路径：光盘\演练范例\109
视频路径：光盘\演练范例\109
范例 110：实现带滚动条的窗体
源码路径：光盘\演练范例\110
视频路径：光盘\演练范例\110

（2）为类 CMessageView 添加滚动鼠标滚轮的消息映射函数 OnMouseWheel()，具体代码如下。

```
BOOL CMessageView::OnMouseWheel(UINT nFlags, short zDelta, CPoint pt)
{
    // TODO: Add your message handler code here and/or call default
    ::MessageBox(NULL, "滚动鼠标中键!", "Information", MB_ICONASTERISK);
    return CView::OnMouseWheel(nFlags, zDelta, pt);
}
```

（3）为类 CMessageView 添加单击右键的消息映射函数 OnRButtonDown()，具体代码如下。

```
void CMessageView::OnRButtonDown(UINT nFlags, CPoint point)
{
    // TODO: Add your message handler code here and/or call default
    MessageBox("单击鼠标右键!", "Information", MB_ICONASTERISK);
    CView::OnRButtonDown(nFlags, point);
}
```

编译运行后显示单击鼠标右键的运行界面，如图 9-19 所示。

提示对话框的格式是通过有关参数的设置来实现的，提示对话框中常用按钮信息的说明如表 9-7 所示，可用图标信息的说明如表 9-8 所示。

图 9-19　程序运行界面

表 9-7　　　　　　　　　　　　　提示信息对话框中的常用按钮

| 参　数 | 按　钮　类　型 |
|---|---|
| MB_ABORTRETRYIGNORE | 含有 Abort，Retry 和 Ignore 按钮 |
| MB_OK | 含有 OK 按钮 |
| MB_OKCANCEL | 含有 OK 和 Cancel 按钮 |
| MB_RETRYCANCEL | 还有 Retry 和 Cancel 按钮 |
| MB_YESNO | 含有 Yes 和 No 按钮 |
| MB_YESNOCANCEL | 含有 Yes，No 和 Cancel 按钮 |

表 9-8　　　　　　　　　　　　　提示信息对话框中的可用图标

| 图　标　类　型 | 参　数 |
|---|---|
| ⊗ | MB_ICONSTOP, MB_ICONERROR, MB_ICONHAND |
| ? | MB_ICONQUESTION |
| ⚠ | MB_ICONEXCLAMATION, MB_ICONWARNING |
| ⓘ | MB_ICONINFORMATION, MB_ICONASTERISK |

# 9.5　技　术　解　惑

## 9.5.1　是否可以把一个对话框的控件复制到另一个对话框中

当在编写 MFC 程序的过程中，有时可能发现编写的程序有错误，但是要改的话工作量会很大。并且对话框上的那些空间很多，重写添加控件工作量也是很大的。其实这时候有一个诀窍，可以复制这些控件到新建 Dialog 中。具体步骤如下。

（1）打开新建项目的 resourse.h 文件，#define 控件的 ID。这一步骤是必须的，不然无法知道要什么控件，这是识别控件的唯一标识，如图 9-20 所示。

（2）打开"*****.rc"文件，找到需要复制对话框的定义，将整个文本复制并粘贴过来，如图 9-21 所示。

图 9-20　#define 控件的 ID　　　　　　图 9-21　复制并粘贴对话框的定义

这样就完成了我们需要的控件复制工作。

## 9.5.2　如何保存编辑框中的内容

在接下来的内容中，将进行关于 MFC 保存编辑框中的内容弹出另存为对话框的深入研究，具体步骤如下。

（1）向文本文件写入内容，这一功能非常容易实现，只需通过如下语句即可。

```
#include ofstream ofs("test.txt");
```

（2）接下来的关键是如何获取指定编辑框中的内容，全部代码如下。

```
CString str;
ofstream ofs("test.txt");
CStatic *pst=(CStatic*)GetDlgItem(IDC_EDIT1);
//你的控件ID
pst->GetWindowText(str);
ofs<<str;
//另存为对话框
void COutputDlg::OnButton1()
{
CString str;
CFileDialog FileDlg(FALSE,".txt",NULL,OFN_HIDEREADONLY | OFN_OVERWRITEPROMPT);
FileDlg.m_ofn.lpstrInitialDir="c:\\";
if(FileDlg.DoModal()==IDOK)
{
ofstream ofs(FileDlg.GetPathName());
CStatic*pst=(CStatic*)GetDlgItem(IDC_EDIT4);//你的控件ID
pst->GetWindowText(str);
ofs<<str;
MessageBox("保存成功");
}
}
```

这样就实现了我们需要的功能。

## 9.5.3　解决 MFC 生成的 exe 程序不能在其他计算机上运行的问题

在 MFC 开发应用中，有时会遇到 MFC 生成的 exe 程序不能在其他计算机上运行的问题。这主要是 MFC 库链接方式的问题，MFC 有动态连接和静态连接两种方式。

（1）静态连接。就是把需要的 MFC 库函数放进你的 exe 之中，这样，在 MFC 库函数文件不在的情况下，你的 exe 仍然可以使用到这个库函数。

（2）动态连接。与静态连接相反，库函数不在 exe 之中，这样运行时就必须加载相应的 MFC dll，否则无法正常运行。

所以，如果运行环境没有对应的库文件存在（如没有安装 Visual C++），为了仍然能够运行，就要同时 Copy 相应的 MFC DLL，或者采用静态链接的方式。在 Visual C++ 6.0 中的操作步骤如下。

（1）选择 Project→Settings 命令。

（2）在弹出的对话框中选择 General 选项卡，在 Microsoft Foundation Classes 处选择 Use MFC in a Static Library。

# 第 10 章

# 控　　件

控件是能完成一定功能的组件，是用一段或数段程序编写实现的。在 Visual C++ 6.0 开发应用中，熟练掌握控件的使用方法对提高 MFC 编程效率有着重要的意义。本章将详细讲解 Visual C++ 6.0 应用中控件的基本知识。

| 本章内容 | 技术解惑 |
|---|---|
| ▸▸ 标准控件 | 如何绘制按钮 |
| ▸▸ 公共控件 | MFC 控件消息 |
| | 显示或隐藏控件 |

# 10.1　标　准　控　件

知识点讲解：光盘\视频\PPT 讲解（知识点）\第 10 章\标准控件.mp4

在 Visual C++ 6.0 应用中，对话框与控件是密不可分的。在每个对话框内都有一些控件，对话框依靠这些控件与用户进行交互。Windows 提供的控件有两类，分别是标准控件和公共控件，具体说明如下。

- ❑ 标准控件。包括静态控件、编辑框、按钮、列表框、组合框和滚动条等。利用标准控件可以满足大部分用户界面程序设计的要求，如编辑框用于输入用户数据，复选框按钮用于选择不同的选项，列表框用于选择要输入的信息。
- ❑ 公共控件。如滑块、进度条、列表视控件、树视图控件和标签控件等，以实现应用程序用户界面风格的多样性。

本节将详细讲解上述两种控件的基本知识。

## 10.1.1　Windows 标准控件

1. 创建并使用 Windows 标准控件的

Windows 系统标准控件的创建分为静态创建和动态创建两种方式，具体说明如下。

（1）静态创建。它是指在对话框模板中创建控件，并设置控件属性，在调用对话框时，窗口系统会自动按预先的设置为对话框创建控件，而且程序员可以使用 ClassWizard 为该控件在对话框类中创建一个控件类对象。

（2）动态创建。它是指在程序运行中根据需要，定义一个控件类的对象，再通过窗口函数 CreateWindow()或者 CreateWindowEx()创建控件，调用函数 ShowWindow()显示控件，正如操作一个子窗口一样。

每个控件都有一个属性表，对于静态创建的控件来说，可以在对话框模板中打开控件的属性对话框，并直接设置控件的初始属性。在设计程序的过程中，可以通过控件类对象调用方法设置控件的属性。

在 Windows 的标准控件中，除了静态控件通常不发送消息外，其他控件对于用户的操作都能发送消息，并且不同类的控件发送的消息类别不同。在 Visual C++ 6.0 应用中，可以使用 ClassWizard 为控件映射各种消息处理函数。在程序运行过程中，可以通过函数 UpdateData()主动控制数据在控件显示和成员变量之间的数据交换，同时 MFC 保留了 Windows API 函数，用于直接对控件 ID 操作控件，获取或者设置控件的显示值，例如函数 SetDlgItemText()和函数 GetDlgItemText()用于设置或获取编辑框的显示文本。

2. 控件的通用属性

在 Windows 系统标准控件属性窗口中，通常由 General 选项卡、Styles 选项卡和 Extend Styles 选项卡构成，这 3 个选项卡的具体说明如下。

（1）General 选项卡。

在 Visual C++ 6.0 应用中，General 选项卡主要用于常规设置，各个属性的具体说明如下。

- ❑ ID。程序通过 ID 来访问控件，所有控件中，只有 Static Box 控件和 Group Box 控件的 ID 可以重复，一般使用默认设置 IDC_STATIC，而其他控件的 ID 在一个应用程序中是唯一的。
- ❑ Visible。设置对话框打开控件是否可见，其类型为布尔类型。

❑ Disabled。设置对话框在打开是该控件是否不可用，其类型为布尔类型。

❑ Group。标记一组控件中的第一个控件。

❑ Tap stop。设置 Tab 键是否可以在该控件上面停留。

❑ Help ID。分配一个帮助 ID 给一个控件。

（2）Styles 选项卡的设置与控件风格相关，不同控件所设置的属性不相同。

（3）Extend Styles 选项卡设置与控件显示风格有关的属性，通常包括如下属性。

❑ Client edge。围绕对话框建立一个凹风格的边框，其类型为布尔型。

❑ Static edge。围绕对话框建立一个边框。

❑ Modal frame。该选项提供一个 3D 框架。

❑ Transparent。使用这种风格的窗口在层叠状态下是透明的。

❑ Accept files。是对话框可接受拖放文件操作，当用户拖动一个文件到对话框上，对话框将接收到一个 WM_DROPFILES 消息。

❑ Right aligned text。指定一个对话框中文本右对齐。

❑ Right-to-left reading order。对话框文本按照从右到左的顺序编排。

3．控件窗口的常用函数

Windows 应用程序对控件的操作实质上是对窗口的操作，对话框窗口中的控件被视为对话框窗口的子窗口，具有通用的窗口属性，所以控件的操作还可以通过一组窗口操作函数来完成。常用的控件子窗口的操作函数如下。

❑ CreateWindow()或 CreateWindowExt()。在程序运行过程中，可以通过创建窗口的函数来动态创建控件。

❑ ShowWindow()。显示或者隐藏控件。

❑ EnableWindow()。激活控件或者禁止控件接受用户输入。

❑ MoveWindow()。移动控件或者改变控件的大小。

❑ DestroyWindow()。关闭一个控件。

## 10.1.2 不能发送消息的静态控件

在 Visual C++ 6.0 应用中，静态控件包括静态文本（Static Text）和图片控件（Picture）。其中静态文本控件用来显示正文；而图片控件可以显示位图、图标、方框和图元文件，在图片控件中显示图片的好处是不必操心图片的重绘问题。静态控件不能接收用户的输入。静态控件的主要起了说明和装饰的作用。在 MFC 应用中，类 CStatic 封装了静态控件。类 CStatic 的成员函数 Create 负责创建静态控件，该函数的声明格式如下。

```
BOOL Create( LPCTSTR lpszText,
DWORD dwStyle,
const RECT& rect,
CWnd* pParentWnd,
UINT nID = 0xffff
);
```

上述各个参数的具体说明如下。

❑ lpszText。它指定了控件显示的文本。

❑ dwStyle。它指定了静态控件的风格，在表 10-1 中显示了静态控件的各种风格，dwStyle 可将这些风格组合起来。

❑ rect。它是一个对 RECT 或 CRect 结构的引用，用来说明控件的位置和尺寸。

❑ pParentWnd。它指向父窗口，该参数不能为 NULL。

❑ nID。它说明了控件的 ID。如果创建成功，该函数返回 TRUE，否则返回 FALSE。

表 10-1                                                静态控件的风格

| 控 件 风 格 | 用　　　　途 |
| --- | --- |
| SS_BLACKFRAME | 指定一个具有与窗口边界同色的框（默认为黑色） |
| SS_BLACKRECT | 指定一个具有与窗口边界同色的实矩形（默认为黑色） |
| SS_CENTER | 使显示的正文居中对齐，正文可以回绕 |
| SS_GRAYFRAME | 指定一个具有与屏幕背景同色的边框 |
| SS_GRAYRECT | 指定一个具有与屏幕背景同色的实矩形 |
| SS_ICON | 使控件显示一个在资源中定义的图标，图标的名字有 Create 函数的 lpszText 参数指定 |
| SS_LEFT | 左对齐正文，正文能回绕 |
| SS_LEFTNOWORDWRAP | 左对齐正文，正文不能回绕 |
| SS_NOPREFIX | 使静态正文串中的&不是一个热键提示符 |
| SS_NOTIFY | 使控件能向父窗口发送鼠标事件消息 |
| SS_RIGHT | 右对齐正文，可以回绕 |
| SS_SIMPLE | 使静态正文在运行时不能被改变并使正文显示在单行中 |
| SS_USERITEM | 指定一个用户定义项 |
| SS_WHITEFRAME | 指定一个具有与窗口背景同色的框（默认为白色） |
| SS_WHITERECT | 指定一个具有与窗口背景同色的实心矩形（默认为白色） |

除了表 10-1 中的风格外，一般还要为控件指定 WS_CHILD 和 WS_VISIBLE 窗口风格。一个典型的静态正文控件的风格如下。

WS_CHILD|WS_VISIBLE|SS_LEFT

对于用对话框模板编辑器创建的静态控件，可以在控件的属性对话框中指定表 10-1 中列出的控件风格。例如，可以在静态文本控件的属性对话框中选择 Simple，这相当于指定了 SS_SIMPLE 风格。

类 CStatic 主要的成员函数如表 10-2 所示。可以利用类 CWnd 的成员函数 GetWindowText、SetWindowText 和 GetWindowTextLength 等来查询和设置静态控件中显示的文本。

表 10-2                                        CStatic 类的主要成员函数

| 函 数 声 明 | 用　　　　途 |
| --- | --- |
| HBITMAP SetBitmap(HBITMAP hBitmap); | 指定要显示的位图 |
| HBITMAP GetBitmap( ) const; | 获取由 SetBitmap 指定的位图 |
| HICON SetIcon(HICON hIcon); | 指定要显示的图标 |
| HICON GetIcon( ) const; | 获取由 SetIcon 指定的图标 |
| HCURSOR SetCursor(HCURSOR hCursor); | 指定要显示的光标图片 |
| HCURSOR GetCursor( ); | 获取由 SetCursor 指定的光标 |
| HENHMETAFILE SetEnhMetaFile (HENHMETAFILE hMetaFile); | 指定要显示的增强图元文件 |
| HENHMETAFILE GetEnhMetaFile( ) const; | 获取由 SetEnhMetaFile 指定的图元文件 |

**实例 056　通过静态图片控件显示图像**

源码路径　光盘\daima\part10\1　　　　视频路径　光盘\视频\实例第 10 章\056

本实例的具体实现流程如下。

（1）创建基于对话框应用程序 StaticDlg，在 ResourceView 页面将 Lena 图像添加到 Bitmap 资源，默认 ID 为 IDB_BITMAP1。

（2）向对话框模板中添加静态文本控件和图片控件，将静态文本的 Caption 设置为"静态文本"，选择图片控件后右击，选择 Properties 命令并设置其属性，如图 10-1 所示。

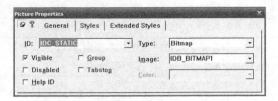

图 10-1 图片控件属性设置

编译运行后的效果如图 10-2 所示，这就是利用静态图像控件显示图像的运行结果。

图 10-2 程序运行结果

范例 111：设定静态文本框的背景色
源码路径：光盘\演练范例\111
视频路径：光盘\演练范例\111
范例 112：使用 Picture 控件实现分隔线
源码路径：光盘\演练范例\112
视频路径：光盘\演练范例\112

### 10.1.3 编辑框控件

编辑框（Edit Box）控件实际上是一个简易的文本编辑器，用户可以在编辑框中输入并编辑文本。编辑框既可以是单行的，也可以是多行的，多行编辑框是从零开始编行号的。在一个多行编辑框中，除了最后一行外，每一行的结尾处都有一对回车换行符（用 " \r\n " 表示）。这对回车换行符是正文换行的标志，在屏幕上是不可见的。

编辑框控件会向父窗口发出如表 10-3 所示的控件通知消息。

表 10-3　　　　　　　　　　　　　编辑框控件通知消息

| 消　息 | 含　义 |
| --- | --- |
| EN_CHANGE | 编辑框的内容被用户改变了。与 EN_UPDATE 不同，该消息是在编辑框显示的正文被刷新后才发出的 |
| EN_ERRSPACE | 编辑框控件无法申请足够的动态内存来满足需要 |
| EN_HSCROLL | 用户在水平滚动条上单击 |
| EN_KILLFOCUS | 编辑框失去输入焦点 |
| EN_MAXTEXT | 输入的字符超过了规定的最大字符数。在没有 ES_AUTOHSCROLL 或 ES_AUTOVSCROLL 的编辑框中，当正文超出了编辑框的边框时也会发出该消息 |
| EN_SETFOCUS | 编辑框获得输入焦点 |
| EN_UPDATE | 在编辑框准备显示改变了的正文时发送该消息 |
| EN_VSCROLL | 用户在垂直滚动条上单击 |

MFC 中的类 CEdit 封装了编辑框控件。类 CEdit 的成员函数 Create 负责创建按钮控件，该函数的声明格式如下。

```
BOOL Create( DWORD dwStyle, const RECT& rect, CWnd* pParentWnd, UINT nID );
```

上述各个参数的具体说明如下。

❑ dwStyle。它指定了编辑框控件的风格，具体信息如表 10-4 所示。dwStyle 可以是这些风格的组合。

**表 10-4**                     编辑框控件的风格

| 控 件 风 格 | 含 义 |
|---|---|
| ES_AUTOHSCROLL | 当用户在行尾键入一个字符时，正文将自动向右滚动 10 个字符，当用户按 Enter 键时，正文总是滚向左边 |
| ES_AUTOVSCROLL | 当用户在最后一个可见行按 Enter 键时，正文向上滚动一页 |
| ES_CENTER | 在多行编辑框中使正文居中 |
| ES_LEFT | 左对齐正文 |
| ES_LOWERCASE | 把用户输入的字母统转换成小写字母 |
| ES_MULTILINE | 指定一个多行编辑器。若多行编辑器不指定 ES_AUTOHSCROLL 风格，则会自动换行，若不指定 ES_AUTOVSCROLL，则多行编辑器会在窗口中正文装满时发出警告声响 |
| ES_NOHIDESEL | 默认时，当编辑框失去输入焦点后会隐藏所选的正文，当获得输入焦点时又显示出来。设置该风格可禁止这种默认行为 |
| ES_OEMCONVERT | 使编辑框中的正文可以在 ANSI 字符集和 OEM 字符集之间相互转换。这在编辑框中包含文件名时是很有用的 |
| ES_PASSWORD | 使所有键入的字符都用"*"来显示 |
| ES_RIGHT | 右对齐正文 |
| ES_UPPERCASE | 把用户输入的字母统转换成大写字母 |
| ES_READONLY | 将编辑框设置成只读的 |
| ES_WANTRETURN | 使多行编辑器接收 Enter 键输入并换行。如果不指定该风格，按 Enter 键会选择默认的命令按钮，这往往会导致对话框的关闭 |

❑ rect。它指定了编辑框的位置和尺寸。

❑ pParentWnd。它指定了父窗口，不能为 NULL。编辑框的 ID 由 nID 指定。如果创建成功，该函数返回 TRUE，否则返回 FALSE。

除了上表中的风格外，一般还要为控件指定 WS_CHILD、WS_VISIBLE、WS_TABSTOP 和 WS_BORDER 窗口风格。创建一个普通的单行编辑框应指定风格如下。

WS_CHILD | WS_VISIBLE | WS_TABSTOP | WS_BORDER | ES_LEFT| ES_AUTOHSCROLL

这将创建一个带边框、左对齐正文、可水平滚动的单行编辑器。要创建一个普通多行编辑框，还要附加如下风格。

ES_MULTILINE|ES_WANTRETURN|ES_AUTOVSCROLL |WS_HSCROLL| WS_VSCROLL

这将创建一个可水平和垂直滚动的、带有水平和垂直滚动条的多行编辑器。

对于用对话框模板编辑器创建的编辑框控件，可以在控件的属性对话框中指定表 10-4 中列出的控件风格。例如，在属性对话框中选择 Multi-line 项，相当与指定了 ES_MULTILINE 风格。

类 CEdit 提供了一些与剪贴板有关的成员函数，如表 10-5 所示。

**表 10-5**                与剪贴板有关的 **CEdit** 成员函数

| 函 数 声 明 | 用 途 |
|---|---|
| void Clear( ) | 清除编辑框中被选择的正文 |
| void Copy( ) | 把在编辑框中选择的正文拷贝到剪贴板中 |
| void Cut( ) | 清除编辑框中被选择的正文并把这些正文复制到剪贴板中 |
| void Paste( ) | 将剪贴板中的正文插入到编辑框的当前插入符处 |
| BOOL Undo( ) | 撤消上一次输入。对于单行编辑框，该函数总返回 TRUE，对于多行编辑框，返回 TRUE 表明操作成功，否则返回 FALSE |

可以用类 CEdit 或 CWnd 的成员函数来查询编辑框。在学习这些函数时，读者会经常遇到术语字符索引。字符的字符索引是指从编辑框的开头字符开始的字符编号，它是从零开始编号的。也就是说，字符索引实际上是指当把整个编辑正文看成一个字符串数组时，该字符所在的数组元素的下标。

（1）GetWindowText 函数。

```
int GetWindowText( LPTSTR lpszStringBuf, int nMaxCount ) const;
void GetWindowText( CString& rString ) const;
```

GetWindowText 有如下两个版本。

这两个函数均是类 CWnd 的成员函数，可用来获得窗口的标题或控件中的文本。

第一个版本的函数用 LpszStringBuf 参数指向的字符串数组作为拷贝正文的缓冲区，参数 nMaxCount 可以复制到缓冲区中的最大字符数，该函数返回以字节为单位的实际复制的字符数（不包括结尾的空字节）。

第二个版本的函数用一个 CString 对象作为缓冲区。

（2）GetWindowTextLength 函数，原型如下。

```
int GetWindowTextLength( ) const;
```

GetWindowTextLength 是 CWnd 的成员函数，可用来获得窗口的标题或控件中的正文的长度。

（3）GetSel 和 GetSel 函数，原型如下。

```
DWORD GetSel( ) const;
void GetSel( int& nStartChar, int& nEndChar ) const;
```

这两个函数都是 CEdit 的成员函数，用来获得所选正文的位置。GetSel 的第一个版本返回一个 DWORD 值，其中低位字说明了被选择的正文开始处的字符索引，高位字说明了选择的正文结束处的后面一个字符的字符索引，如果没有正文被选择，那么返回的低位和高位字节都是当前插入符所在字符的字符索引。GetSel 的第二个版本的两个参数是两个引用，其含义与第一个版本函数返回值的低位和高位字相同。

（4）LineFromChar 函数，原型如下。

```
int LineFromChar( int nIndex = –1 ) const;
```

CEdit 的成员函数，仅用于多行编辑框，用来返回指定字符索引所在行的行索引（从零开始编号）。参数 nIndex 指定了一个字符索引，如果 nIndex 是-1，那么函数将返回选择正文的第一个字符所在行的行号，若没有正文被选择，则该函数会返回当前的插入符所在行的行号。

（5）LineIndex 函数，原型如下。

```
int LineIndex( int nLine = –1 ) const;
```

CEdit 的成员函数，仅用于多行编辑框，用来获得指定行的开头字符的字符索引，如果指定行超过了编辑框中的最大行数，该函数将返回-1。参数 nLine 是指定了从零开始的行索引，如果它的值为-1，则函数返回当前的插入符所在行的字符索引。

（6）GetLineCount 函数，原型如下。

```
int GetLineCount( ) const;
```

CEdit 的成员函数，仅用于多行编辑框，用来获得正文的行数。如果编辑框是空的，那么该函数的返回值是 1。

（7）LineLength 函数，原型如下。

```
int LineLength( int nLine = –1 ) const;
```

CEdit 的成员函数，用于获取指定字符索引所在行的字节长度（行尾的回车和换行符不计算在内）。参数 nLine 说明了字符索引。如果 nLine 的值为-1，则函数返回当前行的长度（假如没有正文被选择），或选择正文占据的行的字符总数减去选择正文的字符数（假如有正文被选择）。若用于单行编辑框，则函数返回整个正文的长度。

（8）GetLine 函数，原型如下。

```
int GetLine( int nIndex, LPTSTR lpszBuffer ) const;
int GetLine( int nIndex, LPTSTR lpszBuffer, int nMaxLength ) const;
```

CEdit 的成员函数，仅用于多行编辑框，用来获得指定行的正文（不包括行尾的回车和换行符）。参数 nIndex 是行号，lpszBuffer 指向存放正文的缓冲区，nMaxLength 规定了拷贝的最大字节数，若。函数返回实际拷贝的字节数，若指定的行号大于编辑框的实际行数，则函数返回 0。需要注意的是，GetLine 函数不会在缓冲区中字符串的末尾加字符串结束符(NULL)。

（9）SetWindowText 函数，原型如下。

```
void SetWindowText( LPCTSTR lpszString );
```

CWnd 的成员函数，可用来设置窗口的标题或控件中的正文。参数 lpszString 可以是一个 CString 对象，或是一个指向字符串的指针。

（10）SetSel 函数，原型如下。

```
void SetSel( DWORD dwSelection, BOOL bNoScroll = FALSE );
void SetSel( int nStartChar, int nEndChar, BOOL bNoScroll = FALSE );
```

CEdit 的成员函数，用来选择编辑框中的正文。参数 dwSelection 的低位字说明了选择开始处的字符索引，高位字说明了选择结束处的字符索引。如果低位字为 0 且高位字节为-1，那么就选择所有的正文，如果低位字节为-1，则取消所有的选择。参数 bNoScroll 的值如果是 FALSE，则滚动插入符并使之可见，否则就不滚动。参数 nStartChar 和 nEndChar 的含义与参数 dwSelection 的低位字和高位字相同。

（11）ReplaceSel 函数，原型如下。

```
void ReplaceSel( LPCTSTR lpszNewText, BOOL bCanUndo = FALSE );
```

CEdit 的成员函数，用来将所选正文替换成指定的正文。参数 lpszNewText 指向用来替换的字符串。参数 bCanUndo 的值为 TRUE 说明替换是否可以被撤消的。

## 实例 057　利用编辑框控件显示鼠标操作的有关信息

源码路径　　光盘\daima\part10\2　　　　视频路径　　光盘\视频\实例\第 10 章\057

本实例的具体实现流程如下。

（1）创建基于对话框应用程序 Edit_Dlg，设计对话框资源如图 10-3 所示，利用 ClassWizard 的 Member Variables 页面为编辑框添加变量 CString m_Str。

（2）为类 CEdit_DlgDlg 添加单击和右击消息映射函数 OnLButtonDown()和 OnRButtonDown()，具体代码如下所示。

```
//////////鼠标左键按下消息响应函数
void CEdit_DlgDlg::OnLButtonDown(UINT nFlags, CPoint point)
{
    // TODO: Add your message handler code here and/or call default
    m_Str = "单击鼠标左键!";
    UpdateData(FALSE);
    CDialog::OnLButtonDown(nFlags, point);
}
//////////鼠标右键按下消息响应函数
void CEdit_DlgDlg::OnRButtonDown(UINT nFlags, CPoint point)
{
    m_Str = "单击鼠标右键!";
    UpdateData(FALSE);
    CDialog::OnRButtonDown(nFlags, point);
}
```

> 范例 113：用静态文本控件显示图标
> 源码路径：光盘\演练范例\113
> 视频路径：光盘\演练范例\113
> 范例 114：在静态文本控件上绘图
> 源码路径：光盘\演练范例\114
> 视频路径：光盘\演练范例\114

编译运行后的效果如图 10-4 所示。

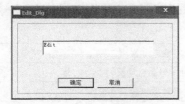

图 10-3　设计对话框资源

图 10-4　程序运行结果

### 10.1.4 按钮

在 Visual C++ 6.0 应用中，当按钮被按下后会激活某个事件，这个事件能执行某个方法从而完成这样或那样的功能，如图 10-5 所示。

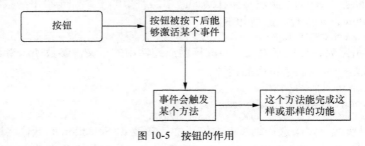

图 10-5 按钮的作用

按钮是指可以响应鼠标单击的小矩形子窗口。按钮控件包括命令按钮（Pushbutton）、检查框（Check Box）、单选按钮（Radio Button）、组框（Group Box）和自绘式按钮（Owner-draw Button）。

命令按钮的作用是对用户的单击作出反应并触发相应的事件，在按钮中既可以显示正文，也可以显示位图。检查框控件可作为一种选择标记，可以有选中、不选中和不确定 3 种状态。单选按钮控件一般都是成组出现的，具有互斥的性质，即同组单选按钮中只能有一个是被选中的。组框用来将相关的一些控件聚成一组。

选择框和单选按钮是一种特殊的按钮，它们有选择和未选择状态。当一个选择框处于选择状态时，在小方框内会出现一个"√"，当单选按钮处于选择状态时，会在圆圈中显示一个黑色实心圆。此外，检查框还有一种不确定状态，这时检查框表现为灰色，不能接受用户的输入，以表明控件是无效的或无意义的。

按钮控件会向父窗口发出表 10-6 所示的控件通知消息。

表 10-6　　　　　　　　　　　按钮控件的通知消息

| 消　息 | 含　义 |
| --- | --- |
| BN_CLICKED | 用户在按钮上单击 |
| BN_DOUBLECLICKED | 用户在按钮上双击 |

在 MFC 应用中，类 CButton 封装了按钮控件。类 CButton 的成员函数 Create 负责创建按钮控件，该函数的声明格式如下。

```
BOOL Create( LPCTSTR lpszCaption, DWORD dwStyle, const RECT& rect, CWnd* pParentWnd, UINT nID );
```
上述各个参数的具体说明如下。

❑ lpszCaption。它指定按钮显示的正文。

❑ dwStyle。它指定了按钮的风格，如表 10-7 所示，dwStyle 可以是这些风格的组合。

❑ rect。它说明了按钮的位置和尺寸。

❑ pParentWnd。它指向父窗口，该参数不能为 NULL。

❑ nID。它是按钮的 ID。如果创建成功，该函数返回 TRUE，否则返回 FALSE。

表 10-7　　　　　　　　　　　按钮的风格

| 控 件 风 格 | 含　义 |
| --- | --- |
| BS_AUTOCHECKBOX | 同 BS_CHECKBOX，不过单击时按钮会自动反转 |
| BS_AUTORADIOBUTTON | 同 BS_RADIOBUTTON，不过单击时按钮会自动反转 |
| BS_AUTO3STATE | 同 BS_3STATE，不过单击按钮时会改变状态 |

续表

| 控 件 风 格 | 含　义 |
|---|---|
| BS_CHECKBOX | 指定在矩形按钮右侧带有标题的选择框 |
| BS_DEFPUSHBUTTON | 指定默认的命令按钮，这种按钮的周围有一个黑框，用户可以按 Enter 键来快速选择该按钮 |
| BS_GROUPBOX | 指定一个组框 |
| S_LEFTTEXT | 使控件的标题显示在按钮的左边 |
| BS_OWNERDRAW | 指定一个自绘式按钮 |
| BS_PUSHBUTTON | 指定一个命令按钮 |
| BS_RADIOBUTTON | 指定一个单选按钮，在圆按钮的右边显示正文 |
| BS_3STATE | 同 BS_CHECKBOX，不过控件有 3 种状态：选择、未选择和变灰 |

除了表 10-7 中列出的风格外，一般还要为控件指定 WS_CHILD、WS_VISIBLE 和 WS_TABSTOP 窗口风格。对于用对话框模板编辑器创建的按钮控件，可以在控件的属性对话框中指定表 10-7 中列出的控件风格。例如，在命令按钮的属性对话框中选择 Default button，相当于指定了 BS_DEFPUSHBUTTON。

在 MFC 应用中，类 CButton 的主要的成员函数如下。

（1）GetState 函数，原型如下。

`UINT GetState( ) const;`

该函数返回按钮控件的各种状态，可以用下列屏蔽值与函数的返回值相与，以获得各种信息。

- 0x0003。用来获取检查框或单选按钮的状态。0 表示未选中，1 表示被选中，2 表示不确定状态（仅用于检查框）。
- 0x0004。用来判断按钮是否是高亮度显示的。非零值意味着按钮是高亮度显示的。当用户单击了按钮并按住鼠标左键时，按钮会呈高亮度显示。
- 0x0008。非零值表示按钮拥有输入焦点。

（2）SetState 函数，原型如下。

`void SetState( BOOL bHighlight );`

当参数 bHeightlight 值为 TRUE 时，该函数将按钮设置为高亮度状态，否则去除按钮的高亮度状态。

（3）GetCheck 函数，原型如下。

`int GetCheck( ) const;`

返回检查框或单选按钮的选择状态。返回值 0 表示按钮未被选择，1 表示按钮被选择，2 表示按钮处于不确定状态（仅用于检查框）。

（4）SetCheck 函数，原型如下。

`void SetCheck( int nCheck );`

设置检查框或单选按钮的选择状态。参数 nCheck 值的含义与 GetCheck 返回值相同。

（5）GetButtonStyle 函数，原型如下。

`UINT GetButtonStyle( ) const;`

获得按钮控件的 BS_XXXX 风格。

（5）SetButtonStyle 函数，原型如下。

`void SetButtonStyle( UINT nStyle, BOOL bRedraw = TRUE );`

设置按钮的风格。参数 nStyle 指定了按钮的风格。bRedraw 为 TRUE 则重绘按钮，否则就不重绘。

（6）SetBitmap 函数，原型如下。

HBITMAP SetBitmap( HBITMAP hBitmap );

设置按钮显示的位图。参数 hBitmap 指定了位图的句柄。该函数还会返回按钮原来的位图。

（7）GetBitmap 函数，原型如下。

HBITMAP GetBitmap( ) const;

返回以前用 SetBitmap 设置的按钮位图。

（8）SetIcon 函数，原型如下。

HICON SetIcon( HICON hIcon );

设置按钮显示的图标。参数 hIcon 指定了图标的句柄。该函数还会返回按钮原来的图标。

（9）GetIcon 函数，原型如下。

HICON GetIcon( ) const;

返回以前用 SetIcon 设置的按钮图标。

（10）SetCursor 函数，原型如下。

HCURSOR SetCursor( HCURSOR hCursor );

设置按钮显示的光标图。参数 hCursor 指定了光标的句柄。该函数还会返回按钮原来的光标。

（11）GetCursor 函数，原型如下。

HCURSOR GetCursor( );

返回以前用 GetCursor 设置的光标。

另外，可以使用下列的一些与按钮控件有关的 CWnd 成员函数来设置或查询按钮的状态。用这些函数的好处在于不必构建按钮控件对象，只要知道按钮的 ID，就可以直接设置或查询按钮。

（12）CheckDlgButton 函数，原型如下。

void CheckDlgButton( int nIDButton, UINT nCheck );

用来设置按钮的选择状态。参数 nIDButton 指定了按钮的 ID。nCheck 的值 0 表示按钮未被选择，1 表示按钮被选择，2 表示按钮处于不确定状态。

（13）CheckRadioButton 函数，原型如下。

void CheckRadioButton( int nIDFirstButton, int nIDLastButton, int nIDCheckButton );

用来选择组中的一个单选按钮。参数 nIDFirstButton 指定了组中第一个按钮的 ID，nIDLastButton 指定了组中最后一个按钮的 ID，nIDCheckButton 指定了要选择的按钮的 ID。

（14）GetCheckedRadioButton 函数，原型如下。

int GetCheckedRadioButton( int nIDFirstButton, int nIDLastButton );

该函数用来获得一组单选按钮中被选中按钮的 ID。参数 nIDFirstButton 说明了组中第一个按钮的 ID，nIDLastButton 说明了组中最后一个按钮的 ID。

（15）IsDlgButtonChecked 函数，原型如下。

UINT IsDlgButtonChecked( int nIDButton ) const;

返回检查框或单选按钮的选择状态。返回值 0 表示按钮未被选择，1 表示按钮被选择，2 表示按钮处于不确定状态（仅用于检查框）。

可以调用 CWnd 的成员函数 GetWindowText、GetWindowTextLength 和 SetWindowText 查询或设置按钮中显示的正文。

另外，在 MFC 中还提供了 CButton 的派生类 CBitmapButton，利用该类可以创建一个拥有四幅位图的命令按钮，按钮在不同状态时会显示不同的位图，这样可以使界面显得生动活泼。

**实例 058　演示使用单选按钮、检查框、组框的方法**

源码路径　光盘\daima\part10\3　　　　　视频路径　光盘\视频\实例\第 10 章\058

本实例的功能是，演示单选按钮、检查框、组框的使用方法及功能。本实例的具体实现流程如下。

（1）创建基于对话框应用程序 Button_Dlg，添加单选按钮、多选按钮、组框到对话框资源上，语气效果如表 10-8 所示。并按 Ctrl+D 组合键设置图 10-6 所示的 Tab 键顺序。

**表 10-8**                                对话框中添加的控件

| 控件类型 | 控件 ID | 设置控件的属性 | 成员变量 |
|---|---|---|---|
| 组框 | IDC_STATIC | Caption=单选按钮 | |
| 单选按钮 | IDC_RADIO1 | Caption=单选按钮 1，Group, Tab stop | int m_iRadio |
| 单选按钮 | IDC_RADIO2 | Caption=单选按钮 2 | |
| 单选按钮 | IDC_RADIO3 | Caption=单选按钮 3 | |
| 组框 | IDC_STATIC | Caption=检查框 | |
| 检查框 | IDC_CHECK1 | Caption=检查框 1,Group | BOOL m_Check1 |
| 检查框 | IDC_CHECK2 | Caption=检查框 2 | BOOL m_Check2 |
| 检查框 | IDC_CHECK3 | Caption=检查框 3 | BOOL m_Check3 |

（2）为对话框添加"确定"按钮的消息映射函数 OnOK()，函数体的具体实现代码如下。

```
void CButton_DlgDlg::OnOK()
{
    // TODO: Add extra validation here
    UpdateData(TRUE);
    CString str;
    if(m_iRadio == 0)
    {
        str = "第一个单选按钮";
    }
    else if(m_iRadio == 1)
    {
        str = "第二个单选按钮";
    }
    else
    {
        str = "第三个单选按钮";
    }

    if(m_Check1)
    {
        str += "，第一个检查框";
    }
    if(m_Check2)
    {
        str += "，第二个检查框";
    }
    if(m_Check3)
    {
        str += "，第三个检查框";
    }
    AfxMessageBox(str);
    CDialog::OnOK();
}
```

范例 115：创建显示数字钟的静态文本框
源码路径：光盘\演练范例\115
视频路径：光盘\演练范例\115
范例 116：创建超链接风格的静态控件
源码路径：光盘\演练范例\116
视频路径：光盘\演练范例\116

编译运行后的效果如图 10-7 所示。

图 10-6  设置 Tab 键顺序

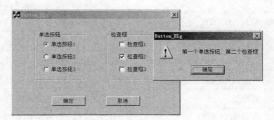

图 10-7  程序运行结果

## 10.1.5  列表框

在 Visual C++ 6.0 应用中，列表框主要用于实现用户的输入工作，它允许用户从所列出的表项中进行单项或多项选择，被选择的项呈高亮度显示。列表框具有边框，并且一般带有一个垂直滚动条。列表框分单选列表框和多重选择列表框两种。单选列表框一次只能选择一个列表项，而多重选择列表框可以进行多重选择。

列表框会向父窗口发送如表 10-9 所示的通知消息。

表 10-9　　　　　　　　　　　　　　列表框控件的通知消息

| 消　息 | 含　义 |
| --- | --- |
| LBN_DBLCLK | 用户用鼠标双击了一列表项。只有具有 LBS_NOTIFY 的列表框才能发送该消息 |
| LBN_ERRSPACE | 列表框不能申请足够的动态内存来满足需要 |
| LBN_KILLFOCUS | 列表框失去输入焦点 |
| LBN_SELCANCEL | 当前的选择被取消。只有具有 LBS_NOTIFY 的列表框才能发送该消息 |
| LBN_SELCHANGE | 单击鼠标选择了一列表项。只有具有 LBS_NOTIFY 的列表框才能发送该消息 |
| LBN_SETFOCUS | 列表框获得输入焦点 |
| WM_CHARTOITEM | 当列表框收到 WM_CHAR 消息后，向父窗口发送该消息。只有具有 LBS_WANTKEYBOARDINPUT 风格的列表框才会发送该消息 |
| WM_VKEYTOITEM | 当列表框收到 WM_KEYDOWN 消息后，向父窗口发送该消息。只有具有 LBS_WANTKEYBOARDINPUT 风格的列表框才会发送该消息 |

类 CListBox 封装了列表框，此类的 Create 成员函数负责列表框的创建，该函数的声明格式如下。

```
BOOL Create( DWORD dwStyle, const RECT& rect, CWnd* pParentWnd, UINT nID );
```

上述各个参数的具体说明如下。

❑ dwStyle。它指定了列表框控件的风格，如表 10-10 所示，dwStyle 可以是这些风格的组合。

❑ rect。它说明了控件的位置和尺寸。

❑ pParentWnd。它指向父窗口，该参数不能为 NULL。

❑ nID。它说明了控件的 ID。如果创建成功，该函数返回 TRUE，否则返回 FALSE。

表 10-10　　　　　　　　　　　　　　列表框控件的风格

| 控件风格 | 含　义 |
| --- | --- |
| LBS_EXTENDEDSEL | 支持多重选择。在单击列表项时按住 Shift 键或 Ctrl 键即可选择多个项 |
| LBS_HASSTRINGS | 指定一个含有字符串的自绘式列表框 |
| LBS_MULTICOLUMN | 指定一个水平滚动的多列列表框，通过调 CListBox::SetColumnWidth 来设置每列的宽度 |
| LBS_MULTIPLESEL | 支持多重选择。列表项的选择状态随着用户对该项单击或双击而翻转 |
| LBS_NOINTEGRALHEIGHT | 列表框的尺寸由应用程序而不是 Windows 指定。通常，Windows 指定尺寸会使列表项的某些部分隐藏起来 |
| LBS_NOREDRAW | 当选择发生变化时防止列表框被更新，可发送 WM_SETREDRAW 来改变该风格 |
| LBS_NOTIFY | 当用户单击或双击时通知父窗口 |
| LBS_OWNERDRAWFIXED | 指定自绘式列表框，即由父窗口负责绘制列表框的内容，并且列表项有相同的高度 |
| LBS_OWNERDRAWVARIABLE | 指定自绘式列表框，并且列表项有不同的高度 |
| LBS_SORT | 使插入列表框中的项按升序排列 |
| LBS_STANDARD | 相当于指定了 WS_BORDER|WS_VSCROLL|LBS_SORT |LBS_NOTIFY |
| LBS_USETABSTOPS | 使列表框在显示列表项时识别并扩展制表符('\t'), 默认的制表宽度是 32 个对话框单位 |
| LBS_WANTKEYBOARDINPUT | 允许列表框的父窗口接收 WM_VKEYTOITEM 和 WM_CHARTOITEM 消息，以响应键盘输入 |
| LBS_DISABLENOSCROLL | 使列表框在不需要滚动时显示一个禁止的垂直滚动条 |

除了上表中的风格外，一般还要为列表框控件指定 WS_CHILD、WS_VISIBLE、WS_TABSTOP、WS_BORDER 和 WS_VSCROLL 风格。

类 CListBox 的成员函数有数十个之多，可以把一些常用的函数分为 3 类。首先，CListBox 成员函数提供了下列函数用于插入和删除列表项。

（1）AddString 函数，原型如下。

```
int AddString( LPCTSTR lpszItem );
```

该函数用来往列表框中加入字符串，其中参数 LpszItem 指定了要添加的字符串。函数的返回值是加入的字符串在列表框中的位置，如果发生错误，会返回 LB_ERR 或 LB_ERRSPACE（内存不够）。如果列表框未设置 LBS_SORT 风格，那么字符串将被添加到列表的末尾，如果设置了 LBS_SORT 风格，字符串会按排序规律插入列表。

（2）InsertString 函数，原型如下。

```
int InsertString( int nIndex, LPCTSTR lpszItem );
```

该函数用来在列表框中的指定位置插入字符串。参数 nIndex 给出了插入位置（索引），如果值为−1，则字符串将被添加到列表的末尾。参数 LpszItem 指定了要插入的字符串。函数返回实际的插入位置，若发生错误，会返回 LB_ERR 或 LB_ERRSPACE。与 AddString 函数不同，InsertString 函数不会导致 LBS_SORT 风格的列表框重新排序。不要在具有 LBS_SORT 风格的列表框中使用 InsertString 函数，以免破坏列表项的次序。

（3）DeleteString 函数，原型如下。

```
int DeleteString( UINT nIndex );
```

该函数用于删除指定的列表项，其中参数 nIndex 指定了要删除项的索引。函数的返回值为剩下的表项数目，如果 nIndex 超过了实际的表项总数，则返回 LB_ERR。

（4）ResetContent 函数，原型如下。

```
void ResetContent( );
```

该函数用于清除所有列表项。

（5）Dir 函数，原型如下。

```
int Dir( UINT attr, LPCTSTR lpszWildCard );
```

该函数用来向列表项中加入所有与指定通配符相匹配的文件名或驱动器名。参数 attr 为文件类型的组合，如表 10-11 所示。参数 lpszWildCard 指定了通配符（如*.cpp、*.*等）。

表 10-11　　　　　　　　　　　　　　**Dir** 函数 **attr** 参数的含义

| 值 | 含　义 |
|---|---|
| 0x0000 | 普通文件（可读写的文件） |
| 0x0001 | 只读文件 |
| 0x0002 | 隐藏文件 |
| 0x0004 | 系统文件 |
| 0x0010 | 目录 |
| 0x0020 | 文件的归档位已被设置 |
| 0x4000 | 包括了所有与通配符相匹配的驱动器 |
| 0x8000 | 排除标志。若指定该标志，则只列出指定类型的文件名，否则，先要列出普通文件，然后再列出指定的文件 |

下列的 CListBox 成员函数用于搜索、查询和设置列表框。

（1）GetCount 函数，原型如下。

```
int GetCount( ) const;
```

该函数返回列表项的总数，若出错则返回 LB_ERR。

（2）FindString 函数，原型如下。

```
int FindString( int nStartAfter, LPCTSTR lpszItem ) const;
```

该函数用于对列表项进行与大小写无关的搜索。参数 nStartAfter 指定了开始搜索的位置，合理指定 nStartAfter 可以加快搜索速度，若 nStartAfter 为-1，则从头开始搜索整个列表。参数 lpszItem 指定了要搜索的字符串。函数返回与 lpszItem 指定的字符串相匹配的列表项的索引，若没有找到匹配项或发生了错误，函数会返回 LB_ERR。FindString 函数先从 nStartAfter 指定的位置开始搜索，若没有找到匹配项，则会从头开始搜索列表。只有找到匹配项，或对整个列表搜索完一遍后，搜索过程才会停止，所以不必担心会漏掉要搜索的列表项。

（3）GetText 函数，原型如下。

```
int GetText( int nIndex, LPTSTR lpszBuffer ) const;
void GetText( int nIndex, CString& rString ) const;
```

用于获取指定列表项的字符串。参数 nIndex 指定了列表项的索引。参数 lpszBuffer 指向一个接收字符串的缓冲区。引用参数 rString 则指定了接收字符串的 CString 对象。第一个版本的函数会返回获得的字符串的长度，若出错，则返回 LB_ERR。

（4）GetTextLen 函数，原型如下。

```
int GetTextLen( int nIndex ) const;
```

该函数返回指定列表项的字符串的字节长度。参数 nIndex 指定了列表项的索引。若出错则返回 LB_ERR。

（5）GetItemData 函数，原型如下。

```
DWORD GetItemData( int nIndex ) const;
```

每个列表项都有一个 32 位的附加数据。该函数返回指定列表项的附加数据，参数 nIndex 指定了列表项的索引。若出错则函数返回 LB_ERR。

（6）SetItemData 函数，原型如下。

```
int SetItemData( int nIndex, DWORD dwItemData );
```

该函数用来指定某一列表项的 32 位附加数据。参数 nIndex 指定了列表项的索引。dwItemData 是要设置的附加数据值。

（7）GetTopIndex 函数，原型如下。

```
int GetTopIndex( ) const;
```

该函数返回列表框中第一个可见项的索引，若出错则返回 LB_ERR。

（8）SetTopIndex 函数，原型如下。

```
int SetTopIndex( int nIndex );
```

用来将指定的列表项设置为列表框的第一个可见项，该函数会将列表框滚动到合适的位置。参数 nIndex 指定了列表项的索引。若操作成功，函数返回 0 值，否则返回 LB_ERR。

下列 CListBox 的成员函数与列表项的选择有关。

（1）GetSel 函数，原型如下。

```
int GetSel( int nIndex ) const;
```

该函数返回指定列表项的状态。参数 nIndex 指定了列表项的索引。如果查询的列表项被选择了，函数返回一个正值，否则返回 0，若出错则返回 LB_ERR。

（2）GetCurSel 函数，原型如下。

```
int GetCurSel( ) const;
```

该函数仅适用于单选择列表框，用来返回当前被选择项的索引，如果没有列表项被选择或有错误发生，则函数返回 LB_ERR。

（3）SetCurSel 函数，原型如下。

```
int SetCurSel( int nSelect );
```

该函数仅适用于单选择列表框，用来选择指定的列表项。该函数会滚动列表框以使选择项可见。参数 nIndex 指定了列表项的索引，若为-1，那么将清除列表框中的选择。若出错函数返回 LB_ERR。

（4）SelectString 函数，原型如下。

```
int SelectString( int nStartAfter, LPCTSTR lpszItem );
```

该函数仅适用于单选择列表框，用来选择与指定字符串相匹配的列表项。该函数会滚动列表框以使选择项可见。参数的意义及搜索的方法与函数 FindString 类似。如果找到了匹配的项，函数返回该项的索引，如果没有匹配的项，函数返回 LB_ERR 并且当前的选择不被改变。

（5）GetSelCount 函数，原型如下。

```
int GetSelCount( ) const;
```

该函数仅用于多重选择列表框，它返回选择项的数目，若出错函数返回 LB_ERR。

（6）SetSel 函数，原型如下。

```
int SetSel( int nIndex, BOOL bSelect = TRUE );
```

该函数仅适用于多重选择列表框，它使指定的列表项选中或落选。参数 nIndex 指定了列表项的索引，若为-1，则相当于指定了所有的项。参数 bSelect 为 TRUE 时选中列表项，否则使之落选。若出错则返回 LB_ERR。

（7）GetSelItems 函数，原型如下。

```
int GetSelItems( int nMaxItems, LPINT rgIndex ) const;
```

该函数仅用于多重选择列表框，用来获得选中的项的数目及位置。参数 nMaxItems 说明了参数 rgIndex 指向的数组的大小。参数 rgIndex 指向一个缓冲区，该数组是一个整型数组，用来存放选中的列表项的索引。函数返回放在缓冲区中的选择项的实际数目，若出错函数返回 LB_ERR。

（8）SelItemRange 函数，原型如下。

```
int SelItemRange( BOOL bSelect, int nFirstItem, int nLastItem );
```

该函数仅用于多重选择列表框，用来使指定范围内的列表项选中或落选。参数 nFirstItem 和 nLastItem 指定了列表项索引的范围。如果参数 bSelect 为 TRUE，那么就选择这些列表项，否则就使它们落选。若出错函数返回 LB_ERR。

## 实例 059 演示列表框的使用方法及功能

源码路径　光盘\daima\part10\4　　　视频路径　光盘\视频\实例\第 10 章\059

本实例的具体实现流程如下。

（1）创建基于对话框的应用程序 ListBox_Dlg，在资源编辑器中编辑对话框，添加一个列表框控件、一个编辑框控件，如图 10-8 所示。

（2）为列表框控件添加成员变量 CString m_strList、CListBox m_ListBox。

（3）重写对话框类的初始化成员函数，具体实现代码如下。

```
BOOL CListBox_DlgDlg::OnInitDialog()
{
    CDialog::OnInitDialog();
    ……
    m_ListBox.AddString("AA");
    m_ListBox.AddString("BB");
    m_ListBox.AddString("CC");
    m_ListBox.AddString("DD");
    m_ListBox.AddString("EE");
    m_ListBox.AddString("FF");
    m_ListBox.SelectString(1, m_strList);
    m_Str = m_strList;
    UpdateData(FALSE);
    return TRUE;
}
```

范例 117：添加删除列表框的数据
源码路径：光盘\演练范例\117
视频路径：光盘\演练范例\117
范例 118：实现选中项缩进的列表框
源码路径：光盘\演练范例\118
视频路径：光盘\演练范例\118

（4）添加列表框控件双击消息响应函数，具体实现代码如下。

```
void CListBox_DlgDlg::OnDblclkList1()
{
    UpdateData(TRUE);
    m_Str = m_strList;
    UpdateData(FALSE);
}
```

编译运行后的效果如图 10-9 所示。

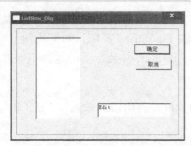

图 10-8　设计对话框资源

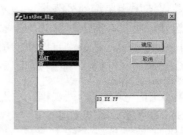

图 10-9　程序运行结果

### 10.1.6　组合框

在 Visual C++ 6.0 应用中，组合框是指把一个编辑框和一个单选择列表框结合在了一起。用户既可以在编辑框中输入，也可以从列表框中选择一个列表项来完成输入。组合框分为简易式（Simple）、下拉式（Dropdown）和下拉列表式（Drop List）3 种。简易式组合框包含一个编辑框和一个总是显示的列表框。下拉式组合框同简易式组合框类似，二者的区别在于仅当单击下滚箭头后列表框才会弹出。下拉列表式组合框也有一个下拉的列表框，但它的编辑框是只读的，不能输入字符。

Windows 中比较常用的是下拉式和下拉列表式组合框，在 Visual C++ 6.0 应用中就大量使用了这两种组合框。两者都具有占地小的特点，这在界面日益复杂的今天是十分重要的。下拉列表式组合框的功能与列表框类似。下拉式组合框的典型应用是作为记事列表框使用，既把用户在编辑框中敲入的东西存储到列表框组件，这样当用户要重复同样的输入时，也可以从列表框组件中选取而不必在编辑框组件中重新输入。在 Developer Studio 中的 Find 对话框中就可以找到一个典型的下拉式组合框。

组合框控件会向父窗口发送如表 10-12 所示的通知消息。

表 10-12　　　　　　　　　　　　　　组合框控件的通知消息

| 消　　息 | 含　　义 |
| --- | --- |
| CBN_CLOSEUP | 组合框的列表框组件被关闭。简易式组合框不会发出该消息 |
| CBN_DBLCLK | 用户在某列表项上双击鼠标。只有简易式组合框才会发出该消息 |
| CBN_DROPDOWN | 组合框的列表框组件下拉。简易式组合框不会发出该消息 |
| CBN_EDITCHANGE | 编辑框的内容被用户改变了。与 CBN_EDITUPDATE 不同，该消息是在编辑框显示的正文被刷新后才发出的。下拉列表式组合框不会发出该消息 |
| CBN_EDITUPDATE | 在编辑框准备显示改变了的正文时发送该消息。下拉列表式组合框不会发出该消息 |
| CBN_ERRSPACE | 组合框无法申请足够的内存来容纳列表项 |
| CBN_SELENDCANCEL | 表明用户的选择应该取消。当用户在列表框中选择了一项，然后又在组合框控件外单击时就会导致该消息的发送 |
| CBN_SELENDOK | 用户选择了一项，然后按了 Enter 键或单击了下滚箭头。该消息表明用户确认了自己所作的选择 |
| CBN_KILLFOCUS | 组合框失去了输入焦点 |
| CBN_SELCHANGE | 用户通过点击或移动箭头键改变了列表的选择 |
| CBN_SETFOCUS | 组合框获得了输入焦点 |

MFC 中的类 CComboBox 封装了组合框。在此需要指出的是，虽然组合框是编辑框和列表框的组合，但是类 CComboBox 并不是类 CEdit 和类 CListBox 的派生类，而是类 CWnd 的派生类。CComboBox 中的成员函数 Create 负责创建组合框，该函数的原型如下。

```
BOOL Create( DWORD dwStyle, const RECT& rect, CWnd* pParentWnd, UINT nID );
```

上述各个参数的具体说明如下。

❑ dwStyle。它指定了组合框控件的风格，如表 10-13 所示，dwStyle 可以是这些风格的组合。

❑ rect。它说明了列表框组件下拉后组合框的位置和尺寸。

❑ pParentWnd。它指向父窗口，该参数不能为 NULL。

❑ nID。它说明了控件的 ID。如果创建成功，该函数返回 TRUE，否则返回 FALSE。

**表 10-13　　　　　　　　　　　　组合框的风格**

| 控 件 风 格 | 含　　义 |
| --- | --- |
| CBS_AUTOHSCROLL | 使编辑框组件具有水平滚动的风格 |
| CBS_DROPDOWN | 指定一个下拉式组合框 |
| CBS_DROPDOWNLIST | 指定一个下拉列表式组合框 |
| CBS_HASSTRINGS | 指定一个含有字符串的自绘式组合框 |
| CBS_OEMCONVERT | 使编辑框组件中的正文可以在 ANSI 字符集和 OEM 字符集之间相互转换。这在编辑框中包含文件名时是很有用的 |
| CBS_OWNERDRAWFIXED | 指定自绘式组合框，即由父窗口负责绘制列表框的内容，并且列表项有相同的高度 |
| CBS_OWNERDRAWVARIABLE | 指定自绘式组合框，并且列表项有不同的高度 |
| CBS_SIIMPLE | 指定一个简易式组合框 |
| CBS_SORT | 自动对列表框组件中的项进行排序 |
| CBS_DISABLENOSCROLL | 使列表框在不需要滚动时显示一个禁止的垂直滚动条 |
| CBS_NOINTEGRALHEIGHT | 组合框的尺寸由应用程序而不是 Windows 指定。通常，由 Windows 指定尺寸会使列表项的某些部分隐藏起来 |

CBS_SIMPLE、CBS_DROPDOWN 和 CBS_DROPDOWNLIST 分别用来将组合框指定为简易式、下拉式和下拉列表式。一般还要为组合框指定 WS_CHILD、WS_VISIBLE、WS_TABSTOP、WS_VSCROLL 和 CBS_AUTOHSCROLL 风格。如果要求自动排序，还应指定 CBS_SORT 风格。

针对编辑框组件的主要成员函数如表 10-14 所示，表中的前 3 个函数实际上是 CWnd 类的成员函数，可以用来查询和设置编辑框组件。

**表 10-14　　　　　　针对编辑框组件的 CComboBox 成员函数**

| 成员函数名 | 对应的 CEdit 成员函数 | 与 CEdit 成员函数的不同之处 |
| --- | --- | --- |
| CWnd::GetWindowText | CWnd::GetWindowText | 无 |
| CWnd::SetWindowText | CWnd::SetWindowText | 无 |
| CWnd::GetWindowTextLength | CWnd::GetWindowTextLength | 无 |
| GetEditSel | GetSel 的第一个版本 | 仅函数名不同 |
| SetEditSel | SetSel 的第二个版本 | 函数名不同，且无 bNoScroll 参数 |
| Clear | Clear | 无 |
| Copy | Copy | 无 |
| Cut | Cut | 无 |
| Paste | Paste | 无 |

与 CListBox 的成员函数类似，针对列表框组件的 CComboBox 成员函数也可以分为三类。表 10-15 列出了用于插入和删除列表项的成员函数，表 10-16 列出了用于搜索、查询和设置列表框的成员函数，与列表项的选择有关的成员函数在表 10-17 中列出。需要指出的是，如果这些函数出错，则反回 CB_ERR，而不是 LB_ERR。另外，排序的组合框具有 CBS_SORT 风格，而不是 LBS_SORT 风格。

表 10-15　　　　　　　　用于插入和删除列表项的 **CComboBox** 成员函数

| 成员函数名 | 对应的 CListBox 成员函数 | 与 CListBox 成员函数的不同之处 |
| --- | --- | --- |
| AddString | AddString | 无 |
| InsertString | InsertString | 无 |
| DeleteString | DeleteString | 无 |
| ResetContent | ResetContent | 无 |
| Dir | Dir | 无 |

表 10-16　　　　　　　用于搜索、查询和设置列表框的 **CComboBox** 成员函数

| 成员函数名 | 对应的 CListBox 成员函数 | 与 CListBox 成员函数的不同之处 |
| --- | --- | --- |
| GetCount | GetCount | 无 |
| FindString | FindString | 无 |
| GetLBText | GetText | 仅函数名不同 |
| GetLBTextLen | GetTextLen | 仅函数名不同 |
| GetItemData | GetItemData | 无 |
| SetItemData | SetItemData | 无 |
| GetTopIndex | GetTopIndex | 无 |
| SetTopIndex | SetTopIndex | 无 |

表 10-17　　　　　　　与列表项的选择有关的 **CComboBox** 成员函数

| 成员函数名 | 对应的 CListBox 成员函数 | 与 CListBox 成员函数的不同之处 |
| --- | --- | --- |
| GetCurSel | GetCurSel | 无 |
| SetCurSel | SetCurSel | 新选的列表项的内容会被拷贝到编辑框组件中 |
| SelectString | SelectString | 新选的列表项的内容会被拷贝到编辑框组件中 |

另外，CComboBox 的成员函数 ShowDropDown 专门负责显示或隐藏列表框组件，该函数的声明格式如下。

```
void ShowDropDown( BOOL bShowIt = TRUE );
```

如果参数 bShowIt 的值为 TRUE，那么将显示列表框组件，否则就隐藏之。该函数对简易式组合框没有作用。

## 实例 060　　演示组合框的使用方法及功能

| | | | |
| --- | --- | --- | --- |
| 源码路径 | 光盘\daima\part10\5 | 视频路径 | 光盘\视频\实例\第 10 章\060 |

本实例的具体实现流程如下。

（1）创建基于对话框的应用程序 ComboBox_Dlg，然后利用资源编辑器设计对话框资源，添加组合框和编辑框如图 10-10 所示。

（2）设置列表框属性，如图 10-11 所示。然后通过 ClassWizard 设置列表框对应变量 CcomboBox、m_ComboBox，编辑框控件对应的变量 CString m_str。

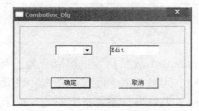

图 10-10　设计对话框资源

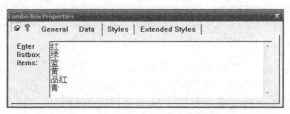

图 10-11　设置列表框属性

（3）添加列表框控件对应的消息映射函数 OnSelchangeCombo1()，具体实现代码如下。

```
void CComboBox_DlgDlg::OnSelchangeCombo1()
{
    // TODO: Add your control notification handler code here
    UpdateData(TRUE);
    m_str = "";
    int iSel = m_ComboBox.GetCurSel();
    switch(iSel)
    {
    case 0:
        m_str = "红";break;
    case 1:
        m_str = "绿";break;
    case 2:
        m_str = "蓝";break;
    case 3:
        m_str = "黄";break;
    case 4:
        m_str = "品红";break;
    case 5:
        m_str = "青";break;
    default:
        break;
    }
    UpdateData(FALSE);
}
```

范例 119：实现有智能水平滚动条的列表框
源码路径：光盘\演练范例\119
视频路径：光盘\演练范例\119
范例 120：添加和获取组合框的列表项
源码路径：光盘\演练范例\120
视频路径：光盘\演练范例\120

编译运行后的效果如图 10-12 所示。

图 10-12　程序运行结果

## 10.1.7　滚动条

在 Visual C++ 6.0 应用中，滚动条（Scroll Bar）的功能是从某一预定义值范围内快速有效地进行选择，在滚动条内有一个滚动框，用来表示当前的值。单击滚动条，可以使滚动框移动一页或一行，也可以直接拖动滚动框。滚动条既可以作为一个独立控件存在，也可以作为窗口、列表框和组合框的一部分。Windows 95 的滚动条支持比例滚动框，即用滚动框的大小来反映相对于整个范围的大小。Windows 3.x 使用单独的滚动条控件来调整调色板、键盘速度及鼠标灵敏度，在 Windows 95 中，滚动条控件被轨道条取代，不提倡使用单独的滚动条控件。

滚动条可分为标准滚动条和滚动条控件两种，具体说明如下。

（1）标准滚动条。由 WS_HSCROLL 或 WS_VSCROLL 风格指定，它不是一个实际的窗口，而是窗口的一个组成部分。例如，列表框中的滚动条只能位于窗口的右侧（垂直滚动条）或底端（水平滚动条）。标准滚动条是在窗口的非客户区中创建的。

（2）滚动条控件。它并不是窗口的一个零件，而是一个实际的窗口，可以放置在窗口客户区的任意地方，它既可以独立存在，也可以与某一个窗口组合，行使滚动窗口的职能。由于滚动条控件是一个独立的窗口，因此可以拥有输入焦点，可以响应光标控制键，如 PgUp、PgDown、Home 和 End。

MFC 中的类 CScrollBar 封装了滚动条控件，此类的 Create 成员函数负责创建控件，该函数的声明格式如下。

```
BOOL Create( DWORD dwStyle, const RECT& rect, CWnd* pParentWnd, UINT nID );
```

上述各个参数的具体说明如下。

❑ dwStyle。指定了控件的风格。

❑ rect。说明了控件的位置和尺寸。

❑ pParentWnd。指向父窗口,该参数不能为 NULL。

❑ nID。表示控件的 ID。

❑ 如果创建成功,该函数返回 TRUE,否则返回 FALSE。

在 Visual C++ 6.0 应用中,类 CScrollBar 中的主要成员函数如下。

(1) GetScrollPos 函数,返回滚动框的当前位置,若操作失败则返回 0。原型如下。

```
int GetScrollPos( ) const;
```

(2) SetScrollPos 函数,原型如下。

```
int SetScrollPos( int nPos, BOOL bRedraw = TRUE );
```

该函数将滚动框移动到指定位置。参数 nPos 指定了新的位置。参数 bRedraw 表示是否需要重绘滚动条,如果为 TRUE,则重绘之。函数返回滚动框原来的位置。若操作失败则返回 0。

(3) GetScrollRange 函数,原型如下。

```
void GetScrollRange( LPINT lpMinPos, LPINT lpMaxPos ) const;
```

该函数对滚动条的滚动范围进行查询。参数 lpMinPos 和 lpMaxPos 分别指向滚动范围的最小最大值。

(4) SetScrollRange 函数,原型如下。

```
void SetScrollRange( int nMinPos, int nMaxPos, BOOL bRedraw = TRUE );
```

该函数用于指定滚动条的滚动范围。参数 nMinPos 和 nMaxPos 分别指定了滚动范围的最小最大值。由这两者指定的滚动范围不得超过 32 767。当两者都为 0 时,滚动条将被隐藏。参数 bRedraw 表示是否需要重绘滚动条,如果为 TRUE,则重绘之。

(5) GetScrollInfo 函数,原型如下。

```
BOOL GetScrollInfo( LPSCROLLINFO lpScrollInfo, UINT nMask );
```

该函数用来获取滚动条的各种状态,包括滚动范围、滚动框的位置和页尺寸。参数 lpScrollInfo 指向一个 SCROLLINFO 结构。参数 nMask 的意义与 SCROLLINFO 结构中的 fMask 相同。函数在获得有效值后返回 TRUE,否则返回 FALSE。

(6) SetScrollInfo 函数,原型如下。

```
BOOL SetScrollInfo( LPSCROLLINFO lpScrollInfo, BOOL bRedraw = TRUE );
```

该函数用于设置滚动条的各种状态,一个重要用途是设定页尺寸从而实现比例滚动框。参数 lpScrollInfo 指向一个 SCROLLINFO 结构,参数 bRedraw 表示是否需要重绘滚动条,如果为 TRUE,则重绘之。若操作成功,该函数返回 TRUE,否则返回 FALSE。

**实例 061　演示说明滚动条的使用方法**

源码路径　光盘\daima\part10\6　　　　视频路径　光盘\视频\实例\第 10 章\061

本实例的具体实现流程如下。

(1) 创建基于对话框的应用程序 StrollBar_Dlg,利用资源编辑器编辑对话框资源,如图 10-13 所示。

(2) 利用 ClassWizard 创建编辑框对应的值变量 m_iNum,滚动条对应的控件变量 m_ScrollBar。

(3) 重写对话框的初始化函数,具体实现代码如下。

```
BOOL CStrollBar_DlgDlg::OnInitDialog()
{
  CDialog::OnInitDialog();
  m_ScrollBar.SetScrollRange(0, 100);
  m_ScrollBar.SetScrollPos(40);
  m_iNum = m_ScrollBar.GetScrollPos();
  UpdateData(FALSE);
  return TRUE;
}
```

(4) 添加滚动条滑块拖动的消息响应函数,具体实现代码如下。

```
void CStrollBar_DlgDlg::OnVScroll(UINT nSBCode, UINT nPos, CScrollBar* pScrollBar)
{
```

```
// TODO: Add your message handler code here and/or call default
UpdateData(TRUE);
if(pScrollBar == &m_ScrollBar)//如果为当前的滚动条
{
    switch(nSBCode)
    {
    case SB_THUMBTRACK:                    //拖动滑块
        m_ScrollBar.SetScrollPos(nPos);
        m_iNum = m_ScrollBar.GetScrollPos();
        break;
    default:
        break;
    }
    UpdateData(FALSE);
    CDialog::OnVScroll(nSBCode, nPos, pScrollBar);
}
```

> 范例 121：扩展组合框的选项带有图标
> 源码路径：光盘\演练范例\121
> 视频路径：光盘\演练范例\121
> 范例 122：在下拉列表框中实现自动选择
> 源码路径：光盘\演练范例\122
> 视频路径：光盘\演练范例\122

编译运行后的效果如图 10-14 所示。

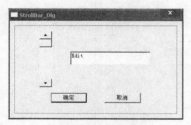

图 10-13　设计对话框资源

图 10-14　程序运行结果

# 10.2　公 共 控 件

知识点讲解：光盘\视频\PPT 讲解（知识点）\第 10 章\公共控件.mp4

在 Visual C++ 6.0 应用中，公共控件起了一个桥梁的作用，通过公共控件可以使编写的程序实现和 Windows 系统的无缝结合。如图 10-39 所示。从 Windows 95 和 Windows NT 3.51 版开始，Windows 提供了一些先进的 Win32 控件。这些新控件弥补了传统控件的某些不足之处，并使 Windows 的界面丰富多彩且更加友好。本节将详细讲解 Visual C++ 6.0 应用中公共控件的基本知识。

## 10.2.1　标签控件与属性表

标签控件又称选项卡控件，是一个分割成多个页面的窗口，每一个页面都配有一个带有标题的标签，当用户单击一个标签就显示对应的页面，Windows 应用程序就大量使用标签控件，如 Visual C++ 6.0 里面的 ClassWizard 对话框就是典型的标签控件对话框。标签控件从功能上等同于一系列对话框窗口，但是使用起来更加方便，使用标签控件后，用户可以在一个窗口的相同区域内定义多个页面，其中每个页面上可以包括不同的控件，实现不同的功能。

MFC 提供了两个用于支持属性表的类，即类 CPropertySheet 和类 CPropertyPage。类 CPropertySheet 对属性表对话框进行了封装，后者对属性页进行了封装。类 CPropertySheet 和类 CPropertyPage 分别为属性表和属性页的基类，它们在实际应用中占据着非常重要的位置，实践中，一般也都是直接从它们直接派生属性表和属性页类。CPropertySheet 类派生自 CWnd 类而不是 CDialog 类，但属性表的使用方法和对话框相似，即先调用构造函数创建一个属性表，然后调用函数 CPropertySheet::AddPage()将属性页加入属性表中，最后调用 CPropertySheet::DoModal()函数创建一个模态属性表，或者调用函数 CPropertySheet::Create()创建一个非模态属性表。

一个属性页代表一个对话框，用于进行数据的输入和输出。类 CPropertyPage 派生自类 CDialog，因此每个属性页实际上就是一个对话框，可以利用对话框资源编辑器为每个属性页添加控件，并可利用类 ClassWizard 的向导创建自己的派生类，添加与控件相关的成员变量和成员函数。

**实例 062**　演示说明标签控件的创建与使用方法

源码路径　光盘\daima\part10\7　　　视频路径　光盘\视频\实例\第 10 章\062

本实例的具体实现流程如下。

（1）利用 AppWizard 创建一个基于对话框的应用程序 SheetPage，选择 Insert→New Class 命令添加类 CSheetDlg，界面如图 10-15 所示。

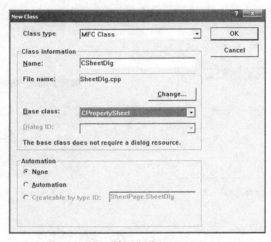

图 10-15　创建新类 CSheetDlg

（2）利用资源编辑器创建两个对话框资源 IDD_NAME、IDD_NUMBER，分别如图 10-16 和图 10-17 所示。

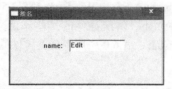

图 10-16　IDD_NAME

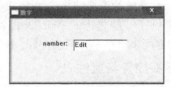

图 10-17　IDD_NUMBER

（3）双击以上的两个对话框资源创建新的对话框类 CNamePage、CNumPage，基类选择 CPropertyPage。

（4）在 CSheetDlg 的头文件中添加如下代码。

```
#include "NamePage.h"
#include "NumPage.h"
```

并且在类内添加变量 CNamePage NamePage、CNumPage NumPage。

在源文件构造函数中添加如下代码。

```
CSheepDlg::CSheepDlg(LPCTSTR pszCaption, CWnd* pParentWnd, UINT iSelectPage)
    :CPropertySheet(pszCaption, pParentWnd, iSelectPage)
{
    AddPage(&NamePage);
    AddPage(&NumPage);
}
```

（5）在类 CSheetPageApp 源文件中添加如下代码。

```
#include "SheepDlg.h"
```

然后修改函数 InitInstance()，具体代码如下。

```
BOOL CSheetPageApp::InitInstance()
{
    AfxEnableControlContainer();
#ifdef _AFXDLL
    Enable3dControls();
#else
    Enable3dControlsStatic();        // 当静态连接MFC时调用
#endif
    CSheepDlg dlg("信息输入");
    int nResponse = dlg.DoModal();
    if (nResponse == IDOK)
    {
    }
    else if (nResponse == IDCANCEL)
    {
    }
    return FALSE;
```

范例 123： 创建颜色选择下拉组合框
源码路径： 光盘\演练范例\123
视频路径： 光盘\演练范例\123
范例 124： 滑块和调节钮控件设置选择范围
源码路径： 光盘\演练范例\124
视频路径： 光盘\演练范例\124

编译运行后的效果如图 10-18 所示。

图 10-18　程序运行结果

### 10.2.2　图像列表

图像列表是一个由一些大小相同的图像组成的集合，它本身是一种存储结构，这种存储结构与数组比较相似，存储在图像列表中的每个图像可以通过索引进行标识。实际上图像列表不属于控件，其没有出现在 Controls 工具栏上。图像列表没有对应的控件窗口，用户不能直接看见它，但是可以利用 MFC 图像列表类或图像列表的关联控件来显示图像列表中的图像。编程实践过程中可以直接使用图像列表，但是图像列表一般都是作为与其他控件进行关联显示的图形标志，如列表视控件、树视控件、属性页等。

在 Visual C++ 6.0 应用中，图像列表在 MFC 中对应于类 CImageList，该类由 CObject 类直接派生，它提供了创建、显示、管理一个图像列表的方法，例如，调用类 CImageList 的函数 Create()可以创建一个图像列表，调用函数 Add()或 Remove()向图像列表中添加或者删除一个图像，调用函数 GetImageCount()获得图像列表中图像个数，调用函数 Draw()绘制图像。

在 Visual C++ 6.0 应用中，使用图像列表的一般步骤如下。

（1）声明一个 CImageList 对象，调用合适的 Create()函数创建一个图像列表。

（2）如果创建图像列表时没有包含图像，调用 Add()函数向图像列表中加入需要的图像。

（3）调用 Draw()函数绘制图像列表中的图像，或者可以将图像列表中的图像同一个控件进行关联，此时可以调用关联控件类的成员函数 SetImageList()。

**实例 063**　**在客户区显示图像列表中的图像**
源码路径　光盘\daima\part10\8　　　视频路径　光盘\视频\实例\第 10 章\063

本实例的具体实现流程如下。

（1）创建单文档应用程序 ImagList，然后在 Resource View 选项中添加位图资源 IDB_BITMAP1、IDB_BITMAP2、IDB_BITMAP3，设置它们的宽高为 32 像素×32 像素，并对其显示内容进行设计。

（2）为类 CImaglListView 添加变量 CImageList m_ImageList，并在构造函数中添加如下代码。

```
CImagListView::CImagListView()
{
  // TODO: add construction code here
  m_ImageList.Create(32, 32, ILC_COLOR8, 3, 1);
  CBitmap bmpADD;
  bmpADD.LoadBitmap(IDB_BITMAP1);
   m_ImageList.Add(&bmpADD, RGB(255,255,255));
  bmpADD.DeleteObject();
  bmpADD.LoadBitmap(IDB_BITMAP2);
  m_ImageList.Add(&bmpADD, RGB(255,255,255));
  bmpADD.DeleteObject();
  bmpADD.LoadBitmap(IDB_BITMAP3);
  m_ImageList.Add(&bmpADD, RGB(255,255,255));
  bmpADD.DeleteObject();
}
```

> 范例 125：用滚动条和进度条进行范围设置
> 源码路径：光盘\演练范例\125
> 视频路径：光盘\演练范例\125
> 范例 126：创建有文本指示的自定义进度条
> 源码路径：光盘\演练范例\126
> 视频路径：光盘\演练范例\126

（3）重写类 CImaglListView 的函数 OnDraw，实现在客户区内显示图像列表中的图像，具体实现代码如下。

```
void CImagListView::OnDraw(CDC* pDC)
{
  CImagListDoc* pDoc = GetDocument();
  ASSERT_VALID(pDoc);
  // TODO: add draw code for native data here
  int nImageCount = m_ImageList.GetImageCount();
  CPoint ptDraw(20, 20);
  for(int i=0; i<nImageCount; i++)
  {
        m_ImageList.Draw(pDC, i, ptDraw, ILD_NORMAL);
        ptDraw.x += 40;
  }
}
```

编译运行后的效果如图 10-19 所示。

图 10-19　程序运行结果

### 10.2.3　列表视图控件

在 Visual C++ 6.0 应用中，通过列表视图控件以列表的样式显示我们的信息。列表视图（List View）用来成列地显示数据。在 Windows 95 的资源管理器的右侧窗口中就有一个典型的列表视图。列表视图的表项通常包括图标（Icon）和标题（Label）两部分，它们分别提供了对数据的形象和抽象描述。

列表视图控件是对传统的列表框的重大改进，能够以如下 4 种格式显示数据。

（1）大图标格式（Large Icons）。可以逐行显示多列表项，图标的大小可由应用程序指定，通常是 32 像素×32 像素，在图标的下面显示标题。

（2）小图标格式（Small Icons）。可以逐行显示多列表项，图标的大小可由应用程序指定，通常是 16 像素×16 像素，在图标的右面显示标题。表项以行的方式组织。

（3）列表格式（List）。与小图标格式类似，不同之处在于表项是逐列多列显示的。

（4）报告格式（Report 或 Details）。每行仅显示一个表项，在标题的左边显示一个图标，表项可以不显示图标而只显示标题。表项的右边可以附加若干列子项（Subitem），子项只显示正文。在控件的顶端还可以显示一个列表头用来说明各列的类型。列表视图的报告格式很适合显示报表。

### 10.2.4 树视图控件

在 Visual C++ 6.0 应用中，树形视图（Tree View）是一种特殊的列表，它能以树形分层结构显示数据。在 Windows 95 的资源管理器（Windows Explorer）的左侧窗口中就有一个用于显示目录的典型的树形视图，如图 10-20 所示。在树形视图中，每个表项显示一个标题（Label），有时还会显示一幅图像，图像和标题分别提供了对数据的形象和抽象描述。通过图 10-20 可以看出，树形视图可以很清楚地显示出数据的分支和层次关系。由此可见，树形视图非常适合显示像目录、网络结构等这样的复杂数据。

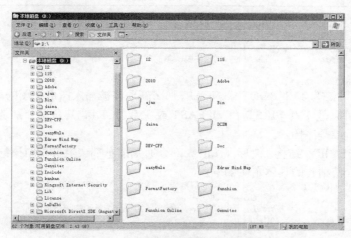

图 10-20 资源管理器中的树形视图和列表视图

树形视图是一种复杂的控件，其复杂性体现在数据项之间具有分支和层次关系。例如，要向树形视图中加入新的项，则必需描述出该项与树形视图中已有项的相互关系，而不可能像往列表框中加入新项那样，调用一下 AddString 就完事了。另外，树形视图可以在每一项标题的左边显示一幅图像，这使控件显得更加形象生动，但同时也增加了控件的复杂程度。

在 Visual C++ 6.0 应用中，与树形视图控件有关的一些数据类型如下。

（1）HTREEITEM 型句柄。Windows 用 HTREEITEM 型句柄来代表树形视图的一项，程序通过 HTREEITEM 句柄来区分和访问树形视图的各个项。

（2）TV_ITEM 结构。该结构用来描述一个表项，它包含了表项的各种属性，其定义格式如下。

```
typedef struct _TV_ITEM{
    UINT   mask;              //包含一些屏蔽位（下面的括号中列出）的组合
    HTREEITEM hItem;         //表项的句柄(TVIF_HANDLE)
    UINT state;             //表项的状态(TVIF_STATE)
    UINT stateMask;         //状态的屏蔽组合(TVIF_STATE)
    LPSTR pszText;          //表项的标题正文(TVIF_TEXT)
    int cchTextMax;         //正文缓冲区的大小(TVIF_TEXT)
    int iImage;             //表项的图像索引(TVIF_IMAGE)
    int iSelectedImage;     //选中的项的图像索引(TVIF_SELECTEDIMAGE)
    int cChildren;          /*表明项是否有子项(TVIF_CHILDREN)，为1则有，为0则没有*/
    LPARAM lParam;          //一个32位的附加数据(TVIF_PARAM)
} TV_ITEM, FAR *LPTV_ITEM;
```

如果要使树形视图的表项显示图象，需要为树形视图建立一个位图序列，这时，iImage 说明表项显示的图像在位图序列中的索引，iSelectedImage 则说明了选中的表项应显示的图像，在绘制图标时，树形视图可以根据这两个参数提供的索引在位图序列中找到对应的位图。LParam 可用来放置与表项相关的数据，这常常是很有用的。state 和 stateMask 的常用值在表 10-18 中列出，其中 stateMask 用来说明要获取或设置哪些状态。

表 10-18             树形视图表项的常用状态

| 状 态 | 对应的状态屏蔽 | 含 义 |
|---|---|---|
| TVIS_SELECTED | 同左 | 项被选中 |
| TVIS_EXPANDED | 同左 | 项的子项被展开 |
| TVIS_EXPANDEDONCE | 同左 | 项的子项曾经被展开过 |
| TVIS_CUT | 同左 | 项被选择用来进行剪切和粘贴操作 |
| TVIS_FOCUSED | 同左 | 项具有输入焦点 |
| TVIS_DROPHILITED | 同左 | 项成为拖动操作的目标 |

（3）TV_INSERTSTRUCT 结构。在向树形视图中插入新项时要用到该结构，其具体定义如下。

```
typedef struct _TV_INSERTSTRUCT {
HTREEITEM hParent;              //父项的句柄
HTREEITEM hInsertAfter;        //说明应插入同层中哪一项的后面
TV_ITEM item;
} TV_INSERTSTRUCT;
```

如果 hParent 的值为 TVI_ROOT 或 NULL，那么新项将被插入树形视图的最高层（根位置）。hInsertAfter 的值可以是 TVI_FIRST、TVI_LAST 或 TVI_SORT，其含义分别是将新项插入同一层中的开头、最后或排序插入。

（4）NM_TREEVIEW 结构。树形视图的大部分通知消息都会附带指向该结构的指针以提供一些必要的信息。其结构的具体定义如下。

```
typedef struct _NM_TREEVIEW {
NMHDR hdr;                      //标准的NMHDR结构
UINT action;                   //表明是用户的什么行为触发了该通知消息
TV_ITEM itemOld;               //旧项的信息
TV_ITEM itemNew;               //新项的信息
POINT ptDrag;                  //事件发生时鼠标指针的客户区坐标
} NM_TREEVIEW;
```

（5）TV_KEYDOWN 结构。提供与键盘事件有关的信息，其结构的具体定义如下。

```
typedef struct _TV_KEYDOWN { tvkd
NMHDR hdr;                      //标准的NMHDR结构
WORD wVKey;                     //虚拟键盘码
UINT flags;                     //为0
} TV_KEYDOWN;
```

（6）TV_DISPINFO 结构。提供与表项的显示有关的信息，其结构的具体定义如下。

```
typedef struct _TV_DISPINFO {
NMHDR hdr;
TV_ITEM item;
} TV_DISPINFO;
```

MFC 的 CTreeCtrl 类封装了树形视图，该类的 Create 函数负责控件的创建，该函数的声明格式如下。

```
BOOL Create( DWORD dwStyle, const RECT& rect, CWnd* pParentWnd, UINT nID );
```

其中参数 dwStyle 是表 10-19 所示控件风格的组合。

表 10-19             树形视图的风格

| 控 件 风 格 | 含 义 |
|---|---|
| TVS_HASLINES | 在父项与子项间连线以清楚地显示结构 |
| TVS_LINESATROOT | 只在根部画线 |
| TVS_HASBUTTONS | 显示带有 " + " 或 " - " 的小方框来表示某项能否被展开或已展开 |
| TVS_EDITLABELS | 用户可以编辑表项的标题 |
| TVS_SHOWSELALWAYS | 即使控件失去输入焦点，仍显示出项的选择状态 |
| TVS_DISABLEDRAGDROP | 不支持拖动操作 |

除表 10-19 的风格外，一般还要指定 WS_CHILD 和 WS_VISIBLE 窗口风格。对于用对话框模板创建的树形视图控件，可以在控件的属性对话框中指定上表中列出的控件风格。例如，

在属性对话框中选择 Has buttons，相当于指定了 TVS_HASBUTTONS 风格。

在 Visual C++ 6.0 应用中，类 CTreeCtrl 提供了如下成员函数。

（1）向树形视图插入新的表项。首先应提供一个 TV_INSERTSTRUCT 结构并在该结构中对插入项进行描述。如果要在树形视图中显示图像，则应该先创建一个 CImageList 对象并使该对象包含一个位图序列，然后调用 SetImageList 为树形视图设置位图序列。然后调用函数 InsertItem 把新项插入到树形视图。

函数的声明格式如下。

```
CImageList* SetImageList( CImageList * pImageList, int nImageListType );
```

参数 pImageList 指向一个 CImageList 对象，参数 nImageListType 一般应为 TVSIL_NORMAL。

插入数据格式如下。

```
HTREEITEM InsertItem( LPTV_INSERTSTRUCT lpInsertStruct );
```

参数 lpInsertStruct 指向一个 TV_INSERTSTRUCT 结构。函数返回新插入项的句柄。

（2）删除表项。用 DeleteItem 来删除指定项，用 DeleteAllItems 删除所有项。函数的声明格式如下。

```
BOOL DeleteItem( HTREEITEM hItem );
BOOL DeleteAllItems( );
```

操作成功则函数返回 TRUE，否则返回 FALSE。

（3）表项的展开与折叠。树形视图控件会根据用户的输入自动展开或折叠子项。但有时需要在程序中展开或折叠指定项，则应该调用 Expand，该函数的声明格式如下。

```
BOOL Expand( HTREEITEM hItem, UINT nCode );
```

参数 hItem 指定了要展开或折叠的项。参数 nCode 是一个标志，指定了函数应执行的操作，它可以是 TVE_COLLAPSE（折叠）、TVE_COLLAPSERESET(折叠并移走所有的子项)、TVE_EXPAND（展开）或 TVE_TOGGLE（在展开和折叠状态之间翻转）。

（4）表项的查询与设置。要查询或设置选择项，应调用 GetSelectedItem 或 SelectItem。函数的声明格式如下。

```
HTREEITEM GetSelectedItem( );
BOOL SelectItem( HTREEITEM hItem );
```

要对指定的项查询或设置，可调用 GetItem 和 SetItem。用这两个功能强大的函数，几乎可以查询和设置项的所有属性，包括表项的正文、图像及选择状态。函数的声明格式如下。

```
BOOL GetItem( TV_ITEM* pItem );
BOOL SetItem( TV_ITEM* pItem );
```

参数 pItem 是指向 TV_ITEM 结构的指针，函数是通过该结构来查询或设置指定项的，在调用函数前应该使该结构的 hItem 成员有效以指定表项。

树形视图控件还会发送自己特有的通知消息，其中常用的有如下 3 个。

（1）TVN_SELCHANGING 和 TVN_SELCHANGED。在用户改变了对表项的选择时，控件会发送这两个消息。消息会附带一个指向 NM_TREEVIEW 结构的指针，程序可从该结构中获得必要的信息。两个消息都会在该结构的 itemOld 成员中包含原来的选择项的信息，在 itemNew 成员中包含新选择项的信息，在 action 成员中表明是用户的什么行为触发了该通知消息(若是 TVC_BYKEYBOARD 则表明是键盘，若是 TVC_BYMOUSE 则表明是鼠标，若是 TVC_UNKNOWN 则表示未知)。两个消息的不同之处在于，如果 TVN_SELCHANGING 的消息处理函数返回 TRUE，那么就阻止选择的改变，如果返回 FALSE，则允许改变。

（2）TVN_KEYDOWN。此消息表明了一个键盘事件。消息会附带一个指向 TV_KEYDOWN 结构的指针，通过该结构程序可以获得按键的信息。

（3）TVN_BEGINLABELEDIT 和 TVN_ENDLABELEDIT。分别在用户开始编辑和结束编辑项的标题时发送。消息会附带一个指向 TV_DISPINFO 结构的指针，程序可从该结构中获得必要的信息。在前者的消息处理函数中，可以调用 GetEditControl 成员函数返回一个指向用于编辑标题的编辑框的指针，如果处理函数返回 FALSE，则允许编辑，如果返回 TRUE，则禁止编辑。在后者的消息处理函数中，TV_DISPINFO 结构中的 item.pszText 指向编辑后的新标题，如果 pszText 为 NULL，那么说明用户放弃了编辑，否则程序应负责更新项的标题，这可以由函数 SetItem 或函数 SetItemText 来完成。

### 实例 064　演示列表视控件和树视控件的创建与使用方法

| 源码路径　光盘\daima\part10\9 | 视频路径　光盘\视频\实例\第 10 章\064 |
| --- | --- |

本实例的具体实现流程如下。

（1）创建对话框应用程序 ListTree，在对话框资源中添加一个树视控件和一个列表视控件，列表视控件选择 Report，即报告显示方式，如图 10-21 所示。

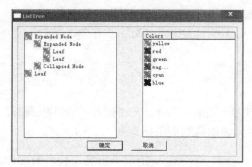

范例 127：动态创建和删除编辑控件
源码路径：光盘\演练范例\127
视频路径：光盘\演练范例\127
范例 128：在视图中创建和使用控件
源码路径：光盘\演练范例\128
视频路径：光盘\演练范例\128

图 10-21　设计对话框资源

（2）利用 ClassWizard 分别为树视控件和列表视控件添加控制变量 m_tree 和 m_list。并为树视控件添加消息 TVN_SELCHANGED 响应函数 OnSelchangedTree1()。

（3）在类 CListTreeDlg 头文件中定义如下变量。

```
HTREEITEM activeItem;//活动子项
HTREEITEM activeparentItem;//活动父项
```

在实现文件中添加如下代码。

```
BOOL CListTreeDlg::OnInitDialog()
{
    CDialog::OnInitDialog();
    // Add "About..." menu item to system menu.
    // IDM_ABOUTBOX must be in the system command range.
    ASSER T((IDM_ABOUTBOX & 0xFFF0) == IDM_ABOUTBOX);
    ASSERT(IDM_ABOUTBOX < 0xF000);
    CMenu* pSysMenu = GetSystemMenu(FALSE);
    if (pSysMenu != NULL)
    {
        CString strAboutMenu;
        strAboutMenu.LoadString(IDS_ABOUTBOX);
        if (!strAboutMenu.IsEmpty())
        {
            pSysMenu->AppendMenu(MF_SEPARATOR);
            pSysMenu->AppendMenu(MF_STRING, IDM_ABOUTBOX, strAboutMenu);
        }
    }
    // Set the icon for this dialog.   The framework does this automatically
    //    when the application's main window is not a dialog
    SetIcon(m_hIcon, TRUE);                          // Set big icon
    SetIcon(m_hIcon, FALSE);                         // Set small icon

    // TODO: Add extra initialization here
    CString userTreeHeader[3]={"一班","二班","三班"};
    HTREEITEM userItem[3];                           //树形控件的根项
    for(int i=0;i<3;i++)
    {
```

```
            userItem[i]=m_tree.InsertItem(userTreeHeader[i],0,0,TVI_ROOT);  //插入父项
            m_tree.SetItemData(userItem[i],(DWORD)(i+10));                   //给父项设值
    }
    HTREEITEM thePoint;
//父项1插入子项
    HTREEITEM userSpecifics=m_tree.InsertItem("张三",2,2,userItem[0]);
    m_tree.SetItemData(userSpecifics,(DWORD)0);                    //子项赋值0
    thePoint=userSpecifics;
    userSpecifics=m_tree.InsertItem("李四",3,3,userItem[0]);        //父项1插入子项

    m_tree.SetItemData(userSpecifics,(DWORD)1);                    //子项赋值2
    userSpecifics=m_tree.InsertItem("王明",3,3,userItem[1]);        //父项2插入子项

    m_tree.SetItemData(userSpecifics,(DWORD)2);                    //子项赋值4
    userSpecifics=m_tree.InsertItem("赵六",3,3,userItem[2]);        //父项3插入子项
    m_tree.SetItemData(userSpecifics,(DWORD)3);                    //子项赋值5

    m_tree.Select(thePoint,TVGN_CARET);                           //子项0为选定项

    CString Field[3]={"科目","成绩","类型"};                        //列表视的表头
    for(int j=0;j<3;j++)
    {
            m_list.InsertColumn(j,Field[j],LVCFMT_LEFT,75);       //插入表头标题
    }
    return TRUE;   // return TRUE    unless you set the focus to a control
}
void CListTreeDlg::OnSelchangedTree1(NMHDR* pNMHDR, LRESULT* pResult)
{
    NM_TREEVIEW* pNMTreeView = (NM_TREEVIEW*)pNMHDR;
    // TODO: Add your control notification handler code here
    HTREEITEM SelItem;
    SelItem=m_tree.GetSelectedItem();                             //获取选中的子项
    DWORD m;
    m=m_tree.GetItemData(SelItem);                                //读取子项的值
    switch (m)
    {
        case 0:
        {
                m_tree.SetItemImage(activeItem,3,3);             //先前活动子项更改图标
                m_tree.SetItemImage(activeparentItem,0,0);       //先前活动父项更改图标
                m_tree.SetItemImage(SelItem,2,2);                //当前活动子项更改图标
                HTREEITEM Itemparent;                            //获取当前子项的父项
                Itemparent=m_tree.GetNextItem( SelItem, TVGN_PARENT);
                m_tree.SetItemImage(Itemparent,1,1);             //当前活动父项更改图标
                activeItem=SelItem;
                activeparentItem=Itemparent;
                m_list.DeleteAllItems();                         //删除所有列表项
                m_list.InsertItem(0,"数学");                      //添加新行
                m_list.SetItemText(0,1,"60");
                m_list.SetItemText(0,2,"必修");
                m_list.InsertItem(1,"物理");                      //添加新行
                m_list.SetItemText(1,1,"72");
                m_list.SetItemText(1,2,"必修");
                m_list.InsertItem(2,"德语");                      //添加新行
                m_list.SetItemText(2,1,"42");
                m_list.SetItemText(2,2,"选修");
                break;
        }
        case 1:
        {
                m_tree.SetItemImage(activeItem,3,3);             //先前活动子项更改图标
                m_tree.SetItemImage(activeparentItem,0,0);       //先前活动父项更改图标
                m_tree.SetItemImage(SelItem,2,2);/               //当前活动子项更改图标
                HTREEITEM Itemparent;                            //获取当前子项的父项
                Itemparent=m_tree.GetNextItem( SelItem, TVGN_PARENT);
                m_tree.SetItemImage(Itemparent,1,1);             //当前活动父项更改图标
                activeItem=SelItem;
                activeparentItem=Itemparent;
                m_list.DeleteAllItems();                         //删除所有列表项
                m_list.InsertItem(0,"数学");                      //添加新行
                m_list.SetItemText(0,1,"40");
                m_list.SetItemText(0,2,"必修");
                m_list.InsertItem(1,"物理");                      //添加新行
```

```
        m_list.SetItemText(1,1,"82");
        m_list.SetItemText(1,2,"必修");
        m_list.InsertItem(2,"法语");                    //添加新行
        m_list.SetItemText(2,1,"92");
        m_list.SetItemText(2,2,"选修");

        break;
    }
case 2:
    {
        m_tree.SetItemImage(activeItem,3,3);            //先前活动子项更改图标
        m_tree.SetItemImage(activeparentItem,0,0);      //先前活动父项更改图标
        m_tree.SetItemImage(SelItem,2,2);               //当前活动子项更改图标
        HTREEITEM Itemparent;                           //获取当前子项的父项
        Itemparent=m_tree.GetNextItem( SelItem, TVGN_PARENT);
        m_tree.SetItemImage(Itemparent,1,1);            //当前活动父项更改图标
        activeItem=SelItem;
        activeparentItem=Itemparent;
        m_list.DeleteAllItems();                        //删除所有列表项
        m_list.InsertItem(0,"化学");                    //添加新行
        m_list.SetItemText(0,1,"90");
        m_list.SetItemText(0,2,"必修");
        m_list.InsertItem(1,"物理");                    //添加新行
        m_list.SetItemText(1,1,"85");
        m_list.SetItemText(1,2,"必修");
        m_list.InsertItem(2,"德语");                    //添加新行
        m_list.SetItemText(2,1,"62");
        m_list.SetItemText(2,2,"选修");
        break;
    }
case 3:
    {
        m_tree.SetItemImage(activeItem,3,3);            //先前活动子项更改图标
        m_tree.SetItemImage(activeparentItem,0,0);      //先前活动父项更改图标
        m_tree.SetItemImage(SelItem,2,2);               //当前活动子项更改图标
        HTREEITEM Itemparent;                           //获取当前子项的父项
        Itemparent=m_tree.GetNextItem( SelItem, TVGN_PARENT);/
        m_tree.SetItemImage(Itemparent,1,1);            //当前活动父项更改图标
        activeItem=SelItem;
        activeparentItem=Itemparent;
        m_list.DeleteAllItems();                        //删除所有列表项
        m_list.InsertItem(0,"数学");                    //添加新行
        m_list.SetItemText(0,1,"70");
        m_list.SetItemText(0,2,"必修");
        m_list.InsertItem(1,"物理");                    //添加新行
        m_list.SetItemText(1,1,"72");
        m_list.SetItemText(1,2,"必修");
        m_list.InsertItem(2,"法语");                    //添加新行
        m_list.SetItemText(2,1,"82");
        m_list.SetItemText(2,2,"选修");
        break;
    }
case 4:
    {
        m_tree.SetItemImage(activeItem,3,3);            //先前活动子项更改图标
        m_tree.SetItemImage(activeparentItem,0,0);      //先前活动父项更改图标
        m_tree.SetItemImage(SelItem,2,2);               //当前活动子项更改图标
        HTREEITEM Itemparent;                           //获取当前子项的父项
        Itemparent=m_tree.GetNextItem( SelItem, TVGN_PARENT);
        m_tree.SetItemImage(Itemparent,1,1);            //当前活动父项更改图标
        activeItem=SelItem;
        activeparentItem=Itemparent;
        m_list.DeleteAllItems();                        //删除所有列表项
        m_list.InsertItem(0,"物理");                    //添加新行
        m_list.SetItemText(0,1,"60");
        m_list.SetItemText(0,2,"必修");
        m_list.InsertItem(1,"电子技术");                //添加新行
        m_list.SetItemText(1,1,"92");
        m_list.SetItemText(1,2,"必修");
        m_list.InsertItem(2,"法语");                    //添加新行
        m_list.SetItemText(2,1,"72");
        m_list.SetItemText(2,2,"选修");
        break;
```

```
          }
      }
      *pResult = 0;
}
```

编译运行后的效果如图 10-22 所示。

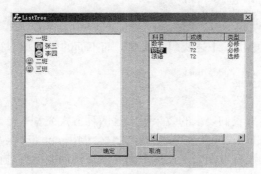

图 10-22　程序运行结果

# 10.3　技　术　解　惑

### 10.3.1　如何绘制按钮

在 MFC 开发应用中，自绘控件是美化界面不可缺少的操作。要想自绘标准按钮控件，首先需要使控件具有自绘的能力，即要为按钮添加 BS_OWNERDRAW 属性。在此需要重载虚函数 PreSubclassWindow，并在该函数中添加 ModifyStyle(0, BS_OWNERDRAW);。当按钮控件具有了自绘功能之后，每次控件状态改变都会触发函数 DrawItem，在该函数中来绘制按钮的形态外观，所以第二步就要重载虚函数 DrawItem。在这个函数中就可以自由发挥了，如绘制外边框、底色、按钮标题和内边框等。

一般来说，我们通常会为按钮定义几种不同状态时的外观，比如光标滑过时的状态，按钮按下时的状态，按钮禁用时的状态，以及按钮的正常状态等。这就要为新的按钮添加几种重要的消息响应。比如 WM_MOUSELEAVE 消息，WM_MOUSEHOVER 消息和 WM_MOUSEMOVE 消息等。值得一提的是，前两个消息的响应函数需要自己手动添加，微软提供了函数 TrackMouseEvent 在光标离开一个窗口时投递 WM_MOUSELEAVE 消息，光标滑过窗口时投递 WM_MOUSEHOVER 消息。一般来说，可以在 WM_MOUSEMOVE 消息响应函数中调用函数 TrackMouseEvent 来投递。

最后需要实现 WM_MOUSELEAVE 消息和 WM_MOUSEHOVER 消息。例如，在 WM_MOUSELEAVE 消息的响应函数中标记"光标已经离开按钮"，然后调用函数 InvalidateRect 让按钮重绘。在 WM_MOUSEHOVER 消息的响应函数中标记"光标正在按钮上方"，并调用函数 InvalidateRect 让按钮重绘。

### 10.3.2　MFC 控件消息

可能很多初学者都会问到这个问题，MFC 控件消息是什么意思？是控件本身自带的消息，还是需要自己添加？要弄明白这个问题，首先要明白什么是 Windows 消息机制。关于 Windows 消息机制的问题，读者可以参阅相关资料。其实控件消息就是发送给控件的消息，没有控件自带消息的说法，控件其实也是一个窗口。

一般来说，控件主要是添加事件，如按钮的单击事件、对话框的变形消息等。

### 10.3.3 显示或隐藏控件

假如有这么一个应用：想动态地使一串按钮从左到右显示，以达到流水的效果。

```
for(int i=14;i>1;i--){
    GetDlgItem(array[i])->ShowWindow(true);
                    MessageBox("fdsafds");
    GetDlgItem(array[i])->ShowWindow(false);
}
```

其中，array 是 ID 的数组，上述代码能实现，而下面的代码却不能实现。

```
for(int i=14;i>1;i--){
    GetDlgItem(array[i])->ShowWindow(true);
                    Sleep(1000);
    GetDlgItem(array[i])->ShowWindow(false);
}
```

为什么上述代码达不到我们要求的效果呢？这两种方式究竟有什么区别呢？其实当我们调用 GetDlgItem(array[i])->ShowWindow(true)，时，它会调用 onpaint 函数去进行一次窗口重绘。但是它并非立即进行重绘，有可能先处理这个循环体，处理完后再进行重绘。这样给我们的感觉是，控件并没有什么变化。

解决办法是调用 UpdateWindow()函数立即重绘窗口，也就是把前面程序改成如下格式。

```
for(int i=14;i>1;i--){
    GetDlgItem(array[i])->ShowWindow(true);
UpdateWindow();
                    Sleep(1000);
    GetDlgItem(array[i])->ShowWindow(false);
UpdateWindow();
}
```

这样就满足我们的要求了。

# 第 11 章

# 文档和视图

开发桌面应用程序是 Visual C++的强项，但是问题来了，桌面应用的"门面"是界面布局，所以，合理的界面布局成为了除功能实现之外项目是否成功的最大因素了。MFC 应用程序的核心是文档/视图结构，它适用于大多数 Windows 应用程序。掌握文档/视图结构对于利用 MFC 编程有着重要的意义。本章将详细讲解文档与视图的基本知识。

<table>
<tr><td colspan="2">本章内容</td><td>技术解惑</td></tr>
<tr><td>▶▶</td><td>剖析文档与视图结构</td><td>模板、文档、视图和框架的关系</td></tr>
<tr><td>▶▶</td><td>设计菜单</td><td>模板、文档、视图和框架的相互访问</td></tr>
<tr><td>▶▶</td><td>鼠标响应处理</td><td>文档和视图关系</td></tr>
<tr><td>▶▶</td><td>工具栏和状态栏设计</td><td></td></tr>
<tr><td>▶▶</td><td>对文档进行读写</td><td></td></tr>
<tr><td>▶▶</td><td>使用不同的视图</td><td></td></tr>
</table>

# 11.1　剖析文档与视图结构

知识点讲解：光盘\视频\PPT 讲解（知识点）\第 11 章\剖析文档与视图结构.mp4

文档/视图结构是 MFC 为了统一和简化数据处理方法提出的概念，本节将对文档/视图结构的概念、相互作用进行详细阐述，并通过创建一个单文档应用程序，使读者对文档/视图结构有所理解。

## 11.1.1　文档与视图结构

在 Visual C++ 6.0 应用中，使用 MFC 的 AppWizard 可以创建如下 3 种类型的 MFC 应用程序。

（1）单文档应用程序（Single Document Interface，SDI）。SDI 应用程序由应用程序类（CWinApp）、框架窗口类（CFrameWnd）、文档类（CDocument）、视图类（CView）和文档模板类（CSingleDocTemplate）共同作用，SDI 应用程序的框架窗口类 CFrameWnd 由 CMainFrame 派生。

（2）多文档应用程序（Multiple Document Interface，MDI）。MDI 应用程序与 SDI 应用程序的主要区别在于 MDI 有 CMDIFrameWnd 和 CMDIChileWnd 两个框架窗口类，前一个派生于 CMainFrame 类，负责菜单等界面元素的主框架窗口管理，后一个派生于 CChildFrame 类，负责相应于文档与视图的子框架窗口维护。

（3）基于对话框的应用程序（Dialog Based）。基于对话框的应用程序比较简单，在本书前面的内容中已经有所介绍。

文档视图结构的基本出发点是将数据处理和数据的显示相分离，使每个类都能够集中处理某一个功能。在文档/视图结构中，有关数据处理的工作可以分为数据的管理和数据的可视化两部分，文档用于管理和维护数据，视图用于显示和编辑数据。文档在 MFC 应用程序中代表了能够被逻辑地组合在一起的一系列数据，包括文本、图形、图像和表格数据，其主要作用是把对数据的处理从对用户界面的处理中分离出来，以便集中处理数据，并同时提供了一些与其他类交互的接口。视图是文档数据在屏幕上的映像，用户可以通过视图查看文档，也可以通过视图修改文档，一个视图总是与一个文档对象相关联，用户通过与文档相关联的视图与文档进行交互，当用户打开一个文档时，应用程序创建与之相关联的视图，但一个文档可以同时拥有多个视图，例如，Word 可以提供一个完整的文档视图，也可以提供显示部分标题的大纲视图。

## 11.1.2　文档与视图之间的关系

在 MFC 的应用程序框架中，文档与视图的关系主要体现在文档类对象和视图类对象的相互作用和相互访问上，如图 11-1 所示。

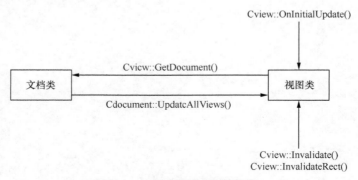

图 11-1　文档与视图的相互访问接口

图 11-2 中各个元素的具体说明如下。

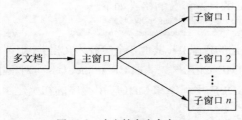

图 11-2　多文档有多个窗口

（1）CView::GetDocument()。函数返回文档类的指针，通过指针可以访问文档类的成员。

（2）CDocument::UpdateAllViews()。该函数通知与文档相关联的所有视图更新窗口显示内容。在 MFC 应用程序框架中，文档与视图是一对多关系，用户在一个视图中修改文档后，本视图发生了改变，相应地与文档相关联的其他视图也应该与更新以后的文档保持一致。

函数 UpdateAllViews() 的第一个形参为 CView *pSender，当 pSender 为 NULL 时，通知与文档相关联的所有视图更新，当 pSender 不为 NULL 时，通知与文档相关联的除 pSender 外的所有视图更新数据，第二、三个参数 LPARAM lHint，CObject *pHint 是关于视图更新内容的提示，lHint 可以自定义含义，pHint 是一个 CObject 对象指针，可以表示 MFC 所有的对象，它规定了视图需要更新的区域。

（3）CView::OnUpdate()。这个函数为虚函数，当程序调用 UpdateAllViews() 时，应用程序框架会相应调用这个函数 OnUpdate() 访问关联文档，获取文档的数据，然后更新视图的数据成员反映相应的变化，另外 OnUpdate() 可以使视图的一部分无效，导致调用视图函数 OnDraw() 使用文档数据来重画窗口。

（4）CView::OnInitialUpdate()。当应用程序启动时，或者用户选择 File→New、File→Open 命令时，应用程序调用该虚函数。

在通常情况下，视图通过函数 GetDocument() 获取指向文档对象的指针，并通过该指针访问文档对象的成员。当视图将数据显示后，用户通过与视图的交互来查看数据，并对数据进行修改；然后视图通过相关联的文档对象成员函数将经过修改的数据传递给文档对象。当文档对象获取修改过的数据之后，需要对其进行必要的修改，最后进行保存。

### 11.1.3　多文档

在多文档应用程序中有一个主窗口，在主窗口内可以同时打开多个子窗口，每一个子窗口对应一个不同的文档。区别于 SDI，MDI 的主框架不包含视图，视图分别由每个子框架窗口相关联。在文档/视图结构中，数据以文档类的对象形式存在，并通过视图类对象进行显示；视图对象又是主框架窗口的一个子窗口，而设计用来进行文档操作的菜单和工具栏等资源也是建立在主框架窗口上，这样，文档、视图、框架和资源就建立一种固定的关系，这种固定关系就是文档模板（Document Template），如图 11-2 所示。

应用程序可以支持多种类型的文档，当打开某种类型的文件时，应用程序必须确定哪一种文档模板用于解释这种文件。初始化应用程序时，必须首先注册文档模板，以便程序能够利用该模板完成框架窗口、文档、视图和资源的创建与载入。

在 SDI 或 MDI 应用程序中，能够通过 new 运算调用文档模板类的构造函数生成一个 CSingleDoc Template 或 CMultiDocTemplate 对象，调用函数 AddDocTemplate() 注册该文档模板对象。

类 CSingleDocTemplate 的构造函数的格式如下。

```
CSingleDocTemplate(UINT nIDResource,CRuntimeClass *pDocClass,
            CRuntimeClass *pFrameClass, CRuntimeClass *pViewClass)
```

第一个参数表示模板使用的资源 ID，其他 3 个参数为文档类、框架类、视图类的 CRuntimeClass 指针，程序可以通过 RUNTIME_CLASS 宏获取 CRuntimeClass 类对象指针。

下面的代码分别摘自 SDI 应用程序和 MDI 应用程序的初始化函数 InitInstance()。

```
////////////// SDI应用程序的初始化函数InitInstance()
CSingleDocTemplate* pDocTemplate;//单文档模板
pDocTemplate = new CSingleDocTemplate(
        IDR_MAINFRAME,
        RUNTIME_CLASS(CSDI_Samp_Doc),
        RUNTIME_CLASS(CMainFrame),          // main SDI frame window
        RUNTIME_CLASS(CSDI_Samp_View));
AddDocTemplate(pDocTemplate); //加入文档模板

////////////// MDI应用程序的初始化函数InitInstance()
CMultiDocTemplate* pDocTemplate; //多文档模板
pDocTemplate = new CMultiDocTemplate(
        IDR_MYGRAPTYPE,
        RUNTIME_CLASS(CMDI_Samp_Doc),
        RUNTIME_CLASS(CChildFrame), // custom MDI child frame
        RUNTIME_CLASS(CMDI_Samp_View));
AddDocTemplate(pDocTemplate); //加入文档模板
```

MDI 应用程序可以通过调用 AddDocTemplate()函数加入多个文档模板，每个模板可以指定不同的文档类、视图类和相应的资源。

### 11.1.4　创建单文档应用程序

在 Visual C++ 6.0 应用中，使用 MFC 的 AppWizard 可以非常容易地创建一个单文档的应用程序，自动搭建程序的文档/视图结构，并建立文档/视图之间的消息传递机制，使使程序员把主要精力放在具体的数据结构设计和数据显示操作上，而不需要花费在模块的沟通和消息传递上。

| 实例 065 | 创建一个单文档应用程序 | |
|---|---|---|
| | 源码路径　光盘\daima\part11\1 | 视频路径　光盘\视频\实例\第 11 章\065 |

本实例的功能是，利用 MFC AppWizard[exe]创建一个单文档应用程序。本实例的具体实现流程如下。

（1）选择 File→new 命令，选择 MFC AppWizard[exe]，在 Project Name 编辑框中输入 "SDI_Samp"，选择相应的路径。

（2）单击 OK 按钮，进入 Step1 界面，在此选择 Single document。

（3）单击 Finish 按钮，即完成简单的 SDI 应用程序。

编译运行后的效果如图 11-3 所示。

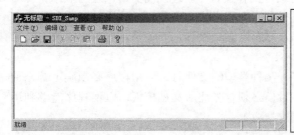

范例 129：在视图中使用鼠标进行绘图操作
源码路径：光盘\演练范例\129
视频路径：光盘\演练范例\129
范例 130：在文档中记录绘图数据并重绘窗口
源码路径：光盘\演练范例\130
视频路径：光盘\演练范例\130

图 11-3　执行效果

# 11.2  设 计 菜 单

知识点讲解：光盘\视频\PPT 讲解（知识点）\第 11 章\设计菜单.mp4

在 Windows 应用程序中，菜单是一类重要的用户界面要素。菜单由 MFC 菜单类 CMenu 创建，CMenu 类是从类 CObject 派生而来的。在 Windows 应用程序中，菜单的构成分为两部分：顶层菜单和弹出式菜单。顶层菜单是指出现在应用程序的主窗口或最上层窗口的菜单，弹出式菜单通常指选择顶层菜单或者一个菜单项时，或者右击时，弹出的子菜单。本节将详细讲解使用 Visual C++ 6.0 设计菜单的基本知识。

## 11.2.1  建立菜单资源

通常情况下，当使用 AppWizard 生成一个应用程序框架时，会自动定义一个默认的菜单资源 ID_MAINFRAME，并在创建窗口时自动加载该菜单资源。在 Visual C++ 6.0 的开发环境中，可以利用菜单编辑器对菜单资源进行编辑、修改。

1. 插入新菜单项

如果要在当前菜单资源的空白菜单位置插入新的菜单，则选定窗口的空白菜单项后双击空白区或按 Enter 键，系统弹出 Menu Item Property 对话框。

如果在某个菜单项前插入新的菜单项，则在该菜单项前按 Insert 键，则菜单编辑器在该菜单项之前加入一个空白的菜单项，双击空白菜单项后，可以进行进一步编辑。

如果要在菜单项之间加入一条分割线，只要选择属性对话框的 Separator 复选框即可（分割线实际上也是一个菜单项）；要为一个菜单项增加子菜单，只需要在菜单属性对话框中选择 Pop-up 复选框即可；属性对话框的 ID 文本框中，可以输入菜单项的资源标识，图 11-4 中 ID_TESTMENU 是用户自定义的输入内容，Caption 文本框输入菜单名，如"测试菜单 (&T)\tCtrl+T"，其中"(&T)"表示给菜单定义热键为 T 字母，在热键字母前需要增加符号"&"，"\tCtrl+T"说明菜单的加速键为 Ctrl+T，字符"\t"为加速键靠右对齐显示。Prompt 文本框中可以输入描述性文字，为菜单项定义在状态栏显示的相应提示，在文本串的最后可以增加上显示工具栏按钮的提示文本，即"\n"之后的文本。

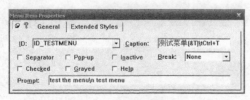

图 11-4  菜单属性对话框

2. 删除菜单项

单击该菜单项或者用方向键选择，然后按 Delete 键即可删除相应的菜单项。

## 11.2.2  添加菜单命令处理函数

前面已向菜单资源中添加了一个用户自定义菜单项。如果立即运行程序，则新添加的菜单项变为灰色不可选择的状态。所以还需要为菜单项增加菜单命令消息处理函数和相应的实现代码，菜单命令消息处理函数是用户选择一个菜单项而产生的菜单消息映射函数。

在 MFC 应用中，利用前面介绍过的 ClassWizard 管理菜单命令消息处理函数，如图 11-5 所示。

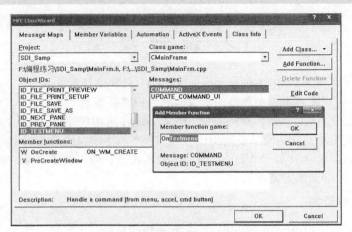

图 11-5　增加菜单命令处理函数

**实例 066**　　为实例 065 创建的"测试菜单"菜单项增加消息处理函数

源码路径　光盘\daima\part11\2　　　　　　视频路径　光盘\视频\实例\第 11 章\066

本实例的具体实现流程如下。

（1）打开 ClassWizard，在 Class name 下拉列表中选择将要增加菜单命令消息处理的类，本例中选择 CMainFrame。

（2）在 Object ID 中选择菜单项 ID ID_TESTMENU，在 Messages 列表框中选择 COMMAND。

（3）单击 Add Function 按钮，弹出函数名称确认对话框，接受默认的函数名（用户也可以进行修改），单击 OK 按钮。

（4）单击 Edit Code 按钮，增加如下代码。

```
void CMainFrame::OnTestmenu()
{
    // TODO: Add your command handler code here
    MessageBox("Test the Menu!");                //////菜单消息处理函数
}
```

编译运行后，单击应用程序菜单栏的"测试菜单"菜单项，会弹出如图 11-6 所示的对话框。

范例 131：通过序列化保存文档
源码路径：光盘\演练范例\131
视频路径：光盘\演练范例\131
范例 132：文档被修改时给出提醒
源码路径：光盘\演练范例\132
视频路径：光盘\演练范例\132

图 11-6　程序运行结果

**实例 067**　　为实例 066 创建的"测试菜单"菜单项创建快捷键

源码路径　光盘\daima\part11\3　　　　　　视频路径　光盘\视频\实例\第 11 章\067

本实例的具体实现流程如下。

（1）把工程区窗口切换到资源视图面板，双击快捷键节点打开快捷键编辑器，如图 11-7 所示。在默认情况下，其名字为 IDR_MAINFRAME。

| ID_EDIT_COPY | Ctrl + C | VIRTKEY |
| ID_FILE_NEW | Ctrl + N | VIRTKEY |
| ID_FILE_OPEN | Ctrl + O | VIRTKEY |
| ID_FILE_PRINT | Ctrl + P | VIRTKEY |
| ID_FILE_SAVE | Ctrl + S | VIRTKEY |
| ID_EDIT_PASTE | Ctrl + V | VIRTKEY |
| ID_EDIT_UNDO | Alt + VK_BACK | VIRTKEY |
| ID_EDIT_CUT | Shift + VK_DELETE | VIRTKEY |
| ID_NEXT_PANE | VK_F6 | VIRTKEY |
| ID_PREV_PANE | Shift + VK_F6 | VIRTKEY |
| ID_EDIT_COPY | Ctrl + VK_INSERT | VIRTKEY |
| ID_EDIT_PASTE | Shift + VK_INSERT | VIRTKEY |
| ID_EDIT_CUT | Ctrl + X | VIRTKEY |
| ID_EDIT_UNDO | Ctrl + Z | VIRTKEY |

范例 133：用对话框与文档视图进行数据交换
源码路径：光盘\演练范例\133
视频路径：光盘\演练范例\133
范例 134：为新建的文档设置显示字体
源码路径：光盘\演练范例\134
视频路径：光盘\演练范例\134

图 11-7　快捷键编辑器

（2）在快捷键编辑窗口的空白区域双击，弹出加速键设置对话框，如图 11-8 所示。

（3）在 ID 组合框内输入 ID_TESTMENU，在 Key 组合框内输入"T"，在对话框右侧选择 Ctrl 和 Shift 项，此时 ID_TESTMENU 的快捷键为 Ctrl+Shift+T。也可以在输入 ID_TESTMENU 后点击左侧按钮 Next Key Typed，弹出提示框，如图 11-9 所示，此时利用键盘按下想要设置的快捷键即可。

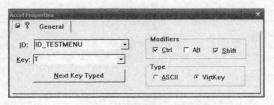

图 11-8　加速键设置对话框

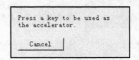

图 11-9　加速键设置提示框

（4）通过以上步骤就为 ID_TESTMENU 菜单项设置了快捷方式，如图 11-10 为添加快捷键后的快捷键编辑窗口。

| ID_EDIT_COPY | Ctrl + C | VIRTKEY |
| ID_FILE_NEW | Ctrl + N | VIRTKEY |
| ID_FILE_OPEN | Ctrl + O | VIRTKEY |
| ID_FILE_PRINT | Ctrl + P | VIRTKEY |
| ID_FILE_SAVE | Ctrl + S | VIRTKEY |
| ID_TESTMENU | Ctrl + T | VIRTKEY |
| ID_EDIT_PASTE | Ctrl + V | VIRTKEY |
| ID_EDIT_UNDO | Alt + VK_BACK | VIRTKEY |
| ID_EDIT_CUT | Shift + VK_DELETE | VIRTKEY |
| ID_NEXT_PANE | VK_F6 | VIRTKEY |
| ID_PREV_PANE | Shift + VK_F6 | VIRTKEY |
| ID_EDIT_COPY | Ctrl + VK_INSERT | VIRTKEY |
| ID_EDIT_PASTE | Shift + VK_INSERT | VIRTKEY |
| ID_EDIT_CUT | Ctrl + X | VIRTKEY |
| ID_EDIT_UNDO | Ctrl + Z | VIRTKEY |

图 11-10　加速键显示列表

### 11.2.3　弹出式菜单

弹出式菜单是菜单的一种，单击后也能实现某个具体功能。例如，在一个播放器中，菜单栏中命令能够实现某个功能，同样在播放节目右击后也会弹出一些命令，弹出的菜单就是弹出式菜单，如图 11-11 所示。

在 Windows 应用程序中，弹出式菜单主要包括如下 3 种。

❑ 下拉菜单。它指当一个顶层菜单被选中后，显示的下拉菜单。

❑ 子菜单。它指当下拉菜单被选择后，如果有继续选择菜单的要求时，显示出来的菜单。

❑ 快捷菜单。它指在运行程序之后，右击弹出的菜单。快捷菜单用于提供高效、面向对象的菜单访问方式。快捷菜单通常出现在右击的位置，内容由鼠标指针所指向的对象指定，在 Windows 应用程序中，快捷菜单是可选项。

图 11-11 暴风播放器中的弹出式菜单

## 实例 068　当用户在客户区右击时弹出一个快捷菜单

源码路径　光盘\daima\part11\4　　　视频路径　光盘\视频\实例\第 11 章\068

本实例的具体实现流程如下。

(1)新建一个单文档应用程序 TestMenu，然后选择 Project→Add To Project→Components and Controls 命令，在弹出的对话框中选择 Visual C++ Components 文件夹，如图 11-12 所示。

(2) 单击 Insert 按钮，选择 Pop-up Menu 构件，单击 Insert 按钮，如图 11-13 所示。

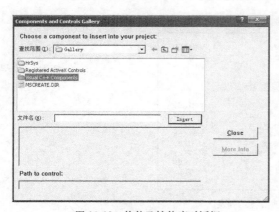

图 11-12 构件及控件库对话框

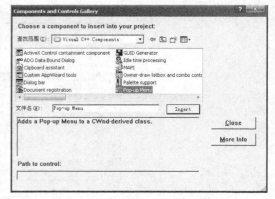

图 11-13 Visual C++ Components 列表

Add Pop-up menu to 选项将生成的快捷菜单与一个类相关联，程序运行时，当用鼠标右击该类的对象时会弹出快捷菜单，本例中选择与视图类相关联。

(3) 编辑快捷菜单。当增加快捷菜单之后，资源编辑器中增加了菜单 CG_IDR_POPUP_TEST_MENU_VIEW，如图 11-14 所示，双击该菜单进行编辑。

范例 135：在滚动窗口中实现绘图
源码路径：光盘\演练范例\135
视频路径：光盘\演练范例\135
范例 136：实现动态滚动窗口效果
源码路径：光盘\演练范例\136
视频路径：光盘\演练范例\136

图 11-14 增加快捷菜单后的 ResourceView

删除快捷菜单默认的菜单项：cut、copy、paste，增加新的菜单项 ID_TESTMENU，利用 ClassWizard 在视图类中增加如下代码。

```
void CTestMenuView::OnTestmenu()
{
    // TODO: Add your command handler code here
    MessageBox("Test the menu!");              ////快捷菜单ID_TESTMENU消息响应函数
}
```

编译运行后，在客户区右击后将弹出快捷菜单，选择执行之后，弹出一个消息对话框，如图 11-15 所示。

图 11-15 程序运行结果

在消息处理函数中，先装入菜单资源或添加菜单项，然后，调用函数 CMenu::TackPopup Menu()显示弹出式菜单。WM_CONTEXTMENU 消息是在收到 WM_RBUTTONUP 消息后由 Windows 产生的，但如果在 WM_RBUTTONUP 的消息处理函数中没有调用基类的成员函数，那么应用程序将不会收到 WM_CONTEXTMENU 消息。

# 11.3　鼠标响应处理

知识点讲解：光盘\视频\PPT 讲解（知识点）\第 11 章\鼠标响应处理.mp4

鼠标响应是指鼠标单击一个选项后或按钮后会响应某个动作，从而执行某个操作。无论是在 CS 游戏中按下鼠标，还是在 Photoshop 中单击某个命令，都会执行某个方法从而实现其功能，如图 11-16 所示。

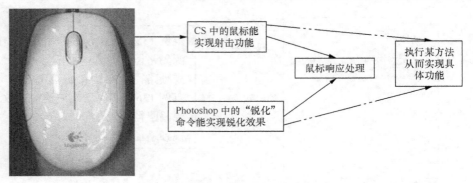

图 11-16　鼠标响应处理

在 Windows 操作系统中，专门有一个线程在监控系统消息队列，并将消息分发给各应用程序消息队列中，最后应用程序对各自的消息进行检索处理。前面在介绍菜单设计时已经介绍了部分消息响应的内容，本节将详细讲解鼠标消息的响应机制的知识。

## 11.3.1　鼠标消息

通常鼠标左键、右键和滚动滑轮上发生的操作有单击、双击、释放和移动等，当用户使用鼠标时产生的消息主要是 WM_MOUSEMOVE、WM_LBUTTONDOWN、WM_LBUTTONUP、WM_RBUTTONDOWN、WM_RBUTTONUP 和 WM_LBUTTONDBCLK 等。

在 MFC 应用中，通过消息结构中的消息参数 wParam 来区分，可以将鼠标消息分为如下两类：客户区鼠标消息和非客户区鼠标消息。客户区鼠标消息发送到应用程序后，可以由应用程序自己处理；鼠标通过标题栏、菜单栏、工具栏和状态栏等客户区以外区域产生的消息为非客户区鼠标消息，如 WM_NCLBUTTONDOWN 为在非客户区按下鼠标左键产生的消息，WM_NVRBUTTONDOWN 为在非客户区按下鼠标右键产生的消息等。非客户区鼠标消息由 Windows 操作系统处理，程序开发过程中一般不需要进行处理。

## 11.3.2　添加鼠标消息响应函数

利用类 Class Wizard 向导，可以很方便地生成鼠标消息处理函数，一般这些函数都有两个参数，类型为 UINT 的参数 nFlags 表示鼠标按键和键盘上控制键的状态；类型为 CPoint 的参数 point 表示鼠标当前所在位置的坐标。

| 实例 069 | 演示说明鼠标消息的处理过程 |
|---|---|
| 源码路径　光盘\daima\part11\5 | 视频路径　光盘\视频\实例\第 11 章\069 |

本实例的功能是，当用户在客户区按下鼠标左键移动鼠标时进行画线操作。本实例的具体实现流程如下。

（1）建立 SDI 工程 MouseExam，在类 CMouseExamView 中增加如下变量。

```
CPoint ptStart;                    //记录起始点坐标
BOOL bDraw;                         //记录是否鼠标左键按下
```

（2）利用类 ClassWizard 向导在 CMouseExamView 中添加消息 WM_MOUSEMOVE、WM_LBUTTONDOWN、WM_LBUTTONUP。

（3）在消息 WM_MOUSEMOVE、WM_LBUTTONDOWN、WM_LBUTTONUP 对应的函数中添加如下代码。

```
/////////////////鼠标左键按下的消息响应函数
void CMouseExamView::OnLButtonDown(UINT nFlags, CPoint point)
{
```

```
   // TODO: Add your message handler code here and/or call default
   ptStart = point;
   bDraw = TRUE;
   CView::OnLButtonDown(nFlags, point);
}
//////////////鼠标移动的消息响应函数
void CMouseExamView::OnMouseMove(UINT nFlags, CPoint point)
{
   // TODO: Add your message handler code here and/or call default
   if(TRUE == bDraw)
   {
       CClientDC dc(this);
       dc.MoveTo(ptStart);
       dc.LineTo(point);
       ptStart = point;
   }
   CView::OnMouseMove(nFlags, point);
}
//////////////鼠标左键弹起的消息响应函数
void CMouseExamView::OnLButtonUp(UINT nFlags, CPoint point)
{
   // TODO: Add your message handler code here and/or call default
   bDraw = FALSE;
   CView::OnLButtonUp(nFlags, point);
}
```

> 范例 137：在窗体视图中使用控件
> 源码路径：光盘\演练范例\137
> 视频路径：光盘\演练范例\137
> 范例 138：在列表视图中使用列表控件
> 源码路径：光盘\演练范例\138
> 视频路径：光盘\演练范例\138

编译运行后，在按下鼠标左键情况下移动鼠标可以进行画线操作。

# 11.4　工具栏和状态栏设计

📽 知识点讲解：光盘\视频\PPT 讲解（知识点）\第 11 章\工具栏和状态栏设计.mp4

在现实应用中，有很多软件都有工具栏和状态栏，并且工具栏中的很多功能通过菜单栏都能实现。推出工具栏和状态栏的目的很简单，就是使界面美观，更加便于用户使用。例如，Photoshop 中的橡皮工具，我们在处理图像时经常使用，如果放在菜单栏中，用鼠标至少得单击两次，但是如果放在工具栏中呢？只需单击一次即可，这样提高了效率。在一个完整的 Windows 应用程序框架中，工具栏和状态栏都是必不可少的的界面元素。在 MFC 中，工具栏和状态栏由类 CTooBar 和类 CStatusBar 来描述的，它们都是类 CControlBar 的派生类。在应用程序中，工具栏和状态栏的创建工作是在 CMainFrame::OnCreate()函数内完成。本节将详细讲解工具栏和状态栏设计的基本知识。

## 11.4.1　定制工具栏

工具栏一般位于主框架窗口上部，其中排列着一些图标按钮，称为工具栏按钮。工具栏按钮的 ID 通常与菜单项的 ID 相互对应，当用户单击某一按钮时，程序就会执行相应的菜单项功能；当鼠标在按钮上停留片刻后，会弹出小窗口显示工具栏按钮的提示。AppWizard 会为应用程序创建一个默认的工具栏，该工具栏上排列着一些常用的文件操作、文本剪贴操作等按钮，一个应用程序可以存在多个工具栏。

| 实例 070 | 为应用程序 TestMenu 中的菜单项添加工具栏按钮 |
|---|---|
| 源码路径　光盘\daima\part11\6 | 视频路径　光盘\视频\实例\第 11 章\070 |

本实例的具体实现流程如下。

（1）双击 Resource View 中 ToolBar 内的工具栏资源 IDR_MAINFRAME，打开图 11-17 所示的编辑界面。

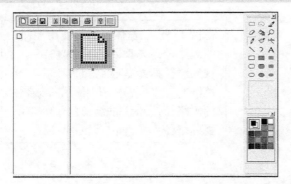

范例 139：改变视图窗口的背景色
源码路径：光盘\演练范例\139
视频路径：光盘\演练范例\139
范例 140：改变 MDI 框架窗口背景色
源码路径：光盘\演练范例\140
视频路径：光盘\演练范例\140

图 11-17　工具栏编辑窗口

（2）在空白按钮上添加图形"T"，双击该按钮后弹出 Toolbar Button Properties 对话框，如图 11-18 所示。设置此处的 ID 标识与菜单项"测试菜单"相同，因此运行程序后执行相同的功能。

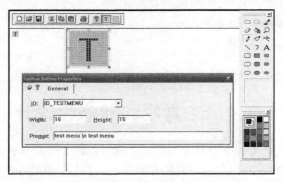

图 11-18　Toolbar Button Properties 对话框设置

---

**实例 071**　　演示说明如何定制工具栏

源码路径　光盘\daima\part11\7　　　　　　　视频路径　光盘\视频\实例\第 11 章\071

本实例的具体实现流程如下。

（1）首先通过工程区窗口的视图面板，添加一个新工具栏资源，并利用工具栏编辑器定制工具栏如图 11-19 所示，并通过 Toolbar Button Properties 对话框设置工具栏按钮对应的菜单项。

图 11-19　新建工具栏

（2）在类 CMainFrame 中定义新建工具栏的变量 m_wndToolBar2，具体代码如下。

```
CToolBar    m_wndToolBar2;                //////////新建工具栏变量
```

（3）重载类 CMainFrame 的函数 OnCreate()创建一个新的工具栏，并停靠到窗口顶部，具体代码如下。

```
int CMainFrame::OnCreate(LPCREATESTRUCT lpCreateStruct)
{
  if(CFrameWnd::OnCreate(lpCreateStruct) == -1)
      return -1;
  if(!m_wndToolBar.CreateEx(this, TBSTYLE_FLAT, WS_CHILD | WS_VISIBLE | CBRS_TOP
        | CBRS_GRIPPER | CBRS_TOOLTIPS | CBRS_FLYBY | CBRS_SIZE_DYNAMIC) ||
        !m_wndToolBar.LoadToolBar(IDR_MAINFRAME))
  {
        TRACE0("Failed to create toolbar\n");
        return -1;        // fail to create
  }
  //////////////////创建新的工具栏
  if(!m_wndToolBar2.CreateEx(this, TBSTYLE_FLAT, WS_CHILD | WS_VISIBLE | CBRS_TOP
```

```
            |CBRS_GRIPPER|CBRS_TOOLTIPS|CBRS_FLYBY|CBRS_SIZE_DYNAMIC)||
            !m_wndToolBar2.LoadToolBar(IDR_TOOLBAR1))
        {
            TRACE0("Failed to create toolbar\n");
            return -1;      // fail to create
        }
        if (!m_wndStatusBar.Create(this)||
            !m_wndStatusBar.SetIndicators(indicators,
                sizeof(indicators)/sizeof(UINT)))
        {
            TRACE0("Failed to create status bar\n");
            return -1;      // fail to create
        }
        // TODO: Delete these three lines if you don't want the toolbar to
        //   be dockable
        m_wndToolBar.EnableDocking(CBRS_ALIGN_ANY);
        EnableDocking(CBRS_ALIGN_ANY);
        DockControlBar(&m_wndToolBar);

        ///////////////////设置工具栏的停靠特性
        m_wndToolBar2.EnableDocking(CBRS_ALIGN_ANY);
        EnableDocking(CBRS_ALIGN_ANY);
        DockControlBar(&m_wndToolBar2);
        return 0;
    }
```

> 范例 141：动态设置主框架窗口的图标
> 源码路径：光盘\演练范例\141
> 视频路径：光盘\演练范例\141
> 范例 142：动态设置子框架窗口的图标
> 源码路径：光盘\演练范例\142
> 视频路径：光盘\演练范例\142

重新编译运行，图 11-20 所示为添加新工具栏后的运行界面。

图 11-20　添加新工具栏后的运行界面

## 11.4.2　定制状态栏

状态栏一般位于主框架窗口底部，主要用于显示提示信息，可以细分为几个窗格。当利用 AppWizard 创建应用程序时，开发环境自动创建一个默认状态栏，其主要功能为描述被选中的菜单项及工具栏按钮，并显示 Caps Lock、Scroll Lock 和 Num Lock 按钮的状态。

在 Visual C++ 6.0 应用中，和状态栏有关的操作如下。

（1）在主框架类 CMainFrame 中，加入受保护成员变量 CStatusBar m_wndStatusBar；

（2）在文件 MainFrm.cpp 中定义外部静态数组 indicators，功能记录状态栏的窗格相对应的 ID。数组 indicators 的定义代码如下。

```
static UINT indicators[] =
{
    ID_SEPARATOR,               // status line indicator
    ID_INDICATOR_CAPS,
    ID_INDICATOR_NUM,
    ID_INDICATOR_SCRL,
};
```

在上述 Indicator 数组中的 4 个 ID 分别对应用来显示菜单项功能的提示信息窗格，CAP、NUM 和 SCRL 键盘按钮的状态。状态栏的创建与工具栏的创建过程都在 CMainFrame::OnCreate() 函数中，具体代码如下。

```
if (!m_wndStatusBar.Create(this)||        !m_wndStatusBar.SetIndicators(indicators, sizeof(indicators)/sizeof(UINT)))
{
    TRACE0("Failed to create status bar\n");
    return -1;      // fail to create
}
```

一个应用程序一般只需要一个状态栏,所以对状态栏的操作主要是对状态栏上窗格的操作。

(3)为新创建的窗格添加 ID 和默认字符串,将该窗格的命令 ID 添加到数组 indicator 中。

(4)为该窗格创建一个命令更新程序。

**实例 072　在程序 TestMenu 的运行界面状态栏上添加显示时间的窗格**
源码路径　　光盘\daima\part11\8　　　　视频路径　　光盘\视频\实例\第 11 章\072

本实例功能是,为应用程序 TestMenu 的运行界面状态栏上添加显示时间的窗格。本实例的具体实现流程如下。

(1)增加状态栏窗格。在 Resource View 中的 String Table 中双击 String Table,并在下面空白区域双击弹出 String Properties 对话框,具体设置如图 11-21 所示。

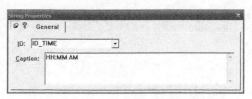

图 11-21　String Properties 对话框具体设置

(2)打开文件 MainForm.cpp 中,在数组 indicators 中增加 ID_TIME,具体代码如下。

```
static UINT indicators[] =
{
  ID_SEPARATOR,                // status line indicator
  ID_INDICATOR_CAPS,
  ID_INDICATOR_NUM,
  ID_INDICATOR_SCRL,
  ID_TIME,                     /////显示时间的窗格
};
```

(3)在类 CTestMenuView 的函数 OnDraw()中添加如下代码。

```
void CTestMenuView::OnDraw(CDC* pDC)
{
  CTestMenuDoc* pDoc = GetDocument();
  ASSERT_VALID(pDoc);
  // TODO: add draw code for native data here
  CTime CurTime = CTime::GetCurrentTime();
  CString sTime = CurTime.Format("%I:%M %p");
  CStatusBar *pStatusBar = (CStatusBar *) AfxGetApp()->m_pMainWnd->
                             GetDescendantWindow(ID_VIEW_STATUS_BAR);
  /////设置时间窗格的显示内容
  pStatusBar->SetPaneText(4, sTime);
}
```

范例 143:使窗口总在最前显示
源码路径:光盘\演练范例\143
视频路径:光盘\演练范例\143
范例 144:MDI 启动时不创建新文档
源码路径:光盘\演练范例\144
视频路径:光盘\演练范例\144

编译运行后可以看到效果

# 11.5　对文档进行读写

　知识点讲解:光盘\视频\PPT 讲解(知识点)\第 11 章\对文档进行读写.mp4

无论什么编程语言,都难免要接触到文件系统,要经常和文件打交道。在 Visual C++ 6.0 应用中,可以通过 MFC 快速实现文件操作。在很多应用中需要对应用程序的有关数据进行保存,或是从文件上读取数据,这就涉及到文件的操作。虽然可以使用类 CFile 实现文件的读写操作,但是在 MFC 应用程序中,序列化(Serialize)操作使得程序员可以不直接面对物理文件而进行文档的读写,序列化操作实现了文档数据的保存和装入的幕后工作,MFC 通过序列化实现应用程序的文档读写功能。本节将详细讲解利用 MFC 对文档进行读写的基本知识。

## 11.5.1　时毫的序列化工作

序列化在最低的层次上应该被需要序列化的类支持，也就是说如果你需要对一个类进行序列化，那么这个类必须支持序列化。当通过序列化进行文件读写时只需要该类的序列化函数就可以了。一个可序列化的类必须有一个称作为序列化的成员函数 Serialize()，文档的序列化在文档类的成员函数 Serialize()中进行。通过 MFC AppWizard 应用程序向导，在生成应用程序时只创建了文档派生类序列化函数 Serialize()的框架，由于不同程序的数据结构各不相同，可序列化的类应重载函数 Serialize()，使其支持对特定数据的序列化。并且，任何需要保存的变量都应该在文档派生类中声明。MFC AppWizard 向导生成的函数 Serialize()有一个 if else 结构组成，具体函数如下。

```
void CTestMenuDoc::Serialize(CArchive& ar)
{
    if(ar.IsStoring())
    {
        // TODO: add storing code here
    }
    else
    {
        // TODO: add loading code here
    }
}
```

函数中参数 ar 是一个 CArchive 类的对象，文档数据序列化操作通过类 CArchive 的对象作为中介来完成。类 CArchive 的对象由应用程序框架创建，并与用户正在使用的文件关联。类 CArchive 包含了一个类 CFile 指针的成员变量，其构造函数也有一个类 CFile 指针的参数。当创建一个类 CArchive 的对象时，该对象与一个类 CFile 或其派生类的对象联系在一起，代表一个已打开的文件。

当文档数据被保存时，函数 Serialize()通过调用文档类数据对象的函数 Serialize()，从每一个序列化的对象中读取数据并把它存储到与包含在 ar 中的成员变量相关联的文件。当文档数据被载入时，函数 Serialize()从与包含在 ar 中的成员变量相关联的那个文件读取数据，然后通过调用文档类对象的函数 Serialize()把它们还原。

当用户选择文件菜单中的 New、Open、Save 和 Save as 等命令时，都会调用文档派生类的成员函数 Serialize()，实现序列化。

类 CArchive 的对象是单向的，即不能同时进行保存和读取操作，具体是通过类 CArchive 的成员函数 IsStoring()来检索当前类 CArchive 对象的属性，如类果 CArchive 对象用于保存数据，则函数 IsStoring()返回值为 TRUE；如果类 CArchive 对象用于读取数据，则函数返回值为 FALSE。类 CArchive 对象使用重载的插入（<<）和提取（>>）操作进行读写操作。这种方式与 C++中的 cin 和 cout 很相似。

## 11.5.2　MFC 应用程序的序列化

通过 MFC 应用程序中的序列化（Serialize）操作，能够使得程序员可以不直接面对物理文件而进行文档的读写，实现文档数据的保存和装入。

**实例 073　演示说明 MFC 应用程序的序列化过程**

源码路径　光盘\daima\part11\9　　　　视频路径　光盘\视频\实例\第 11 章\073

本实例以建立支持序列化的类 CRegister 为例，演示说明了 MFC 应用程序的序列化过程。本实例的具体实现流程如下。

（1）在头文件中，定义类 CRegister 的代码如下：

```
class CRegister:public CObject
{
public:
    DECLARE_SERIAL( CRegister)
    //必需提供一个不带任何参数的空的构造函数
    CRegister(){};
public:
    CString strIncome;
    CString strKind;
    BOOL bMarried;
    CString strName;
    int nSex;
    CString strUnit;
    int nWork;
    UINT nAge;
    void Serialize(CArchive&);
};
```

范例 145：限定框架窗口的大小和位置

源码路径：光盘\演练范例\145

视频路径：光盘\演练范例\145

范例 146：限定 MDI 子框架窗口的最大/最小尺寸

源码路径：光盘\演练范例\146

视频路径：光盘\演练范例\146

MFC 在从磁盘文件载入对象状态并重建对象时，需要有一个缺省的不带任何参数的构造函数。串行化对象将用该构造函数生成一个对象，然后调用 Serialize()函数，用重建对象所需的值来填充对象的所有数据成员变量。

（2）函数 Serialize()的实现代码如下。

```
void CRegister::Serialize(CArchive& ar)
{
    //首先调用基类的Serialize()方法。
    CObject::Serialize( ar);
    if(ar.IsStoring())                     //////保存数据到文件
    {
      ar<<strIncome;
      ar<<strKind;
      ar<<(int)bMarried;
      ar<<strName;
      ar<<nSez;
      ar<<strUnit;
      ar<<nWork;
      ar<<(WORD)nAge;
    }
    else                                   //////从文件读取数据
    {
      ar>>strIncome;
      ar>>strKind;
      ar>>(int)bMarried;
      ar>>strName;
      ar>>nSex;
      ar>>strUnit;
      ar>>nWork;
      ar>>(WORD)nAge;
    }
}
```

（3）在类的实现（类定义）文件开始处，加入如下宏 IMPLEMENT_SERIAL。

```
IMPLEMENT_SERIAL( CRegister, CObject, 1 )
```

宏 IMPLEMENT_SERIAL 用于定义一个从 CObject 派生的可串行化类的各种函数。第 1 和第 2 个参数分别代表可串行化的类名和该类的直接基类。第 3 个参数是对象的版本号，它是一个大于或等于零的整数。MFC 串行化代码在将对象读入内存时检查版本号。如果磁盘文件上的对象的版本号和内存中的对象的版本号不一致，MFC 将抛出一个 CArchiveException 异常，阻止程序读入一个不匹配版本的对象。

（4）此时就可以像使用标准 MFC 类一样使用 CRegister 的串行化功能了，具体调用代码如下。

```
CArchive ar;
CRegister reg1,reg2;
ar<<reg1<<reg2;
```

# 11.6 使用不同的视图

知识点讲解：光盘\视频\PPT 讲解（知识点）\第 11 章\使用不同的视图.mp4

当使用 Visual C++ 6.0 开发应用程序时，除了平常使用最多的一般视图 CView 外，MFC 为应用程序还提供了不同的视图，如 CScrollView（滚动视图）、CEditView（文本编辑视图）、CFormView（对话框视图）、CListView（列表视图）和 CTreeView（树形视图）等，这些视图类都是从类 CView 派生而来的，在 SDI 或者 MDI 创建过程的第六步中就可以选择视图派生类的基类，如图 11-22 所示。

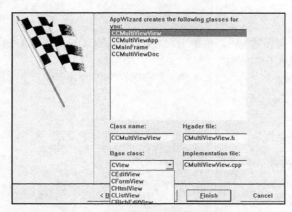

图 11-22　视图派生类基类的选择

本节将详细讲解上述视图的基本知识。

## 11.6.1 滚动视图

在 Windows 程序中，为了避免所显示的内容受限于客户区窗口的大小的不足，通常在视图窗口加上垂直和水平滚动条，使客户区窗口能够显示完整的文档内容，MFC 提供了滚动视图类 CScrollView 类来实现这一功能。

在使用类 CScrollView 时，一般使用默认的滚动值，且不需要程序员自己处理滚动消息。但是在程序设计过程中可以调用函数 SetScrollSizes()设置整个滚动视图的大小，调用函数 GetTotalSizes()获取滚动视图的大小，调用函数 GetScrollPosition()获取当前视图左上角的坐标。

| 实例 074 | 演示说明使用 CScrollView 的方法 | |
|---|---|---|
| | 源码路径　光盘\daima\part11\10 | 视频路径　光盘\视频\实例\第 11 章\074 |

本实例以构建工程 CPolygon 用于画多变形为例，演示说明使用 CScrollView 的方法。本实例的具体实现流程如下。

（1）创建 SDI 工程 CPolygon，在 step 6 of 6 对话框中选择 CScrollView 作为视图类的基类。

（2）在视图类头文件中添加如下变量。

```
struct XY
{
    double x;
    double y;
};
CArray <XY, XY> XYAray;        //用于记录多边形点坐标
CPoint StartPoint;            //记录起始点坐标
CPoint EndPoint;             //记录终点坐标
```

```
BOOL m_bIsDragging;                        //具有橡皮条效果判断
BOOL m_bDrawing;                           //是否开始画多边形
```

（3）重写构造函数和析构函数，具体代码如下。

```
//////构造函数
CCPolygonView:: CCPolygonView ()    /////构造函数，初始化变量
{
    // TODO: add construction code here
    m_bIsDragging = FALSE;
    m_bDrawing = FALSE;
}
//////析构函数
CCPolygonView::~ CCPolygonView ()    /////析构函数，释放动态数组
{
if(XYAray.GetSize() > 0)
    {
        XYAray.RemoveAll();
    }
}
```

范例 147：实现客户窗口的全屏显示
源码路径：光盘\演练范例\147
视频路径：光盘\演练范例\147
范例 148：为程序制作一个启动界面
源码路径：光盘\演练范例\148
视频路径：光盘\演练范例\148

（4）添加菜单项"画多边形"，菜单 ID 为 ID_POLYGON，利用 ClassWizard 在视图类中添加相应的相应函数，具体代码如下。

```
void CCPolygonView::OnPolygon()                /////菜单项ID_POLYGON的消息响应函数
{
    // TODO: Add your command handler code here
    m_bDrawing = TRUE;
}
```

（5）添加单击、移动鼠标和右击消息处理函数，具体代码如下。

```
/////////单击消息响应函数
void CCPolygonView::OnLButtonDown(UINT nFlags, CPoint point)
{
    // TODO: Add your message handler code here and/or call default
    if(m_bDrawing == TRUE)
    {
        CPoint ptOrg = GetScrollPosition();        /////获取当前工作区原点坐标
        StartPoint = point;
        EndPoint = point;
        XY xy;
        xy.x = point.x + ptOrg.x;                  /////加上原来坐标来修改点坐标
        xy.y = point.y + ptOrg.y;
        XYAray.Add(xy);
        m_bIsDragging = TRUE;
    }
    CView::OnLButtonDown(nFlags, point);
}

/////////鼠标移动消息响应函数
void CCPolygonView::OnMouseMove(UINT nFlags, CPoint point)
{
    // TODO: Add your message handler code here and/or call default
    CClientDC dc(this);
    if(m_bDrawing == TRUE&&m_bIsDragging)
    {
        dc.SetROP2(R2_NOT);
        dc.MoveTo(StartPoint);
        dc.LineTo(EndPoint);
        dc.MoveTo(StartPoint);
        dc.LineTo(point);
        EndPoint = point;
    }
    CView::OnMouseMove(nFlags, point);
}

/////////右击消息响应函数
void CCPolygonView::OnRButtonDown(UINT nFlags, CPoint point)
{
    // TODO: Add your message handler code here and/or call default
    if(m_bDrawing == TRUE)
    {
        m_bDrawing = FALSE;
        m_bIsDragging = FALSE;
    }
```

```
        Invalidate(FALSE);
        CView::OnRButtonDown(nFlags, point);
}
```

（6）改写绘制函数 OnDraw，具体代码如下。

```
void CCPolygonView::OnDraw(CDC* pDC)
{
    CCPolygonDoc* pDoc = GetDocument();
    ASSERT_VALID(pDoc);
    // TODO: add draw code for native data here
    CPoint pt1;
    CPoint pt2;
    /////////绘制鼠标经过路径
    if(XYAray.GetSize() > 0)
    {
        for(int i=0; i<XYAray.GetSize()-1; i++)
        {
            pt1.x = XYAray.GetAt(i).x;
            pt1.y = XYAray.GetAt(i).y;
            pt2.x = XYAray.GetAt(i+1).x;
            pt2.y = XYAray.GetAt(i+1).y;
            pDC->MoveTo(pt1);
            pDC->LineTo(pt2);
        }
        pt1.x = XYAray.GetAt(0).x;
        pt1.y = XYAray.GetAt(0).y;
        pDC->LineTo(pt1);
    }
}
```

编译运行后，分别执行移动水平、垂直滚动条和刷新等操作后，多边形的位置不改变。

## 11.6.2　多视图

文档与视图分离使得一个文档对象可以与多个视图进行关联，这样更容易实现多视图的应用程序，例如 Excel 程序能够对表格数据采用多种视图进行表示，同一份文档数据可以以文本形式显示，也可以以图形进行表示。

在 Visual C++ 6.0 应用中，一般多视图应用程序都是用 MDI，实际上 SDI 应用程序也能够实现多个视图，单文档应用程序一般采用拆分窗口的方式实现多视图，除了采用拆分窗口方式实现多视图，还可以利用自框架窗口实现多视图，本节简单介绍利用自框架窗口实现多视图。

视图总是通过文档模板与一个框架窗口和一个文档进行关联，文档模板对象是在应用程序的初始化函数 InitInstance()中创建的，在利用 MFC AppWizard 向导创建一个 MDI 应用程序之后，程序自动具有了多视图的功能，选择“窗口”→“新建窗口(ID_WINDOW_NEW)”命令，程序将为当前文档打开多个视图，函数 CMDIFrameWnd::OnWindowNew()的具体实现代码如下。

```
void CMDIFrameWnd::OnWindowNew()
{
    CMDIChildWnd* pActiveChild = MDIGetActive();
    CDocument* pDocument;
    if (pActiveChild == NULL || (pDocument = pActiveChild->GetActiveDocument()) == NULL)
    {
        TRACE0("Warning: No active document for WindowNew command.\n");
        AfxMessageBox(AFX_IDP_COMMAND_FAILURE);
        return;      // command failed
    }
    CDocTemplate* pTemplate = pDocument->GetDocTemplate();
    ASSERT_VALID(pTemplate);
    CFrameWnd* pFrame = pTemplate->CreateNewFrame(pDocument, pActiveChild);
    if (pFrame == NULL)
    {
        TRACE0("Warning: failed to create new frame.\n");
        return;      // command failed
    }
    pTemplate->InitialUpdateFrame(pFrame, pDocument);
}
```

通过上面的代码，可以发现 MFC 实现多视图的方法主要包括以下 3 个步骤。

（1）利用类向导建立新的视图类。

（2）在函数 InitInstance()中构建一个新的视图类相关联的文档模板对象，暂时不要加入它，在函数 ExitInstance()中删除构件的文档模板对象。

（3）在相关菜单的命令处理函数中调用函数 CDocTemplate::CreateNewFrame()为构件的文档模板创建新的框架窗口，调用函数 CDocTemplate::InitialUpdateFrame()更新视图。

## 实例 075　通过一个自定义文本编辑程序说明使用多视图的方法

源码路径　光盘\daima\part11\11　　　　　视频路径　光盘\视频\实例\第 11 章\075

本实例的具体的实现流程如下。

（1）创建多文档应用程序 MyEditor，并在应用程序创建向导的第 6 步对话框中选择 CEditView 作为应用程序视图类的基类。

（2）利用类 ClassWizard 的向导创建一个新的视图类 CItalicView，其基类为 CView。

（3）在应用程序类的头文件 MyEditor.h 中，定义一个模板对象指针的成员变量 m_pTemplateItalic，并声明成员函数 ExitInstance()，具体代码如下。

```
int CMyEdittorApp::ExitInstance()
{
    // TODO: Add your specialized code here and/or call the base class
    delete m_pTemplateItalic;                    ///////////删除新构建的文档模板对象
    return CWinApp::ExitInstance();
}
```

（4）在应用程序类实现文件 MyEditor.cpp 中，在 InitInstance 函数中添加如下构建新文档模板对象的代码段。

```
CMultiDocTemplate* pDocTemplate;
pDocTemplate = new CMultiDocTemplate(
    IDR_MYEDITTYPE,
    RUNTIME_CLASS(CMyEdittorDoc),
    RUNTIME_CLASS(CChildFrame), // custom MDI child frame
    RUNTIME_CLASS(CMyEdittorView));
AddDocTemplate(pDocTemplate);

///////////创建自定义文档模板
m_pTemplateItalic=new CMultiDocTemplate(
    IDR_MYEDITTYPE,
    RUNTIME_CLASS(CMyEdittorDoc),
    RUNTIME_CLASS(CChildFrame),
    RUNTIME_CLASS(CItalicView));
// create main MDI Frame window
CMainFrame* pMainFrame = new CMainFrame;
```

> 范例 149：动画启动/关闭窗口并添加位图背景
> 源码路径：光盘\演练范例\149
> 视频路径：光盘\演练范例\149
> 范例 150：改变主窗口上的标题
> 源码路径：光盘\演练范例\150
> 视频路径：光盘\演练范例\150

（5）为文档类添加一个 public 属性、CString 类型的成员变量 m_strText。

（6）在应用程序的菜单资源的"窗口"菜单下，新建一个"斜体窗口"菜单项，ID 为 ID_Window_Italic，并在类 CMainFrame 中添加菜单响应函数，具体代码如下。

```
void CMainFrame::OnWindowItalic()
{
    // TODO: Add your command handler code here
    //////获得子窗口
    CMDIChildWnd* pActiveChild=MDIGetActive();
    //////获得当前文档
    CMyEdittorDoc* pDocument=(CMyEdittorDoc*)(pActiveChild->GetActiveDocument());
    CString  strText;
    //////获得当前视图
    CEditView* pView=(CEditView*)pActiveChild->GetActiveView();
    pView->GetEditCtrl().GetWindowText(strText);
    if (strText!="")
    {
        pDocument->m_strText=strText;
    }
    //////获得文档模板
    CDocTemplate* pTemplate=((CMyEdittorApp*) AfxGetApp())->m_pTemplateItalic;
    ASSERT_VALID(pTemplate);
```

```
///创建新的框架窗口
CFrameWnd * pFrame=pTemplate->CreateNewFrame(pDocument,pActiveChild);
///更新视图
pTemplate->InitialUpdateFrame(pFrame,pDocument);
}
```

（7）改写视图类 CItalicView 的成员函数 OnDraw()，实现文本斜体显示功能，具体代码如下。

```
void CItalicView::OnDraw(CDC* pDC)
{
    CDocument* pDoc = GetDocument();
    // TODO: add draw code here
    ///获取文档对象
    CMyEdittorDoc* pTempDoc=(CMyEdittorDoc*) GetDocument();
    ///定义字体
    CFont fontItalic;
    ///创建带下划线的斜体字体
    fontItalic.CreateFont(0,0,0,0,0,1,1,0,0,0,0,0,0,0);
    ///设置新字体
    CFont * pOldFont=pDC->SelectObject(&fontItalic);
    CRect rectclient;
    ///获取客户区窗口的大小
    GetClientRect(rectclient);
    ///输出多行文本内容
    pDC->DrawText(pTempDoc->m_strText,rectclient,DT_WORDBREAK);
    ///恢复原来的字体
    pDC->SelectObject(pOldFont);
}
```

编译运行后的效果如图 11-23 所示。

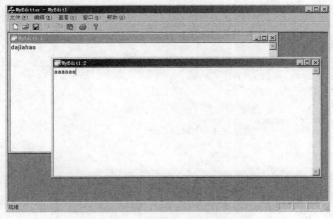

图 11-23　多视图程序的运行结果

另外，除了上述的通过新建窗口实现多视图功能外，还可以通过对客户区分区的方式来实现多视图效果。

| 实例 076 | 在单文档程序中通过客户区分区实现多视图效果 |
|---|---|
| | 源码路径　光盘\daima\part11\12　　　　视频路径　光盘\视频\实例\第 11 章\076 |

本实例的具体实现流程如下。

（1）新建一个单文档应用程序 DynSplit。

（2）新建视图类 CDynSplitView2，为了实现不同内容的显示，重载其 OnDraw()函数，具体代码如下。

```
void CDynSplitView2::OnDraw(CDC* pDC)
{
    CRect rect;
    GetClientRect(&rect);
    //////////输出文本信息
    pDC->DrawText("View 2",&rect,DT_CENTER|DT_VCENTER|DT_SINGLELINE);
}
```

（3）新建一个窗口类 CDynSplitterWnd，设置其基类为 CSplitterWnd，为实现窗口中视图分区的动态调整，重载 OnMouseMove 函数，具体代码如下。

```cpp
void CDynSplitterWnd::OnMouseMove(UINT nFlags, CPoint pt)
{
    if(!m_bDynSplit)
    {
        CSplitterWnd::OnMouseMove(nFlags, pt);
        return;
    }

    if (GetCapture() != this)
        StopTracking(FALSE);

    if (m_bTracking)
    {
        // move tracker to current cursor position
        pt.Offset(m_ptTrackOffset); // pt is the upper right of hit detect
        // limit the point to the valid split range
        if (pt.y < m_rectLimit.top)
            pt.y = m_rectLimit.top;
        else if (pt.y > m_rectLimit.bottom)
            pt.y = m_rectLimit.bottom;
        if (pt.x < m_rectLimit.left)
            pt.x = m_rectLimit.left;
        else if (pt.x > m_rectLimit.right)
            pt.x = m_rectLimit.right;

        if (m_htTrack == vSplitterBox ||
            m_htTrack >= vSplitterBar1 && m_htTrack <= vSplitterBar15)
        {
            if (m_rectTracker.top != pt.y)
            {
                OnInvertTracker(m_rectTracker);
                m_rectTracker.OffsetRect(0, pt.y - m_rectTracker.top);
                OnInvertTracker(m_rectTracker);
            }
        }
        else if (m_htTrack == hSplitterBox ||
            m_htTrack >= hSplitterBar1 && m_htTrack <= hSplitterBar15)
        {
            if (m_rectTracker.left != pt.x)
            {
                OnInvertTracker(m_rectTracker);
                m_rectTracker.OffsetRect(pt.x - m_rectTracker.left, 0);
                OnInvertTracker(m_rectTracker);
            }
        }
        else if (m_htTrack == bothSplitterBox ||
            (m_htTrack >= splitterIntersection1 &&
            m_htTrack <= splitterIntersection225))
        {
            if (m_rectTracker.top != pt.y)
            {
                OnInvertTracker(m_rectTracker);
                m_rectTracker.OffsetRect(0, pt.y - m_rectTracker.top);
                OnInvertTracker(m_rectTracker);
            }
            if (m_rectTracker2.left != pt.x)
            {
                OnInvertTracker(m_rectTracker2);
                m_rectTracker2.OffsetRect(pt.x - m_rectTracker2.left, 0);
                OnInvertTracker(m_rectTracker2);
            }
        }
        OnLButtonUp(MK_LBUTTON,pt);
        OnLButtonDown(MK_LBUTTON,pt);
        if(m_OldPoint != pt)
        {
            RedrawWindow(NULL, NULL, RDW_ALLCHILDREN | RDW_UPDATENOW);
            m_OldPoint = pt;
        }
    }
}
```

范例 151：为程序创建系统托盘图标
源码路径：光盘\演练范例\151
视频路径：光盘\演练范例\151
范例 152：创建类似迅雷的辅助隐藏窗口
源码路径：光盘\演练范例\152
视频路径：光盘\演练范例\152

```
    else
    {
        // simply hit-test and set appropriate cursor
        int ht = HitTest(pt);
        SetSplitCursor(ht);
    }
```

（4）重载类 CMainFrame 的函数 OnCreateClient，实现窗口拆分的功能，具体实现代码如下。

```
BOOL CMainFrame::OnCreateClient( LPCREATESTRUCT /*lpcs*/,
    CCreateContext* pContext)
{
    // create a splitter with 1 row, 2 columns
    if (!m_wndSplitter.CreateStatic(this, 1, 2))
    {
        TRACE0("Failed to Splitter window\n");
        return FALSE;
    }
    // add the first splitter pane - the default view in column 0
    if (!m_wndSplitter.CreateView(0, 0,
        pContext->m_pNewViewClass, CSize(150, 150), pContext))
    {
        TRACE0("Failed to create first pane\n");
        return FALSE;
    }
    // add the second splitter pane - an input view in column 1
    if (!m_wndSplitter.CreateView(0, 1,
            RUNTIME_CLASS(CDynSplitView2), CSize(0, 0), pContext))
    {
        TRACE0("Failed to create second pane\n");
        return FALSE;
    }
    // activate the input view
    SetActiveView((CView*)m_wndSplitter.GetPane(0,1));
    return TRUE;
}
```

编译运行后可看到效果。

# 11.7　技　术　解　惑

## 11.7.1　模板、文档、视图和框架的关系

对于很多初学者来说，不明白模板、文档、视图和框架之间有什么关系，这对进一步深入学习带来了很大的困惑。根据笔者的理解，总结出它们之间的如下关系。

（1）文档保留该文档的视图列表和指向创建该文档的文档模板的指针；文档至少有一个相关联的视图，而视图只能与一个文档相关联。

（2）视图保留指向其文档的指针，并被包含在其父框架窗口中。

（3）文档框架窗口（即包含视图的 MDI 子窗口）保留指向其当前活动视图的指针。

（4）文档模板保留其已打开文档的列表，维护框架窗口、文档及视图的映射。

（5）应用程序保留其文档模板的列表。

## 11.7.2　模板、文档、视图和框架的相互访问

在 Visual C++ 6.0 开发应用中，可以通过一组函数让模板、文档、视图和框架之间相互可访问。表 11-1 给出访问过程中用到的函数。

表 11-1　　　　　　　　　　档、文档模板、视图和框架类的互相访问

| 从 该 对 象 | 如何访问其他对象 |
| --- | --- |
| 全局函数 | 调用全局函数 AfxGetApp 可以得到 CWinApp 应用类指针 |
| 应用 | AfxGetApp()->m_pMainWnd 为框架窗口指针；用 CWinApp::GetFirstDocTemplatePostion 和 CWinApp::GetNextDocTemplate 遍历所有文档模板 |

续表

| 从 该 对 象 | 如何访问其他对象 |
| --- | --- |
| 文档 | 调用 CDocument::GetFirstViewPosition 和 CDocument::GetNextView 遍历所有和文档关联的视图；调用 CDocument:: GetDocTemplate 获取文档模板指针 |
| 文档模板 | 调用 CDocTemplate::GetFirstDocPosition 和 CDocTemplate::GetNextDoc 遍历所有对应文档 |
| 视图 | 调用 CView::GetDocument 得到对应的文档指针；　调用 CView::GetParentFrame 获取框架窗口 |
| 文档框架窗口 | 调用 CFrameWnd::GetActiveView 获取当前得到当前活动视图指针；调用 CFrameWnd::GetActive Document 获取附加到当前视图的文档指针 |
| MDI 框架窗口 | 调用 CMDIFrameWnd::MDIGetActive 获取当前活动的 MDI 子窗口（CMDIChildWnd） |

### 11.7.3　文档和视图的关系

关于文档和视图之间的关系，可以进一步细分为如下 3 类。

（1）文档对应多个相同的视图对象，每个视图对象在一个单独的 MDI 文档框架窗口中。

（2）文档对应多个相同类的视图对象，但这些视图对象在同一文档框架窗口中（通过"拆分窗口"即将单个文档窗口的视图空间拆分成多个单独的文档视图实现）。

（3）文档对应多个不同类的视图对象，这些视图对象仅在一个单独的 MDI 文档框架窗口中。在此模型中，由不同的类构造成的多个视图共享单个框架窗口，每个视图可提供查看同一文档的不同方式。例如，一个视图以字处理模式显示文档，而另一个视图则以文档结构图模式显示文档。

# 第 12 章

# 图形图像编程

Windows 系统是一个图形用户界面的操作系统，其所有的可视化效果都是通过图形设备接口 GDI（是 Graphics Device Interface 的缩写）来绘制完成的。对于开发具有图形化操作界面的 Windows 应用程序而言，GDI 是重点内容之一。在本章的内容中，将详细讲解在 Visual C++ 6.0 应用中实现图形图像编程的基本知识。

<table>
<tr><td colspan="2">本章内容</td><td>技术解惑</td></tr>
<tr><td>▶▶</td><td>图形设备接口</td><td>MFC 显示位图的方法</td></tr>
<tr><td>▶▶</td><td>绘制图形</td><td>制作图形按钮的通用方法</td></tr>
<tr><td>▶▶</td><td>文本与字体</td><td>在 MFC 中设置背景颜色的方法</td></tr>
<tr><td>▶▶</td><td>位图、图标和光标</td><td>百页窗效果</td></tr>
<tr><td>▶▶</td><td>读写、显示图像文件</td><td></td></tr>
</table>

# 12.1　图形设备接口

知识点讲解：光盘\视频\PPT 讲解（知识点）\第 12 章\图形设备接口.mp4

在 Windows 系统中，提供了一个称为图形设备接口的抽象接口（Graphics Device Interface，GDI）来完成图形绘制操作。GDI 作为 Windows 的重要组成部分，负责管理用户绘图操作时功能的转换。本节将详细讲解 GDI 的基本知识。

## 12.1.1　GDI 接口基础

GDI 是 Windows 的子系统，它负责在显示器和打印机上显示图形。GDI 是 Windows 非常重要的部分，不只在 Windows 应用系统在显示信息时使用 GDI，就连 Windows 本身也使用 GDI 来显示用户接口对象，如菜单、滚动条、图标和鼠标指针。GDI 通过不同设备提供的驱动程序将绘图语句转换为对应的绘图指令，避免了用户直接对硬件进行操作，从而实现设备无关性。

在 MFC 库中提供了 GDI 类，即类 CGDIObject，这是 Windows GDI 对象的基类。开发人员一般不需要直接创建 CGDIObject 对象，而只需要从它的某个派生类创建即可。

为了体现上文提到的设备无关性，Windows 应用程序的输出不直接面向显示器或打印机等物理设备，而是面向一个称为设备环境（是 Device Context，DC）的虚拟逻辑设备。所有的绘制操作必须通过设备环境进行间接的处理，Windows 会自动将设备环境所描述的结构映射到相应的物理设备上。

DC 是一个 Windows 数据结构，在里面包含了某个设备的绘制属性，通常绘制调用都是借助于设备上下文对象，而这些设备上下文对象封装了用于画线、形状、文本等的 Windows API 函数。

在 Windows 系统中，不使用设备环境就无法完成图形图像的输出工作。在使用任何 GDI 绘图函数之前，用户必须先建立相应的设备环境，应用程序在绘图操作过程中按照设备环境中的设置属性进行相应操作。

设备环境分为显示设备环境、打印机设备环境、内存设备环境（或者兼容设备环境）及信息设备环境。显示环境主要用于显示设备上的绘制操作，打印机设备环境主要用于打印机的图形图像绘制操作，内存设备环境主要为特定的设备存储位图，信息设备上下文主要用于获取默认设备的数据。

在 MFC 中，CDC 类封装了绘图所需要的所有成员函数，以及各种类型 Windows 设备环境的全部功能。在具体使用时，MFC 提供了几个 CDC 类的派生类：CPaintDC 类、CClientDC 类、CWindowDC 类和 CMetaFileDC 类。

CDC 类既可以作为其他 MFC 环境的基类，又可以作为一般的设备环境类进行使用。CDC 类是 MFC 中功能非常丰富的类，它提供了 170 多个成员函数，利用它可以访问设备属性和设置绘图属性，并且 CDC 类对所有的 GDI 绘图函数进行了封装。

在 Windows 应用程序中，通常在绘制图形图像之前调用函数 BeginPaint，然后在设备环境中进行一系列的绘图操作，最用调用函数 EndPaint 结束绘制操作。在 MFC 应用中，类 CpaintDC 完全封装了这一过程。如果在程序中添加 WM_PAINT 消息处理函数 OnPaint()，就需要使用类 CpaintDC 来定义一个设备环境对象。在类 CView 的成员函数 OnPaint()中，定义了如下设备环境。

```
void CView::OnPaint()
{
    CPaintDC dc(this);
    OnPrepareDC(&dc);
    OnDraw(&dc);
}
```

因为基类 CView 函数 OnPaint()调用了函数 OnDraw()，因此应用程序经常在函数 OnDraw()中进行绘图操作。

类 CClientDC 代表了客户区设备环境，客户区是指程序窗口中不包括边框、标题栏、菜单栏、工具栏和状态栏等界面元素的内部绘图区。当构造 CClientDC 类的对象时自动调用 API 函数 GetDC()，并将当前窗口的句柄 m_hWnd 作为函数参数，当 CClientDC 类的对象销毁时，会自动调用 API 函数 Release()。

类 CWindowDC 封装的设备表示真个窗口，即不仅包括客户区，同时包括窗口边框及标题栏等其他非客户区对象。

类 CMetaFileDC 用于创建一个 Windows 图元文件的设备环境。在 Windows 图元文件中，包含了一系列 GDI 绘图命令，使用这些命令可以重复创建一个所需要的图形或者文本。

## 12.1.2　GDI 坐标系和映射模式

在绘图过程中需要一个参考坐标系，用以确定图形图像的绘制位置。Windows 的坐标系分为逻辑坐标系和设备坐标系两种，GDI 支持这两种坐标系。一般而言，GDI 的文本和图形图像输出函数使用逻辑坐标，而在客户区进行的鼠标、滚轮等操作采用设备坐标。

设备坐标系的原点总是在窗口的左上角，单位为像素。逻辑坐标是面向设备环境的坐标系，其不考虑具体的设备类型，而在实际绘图过程中，Windows 会根据当前设置的映射模式将逻辑坐标转化为设备坐标，逻辑坐标的单位有多种，可以是像素，也可以是厘米、毫米、英寸等。逻辑坐标按照映射模式不同分为 3 大类共 8 种模式，如表 12-1 所示。

表 12-1　　　　　　　　　　　　映射模式

| 类　　别 | 映射模式名称 | 逻　辑　单　位 |
|---|---|---|
| MM_TEXT 模式 | MM_TEXT | 像素 |
| 固定比例的映射模式 | MM_LOMETRIC | 0.1 mm |
| | MM_HIMETRIC | 0.01 mm |
| | MM_LOENGLISH | 0.01 inch |
| | MM_HIENGLISH | 0.001 inch |
| | MM_TWIPS | 1/1440 inch |
| 可变比例的映射模式 | MM_ISOTROPIC | 可调整（x=y） |
| | MM_ANISOTROPIC | 可调整（x≠y） |

（1）MM_TEXT 模式。这是默认的映射模式，原点在左上角，向右 $x$ 值增加，向下 $y$ 值增加。

（2）固定比例的映射模式。向右 $x$ 值增加，向下 $y$ 值减少。

（3）可变比例的映射模式。允许改变比例因子和原点。在用户改变窗口大小时，绘制的内容会随之改变。如果改变一个轴的比例，则绘制的图形图像也会在其他轴上相应地进行改变。

要准确地确定绘制效果，需要正确地设置映射模式。可以使用函数 CDC::SetMapMode()更改映射模式，见下面的代码。

```
CClientDC dc;
int OldMapMode = dc.SetMapMode(MM_HIMETRIC);
```

可以使用函数 CDC::SetViewportOrg()和函数 CDC::SetWindowOrg()移动逻辑坐标系的原点位置，例如，通过下面的代码可以将坐标系的原点移动到客户区的中央。

```
CRect rect;
GetClientRect(&rect);
pDC->SetViewportOrg(rect.Width()/2, rect.Height()/2);
```

在设备环境坐标系统中，一般可以分为如下 3 类坐标系统。

（1）工作区坐标系统。以窗口客户区左上角为原点，主要用于窗口客户区的绘图输出以及处理窗口的一些消息。

（2）窗口坐标系统。以窗口左上角为坐标原点，包含窗口控制菜单、标题栏、状态栏等内容。一般情况下很少在窗口标题栏进行绘图操作，此种坐标系统很少使用。

（3）屏幕坐标系统。以屏幕左上角为坐标原点。一般设置和获取光标的位置函数 SetCursorPos()和 GetCursorPos()使用屏幕坐标；函数 CreatWindow()、MoveWindow()等函数用于设置窗口相对于屏幕的位置，使用的是屏幕坐标。

在 MFC 应用中，使用 ClientToScreen()和 ScreenToClient()两个函数完成客户区坐标和屏幕坐标之间的转换。逻辑坐标和设备坐标之间的转换也是经常发生的事情。除了映射模式，窗口和接口也是决定一个点的逻辑坐标如何转换为设备坐标的一个因素，一个点的逻辑坐标按照如下格式转换为设备坐标。

设备坐标=逻辑坐标-窗口原点坐标+视口原点坐标

### 12.1.3　颜色和颜色设置

在 Windows 系统中绘制图形图像时候，颜色是一个比较重要的因素。Windows 通过图像颜色管理技术，保证用户绘制的图形以最接近于原色的颜色在显示设备上输出。COLORREF 结构体对象主要用来存放颜色，实际上这是一个 32 位整数。COLORREF 对象低位字节存放红色强度值，第 2 个字节存放绿色强度值，第 3 个字节存放蓝色强度值，高位字节为 0，每一种颜色的取值范围为 0～255。由于直接设置 COLORREF 类型的对象不太方便，Windows 提供了 RGB 宏来设置颜色，RGB 宏的定义代码如下。

```
COLORREF RGB(
    BYTE byRed,      // red component of color
    BYTE byGreen,    // green component of color
    BYTE byBlue      // blue component of color
);
```

定义形式为 RGB(Red, Green, Blue)，其中参数 Red、Green 和 Blue 分别表示红、绿、蓝 3 种颜色的分量值，如 RGB(255,255,255)表示白色、RGB(255,0,0)表示红色。

# 12.2　绘　制　图　形

知识点讲解：光盘\视频\PPT 讲解（知识点）\第 12 章\绘制图形.mp4

在默认状态下，当用户创建一个设备环境并在其中绘图时，系统使用设备环境默认的绘图工具及其属性。如果用户需要使用不同风格和颜色的绘图工具进行绘图，就必须重新为设备环境定义画笔和画刷等绘图工具。本节将详细讲解使用 Visual C++ 6.0 绘制图形的基本知识。

### 12.2.1　GDI 对象

在 Windows 系统中，提供了多种用于在设备环境中进行绘制的图形对象，如画笔用于画线、画刷用于填充内部区域、字体用于显示文本等。这里的对象是 Windows 数据结构，不是 C++ 类的对象。MFC 对 Windows 中的这些图形对象进行了封装，提供了封装 GDI 对象的类，如类 CPen、CBrush、CFont、CBitmap 和 CPalette 等，这些都是 CGdiObject 的派生类。表 12-2 显示了 MFC 类和它所封装的 GDI 句柄类型。

表 12-2　　　　　　　　　　　　　　　　GDI 图形对象

| 对　　象 | 句 柄 类 型 | MFC 类 | 属　　　　性 | 简 要 说 明 |
| --- | --- | --- | --- | --- |
| 画笔 | HPEN | CPen | 风格、线宽、颜色等 | 用于画线和绘制有形边框的工具 |
| 画刷 | HBRUSH | CBrush | 风格、线宽、图案等 | 用于填充区域内部 |
| 字体 | HFONT | CFont | 字体、宽、高等 | 具有某种风格和尺寸的字符集 |

| 对　象 | 句 柄 类 型 | MFC 类 | 属　性 | 简 要 说 明 |
|---|---|---|---|---|
| 位图 | HBITMAP | CBitmap | 字节大小、像素尺寸等 | 一种位矩阵，每一个显示像素对应其中的一位或者多位 |
| 调色板 | HPALETTE | CPalette | 颜色和大小 | 一种颜色映射接口，允许应用于不干扰其他应用的前提下，可以充分利用输出设备的颜色描绘能力 |
| 区域 | HRGN | CRgn | 位置和大小 | 有多边形、椭圆或者二者组合形成的一种范围，用于进行填充等 |

CDC 类提供了成员函数 SelectObject() 来选择用户自己创建的 GDI 对象，该函数有多种重载形式，可以选择用户已定制好的画笔、画刷、字体等不同类型的 GDI 对象。该函数常用的重载格式如下。

```
CPen *SelectObject(CPen *pPen);
CBrush *SelectObject(CBrush *pBrush);
Virtual CFont *SelectObject(CFont *pFont);
CBitmap * SelectObject(CBitmap *pBitmap);
```

上述函数的参数是一个指向用户已定制好的 GDI 对象的指针。如果选择操作成功，则函数将返回以前 GDI 对象的指针，否则返回 NULL。

在 Windows 的 GDI 中，包含一些预定义的 GDI 对象，无需用户创建，马上就可以进行使用，这些对象称为库存对象（Stock Object），如 BLACK_BRUSH、DKGRAY_BRUSH、HOLLOW_BRUSH、WHITE_BRUSH、黑色画笔、白色画笔等以及一些字体和调色板等。

### 12.2.2 创建和使用画笔

当用户创建一个用于绘图的设备环境时候，设备环境自动提供了一个宽度为一个像素、风格为实黑线（BLACK_PEN）的默认画笔。如果要在设备环境使用自己的画笔绘图，首先需要创建一个指定风格的画笔，然后将创建的画笔选入设备环境，最后使用结束后要释放画笔。

1. 画笔的创建

在 Visual C++ 6.0 应用中，有如下两种创建画笔方法。

```
//定义时直接创建
CPen pen(PS_SOLID, 2, RGB(255, 0, 0));
//定义CPen对象，再调用CreatePen()函数
CPen pen;
pen.CreatePen(PS_SOLID, 2, RGB(255, 0, 0));
```

函数 CreatePen() 的参数类型与前面带参数的 CPen 类构造函数完全一样，当画笔对象的声明与创建不在同一地方时只有采用这种方式，画笔的基本样式如表 12-3 所示。

表 12-3　　　　　　　　　　　　　画笔的基本样式

| 样　式 | 说　明 | 样　式 | 说　明 |
|---|---|---|---|
| PS_SOLID | 实线 | PS_DASHDOTDOT | 双点划线 |
| PS_DOT | 点线 | PS_NULL | 空的边框 |
| PS_DASH | 虚线 | PS_INSIDEFRAME | 边框实线 |
| PS_DASHDOT | 点画线 | | |

2. 选择画笔

可以调要成员函数 CDC::SelectObject() 将创建的画笔对象选入当前的设备环境，如果选择成功，函数将返回以前画笔对象的指针，选择新的画笔时应该保存以前画笔对象指针。见下面的演示代码。

```
CPen NewPen(PS_SOLID, 2, RGB(255, 0, 0));
CPen *pOldPen = pDC->SelectObject(&NewPen);
```

### 3．还原画笔

当完成绘图操作之后，应该通过调用函数 CDC::SelectObject()将设备环境以前的画笔工具恢复，并通过调用成员函数 CGdiObject()释放 GDI 对象所占的内存资源。见下面的演示代码。

```
CPen NewPen(PS_SOLID, 2, RGB(255, 0, 0));
CPen *pOldPen = pDC->SelectObject(&NewPen);
……
pDC-> SelectObject(pOldPen);
NewPen.DeleteObject();
```

**实例 077　演示说明画笔的创建与使用方法**

| 源码路径 | 光盘\daima\part12\1 | 视频路径 | 光盘\视频\实例\第 12 章\077 |
|---|---|---|---|

本实例的功能是创建自定义画笔，并进行图形绘制操作。本实例的具体实现流程如下。

（1）新建一个单文档应用程序 SDI_Pen，在 CSDI_PenView 类中定义变量 int m_PenWidth 作为画笔宽度，并在构造函数中设置为 2。

（2）在函数 CSDI_PenView:: OnDraw(CDC* pDC)中添加如下代码。

```
void CSDI_PenView::OnDraw(CDC* pDC)
{
  CSDI_PenDoc* pDoc = GetDocument();
  ASSERT_VALID(pDoc);
  //定义时直接创建
  CPen RedPen(PS_SOLID, m_PenWidth, RGB(255, 0, 0));
  //先定义CPen对象，再调用CreatePen()函数创建画笔
  CPen GreenPen;
    GreenPen.CreatePen(PS_SOLID, m_PenWidth, RGB(0, 255, 0));
  //选择画笔，进行图形绘制
  CPen *pOldPen = pDC->SelectObject(&RedPen);
  pDC->MoveTo(30, 30);
  pDC->LineTo(300, 30);
  //选择画笔，进行图形绘制
  pDC->SelectObject(GreenPen);
  pDC->MoveTo(30, 80);
  pDC->LineTo(300, 80);
  //还原画笔
  pDC->SelectObject(pOldPen);
}
```

> 范例 153：在视图中使用 CDC 进行绘图操作
> 源码路径：光盘\演练范例\153
> 视频路径：光盘\演练范例\153
> 范例 154：使用 CPaintDC 进行窗口重绘
> 源码路径：光盘\演练范例\154
> 视频路径：光盘\演练范例\154

编译运行后的效果如图 12-1 所示。

图 12-1　画笔示例程序运行结果

### 12.2.3　创建和使用画刷

设备环境自动提供了一个填充色为白色的默认画刷（WHITE_BRUSH），与画笔一样，也可以利用画刷类 CBrush 创建用户自己的画刷，用于填充图形的绘制。画刷有 3 种类型，分别是纯色画刷、图案画刷和阴影画刷，因此类 CBrush 提供了多个不同重载形式的构造函数。见下面的演示代码。

```
CBrush brushPure(RGB(255, 0, 0));                        //创建纯色画刷
CBrush brushPic(&bmp);                                   //创建图案画刷
CBrush burshShadow(HS_HORIZONTAL, RGB(255, 0, 0));       //创建阴影画刷
```

在 Visual C++ 6.0 应用中，有如下 3 种创建画刷的方法。

（1）创建实心画刷的函数 CreateSolidBrush()，见下面的演示代码。

```
CBrush brush;
Brush. CreateSolidBrush(RGB(255, 0, 0));
```

实心画刷的样式如表 12-4 所示。

**表 12-4**                     实心画刷的样式

| 样　式 | 说　明 | 样　式 | 说　明 |
|---|---|---|---|
| BLACK_BRUSH | 黑色画刷 | LTGRAY_BRUSH | 浅灰色画刷 |
| DKGRAY_BRUSH | 深灰色画刷 | NULL_BRUSH | 空画刷 |
| GRAY_BRUSH | 灰色画刷 | WHITE_BRUSH | 白色画刷 |
| HOLLOW_BRUSH | 空心画刷 | | |

（2）创建位图画刷的函数 CreatePatternBrush()，见下面的演示代码。

```
//////调用位图
CBitmap bmp;
Bmp.LoadBitMap(IDB_BITMAP1);
//////创建位图画刷
CBrush brush;
brush.CreatePatternBrush(&bmp);
```

（3）创建阴影画刷的函数 CreateHatchBrush()，阴影画刷的样式如表 12-5 所示，见下面的演示代码。

```
//////创建阴影画刷
CBrush brush;
Brush.CreateHatchBrush(HS_HORIZONTAL, RGB(255, 0, 0));
```

**表 12-5**                     阴影画刷的样式

| 样　式 | 说　明 | 样　式 | 说　明 |
|---|---|---|---|
| HS_BDIAGONAL | 45 度倾斜/ | HS_CROSS | + |
| HS_DIAGCROSS | 45 度交叉 | HS_HORIZONTAL | - |
| HS_FDIAGONAL | 45 度\ | HS_VERTICAL | \| |

使用自定义画刷的方式和使用画笔的方法类似，创建自定义对象之后，调用 SelectObject() 函数将对象选入设备环境即可。

---

**实例 078**　　**创建自定义画刷并绘制图形**

源码路径　光盘\daima\part12\2　　　　视频路径　光盘\视频\实例\第 12 章\078

本实例的具体实现流程如下。

（1）创建单文档应用程序 SDI_Brush，在函数 CSDI_BrushView::OnDraw(CDC* pDC)中添加如下所示的代码。

```
void CSDI_BrushView::OnDraw(CDC* pDC)
{
    CSDI_BrushDoc* pDoc = GetDocument();
    ASSERT_VALID(pDoc);
    //////创建红色实体画刷
    CBrush RedBrush;
     RedBrush. CreateSolidBrush(RGB(255, 0, 0));
    //选择画刷
    CBrush *pOldBrush = pDC->SelectObject(&RedBrush);
    //////绘制具有画刷填充效果的矩形
    pDC->Rectangle(10, 10, 80, 80);
    //////创建绿色图案画刷
    CBrush GreenBrush(HS_DIAGCROSS, RGB(0,255,0));
```

> 范例 155：使用 CWindowDC 在整个窗口绘图
> 源码路径：光盘\演练范例\155
> 视频路径：光盘\演练范例\155
> 范例 156：在对话框窗口进行绘图操作
> 源码路径：光盘\演练范例\156
> 视频路径：光盘\演练范例\156

```
    //选择画刷
    pDC->SelectObject(&GreenBrush);
    //////绘制具有新的填充效果的矩形
    pDC->Rectangle(10, 90, 80, 160);
    ////还原画刷
    pDC->SelectObject(&pOldBrush);
}
```

（2）编译运行后的效果如图 12-2 所示。

图 12-2　SDI_Brush 运行结果

## 12.2.4　绘制基本图形

CDC 类提供了一些基本的图形绘图操作函数，如画点、画线、画圆、画矩形、画多边形等，具体说明如下。

（1）点，见下面的演示代码。

```
pDC->SetPixel(CPoint(100,100), RGB(255,0,0));          //在(100,100)位置画一个红点
```

（2）线，见下面的演示代码。

```
pDC->MoveTo(10,10);                                    //设置起点为(10,10)
pDC->LineTo(50,50);                                    //从起点(10,10)到终点(50,50)画一条直线
```

（3）矩形，见下面的演示代码。

```
CRect rect(0,0,200,200);
pDC->Rectangle(&rect);                                 //画长宽均为200的矩形
```

（4）圆和椭圆，见下面的演示代码。

```
CRect rect(0,0,200,200);
pDC->Ellipse(&rect);                                   //在矩形内部画圆
CRect rect1(0,0,200,200);
pDC->Ellipse(&rect1);                                  //在矩形内部画椭圆
```

（5）多边形，见下面的演示代码。

```
CPoint pt[4];
pt[0] = CPoint(0,0);
pt[1] = CPoint(50,50);
pt[2] = CPoint(50,100);
pt[3] = CPoint(0,50);
pDC->Polygon(pt, 4);                                   //画多边形
```

（6）其他图形，见下面的演示代码。

```
CDC::Pie                                               //画饼状图
CDC::Chord                                             //画弦
CDC::FillRect                                          //用指定颜色填充矩形并且不画边线
CDC::Draw3dRect                                        //用于绘制各种3D边框
CDC::RoundRect                                         //画圆角矩形
```

| 实例 079 | 演示说明常见基本图形的绘制方法 | |
|---|---|---|
| 源码路径　光盘\daima\part12\3 | | 视频路径　光盘\视频\实例\第 12 章\079 |

本实例的功能是利用 GDI 绘制常见的图形符号，具体实现流程如下。

创建单文档应用程序 SDI_Graphic，在函数 CSDI_ GraphicView::OnDraw(CDC* pDC)中添加如下代码。

```
void CSDI_GraphicView::OnDraw(CDC* pDC)
{
    CSDI_GraphicDoc* pDoc = GetDocument();
    ASSERT_VALID(pDoc);
    //在(10,10)位置画一个红点
    pDC->SetPixel(CPoint(10,10), RGB(255,0,0));

    //设置起点为(10,10)
    pDC->MoveTo(20,20);
    //从起点(10,10)到终点(80,80)画一条直线
    pDC->LineTo(80,20);

    //画长宽均为200的矩形
    CRect rect(90,20,150,100);
    pDC->Rectangle(&rect);

    //在矩形内部画圆
    CRect rect1(170,20,230,80);
    pDC->Ellipse(&rect1);

    //在矩形内部画椭圆
    CRect rect2(240,20,300,200);
    pDC->Ellipse(&rect2);

    //画多边形
    CPoint pt[3];
    pt[0] = CPoint(310,90);
    pt[1] = CPoint(360,80);
    pt[2] = CPoint(380,100);
    pDC->Polygon(pt, 3);
}
```

| 范例 157：创建字体进行文本输出 |
| 源码路径：光盘\演练范例\157 |
| 视频路径：光盘\演练范例\157 |
| 范例 158：制作一个简单的立体字 |
| 源码路径：光盘\演练范例\158 |
| 视频路径：光盘\演练范例\158 |

编译运行后的效果如图 12-3 所示。

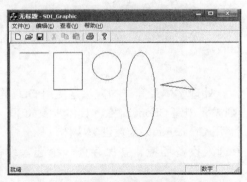

图 12-3　基本图形绘制结果

# 12.3　文本与字体

知识点讲解：光盘\视频\PPT 讲解（知识点）\第 12 章\文本与字体.mp4

在 Windows 应用程序中经常使用 GDI 实现文本输出功能，文本与字体密切相关。在输出文本时，选择不同类型的字体在很大程度上会影响程序的风格，合适的字体能够增强程序的效果。Windows 系统为文本的显示提供了多种物理字体支持，在程序中可以创建不同风格的逻辑字体进行文本的显示。本节将详细讲解 Visual C++ 6.0 实现文本和字体处理的基本知识。

## 12.3.1　字体的概念

要了解什么是字体，需要先了解决定字体的 3 个要素：字样、风格和大小。字样是指字母的样式和文本的外观，字体的风格是字体的粗细和倾斜度。Windows 支持光栅字体、TrueType 字体和矢量字体等 3 种类型字体。光栅字体需要为每一种大小的字体创建独立的字体文件；TrueType

字体与设备无关，字符以轮廓形式进行存储，包括线段、曲线；矢量字体以一系列线段存储字符。

在输出文本时，默认情况下系统使用默认的字体。如果需要则可以改变显示文本的字体，与前面介绍过的画笔和画刷一样，字体也是 GDI 对象，MFC 类 CFont 对 GDI 字体对象属性进行了封装。在开发程序的过程中，一般利用类 CFont 创建自己的字体对象，然后把创建的字体选入设备环境，这样可以在设备环境里面绘制文本。

在输出文本时，Windows 以位图的方式绘制每一个字符的形状。在显示文本时以像素为单位，有时需要精确知道文本的属性，例如高度和宽度。在设计程序的过程中，可以通过访问 TEXTMETRIC 结构的方式获取设备环境关于字符的属性信息。因为每一种物理字体信息由数据结构 TEXTMETRIC 进行描述，所以 CDC::GetTextMetrics()可以得到当前字体的 TEXTMETRIC 结构，定义 TEXTMETRIC 结构体的格式如下。

```
typedef struct tagTEXTMETRIC {
    LONG tmHeight;                      //字符高度
    LONG tmAscent;                      //字符基线以上高度
    LONG tmDescent;                     //字符基线以下高度
    LONG tmInternalLeading;             //字符高度内部间距
    LONG tmExternalLeading;             //行的间距
    LONG tmAveCharWidth;                //字符平均宽度
    LONG tmMaxCharWidth;                //字符最大宽度
    LONG tmWeight;                      //字体粗细
    LONG tmOverhang;                    //合成字体
    LONG tmDigitizedAspectX;            //设计字体时的横向比例
    LONG tmDigitizedAspectY;            //设计字体时的纵向比例
    TCHAR tmFirstChar;                  //字体中第一个字符值
    TCHAR tmLastChar;                   //字体中最后一个字符的值
    TCHAR tmDefaultChar;                //字库中没有的字符的替代字符
    TCHAR tmBreakChar;                  //文本对齐时作为分隔符的字符
    BYTE tmItalic;                      //斜体，零值表示非斜体
    BYTE tmUnderlined;                  //下划线，零值表示不带下划线
    BYTE tmStruckOut;                   //删除线，零值标志不带删除线
    BYTE tmPitchAndFamily;             //给出所选字体的间距和所属的字库族
    BYTE tmCharSet;                     //字体的字符集
} TEXTMETRIC, *PTEXTMETRIC;
```

## 12.3.2　创建字体

在 Visual C++ 6.0 应用中，处理字体最简单的方法是使用 GDI 的常备字体。如果用户需要设置适合程序的字体风格，则需要创建 CFont 对象，具体步骤如下。

（1）定义 CFont 对象，调用 CreateFont()函数创建字体。

（2）将创建的字体对象选入设备环境，并保存前一个选入设备环境的字体对象。定义 CreateFont()函数的格式如下。

```
HFONT CreateFont(
    int nHeight,
    int nWidth,
    int nEscapement,
    int nOrientation,
    int fnWeight,
    DWORD fdwItalic,
    DWORD fdwUnderline,
    DWORD fdwStrikeOut,
    DWORD fdwCharSet,
    DWORD fdwOutputPrecision,
    DWORD fdwClipPrecision,
    DWORD fdwQuality,
    DWORD fdwPitchAndFamily,
    LPCTSTR lpszFace
);
```

如果创建字体成功，返回非零值，否则返回值为零。

**实例 080**　演示说明字体的创建与使用方法

源码路径　光盘\daima\part12\4　　　视频路径　光盘\视频\实例\第 12 章\080

本实例的功能是，在客户区以倾斜的黑体字体显示文本"倾斜的黑体字例子"。首先创建单

文档应用程序 SDI_Font，在函数 CSDI_FontView::OnDraw(CDC* pDC)中添加如下代码。

```
void CSDI_FontView::OnDraw(CDC* pDC)
{
    CSDI_FontDoc* pDoc = GetDocument();
    ASSERT_VALID(pDoc);
    ///////创建新的字体：倾斜黑体
    CFont myFont;
    myFont.CreateFont(30,30,0,0,FW_DONTCARE,true,
    false,false,DEFAULT_CHARSET,OUT_CHARACTER_PRECIS,
    CLIP_CHARACTER_PRECIS, DEFAULT_QUALITY,
    DEFAULT_PITCH | FF_DONTCARE, "黑体"
    );
    ///////选择新字体，输出文字
    CFont *pOldFont;
    pOldFont = pDC->SelectObject(&myFont);
    pDC->TextOut(0, 0, "倾斜的黑体字例子");
    ///////恢复原始字体
    pDC->SelectObject(pOldFont);
}
```

| 范例 159：制作空心立体字 |
| 源码路径：光盘\演练范例\159 |
| 视频路径：光盘\演练范例\159 |
| 范例 160：显示倾斜的文字 |
| 源码路径：光盘\演练范例\160 |
| 视频路径：光盘\演练范例\160 |

编译运行后的效果如图 12-4 所示。

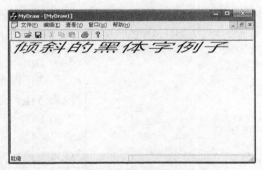

图 12-4　创建并使用字体实例

### 12.3.3 "字体"对话框

在 Windows 中提供了一些公用对话框，如"打开"/"保存"对话框、"字体"对话框、"颜色设置"对话框等，在很多程序里面使用公用字体对话框来选择不同的字体。其实 MFC 也能很方便地调用这些对话框，轻松实现字体的设置，如图 12-5 所示。

这些公用"字体"对话框对应的 MFC 类是 CFontDialog，实际编程过程中通过调用 CFontDialog有关成员可以获取用户所需要的字体及属性，然后用户可以通过调用函数 CreateFontIndirect()创建字体。公用"字体"对话框类 CFontDialog 的常用函数是 GetCurrentFont()，其形参为 LOGFONT 对象指针，然后通过调用函数 CreateFontIndirect()创建用户需要的字体，公用"字体"对话框如图 12-6所示。

图 12-5　MFC 能轻松调用这些公用对话框

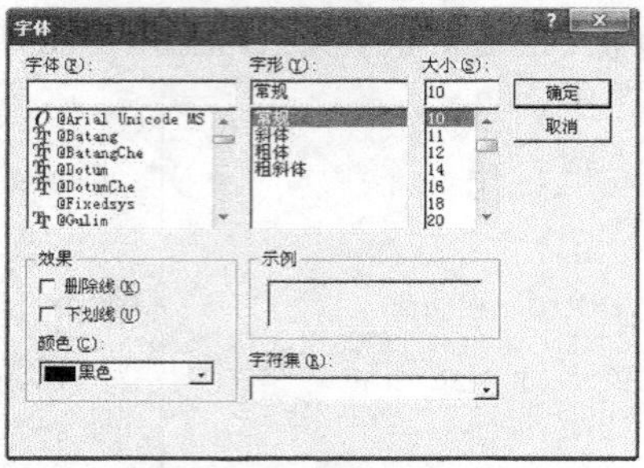

图 12-6 "字体"对话框

## 实例 081 演示说明"字体"对话框的使用方法

源码路径 光盘\daima\part12\5　　　　视频路径 光盘\视频\实例\第 12 章\081

本实例的功能是，使用"字体"对话框设置显示文本的字体。本实例的具体实现流程如下。

（1）建立单文档应用程序 SDI_FontDlg，在 CSDI_FontDlgView 中添加变量 CFont m_Font。

（2）添加菜单项"设置字体"（ID_SET_FONT）及其消息响应函数，函数体的实现代码如下。

```
void CSDI_FontDlgView::OnSetFont()
{
    ////////调用"字体"对话框，设置新字体
    CFontDialog dlg;
    if (dlg.DoModal() == IDOK)
    {
        LOGFONT lf;
        dlg.GetCurrentFont(&lf);
        m_Font.CreateFontIndirect(&lf);
        Invalidate(FALSE);
    }
}
```

范例 161：制作滚动的字幕
源码路径：光盘\演练范例\161
视频路径：光盘\演练范例\161
范例 162：获取系统中的所有字体
源码路径：光盘\演练范例\162
视频路径：光盘\演练范例\162

（3）在函数 CSDI_FontDlgView::OnDraw(CDC* pDC)中添加如下所示的代码。

```
void CSDI_FontDlgView::OnDraw(CDC* pDC)
{
    CSDI_FontDlgDoc* pDoc = GetDocument();
    ASSERT_VALID(pDoc);
    CFont *pOldFont;
    pOldFont = pDC->SelectObject(&m_Font);
    pDC->TextOut(50, 50, "使用字体对话框实验");
    pDC->SelectObject(pOldFont);
}
```

编译运行后的效果如图 12-7 所示。

图 12-7 程序运行效果

### 12.3.4 绘制文本

在 Visual C++ 6.0 应用中，常用的文本输出函数是 TextOut()，但是不能自动换行，只能输出单行文本。要想绘制多行文本，可以调用函数 DrawText()实现。函数 DrawText()是绘制局限于矩形范围内多行文本的最有效函数，此外，函数 ExtTextOut()可以用一个矩形框对输出的文本进行裁剪。定义函数 DrawText()和 ExtTextOut()的代码如下。

```
int DrawText(
    const CString& str,          //输出的文本
    LPRECT lpRect,               //制定矩形区域
    UINT nFormat                 //文本对齐方式
);
BOOL ExtTextOut(
    int x,                       //文本的x坐标
    int y,                       //文本的y坐标
    UINT nOptions,               //裁剪方式
    LPCRECT lpRect,              //裁剪的矩形区域
    const CString& str,          //输出的文本
    LPINT lpDxWidths             //字符间距数组
);
```

当默认情况下绘制文本时，字体颜色为黑色，背景颜色为白色，背景模式为不透明模式。在 CDC 类中和文本处理相关的成员函数如表 12-6 所示。

**表 12-6** 文本处理的成员函数

| 函 数 | 功 能 说 明 |
|---|---|
| TextOut() | 输出文本 |
| DrawText() | 在制定的矩形区域内显示文本 |
| ExtTextOut() | 根据参数指定的矩形框和字符间距显示文本 |
| SetTextColor() | 设置显示文本的颜色 |
| GetTextColor() | 获得当前文本的颜色 |
| SetBkColor() | 设置显示文本的背景颜色 |
| GetBkColor() | 获得当前文本的背景颜色 |
| SetBkMode() | 设置文本的背景模式 |
| GetBkMode() | 获得当前文本的背景模式 |
| SetTextAllign() | 设置显示文本的对齐方式 |
| GetTextAllign() | 获取当前文本的对齐方式 |
| SetTextCharacterExtra() | 设置显示文本的字符间距 |
| GetTextCharacterExtra() | 获取当前文本的字符间距 |
| GetTextMetrics() | 获得字体的基本规格 |
| GetDeviceCaps() | 获得物理设备的各种规格 |

# 12.4 位图、图标和光标

知识点讲解：光盘\视频\PPT 讲解（知识点）\第 12 章\位图、图标和光标.mp4

具有友好图形化操作界面是 Windows 操作系统一项重要的特征，这也是它从一开始就备受欢迎的原因，它在优化自己的同时，也为用户提供了非常简便的操作图形图像的方式。Windows 应用程序中主要使用位图、图标和光标等几种图形资源。利用 Visual C++ 6.0 集成开发环境的资源编辑器可以创建或者编辑这几种图形资源，在程序中可以根据需要通过编写相应的代码创建图形资源。在本节的内容中，将详细讲解实现位图、图标和光标操作的基本知识。

## 12.4.1　位图

Windows 位图分为设备相关位图（Device Dependent Bitmap，DDB）和设备无关位图（Device Independent Bitmap，DIB）两种，其中前者实际上是一种 GDI 对象。在 MFC 应用中由类 CBitmap 表示，其格式高度依赖于设备，所以 DDB 不适合于图像交换。在 DDB 中，没有颜色查找表来制定位图的位与色彩之间的联系，并且 DDB 只有在 Windows 会话的生存期内才有意义。

类 CBitmap 提供了一个成员函数用于从程序的资源中装载位图，并可以将基于资源的 DIB 位图转换成 GDI 位图，函数的声明格式如下。

```
BOOL LoadBitmap(LPCTSTR lpszResourceName);
BOOL LoadBitmap(UINT nIDResource);
```

参数 lpszResourceName 和 nIDResource 分别为资源名称或者资源的标识，载入成功时返回值为 TRUE。

可以将位图作为资源添加到程序中，只需要通过 Insert|Resource 菜单命令插入 Bitmap 位图资源，并可以通过资源编辑器对插入的资源进行编辑。位图在进行显示之前要先装入内存，当内存中的位图数据传送到视频内存时，位图就相应的显示出来。MFC 中，显示一个 DDB 位图的执行步骤如下。

（1）调用 CDC 类函数 CreateCompatibleDC()创建于内存兼容的设备环境。

（2）调用函数 CBitmap::LoadBitmap()装入位图资源或调用函数 CBitmap::CreateCompatible Bitmap()创建一个与内存设备环境兼容的位图。

（3）调用函数 CDC::SelectObject 将位图选入设备环境。

（4）调用函数 CDC::BitBlt()或者 CDC::StretchBlt()将位图从内存设备环境中复制到指定设备中。

定义函数 CDC::BitBlt()的格式如下。

```
BOOL BitBlt(
    int x,
    int y,
    int nWidth,
    int nHeight,
    CDC* pSrcDC,
    int xSrc,
    int ySrc,
    DWORD dwRop );
```

其中第 1、2 个参数为输出区域的左上角落极坐标，第 3、4 个参数为位图的宽和高，第 5 个参数位指向 CDC 对象的指针，第 6、7 个参数为位图的左上角逻辑坐标，最后一个参数为光栅操作代码。函数 CDC::StretchBlt()可以对位图进行放大、缩小等操作。

### 实例 082　在客户区中显示 Lena 图像

源码路径　光盘\daima\part12\6　　　　　视频路径　光盘\视频\实例\第 12 章\082

本实例的功能是在客户区中显示 Lena 图像。建立单文档应用程序 BMP，将 Lena 图像通过菜单命令 Insert→Resource 添加到程序中，设置其 ID 为 IDB_LENA，在函数 OnDraw()中添加如下代码。

```
void CBMPView::OnDraw(CDC* pDC)
{
    CBMPDoc* pDoc = GetDocument();
    ASSERT_VALID(pDoc);

    //////创建于内存兼容的设备环境
    CDC MemDC;
    MemDC.CreateCompatibleDC(pDC);

    ///////加载位图
    CBitmap bmp;
    bmp.LoadBitmap(IDB_LENA);
    CBitmap *pOldBitmap = MemDC.SelectObject(&bmp);
    BITMAP bm;
```

范例 163：使用不同的画笔绘制图形
源码路径：光盘\演练范例\163
视频路径：光盘\演练范例\163
范例 164：用不同类型的画刷填充矩形
源码路径：光盘\演练范例\164
视频路径：光盘\演练范例\164

```
bmp.GetObject(sizeof(BITMAP), &bm);

//////将位图从内存设备环境复制到指定设备
pDC->BitBlt(0,0,bm.bmWidth,bm.bmHeight,&MemDC,0,0,SRCCOPY);

////////恢复兼容DC
MemDC.SelectObject(pOldBitmap);
}
```

编译运行后在程序客户区显示 Lena 图像，如图 12-8 所示。

图 12-8　Lena 图像的显示结果

除了普通的图像显示效果外，我们还可以实现各种图像的显示特效，如浮雕图像、雕刻图像、百页窗效果等，下面分别介绍。

1．浮雕图像

浮雕图象效果是指图像的前景前向凸出背景。浮雕是指标绘图像上的一个像素和它左上方的那个像素之间差值的一种处理过程。为了使图像保持一定的亮度并呈现灰色，在处理过程中为这个差值加了一个数值为 128 的常量。在此需要注意的是，当设置一个像素值的时候，它和左上方的像素都要被用到。为了避免用到已经设置过的像素，应该从图像的右下方的像素开始处理。下面是具体的实现代码。

```
void CBMPView::OnFDImage()                        //产生"浮雕"效果函数
{
    HANDLE data1handle;                           //用来存放图像数据的句柄
    LPBITMAPINFOHEADER lpBi;                      //图像的信息头结构
    CDibDoc *pDoc=GetDocument();                  //得到文档指针
    HDIB hdib;                                    //用来存放图像数据的句柄
    unsigned char *pData;                         //指向原始图像数据的指针
    unsigned char *data;                          //指向处理后图像数据的指针
    hdib=pDoc->m_hDIB;                            //拷贝存放已经读取的图像文件数据句柄
    lpBi=(LPBITMAPINFOHEADER)GlobalLock((HGLOBAL)hdib);    //获取图像信息头
    pData=(unsigned char*)FindDIBBits((LPSTR)lpBi);
    //FindDIBBits是笔者定义的一个函数、根据图像的结构得到位图的灰度值数据
    pDoc->SetModifiedFlag(TRUE);                  //设置文档修改标志为＂真＂、为后续的修改存盘做准备
    data1handle=GlobalAlloc(GMEM_SHARE,WIDTHBYTES(lpBi->biWidth*8)*lpBi->biHeight);
    //声明一个缓冲区用来暂存处理后的图像数据
    data=(unsigned char*)GlobalLock((HGLOBAL)data1handle);  //得到该缓冲区的指针
    AfxGetApp()->BeginWaitCursor();
    int i,j,buf;
    //从图像右下角开始对图像的各个像素进行＂浮雕＂处理
    for( i=lpBi->biHeight; i>=2; i--)
    {
        for( j=lpBi->biWidth; j>=2; j--)
        {
            //浮雕处理
            buf=*(pData+(lpBi->biHeight-i)*WIDTHBYTES(lpBi->biWidth*8)+j)-*(pData+(lpBi->biHeight-i+1)*
                WIDTHBYTES(lpBi->biWidth*8)+j-1)+128;
            if(buf>255) buf=255;
            if(buf<0)buf=0; *(data+(lpBi->biHeight-i)*WIDTHBYTES(lpBi->biWidth*8)+j)=(BYTE)buf;
        }
```

```
        }
        for( j=0; jbiHeight; j++)
        {
            for( i=0; ibiWidth; i++)
            {
                //重新写回原始图像的数据缓冲区;
                (pData+i*WIDTHBYTES(lpBi->biWidth*8)+j)=*(data+i*WIDTHBYTES(lpBi->biWidth*8)+j);
            }
        }
        AfxGetApp()->EndWaitCursor();
        pDoc->m_hDIB =hdib;                        //将处理过的图像数据写回pDoc中的图像缓冲区
        GlobalUnlock((HGLOBAL)hdib);               //解锁、释放缓冲区
        GlobalUnlock((HGLOBAL)data1handle);
        GlobalFree((HGLOBAL)hdib);
        GlobalFree((HGLOBAL)data1handle);
        Invalidate(TRUE);                          //显示图像
}
```

**2. 雕刻图像**

雕刻图像与浮雕图像相反，是通过取一个像素和它右下方的像素之间的差值并加上一个常数，这里也取 128。经过这样的处理就可以得到"雕刻"图像，这时图像的前景凹陷进背景之中。同样需要读者注意的是，为了避免重复使用处理过的图像像素，在处理图像时要从图像的左上方的像素开始处理。具体实现代码如下。

```
void CBMPView::OnDKImage()
{
    // TODO: Add your command handler code here
    HANDLE data1handle;                        //这里的内部变量与前面的含义一致，这里不再赘述
    LPBITMAPINFOHEADER lpBi;
    CDibDoc *pDoc=GetDocument();
    HDIB hdib;
    unsigned char *pData;
    unsigned char *data;
    hdib=pDoc->m_hDIB;                          //拷贝图像数据的句柄
    lpBi=(LPBITMAPINFOHEADER)GlobalLock((HGLOBAL)hdib);
    pData=(unsigned char*)FindDIBBits((LPSTR)lpBi);
    pDoc->SetModifiedFlag(TRUE);
    //申请缓冲区;
    data1handle=GlobalAlloc(GMEM_SHARE,WIDTHBYTES(lpBi->biWidth*8)*lpBi->biHeight);
    data=(unsigned char*)GlobalLock((HGLOBAL)data1handle);            //得到新的缓冲区的指针
    AfxGetApp()->BeginWaitCursor();
    int i,j,buf;
    //对图像的各个像素循环进行 " 雕刻 " 处理
    for( i=0;i<=lpBi->biHeight-2; i++)
    {
        for( j=0;j<=lpBi->biWidth-2; j++)
        {
            buf=*(pData+(lpBi->biHeight-i)*WIDTHBYTES(lpBi->biWidth*8)+j)-*(pData+(lpBi->biHeight-i-1)*
                WIDTHBYTES(lpBi->biWidth*8)+j+1)+128;                 // " 雕刻 " 处理
            if(buf>255) buf=255;
            if(buf<0)buf=0;
            *(data+(lpBi->biHeight-i)*WIDTHBYTES(lpBi->biWidth*8)+j)=(BYTE)buf;
        }
    }
    //重新将处理后的图像数据写入原始的图像缓冲区内;
    for( j=0; jbiHeight; j++)
    {
        for( i=0; ibiWidth; i++)
        {
            *(pData+i*WIDTHBYTES(lpBi->biWidth*8)+j)=*(data+i*WIDTHBYTES(lpBi->biWidth*8)+j);
        }
    }
    pDoc->m_hDIB =hdib;                          //将处理过的图像数据写回pDoc中的图像缓冲区
    GlobalUnlock((HGLOBAL)hdib);                 //解锁、释放缓冲区
    GlobalUnlock((HGLOBAL)data1handle);
    GlobalFree((HGLOBAL)hdib);
    GlobalFree((HGLOBAL)data1handle);
    Invalidate(TRUE);                            //显示图像
}
```

**3. 图像的扫描显示和清除**

扫描显示图像是最基本的特效显示方法，它表现为图像一行行（或一列列）地显示出来或从屏幕上清除掉，和大戏院中的拉幕效果类似。根据扫描的方向不同，可以分为上、下、左、

右、水平平分和垂直平分等 6 种扫描方式。在此以向下移动为例，分别介绍显示和清除的实现，其余的扫描效果可以依此类推。向下扫描显示的实现方法是：从图像的底部开始将图像一行一行地复制到目标区域的顶部。每当复制一行后，复制的行数便要增加一行，并加上一些延迟。向下移动清除的实现方法是图像向下移动显示，并在显示区域的上部画不断增高的矩形。

实现扫描显示的代码如下。

```
CBMPView::OnImageDownScan()
{
    CDibDoc *pDoc=GetDocument();
    HDIB hdib;
    CClientDC pDC(this);
    hdib=pDoc->m_hDIB;                              //获取图像数据句柄
    BITMAPINFOHEADER *lpDIBHdr;                     //位图信息头结构指针
    BYTE *lpDIBBits;                                //指向位图像素灰度值的指针
    HDC hDC=pDC.GetSafeHdc();                       //获取当前设备上下文的句柄
    lpDIBHdr=( BITMAPINFOHEADER *)GlobalLock(hdib); //得到图像的位图头信息
    //获取指向图像像素值
    lpDIBBits=(BYTE*)lpDIBHdr+sizeof(BITMAPINFOHEADER)+256*sizeof(RGBQUAD);
    SetStretchBltMode(hDC,COLORONCOLOR);
    //显示图像
    for(int i=0;i<lpDIBHdr->biHeight;i++)
    {
        //每次循环显示图像的 "0" 到 "i" 行数据
        SetDIBitsToDevice (hDC,0,0,lpDIBHdr->biWidth, lpDIBHdr->biHeight,
            0, 0,0, i,
            lpDIBBits,(LPBITMAPINFO)lpDIBHdr,
            DIB_RGB_COLORS
            );
        DelayTime(50);//延迟;
    }
    GlobalUnlock(hdib);
    return;
}
```

实现清除代码如下。

```
……//由于篇幅的限制，省略了与上面相同的代码
Cbrush brush(crWhite);          //定义一个白色的刷子
Cbrush *oldbrush=pDC->SelectObject(&brush);
for(int i=0;i < lpDIBHdr->biHeight ;i++)
{
    //每次循环将目标区域中的 "0" 到 "i" 行刷成白色
    pDC->Rectangle(0, 0, lpDIBHdr->biWidth，lpDIBHdr->biHeight);
    DelayTime(50);
}
……
```

### 4. 栅条显示特效

栅条特效是移动特效的复杂组合，可以分为垂直栅条和水平栅条两类。栅条特效的基本思想是将图像分为垂直或水平的小条，奇数条向上或向左显示/清除，偶数条向下或向右显示/清除。当然也可以规定进行相反的方向显示/清除。下面的代码演示了实现垂直栅条的过程。

```
……
int m=8;
for(int i=0;i<=lpDIBHdr->biHeight;i++)
for(int j=0;j<lpDIBHdr->biWidth;j+=m)
{
    //向下显示偶数条
    StretchDIBits (hDC,j,0,m,i,j,lpDIBHdr->biHeight-i,
        m,i,
        lpDIBBits,(LPBITMAPINFO)lpDIBHdr,
        DIB_RGB_COLORS,
        SRCCOPY);//juanlianxiaoguo
    j=j+m;
    //向上显示奇数条
    StretchDIBits (hDC,j,lpDIBHdr->biHeight-i,m,i,j,0,m,i,
        lpDIBBits,(LPBITMAPINFO)lpDIBHdr,
        DIB_RGB_COLORS,
        SRCCOPY);//
    DelayTime(20);
}
……
```

5. 马赛克效果

马赛克是指图像被分成许多的小块，它们以随机的次序显示出来，直到图像显示完毕为止。在实现马赛克的效果时，主要需要解决的问题是如何定义显示随机序列的小方块。在解决这个问题时，可以在定义过小块的基础上用一个数组来记录各个方块的左上角的坐标的位置。

在显示图像过程中，可以产生一个随机数来挑选即将显示的小方块，显示后将该方块的位置坐标从数组中剔除。清除过程与之相仿。剔除显示过的方块的位置坐标的方法是，将该数组中的最后的一个点的坐标拷贝到当前位置，然后删除数组中的最后点的坐标。但是这样做会发现有时显示的图像不完整，分析其原因是生成随机数的过程有舍入溢出误差。读者可以采用其他的办法解决这个问题，例如，可以生成固定的随机数组，或采用一个动态的数组来跟踪未显示的图像方块的坐标等方法解决，见如下代码。

```
……
int m,n;
int RectSize=60;                                //方块的宽、高尺寸为60像素
if(lpDIBHdr->biWidth%RectSize!=0)               //得到图像水平方块的个数
   m= lpDIBHdr->biWidth/RectSize+1;
else
   m= lpDIBHdr->biWidth/RectSize;
if(lpDIBHdr->biHeight%RectSize!=0)              //得到图像垂直方块的个数
   n= lpDIBHdr->biHeight/RectSize+1;
else
   n=lpDIBHdr->biHeight/RectSize;
POINT *point=new POINT[n*m];                    //申请一个数组来记录各个方块左上角的坐标
POINT point1;
for(int a=0;a<m;a++)                            //将各个方块左上角的坐标记录到数组中
   for(int b=0;b<n;b++)
   {
       point1.x=a*RectSize;
       point1.y=b*RectSize;
       *(point+a*b+b)=point1;
   }
//开始随机显示各个小方块
double fMax=RAND_MAX;                           //定义Rand()函数的最大值
for(int k=m*n-1;k>=0;k--)
{
   int c=(int)((double)(m*n)*rand()/fMax);
   int mx=point[c].x;
   int my=point[c].y;
   //显示对应的图像的小块;
   StretchDIBits (hDC,mx,my,RectSize,RectSize,
       mx,lpDIBHdr->biHeight-my,RectSize,RectSize,
       lpDIBBits,(LPBITMAPINFO)lpDIBHdr,
       DIB_RGB_COLORS,
       SRCCOPY);
   point[c].x=point[k].x;
   point[c].y=point[k].y;
   DelayTime(50);
}
……
```

6. 图像的淡入/淡出效果

图像的淡入/淡出的显示效果被广泛应用在多媒体娱乐软件中，是一种特别重要的特效显示方法。淡入就是将显示图像的目标区域由本色逐渐过渡到图像中的各个像素点的颜色；淡出就是由显示的图像逐渐过渡到目标区域的本色。实现图像的淡入/淡出有两种办法：一种方法是均匀地改变图像调色板中的颜色索引值；另一种方法是改变图像像素的灰度值。第一种方法实现起来比较繁琐，第二种方法就比较简单了。下面是一段采用第二种方法实现图像淡入效果的代码。

```
……
//申请一个与图像缓冲区相同大小的内存
hdibcopy=(HDIB)GlobalAlloc(GMEM_SHARE,lpDIBHdr->biWidth*lpDIBHdr->biHeight);
lpbits=(BYTE*)GlobalLock(hdibcopy);
//将缓冲区的数据初始化;
for(int k=0;k<lpDIBHdr->biWidth*lpDIBHdr->biHeight;k++)
{
   *(lpbits+k)=(BYTE)255;
}
//显示最初的图像为白色
```

```
StretchDIBits (hDC,0,0,lpDIBHdr->biWidth,lpDIBHdr->biHeight,0,0,
                lpDIBHdr->biWidth,lpDIBHdr->biHeight,
                lpbits,(LPBITMAPINFO)lpDIBHdr,
                DIB_RGB_COLORS,
                SRCCOPY);
//布尔变量end用来标志何时淡入处理结束
BOOL end=false;
while(!end)
{
   int a=0;
   for(int k=0;k<lpDIBHdr->biWidth*lpDIBHdr->biHeight;k++)
   {
   //判断是否待显示的像素的灰度值已经小于原始图像对应点的灰度值，如是则计数
      if(*(lpbits+k)<*(lpDIBBits+k))
            a++;
      else                          //否则对应点的灰度值继续减少
            *(lpbits+k)-=(BYTE)10;
   }
//显示处理后的图像数据lpbits
StretchDIBits (hDC,0,0,lpDIBHdr->biWidth,lpDIBHdr->biHeight,0,0,
                lpDIBHdr->biWidth,lpDIBHdr->biHeight,
                lpbits,(LPBITMAPINFO)lpDIBHdr,
                DIB_RGB_COLORS,
                SRCCOPY);
//如果所有的点的灰度值的都小于或等于原始图像的像素点的灰度值，则认为图像的淡入处理结束
if(a==lpDIBHdr->biWidth*lpDIBHdr->biHeight)
end=true; DelayTime(50);
……
```

上面的内容介绍了几种图像的特殊显示效果，读者可以将上面介绍的显示图像的函数和处理思路结合起来，实现更多效果。

## 12.4.2 图标

每个 Windows 的应用程序都有一个图标，它通常出现在程序标题栏左上角，通常情况下图标应该醒目、美观，并且与应用程序的功能相互对应。

图标的大小尺寸通常只有 3 种：16 像素×16 像素、32 像素×32 像素和 48 像素×48 像素，16 像素×16 像素的图标通常用于标题栏和应用程序最小化时，另外两种主要用于桌面和资源管理器。一般情况下，MFC 为应用程序提供了默认图标，用户也可以根据程序的要求添加自己的图标。

在 Visual C++ 6.0 中可以通过 Insert→Resource 命令插入 Icon 图标资源，也可以利用资源管理器对图标进行编辑，创建之后可以利用函数 LoadIcon()加载图标获取图标句柄 HICON，函数原型如下。

```
HICON LoadIcon(LPCTSTR lpszResourceName) const;
HICON LoadIcon(UINT nIDResource) const;
```

形参 lpszResourceName 和 nIDResource 为图标的资源名称或者资源 ID 标识，如果调用成功，则返回值为图标的句柄。

Windows 系统提供了预定义的图标，加载函数为 LoadStand and Icon()，函数原型如下。

```
HICON LoadStandardIcon(LPCTSTR lpszIconName) const;
```

参数 lpszIconName 表示预定义图标的类型。

图标加载之后，可以调用 CDC 类成员函数 DrawIcon()绘制图标，函数原型如下。

```
BOOL DrawIcon(int x, int y, HICON hIcon);
BOOL DrawIcon(POINT point, HICON hIcon);
```

参数 x、y 和 point 分别表示图标即将显示区域的左上角坐标，hIcon 为图标句柄。

**实例 083**　**在客户区中显示应用程序的默认图标**

源码路径　光盘\daima\part12\7　　　　视频路径　光盘\视频\实例\第 12 章\083

本实例的功能是在客户区显示应用程序的默认图标。创建单文档应用程序 DrawIcon，在函数 CDrawIconView::OnDraw(CDC* pDC)中添加如下代码。

```
void CDrawIconView::OnDraw(CDC* pDC)
{
```

```
CDrawIconDoc* pDoc = GetDocument();
ASSERT_VALID(pDoc);
// TODO: add draw code for native data here
//////加载图标
HICON hIcon;
hIcon = AfxGetApp()->LoadIcon(IDR_MAINFRAME);
//////绘制图标
pDC->DrawIcon(10,10,hIcon);
//////删除位图
DestroyIcon(hIcon);
}
```

| |
|---|
| 范例 165：绘制坐标刻度和自定义线条 |
| 源码路径：光盘\演练范例\165 |
| 视频路径：光盘\演练范例\165 |
| 范例 166：绘制带有箭头的线条 |
| 源码路径：光盘\演练范例\166 |
| 视频路径：光盘\演练范例\166 |

编译运行后的效果如图 12-9 所示。

图 12-9　客户区显示图标

### 12.4.3　光标

在 Windows 系统中，光标是一种 32 像素×32 像素的点阵图形，用来作为鼠标指针的图形标志。光标又是一个热点，用于确定光标当前的像素位置（见图 12-10 中的灰色按钮）。

图 12-10　热点按钮

在一般情况下，光标形状的变化代表了程序当前状态的改变。MFC 提供了成员函数 CCmdTarget::BeginWaitCursor()、EndWaitCursor()和 RestoreWaitCursor()用于改变光标的形状。

和图标一样，MFC 没有提供专门的类来进行光标的处理，一般采用句柄的方式来处理光标，其使用方法与图标类似，首先加载光标资源，然后利用函数 CWinApp::LoadCursor()加载光标。如果加载成功，则可以利用函数 SetCursor()设置光标。函数 SetCursor()一般在 WM_SETCURSOR 消息处理函数 OnSetCursor()中使用。

在 Windows 系统中，提供了表 12-7 所示的预定义光标，其调用函数为 CWinApp::LoadStandardCursor()。

表 12-7　　　　　　　　　　　　　　Windows 系统提供的光标

| 光 标 代 码 | 光 标 形 状 | 光 标 代 码 | 光 标 形 状 |
|---|---|---|---|
| IDC_ARROW | 箭头光标 | IDC_SIZEALL | 有 4 个方向箭头的光标 |
| IDC_IBEAM | I 形光标 | IDC_ICON | 空光标 |
| IDC_WAIT | 沙漏形光标 | IDC_SIZENWSE | 带有左上角和右下角箭头的光标 |
| IDC_CROSS | 十字形光标 | IDC_SIZENESW | 带有左下角和右上角箭头的光标 |
| IDC_UPARROW | 垂直箭头光标 | IDC_SIZENS | 带有两个水平方向箭头的光标 |
| IDC_SIZE | 右下角有小方形的光标 | IDC_SIZEWE | 带有两个垂直方向箭头的光标 |

**实例 084**　　设置在画线过程中光标显示为十字形

源码路径　光盘\daima\part12\8　　　　　　视频路径　光盘\视频\实例\第 12 章\084

本实例的功能是，用户在客户区单击左键移动鼠标进行画线，画线过程中光标显示为十字形光标，松开左键后恢复为默认光标。本实例的具体实现流程如下。

（1）创建单文档应用程序 CursorExam，在类 CCursorExamView 中添加变量 CPoint ptStart 记录起始点坐标，BOOL bDrawLine 用来标识进行画线操作，具体代码如下。

```
CCursorExamView::CCursorExamView()
{
    ptStart.x = ptStart.y = 0;
    bDrawLine =FALSE;
}
```

（2）在类 CCursorExamView 中添加消息映射函数 OnLButtonDown()，具体代码如下。

```
void CCursorExamView::OnLButtonDown(UINT nFlags, CPoint point)
{
    bDrawLine = TRUE;
    ptStart = point;
    CView::OnLButtonDown(nFlags, point);
}
```

（3）在类 CCursorExamView 中添加消息响应函数 OnLButtonUp()，具体代码如下。

```
void CCursorExamView::OnLButtonUp(UINT nFlags, CPoint point)
{
    bDrawLine = FALSE;
    CView::OnLButtonUp(nFlags, point);
}
```

（4）在类 CCursorExamView 中添加消息响应函数 OnMouseMove()，具体代码如下。

```
void CCursorExamView::OnMouseMove(UINT nFlags, CPoint point)
{
    if(bDrawLine)
    {
        CClientDC dc(this);
        dc.MoveTo(ptStart);
        dc.LineTo(point);
        ptStart = point;
    }
    CView::OnMouseMove(nFlags, point);
}
```

> 范例 167：在视图窗口中显示 DDB 位图
> 源码路径：光盘\演练范例\167
> 视频路径：光盘\演练范例\167
> 范例 168：实现位图的各种缩放处理
> 源码路径：光盘\演练范例\168
> 视频路径：光盘\演练范例\168

（5）在类 CCursorExamView 中添加消息响应函数 OnSetCursor()，具体代码如下。

```
BOOL CCursorExamView::OnSetCursor(CWnd* pWnd, UINT nHitTest, UINT message)
{
    if(bDrawLine)
    {
        HCURSOR hCursor = AfxGetApp()->LoadStandardCursor(IDC_CROSS);
        SetCursor(hCursor);
        return FALSE;
    }
    return CView::OnSetCursor(pWnd, nHitTest, message);
}
```

编译运行的效果如图 12-11 所示。

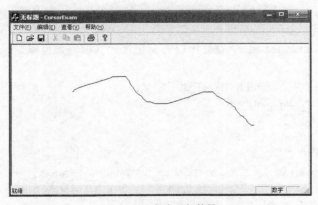

图 12-11　程序运行结果

# 12.5　读写、显示图像文件

知识点讲解：光盘\视频\PPT 讲解（知识点）\第 12 章\读写、显示图像文件.mp4

在 Windows 系统中，BMP 格式的图像比较常见，几乎所有的 Windows 上的应用软件都支持这种图像文件。本节将详细讲解在 Visual C++ 6.0 应用中读写并显示 BMP 格式图像文件的知识。

## 12.5.1　剖析 BMP 图像文件

BMP 格式的图像文件包含了一个 DIB，DIB 是标准的 Windows 位图格式。BMP 图像一般分为 4 部分，分别是文件头、信息头、调色板和图像数据。值得注意的是，有些 BMP 图像，如 24 色（真彩色）图像，不需要调色板，这种图像的信息头之后紧跟着的就是图像数据。BMP 图像的文件结构如图 12-12 所示。

| 文件头 | BITMAPFILEHEADER |
|---|---|
| 信息头 | BITMAPINFOHEADER |
| 调色板 | Palette |
| 位图数据 | Data |

图 12-12　BMP 文件结构示意

如果 Visual C++ 6.0 程序采用的是默认安装路径，那么在 C:\Program Files\Microsoft Visual Studio\VC98\include\wingdi.h 中，可以找到除位图数据以外上面 3 个结构的定义。在分析这 3 个结构之前，先对这些结构定义中用到的数据类型进行一些说明。

在这些结构定义中，用到了 Visual C++ 6.0 中的几个数据类型，如 DWORD、WORD 和 BYTE，在 C:\Program Files\Microsoft Visual Studio\VC98\include\windef.h 中可以找到这几个类型的定义。编程初学者对于这几个类型代表的含义可能不是很清楚，而且经常和 C++ 的数据类型混淆。为了方便以后对文件结构的分析，现在一起来看看这几个数据类型的庐山真面目。在 windef.h 中有如下代码。

```
typedef unsigned long        DWORD;
typedef unsigned char        BYTE;
typedef unsigned short       WORD;
```

long、char 和 short 是标准 C++ 中的数据类型，而 Visual C++ 6.0 中又定义了自己的数据类型。由此可知，其实 DWORD 就是 unsigned long，占 4 字节，其中 BYTE 就是 unsigned char，占 1 字节；WORD 就是 unsigned short，占 2 字节。用 DWORD(DOUBLE WORD) 代替 unsigned long，用 BYTE 代替 unsigned char，这样不仅方便记忆而且编码量也减少了。下面介绍 BMP 图像的结构。

（1）位图文件头。在 wingdi.h 中存在如下定义。

```
typedef struct tagBITMAPFILEHEADER {
        WORD     bfType;
        DWORD     bfSize;
        WORD     bfReserved1;
        WORD     bfReserved2;
        DWORD     bfOffBits;
} BITMAPFILEHEADER, FAR *LPBITMAPFILEHEADER, *PBITMAPFILEHEADER;
```

这就是位图文件头的结构，它的长度是固定的。3 个 WORD 是 6 字节，2 个 DWORD 是 8 字节，共 14 字节。各个域的说明如表 12-8 所示。

**表 12-8** 位图文件头结构说明

| 名　称 | 偏　移　量 | 数　据　类　型 | 长　度 | 说　明 |
|---|---|---|---|---|
| bfType | 0 | WORD | 2 | ASCII 字符串"BM" |
| bfSize | 2 | DWORD | 4 | 文件大小 |
| bfReserved1 | 6 | WORD | 2 | 保留值，0 |
| bfReserved2 | 8 | WORD | 2 | 保留值，0 |
| bfOffBits | 10 | DWORD | 4 | 到图像数据的偏移量 |

在此值得说明的是，所有的 BMP 图像文件的头两个字节都 BM，也就是 0x424D。0x 前缀表示是 16 进制，0x42 就是字符"B"的 ASCII 码，0x4D 就是字符"M"的 ASCII 码。可以用 UltraEdit 打开任意一幅 BMP 图像，第一行的数据应该是以 42 4D 起始，如果不是，那么说明图像很有可能已经损坏。

（2）位图信息头。接下来是位图信息头，同样是在 wingdi.h 中有如下定义。

```
typedef struct tagBITMAPINFOHEADER{
        DWORD           biSize;
        LONG            biWidth;
        LONG            biHeight;
        WORD            biPlanes;
        WORD            biBitCount;
        DWORD           biCompression;
        DWORD           biSizeImage;
        LONG            biXPelsPerMeter;
        LONG            biYPelsPerMeter;
        DWORD           biClrUsed;
        DWORD           biClrImportant;
} BITMAPINFOHEADER, FAR *LPBITMAPINFOHEADER, *PBITMAPINFOHEADER;
```

位图信息头的大小也是固定的。LONG 也是 Visual C++中定义的数据类型，也就是 C++中的 long，它的长度是 4 个字节。5 个 DWORD 是 20 字节，4 个 LONG 是 16 字节，两个 WORD 是 4 字节，一共 40 字节。各个域的具体说明如表 12-9 所示。

**表 12-9** 位图信息头结构说明

| 名　称 | 偏　移　量 | 数　据　类　型 | 长　度 | 说　明 |
|---|---|---|---|---|
| biSize | 14 | DWORD | 4 | 该结构长度 |
| biWidth | 18 | LONG | 4 | 图像宽度，单位是像素 |
| biHeigh | 22 | LONG | 4 | 图像高度，单位是像素 |
| biPlanes | 26 | WORD | 2 | 图像平面数，固定为 1 |
| biBitCount | 28 | WORD | 2 | 每个像素的位数 |
| biCompression | 30 | DWORD | 4 | 压缩类型 |
| biSizeImage | 34 | DWORD | 4 | 图像长度 |
| biXPelsPerMeter | 38 | LONG | 4 | 水平分辨率 |
| biYPelsPerMeter | 42 | LONG | 4 | 垂直分辨率 |
| biClrUsed | 46 | DWORD | 4 | 使用的色彩数 |
| biClrImportant | 50 | DWORD | 4 | "重要"色彩数 |

表 12-9 中的偏移量是相对于文件起始位置的。这里要说明的是，biSizeImage 中指定的是图像数据实际占用的字节数。因为在 Win32 环境中为了使内存对齐，每一行字节数必须是 4 的整数倍（4 字节恰好是 32 位）。以 256 色图像为例，如果该图像的 biWidth 是 255，则实际的图像宽度应该占 256 字节。

（3）调色板。调色板实际上是一个数组，数组中的每个元素都是一个 RGBQUAD 结构。该结构在文件 wingdi.h 中有如下定义。

```
typedef struct tagRGBQUAD {
        BYTE        rgbBlue;
        BYTE        rgbGreen;
        BYTE        rgbRed;
        BYTE        rgbReserved;
} RGBQUAD;
typedef RGBQUAD FAR* LPRGBQUAD;
```

该结构的各个域的具体说明如表 12-10 所示。

表 12-10　　　　　　　　　　　　　RGBQUAD 结构说明

| 数 据 名 称 | 偏 移 量 | 数 据 类 型 | 说　　明 |
|---|---|---|---|
| rgbblue | 0 | BYTE | 蓝色值 |
| rgbGreen | 1 | BYTE | 绿色值 |
| rgbRed | 2 | BYTE | 红色值 |
| rgbReserved | 3 | BYTE | 保留值 |

显然 RGBQUAD 结构占 4 字节。这里要说明的是，对于真彩色图像是不需要调色板的，因此，该类图像的信息头之后紧跟着的就是图像数据。

（4）图像数据。如果在图像中用到了调色板，那么图像数据中存储的是调色板中的索引值（即该像素值位于调色板中的第几行）；如果是真彩色图像，那么图像数据中存储的就是实际的 RGB 值。对于二值图像来说，用 1 位就可以表示该像素的颜色，所以 1 字节可以表示 8 像素。对于 16 色图像来说，用 4 位就可以表示该像素的颜色，所以 1 字节可以表示 2 像素。在此为了便于讲解原理，把重点放在 256 色图像上，它的 1 字节恰好表示 1 像素。

BMP 文件中的图像数据是从图像的最下面一行开始的，并且是按照从左到右的方式存储的。

## 12.5.2　读写 BMP 图像文件

理解了 BMP 图像的结构之后，编写 BMP 图像的读写程序就比较容易了。

**实例 085**　　**实现 BMP 图像文件的读写**

源码路径　　光盘\daima\part12\9　　　　　视频路径　　光盘\视频\实例\第 12 章\085

本实例的具体实现流程如下。

（1）以类 CObject 为基类创建一个自定义类 CBmp，并定义两个私有变量 m_pBMIH 和 m_pBits。m_pBMIH 是指向位图信息头的指针，m_pBits 是指向位图数据的指针，具体代码如下。

```
private:
LPBITMAPINFOHEADER   m_pBMIH;                    //位图信息头
LPBYTE               m_pBits;          //位图数据
```

（2）添加成员函数 Read(CFile *pFile)，具体代码如下。

```
BOOL CBmp::Read(CFile *pFile)
{
  // 进行读操作
  try
  {
        BITMAPFILEHEADER bmfh;
        // 步骤1：读取文件头
        int nCount = pFile->Read((LPVOID) &bmfh, sizeof(BITMAPFILEHEADER));
        // 判断是否是BMP格式的位图
        if(bmfh.bfType != BMP_HEADER_MARKER)
        {
            throw new CException;
        }
        // 计算信息头加上调色板的大小并分配内存
        int nSize = bmfh.bfOffBits - sizeof(BITMAPFILEHEADER);
        m_pBMIH = (LPBITMAPINFOHEADER) new BYTE[nSize];
```

```
        // 步骤2 读取信息头和调色板
        nCount = pFile->Read(m_pBMIH, nSize);

        // 步骤3 读取图像数据
        m_pBits = (LPBYTE) new BYTE[m_pBMIH->biSizeImage];
        nCount = pFile->Read(m_pBits, m_pBMIH->biSizeImage);
    }
    catch(CException* pe)
    {
        AfxMessageBox("Read error");
        pe->Delete();
        return FALSE;
    }
    return TRUE;
}
```

> 范例 169：实现局部放大位图
> 源码路径：光盘\演练范例\169
> 视频路径：光盘\演练范例\169
> 范例 170：实现位图的镜像显示
> 源码路径：光盘\演练范例\170
> 视频路径：光盘\演练范例\170

为了判断所读文件是否是 BMP 格式，预先定义一个宏来作为 BMP 文件头的标志。

```
#define BMP_HEADER_MARKER       ((WORD) ('M' << 8) | 'B')
```

在读取的过程中，可以和这个标志进行比较来确定图像是否是 BMP 格式。函数 Read()用到了 sizeof 运算符，它可以计算某种类型所占的字节数，例如，sizeof(BITMAPFILEHEADER) 的值是 14。通过调用函数 Read()，把图像文件读到内存中，并把 m_pBMIH 指向图像文件的信息头，而 m_pBits 指向位图数据。

（3）添加成员函数 Write(CFile *pFile)，具体代码如下。

```
BOOL CBmp::Write(CFile *pFile)
{
    BITMAPFILEHEADER bmfh;
    // 设置文件头中文件类型 0x424D="BM"
    bmfh.bfType = BMP_HEADER_MARKER;

    // 计算信息头和调色板大小
    int nSizeHeader = sizeof(BITMAPINFOHEADER) + sizeof(RGBQUAD) * GetPaletteSize();

    // 设置文件头信息
    bmfh.bfSize       = sizeof(BITMAPFILEHEADER) + nSizeHeader + GetImageSize();
    bmfh.bfReserved1 = 0;
    bmfh.bfReserved2 = 0;
    //计算偏移量 文件头大小+信息头大小+调色板大小
    bmfh.bfOffBits    = sizeof(BITMAPFILEHEADER) + sizeof(BITMAPINFOHEADER)
                        + sizeof(RGBQUAD) * GetPaletteSize();

    // 进行写操作
    try
    {
        pFile->Write((LPVOID) &bmfh, sizeof(BITMAPFILEHEADER));
        pFile->Write((LPVOID) m_pBMIH,    nSizeHeader);
        pFile->Write((LPVOID) m_pBits, GetImageSize());
    }
    catch(CException* pe)
    {
        pe->Delete();
        AfxMessageBox("write error");
        return FALSE;
    }
    return TRUE;
}
```

Write 负责把内存中的数据写入图像文件。按照 BMP 图像的文件格式，依次把文件头、信息头、调色板和图像数据写入文件。

（4）添加成员函数 Serialize(CArchive &ar)，具体代码如下。

```
void CBmp::Serialize(CArchive &ar)
{
    if(ar.IsStoring())
    {
        Write(ar.GetFile());
    }
    else
    {
        Read(ar.GetFile());
    }
}
```

为了使文档支持串行化，添加了 Serialize 函数。并且，要在 CBmp 类的.H 文件中添加宏：

DECLARE_SERIAL(CBmp)，在.CPP 文件中添加宏 IMPLEMENT_SERIAL(CBmp, CObject, 0)。

## 12.5.3　显示 BMP 图像

对于 BMP 图像来说，低于 256 色即 8BPP(Bits Per Pixel)的图像需要使用调色板，而 24 色图像即 24BPP（真彩色）不需要使用调色板。所以要想显示图像，首先要判断是否使用调色板。另外，对于在窗口中显示的图像来说，每一个图像都有一个逻辑调色板与之对应，因此还要把图像文件中的调色板信息转换成逻辑调色板。然后，就可以在设备环境中显示图像了。

如果 Visual C++ 6.0 采用默认安装路径，那么在 "C:\Program Files\Microsoft Visual Studio\VC98\include\wingdi.h" 中有如下定义。

```
/* Logical Palette */
typedef struct tagLOGPALETTE {
    WORD            palVersion;
    WORD            palNumEntries;
    PALETTEENTRY            palPalEntry[1];
} LOGPALETTE, *PLOGPALETTE, NEAR *NPLOGPALETTE, FAR *LPLOGPALETTE;
```

其中，palVersion 是调色板的版本号，一般为 0x300；palNumEntries 是调色板的长度；palPalEntry[1]是调色板数组，它的每一项是结构体 PALETTEENTRY。PALETTEENTRY 结构的定义代码如下。

```
typedef struct tagPALETTEENTRY {
    BYTE            peRed;
    BYTE            peGreen;
    BYTE            peBlue;
    BYTE            peFlags;
} PALETTEENTRY, *PPALETTEENTRY, FAR *LPPALETTEENTRY;
```

如果应用程序要想正确显示图像的颜色，就必须将调色板信息载入系统。调色板的编程是比较复杂的，Windows 的 SDK(Software Development Kit)和 VC 中的 MFC(Microsoft Foundation Class) 都封装了有关调色板的操作。

| 实例 086 | 演示 BMP 图像的显示方法 |
|---|---|
| 源码路径　光盘\daima\part12\10 | 视频路径　光盘\视频\实例\第 12 章\086 |

本实例的具体实现流程如下。

（1）创建多文档应用程序 ImageTest，工程中添加类 CBmp 的头文件和源文件。

（2）为实例 10 中的类 CBmp 添加函数 MakePalette()。函数 MakePalette()首先设置逻辑调色板的信息，然后创建逻辑调色板。把该函数封装在类 CBmp 中。该函数的实现代码如下。

```
BOOL CBmp::MakePalette()                    //创建调色板
{
    // 如果不存在调色板，则返回FALSE
    if(GetPaletteSize() == 0)
    {
        return FALSE;
    }
    if(m_hPalette != NULL)
    {
        ::DeleteObject(m_hPalette);
    }

    // 给逻辑调色板分配内存
    LPLOGPALETTE pLogPal = (LPLOGPALETTE) new char[2 * sizeof(WORD)
        + GetPaletteSize() * sizeof(PALETTEENTRY)];

    // 设置逻辑调色板信息
    pLogPal->palVersion =        0x300;
    pLogPal->palNumEntries = GetPaletteSize();

    // 拷贝DIB中的颜色表到逻辑调色板
    LPRGBQUAD pDibQuad = (LPRGBQUAD) GetColorTable();
    for(int i = 0; i < GetPaletteSize(); ++ i)
    {
```

> 范例 171：通过区域剪裁显示椭圆位图
> 源码路径：光盘\演练范例\171
> 视频路径：光盘\演练范例\171
> 范例 172：显示透明位图
> 源码路径：光盘\演练范例\172
> 视频路径：光盘\演练范例\172

```
        pLogPal->palPalEntry[i].peRed = pDibQuad->rgbRed;
        pLogPal->palPalEntry[i].peGreen = pDibQuad->rgbGreen;
        pLogPal->palPalEntry[i].peBlue = pDibQuad->rgbBlue;
        pLogPal->palPalEntry[i].peFlags = 0;
        pDibQuad++;
    }

    // 创建调色板
    m_hPalette = ::CreatePalette(pLogPal);

    // 删除临时变量并返回TRUE
    delete pLogPal;
    return TRUE;
}
```

在类 CBmp 中新添加了一个变量 m_hPalette，是 HPALETTE 类型的。在 MakePalette 中用到了函数 CreatePalette()，它是 Win32SDK 中的函数，作用是创建调色板。函数 GetPaletteSize() 的功能是获得调色板大小，而函数 GetColorTable 的功能是获得指向颜色表的指针。

（3）为实例 084 中的类 CBmp 添加函数 Draw(CDC *pDC, CPoint ptOrigin, CSize szImage)。函数 Draw 就是图像显示时要调用的函数。在该函数中先判断是否需要使用调色板，对于需要使用调色板的图像，把调色板选入设备环境，此处用到了 SDK 中的函数 SelectPalette。接着设置显示模式，最后调用 SDK 中的函数 StretchDIBits 将图像显示在屏幕上，函数 Draw 的实现代码如下。

```
void CBmp::Draw(CDC *pDC, CPoint ptOrigin, CSize szImage)        //显示图像
{
    // 如果信息头为空，返回FALSE
    if(m_pBMIH == NULL)
    {
        return;
    }

    // 如果使用调色板，则将调色板选入设备上下文
    if(m_hPalette != NULL)
    {
        ::SelectPalette(pDC->GetSafeHdc(), m_hPalette, TRUE);
    }

    // 设置显示模式
    pDC->SetStretchBltMode(COLORONCOLOR);

    // 在设备的ptOrigin位置上画出大小为szImage的图象
    ::StretchDIBits(pDC->GetSafeHdc(),
                    ptOrigin.x, ptOrigin.y,                      //起始点
                    szImage.cx,szImage.cy,                       //长和宽
                    0, 0,
                    m_pBMIH->biWidth, m_pBMIH->biHeight,
                    m_pBits, (LPBITMAPINFO) m_pBMIH,
                    DIB_RGB_COLORS, SRCCOPY);
}
```

在此需要说明的是，Win32 SDK 中有大量的句柄，如 HPALETTE，HPEN 等。而在 MFC 中与之对应的是封装后的类 CPalette 和 CPen，两者之间是可以相互转换的。例如，CPalette::FromHandle 可以把一个句柄形式的调色板转换为 MFC 类的形式，而 CPalette::GetSafeHandle 则是把类 CPalette 转换成 SDK 中的句柄形式。在函数 Draw 中用到的函数 SelectPalette 的定义格式如下。

```
SelectPalette(HDC, HPALETTE, BOOL)
```

第一个参数应该是 HDC 类型的，而函数 Draw 传入的参数是 CDC 类型的，因此可以使用 pDC->GetSafeHdc()把它转换成 HDC 类型。

（4）在视图类中添加如下代码语句。

```
#include "bmp.h"
```

然后改写函数 OnDraw()，具体代码如下。

```
void CImageTestView::OnDraw(CDC* pDC)
{
```

```
CImageTestViewDoc* pDoc = GetDocument();
ASSERT_VALID(pDoc);
//获得BMP指针
CBmp *pBmp = pDoc->GetImage();
if(pBmp->GetBMIH() != NULL)
{
        CSize szDisplay;
        szDisplay.cx = pBmp->GetWidth();
        szDisplay.cy = pBmp->GetHeight();
        pBmp->Draw(pDC,CPoint(0,0),szDisplay);
}
```

编译运行后的效果如图 12-13 所示。

图 12-13　程序运行结果

### 12.5.4　多层图像的合成

在 Visual C++ 6.0 应用中，多层图像的合成在实际开发中具有非常广泛的应用。首先，两个设备 DC 分别装入了前景图和背景图，然后另一个 DC 载入一幅二值图像作为 mask 图。将载入前景图的设备环境 m_dcFore 的背景色设为前景图的背景色，将 m_dcFore 拷贝到载入了 mask 图的设备环境 maskDc，得到一个新的 mask 图。新的 mask 图就是前景图中背景色的地方转为白色，其他转为黑色的一幅图。在将前景图拷贝到 mask 图的过程中，系统首先将前景图转换为单色图。当位图在彩色与单色之间转换时，系统会使用设备的背景色，与背景色相同的地方转换为白色，其他的转换为黑色。设 m_dcFore 的前景色为白色，背景色为黑色，m_dcFore 与 maskDc 做'与'运算，得到新的前景图。在做与运算时，系统先将单色图转换为彩色图，并用彩色图的前景色和背景色作为转换后的颜色。所以，新的前景图的背景色转变为黑色，其他的保持不变。设背景图的前景色为黑色，背景色为白色，载入了背景图的设备环境 m_dcBk 与 maskDc 做与运算，得到新的背景图。新的背景图的前景色转变为黑色，其他的保持不变。将新的背景图与新的前景图做'或'运算，得到的新图保持了背景图的背景，更融合前景图的前景，达到了我们想要的理想效果。

| 实例 087 | 演示多层图像的合成方法 | |
|---|---|---|
| 源码路径　光盘\daima\part12\11 | | 视频路径　光盘\视频\实例\第 12 章\087 |

本实例的具体实现流程如下。

（1）创建一个单文档或多文档的工程取名为 CTestSelDrawPicApp，然后在 Resources 中引入我们要合成的两幅 Bmp 图像（一幅作为背景图，另一幅为前景图），分别命名为 IDB_BK、IDB_FORE，如图 12-14 和图 12-15 所示。

图 12-14　原始图像 1　　　　　　　　　　　　　图 12-15　原始图像 2

（2）给 CCTestSelDrawPicView 类建两个 CBitmap 类型的成员变量，分别命名为 m_bmpBk、m_bmpFore。

（3）在 CCTestSelDrawPicView 类中新建两个 CDC 类型的成员变量，分别命名为 m_dcBk 和 m_dcFore。

（4）在初始化函数中将两幅 Bmp 图像装入。在 CCTestSelDrawPicView::OnInitialUpdate() 函数中加入如下代码。

```
m_bmpBk.LoadBitmap(IDB_BK);                         //将背景图载入
m_bmpFore.LoadBitmap(IDB_FORE);                     //将前景图载入
CClientDC dc(this);                                 //获得当前客户区设备环境
m_dcBk.CreateCompatibleDC(&dc);                     //创建与当前设备相兼容的设备
m_dcFore.CreateCompatibleDC(&dc);
```

（5）在类 PicView 的函数 OnDraw(CDC* pDC)中添加如下代码。

```
CBitmap* poldBk=m_dcBk.SelectObject(&m_bmpBk);                        //选入背景图
CBitmap* poldFore=m_dcFore.SelectObject(&m_bmpFore);
CRect rect;
GetClientRect(&rect);                                                 //得到客户区矩形
CDC maskDc;                                                           //创建设备环境maskDc
CBitmap maskBitmap;
maskDc.CreateCompatibleDC(pDC);                                       //创建与当前设备相兼容的设备
maskBitmap.CreateBitmap(rect.Width(),rect.Height(),1,1,NULL );        //创建一个单色图
CBitmap* pOldMaskDCbitmap = maskDc.SelectObject( &maskBitmap );       //选入单色图
CBrush brush(RGB(255,255,255));
CBrush * oldbrush;
oldbrush=maskDc.SelectObject(&brush);
maskDc.FillRect(&rect,&brush);
//取得要消除的背景色值
COLORREF clrTrans= m_dcFore.GetPixel(2, 2);
// 设置前景图的背景色
COLORREF clrSaveBk = m_dcFore.SetBkColor(clrTrans);
//将前景图拷贝到maskDc
maskDc.BitBlt(0,0,rect.Width(),rect.Height(), &m_dcFore, 0,0,SRCCOPY);
//将前景图拷贝到maskDc
//前景图与mask做"与"运算
m_dcFore.SetBkColor(RGB(0,0,0));
m_dcFore.SetTextColor(RGB(255,255,255));
m_dcFore.BitBlt(0,0,rect.Width(), rect.Height(),&maskDc,0,0,SRCAND);
//背景图与mask做"与"运算
m_dcBk.SetBkColor(RGB(255,255,255));
m_dcBk.SetTextColor(RGB(0,0,0));
m_dcBk.BitBlt(0,0,rect.Width(),rect.Height(),&maskDc,0,0,SRCAND);
//背景图与前景图做"或"运算
m_dcBk.BitBlt(rect.left,rect.top,rect.Width(),rect.Height(),&m_dcFore,0,0,SRCPAINT);
//将合成后的图像显示
pDC->BitBlt(0,0,rect.Width(),rect.Height(),&m_dcBk,0,0,SRCCOPY);
pDC->SelectObject(oldbrush);
m_bmpBk.SelectObject(poldBk);
m_bmpFore.SelectObject(poldFore);
```

> 范例 173：复制位图到剪切板
> 源码路径：光盘\演练范例\173
> 视频路径：光盘\演练范例\173
> 范例 174：创建和使用调色板
> 源码路径：光盘\演练范例\174
> 视频路径：光盘\演练范例\174

编译运行后，图 12-16 所示的效果为新合成的图像。

图 12-16　新合成的图像

# 12.6　技　术　解　惑

## 12.6.1　MFC 显示位图的方法

接下来将介绍一种在 MFC 程序中显示位图的方法，具体代码如下。

```
//在对话框内显示位图
    CBitmap hbmp;
    HBITMAP hbitmap;
    //装载图片文件MM.bmp
    hbitmap=(HBITMAP)::LoadImage(::AfxGetInstanceHandle(),"MM.bmp",IMAGE_BITMAP,0,0,LR_LOADFROMFILE|LR_C
REATEDIBSECTION);
    hbmp.Attach(hbitmap);
    //获取图片格式
    BITMAP bm;
    hbmp.GetBitmap(&bm);
    CDC dcMem;
    dcMem.CreateCompatibleDC(GetDC());
    CBitmap * poldBitmap=(CBitmap*)dcMem.SelectObject(hbmp);
    CRect lRect;
    GetClientRect(&lRect);
    lRect.NormalizeRect();
    //显示位图
    MFC显示位图的几种方法

    GetDC()->StretchBlt(lRect.left,lRect.top,lRect.Width(),lRect.Height(),&dcMem,0,0,bm.bmWidth,bm.bmHeight,SRCCOPY);
    dcMem.SelectObject(&poldBitmap);
    //在Static控件内显示位图
    CBitmap hbmp;
    HBITMAP hbitmap;
    //将pStatic指向要显示的地方
    CStatic *pStatic;
    pStatic=(CStatic*)GetDlgItem(IDC_STATIC); //IDC_STATIC是你的Staic控件名
    //装载图片文件MM.bmp

    hbitmap=(HBITMAP)::LoadImage(::AfxGetInstanceHandle(),"MM.bmp",IMAGE_BITMAP,0,0,LR_LOADFROMFILE|LR_C
REATEDIBSECTION);
    hbmp.Attach(hbitmap);
    MFC显示位图的几种方法

    //获取图片格式
    BITMAP bm;
    hbmp.GetBitmap(&bm);
    CDC dcMem;
    dcMem.CreateCompatibleDC(GetDC());
    CBitmap * poldBitmap=(CBitmap*)dcMem.SelectObject(hbmp);
    CRect lRect;
    pStatic->GetClientRect(&lRect);
    lRect.NormalizeRect();
    //显示位图

    pStatic->GetDC()->StretchBlt(lRect.left,lRect.top,lRect.Width(),lRect.Height(),&dcMem,0,0,bm.bmWidth,bm.bmHeight,SRCCOPY);
    dcMem.SelectObject(&poldBitmap);
```

### 12.6.2　制作图形按钮的通用方法

在 MFC 开发过程中，制作图形按钮的通用步骤如下。

（1）分别加载两张位图：IDB_BITMAP1 和 IDB_BITMAP2。

（2）添加一全按钮 IDC_BUTTON1，选择"属性"→"样式"，选中"所有者绘制"和"位图"。

（3）在对话框类中添加成员变量，类型为 CBitmapButton，变量名为 m_BitmapBtn，全局变量或局部变量均可。

（4）在对话框类的 DoDataExchange 函数中添加如下代码。

```
DDX_Control( pDX, IDC_BUTTON1, m_BitmapBtn );
```

（5）在对话框类的初始化函数中添加如下代码。

```
m_BitmapBtn.LoadBitmaps(IDB_BITMAP1,IDB_BITMAP2);
```

（6）最后编译后运行即可成功。

### 12.6.3　在 MFC 中设置背景颜色方法

在 MFC 应用程序，有如下 3 种设置背景颜色的方法。

第一种方法：因为在程序运行的时候会调用 OnPain 函数，所以可以在这里设置背景颜色，格式如下。

```
void CFlipCardsDlg::OnPaint()
{
if (IsIconic())
 {
//保持不变
 }
 else
 {
CRect    rc;
 GetClientRect( &rc );// 获取客户区
 CPaintDC dc(this);
 dc.FillSolidRect(&rc, RGB(0,160,0));    // 填充客户区颜色
 CDialog::OnPaint();
 }
}
```

第二种方法：本方法只要一条语句，在此要注意这里绘制的颜色是针对程序中所有的对话框，如果是单文档则不行。

```
SetDialogBkColor(RGB(0,0,255),RGB(255,0,0));
// 前一个RGB是背景色，后一RGB是文本颜色
```

该函数放在工程的 APP 文件的初始化函数中。

第三种方法：利用 ClassWizard 重载 OnCtlColor()，即 WM_CTLCOLOR 消息。

在要着色的对话框中申明一个变量 CBRUSH　m_hbrush；然后在项目的 Dlg 类初始化函数中给 m_hbrush 赋值。

```
m_brush.CreateSolidBrush(RGB(0, 255, 0));
```

然后在 OnCtlColor(...)返回该画刷就可以了，演示代码如下。

```
HBRUSH CFlipCardsDlg::OnCtlColor(CDC* pDC, CWnd* pWnd, UINT nCtlColor)
{
 HBRUSH hbr = CDialog::OnCtlColor(pDC, pWnd, nCtlColor);

 // TODO: Change any attributes of the DC here
 switch (nCtlColor)
 {
 case CTLCOLOR_DLG:
  HBRUSH aBrush;
  aBrush = CreateSolidBrush(RGB(0, 150, 0));
  hbr = aBrush;
  break;
 }
 // TODO: Return a different brush if the default is not desired
 return hbr;
}
```

这样就可以实现对话框着色功能了。

### 12.6.4　百页窗效果

所谓百页窗显示效果，就如同关闭和开启百页窗一样，图像被分为一条条或一列列地分别显示或清除掉，根据显示时以行或列为单位可以将该效果分为两种方式：垂直或水平。在接下来的内容中，以垂直百页窗为例来说明如何实现这种特效显示。在实现垂直百页窗显示时，需要将图像垂直等分为 n 部分由上向下扫描显示，其中每一部分包括 m 个条，这个 n 可以根据具体应用时的需要来决定，m 为图像的高度除 n。当扫描显示时，依照差值进行扫描显示，即第 k 次显示 k−1、k*m−1、…、k*n−1 条扫描线。同样，垂直百页窗清除的实现与垂直百页窗的显示相似，不同的是将绘制位图换成画矩形而已。例如，下面的代码中将图像分成了 8 份。

```
int m=8;
int n=lpDIBHdr->biHeight/m;                              //图像的高度能够整除8
for(int l=1;l<=m;l++)
for(int k=0;k<n;k++)
{
   //每次循环依次显示图像中的k-1、k*m-1……k*n-1行
   StretchDIBits (hDC,0,4*k+l-1,lpDIBHdr->biWidth,1,
       0, lpDIBHdr->biHeight-4*k-l+1,lpDIBHdr->biWidth,1,
       lpDIBBits,(LPBITMAPINFO)lpDIBHdr,
       DIB_RGB_COLORS,
       SRCCOPY);//juanlianxiaoguo
   DelayTime(50);
}
```

# 第 13 章

# 动态链接库

　　动态链接库（DLL）在 Windows 操作系统中有非常重要的作用，几乎所有的 Windows API 函数都包含在动态链接库中。动态链接库由很多优点，如节省内存、支持多种语种等。当动态链接库（DLL）中的函数发生改变时，只要不改变参数，调用这个函数的应用程序不需要重新编译，这一点在编程中非常有用。本节将详细讲解 Visual C++ 6.0 开发中和动态链接库相关的知识。

**本章内容**

▸▸ 动态链接库基础

▸▸ 动态链接库的创建及调用

**技术解惑**

DLL 的编制与具体的编程语言及编译器无关

MFC 中的动态链接库是否必须是动态链接

动态链接到 MFC 的规则 DLL

# 13.1　动态链接库基础

知识点讲解：光盘\视频\PPT 讲解（知识点）\第 13 章\动态链接库基础.mp4

无论是一个程序员，还是其他行业的工作人员，无论是工作、办事还是学习，都需要追求效率，高的效率会达到事半功倍的效果。同样在 C++领域，也需要我们提高程序的运行效率，降低程序对内存的占用。为了提高程序的效率，在 C++中推出了动态链接库（DLL）这一概念。所谓动态链接，是指 Windows 把一个模块中的函数呼叫联结到动态链接库模块中的实际函数上的程序。

在大多数情况下，并不能直接执行动态链接库，也不接收消息。它们是一些独立的文件，其中包含能被程序或其他 DLL 调用来完成一定作业的函数，只有在其他模块调用动态链接库中的函数时，它才发挥作用。

在程序开发过程中，将各种目标模块(.obj)、执行时期链接库(.lib)文件，以及经过编译的资源(.RES)文件连结在一起，以便建立 Windows 的.exe 文件，这时的连结是静态连结。静态链接把函数代码直接加入到应用程序中，增加了应用程序最终可执行代码的长度。静态链接库在多任务环境中运行时效率可能很低，如果两个应用程序同时运行，且使用了库中的同一个函数，那么就要求系统提供函数的两个副本，降低了内存的效率。与静态链接库不同，动态链接库发生在执行时期，允许若干个应用程序共享某个副本，即库中的一个函数不管被几个程序调用，在内存中只运行该函数的一个副本，动态链接库中函数的地址转换是在加载时完成的。

1. 静态链接

在这种方式下，链接程序首先对库文件（.lib）进行搜索，直到在某个库中，找到包含函数的对象模块为止，然后链接程序把这个对象模块拷贝到可执行文件（.exe）中，链接程序负责维护对该函数的所有引用。但是对于 Windows 而言，静态链接会导致很大的问题，由于 Windows 是一个多任务的操作系统，在这样的一个操作系统中，会有多个应用程序同时运行，如果有多个应用程序运行相同的静态链接函数，这样内存中就会有这个函数的多个副本，造成内存的极大浪费。

2. 动态链接

在这种方式下，链接程序同样先对库文件（.lib）进行搜索，直到在某个库中，找到所引用函数的输入记录为止。不同于静态链接的对象模块，这里查找的是输入记录，它不直接包含函数的代码或者数据，而是制定一个动态链接库（.dll）。该动态链接库包含函数的函数名和代码。然后，链接程序把输入记录拷贝到可执行文件中，产生一次对该函数的动态链接，动态链接的优点如下。

（1）只要遵循一定的规则，不同语言编写的应用程序都可以调用同一个动态链接库。

（2）系统中同时运行的多个应用程序可以同时使用同一个动态链接库，它们在内存中共享 DLL 文件的一个拷贝，既节省了内存，并且减少了文件的动态交换。

（3）只要编写的应用程序的函数变量、返回值类型、数量不发生变化，动态链接库的函数可以不用重新编译链接，直接可以使用。

KERNEL32.DLL、USER32.DLL 和 GDI32.DLL 以 及 各 种 驱 动 程 序 文 件 ， 例 如 EYBOARD.DRV、MOUSE.DRV、SYSTEM.DRV 和打印机驱动程序都是动态链接库，这些动态链接库能够被所有的 Windows 应用程序使用。有些动态链接库（如字体文件等）只包含数据（通常是资源的形式）而不包含程序代码。由此可见，动态链接库的目的之一就是提供能被许多不同的应用程序所使用的函数和资源。在一般的操作系统中，只有操作系统本身才包含其他应用程序能够呼叫完成某一作业的例程。在 Windows 系统中，一个模块呼叫另一个模块函数的程序被推广了。结果使得编写一个动态链接库，也就是在扩充 Windows。当然，也可认为动态链接库（包括构成 Windows 的那些动态链接库例程）是对使用者程序的扩充。

尽管一个动态链接库模块可能有其他扩展名（如.EXE 或.FON），但标准扩展名是.DLL。只有带 DLL 扩展名的动态链接库才能被 Windows 自动加载。如果文件有其他扩展名，则程序必须另外使用函数 LoadLibrary 或者函数 LoadLibraryEx 加载该模块。

在 Visual C++ 6.0 应用中，有如下 3 种动态链接库。

（1）非 MFC 动态库。该种动态链接库没有采用 MFC 类库结构，而是直接用 C 语言写的 DLL，其导出函数是标准的 C 接口，能被 MFC 和非 MFC 编写的应用程序调用。相比采用 MFC 类库编写的 DLL，其占用很少的磁盘和内存空间。

（2）常规 DLL。常规 DLL 和扩展 DLL 一样，是用 MFC 类库编写的，其特点是在源文件里面有一个继承自 CWinApp 的类，导出的对象可以是 C 函数、C++类或者 C++成员函数。只要应用程序能调用 C 函数，就可以调用常规的 DLL。

（3）扩展 DLL。扩展 DLL 由 MFC 的动态链接版本创建，且只能被使用 MFC 类库编写的应用程序调用。例如，为了创建一个新的工具栏，创建一个类 CToolBar 的派生类，而要想导出这个类，必须把它放到一个 MFC 扩展的 DLL 中。因为扩展 DLL 与常规 DLL 不一样，没有一个从类 CWinApp 继承而来的类对象，所以开发人员必须在 DLL 的函数 DllMain 中添加初始化代码和结束代码。

动态链接库的工作原理是当应用程序打开动态链接库时，把动态链接库的执行代码映射到进程的地址空间中，这里的进程包括了使用动态链接库的每一个进程。而动态链接库中的数据，应用程序则不是通过映射方式获取，而是做了一个备份。即动态链接库所有的执行代码是共享的，其中的变量，每个应用程序均备份了一份。具体过程如下。

① 文件映射。应用程序调用动态库时，系统首先要为这个动态库建立一个文件映射视图，然后搜索调用者的地址空间，将文件视图映射到进程的地址空间中，如果有另外一个应用程序使用这个动态链接库，那么系统只是简单地将这个动态链接库的另一个文件视图映射到这个进程的地址空间。

② 引用表。将文件进行映射之后，系统会检查调用者和动态链接库的引用表，同时把 DLL 函数新分配的虚地址插入调用者的输入库中，如果系统需要调整动态链接库中的引用表，需要拷贝被修改过的内存页面，由于多个进程调用相同的动态链接库时，这个动态链接库会被映射到不同的虚地址，所以不同的进程对这个动态链接库模块进行了不同的地址修改。

③ 内存分配。默认情况下，动态链接库为变量分配的所有内存空间，都是由调用这个动态链接库的进程的堆分配，如果两个进程同时调用一个动态链接库，所有这些变量都要被分配两次，也就是说每个进程的地址空间中都要被分配一次。

## 13.2　动态链接库的创建及调用

知识点讲解：光盘\视频\PPT 讲解（知识点）\第 13 章\动态链接库的创建及调用.mp4

在 Visual C++ 6.0 应用中，DLL 文件是一些模块化有关的文件。DLL 是一个包含可由多个程序，同时使用的代码和数据的库。例如在 Windows 操作系统中，Comdlg32 DLL 执行与对话框有关的常见函数。现在越来越容易编写 DLL 程序，因为 Win32 已经大大简化了其编程模式，并有许多来自 AppWizard 和 MFC 类库的支持。利用 MFC AppWizard 向导，可以生成基于 MFC 的常规 DLL 和 MFC 扩展 DLL。在 Windows 应用程序中访问 DLL，实际上就是将应用程序中的导入函数与 DLL 文件中的导出函数进行链接。链接动态链接库到应用程序有隐式链接和显式链接两种方式，具体说明如下所示。

❑ 隐式链接。它是指在应用程序被加载运行时，由 Windows 自动加载这个应用程序将要用到 DLL。

❑ 显式链接。它是指在应用程序运行到某条语句时，引用程序自己通过专门的函数调用动态链接库，如图 13-1 所示。

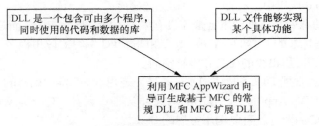

图 13-1　DLL 文件能够实现某个具体功能

### 13.2.1　非 MFC 动态库

非 MFC 动态库的创建和使用相对比较简单，下面通过两个例子来简单进行说明。

| 实例 088 | 演示非 MFC 动态库的创建过程 | |
|---|---|---|
| | 源码路径　光盘\daima\part13\1 | 视频路径　光盘\视频\实例\第 13 章\088 |

本实例的具体实现流程如下。

（1）选择 File→New 命令，选择 Project 选项卡，选择 Win32 Dynamic-Link Library 项目类型，输入项目路径、项目名称（AddNum），单击"下一步"按钮，如图 13-2 所示。

（2）单击 Finish 按钮，此时创建了工程 AddNum。在该工程中添加头文件 AddNum.h，源文件 AddNum.cpp 的具体代码如下。

```
#ifndef ADDNUM_H
#define ADDNUM_H
extern "C" int __declspec(dllexport)add(int x, int y);
#endif
#include "AddNum.h"
int add(int x, int y)
{
    return x + y;
}
```

（3）编译工程，得到动态库文件 AddNum.dll。

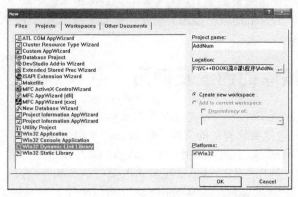

范例 175：复制位图到剪切板
源码路径：光盘\演练范例\175
视频路径：光盘\演练范例\175
范例 176：创建和使用调色板
源码路径：光盘\演练范例\176
视频路径：光盘\演练范例\176

图 13-2　选择 MFC AppWizard（DLL）项目类型

| 实例 089 | 调用非 MFC 动态库 AddNum.dll | |
|---|---|---|
| | 源码路径　光盘\daima\part13\2 | 视频路径　光盘\视频\实例\第 13 章\089 |

本实例的功能是创建一个简单的对话框来，对非 MFC 动态库 AddNum.dll 进行调用。本实

例的具体实现流程如下。

（1）利用 AppWizard 创建对话框应用程序 AddNumDlg，界面效果如图 13-3 所示。

（2）为对话框类中的 3 个编辑框分别利用 ClassWizard 添加对应的变量 m_NumL、m_NumR、m_Result，如图 13-4 所示。

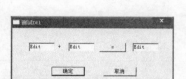

图 13-3　设计对话框模版

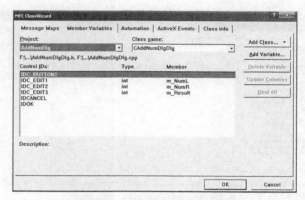

图 13-4　为对话框控件添加成员变量

（3）为控件"="添加相应的消息函数 OnButton1()，将文件 AddNum.dll 复制进工程的 Debug 文件夹下。函数 OnButton1()的具体实现代码如下。

```
void CAddNumDlgDlg::OnButton1()
{
    UpdateData(true);
    typedef int(*lpAddFun)(int, int);          //宏定义函数指针类型
    HINSTANCE hDll;                             //DLL句柄
    lpAddFun addFun;                            //函数指针
    hDll = LoadLibrary("..\\Debug\\AddNum.dll");
    if (hDll != NULL)
    {
        addFun = (lpAddFun)GetProcAddress(hDll, "add");
        if (addFun != NULL)
        {
            m_Result = addFun(m_NumL, m_NumR);
        }
        FreeLibrary(hDll);
    }
    UpdateData(FALSE);
}
```

（4）编译运行后的效果如图 13-5 所示。

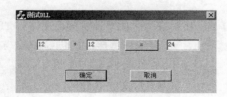

图 13-5　程序运行结果

### 13.2.2　常规动态库

**实例 090　演示常规动态链接库的基本创建过程**

源码路径　光盘\daima\part13\3　　　视频路径　光盘\视频\实例\第 13 章\090

本实例的具体实现流程如下。

（1）选择 File→New 命令，选择 Project 选项卡，选择 MFC AppWizard（dll）项目类型，

输入项目路径、项目名称（GetTimeDll），如图 13-6 所示。

（2）在 MFC AppWizard-step 1 of 1 对话框页面中，选择要创建动态链接库的类型和链接 MFC 动态链接库的方式，如图 13-7 所示。

在图 13-7 所示的页面中，包括如下 3 种选项。

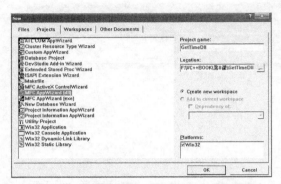

图 13-6　选择 MFC AppWizard（dll）项目类型

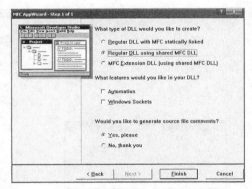

图 13-7　MFC AppWizard-step 1 of 1 页面

① Regular DLL with MFC statically linked。用于创建常规 DLL，并在创建的动态链接库中以静态链接方式链接 MFC 库。在 Win32 和 MFC 应用程序中，都可以使用该动态链接库中定义的函数。

② Regular DLL using shared MFC DLL。用于创建常规 DLL，在动态库中以共享动态链接方式链接 MFC 库。

③ MFC Extension DLL。用于创建 MFC 扩展 DLL，并在创建的动态链接库中以共享动态链接方式链接 MFC 库。

在本实例中选择默认的第②项，即 Regular DLL using shared MFC DLL，然后单击 Finish 按钮。

（3）在源文件中添加如下代码。

```
_declspec(dllexport) char * WINAPI GetTimeE () {
    AFX_MANAGE_STATE(AfxGetStaticModuleState());
    char *szTime;
    struct tm *NewTime;
    time_t tTime;
    time(&tTime);//获取时间
    NewTime = localtime(&tTime);                //转换为当地时间
    szTime = asctime(NewTime);                  //转换为字符串
    return szTime;//输出
}
```

编译运行本实例，会在 Debug 文件夹中生成动态链接库文件 GetTimeDll.dll 和 GetTimeDll.lib。通过本实例的上述实现过程，演示了常规动态链接库的创建流程与方法，接下来将介绍如何调用常规动态链接库。

1．隐式调用

要实现对 DLL 的隐式链接，应用程序要从 DLL 提供者处获得以下 3 个文件。

（1）包含 DLL 输出函数的头文件。

（2）DLL 的导入库文件（*.lib）。

（3）动态链接库文件（*.dll）。

当应用程序隐式链接 DLL 时，必须链接 DLL 的导入库。使用 Visual C++ 6.0 集成开发环境可以修改应用程序链接库的设置，具体过程如下。

（1）选择 Project→Settings 命令，进入 Project Settings 对话框。

（2）在 Link 选项卡中设置 Object/Liabrary Modules 文本框，指定 DLL 导入库文件的名称。

除了上述过程外，另一种方法：把导入库文件直接加入应用程序的文件列表。

在 LIB 文件中包含了对应的 DLL 文件名，链接程序将其存储在 EXE 文件内部。当应用程序运行过程中需要加载 DLL 文件时，Windows 根据这些信息发现并加载 DLL，然后通过函数名或标识号实现对 DLL 函数的动态链接。在运行应用程序时，必须确保 Windows 能够搜索到其需要的 DLL 文件。

## 实例 091　演示动态链接库的隐式调用方法

源码路径　光盘\daima\part13\4　　　　视频路径　光盘\视频\实例\第 13 章\091

本实例的具体实现流程如下。

（1）创建单文档应用程序 Implicit DLL，然后将文件 GetTimeDll.dll 和 GetTimeDll.lib 复制到工程文件夹下，并选择 Project→Settings 命令，在 Link 选项卡的 Object/library modules 编辑框输入 GetTimeDll.lib，如图 13-8 所示。

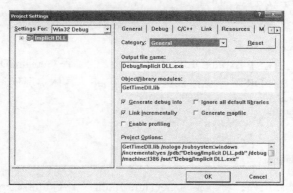

图 13-8　在 Link 选项卡进行设置

（2）在视图类添加单击的消息映射函数，并添加如下代码。

```
void CImplicitDLLView::OnLButtonDown(UINT nFlags, CPoint point)
{
    // TODO: Add your message handler code here and/or call default
    char *szTime;
    szTime = GetTimeE ();
    AfxMessageBox(szTime);
    CView::OnLButtonDown(nFlags, point);
}
```

（3）在视图类头文件中添加动态链接库函数。

```
extern char * WINAPI GetTime();
```

编译运行后的效果如图 13-9 所示。

图 13-9　程序运行结果

2. 显式调用

在 Visual C++ 6.0 应用中，显示链接方式要求应用程序以函数形式实时装入 DLL，其具体实现过程如下。

（1）调用 Win32 的 LoadLibrary()函数，指定 DLL 的路径作为参数，函数将返回 DLL 模块的句柄。

（2）调用函数 GetProcAddress()获取应用程序希望访问的 DLL 函数的入口指针。

（3）通过 DLL 函数指针访问 DLL 函数。

（4）当 DLL 使用完成后，调用函数 FreeLibrary()卸载 DLL。

当采用显式链接方式时，应用程序不需要动态链接库的导入库文件（LIB 文件）。动态链接库的导出函数必须在模块定义文件中进行 EXPORTS 说明，在应用程序中通过函数调用动态加载和卸载 DLL，并通过函数指针导出函数。

| 实例 092 | 显示系统的当前时间 | |
|---|---|---|
| | 源码路径　光盘\daima\part13\5 | 视频路径　光盘\视频\实例\第 13 章\092 |

本实例的具体实现流程如下。

（1）创建单文档应用程序 ExplictDLL，打开实例 1 的工程 GetTimeDll，修改工程里面的文件 GetTimeDll.def，在 EXPORTS 下面添加函数 GetTimeE，具体实现代码如下。

```
; GetTimeDll.def : Declares the module parameters for the DLL.
LIBRARY        "GetTimeDll"
DESCRIPTION    'GetTimeDll Windows Dynamic Link Library'

EXPORTS
    ; Explicit exports can go here
  GetTimeE
```

重新编译动态链接库工程，将生成的 GetTimeDll.dll 文件拷贝到 ExplictDLL 工程文件夹下的 Debug 文件夹中。

（2）在 ExplictDLL 工程视图类中添加单击消息相应函数，并添加如下代码。

```
void CExplictDllView::OnLButtonDown(UINT nFlags, CPoint point)
{
  // TODO: Add your message handler code here and/or call default
  typedef char *(*GETTIME)();
  GETTIME GetT;
  FARPROC lpFn = NULL;
  HINSTANCE hInst = NULL;
  hInst = LoadLibrary("GetTimeDll.dll");              //获取DLL句柄
  if(hInst == NULL)
  {
      AfxMessageBox("Fail to load the DLL!");
      return;
  }
  lpFn = GetProcAddress(hInst, "GetTimeE");         //获取函数的内存地址
  if(lpFn == NULL)
  {
      AfxMessageBox("Fail to load the function!");
      return;
  }
  GetT = (GETTIME)lpFn;
  char *szTime = GetT();
  AfxMessageBox(szTime);
  FreeLibrary(hInst);//卸载动态链接库
  CView::OnLButtonDown(nFlags, point);
}
```

编译运行后的效果如图 13-10 所示。

图 13-10 程序运行结果

## 13.2.3 扩展动态库

在 Visual C++ 6.0 应用中，扩展 DLL 的特点是用来建立 MFC 的派生类，该 DLL 只能被用 MFC 类库所编写的应用程序调用。扩展 DLL 和常规 DLL 不同，它没有一个从 CWinApp 继承而来的类的对象，编译器创建一个 DLL 入口函数（DLLMain），用此函数可以实现动态库的初始化。

| 实例 093 | 演示扩展 DLL 的创建方法 | |
|---|---|---|
| 源码路径 | 光盘\daima\part13\6 | 视频路径 光盘\视频\实例\第 13 章\093 |

本实例的具体实现流程如下。

（1）在 Visual C++ 6.0 中单击选择 New→New 命令，在出现的对话框中选择 MFC(App Wizard(dll))项，输入工程名称 EDll，单击 OK 按钮。

（2）在界面 MFC AppWizard-step 1 of 1 中，选择 MFC Extension DLL(using shared MFC DLL)，单击 Finish 按钮。

（3）在文件 EDll.def 文件中添加如下代码。

```
; EDll.def : Declares the module parameters for the DLL.
LIBRARY        "EDll"
DESCRIPTION    'EDll Windows Dynamic Link Library'
EXPORTS
    ; Explicit exports can go here
  Msg;
```

（4）在源文件 EDll.cpp 中声明函数 Msg，此函数的实现代码如下。

```
#include "stdafx.h"
#include <afxdllx.h>

#ifdef _DEBUG
#define new DEBUG_NEW
#undef THIS_FILE
static char THIS_FILE[] = __FILE__;
#endif

static AFX_EXTENSION_MODULE ExtensionDLLDLL = { NULL, NULL };
extern "C" void APIENTRY Msg();//声明导出函数
extern "C" int APIENTRY
DllMain(HINSTANCE hInstance, DWORD dwReason, LPVOID lpReserved)
{
    // Remove this if you use lpReserved
    UNREFERENCED_PARAMETER(lpReserved);
    if (dwReason == DLL_PROCESS_ATTACH)
    {
        TRACE0("EXTENSIONDLL.DLL Initializing!\n");

        // Extension DLL one-time initialization
        if (!AfxInitExtensionModule(ExtensionDLLDLL, hInstance))
            return 0;
    // Insert this DLL into the resource chain
    // NOTE: If this Extension DLL is being implicitly linked to by
    //    an MFC Regular DLL (such as an ActiveX Control)
    //    instead of an MFC application, then you will want to
    //    remove this line from DllMain and put it in a separate
    //    function exported from this Extension DLL.    The Regular DLL
```

```
//      that uses this Extension DLL should then explicitly call that
//      function to initialize this Extension DLL.    Otherwise,
//      the CDynLinkLibrary object will not be attached to the
//      Regular DLL's resource chain, and serious problems will
//      result.
    new CDynLinkLibrary(ExtensionDLLDLL);
}
else if (dwReason == DLL_PROCESS_DETACH)
{
    TRACE0("EXTENSIONDLL.DLL Terminating!\n");
    // Terminate the library before destructors are called
    AfxTermExtensionModule(ExtensionDLLDLL);
}
return 1;     // ok
}
extern "C" void APIENTRY Msg()//声明导出函数
{
    AfxMessageBox("单击了鼠标!");
}
```

（5）编译运行，在工程下 Debug 中生成了动态库文件 EDll.dll。

（6）利用 Visual C++ 6.0 创建单文档应用程序"TestEDll"，并在视图类中添加单击消息映射函数，具体代码如下。

```
void CTestEDllView::OnLButtonDown(UINT nFlags, CPoint point)
{
    // TODO: Add your message handler code here and/or call default
    FARPROC    lpfn;              //定义函数地址
    HINSTANCE hinst;             //定义句柄
    hinst=LoadLibrary("..\\Debug\\EDll.dll");//载入DLL
    if(hinst==NULL)              //载入失败
    {
        AfxMessageBox("载入DLL失败！");
        return;//返回
    }
    lpfn=GetProcAddress(hinst,"Msg");//取得DLL导出函数的地址
    if (lpfn==NULL)
    {
        AfxMessageBox("读取函数地址失败！");
        return;//返回
    }
    lpfn();//执行DLL函数
    FreeLibrary(hinst);//释放DLLShareMFCDill.dll
    CView::OnLButtonDown(nFlags, point);
}
```

（7）运行程序后，单击后的效果如图 13-11 所示。

图 13-11　程序运行结果

# 13.3　技　术　解　惑

## 13.3.1　DLL 的编制与具体的编程语言及编译器无关

大家在 Windows 目录下的 system32 文件夹中，会看到 kernel32.dll、user32.dll 和 gdi32.dll 等文件，Windows 系统的大多数 API 都包含在这些 DLL 中。kernel32.dll 中的函数主要处理内存管

理和进程调度；user32.dll 中的函数主要控制用户界面；gdi32.dll 中的函数则负责图形方面的操作。

一般的程序员都用过类似 MessageBox 的函数，其实它就包含在 user32.dll 这个动态链接库中。由此可见 DLL 对我们来说其实并不陌生。只要遵循约定的 DLL 接口规范和调用方式，用各种语言编写的 DLL 都可以相互调用。譬如 Windows 提供的系统 DLL（其中包括了 Windows 的 API），在任何开发环境中都能被调用，不在乎其是 Visual Basic、Visual C++还是 Delphi。

### 13.3.2 MFC 中的动态链接库是否必须是动态链接

其实静态链接也可以的，之所以选用动态链接，是因为作为动态，这是指在你需要的时候再去链接它，你用完了就立马可以把它释放，这样的话，既不占用多少资源又可以提高效率。

选择动态链接是有理由的，隐式调用编程方便点，链接程序配置好就行，对程序员和其他普通函数没两样。显示调用当然更灵活并更加重要的，可用不同 dll 模拟出多态的效果。在现实中很多程序的插件就是这么做的，定义好 dll 接口后可以安装不同插件的 dll 来运行。显示调用重要的是如果 dll 中无需要函数，程序员还能检测到，这是有弥补机会的。

### 13.3.3 动态链接到 MFC 的规则 DLL

动态链接到 MFC 的规则 DLL，可以和使用它的可执行文件同时动态链接到 MFC DLL 和任何 MFC 扩展 DLL。当使用 MFC 共享库的时候，在默认情况下，MFC 使用主应用程序的资源句柄来加载资源模板。这样，当 DLL 和应用程序中存在相同 ID 的资源时（即所谓的资源重复问题），系统可能不能获得正确的资源。因此，对于共享 MFC DLL 的规则 DLL，我们必须进行模块切换以使得 MFC 能够找到正确的资源模板。

可以在 Visual C++程序中，设置 MFC 规则 DLL 是静态链接到 MFC DLL 还是动态链接到 MFC DLL。如图 13-12 所示，依次选择 Visual C++的 project→Settings→General 项，在 Microsoft Foundation Classes 中进行设置。

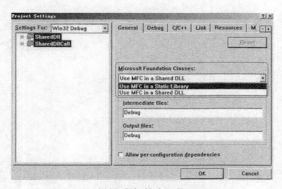

图 13-12 设置动态/静态链接 MFC DLL

# 第 14 章

# 使用 ActiveX 控件

ActiveX 是微软提出的使用组件对象模型（component object model，COM）的一种开放技术，与具体编程语言无关，作为针对 Internet 的应用开发技术，广泛应用于 Web 服务器和客户端编程等方面。本章将详细讲解在 Visual C++ 6.0 开发应用中使用 ActiveX 控件的基本知识。

**本章内容**

▸▸ 组件与 ActiveX 控件

▸▸ 创建 ActiveX 控件

▸▸ 调用 ActiveX 控件

**技术解惑**

将 ActiveX 控件标记为安全

ActiveX 控件的自注册问题

# 14.1 组件与 ActiveX 控件

知识点讲解：光盘\视频\PPT 讲解（知识点）\第 14 章\组件与 ActiveX 控件.mp4

ActiveX 是 Microsoft 提出的一种使用 COM（ComponentObjectModel，部件对象模型）的开放式技术，它与具体的编程语言无关。作为针对 Internet 应用开发的技术，ActiveX 被广泛应用于 Web 服务器及客户端的各个方面。

ActiveX 控件由属性（Property）、事件（Event）和方法（Method）3 个接口定义，具体说明如下。

（1）属性。属性是 ActiveX 控件的特性或特征，如颜色、字体、范围或一些标志等。属性可以是库存（Stock）属性或自定义（Custom）属性，库存属性是指所有 ActiveX 控件的通用属性。

（2）事件。事件是 ActiveX 控件为响应一些如鼠标、键盘等输入时而由控件触发的消息，ActiveX 控件把这些输入翻译成事件通知，发送给容器程序。

（3）方法。方法是 ActiveX 控件内的函数，供容器程序在外部调用，应用程序通过调用 ActiveX 控件的方法操纵控件的外观和状态。事件和方法可以是库存的或自定义的。

ActiveX 控件支持运行模式和设计模式两种操作模式。其中在运行模式中，用户只能使用 ActiveX 控件，但不能对其进行修改，这样就保护了 ActiveX 控件提供者的版权。而在设计模式下，用户可以重新修改或设置 ActiveX 控件。

ActiveX 控件控件并不仅仅用于与用户进行可视化交互，还可以用于其他用途，如访问数据库、监视数据等。对用户而言，ActiveX 控件与普通的 Windows 控件十分相似，这些控件都是通过对话框编辑器或 Gallery 添加到程序中的。在 Visual C++中使用 ActiveX 控件与普通控件有所不同，首先要通过选择 Project→Add to Project 命令将指定的 ActiveX 控件加入对话框编辑器。ActiveX 控件可以嵌入对话框或其他的 ActiveX 控件容器，如 Internet Explorer、Visual Basic、Java 和 Access 等应用程序中。

ActiveX 控件一般以 OCX 文件的形式出现，每一个 ActiveX 控件在被使用前都必须在 Windows 系统中注册。具体方法是在命令行方式下输入"regsvr32 ...\XXX.ocx"，其中，XXX 表示相应的 ActiveX 控件名。

| 实例 094 | 演示 Tips of the Day 组件的方法 | | |
|---|---|---|---|
| | 源码路径　光盘\daima\part14\1 | 视频路径 | 光盘\视频\实例\第 14 章\094 |

本实例的具体实现流程如下。

（1）使用 MFC AppWizard 向导创建一个 SDI 程序 UseComponent，在向导第 3 步确认 ActiveX Controls 选项，如图 14-1 所示。

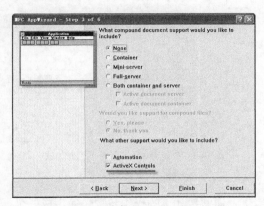

图 14-1　选中 ActiveX Controls

如果在创建应用程序框架时没有选中该项，则在程序中需要使用 ActiveX 控件，必须在函数 InitInstance()中加入函数 AfxEnableControlContainer()的调用语句，并在预编译头文件 StdAfx.h 中加入如下语句。

```
#include <Afxdisp.h>
```

（2）选择 Project→Add to Project→Components and Controls 命令，在弹出的对话框中打开 Visual C++ Components 文件夹，选择 Tips of the Day，单击 Insert 按钮。在随后出现的对话框中，单击 OK 按钮，并确定生成组件的类名和文件名。此时，就在程序框架中加入了 Tips of the Day，但其中没有显示内容，需要建立一个名为 Tips.txt 的文件。

（3）选择 Project→Add to Project→New 命令，加入文本文件 Tips.txt 并编辑它。

✳ 注意：文件 Tips.txt 的内容要求用回车符来区分每一条 Tip，每条 Tip 不能以空格或 Tab 键开头，且长度不能超过 1 000 个字符。

编译运行后将出现 Tip of the Day 对话框，如图 14-2 所示。

| |
|---|
| 范例 177：使用 Microsoft ActiveX 控件 FlexGrid |
| 源码路径：光盘\演练范例\177 |
| 视频路径：光盘\演练范例\177 |
| 范例 178：动态创建 ActiveX 控件 FlexGrid |
| 源码路径：光盘\演练范例\178 |
| 视频路径：光盘\演练范例\178 |

图 14-2　使用 Tip of the Day 组件

可以通过 Visual C++开发环境的对话框编辑器对 Tips of the Day 对话框的外观属性进行修改、设置。

## 14.2　创建 ActiveX 控件

📺 知识点讲解：光盘\视频\PPT 讲解（知识点）\第 14 章\创建 ActiveX 控件.mp4

在 Visual C++ 6.0 应用中，通常提供了两个途径开发 ActiveX 控件，具体说明如图 14-3 所示。

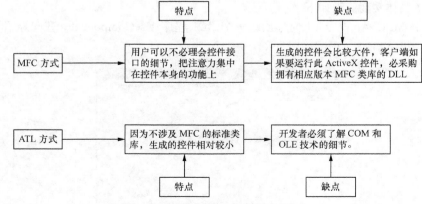

图 14-3　创建 ActiveX 控件的两种方式

### 14.2.1　使用 MFC 创建 ActiveX 控件

在 Visual C++ 6.0 环境下，通常按如下的操作步骤快速生成一个标准的 ActiveX 控件。

（1）启动 MFC AppWizard，选择 File→New 命令，选择列表框中的 MFC ActiveX Control Wizard 项创建新的项目。

当然，用户也可以使用 ATL COM AppWizard 项来产生 ActiveX 控件，而且这样实现的控件最终代码量较小，但由于利用这种方法加入的 ActiveX 控件对象是从最基本的 COM 对象出发，不能使用 MFC 类库中的 COleControl 所提供的强大功能。而利用 MFC ActiveX ControlWizard 项则产生以 COleControl 为基类的控件对象类，它继承了所有 COleControl 类中实现的 OLE 控件的特性，包括窗口对象特性和方法、属性及事件等。

（2）按照向导给出的提示信息逐步完成创建工作。用户可根据实际应用的要求定制控件的各项特性。

（3）编译项目，生成 ActiveX 控件。

在当前的开发环境下，这个控件已经被自动注册了，如果想在其他开发环境下使用该控件，则必须先进行注册，具体方法是在命令行方式下输入"regsvr32 …\XXX.ocx"，其中 XXX 表示相应的 ActiveX 控件名。此后，我们就可在任何支持 ActiveX 控件的环境中使用它了。

| 实例 095 | 用 MFC ActiveX ControlWizard 向导创建一个 ActiveX 控件 | |
|---|---|---|
| | 源码路径　光盘\daima\part14\2 | 视频路径　光盘\视频\实例\第 14 章\095 |

本实例的具体实现流程如下。

（1）选择 File→New→Projects 命令，选择列表框中的 MFC ActiveX ControlWizard 项，输入项目名 ActiveXDemo 创建新的项目，如图 14-4 所示。

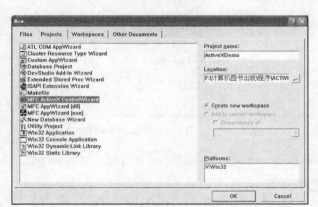

范例 179：使用 MFC 开发 ActiveX 控件 OleEdit
源码路径：光盘\演练范例\179
视频路径：光盘\演练范例\179
范例 180：使用开发的 ActiveX 控件 OleEdit
源码路径：光盘\演练范例\180
视频路径：光盘\演练范例\180

图 14-4　使用 MFC ActiveX ControlWizard 创建 ActiveX 控件

（2）保持默认设置，单击 Finish 按钮，完成 ActiveX 控件的创建。

打开 Workspace 文件 ActiveXDemo.dsw，可以看到系统自动生成的 ActiveXDemo 控件框架，主要的类及实现功能描述如表 14-1 所示。

表 14-1　　　　　　　　　　　各派生类的描述

| 派 生 类 | 基 类 | 实 现 功 能 |
|---|---|---|
| CActiveXDemoApp | COleControlModule | 控件实例的初始化和撤消 |
| CActiveXDemoCtrl | COleControl | 控件窗口的创建、更新及消息处理 |
| CActiveXDemoPropPage | COlePropertyPage | 控件属性页的设置及与实际属性值的交换 |

（3）为使读者看到控件的功能，改写 CActiveXDemoCtrl 类的 OnDraw 函数，具体代码如下。

```
void CActiveXDemoCtrl::OnDraw(CDC* pdc, const CRect& rcBounds, const CRect& rcInvalid)
{
    // TODO: Replace the following code with your own drawing code.
```

```
    pdc->FillRect(rcBounds, CBrush::FromHandle((HBRUSH)GetStockObject(WHITE_BRUSH)));
    pdc->Ellipse(rcBounds);
    pdc->TextOut(10,rcBounds.CenterPoint().y,"This is a ActiveX Demo");
}
```

（4）编译连接后将生成文件 ActiveXDemo.ocx。

## 14.2.2　测试 ActiveX 控件

在 Microsoft Developer Studio 环境中，提供了 ActiveX 控件的测试工具——ActiveX Control Test Container，通过它可以对创建的 ActiveX 控件进行测试。

| 实例 096 | 用 ActiveX Control Test Container 测试创建的 ActiveX 控件 |
| --- | --- |
| | 源码路径　光盘\daima\part14\3　　　视频路径　光盘\视频\实例\第 14 章\096 |

本实例的具体实现流程如下。

（1）在 Microsoft Developer Studio 环境中提供了一个 ActiveX 控件的测试工具，选择 Tool →ActiveX Control Test Container 命令，弹出 ActiveX 控件的测试工具，如图 14-5 所示。

（2）在弹出的应用程序 ActiveX Control Test Container 中，选择 Edit→Insert New Control 命令，在弹出的对话框中选择 ActiveXDemo Control，如图 14-6 所示。

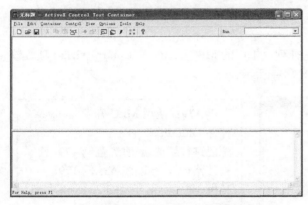

图 14-5　ActiveX Control Test Container

图 14-6　添加 ActiveXDemo 控件

图 14-7 所示为利用 ActiveX Control Test Container 对 ActiveXDemo 进行测试的显示效果。

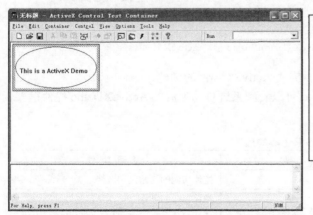

图 14-7　ActiveXDemo 测试效果

范例 181：实现 ActiveX 控件的注册
源码路径：光盘\演练范例\181
视频路径：光盘\演练范例\181
范例 182：用 ATL 开发 ActiveX 控件 MagicBox
源码路径：光盘\演练范例\182
视频路径：光盘\演练范例\182

## 14.2.3　添加事件

在 ActiveX 控件中包含两种事件，一种是库存（Stock）事件，即系统定义的事件；另一种是自定义（Custom）事件。本节将结合具体实例讲解添加这两种事件的方法。

1. Stock 事件

在 MFC 开发环境中，为 ActiveX 控件添加 Stock 事件的具体步骤如下。

（1）选择 View→ClassWizard 命令，在弹出的 MFC ClassWizard 对话框中选择 ActiveX Events 选项卡。

（2）单击 Add Event 按钮，弹出 Add Event 对话框，在对话框的 External Name 列表中选择库存事件，如 Click 等。

（3）单击 OK 按钮，完成库存事件的创建。

| 实例 097 | 为创建的 ActiveX 控件添加双击事件 DblClick | |
|---|---|---|
| | 源码路径　光盘\daima\part14\4 | 视频路径　光盘\视频\实例\第 14 章\097 |

本实例的功能是，为实例 095 创建的 ActiveX 控件 ActiveXDemo 添加双击事件 DblClick。本实例的具体实现流程如下。

（1）选择 View→ClassWizard 命令，在弹出的 MFC ClassWizard 对话框中选择 ActiveX Events 选项卡，如图 14-8 所示。

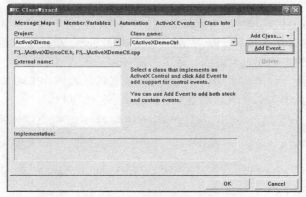

图 14-8　MFC ClassWizard 对话框

（2）单击 Add Event 按钮，在弹出的 Add Event 对话框的 External name 下拉列表中选择库存事件 DblClick，即为控件添加双击事件，如图 14-9 所示。

范例 183：测试 ActiveX 控件
　　　　　MagicBox
源码路径：光盘\演练范例\183
视频路径：光盘\演练范例\183
范例 184：使用树形控件显示数据
源码路径：光盘\演练范例\184
视频路径：光盘\演练范例\184

图 14-9　为 ActiveXDemo 控件添加 DblClick 事件

（3）单击 OK 按钮完成 Stock 事件的添加，此时在如图 14-10 所示的类视图中，显示了新增加的 DblClick 事件。

（4）运行 ActiveX Control Test Container 进行测试，在控件上双击就会发现下面会打印出双击消息，即控件响应了我们的双击事件，如图 14-11 所示。

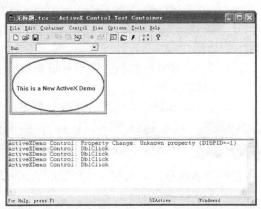

图 14-10    为 ActiveXDemo 控件添加
Dblclick 事件后的类视图结构

图 14-11    ActiveXDemo 控件 Dblclick 事件的测试响应效果

### 2.    Custom 事件

在 Visual C++ 6.0 开发环境中，为 ActiveX 控件添加自定义事件的具体步骤与 Stock 事件的基本相同，主要差别在于在 Add Events 对话框的 Exteranl name 列表框中直接输入自定义的事件名。但这样添加事件的工作还没有做完，还要考虑如何来触发这个事件，例如，想在用户在控件上单击时触发该事件，就需要添加 lbuttondown 消息的处理操作来触发该事件。在接下来的内容中，将通过一个具体实例来演示创建一个自定义事件的过程。

| 实例 098 | 为创建的 ActiveX 控件添加双击事件 DblClick |
| --- | --- |
| 源码路径    光盘\daima\part14\5 | 视频路径    光盘\视频\实例\第 14 章\098 |

本实例的功能是，为实例 095 创建的 ActiveX 控件 ActiveXDemo 添加单击事件 ClickIn。本实例的具体实现流程如下。

（1）选择 View→ClassWizard 命令，在弹出的 MFC ClassWizard 对话框中选择 ActiveX Events 选项卡。

（2）单击 Add Event 按钮，在弹出的 Add Event 对话框的 External name 下拉列表中直接输入 ClickIn，即为控件 ActiveXDemo 添加自定义事件 ClickIn，如图 14-12 所示。

（3）单击 OK 按钮，完成自定义事件的添加。在图 14-13 所示的类视图中，显示了新增加的 ClickIn 事件。

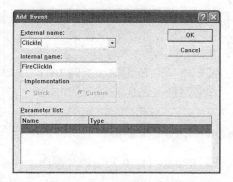

图 14-12    为 ActiveXDemo 添加自定义事件 ClickIn

图 14-13    添加自定义事件 ClickIn 后的类视图结构

（4）在类 CActiveXDemoCtrl 中，添加成员函数 BOOL CActiveXDemoCtrl::InCircle(CPoint &point)，此函数的功能是判断当前点是否在控件上绘制的圆或椭圆内，具体代码如下。

```
//////////判断当前鼠标点point是否在控件界面所绘制的圆或椭圆内
BOOL CActiveXDemoCtrl::InCircle(CPoint &point)
{
    CRect rc;
    GetClientRect(rc);
    double a = (rc.right - rc.left) / 2;
    double b = (rc.bottom - rc.top) / 2;
    double x = point.x - (rc.left + rc.right) / 2;
    double y = point.y - (rc.top + rc.bottom) / 2;
    return ((x * x) / (a * a) + (y * y) / (b * b) <= 1);
}
```

> 范例 185：动态添加、删除树形控件的节点
> 源码路径：光盘\演练范例\185
> 视频路径：光盘\演练范例\185
> 范例 186：在树形控件中使用背景位图
> 源码路径：光盘\演练范例\186
> 视频路径：光盘\演练范例\186

（5）在类 CActiveXDemoCtrl 中添加自定义事件 ClickIn 的触发代码，即为类 CActiveXDemoCtrl 添加 WM_LBUTTONDOWN 的消息处理函数，具体代码如下。

```
void CActiveXDemoCtrl::OnLButtonDown(UINT nFlags, CPoint point)
{
    /////////判断当前鼠标点point是否在控件界面所绘制的圆或椭圆内
    if (InCircle(point))
    {
        FireClickIn();                  /////////触发自定义事件ClickIn
    }
    COleControl::OnLButtonDown(nFlags, point);
}
```

通过以上的操作步骤，就完成了 ActiveX 控件 ActiveXDemo 自定义事件 ClickIn 的添加、编译、连接程序工作，从而生成了一个新的 ActiveXDemo 控件。运行 ActiveX Control Test Container 进行测试，如果在控件上的椭圆内单击，会发现在下面打印出自定义的 ClickIn 消息，具体如图 14-14 所示。

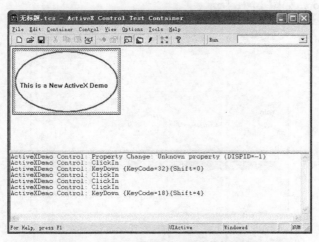

图 14-14 ActiveXDemo 控件 ClickIn 事件的测试响应效果

## 14.2.4 添加属性

和事件一样，利用 MFC 创建的 ActiveX 控件也存在两种属性，一种是系统库存的属性，如背景色、字体等；另一种是用户自定义的属性。本节将详细讲解为 ActiveX 控件添加属性的方法。

1. Stock 属性

添加 Stock 属性的过程比较简单，接下来结合一个具体实例来说明如何为 ActiveX 控件添加 Stock 属性的方法。

| 实例 099 | 为创建的 ActiveX 控件添加属性 ForeColor |
| --- | --- |
| | 源码路径　光盘\daima\part14\6　　　　视频路径　光盘\视频\实例\第 14 章\099 |

本实例的功能是，为实例 095 创建的 ActiveX 控件 ActiveXDemo 添加前景色属性 ForeColor。本实例的具体实现流程如下。

（1）选择 View→ClassWizard 命令，在弹出的 MFC ClassWizard 对话框中选择 Automation 选项卡，如图 14-15 所示。

范例 187：创建可编辑节点的树
形控件
源码路径：光盘\演练范例\187
视频路径：光盘\演练范例\187
范例 188：显示系统的资源列表
源码路径：光盘\演练范例\188
视频路径：光盘\演练范例\188

图 14-15　MFC ClassWizard 对话框

（2）单击 Add Property 按钮，在弹出的 Add Property 对话框的 External name 下拉列表中选择库存属性 ForeColor，如图 14-16 所示。

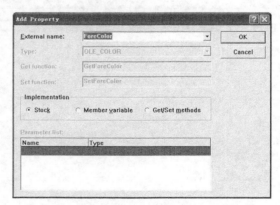

图 14-16　为 ActiveXDemo 控件添加 Dblclick 事件

（3）在 CActiveXDemoCtrl 的.CPP 文件中更改代码，添加相应的属性页，如颜色属性页，具体代码如下。

```
BEGIN_PROPPAGEIDS(CActiveXDemoCtrl, 2)
  PROPPAGEID(CActiveXDemoPropPage::guid)
  PROPPAGEID(CLSID_CColorPropPage)                /////////添加的颜色属性页
END_PROPPAGEIDS(CActiveXDemoCtrl)
```

通过以上的操作步骤就完成了 ActiveX 控件 ActiveXDemo 库存属性 ForeColor 的添加，编译、连接程序后会生成一个新的 ActiveXDemo 控件。运行 ActiveX Control Test Container 进行测试，效果如图 14-17 所示。

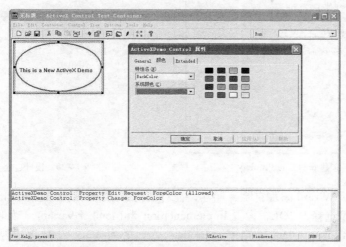

图 14-17 为 ActiveXDemo 控件添加库存属性

**2. Custom 属性**

创建 custom 属性的过程比较复杂，下面我们仍然结合具体实例来说明在 ActiveX 控件中添加 Custom 属性的过程。

**实例 100 为创建的 ActiveX 控件添加属性 ForeColor**

源码路径 光盘\daima\part14\7　　　　视频路径 光盘\视频\实例\第 14 章\100

本实例的功能是，为实例 095 创建的 ActiveX 控件 ActiveXDemo 添加自定义属性。本实例的具体实现流程如下。

（1）创建一个对话框资源(size 250x62 or 250x110 dialog units)或者在建立对话框中选择 insert 然后选择对话框中的 IDD_OLE_PROPPAGE_SMALL 就可以了，如图 14-18 所示，作为用户自定义属性的属性页。

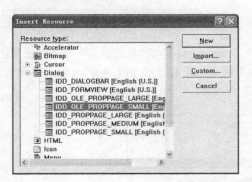

范例 189：在程序中使用月历控件
源码路径：光盘\演练范例\189
视频路径：光盘\演练范例\189
范例 190：设置、获取日期时间信息
源码路径：光盘\演练范例\190
视频路径：光盘\演练范例\190

图 14-18 添加属性页对话框

（2）双击对话框 IDD_OLE_PROPPAGE_SMALL 以 ColePropertyPage，为基类创建一个新类 CMyProperty，如图 14-19 所示。

（3）在对话框 IDD_OLE_PROPPAGE_SMALL 中放置一个 checkbox 控件，设置其标题为 Erase，如图 14-20 所示。

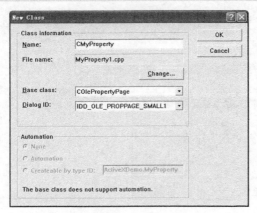

图 14-19　创建新类 CmyProperty

图 14-20　设计自定义属性页

（4）利用 ClassWizard 添加自定义属性，在对话框 Add Property 的 External name 列表中直接输入 erase，类型选择 BOOL，设置 Implementation 为 Member Variable，如图 14-21 所示。

（5）在 ClassWizard 中选择类 CmyProperty，然后为 IDC_CHECK1 控件添加成员变量 m_bErase，设置类型为 BOOL，在 Optional property name 中填写刚才新添加的用户自定义的属性名 Erase，如图 14-22 所示。

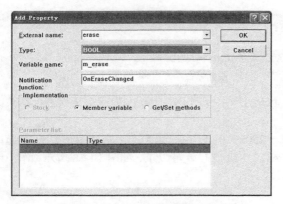

图 14-21　添加自定义属性 erase

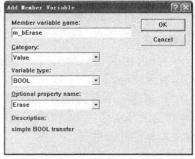

图 14-22　添加成员变量

（6）在资源的 string table 中添加两个 string，一个是新建属性页的标题，另一个是新建属性页的名字，在这里我们设置的值是 IDS_PPG_OPTIONS（options）和 IDS_PPG_OPTIONS_CAPTION（caption）。当然这个可以自行修改，如图 14-23 所示。

图 14-23　添加新建属性页的标题和名字

（7）更改 CMyProperty 的 CPP 文件，具体代码如下。

```
BOOL CMyProperty::CMyPropertyFactory::UpdateRegistry(BOOL bRegister)
{
    if (bRegister)
return AfxOleRegisterPropertyPageClass(AfxGetInstanceHandle()，m_clsid, IDS_PPG_OPTIONS);
    else
        return AfxOleUnregisterClass(m_clsid, NULL);
```

```
}
CMyProperty::CMyProperty() :ColePropertyPage(IDD, IDS_PPG_OPTIONS_CAPTION)
{
  //{{AFX_DATA_INIT(CMyProperty)
  m_bErase = FALSE;
  //}}AFX_DATA_INIT
}
```

（8）修改 CActiveXDemoCtrl 类的 CPP 文件，代码如下。

```
BEGIN_PROPPAGEIDS(CActiveXDemoCtrl, 3)
  PROPPAGEID(CActiveXDemoPropPage::guid)
  PROPPAGEID(CLSID_CColorPropPage)
  PROPPAGEID(CMyProperty::guid)
END_PROPPAGEIDS(CActiveXDemoCtrl)
void CSampleCtrl::DoPropExchange(CPropExchange* pPX)
{
  ExchangeVersion(pPX, MAKELONG(_wVerMinor, _wVerMajor));
  COleControl::DoPropExchange(pPX);
  PX_Bool(pPX, _T("Erase"), FALSE);
}
void CSampleCtrl::OnEraseChanged()
{
  InvalidateControl();
  SetModifiedFlag();
}
void CSampleCtrl::OnDraw(CDC* pdc, const CRect& rcBounds, const CRect& rcInvalid)
{
  pdc->FillRect(rcBounds, CBrush::FromHandle((HBRUSH)GetStockObject(WHITE_BRUSH)));
  CBrush bkBrush(TranslateColor(GetBackColor()));
  pdc->FillRect(rcBounds, &bkBrush)
  if (m_erase)
  {
      pdc->MoveTo(rcBounds.left, (rcBounds.top + rcBounds.bottom) / 2);
      pdc->LineTo(rcBounds.right, (rcBounds.top + rcBounds.bottom) / 2);
  }
  pdc->Ellipse(rcBounds);
}
```

注意：一定要把计数从 2 改为 3 ，并同时添加#include "myproperty.h"。

这样就完成了 ActiveX 控件 ActiveXDemo 自定义属性的添加、编译、连接过程，会生成一个新的 ActiveXDemo 控件。运行 ActiveX Control Test Container 进行测试，执行效果如图 14-24 所示。

图 14-24　自定义属性的添加测试

# 14.3　调用 ActiveX 控件

知识点讲解：光盘\视频\PPT 讲解（知识点）\第 14 章\调用 ActiveX 控件.mp4

在 Visual C++ 6.0 应用中，通常有两种调用 ActiveX 控件的方法，一种是通过一般的应用程序来调用，另一种是通过 Web 页面来调用，如图 14-25 所示。

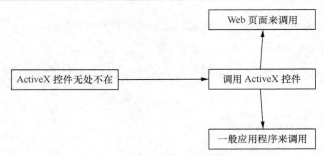

图 14-25 ActiveX 控件的调用方法

## 14.3.1 MFC 应用程序调用 ActiveX 控件

在 MFC 应用程序中，调用 ActiveX 控件的方法非常简单，只要把已注册的 ActiveX 控件加载到开发环境中即可使用。接下来将结合具体的实例说明调用 ActiveX 控件的方法。

| 实例 101 | 在 MFC 应用程序中调用 ActiveX 控件 | |
|---|---|---|
| | 源码路径　光盘\daima\part14\8 | 视频路径　光盘\视频\实例\第 14 章\101 |

本实例的功能是，在对话框应用程序中调用实例 095 创建的 ActiveX 控件 ActiveXDemo。本实例的具体实现流程如下。

（1）注册自定义的 ActiveX 控件 ActiveXDemo。具体方法是在命令行方式下输入"regsvr32 …\ ActiveXDemo.ocx"。

（2）创建一个基于对话框的应用程序 Test，然后在对话框 IDD_TEST_DIALOG 上，右键单击，在弹出菜单中选择 Insert ActiveX Control 命令，弹出 Insert ActiveX Control 对话框，选择 ActiveXDemo Control 选项卡，如图 14-26 所示。

（3）在对话框 IDD_TEST_DIALOG 上添加自定义的 ActiveX 控件 ActiveXDemo。

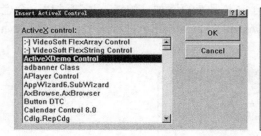

范例 191：使用动画控件播放简单动画
源码路径：光盘\演练范例 191
视频路径：光盘\演练范例 191
范例 192：用 IP 地址控件显示和设置 IP 地址
源码路径：光盘\演练范例\192
视频路径：光盘\演练范例\192

图 14-26 添加 ActiveX 控件 ActiveXDemo

编译运行后的执行效果如图 14-27 所示。

图 14-27 在对话框中使用 ActiveX 控件 ActiveXDemo

### 14.3.2　在 Web 页面调用 ActiveX 控件

ActiveX 控件是可以在任何窗口中使用的交互对象，这区别于一般的 Windows 控件，并且 ActiveX 控件可以嵌入到 Web 页面中。为了使用 ActiveX 控件，最好将开发好的 ActiveX 控件重新注册到 Windows 的系统目录。将文件 ActiveXDemo.ocx 复制到 Windows 系统目录的 System 子目录，启动 ActiveX Control Test Container，选择 File→Register Controls 命令，出现 Register Controls 对话框。然后单击 Register 按钮出现 Open 对话框，选择刚复制到 Windows 系统目录 System 子目录中的文件 ActiveXDemo.ocx，单击 Open 按钮将自动注册 ActiveXDemo 控件。此时在 Registered 对话框中将看到注册成功的 ActiveXDemo.ocx 文件。

| 实例 102 | 在 Web 页面中调用 ActiveX 控件 | |
| --- | --- | --- |
| | 源码路径　光盘\daima\part14\9 | 视频路径　光盘\视频\实例\第 14 章\102 |

本实例的功能是，在网页中调用实例 095 创建的 ActiveX 控件 ActiveXDemo。本实例的具体实现流程如下。

（1）启动 FrontPage Express，选择"插入"→"其他组件"→"ActiveX 控件"命令，在弹出的"ActiveX 控件属性"对话框的"获取控件"下拉列表中选择 ActiveXDemo Control，系统将把 ActiveXDemo 控件插入网页，保存文件。

（2）退出 FrontPage Express，找到保存好的 html 文件，在浏览器中打开具体查看效果，执行效果如图 14-28 所示。

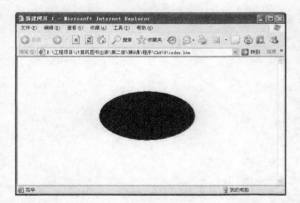

范例 193：使用标签控件创建标签页
源码路径：光盘\演练范例\193
视频路径：光盘\演练范例\193
范例 194：用热键控件为程序设置热键
源码路径：光盘\演练范例\194\
视频路径：光盘\演练范例\194\

图 14-28　执行效果

# 14.4　技 术 解 惑

### 14.4.1　将 ActiveX 控件标记为安全

在默认情况下，通过 MFC ActiveX 控件未标记为脚本安全和初始化安全。在控件运行在 Internet Explorer 中使用的安全级别设置为中或高时，这变得明显。在上述这些模式中，控件的数据是不安全或不可能可安全执行脚本以使用该控件，可能会显示警告。

其中有如下两个控件可用于消除这些错误的方法。

（1）第一个涉及实现 IObjectSafety 接口的控件，对于想要更改其行为并变得"安全"，如果在 Internet 浏览器的上下文中运行的控件很有用。

（2）第二个涉及修改控件的 DllRegisterServer 函数，可在注册表中标记该控件"安全的"。接下来将讲述上述方法中的第 2 个。第 1 种方法，实现 IObjectSafety 接口，它包含在 Internet

客户端 SDK。请记住控件应仅标记为安全，如果是，则事实上安全。

请按照以下步骤将 MFC ActiveX 控件标记为脚本安全和初始化安全。

（1）向项目中添加文件 Cathelp.h 和文件 Cathelp.cpp 来实现 CreateComponentCategory 和 RegisterCLSIDInCategory helper 函数。

文件 Cathelp.h 的实现代码如下。

```cpp
#include "comcat.h"
// Helper function to create a component category and associated
// description
HRESULT CreateComponentCategory(CATID catid, WCHAR* catDescription);
// Helper function to register a CLSID as belonging to a component
// category
HRESULT RegisterCLSIDInCategory(REFCLSID clsid, CATID catid);
```

文件 Cathelp.cpp 的实现代码如下。

```cpp
#include "comcat.h"
  // Helper function to create a component category and associated
  // description
HRESULT CreateComponentCategory(CATID catid, WCHAR* catDescription)
{
        ICatRegister* pcr = NULL ;
        HRESULT hr = S_OK ;
        hr = CoCreateInstance(CLSID_StdComponentCategoriesMgr,
                        NULL,
                        CLSCTX_INPROC_SERVER,
                        IID_ICatRegister,
                        (void**)&pcr);
    if (FAILED(hr))
        return hr;
    // Make sure the HKCR\Component Categories\{..catid...}
    // key is registered
    CATEGORYINFO catinfo;
    catinfo.catid = catid;
    catinfo.lcid = 0x0409 ; // english
    // Make sure the provided description is not too long.
    // Only copy the first 127 characters if it is
    int len = wcslen(catDescription);
    if (len>127)
        len = 127;
    wcsncpy(catinfo.szDescription, catDescription, len);
    // Make sure the description is null terminated
    catinfo.szDescription[len] = '\0';
    hr = pcr->RegisterCategories(1, &catinfo);
    pcr->Release();
    return hr;
}
// Helper function to register a CLSID as belonging to a component
// category
HRESULT RegisterCLSIDInCategory(REFCLSID clsid, CATID catid)
{
    // Register your component categories information.
    ICatRegister* pcr = NULL ;
    HRESULT hr = S_OK ;
    hr = CoCreateInstance(CLSID_StdComponentCategoriesMgr,
                        NULL,
                        CLSCTX_INPROC_SERVER,
                        IID_ICatRegister,
                        (void**)&pcr);
    if (SUCCEEDED(hr))
    {
        // Register this category as being "implemented" by
        // the class.
        CATID rgcatid[1] ;
        rgcatid[0] = catid;
        hr = pcr->RegisterClassImplCategories(clsid, 1, rgcatid);
    }
    if (pcr != NULL)
        pcr->Release();
    return hr;
}
```

（2）修改 DllRegisterServer 标记为安全的控件。在 .cpp 文件在项目中找到 DllRegisterServer 的实现。将需要此 .cpp 文件中添加几个方面，包括实现文件 CreateComponentCategory 和 Register CLSIDInCategory。

```
#include "CatHelp.h"
```

定义与安全组件类别关联的 GUID。

```
const CATID CATID_SafeForScripting     =
{0x7dd95801,0x9882,0x11cf,{0x9f,0xa9,0x00,0xaa,0x00,0x6c,0x42,0xc4}};
const CATID CATID_SafeForInitializing   =
{0x7dd95802,0x9882,0x11cf,{0x9f,0xa9,0x00,0xaa,0x00,0x6c,0x42,0xc4}};
```

定义与我们的控件关联的 GUID。为了简单起见，可以从控件的主 .cpp 文件中的 IMPLEMENT_OLECREATE_EX 借用宏的 GUID，这样会稍微调整格式，具体如下。

```
const GUID CDECL BASED_CODE _ctlid =
{ 0x43bd9e45, 0x328f, 0x11d0,
{ 0xa6, 0xb9, 0x0, 0xaa, 0x0, 0xa7, 0xf, 0xc2 } };
```

如果要初始化脚本，为这两个安全标记控件，按如下方式修改 DllRegisterServer 函数。

```
STDAPI DllRegisterServer(void){
                AFX_MANAGE_STATE(_afxModuleAddrThis);
                if (!AfxOleRegisterTypeLib(AfxGetInstanceHandle(), _tlid))
                    return ResultFromScode(SELFREG_E_TYPELIB);
                if (!COleObjectFactoryEx::UpdateRegistryAll(TRUE))
                    return ResultFromScode(SELFREG_E_CLASS);
                if (FAILED( CreateComponentCategory(
                        CATID_SafeForScripting,
                        L"Controls that are safely scriptable") ))
                    return ResultFromScode(SELFREG_E_CLASS);
                if (FAILED( CreateComponentCategory(
                        CATID_SafeForInitializing,
                        L"Controls safely initializable from persistent data") ))
                    return ResultFromScode(SELFREG_E_CLASS);
                if (FAILED( RegisterCLSIDInCategory(
                        _ctlid, CATID_SafeForScripting) ))
                    return ResultFromScode(SELFREG_E_CLASS);
                if (FAILED( RegisterCLSIDInCategory(
                        _ctlid, CATID_SafeForInitializing) ))
                    return ResultFromScode(SELFREG_E_CLASS);
                return NOERROR;
        }
```

此时有两个不正常情况下应修改 DllUnregisterServer 函数的原因，具体如下。

❏ 不能删除组件，因为其他控件可能正在使用它。

❏ 虽然没有定义一个 UnRegisterCLSIDInCategory 函数，但是在默认情况下，DllUnregisterServer 控件的项从注册表中删除完全。因此，从控件的注册删除类别是几乎没有什么用处。

在编译并注册控件，会在注册表中找到以下项。

```
HKEY_CLASSES_ROOT\Component
Categories\{7DD95801-9882-11CF-9FA9-00AA006C42C4}

HKEY_CLASSES_ROOT\Component
Categories\{7DD95802-9882-11CF-9FA9-00AA006C42C4}

HKEY_CLASSES_ROOT\CLSID\{"your controls GUID"}\Implemented
Categories\{7DD95801-9882-11CF-9FA9-00AA006C42C4}

HKEY_CLASSES_ROOT\CLSID\{"your controls GUID"}\Implemented
Categories\{7DD95802-9882-11CF-9FA9-00AA006C42C4}
```

## 14.4.2 ActiveX 控件的自注册问题

初学者通常会遇到这种情形：用 MFC 写了一个 ActiveX 控件，想要挂到网页上，把写完的控件加 .inf 文件做成 .cab 包，并挂到网站上，这时会遇到以下问题。

（1）用自己写的控件，打包并浏览网页时，可以提示安装控件，但安装完成后还是一个红叉。

（2）用网上写的一个控件，不用自己编写的，当打包后浏览网页时提示安装，可以正常使用。

这样看来，问题出现在自己编写的控件上。我的控件是用 VS2008 建的 MFC ACTIVEX 工程写的，发布时是静态连接 MFC 库的。这是为什么呢？

其实这个问题很简单，ActiveX 插件要实现安全接口，这样安装才不会失败；另外，想要别人下载你的插件，必须有数字签名。网上的所有方法都行不通，这个必须找微软来认证，或者让用户降低浏览器的安全级别。

# 第 15 章

# 数据库技术

数据库是人们进行数据存储、共享和处理的有效工具，是大型应用程序必不可少的组成部分。本章将对各种数据库编程技术进行详细介绍，并详细讲解开发 Visual C++ 6.0 数据库项目的基本知识。

| 本章内容 | 技术解惑 |
|---|---|
| ▶▶ Windows 数据库解决方案 | 数据库与 MFC 的连接问题 |
| ▶▶ ADO 访问技术 | 滚动记录的方法 |
| ▶▶ ODBC 访问技术 | 数据模型、概念模型和关系数据模型 |

# 15.1 Windows 数据库解决方案

知识点讲解：光盘\视频\PPT 讲解（知识点）\第 15 章\Windows 数据库解决方案.mp4

数据库应用程序开发是当今计算机软件应用和开发领域最热门的分支之一，在设计数据库项目时，首先应根据项目大小情况和适应程度选择合适的数据库平台。本节将详细介绍常见的数据库管理系统软件。

## 15.1.1 常见的数据库管理系统

在现实应用中，大部分的数据库管理系统都是关系型数据库，经常用到的关系型数据库管理系统主要包括 Access、SQL Server、Oracle。

1. Access 数据库

作为 Microsoft 的 Office 套件产品之一，Access 已经成为世界上最流行的桌面数据库管理系统。与其他关系型数据库一样，Access 数据库主要运行在"后端"，执行数据存储、管理任务。但是，除此之外，用户还可以通过使用 Microsoft Office Access 创建"前端"或一种对用户友好的、颇受欢迎的数据访问方式。

Access 数据库功能比较单一，需要的内存和磁盘资源也比较少，主要应用于桌面应用程序的数据库解决方案；不提供数据发布、分布式事务处理等操作，不适用于大型的企业级应用。

Access 数据库由如下 7 种对象组成。

- 表。数据库中的数据主要存储在"表"中。
- 查询。"查询"用来帮助用户检索基于某些条件的特定数据。
- 窗体。"窗体"用来帮助用户创建用于输入、修改和操纵数据的用户界面。
- 报表。"报表"以某种格式显示一个或多个表中的数据，数据可以直接从表中提取，也可以是字段经过某些计算的结果，报表还提供良好的打印效果。
- 宏。用来计算、在应用程序中导航及打印报表等操作。
- 模块。和宏一样，用来进行计算，在应用程序中导航及打印报表等操作。
- 页。以 Web 页面的形式提供给浏览器查看数据库中的数据。

2. SQL Server 数据库

SQL Server 数据库管理系统，是微软公司推出的大型数据库服务器软件。作为一个完备的数据库管理系统和数据分析包，SQL Server 为快速开发新一代企业级应用程序提供了方便，其主要特点如下。

- 完全的 Web 支持。SQL Server 提供了以 Web 标准为基础的数据库扩展功能。
- 高度的可伸缩性和可靠性。通过向上伸缩和向外扩展，SQL Server 能满足电子商务和企业级应用程序的要求。
- 集成和可扩展的分析服务。利用 SQL Server 可以建立带有集成工具的端到端的分析解决方案，还可以根据分析结果自动驱动商业过程及从最复杂的计算灵活地检索自定义结果集，快速开发、调试和数据转换。
- 简化的管理和调节。使用 SQL Server 可以方便地管理企业数据库，可以在保持联机的同时轻松地在计算机间或实例间移动和复制数据库。

3. Oracle 数据库

Oracle 以稳定并适合作为大型应用的数据库平台而著称，是目前最流行的客户/服务器体系结构的数据库之一，为用户提供了更多的软件架构选择。但是，Oracle 的可操作性等都不是太强，不适合中小型的应用软件系统。如果没有必要，建议一般不要选择 Oracle 作为应用数据库平台。Oracle 数据库的主要特点如下所示。

❑ 自 ORACLE7.X 以来引入了共享 SQL 和多线程服务器体系结构，减少了 ORACLE 的资源占用，并增强了 ORACLE 的能力，使之在低档软硬件平台上用较少的资源就可以支持更多的用户，而在高档平台上可以支持成百上千个用户。

❑ 提供了基于角色（ROLE）分工的安全保密管理。在数据库管理功能、完整性检查、安全性、一致性方面都有良好的表现。

❑ 支持大量多媒体数据，如二进制图形、声音、动画以及多维数据结构等。

❑ 提供了与第三代高级语言的接口软件 PRO*系列，能在 C,C++等主语言中嵌入 SQL 语句及过程化(PL/SQL)语句，对数据库中的数据进行操纵。加上它有许多优秀的前台开发工具如 POWER BUILD、SQL*FORMS 等，可以快速开发生成基于客户端 PC 平台的应用程序，并具有良好的移植性。

❑ 提供了新的分布式数据库能力。可通过网络较方便地读写远端数据库里的数据，并有对称复制的技术。

### 15.1.2 常见的数据库访问接口

接口起到了一个中间桥梁的作用，在数据库中存放了我们需要的数据，编写的程序需要用数据库的数据，怎么样用程序调用数据库数据呢？得通过访问接口来实现。数据库管理系统是一个非常复杂的软件，编写程序通过某种数据库专用接口与其通信是非常复杂的工作，为此，产生了数据库的客户访问技术，即数据库访问技术。数据库访问技术将数据库外部与其通信的过程抽象化，通过提供的访问接口，简化了客户端访问数据库的过程。

目前供应商提供的数据库访问接口分专用和通用两种，具体说明如下。

（1）专用数据库接口。具有很大的局限性，可伸缩性也比较差。

（2）通用的数据库接口。提供了与不同的、异构的数据库系统通信的统一接口，采用这种数据库接口可以通过编写一段代码实现对多种类型数据库的复杂操作。

在目前 Windows 系列操作系统中，常见的数据库接口如下。

❑ ODBC（开放数据库互连）。

❑ DAO（数据访问对象）。

❑ RDO（远程数据对象）。

❑ OLE DB（对象连接嵌入数据库）。

❑ ADO（ActiveX 数据对象）。

1. ODBC

ODBC(Open Database Connectivity，开放数据库互连)是微软公司开放服务结构（Windows Open Services Architecture，WOSA）中有关数据库的一个组成部分，它建立了一组规范，并提供了一组对数据库访问的标准 API（应用程序编程接口），为编写关系数据库的客户软件提供了统一的接口。

ODBC 只提供单一的 API，可用于处理不同数据库的客户应用程序。使用 ODBC API 的应用程序可以与任何具有 ODBC 驱动程序的关系数据库进行通信，逐渐成为关系数据库接口的标准。由此可见，ODBC 的最大优点是能以统一的方式处理所有的数据库。

但 ODBC 仅限于关系数据库，很难使用 ODBC 与非关系数据源，如对象数据库、网络目录服务、电子邮件存储等，进行通信。

ODBC 提供了 ODBC 驱动程序管理器（ODBC32.DLL）、一个输入库（ODBC32.LIB）和 ODBC API 函数说明的头文件。客户应用程序与输入库连接，以使用 ODBC 驱动程序管理器提供的函数。在运行时，ODBC 驱动程序管理器调用 ODBC 驱动程序中的函数，实现对数据库的操作，ODBC API 的体系结构如图 15-1 所示。

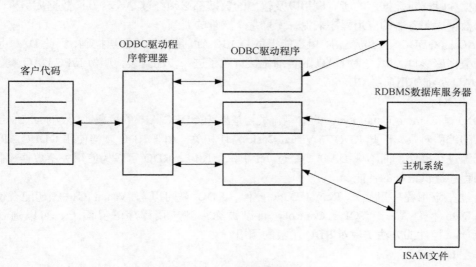

图 15-1  ODBC 体系结构

此外，MFC 提供了一些类，对 ODBC 进行了封装，以简化 ODBC API 的调用，这些 MFC ODBC 类使 ODBC 编程的复杂性大大降低，因此，MFC ODBC 类属于高级数据库接口。

2. DAO

DAO，即 Data Access Object 的缩写，是一组 Microsoft Access/Jet 数据库引擎的 COM 自动化接口。DAO 直接与 Access/Jet 数据库通信，通过 Jet 数据库引擎，DAO 也可以同其他数据库进行通信，如图 15-2 所示。

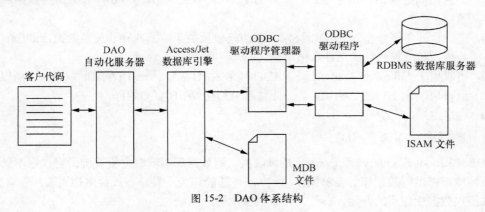

图 15-2  DAO 体系结构

DAO 的基于 COM 的自动化接口提供了比基于函数的 API 更多的功能，DAO 提供了一种数据库编程的对象模型。DAO 的对象模型比一般的 API 更适合于面向对象的程序开发，将一组不关联的 API 函数集成到一个面向对象的应用程序里，一般要求开发人员必须编写自己的一组类来封装这些 API 函数。除了提供一组函数外，DAO 还提供了连接数据库并对数据库进行操作的对象，这些 DAO 对象很容易集成到面向对象应用程序的源代码里。

此外，DAO 还封装了 Access 数据库的结构单元，如表、查询、索引等，这样，通过 DAO，可以直接修改 Access 数据库的结构，而不必使用 SQL 的数据定义语言（DDL）的语句。

DAO 提供了一种非常有用的数据库编程的对象模型，但是从图 15-2 可以看出，操作涉及许多层的软件。DAO 也提供了访问 Oracle、SQL Server 等大型数据库，当我们利用 DAO 访问这些数据库时，对数据库的所有调用以及输出的数据都必须经过 Access/Jet 数据库引擎，这对于使用数据库服务器的应用程序来说，无疑是个严重的瓶颈。

DAO 比 ODBC 更容易使用，但不能提供 ODBC API 所提供的低层控制，因此 DAO 也属于高层的数据库接口。MFC 对 DAO 的自动化接口做了进一步的封装，叫做 MFC DAO 类。这些 MFC DAO 类都使用前缀 CDao。

3. RDO

RDO 是 Remote Data Object 的缩写，最初是作为 ODBC API 的抽象，为 Visual Basic 程序员提供的编程对象，因此 RDO 与 Visual Basic 密切相关。由于 RDO 直接使用 ODBC API 对远程数据源进行操作，而不像 DAO 要经过 Jet 引擎，所以，RDO 可以为使用关系数据库服务器的应用程序提供很好的性能。

通过在应用程序里插入 RemoteData 控件，RDO 就可以与 Visual C++一起配合使用。RemoteData 控件是一个 OLE Control，可以被约束到应用程序的界面上，可以通过使用 RemoteData 控件的方法实现对 RDO 函数的调用。

4. ADO

ADO 是目前在 Windows 环境中比较流行的客户端数据库编程技术，是建立在 OLE DB 底层技术之上的高级编程接口，具有强大的数据处理功能（可以处理各种不同类型的数据源、分布式的数据处理等）和极其简单、易用的编程接口。用 ADO 访问数据源的特点如下。

- 易于使用。ADO 是高层应用，相对于 OLE DB 或者 ODBC 来说，具有面向对象的特性。同时，在 ADO 的对象结构中，其对象之间的层次关系并不明显。相对于 DAO 等访问技术来讲，用户不必关心对象的构造顺序和构造层次。对于要用的对象，不必先建立连接、会话等对象，只需直接构造即可，方便了应用程序的编制。
- 高速访问数据源。由于 ADO 技术基于 OLE DB，继承了 OLE DB 访问数据库的高速性。
- 可以访问不同数据源。ADO 技术可以访问包括关系数据库和非关系数据库的所有文件系统，具有很强的灵活性和通用性。
- 可以用于 Microsoft ActiveX 页。ADO 技术可以以 ActiveX 控件的形式出现，所以，可以被用于 Microsoft ActiveX 页，此特征可简化 WEB 页的编程。
- 程序占用内存少。

### 15.1.3　数据库操作语言 SQL

SQL（Structured Query Language）是目前关系型数据库领域中主流查询语言，它不仅能够在单机环境下提供对数据库的各种操作访问，而且还能作为一种分布式数据库语言用于客户机/服务器模式数据库应用的开发，广泛应用于数据库管理系统。

SQL 是一种数据库编程语言，SQL 语句由命令、从句、运算符和合计函数构成，这些元素组合起来形成语句，用于创建、更新和操作数据库。一个 SQL 语句查询至少包括以下 3 个元素。

- 一个动词。如 SELECT，它决定了操作的类型。
- 一个宾语。可以是一个或多个字段，或者是一个或多个表对象由它指定操作的目标。
- 一个介词短语。是数据库的某个对象，如一个表或一个视图，由它来决定操作的对象。

一个 SQL 语句被传送给一个基于 SQL 的查询引擎，产生查询结果集，结果集以行和列的形式给出。

1. SQL 命令

主要包括以下几种 SQL 命令。

❏ SELECT 命令。用于在数据库中查找满足特定条件的记录，形成特定的查询结果集。

❏ CREATE 命令。用于创建数据库的特定对象，如表、索引、视图。

❏ DROP 命令。用于删除数据库中的特定对象。

❏ ALTER 命令。用于调整数据库对象的结构。

❏ INSERT 命令。用于在数据库中向特定表添加一行记录。

❏ DELETE 命令。用于删除数据库中表的某些记录。

❏ UPDATE 命令。用于修改数据库中表的某些记录。

2. SQL 从句

SQL 使用从句来指定查询条件，主要包括如下几种 SQL 从句类型。

❏ FROM 从句。用于指定从其中选定记录的表的名称。

❏ WHERE 从句。用于指定所选定记录必须满足的条件。

❏ GROUP BY 从句。用于指定查询结果集按照特定的列分成不同的组。

❏ HAVING 从句。用于说明每个组需要满足的条件，一般同 GROUP BY 从句一起使用。

❏ ORDER BY 从句。用于指定查询结果集按照特定的列排序。

3. SQL 运算符

SQL 使用的运算符主要有两类，分别是逻辑运算符和比较运算符，具体说明如下。

（1）逻辑运算符。逻辑运算符通常出现在 WHERE 从句里，用于组合查询的条件。在 SQL 语句中，有如下 3 种经常出现的逻辑运算符。

❏ AND。对条件表达式进行"与"操作。

❏ OR。对条件表达式进行"或"操作。

❏ NOT。对条件表达式进行"非"操作。

（2）比较运算符。比较运算符用于比较两个表达式的值，从而得到一个条件表达式，下面是常用的 SQL 比较运算符。

❏ <。表示小于。

❏ >。表示大于。

❏ <=。表示不大于。

❏ >=。表示不小于。

❏ =。表示等于。

❏ BETWEEN。表示指定值的范围。

❏ LIKE。表示用于模糊查询。

❏ IN。表示用于指定数据库中的记录。

4. SQL 合计函数

使用合计函数可以对一组数据进行各种不同的统计，能够返回用于一组记录的单一值。合计函数能从许多不同行中搜索数据，并将它们汇总为一个最终结果。常用的 SQL 合计函数如下。

❏ Avg。获得特定列中数据的平均值。

❏ Count。获得特定的行的计数。

❏ Sum。获得特定行集合里特定列的数据总和。

❏ Max。获得特定列的最大值。

❏ Min。获得特定列的最小值。

# 15.2　ADO 访问技术

知识点讲解：光盘\视频\PPT 讲解（知识点）\第 15 章\ADO 访问技术.mp4

ADO 技术是一个用于存取数据源的 COM 组件，提供了编程语言和统一数据访问方式 OLE DB 的一个中间层。允许开发人员编写访问数据的代码而不用关心数据库是如何实现的，而只用关心数据库的连接。在访问数据库的时候，关于 SQL 的知识不是必要的，但是特定数据库支持的 SQL 命令仍可以通过 ADO 中的命令对象来执行。本节将详细讲解 ADO 访问技术的基本知识。

## 15.2.1　ADO 数据库访问模型

ADO 数据库访问模型如图 15-3 所示，包括如下关键对象。

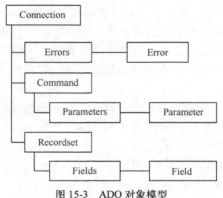

图 15-3　ADO 对象模型

1. Connection 对象

Connection 对象代表了与数据源的一个会话，在客户/服务器模型下，这个会话相当于同服务器的一次网络连接。数据库应用程序操作数据源必须通过该对象，可以说这是数据交换的环境。不同的数据提供者提供的该对象的集合、方法和属性也有所不同。

用 Connection 对象的集合、方法和属性，可以使用 Open 和 Close 方法建立和释放一个数据源连接。使用 Execute 方法可以执行一个数据库操作命令，使用 BeginTrans、CommitTrans 和 RollbackTrans 方法可以启动、提交和回滚一个处理事务。通过操作 Errors 集合可以获取和处理错误信息，操作 CommandTimeout 属性可以设置连接的溢出时间，操作 ConnectionString 属性可以设置连接的字符串，操作 Mode 属性可以设置连接的模式，操作 Provider 属性可以指定 OLE DB 提供者。

2. Command 对象

Command 对象是一个对数据源执行命令的定义，使用该对象可以查询数据库并返回一个 Recordset 对象，还可以执行一个批量的数据操作，操作数据库的结构。不同的数据提供者提供的该对象的集合、方法和属性不同。

借助于 Command 对象的集合、方法和属性，可以使用 Parameters 集合制定命令的参数，可以使用 Execute 方法执行一个查询并将查询结果返回到一个 Recordset 对象里，操作 CommandText 属性可以为该对象指定一个命令的文本，操作 CommandType 属性可以指定命令的类型，操作 Prepared 可以得知数据提供者是否准备好命令的执行，操作 CommandTimeout 属性可以设置命令执行的溢出时间。

3. Parameter 对象

Parameter 对象在 Command 对象中用于指定参数化查询或者存储过程的参数。大多数数据提供者支持参数化命令，这些命令往往是已经定义好了的，只是在执行过程中调整参数的内容。

借助于 Parameter 对象的集合、方法和属性，可以通过设置 Name 属性指定参数的名称，通过设置 Value 属性可以指定参数的值，通过设置 Attributes 和 Direction、Precision、NumericScale、Size 与 Type 属性可以指定参数的信息，通过执行 AppendChunk 方法可以将数据传递到参数里。

4. Recordset 对象

如果执行的命令是一个查询并返回存放在表中的结果集，这些结果集将被保存在本地的存储区里，Recordset 对象就是执行这种存储的 ADO 对象。通过 Recordset 对象可以操纵来自数据提供者的数据，包括修改和更新行、插入和删除行。

借助于 Recordset 对象的集合、方法和属性，可以通过设置 CursorType 属性设置记录集的光标类型，通过设置 CursorLocation 属性可以指定光标位置，通过读取 BOF 和 EOF 属性的值，获知当前光标在记录集里的位置是在最前或者最后，通过执行 MoveFirst、MoveLast、MoveNext 和 MovePrevious 方法移动记录集里的光标，通过执行 Update 方法可以更新数据修改，通过执行 AddNew 方法可以执行行插入操作，通过执行 Delete 方法可以删除行。

在 ADO 中定义了表 15-1 所示的光标类型。

**表 15-1** ADO 的光标类型

| 光 标 类 型 | 描　　述 |
| --- | --- |
| adOpenDynamic | 允许添加、修改和删除记录，支持所有方式的光标移动，其他用户的修改可以在联机以后仍然可见 |
| adOpenKeyset | 类似于 adOpenDynamic 光标，它支持所有类型的光标移动，但是建立连接以后其他用户对记录的添加不可见，其他用户对记录的删除和对数据的修改是可见的。支持书签操作 |
| adOpenStatic | 支持各种方式的光标移动，但是建立连接以后其他用户的行添加、行删除和数据修改都不可见，支持书签操作 |
| adOpenForwardOnly | 只允许向前存取，而且在建立连接以后，其他用户的行添加、行删除和数据修改都不可见，支持书签操作 |

在 ADO 中还定义了表 15-2 所示的锁定类型。

**表 15-2** ADO 的锁定类型

| 锁 定 类 型 | 描　　述 |
| --- | --- |
| adLockReadOnly | （缺省）数据只读 |
| adLockPessimistic | 锁定操作的所有行，也称为消极锁定 |
| adLockOptimistic | 只在调用 Update 方法时锁定操作的行，也称为积极锁定 |
| adLockBatchOptimistic | 在批量更新时使用该锁定，也称为积极批量锁定 |

在 ADO 中还定义了表 15-3 所示的光标服务位置。

**表 15-3** ADO 的光标服务位置

| 光标服务位置 | 描　　述 |
| --- | --- |
| adUseNone | 不使用光标服务位置 |
| adUseClient | 使用客户端光标 |
| adUseServer | （缺省）使用数据服务端或者驱动提供端光标 |

**5. Field 对象**

Recordset 对象的一个行由一个或者多个 Field 对象组成，如果把一个 Recordset 对象看成一个二维网格表，那么 Field 对象就是这些列。这些列里保存了列的名称、数据类型和值，这些值是来自数据源的真正数据。为了修改数据源里的数据，必须首先修改 Recordset 对象各个行里 Field 对象里的值，最后 Recordset 对象将这些修改提交到数据源。

借助于 Field 对象的集合、方法和属性，可以通过读取 Name 属性，获知列的名称。通过操作 Value 属性可以改变列的值，通过读取 Type、Precision 和 NumericScale 属性，可获知列的数据类型、精度和小数位的个数，通过执行 AppendChunk 和 GetChunk 方法可以操作列的值。

**6. Error 对象**

Error 对象包含了 ADO 数据操作时发生错误的详细描述，ADO 的任何对象都可以产生一个或者多个数据提供者错误。当发生错误时，这些错误对象被添加到 Connection 对象的 Errors 集合里。当另外一个 ADO 对象产生一个错误时，会清除 Errors 集合里的 Error 对象，新的 Error 对象将被添加到 Errors 集合里。

借助于 Error 对象的集合、方法和属性，可以通过读取 Number 和 Description 属性，获得 ADO 错误号码和对错误的描述，通过读取 Source 属性得知错误发生的源。

**7. Property 对象**

Property 对象代表了一个由提供者定义的 ADO 对象的动态特征。ADO 对象有两种类型的 Property 对象：内置的和动态的。内置的 Property 对象是指那些在 ADO 里实现的在对象创建时立即可见的属性，可以通过域作用符直接操作这些属性。动态的 Property 对象是指由数据提供者定义的底层的属性，这些属性出现在 ADO 对象的 Properties 集合里，例如，如果一个 Recordset 对象支持事务和更新，这些属性将作为 Property 对象出现在 Recordset 对象的 Properties 集合里。动态属性必须通过集合进行引用，比如使用下面的语法格式：

```
MyObject.Properties(0)
```

或者：

```
MyObject.Properties("Name")
```

不能删除任何类型的属性对象。借助于 Property 对象的集合、方法和属性，可以通过读取 Name 属性获得属性的名称，通过读取 Type 属性获取属性的数据类型，通过读取 Value 属性获取属性的值。

每个 Connection、Command、Recordset 和 Field 对象都有一个 Properties 集合。

## 15.2.2　ADO 数据库访问步骤

在通常情况下，使用 ADO 数据库访问接口访问、操作数据库的基本步骤如下。

（1）创建一个 Connection 对象。定义用于连接的字符串信息，包括数据源名称、用户 ID、口令、连接超时、缺省数据库及光标的位置。一个 Connection 对象代表了同数据源的一次会话。可以通过 Connection 对象控制事务，即执行 BeginTrans、CommitTrans 和 RollbackTrans 方法。

（2）打开数据源，建立同数据源的连接。

（3）执行一个 SQL 命令。一旦连接成功，就可以运行查询了。可以以异步方式运行查询，也可以异步处理查询结果，ADO 会通知提供者后台提供数据。这样可以让应用程序继续处理其他事情而不必等待。

（4）使用结果集。完成了查询以后，结果集就可以被应用程序使用了。在不同的光标类型下，可以在客户端或者服务器端浏览和修改行数据。

（5）终止连接。当完成了所有数据操作后，可以销毁这个同数据源的连接。

详细的访问步骤，我们将通过具体实例的练习来说明。

### 15.2.3 使用 ADO 访问 Access 数据库

数据库编程是一个复杂完整的工作，下面我们通过一个比较完整的程序的实现过程，来详细说明各种数据库操作的编程实现。

1．创建数据源

本程序以学生基本信息管理为中心，全面说明利用 ADO 访问 Access 数据库的基本操作。首先，我们需要创建 Aceess 数据库，用来作为后面程序访问的数据源。

**实例 103　创建一个 Access 数据库**

源码路径　光盘\daima\part15\1　　　　视频路径　光盘\视频\实例\第 15 章\103

本实例的功能是创建一个 Access 数据库 AcessDBDemo.mdb 来保存学生基本信息，具体实现流程如下。

（1）打开 Access 数据库应用程序，并创建一个 Access 数据库 AccessDBDemo。

（2）按照表 15-4 所述的表结构信息，创建一个学生信息表 Student。

表 15-4　　学生信息表结构

| 字　段　名 | 数 据 类 型 | 具 体 含 义 |
|---|---|---|
| StudentID | 文本 | 学号 |
| Name | 文本 | 姓名 |
| Age | 数字 | 年龄 |
| Sex | 文本 | 性别 |
| Major | 文本 | 专业 |

范例 195：使用 MFC ODBC 连接数据源
源码路径：光盘\演练范例\195
视频路径：光盘\演练范例\195
范例 196：查看、编辑数据源表的数据
源码路径：光盘\演练范例\196
视频路径：光盘\演练范例\196

（3）向创建的学生信息表中填写部分试验数据，如图 15-4 所示。

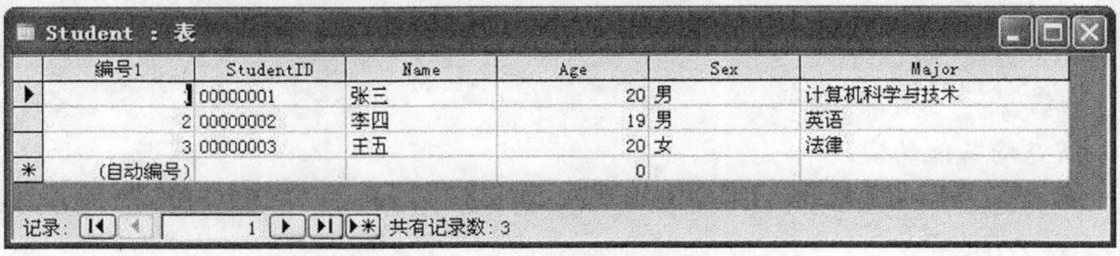
Student ：表

| 编号1 | StudentID | Name | Age | Sex | Major |
|---|---|---|---|---|---|
| 1 | 00000001 | 张三 | 20 | 男 | 计算机科学与技术 |
| 2 | 00000002 | 李四 | 19 | 男 | 英语 |
| 3 | 00000003 | 王五 | 20 | 女 | 法律 |
| (自动编号) | | | 0 | | |

记录：1 共有记录数：3

图 15-4　学生信息表

2．搭建数据库应用程序基本框架

虽然利用 ADO 访问数据比较灵活、自由，但是需要完成一些基础性的操作，如 ADO 库文件的导入、OLE/COM 库环境的初始化等，才能进行数据库的访问、操作管理等。

**实例 104　创建基于 ADO 的数据库访问程序基本框架**

源码路径　光盘\daima\part15\2　　　　视频路径　光盘\视频\实例\第 15 章\104

本实例的具体实现流程如下。

（1）创建一个基于对话框的应用程序 ADOAccessDemo。

（2）在对话框上添加 4 个按钮，分别为“查询”“修改”“增加”和“删除”，添加 5 个文本框，分别用来保存“编号”“姓名”“年龄”“性别”和“专业”信息，如图 15-5 所示。

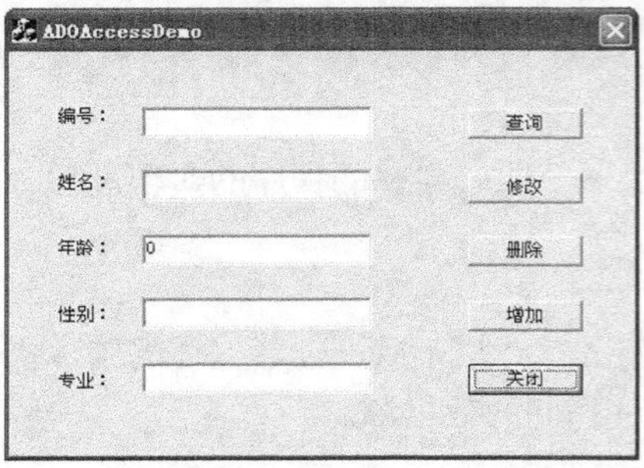

范例 197：向数据库表中添加、删除记录

源码路径：光盘\演练范例\197

视频路径：光盘\演练范例\197

范例 198：用 Visual C++程序设置 ODBC

数据源

源码路径：光盘\演练范例\198

视频路径：光盘\演练范例\198

图 15-5  数据库应用程序主界面

（3）在 StdAfx.h 文件中添加以下语句，引入 ADO 库文件。

```
#import "c:\Program Files\Common Files\System\ado\msado15.dll" no_namespace rename("EOF","rsEOF")
```

（4）在 ADOAccessDemo.cpp 文件中添加以下代码，初始化 OLE/COM 库环境。

```
BOOL CADOAccessDemoApp::InitInstance()
{
    ………………………..
    if(!AfxOleInit())                        //////////这就是初始化COM库
    {
        AfxMessageBox("OLE初始化出错!");
        return FALSE;
    }
    ………………………………
}
```

（5）在 CADOAccessDemoDlg 类添加一个成员函数 GetConnStr()，用来获取数据库连接字符串，具体代码如下。

```
CString CADOAccessDemoDlg::GetConnStr() //把数据库连接字符串写成一个函数
{
    char path[ MAX_PATH ] = { '\0' };
    CString strSRC="Provider=Microsoft.Jet.OLEDB.4.0;Data Source=";
    GetCurrentDirectory( MAX_PATH, path );
    CString pathstr;
    pathstr.Format("%s",path);
    strSRC +=pathstr;
    strSRC += "\\AcessDBDemo.mdb";
    strSRC +=";Persist Security Info=False";
    return strSRC;
}
```

3．数据查询功能的实现

数据查询是最基本的数据库操作，读者必须熟练掌握，下面还是通过具体实例说明查询功能的基本实现方法。

**实例 105　实现数据库的查询功能**

源码路径　光盘\daima\part15\3　　　　　视频路径　光盘\视频\实例\第 15 章\105

本实例的具体实现流程如下。

（1）双击"查询"按钮，添加如下代码，实现数据的查询功能。

```
void CADOAccessDemoDlg::OnButton1()
{
    // TODO: Add your control notification handler code here
    UpdateData(TRUE);
    m_strName="";
    m_strMajor="";
    m_strSex="";
    m_iAge=20;
    UpdateData(FALSE);
    if(m_strID=="")
    {
        MessageBox("输入ID不能为空！");
        return;
```

```
}
//定义记录集对象
_RecordsetPtr pRs;
if (FAILED(pRs.CreateInstance("ADODB.Recordset")))
{
    AfxMessageBox("Create Instance failed!");
    return;
}

/////////////////数据库连接字符串
CString strSRC=GetConnStr();
CString strSQL;

/////////////////数据查询语句
strSQL.Format("select * from Student where StudentID=\'%s\'",m_strID);
if   (FAILED(pRs->Open((_variant_t)strSQL,(_variant_t)strSRC,adOpenStatic,adLockOptimistic,adCmdText)))
{
    AfxMessageBox("Can not open Database!");
    pRs.Release();
    return;
}

///////显示查询结果
while(!pRs->rsEOF)
{
    _variant_t varName;
    varName = pRs->GetCollect ("Name");
    m_strName=(char *)_bstr_t(varName);
    varName = pRs->GetCollect ("Sex");
    m_strSex=(char *)_bstr_t(varName);
    varName = pRs->GetCollect ("Major");
    m_strMajor=(char *)_bstr_t(varName);
    varName = pRs->GetCollect ("Age");
    m_iAge=atoi((char *)_bstr_t(varName));
    pRs->MoveNext();
}
UpdateData(FALSE);
pRs.Release();
}
```

> 范例 199：用 ODBC 直接读写 Excel 文件数据
> 源码路径：光盘\演练范例\199
> 视频路径：光盘\演练范例\199
> 范例 200：使用 ADO 接口连接数据库
> 源码路径：光盘\演练范例\200
> 视频路径：光盘\演练范例\200

（2）编译运行后的效果如图 15-6 所示。

图 15-6　数据库查询结果

### 4. 数据记录修改功能的实现

数据记录修改也是最基本的数据库操作，读者必须熟练掌握，下面我们还是通过具体实例说明其基本实现方法。

| 实例 106 | 演示数据库数据的修改功能 | |
|---|---|---|
| | 源码路径　光盘\daima\part15\4 | 视频路径　光盘\视频\实例\第 15 章\106 |

本实例的功能是双击"修改"按钮后实现数据记录的修改，具体实现代码如下。

```
void CADOAccessDemoDlg::OnButton2()
{
    // TODO: Add your control notification handler code here
```

```
UpdateData(TRUE);
if(m_strID=="" || m_strName=="")
{
        MessageBox("编号和姓名两者都不能为空! ");
        return;
}
_RecordsetPtr pRs;
if (FAILED(pRs.CreateInstance("ADODB.Recordset")))
{
        AfxMessageBox("Create Instance failed!");
        return;
}
CString strSRC=GetConnStr();
CString strSQL;

//////////////////首先获取要修改的数据记录
strSQL.Format("select * from Student where StudentID=\'%s\'",m_strID);
if (FAILED(pRs->Open((_variant_t)strSQL,(_variant_t)strSRC,adOpenStatic,adLockOptimistic,adCmdText)))
{
        AfxMessageBox("Can not open Database!");
        pRs.Release();
        return;
}

//////////////////进行数据记录修改操作
pRs->PutCollect("Name",(_variant_t)m_strName);
pRs->PutCollect("Sex",(_variant_t)m_strSex);
pRs->PutCollect("Major",(_variant_t)m_strMajor);
pRs->PutCollect("StudentID",(_variant_t)m_strID);
pRs->PutCollect("Age",(_variant_t)m_iAge);
pRs->Update();
pRs.Release();
```

> 范例 201：在数据库中创建表并添加记录
> 源码路径：光盘\演练范例\201
> 视频路径：光盘\演练范例\201
> 范例 202：在数据库中遍历、修改和删除记录
> 源码路径：光盘\演练范例\202
> 视频路径：光盘\演练范例\202

运行后的效果如图 15-7 所示。

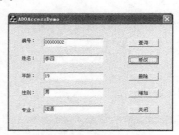

图 15-7　修改数据记录

对上述代码的具体说明如下。

（1）_variant_t。_variant_t 不是 MFC 直接支持的数据类型，而要用_variant_t(XX)可以把大多数类型的变量转换成适合的类型传入，例如：

```
_variant_t -> long:         (long)var;
_variant_t -> CString:      CString strValue = (LPCSTR)_bstr_t(var);
CString -> _variant_t:      _variant_t(strSql);
```

（2）关于时间。

Access：表示时间的字符串#2004-4-5#。

Sql：表示时间的字符串"2004-4-5"。

（3）数据记录添加功能的实现。数据记录添加也是最基本的数据库操作，读者必须熟练掌握。

（4）数据记录删除功能的实现。数据记录删除也是最基本的数据库操作，读者必须熟练掌握，下面我们还是通过具体实例说明其基本实现方法。

| 实例 107 | 向已经存在的数据库添加数据 | |
|---|---|---|
| 源码路径　光盘\daima\part15\5 | | 视频路径　光盘\视频\实例\第 15 章\107 |

双击"增加"按钮，添加如下代码，实现数据记录的添加功能。

```
void CADOAccessDemoDlg::OnButton4()
{
    /////获取输入的新数据
    UpdateData(TRUE);
    if(m_strID=="" || m_strName=="")
    {
        MessageBox("编号和姓名两者都不能为空！");
        return;
    }

    //////首先查询是否该学号已经被注册
    _RecordsetPtr pRs;
    if (FAILED(pRs.CreateInstance("ADODB.Recordset")))
    {
        AfxMessageBox("Create Instance failed!");
        return;
    }
    CString strSRC=GetConnStr();
    CString strSQL;
    strSQL.Format("select * from Student where StudentID=\'%s\'",m_strID);
    if (FAILED(pRs->Open((_variant_t)strSQL, (_variant_t)strSRC, adOpenStatic, adLockOptimistic, adCmdText)))
    {
        AfxMessageBox("Can not open Database!");
        pRs.Release();
        return;
    }
    if (pRs->GetRecordCount()>0)
    {
        MessageBox("该学号已经被注册，请重新输入！");
        return;
    }

    ////////////////开始添加数据记录
    pRs->AddNew();
    pRs->PutCollect("Name",(_variant_t)m_strName);
    pRs->PutCollect("Sex",(_variant_t)m_strSex);
    pRs->PutCollect("Major",(_variant_t)m_strMajor);
    pRs->PutCollect("StudentID",(_variant_t)m_strID);
    pRs->PutCollect("Age",(_variant_t)m_iAge);
    /////更新数据记录
    pRs->Update();
    pRs.Release();
}
```

范例 203：实现遍历、修改、删除、添加
源码路径：光盘\演练范例\203
视频路径：光盘\演练范例\203
范例 204：使用 ADO 直接操作 Access 数据库
源码路径：光盘\演练范例\204
视频路径：光盘\演练范例\204

（2）运行后的效果如图 15-8 所示。

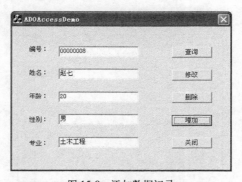

图 15-8 添加数据记录

**实例 108** 实现数据记录的删除功能
源码路径　光盘\daima\part15\6　　视频路径　光盘\视频\实例\第 15 章\108

双击"删除"按钮，添加如下实现代码。

```
void CADOAccessDemoDlg::OnButton3()
{
    // TODO: Add your control notification handler code here
    UpdateData(TRUE);
    if(m_strID=="")
    {
        MessageBox("编号不能为空！");
        return;
    }
    _RecordsetPtr pRs;
    if (FAILED(pRs.CreateInstance("ADODB.Recordset")))
    {
        AfxMessageBox("Create Instance failed!");
        return;
    }
    CString strSRC=GetConnStr();
    CString strSQL;
    strSQL.Format("select * from Student where StudentID=\'%s\'",m_strID);

    /////////////////获取要删除的数据记录
    if (FAILED(pRs->Open((_variant_t)strSQL,(_variant_t)strSRC,adOpenStatic,adLockOptimistic,adCmdText)))
    {
        AfxMessageBox("Can not open Database!");
        pRs.Release();
        return;
    }
    //////如果没有相应记录
    if (pRs->GetRecordCount()<0)
    {
        MessageBox("没有相关记录！");
        return;
    }
    /////////////删除相应的数据记录
    pRs->Delete(adAffectCurrent);
    /////更新数据记录集
    pRs->Update();
    //////更新对话框显示信息
    m_strID="";
    m_strName="";
    m_strMajor="";
    m_strSex="";
    m_iAge=20;
    UpdateData(FALSE);
    pRs.Release();
}
```

> 范例 205：用 ADO 向数据库添加
> BLOB 数据
> 源码路径：光盘\演练范例\205
> 视频路径：光盘\演练范例\205
> 范例 206：用 ADO 从数据库中读出
> BLOB 数据
> 源码路径：光盘\演练范例\206
> 视频路径：光盘\演练范例\206

编译运行后的效果如图 15-9 所示。

图 15-9　删除数据记录

# 15.3　ODBC 访问技术

知识点讲解：光盘\视频\PPT 讲解（知识点）\第 15 章\ODBC 访问技术.mp4

ODBC 是为客户应用程序访问关系数据库时提供的一个标准的接口。对于不同的数据，ODBC 提供了统一的 API，使应用程序可以通过 API 来访问任何提供了 ODBC 驱动程序的数据库。而且，ODBC 已经成为一种标准，所以，目前几乎所有的关系数据库都提供了 ODBC 驱动程序，这使 ODBC 的应用十分广泛，基本上可用于所有的关系数据库。在本节的内容中，将详细讲解 ODBC 访问技术的基本知识。

## 15.3.1 MFC ODBC 数据库访问类

### 1. ODBC 的基本思想与体系结构

ODBC（Open Database Connectivity）是由微软公司提出的一个用于访问数据库的统一界面标准，随着客户机/服务器体系结构在各行业领域广泛应用，多种数据库之间的互连访问成为一个突出的问题，而 ODBC 成为目前一个强有力的解决方案。ODBC 之所以能够操作众多的数据库，是由于当前绝大部分数据库全部或部分地遵从关系数据库概念，ODBC 看待这些数据库时正是着眼了这些共同点。虽然支持众多的数据库，但这并不意味 ODBC 会变得复杂，ODBC 是基于结构化查询语言（SQL），使用 SQL 可大大简化其应用程序设计接口(API)，由于 ODBC 思想上的先进性，而且没有同类标准或产品与之竞争，因而越来越受到众多厂家和用户的青睐。目前，ODBC 已经成为客户机/服务器系统中的一个重要支持技术。

ODBC 基本思想是提供独立程序来提取数据信息，并具有向应用程序输入数据的方法。由于有许多可行的通信方法、数据协议和 DBMS 能力，所以 ODBC 方案可以通过定义标准接口来允许使用不同技术，这种方案导致了数据库驱动程序的新概念－动态连接库(DDL)。应用程序可按请求启动动态连接库，通过特定通信方法访问特定数据源，同时 ODBC 提供了标准接口，允许应用程序编写者和库提供者在应用程序和数据源之间交换数据。

为了保证标准性和开放性，ODBC 的结构分为 4 层，分别是应用程序（Application）、驱动程序管理器（Driver Manager）、驱动程序（Driver）、数据源（Data Source）。驱动程序管理器与驱动程序对于应用程序来说都表现为一个单元，它处理 ODBC 函数调用。

（1）应用程序。应用程序本身不直接与数据库打交道，主要负责处理并调用 ODBC 函数，发送对数据库的 SQL 请求及取得结果。

（2）驱动程序管理器。驱动程序管理器是一个带有输入程序的动态连接库（DLL），主要目的是加载驱动程序，处理 ODBC 调用的初始化调用，提供 ODBC 调用的参数有效性和序列有效性。

（3）驱动程序。驱动程序是一个完成 ODBC 函数调用并与数据之间相互影响的 DLL，当应用程序调用。

（4）数据源。包括用户想访问的数据以及与其相关的操作系统、DBMS 和用于访问 DBMS 的网络平台。ODBC 接口的优势之一为互操作性，程序设计员可以在不指定特定数据源情况下创建 ODBC 应用程序。从应用程序角度方面，为了使每个驱动程序和数据源都支持相同的 ODBC 函数调用和 SQL 语句集，ODBC 接口定义了一致性级别，即 ODBC API 一致性和 ODBC SQL 语法一致性。一致性级别通过建立标准功能集来帮助应用程序和驱动程序的开发者，应用程序可以很容易地确定驱动程序是否提供了所需的功能，驱动程序可被开发以支持应用程序选项，而不用考虑每个应用程序的特定请求。

| 实例 109 | 演示如何创建数据源 | |
|---|---|---|
| | 源码路径　光盘\daima\part15\7 | 视频路径　光盘\视频\实例\第 15 章\109 |

本实例的具体实现流程如下。

（1）利用 Access 2003 创建一个学生信息数据库 AcessDBDemo.mdb.

（2）打开 ODBC 数据源管理器，如果使用的是 Windows 98 操作系统，需要在控制面板里双击"数据源（ODBC）"图标，打开 ODBC 数据源管理器；如果使用的是 Windows 2000（家族）操作系统，需要在控制面板里双击"管理工具"图标，然后在管理工具里双击"数据源（ODBC）"图标，打开 ODBC 数据源管理器，如图 15-10 所示。

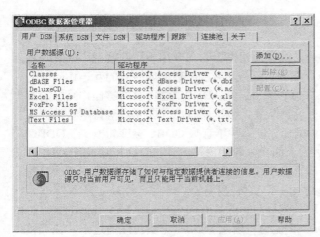

范例 207：用 SQL 语句进行基本的条件查询
源码路径：光盘\演练范例\207
视频路径：光盘\演练范例\207
范例 208：用 SQL 语句进行时间条件检索
源码路径：光盘\演练范例\208
视频路径：光盘\演练范例\208

图 15-10　ODBC 数据源管理器

（3）创建 ODBCDemo 数据源，在数据源管理器里单击"添加"按钮，弹出"创建新数据源"对话框，开始创建 ODBCDemo1 数据源，如图 15-11 所示。首先选择数据源驱动程序，在列表里，选择 Microsoft Access Driver(*.mdb)项。

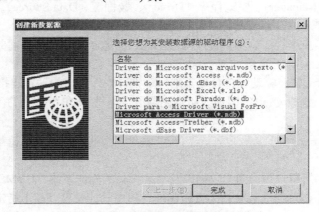

图 15-11　为要创建的新数据源选择驱动程序

（4）配置创建的新数据源，在"创建新数据源"对话框里单击"完成"按钮，弹出"ODBC Microsoft Access 安装"对话框，在对话框里配置创建的新数据源。如图 15-12 所示，输入数据源名称"ODBCDemo1"，在说明编辑区里输入"Data source for ODBC API programming"，单击"选择"按钮，选择要关联的 Microsoft Access 数据库（*.mdb），在本例里，我们选择 Databases目录下的 book.mdb 文件，保持其他设置不变。

（5）确认并创建新数据源，在"ODBC Microsoft Access 安装"对话框里单击"确定"按钮，完成 ODBCDemo1 数据源的创建，并返回 ODBC 数据源管理器，数据源管理器显示了刚才创建的 ODBCDemo1 数据源，如图 15-13 所示。

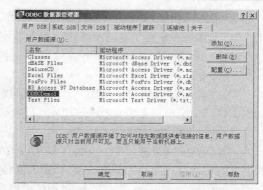

图 15-12 "ODBC Microsoft Access 安装"对话框　　图 15-13 创建了 ODBCDemo1 数据源的 ODBC 数据源管理器

（6）单击"确定"按钮，完成数据源的创建工作。

2. MFC 的 ODBC 数据访问类

由于直接使用 ODBC API 要编制大量的代码，在 Visual C++ 6.0 中提供了 MFC ODBC 类，封装了 ODBC API，这使得利用 MFC 来创建 ODBC 的应用程序非常简便。

（1）CDatabase 类。CDatabase 类用于建立应用程序同数据源的连接。CDatabase 类包含一个 m_hdbc 变量，它代表了数据源的连接句柄。CDatabase 类提供了对数据库进行操作的函数，为了执行事务操作，CDatabase 类提供了 BeginTrans 函数，当全部数据都处理完成后，可以通过调用 CommitTrans 函数提交事务，或者在特殊情况下通过调用 Rollback 函数将处理回退。如果要建立 CDatabase 类的实例，应先调用该类的构造函数，再调用 Open 函数，通过调用，初始化环境变量，并执行与数据源的连接。关闭数据源连接的函数是 Close。

CDatabase 类提供的函数可以用于返回数据源的特定信息，例如，通过 GetConnect 函数返回在使用函数 Open 连接数据源时的连接字符串，通过调用 IsOpen 函数返回当前的 CDatabase 实例是否已经连接到数据源上，通过调用 CanUpdate 函数返回当前的 CDatabase 实例是否是可更新的，通过调用 CanTransact 函数返回当前的 CDatabase 实例是否支持事务操作，等等。

总之，CDatabase 类为 C++数据库开发人员提供了 ODBC 的面向对象的编程接口。

（2）CRecordSet 类。要实现对记录集的数据操作，就要用到 CRecordSet 类。CRecordSet 类定义了从数据库接收或者发送数据到数据库的成员变量，CRecordSet 类定义的记录集可以是表的所有列，也可以是其中的一列，这是由 SQL 语句决定的。

CRecordSet 的记录集通过 CDatabase 实例的指针实现同数据源的连接，即 CRecordSet 的成员变量 m_pDatabase。

但在应用程序中，不应直接使用 CRecordSet 类，而必须从 CRecordSet 类产生一个导出类，并添加相应于数据库表中字段的成员变量。随后，重载 CRecordset 类的成员函数 DoFieldExchange，该函数通过使用 RFX 函数完成数据库字段与记录集域数据成员变量的数据交换，RFX 函数同对话框数据交换（DDX）机制相类似，负责完成数据库与成员变量间的数据交换。

有多种方法可以打开记录集，最常用的方法是使用函数 Open 执行一个 SQL SELECT 语句。有如下 4 种类型的记录集。

❑ CRecordset::dynaset。动态记录集，支持双向游标，并保持同所连接的数据源同步，对数据的更新操作可以通过一个 fetch 操作获取。

❑ CRecordset::snapshot。静态快照，一旦形成记录集，此后数据源的所有改变都不能体现在记录集里，应用程序必须重新进行查询，才能获取对数据的更新。该类型记录集也支持双向游标。

❑ CRecordset::dynamic。同 CRecordset::dynaset 记录集相比，CRecordset::dynamic 记录还能在 fetch 操作里同步其他用户对数据的重新排序。

❑ CRecordset::forwardOnly。除了不支持逆向游标外，其他特征同 CRecordset::snapshot 相同。

（3）CRecordView 类。提供了一个表单视图与某个记录集直接相连，利用对话框数据交换机制(DDX)在记录集与表单视图的控件之间传输数据。该类支持对记录的浏览和更新，在撤销时会自动关闭与之相联系的记录集。

（4）CFieldExchange 类。支持记录字段数据交换（DFX），即记录集字段数据成员与相应的数据库的表的字段之间的数据交换。该类的功能与 CDataExchange 类的对话框数据交换功能类似。

（5）CDBException 类。代表 ODBC 类产生的异常。CDatabase 针对某个数据库，它负责连接数据源；CRecordset 针对数据源中的记录集，它负责对记录的操作；CRecordView 负责界面，而 CFieldExchange 负责 CRecordset 与数据源的数据交换。

## 15.3.2　MFC ODBC 数据库访问技术

同 ODBC API 编程类似，MFC 的 ODBC 编程也要先建立同 ODBC 数据源的连接，这个过程由一个 CDatabase 对象的函数 Open 实现。然后将 CDatabase 对象的指针将被传递到 CRecordSet 对象的构造函数里，使 CRecordSet 对象与当前建立起来的数据源连接结合起来。

完成数据源连接工作之后，大量的数据库编程操作将集中在记录集的操作上。在 CRecordSet 类中提供了丰富的成员函数，可以让开发人员轻松地完成基本的数据库应用程序开发任务。当完成了所有的操作之后，在应用程序退出运行状态的时需要关闭所有的记录集，并关闭所有同数据源的连接。

1. 数据库连接

在 CRecordSet 类中定义了一个成员变量 mm_pDatabase：

```
CDatabase *mm_pDatabase;
```

这是一个指向对象数据库类的指针。如果在 CRecordSet 类对象调用 Open()函数之前，将一个已经打开的 CDatabase 类对象指针传给 m_pDatabase，就能共享相同的 CDatabase 类对象。见下面的代码。

```
CDatabase m_db;
CRecordSet m_set1,m_set2;
m_db.Open(_T("Super_ES"));        /////建立ODBC连接
m_set1.m_pDatabase=&m_db;         /////m_set1复用m_db对象
m_set2.m_pDatabse=&m_db;          /////m_set2 复用m_db对象
```

或者：

```
Cdatabase db;
db.Open("Database");              //建立ODBC连接
CrecordSet m_set(&db);            //构造记录集对象,使数据库指向db
```

2. 查询记录

查询记录使用 CRecordSet::Open()和 CRecordSet::Requery()成员函数。在使用 CRecordSet 类对象之前，必须使用 函数 CRecordSet::Open()来获得有效的记录集。一旦已经使用过函数 CRecordSet::Open()，再次查询时就可以应用函数 CRecordSet::Requery()。在调用函数 CRecordSet::Open()时，如果已经将一个已经打开的 CDatabase 对象指针传给 CRecordSet 类对象的 m_pDatabase 成员变量，则使用该数据库对象建立 ODBC 连接；否则如果 m_pDatabase 为空指针，就新建一个 CDatabase 类对象并使其与缺省的数据源相连，然后进行 CRecordSet 类对象的初始化工作。缺省数据源由 GetDefaultConnect()函数获得。用户也可以提供自己所需要的 SQL 语句，并以它来调用 CRecordSet::Open()函数。例如：

```
m_Set.Open(AFX_DATABASE_USE_DEFAULT,strSQL)
```

如果没有指定参数，程序则使用缺省的 SQL 语句，即对在 GetDefaultSQL()函数中指定的

SQL 语句进行操作。

```
CString CTestRecordSet::GetDefaultSQL()
{return _T("[BasicData],[MainSize]");}
```

对于函数 GetDefaultSQL()返回的表名，对应的缺省操作是 SELECT 语句，即：

```
SELECT * FROM BasicData,MainSize
```

查询过程中也可以利用 CRecordSet 的成员变量 m_strFilter 和 m_strSort 来执行条件查询和结果排序。m_strFilter 为过滤字符串，存放着 SQL 语句中 WHERE 后的条件串；m_strSort 为排序字符串，存放着 SQL 语句中 ORDERBY 后的字符串，例如：

```
m_Set.m_strFilter="TYPE='电动机'";
m_Set.m_strSort="VOLTAGE";
m_Set.Requery();
```

对应的 SQL 语句如下。

```
SELECT * FROM BasicData,MainSize
WHERE TYPE='电动机'
ORDER BY VOLTAGE
```

除了直接赋值给 m_strFilter 以外，还可以使用参数化。利用参数化可以更直观、更方便地完成条件查询任务。使用参数化的步骤如下。

（1）声明参变量。

```
Cstring p1;
Float p2;
```

（2）在构造函数中初始化参变量。

```
p1=_T("");
p2=0.0f;
m_nParams=2;
```

（3）将参变量与对应列绑定。

```
pFX->SetFieldType(CFieldExchange::param)
pFX_Text(pFX,_T("P1"),p1);
pFX_Single(pFX,_T("P2"),p2);
```

完成以上步骤之后，就可以利用参变量进行条件查询了，例如：

```
m_pSet->m_strFilter="TYPE=?ANDVOLTAGE=?";
m_pSet->p1="电动机";
m_pSet->p2=60.0;
m_pSet->Requery();
```

参变量的值按绑定的顺序替换查询字串中的"?"适配符。如果查询的结果是多条记录的话，可以用 CRecordSet 类的函数 Move()、MoveNext()、MovePrev()、MoveFirst()和 MoveLast()来移动光标。

3．增加记录

增加记录功能需要用到函数 AddNew()，在此要求数据库必须是以允许增加的方式打开，例如：

```
m_pSet->AddNew();                              //在表的末尾增加新记录
m_pSet->SetFieldNull(&(m_pSet->m_type),FALSE);
m_pSet->m_type="电视";
...                                            //输入新的字段值
m_pSet->Update();                              //将新记录存入数据库
m_pSet->Requery();                             //重建记录集
```

4．删除记录

在删除记录时，可以直接使用 Delete()函数，并且在调用 Delete()函数之后不需调用 Update()函数，例如：

```
m_pSet->Delete();
if(!m_pSet->IsEOF())
        m_pSet->MoveNext();
else
        m_pSet->MoveLast();
```

5．修改记录

修改记录功能需要使用 Edit()函数实现，例如：

```
m_pSet->Edit();                              //修改当前记录
m_pSet->m_type="电视";                        //修改当前记录字段值
...
m_pSet->Update();                            //将修改结果存入数据库
m_pSet->Requery();
```

6. 统计记录

统计记录用来统计记录集的总数。可以先声明一个 CRecordset 对象 m_pSet。再绑定一个变量 m_lCount，用来统计记录总数。执行如下语句。

```
m_pSet->Open("Select Count(*) from 表名 where 限定条件");
RecordCount=m_pSet->m_lCount;
m_pSet->Close();
```

RecordCount 即为要统计的记录数，或者用如下代码实现。

```
CRecordset m_Set(&db);                       //db 为CDatabase对象
CString strValue;
m_Set.Open(Select count(*) from 表名 where 限定条件");
m_pSet.GetFieldValue((int)0,strValue);
long count=atol(strValue);
m_set.Close();
count为记录总数
```

7. 执行 SQL 语句

虽然通过 CRecordSet 类可以完成大多数的查询操作，而且在函数 CRecordSet::Open()中也可以提供 SQL 语句，但是有的时候还想进行一些其他操作，如建立新表、删除表、建立新的字段等，这时就需要使用到 CDatabase 类的直接执行 SQL 语句的机制。通过调用函数 CDatabase::ExecuteSQL()来完成 SQL 语句的直接执行，见下面的代码。

```
BOOL CDB::ExecuteSQLAndReportFailure(const CString& strSQL)
{
TRY
    {
            m_pdb->ExecuteSQL(strSQL);           //直接执行SQL语句
    }
    CATCH (CDBException,e)
    {
            CString strMsg;
            strMsg.LoadString(IDS_EXECUTE_SQL_FAILED);
            strMsg+=strSQL;
            return FALSE;
    }
    END_CATCH
    retrn TRUE;
}
```

| 实例 110 | 实现数据库的查询、添加、修改和删除操作 |
|---|---|
| | 源码路径　光盘\daima\part15\8　　　视频路径　光盘\视频\实例\第 15 章\110 |

本实例的功能是，利用 MFC 的 ODBC 类访问 Access 数据库，并实现基本的查询、添加、修改、删除操作。本实例的具体实现流程如下。

（1）创建基于对话框的应用程序 ODBCDemo，在对话框 IDD_ODBCDEMO_DIALOG 上添加学生信息列表和"添加""删除""修改""刷新"按钮，如图 15-14 所示。

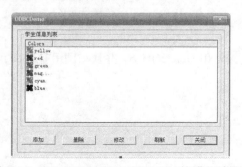

图 15-14　IDD_ODBCDEMO_DIALOG 对话框设计界面

（2）在资源视图中，设计"添加学生信息"对话框，如图 15-15 所示；"修改学生信息"对话框如图 15-16 所示。

图 15-15 "添加学生信息"对话框　　　　　　　　图 15-16 "修改学生信息"对话框

（3）添加 CRecordset 类的派生类 CStudentRecord 负责与数据库记录的关联，首先通过 New Class 对话框添加新类 CStudentRecord，并设置其基类为 CRecordset，如图 15-17 所示。

（4）单击 OK 按钮，弹出 Database Options 对话框，选择 ODBC 数据源 ODBCDEMO1，数据集类型为 Dynaset 如图 15-18 所示。

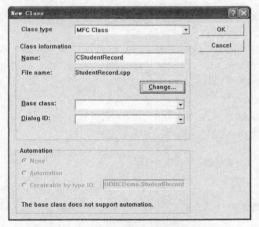

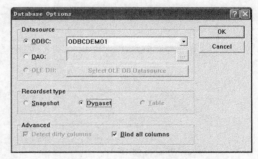

图 15-17 创建新类 CstudentRecord　　　　　　　图 15-18 选择数据源

（5）单击 OK 按钮，弹出 Select Database Tabales 对话框，选择 Student 表，如图 15-19 所示。

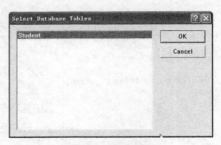

图 15-19 选择数据表

最终生成由 CRecordset 派生而来的 CStudentRecord 类，在这个类中包含 6 个成员变量对应于 Student 表中的 4 个字段，具体代码如下。

```
long            m___1;
CString         m_StudentID;
```

```
CString          m_Name;
int              m_Age;
CString          m_Sex;
CString          m_Major;
```

在 CStudentRecord::DoFieldExchange 成员函数中可以看到 MFC ODBC 是如何实现变量与记录字段之间的关联，具体代码如下。

```
void CStudentRecord::DoFieldExchange(CFieldExchange* pFX)
{
    //{{AFX_FIELD_MAP(CStudentRecord)
    pFX->SetFieldType(CFieldExchange::outputColumn);
    RFX_Long(pFX, _T("[编号1]"), m___1);
    RFX_Text(pFX, _T("[StudentID]"), m_StudentID);
    RFX_Text(pFX, _T("[Name]"), m_Name);
    RFX_Int(pFX, _T("[Age]"), m_Age);
    RFX_Text(pFX, _T("[Sex]"), m_Sex);
    RFX_Text(pFX, _T("[Major]"), m_Major);
    //}}AFX_FIELD_MAP
}
```

（6）在对话框类 CODBCDemoDlg 的函数 OnInitDialog 中添加以下代码片段，实现在学生信息列表中显示学生表中的有关学生信息。

```
///////初始化界面所需要的列表框
m_CtrlStudentInfo.InsertColumn(0,"学号",LVCFMT_CENTER,80);
m_CtrlStudentInfo.InsertColumn(1,"姓名",LVCFMT_CENTER,80);
m_CtrlStudentInfo.InsertColumn(2,"年龄",LVCFMT_CENTER,80);
m_CtrlStudentInfo.InsertColumn(3,"性别",LVCFMT_CENTER,80);
m_CtrlStudentInfo.InsertColumn(4,"专业",LVCFMT_CENTER,120);

////////修改列表框样式，使用户可以直接选择某一整行
m_CtrlStudentInfo.ModifyStyle(0,LVS_REPORT|LVS_SHOWSELALWAYS|LVS_SINGLESEL);
m_CtrlStudentInfo.SetExtendedStyle(LVS_EX_FULLROWSELECT|LVS_EX_GRIDLINES);

////////在对话框初始化时，将数据库中已经存在的学生信息导入
try
{
    if (record.IsOpen())              //////如果这个数据表已经被打开，则首先关闭
    {
        record.Close();
    }
    record.Open();                    //////不设置任何情况，打开数据表，取得数据记录
    record.MoveFirst();
    int TempRecordPos=0;

    ////////判断数据集指针是否已经达到最后，如果不是则将当前的这条记录数据添加到界面的对话框
    while (!record.IsEOF())
    {
        int nItem=m_CtrlStudentInfo.InsertItem(TempRecordPos,record.m_StudentID);
        ////添加学生姓名
        m_CtrlStudentInfo.SetItemText(nItem,1,record.m_Name);
        CString str="";
        str.Format("%d",record.m_Age);
        /////添加学生年龄
        m_CtrlStudentInfo.SetItemText(nItem,2,str);
        /////添加学生性别
        m_CtrlStudentInfo.SetItemText(nItem,3,record.m_Sex);
        /////添加学生专业
        m_CtrlStudentInfo.SetItemText(nItem,4,record.m_Major);
        TempRecordPos++;
        /////移动到下一条记录
        record.MoveNext();
    }
    //////关闭记录集
    record.Close();
}
/////错误处理
catch (CException* e)
{
    record.Close();
}
```

> 范例 209：用 SQL 语句对数据库进行通用操作
> 源码路径：光盘\演练范例\209
> 视频路径：光盘\演练范例\209
> 范例 210：用 Word 生成、打印数据库报表数据
> 源码路径：光盘\演练范例\210
> 视频路径：光盘\演练范例\210

（7）双击"添加"按钮，添加如下代码，实现学生信息记录的添加。

```
void CODBCDemoDlg::OnButton1()
{
    // TODO: Add your control notification handler code here
    CAddStudentInfoDlg        TempAddStudentInfoDlg;
    if (TempAddStudentInfoDlg.DoModal()==IDOK)
    {
        try
        {
            if (record.IsOpen())                /////如果这个数据表已经被打开，则首先关闭
            {
                record.Close();
            }
            record.Open();                      /////不设置任何情况，打开数据表，取得数据记录
            /////添加记录
            record.AddNew();
            /////设置学生编号
            record.m_StudentID=TempAddStudentInfoDlg.m_strStudentID;
            /////设置学生姓名
            record.m_Name=TempAddStudentInfoDlg.m_strStudentName;
            /////设置学生年龄
            record.m_Age=TempAddStudentInfoDlg.m_iStudentAge;
            /////设置学生性别
            record.m_Sex=TempAddStudentInfoDlg.m_strStudentSex;
            /////设置学生专业
            record.m_Major=TempAddStudentInfoDlg.m_strStudentMajor;
            //////更新记录
            record.Update();
        }
        //////错误处理
        catch (CException* e)
        {
            MessageBox("数据添加失败！");
        }
    }
    UpdateStudentsInfoList();                    /////////更新学生信息列表的内容
}
```

其中，函数 UpdateStudentsInfoList 的功能是实现学生信息列表的内容更新，具体实现代码如下。

```
void CODBCDemoDlg::UpdateStudentsInfoList()
{
    //////首先删除现有的项目内容
    m_CtrlStudentInfo.DeleteAllItems();
    try
    {
        if (record.IsOpen())                /////如果这个数据表已经被打开，则首先关闭
        {
            record.Close();
        }
        record.Open();                      /////不设置任何情况，打开数据表，取得数据记录
        //////移动到记录集的第一条记录
        record.MoveFirst();
        int TempRecordPos=0;
        ////////判断数据集指针是否已经达到最后，如果不是则将当前的这条记录数据添加到界面的对话框中
        while (!record.IsEOF())
        {
            ////////设置列表中的学生编号信息
            int nItem=m_CtrlStudentInfo.InsertItem(TempRecordPos,record.m_StudentID);
            /////设置学生姓名信息
            m_CtrlStudentInfo.SetItemText(nItem,1,record.m_Name);
            CString str="";
            /////设置年龄信息
            str.Format("%d",record.m_Age);
            m_CtrlStudentInfo.SetItemText(nItem,2,str);
            /////设置性别信息
            m_CtrlStudentInfo.SetItemText(nItem,3,record.m_Sex);
            /////设置专业信息
            m_CtrlStudentInfo.SetItemText(nItem,4,record.m_Major);
            /////移动到列表框的下一行
            TempRecordPos++;
            /////移动到记录集的下一条记录
```

```
                record.MoveNext();
            }
        /////关闭记录集
        record.Close();
        }
    //////错误处理
    catch (CException* e)
    {
        record.Close();
    }
}
```

（8）双击"删除"按钮，添加如下代码，实现学生信息记录的删除。

```
void CODBCDemoDlg::OnButton2()
{
    // TODO: Add your control notification handler code here
    //////选择要删除的学生记录
    int nCurSel = this->m_CtrlStudentInfo.GetNextItem(-1,LVNI_SELECTED) ;
    if(nCurSel == -1 )
    {
        this->MessageBox ("未选择学生信息记录！" ) ;
        return ;
    }
    try
    {
        if (record.IsOpen())              //////如果这个数据表已经被打开，则首先关闭
        {
            record.Close();
        }
        record.Open();                    //////不设置任何情况，打开数据表，取得数据记录
        record.SetAbsolutePosition(nCurSel+1);
        //////删除记录
        record.Delete();
    }
    catch (CException* e)
    {
        MessageBox("数据删除失败！");
    }
    UpdateStudentsInfoList();
}
```

（9）双击"修改"按钮，添加如下代码，实现学生信息记录的修改。

```
void CODBCDemoDlg::OnButton3()
{
    // TODO: Add your control notification handler code here
    //////选择要修改的学生记录
    int nCurSel = this->m_CtrlStudentInfo.GetNextItem(-1,LVNI_SELECTED) ;
    if(nCurSel == -1 )
    {
        this->MessageBox ("未选择学生信息记录！" ) ;
        return ;
    }
    try
    {
        if (record.IsOpen())              //////如果这个数据表已经被打开，则应先关闭
        {
            record.Close();
        }
        record.Open();                    //////不设置任何情况，打开数据表，取得数据记录
        CUpdateStudentInfoDlg              TempUpdateStudentInfoDlg;
        record.SetAbsolutePosition(nCurSel+1);
        /////首先在对话框中，显示原有的学生记录信息
        ////读取学生学号
        TempUpdateStudentInfoDlg.m_strStudentID=record.m_StudentID;
        /////读取学生姓名
        TempUpdateStudentInfoDlg.m_strStudentName=record.m_Name;
        /////读取学生年龄
        TempUpdateStudentInfoDlg.m_iStudentAge=record.m_Age;
        /////读取学生性别
        TempUpdateStudentInfoDlg.m_strStudentSex=record.m_Sex;
        /////读取学生专业信息
        TempUpdateStudentInfoDlg.m_strStudentMajor=record.m_Major;

        //////显示修改学生信息的模态对话框
        if (TempUpdateStudentInfoDlg.DoModal()==IDOK)
        {
            //////修改学生记录
            record.Edit();
```

```
/////修改学号
record.m_StudentID=TempUpdateStudentInfoDlg.m_strStudentID;
/////修改姓名
record.m_Name=TempUpdateStudentInfoDlg.m_strStudentName;
/////修改年龄
record.m_Age=TempUpdateStudentInfoDlg.m_iStudentAge;
/////修改性别
record.m_Sex=TempUpdateStudentInfoDlg.m_strStudentSex;
/////修改专业
record.m_Major=TempUpdateStudentInfoDlg.m_strStudentMajor;
/////更新记录
record.Update();
            }
        }
/////错误处理
catch (CException* e)
{
        MessageBox("数据添加失败！");
}
/////更新列表框内容
UpdateStudentsInfoList();
}
```

（10）双击"刷新"按钮，添加如下代码，实现学生信息列表的内容更新。

```
void CODBCDemoDlg::OnButton4()
{
    // TODO: Add your control notification handler code here]
/////更新列表框内容
    UpdateStudentsInfoList();
}
```

编译、连接程序查看执行效果，图 15-20 所示为程序运行主界面，可以在添加界面中添加新学生信息，也可以在修改界面修改原来学生的信息。

图 15-20　程序运行主界面

### 15.3.3　DBGrid 控件的使用

DBGrid 和表格有关吧，在很多编程语言中都有 DBGrid 控件。数据库最基本的单位——表中包含若干条数据记录，而每一条记录又包含有许多的字段，如何能方便、美观地将这些数据记录显示给用户，并能方便\实用地同用户进行交互操作便成为一个程序能否为人接受的重要因素了。Microsoft 的 Access 97/2000 在这方面做的就相当不错，用一个网格式表单容纳了表中所有的数据，显得清晰、简洁。

在利用 Visual C++ 6.0 开发的数据库前台程序中，如果要实现类似的表格，就不得不借助于提供的 ActiveX 控件 DBGrid Control 来实现。下面我们结合一个具体实例讲解 DBGrid 控件的使用，本实例采用 ODBC 接口同 Access 2003 数据源相连，并将数据库中的记录数据通过网格的形式显示给用户，并能完成同 Access 表单类似的添加记录、删除记录等功能。所使用的数据源是前面创建的 ODBCDemo1。

| 实例 111 | 使用 DBGrid 访问并操作 Access 数据库 | |
|---|---|---|
| 源码路径　光盘\daima\part15\9 | | 视频路径　光盘\视频\实例\第 15 章\111 |

本实例的具体实现流程如下。

（1）新建一个单文档应用程序 DBGridDemo，并在工程创建过程时，需要在第二步确认提供了对 ActiveX 控件的支持。需要有后台数据库的支持，并通过"DataSource"按扭选择刚才注册过的 ODBC 数据源。此时编译运行程序，通过工具条上的数据库导航条可以移动数据库的记录指针，说明此时已经同数据库建立了连接，但由于没有控件（编辑框或其他）同数据库的字段相绑定，此时还无法显示数据库中的记录。

（2）插入网格控件 DBGrid Control，方法如下。

❑ 选择 Project→Add to Project→Components and Controls Gallery 命令。

❑ 在部件选择对话框中进入 Registered ActiveX Controls。

❑ 选择 DBGrid Control，单击 Insert 按钮，确认后对类进行配置（可以按默认），不做任何修改单击 OK 按钮，插入完成。

（3）在 Visual C++ 6.0 工作区的 ResourceView 中，可以如同使用标准控件一样将刚添加来的 DBGird 网格控件拖入对话框，并对其属性进行设置。属性的具体设置如表 15-5 所示。

**表 15-5　　　　　　　　DBGird 控件属性信息表**

| 属 性 名 称 | 值 | 说　　明 |
|---|---|---|
| Caption | 学生信息表 | 设定 DBGird 控件的网格标题 |
| AllowAddNew | True | 是否允许添加记录 |
| AllowDelete | True | 是否允许删除记录 |
| AllowUpdate | True | 是否允许更新记录 |
| ColumnHeaders | True | 是否显示每列的标题 |
| DefColWidth | 100 | 设定每列的宽度 |
| RowHeight | 11 | 设定每行高度 |
| DataSource | <Not bound to a DataSource> | 设定绑定的数据源 |
| BackColor | 0x8000000E | 设定网格的背景色 |

再次运行程序，可以看到类似 Access 表格风格的 DBGird 控件以按我们的属性设定显示了出来，但并没有数据库记录的显示，而且我们注意到刚才设定数据源属性 DataSource 时，下拉选项只有 <Not bound to a DataSource> 一项，而并没有我们所希望的 ODBC 数据源"ODBCDemo1"的存在。所以我们还要继续添加一些辅助的控件来完成同数据库源的绑定。

（4）用同插入 DBGird 控件一样的步骤，插入 Microsoft RemoteData Control 控件，同样也要对其属性进行设置，如表 15-6 所示。

**表 15-6　　　　　　　　RemoteData 控件属性信息表**

| 属 性 名 称 | 值 | 说　　明 |
|---|---|---|
| ID | IDC_REMOTEDATACTL1 | 控件 ID |
| Caption | 学生信息管理系统—学生信息表 | 设定导航条的标题 |
| UserName | | 由于没有指定用户及密码，设为空 |
| Password | | 同上 |
| SQL | select * from Student | 待执行的 SQL 结构化查询语言 |

在 RemoteData 控件里用 SQL 语言将 ODBC 数据源的"学生表"打开并选取里面的所有字段，也即显示表里的所有记录信息。

（5）这时再打开 DBGird 控件的 DataSource 属性就会发现下拉条里多了一个"IDC_REMOTEDATACTL1"，正是 RemoteData 的 ID 号。

（6）此次编译运行程序就在网格控件内显示了数据源指定表的所有记录信息，而且可以方便地添加、删除记录以及调整字段尺寸等。具体如图 15-21 所示。

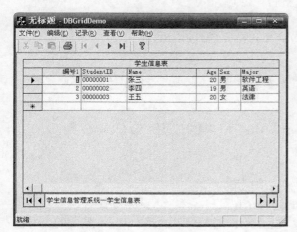

图 15-21 执行效果

范例 211：用 Excel 生成、打印数据库报表
源码路径：光盘\演练范例\211
视频路径：光盘\演练范例\211
范例 212：开发一个药品库存管理系统
源码路径：光盘\演练范例\212
视频路径：光盘\演练范例\212

## 15.4 技 术 解 惑

### 15.4.1 数据库与 MFC 的连接问题

一名初学者曾经向笔者提出一个问题：讲解 ODBC 连接时，在建工程的时候都是选"单个文档"或是"多个文档"，但是选择"基本对话框"后，单击"下一步"按钮就不会出现"数据库查看和使用文件支持"这个选项，是不是选择这个就不能用 ODBC 连接数据库？应该不会，但是，如果选这个如何连接，是不是需要在程序里面添加相应代码？

这个问题很有代表性，其实数据库编程的思路都是一致的，都是打开数据库连接→执行 SQL 语句→获得查询结果→关闭数据库连接，不同的数据库访问技术有不同的要求，比如用 C API 访问 MySql 数据库的时候还得释放查询结果集。

（1）ODBC 访问数据库得配置数据源。配置 ODBC 数据源：打开控制面板下的"数据源"，弹出"ODBC 数据源管理器"，选择 DSN 选项卡→添加→选择 SQL Server 选项，完成。

在代码中用 ODBC 访问数据库你得加上 afxdb.h 头文件，用 CDataBase 类连接数据库、CRecordSet 类查询记录，具体步骤如下。

① 用 CDataBase 类的 OpenEx()函数打开数据库连接。

```
CDataBase m_cODBCDb;
```
② 定义一个与上面数据库相关的查询对象。

```
CRecordSet m_cODBCRec(&m_cODBCDb);
```
③ 用这个查询对象的 open 方法就可以执行 SQL 语句与数据库交互了。

④ 导入 ADO 库。

```
#import "c:\Program Files\Common Files\System\ADO\msado15.dll" no_namespace rename("EOF", "adoEOF")
```
（2）用导入的动态库的指针操作数据库。

① 首先打开数据库连接。

```
_ConnectionPtr m_pConn; // 数据库连接指针
// 创建Conneciton对象
m_pConn.CreateInstance(_T("ADODB.Connection"));
用ConnectionPtr 的open方法m_pConn->Open(_bstr_t(m_sConn),
_T(""), _T(""), lOptions));
```

其中 m_sConn 为我们连接数据库的信息，应该按照我们的要求打开数据库。

② 用打开的那个连接操作数据库，比如：

```
_RecordsetPtr pRec = m_pConn->Execute(_bstr_t(pszSql), NULL, CmdText);
```

其中 pszSql 是要操作数据库的 SQL 语句，在这个 SQL 语句里可以创建表、更新表等。

最后，用 ADO 访问的时候要求初始化 COM 库和释放 COM 对象。

```
// 初始化COM环境（库）
::CoInitialize(NULL);
//释放COM对象
::CoUninitialize();
```

### 15.4.2  滚动记录的方法

CRecordset 提供了几个成员函数用来在记录集中滚动，具体说明如下。

- void MoveNext( )。前进一个记录。
- void MovePrev( )。后退一个记录。
- void MoveFirst( )。滚动到记录集中的第一个记录。
- void MoveLast( )。滚动到记录集中的最后一个记录。
- void SetAbsolutePosition( long nRows )。该函数用于滚动到由参数 nRows 指定的绝对位置处．若 nRows 为负数，则从后往前滚动。例如，当 nRows 为-1 时，函数就滚动到记录集的末尾。注意，该函数不会跳过被删除的记录。
- virtual void Move( long nRows, WORD wFetchType = SQL_FETCH_RELATIVE)。该函数功能强大，通过将 wFetchType 参数指定为 SQL_FETCH_NEXT、SQL_FETCH_PRIOR、SQL_FETCH_FIRST、SQL_FETCH_LAST 和 SQL_FETCH_ABSOLUTE，可以完成上面 5 个函数的功能。如果 wFetchType 为 SQL_FETCH_RELATIVE，那么将相对当前记录移动。如果 nRows 为正数，则向前移动。如果 nRows 为负数，则向后移动。

当用上述数滚动到一个新记录时，框架会自动地把新记录的内容复制到域数据成员中。

### 15.4.3  数据模型、概念模型和关系数据模型

数据模型是现实世界数据特征的抽象，是数据技术的核心和基础。数据模型是数据库系统的数学形式框架，是用来描述数据的一组概念和定义，主要包括如下内容。

- 静态特征。对数据结构和关系的描述。
- 动态特征。在数据库上的操作，如添加、删除和修改。
- 完整性约束。数据库中的数据必须满足的规则。

不同的数据模型具有不同的数据结构。目前最为常用的数据模型有层次模型、网状模型、关系模型和面向对象数据模型。其中层次模型和网状模型统称为非关系模型。

概念模型是是按照用户的观点对数据和信息进行建模，而数据模型是按照计算机系统的观点对数据进行建模。概念模型用于信息世界的建模，人们常常先将信息世界抽象为信息世界，然后将信息世界转换为机器世界。而概念模型是现实世界到机器世界的一个中间层次。

概念模型是对信息世界的建模，它可以用 E-R 图来描述世界的概念模型。E-R 图提供了表示实体型、属性和联系的方法。

- 实体型。用矩形表示，框内写实体名称。
- 属性。用椭圆表示，框内写属性名称。

❑ 联系。用菱形表示，框内写联系名称。

例如，图 15-22 描述了实体-属性图。

图 15-22　实体-属性图

图 15-23 描述了实体-联系图。

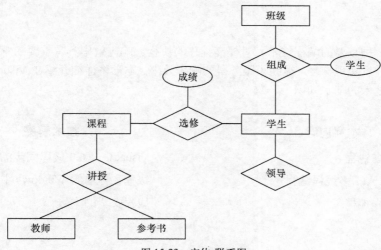

图 15-23　实体-联系图

关系模型是当前应用最为广泛的一种模型。关系数据库都采用关系模型作为数据的组织方式。自从 20 世纪 80 年代以来，计算机厂商推出的数据库管理系统几乎都支持关系模型。

关系模型的基本要求是关系必须要规范，即要求关系模式必须满足一定的规范条件，关系的分量必须是一个不可再分的数据项。

# 第 16 章

# 多　线　程

　　多线程是一种重要的编程技术，对提高程序的执行、响应效率具有重要的意义，特别是对网络服务器的并发实现，大大提高了服务器的响应效率。本章将详细介绍在 Visual C++6.0 环境下多线程编程技术的基本知识

| 本章内容 | 技术解惑 |
|---|---|
| ▶▶ 认识多线程 | Visual C++ 6.0 线程同步的问题 |
| ▶▶ Win32 API 多线程编程 | 线程和标准的 Windows 主程序的关系 |
| ▶▶ 多线程编程 | 线程安全的本质 |

# 16.1　认识多线程

知识点讲解：光盘\视频\PPT 讲解（知识点）\第 16 章\认识多线程.mp4

在一个程序中，这些独立运行的程序片段叫做"线程"（Thread），利用它编程的概念就叫做"多线程处理"。多线程处理一个常见的例子就是用户界面。利用线程，用户可按下一个按钮，然后程序会立即作出响应，而不是让用户等待程序完成了当前任务以后才开始响应。Visual C++ 6.0 是通过多线程来提高效率的。多线程编程是实现多用户并发访问，提高应用程序响应效率的一种重要手段，特别是对网络服务器应用程序的开发具有重要意义。例如，在进行大数据量的数据读取或处理时，为了不至于使用户觉得系统处于死机状态，我们一般都使用进度条来展示当前任务的完成状态，如图 16-1 所示。而这一功能就可以使用多线程来很好地实现。

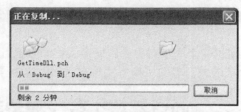

图 16-1　使用多线程实现进度条的动态更新

## 16.1.1　线程与进程

进程和线程是两个相对的概念，通常来说，一个进程可以定义为程序的一个实例。在 Win32 中，进程并不执行什么，它只是占据应用程序所使用的地址空间。为了完成一定的工作，进程必须至少占有一个线程，正是这个线程负责执行包含在进程地址空间中的代码。如果没有线程执行进程地址空间中的代码，进程也就没有继续存在的理由，系统将自动清除进程及其地址空间。

创建一个进程时，系统自动产生一个主线程（Primary thread），然后可以由这个主线程生成额外的线程，而这些线程，又可以生成更多的线程。可以说线程是进程的一条执行路径，它包含独立的堆栈和 CPU 寄存器状态。

实际上，一个进程可以包含几个线程，它们可以同时执行进程地址空间中的代码，共享所有的进程资源，包括打开的文件、信号标识及动态分配的内存等。为了做到这一点，每个线程有自己的一组 CPU 寄存器和堆栈。而这些线程的执行由系统调度程序控制，调度程序决定哪个线程可执行以及什么时候执行。在多处理器的机器上，调度程序可将多个线程放到不同的处理器上去同时运行，这样可使处理器任务平衡，并提高系统的运行效率。

在运行一个多线程的程序时，从表面上看，这些线程似乎在同时运行，而实际情况并非如此。为了运行所有的这些线程，操作系统为每个独立线程安排一些 CPU 时间。单 CPU 操作系统以轮转方式向线程提供时间片（Quantum），每个线程在使用完时间片后交出控制，系统再将 CPU 时间片分配给下一个线程。由于每个时间片足够短，这样就给人一种假象，好像这些线程在同时运行。创建额外线程的唯一目的就是尽可能地利用 CPU 时间。

## 16.1.2　线程的优先级

线程的优先级一般是指这个线程的计算优先级，即线程相对于本进程的相对优先级和包含此线程的进程的优先级的结合。当系统需要同时执行多个进程或多个线程时，就会需要指定线程的优先级。操作系统以优先级为基础安排所有的活动线程。系统的每一个线程都被分配了一个优先级，优先级的范围从 0~31。运行时，系统简单地给第一个优先级为 31 的线程分配 CPU 时间，在该线程的时间片结束后，系统给下一个优先级为 31 的线程分配 CPU 时间。当没有优先级为 31 的线程时，系统将开始给优先级为 30 的线程分配 CPU 时间，以此类推。除了程序员在程序中改变线程的优先级外，有时程序在执行过程中系统也会自动地动态改变线程的优先级，这是为了保证系统对终端用户的高度响应性。比如用户按了键盘上的某个键时，系统就会临时将处理 WM_KEYDOWN 消息的线程的优先级提高 2 到 3。CPU 按一个完整的时间片执行线程，当时间片执行完毕后，系统将该线程的优先级减 1。

### 16.1.3　线程同步

在使用多线程编程时，线程同步是一个非常重要的问题。所谓线程同步是指线程之间在相互通信时避免破坏各自数据的能力。同步问题是由前面说到的 Win32 系统的 CPU 时间片分配方式引起的。虽然在某一时刻，只有一个线程占用 CPU（单 CPU 时）时间，但是没有办法知道在什么时候，在什么地方线程被打断，这样如何保证线程之间不破坏彼此的数据就显得格外重要。

在多线程编程中，可以使用 4 个同步对象来保证多线程同时运行。它们分别是互斥体对象、信号对象、事件对象和临界区对象。有关使用方法将在后面内容中详细说明。

## 16.2　Win32 API 多线程编程

　知识点讲解：光盘\视频\PPT 讲解（知识点）\第 16 章\Win32 API 多线程编程.mp4

通过使用 Visual C++ 6.0，可以直接方便地创建 Win32 API 程序。Win32 API 即为 Microsoft 32 位平台的应用程序编程接口（Application Programming Interface）。所有在 Win32 平台上运行的应用程序都可以调用这些函数。Win32 API 是 Windows 操作系统内核与应用程序之间的交互界面，它将内核提供的功能进行函数封装，应用程序通过调用相关函数而获得相应的系统功能。为了向应用程序提供多线程功能，Win32 API 函数也提供了一些处理多线程的函数集。直接用 Win32 API 进行程序设计具有很多优点：应用程序执行代码小，运行效率高，但是它要求程序员编写的代码较多，且需要管理所有系统提供给程序的资源，要求程序员对 Windows 系统内核有一定的了解，会占用程序员很多时间对系统资源进行管理，因而程序员的工作效率降低。本章将详细讲解 Win32 API 多线程编程的基本知识。

### 16.2.1　编写线程函数

所有线程必须从一个指定的函数开始执行，该函数称为线程函数，其具体原型如下。

```
DWORD WINAPI YourThreadFunc(LPVOID lpvThreadParm);
```

输入一个 LPVOID 型的参数，可以是一个 DWORD 型的整数，也可以是一个指向缓冲区的指针。返回一个 DWORD 型的值。

像函数 WinMain 一样，这个函数并不由操作系统调用，操作系统调用包含在 KERNEL32.DLL 中的非 C 运行时的一个内部函数，如 StartOfThread，然后由 StartOfThread 函数建立起一个异常处理框架后，调用我们的函数。

### 16.2.2　创建一个线程

进程的主线程是由操作系统自动生成，如果要创建额外的线程，可以调用函数 CreateThread() 来完成。

```
HANDLE CreateThread(
        LPSECURITY_ATTRIBUTES           lpsa,
        DWORD                           cbstack,
        LPTHREAD_START_ROUTINE          lpStartAddr,
```

```
            LPVOID                          lpvThreadParm,
            DWORD                           fdwCreate,
            LPDWORD                         lpIDThread
);
```

上述各个参数的具体说明如下。

❑ lpsa。它是一个指向 SECURITY_ATTRIBUTES 结构的指针。如果想让对象为缺省安全
属性的话，可以传一个 NULL，如果想让任一个子进程都可继承一个该线程对象句柄，
必须指定一个 SECURITY_ATTRIBUTES 结构，其中 bInheritHandle 成员初始化为
TRUE。

❑ cbstack。它表示线程为自己所用堆栈分配的地址空间大小，0 表示采用系统缺省值。

❑ lpStartAddr。它表示新线程开始执行时代码所在函数的地址，即为线程函数。

❑ lpvThreadParm。它为传入线程函数的参数。

❑ fdwCreate。它指定控制线程创建的附加标志，可以取两种值。如果该参数为 0，线程
就会立即开始执行，如果该参数为 CREATE_SUSPENDED，则系统产生线程后，初始
化 CPU，登记 CONTEXT 结构的成员，准备好执行该线程函数中的第一条指令，但并
不马上执行，而是挂起该线程。

❑ lpIDThread。它是一个 DWORD 类型地址，返回赋给该新线程的 ID 值。

| 实例 112 | 用工作线程函数完成指定参数的数乘计算 |
|---|---|
| | 源码路径　光盘\daima\part16\1　　　视频路径　光盘\视频\实例\第 16 章\112 |

本实例的功能为：编写一个工作线程函数完成指定参数的数乘计算。本实例的具体实现流
程如下。

（1）新建一个单文档应用程序 MultiThreadDemo1。

（2）创建线程函数的输入参数的结构体 WorkThreadParam，具体代码如下。

```
struct WorkThreadParam
{
    int num;                    /////////要计算数乘的参数
    CDC* pDC;                   /////////输出DC
    int x;                      /////////输出位置X坐标
    int y;                      /////////输出位置Y坐标
};
```

（3）编写工作线程函数计算并输出运算结果，具体代码如下。

```
DWORD WINAPI MyWorkThread(LPVOID pParam)
{
    /////将输入参数，转化为预先定义的结构体类型
    WorkThreadParam* TempParam=(WorkThreadParam*) pParam;
    /////读取参数信息
    int TempNum=TempParam->num;

    /////进行相应的数据计算
    int Result=TempNum;
    for (int i=1; i<TempNum; i++)
    {
        Result=Result* i;
    }

    ///////根据输入的参数DC及输出位置，显示计算结果
    CDC* pTempDC=TempParam->pDC;
    CString strResult;
    strResult.Format("结果 %d! 是 %d.",TempNum,Result);
    pTempDC->TextOut(TempParam->x,TempParam->y,strResult);
    return 0;
}
```

范例 213：用 Win32 API 创建、销毁
线程
源码路径：光盘\演练范例\213
视频路径：光盘\演练范例\213
范例 214：创建 MFC 用户界面线程
源码路径：光盘\演练范例\214
视频路径：光盘\演练范例\214

（4）在单文档应用程序 MultiThreadDemo1 中添加"启动工作线程"菜单项，并添加菜单响
应函数，具体代码如下。

```
void CMultiThreadDemo1View::OnStartWorkThread()
{
    // TODO: Add your command handler code here
    //////循环创建10个线程
```

```
for (int i=0;i<10;i++)
{
    ///////////////////线程函数的参数
    WorkThreadParam* TemppParam=new WorkThreadParam;
    TemppParam->num=i+1;
    TemppParam->x=50;
    TemppParam->y=i*20;
    TemppParam->pDC=this->GetDC();

    ///////////////////创建一个线程
    CreateThread(NULL,0,MyWorkThread,(LPVOID)TemppParam,0,NULL);
    Sleep(3000);
}
}
```

编译运行后的效果如图 16-2 所示。

图 16-2　多线程程序运行结果

### 16.2.3　终止线程

当调用线程的函数返回后线程会自动终止，如果需要在执行线程的过程中终止则可调用如下函数实现。

```
VOID ExitThread(DWORD dwExitCode);
```

如果在线程的外面终止线程，则可调用下面的函数实现。

```
BOOL TerminateThread(HANDLE hThread,DWORD dwExitCode);
```

注意：该函数可能会引起系统不稳定，而且线程所占用的资源也不释放。因此，一般情况下，建议不要使用该函数。

如果要终止的线程是进程内的最后一个线程，则线程被终止后也应终止相应的进程。

**实例 113**　**当输入参数为负时终止线程的执行**

| 源码路径 | 光盘\daima\part16\2 | 视频路径 | 光盘\视频\实例\第 16 章\113 |
|---|---|---|---|

本实例的功能是改写上文的工作线程函数，实现在输入参数为负的情况下终止线程执行。本实例的具体实现流程如下。

（1）改写上文的工作线程函数，具体代码如下。

```
DWORD WINAPI MyWorkThread(LPVOID pParam)
{
    WorkThreadParam* TempParam=(WorkThreadParam*) pParam;
    int TempNum=TempParam->num;
    CDC* pTempDC=TempParam->pDC;
    CString strResult;

    /////////在输入参数为负时，终止线程执行
    if (TempNum<0)
    {
        strResult.Format("错误!");
        pTempDC->TextOut(TempParam->x,TempParam->y,strResult);
        //////终止线程执行
        ExitThread(2);
    }
    int Result=TempNum;
    for (int i=1; i<TempNum; i++)
    {
        Result=Result* i;
    }
    strResult.Format("结果%d! 是%d.",TempNum,Result);
    pTempDC->TextOut(TempParam->x,TempParam->y,strResult);
    return 0;
}
```

> 范例 215：用 MFC 工作线程进行耗时计算
> 源码路径：光盘\演练范例\215
> 视频路径：光盘\演练范例\215
> 范例 216：设置线程的优先级
> 源码路径：光盘\演练范例\216
> 视频路径：光盘\演练范例\216

（2）修改"启动工作线程"菜单项的响应函数，具体代码如下。

```
void CMultiThreadDemo1View::OnStartWorkThread()
{
    // TODO: Add your command handler code here
    for (int i=0;i<10;i++)
    {
        WorkThreadParam* TemppParam=new WorkThreadParam;
        TemppParam->num=i-11;
        TemppParam->x=50;
        TemppParam->y=i*20;
        TemppParam->pDC=this->GetDC();
        ///////////创建一个工作线程
        CreateThread(NULL,0,MyWorkThread,(LPVOID)TemppParam,0,NULL);
        Sleep(3000);
    }
}
```

编译运行后的效果如图 16-3 所示。

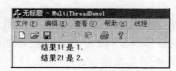

图 16-3　终止线程执行

## 16.2.4　设置线程优先级

一个线程的优先级是相对于其所属的进程的优先级而言的。当一个线程被首次创建时，它的优先级等同于它所属进程的优先级。在单个进程内可以通过调用 SetThreadPriority 函数改变线程的相对优先级。

函数 SetThreadPriority 的语法格式如下。

```
BOOLSetThreadPriority(HANDLEhThread,intnPriority);
```

上述各个参数的具体说明如下。

（1）hThread。它是指向待修改优先级线程的句柄。

（2）nPriority。为相应的线程优先级，可以是如下值。

❑ THREAD_PRIORITY_LOWEST。

❑ THREAD_PRIORITY_BELOW_NORMAL。

❑ THREAD_PRIORITY_NORMAL。

❑ THREAD_PRIORITY_ABOVE_NORMAL。

❑ THREAD_PRIORITY_HIGHEST。

## 16.2.5　线程的挂起与恢复

用户可以创建挂起状态的线程，即通过传递 CREATE_SUSPENDED 标志给函数 CreateThread 来实现。要开始执行该线程，必须通过另一个线程调用函数 ResumeThread，并传递给它调用函数 CreateThread 时返回的线程句柄。函数 ResumeThread 的语法格式如下。

```
DWORD ResumeThread(HANDLEhThread);
```

除了在创建线程时使用 CREATE_SUSPENDED 标志，开发人员还可以用函数 SuspendThread 挂起线程。此函数的语法格式如下。

```
DWORD SuspendThread(HANDLEhThread);
```

在此需要说明的是，一个线程可以被挂起多次。如果一个线程被挂起 3 次，则该线程在它被分配 CPU 之前必须被恢复 3 次。

## 16.2.6　线程同步

在线程体内，如果该线程完全独立，与其他线程没有数据存取等资源操作上的冲突，则可按照通常单线程的方法进行编程。但是，在利用多线程处理时情况常常不是这样，线程之间经常要同时访问一些共享资源，这就不可避免地会引起访问冲突。为了解决这一问题，Win32 API 提供了多种同步控制对象来帮助程序员解决共享资源访问冲突。

Win32 API 提供了一组能使线程阻塞其自身执行的等待函数，这些函数在其参数中的一个或多个同步对象产生了信号。当等待函数未返回时，线程处于等待状态，但此时线程只消耗很少的 CPU 时间，只有超过规定的等待时间才会返回。

使用等待函数既可以保证线程的同步，又可以提高程序的运行效率。最常用的等待函数如下。

```
DWORD WaitForSingleObject(HANDLE hHandle，DWORD dwMilliseconds);
```

函数 WaitForMultipleObject 可以用来同时监测多个同步对象，该函数的声明格式如下。

```
DWORD WaitForMultipleObject(DWORD nCount,CONST HANDLE *lpHandles,BOOL bWaitAll,DWORD dwMilliseconds);
```

1. 互斥体对象

Mutex 对象的状态在它不被任何线程拥有时才有信号，而当它被拥有时则无信号。当互斥体对象被一个线程占用时，若有另一线程想要占用它，则必须等到前一线程释放后才能成功。Mutex 对象很适合用来协调多个线程对共享资源的互斥访问，可以按下列步骤使用该对象。

（1）建立互斥体对象得到句柄，具体代码如下。

```
HANDLE CreateMutex();
```

（2）在线程可能产生冲突的区域前（即访问共享资源之前）调用 WaitForSingleObject，将句柄传给函数请求占用互斥对象。具体代码如下。

```
dwWaitResult = WaitForSingleObject(hMutex,5000L);
```

（3）在共享资源访问结束后，释放对互斥体对象的占用。具体代码如下。

```
ReleaseMutex(hMutex);
```

2. 信号对象

信号对象允许同时访问多个线程的共享资源，在创建对象时可以指定最大可同时访问的线程数。当一个线程申请访问成功后，信号对象中的计数器减 1，调用函数 ReleaseSemaphore 后，信号对象中的计数器加 1。其中，计数器值大于或等于 0，但小于或等于创建时指定的最大值。

如果一个应用在创建一个信号对象时，将其计数器的初始值设为 0，就阻塞了其他线程，保护了资源。等初始化完成后，调用函数 ReleaseSemaphore 将其计数器增加至最大值，则可进行正常的存取访问。在 Visual C++ 6.0 应用中，可以按下列步骤使用该对象。

（1）创建信号对象，具体代码如下。

```
HANDLE CreateSemaphore();
```

也可以打开一个信号对象，具体代码如下。

```
HANDLE OpenSemaphore();
```

（2）在线程访问共享资源之前调用 WaitForSingleObject。

（3）在共享资源访问完成后释放对信号对象的占用，具体代码如下。

```
ReleaseSemaphore();
```

3. 事件对象

事件对象（Event）是最简单的同步对象，它包括有信号和无信号两种状态。在线程访问某一资源之前，需要等待某一事件的发生，这时用事件对象最合适。例如，只有在通信端口缓冲区收到数据后，监视线程才被激活。

事件对象是用 CreateEvent 函数建立的。该函数可以指定事件对象的类和事件的初始状态。如果是手工重置事件，那么它总是保持有信号状态，直到用 ResetEvent 函数重置成无信号的事件。如果是自动重置事件，那么它的状态在单个等待线程释放后会自动变为无信号的。用 SetEvent 可以把事件对象设置成有信号状态。在建立事件时，可以为对象命名，这样其他进程中的线程可以用 OpenEvent 函数打开指定名字的事件对象句柄。

#### 4. 临界区对象

在临界区中异步执行时，它只能在同一进程的线程之间共享资源处理。虽然此时上面介绍的几种方法均可使用，但是，使用临界区的方法则使同步管理的效率更高。

使用时需要先定义一个 CRITICAL_SECTION 结构的临界区对象，在使用进程之前需要调用如下函数初始化对象。

```
VOID InitializeCriticalSection(LPCRITICAL_SECTION);
```

当一个线程使用临界区时，需要调用函数 EnterCriticalSection 或者 TryEnterCriticalSection。当要求占用、退出临界区时，需要调用函数 LeaveCriticalSection，释放对临界区对象的占用，以便供其他线程使用。

### 实例 114　使用工作线程更新对话框上的进度条进度

源码路径　光盘\daima\part16\3　　　　视频路径　光盘\视频\实例\第 16 章\114

本实例的功能是，使用 MFC 创建一个工作线程程序，实现对话框上的进度条进度的更新功能。本实例的具体实现流程如下。

（1）新建一个基于对话框的应用程序 MFCWorkThreadDemo，并在对话框上加入一个编辑框 IDC_MILLISECOND，一个进度条 IDC_PROGRESS1，并修改 IDOK 和 IDCANCEL 按钮的标题分别为"开始"和"关闭"。

（2）打开 ClassWizard，为编辑框 IDC_MILLISECOND 添加 int 型变量 m_nMilliSecond，为进度条 IDC_PROGRESS1 添加 CProgressCtrl 型变量 m_ctrlProgress。

（3）在 MFCWorkThreadDemoDlg.h 文件中添加一个线程参数结构体和线程函数的定义。

线程参数结构体的定义格式如下。

```
struct threadInfo
{
    UINT            nMilliSecond;
    CProgressCtrl*  pctrlProgress;
};
```

线程函数的声明代码如下。

```
UINT ThreadFunc(LPVOID lpParam)
{
    threadInfo* pInfo=(threadInfo*)lpParam;
    for(int i=0;i<100;i++)
    {
        int nTemp=pInfo->nMilliSecond;
        pInfo->pctrlProgress->SetPos(i);
        Sleep(nTemp);
    }
    return 0;
};
```

（4）在类 CMFCWorkThreadDemoDlg 内部添加以下成员变量，具体代码如下。

```
CWinThread*     pThread;              ///////线程指针
threadInfo          Info;             ///////线程参数
```

（5）双击"开始"按钮，添加相应消息处理函数。

```
void CMFCWorkThreadDemoDlg::OnStart()
{
    // TODO: Add your control notification handler code here
    UpdateData(TRUE);
    Info.nMilliSecond=m_nMilliSecond;
    Info.pctrlProgress=&m_ctrlProgress;

    //////////启动一线程
    pThread=AfxBeginThread(ThreadFunc, &Info);
}
```

范例 217：用全局结构进行线程间的通信
源码路径：光盘\演练范例\217
视频路径：光盘\演练范例\217
范例 218：用自定义消息进行线程间的通信
源码路径：光盘\演练范例\218
视频路径：光盘\演练范例\218

（6）在函数 BOOL CMFCWorkThreadDemoDlg::OnInitDialog()中添加如下代码语句。

```
BOOL CMFCWorkThreadDemoDlg::OnInitDialog()
{
    ......
    // TODO: Add extra initialization here
    m_ctrlProgress.SetRange(0,99);
    m_nMilliSecond=10;
    UpdateData(FALSE);
    return TRUE;   // return TRUE    unless you set the focus to a control
}
```

编译运行后的效果如图 16-4 所示。

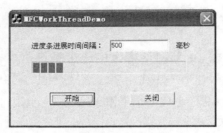

图 16-4　程序 MFCWorkThreadDemo 运行界面

# 16.3　多线程编程

知识点讲解：光盘\视频\PPT 讲解（知识点）\第 16 章\多线程编程.mp4

在 Visual C++ 6.0 附带的 MFC 类库中提供了对多线程编程的支持（见图 16-5），基本原理与基于 Win32 API 的设计一致，但由于 MFC 对同步对象做了封装，因此实现起来更加方便，避免了对象句柄管理上的繁琐工作。在 MFC 中的线程分为两种，分别是工作线程和用户界面线程。工作线程与前面所述的线程一致，用户界面线程是一种能够接收用户的输入、处理事件和消息的线程。

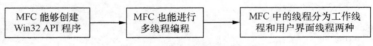

图 16-5　MFC 进行多线程编程

### 16.3.1　工作线程的创建与使用

工作线程编程比较简单，其设计思路与前面所讲的基本一致。一个基本函数代表了一个线程，创建并启动线程后，线程进入运行状态。如果线程用到共享资源，则需要进行资源同步处理。当使用这种方式创建线程并启动线程时，可以调用如下函数。

```
CWinThread* AfxBeginThread(
AFX_THREADPROC          pfnThreadProc,
LPVOID                  pParam,
int                     nPriority= THREAD_PRIORITY_NORMAL,
UINT                    nStackSize =0,
DWORD                   dwCreateFlags=0,
LPSECURITY_ATTRIBUTES   lpSecurityAttrs = NULL
);
```

上述各个参数的具体说明如下。

（1）pfnThreadProc。它是线程执行体函数，函数原形为 UINT ThreadFunction( LPVOID pParam)。

（2）pParam。它是传递给执行函数的参数。

（3）nPriority。它是线程执行权限，可选值如下。

❑ THREAD_PRIORITY_NORMAL。

❑ THREAD_PRIORITY_LOWEST。

❑ THREAD_PRIORITY_HIGHEST。

❑ THREAD_PRIORITY_IDLE。

（4）dwCreateFlags。它是线程创建时的标志，可取值 CREATE_SUSPENDED，表示线程创建后处于挂起状态，调用 ResumeThread 函数后线程继续运行，或者取值"0"表示线程创建后处于运行状态。

（5）返回值。它是 CWinThread 类对象指针，它的成员变量 m_hThread 为线程句柄。在 Win32 API 方式下，对线程操作的函数参数都要求提供线程的句柄，所以当线程创建后可以使用所有 Win32 API 函数对 pWinThread->m_Thread 线程进行相关操作。

※※注意：如果在一个类对象中创建和启动线程时，应将线程函数定义成类外的全局函数。

### 16.3.2 创建与使用用户界面线程

在 MFC 的应用程序中有一个应用对象，这是 CWinApp 派生类的对象，该对象代表了应用进程的主线程。当线程执行完并退出线程时，由于进程中没有其他线程存在，进程自动结束。类 CWinApp 从类 CWinThread 派生出来，CWinThread 是用户界面线程的基本类。在编写用户界面线程时，需要从 CWinThread 派生自己的线程类，ClassWizard 可以帮助开发人员完成这个工作。利用 MFC 创建和使用用户界面线程的基本步骤如下所示。

（1）用 ClassWizard 派生一个新的类，并设置其基类为 CWinThread。然后根据需要将初始化和结束代码分别放在类的 InitInstance 和 ExitInstance 函数中。如果需要创建窗口，则可在 InitInstance 函数中完成。

※※注意：类的 DECLARE_DYNCREATE 和 IMPLEMENT_DYNCREATE 宏是必需的，因为创建线程时需要动态创建类的对象。

（2）此时就可以创建并启动线程，MFC 提供了两个版本的 AfxBeginThread 函数，其中一个用于创建界面接口线程。首先，调用线程类的构造函数创建一个线程对象；其次，调用 CWinThread::CreateThread 函数来创建该线程。线程建立并启动后，在线程函数执行过程中一直有效。如果是线程对象，则在对象删除之前，先结束线程。CWinThread 已经为我们完成了线程结束的工作。

**实例 115**　利用 MFC 创建和使用用户界面线程

源码路径　光盘\daima\part16\4　　视频路径　光盘\视频\实例\第 16 章\115

本实例的具体实现流程如下。

（1）新建一个基于对话框的应用程序 MFCUIThreadDemo，在 MFCUIThreadDemoDlg 对话框上添加一个"启动用户界面线程"按钮 IDC_StartUIThread。

（2）新建一个对话框类 CUIThreadDlg 作为用户界面线程的对话框，并为该类添加鼠标右击的响应函数，具体代码如下。

```
void CUIThreadDlg::OnRButtonDown(UINT nFlags, CPoint point)
{
    // TODO: Add your message handler code here and/or call default
    AfxMessageBox("You Clicked The Right Button!");
    CDialog::OnRButtonDown(nFlags, point);
}
```

（3）使用 ClassWizard 创建一个以类 CWinThread 为基类的用户界面线程类 CUIThread，并添加一个对话框成员变量，具体代码如下。

```
CUIThreadDlg m_dlg;
```

（4）分别重载类 CUIThread 的函数 InitInstance()和函数 ExitInstance()，具体代码如下。

```
/////////////// InitInstance函数
BOOL CUIThread::InitInstance()
{
    ///////////创建一个对话框
    m_dlg.Create(IDD_DIALOG1);
    m_dlg.ShowWindow(SW_SHOW);
    m_pMainWnd=&m_dlg;
    return TRUE;
}

/////////////// ExitInstance函数
int CUIThread::ExitInstance()
{
///////////消除对话框
    m_dlg.DestroyWindow();
    return CWinThread::ExitInstance();
}
```

> 范例 219：用事件对象实现线程间的通信
> 源码路径：光盘\演练范例\219
> 视频路径：光盘\演练范例\219
> 范例 220：使用 CEvent 对象实现线程同步
> 源码路径：光盘\演练范例\220
> 视频路径：光盘\演练范例\220

（5）双击按钮 IDC_StartUIThread，添加如下消息响应函数。

```
void CMFCUIThreadDemoDlg::OnStartUIThread()
{
    // TODO: Add your control notification handler code here
    ///////////创建一个用户界面线程
    CWinThread *pThread=AfxBeginThread(RUNTIME_CLASS(CUIThread));
```

编译运行后的效果如图 16-6 所示。

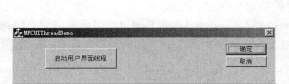

图 16-6　执行效果

### 16.3.3　线程同步

在 MFC 类库中，对 Win32 API 提供的几种有关线程同步的对象进行了类封装，它们有一个共同的基类 CSyncObject，它们的对应关系如下。

- ❑ Semaphore 对应 Csemaphore。
- ❑ Mutex 对应 CMutex。
- ❑ Event 对应 CEvent。
- ❑ CriticalSection 对应 CCriticalSection。

另外，MFC 对两个等待函数也进行了封装，即 CSingleLock 和 CMultiLock。

1. 使用 CCriticalSection 类

当多个线程访问一个独占性共享资源时，可以使用"临界区"对象。任一时刻只有一个线程可以拥有临界区对象，拥有临界区的线程可以访问被保护起来的资源或代码段，其他希望进入临界区的线程将被挂起等待，直到拥有临界区的线程放弃临界区时为止，这样就保证了不会在同一时刻出现多个线程访问共享资源。

类 CCriticalSection 的用法非常简单，具体步骤如下。

（1）定义类 CCriticalSection 的一个全局对象（以使各个线程均能访问），见下面的代码。

```
CCriticalSection critical_section;
```

（2）在访问需要保护的资源或代码之前，调用类 CCriticalSection 的成员 Lock()获得临界区对象。

```
critical_section.Lock();
```

如果此时没有其他线程占有临界区对象，则调用 Lock()的线程获得临界区。否则线程将被挂起，并放入到一个系统队列中等待，直到当前拥有临界区的线程释放了临界区时为止。

（3）访问临界区完毕后，使用 CCriticalSection 的成员函数 Unlock() 来释放临界区。

```
critical_section.Unlock();
```

## 实例 116　使用 CCriticalSection 实现线程间同步

源码路径　光盘\daima\part16\5　　　　视频路径　光盘\视频\实例\第 16 章\116

本实例的具体实现流程如下。

（1）新建一个基于对话框的应用程序 CriticalSectionDemo，在对话框 IDD_CRITICALSECT IONDEMO_DIALOG 上添加两个按钮 IDC_WRITEW 和 IDC_WRITED，标题分别为"写'W'" 和"写'D'"；两个编辑框的 ID 分别为 IDC_W 和 IDC_D，属性都选中 Read-only，并使用 ClassWizard 分别给 IDC_W 和 IDC_D 添加 CEdit 类变量 m_ctrlW 和 m_ctrlD。

（2）为了使用临界区对象，在文件 CriticalSectionDemoDlg.h 中添加相应的头文件。

```
#include "afxmt.h"
```

（3）定义临界区对象和字符串数组，为了能够在不同线程间使用需要定义为全局变量。

```
CCriticalSection critical_section;          ///////////临界区对象
char g_Array[10];                           ///////////全局资源
```

（4）添加两个线程函数，分别用来改写相应的编辑框内的文本内容，具体代码如下。

```
///////////写W线程
UINT WriteWThreadProc(LPVOID pParam)
{
  CEdit* pEdit=(CEdit*)pParam;
  pEdit->SetWindowText("");
  /////锁定临界区，其他线程遇到critical_section.Lock();语句时要等待直至执行critical_section.Unlock();语句
  critical_section.Lock();
  for (int i=0;i<10;i++)
  {
      g_Array[i]='M';
      pEdit->SetWindowText(g_Array);
      Sleep(1000);
  }
  ///////////释放临界区
  critical_section.Unlock();
  return 0;
};

///////////写D线程
UINT WriteDThreadProc(LPVOID pParam)
{
  CEdit* pEdit=(CEdit*)pParam;
  pEdit->SetWindowText("");
  /////锁定临界区，其他线程遇到critical_section.Lock();语句时要等待直至执行critical_section.Unlock();语句
  critical_section.Lock();
  for (int i=0;i<10;i++)
  {
      g_Array[i]='N';
      pEdit->SetWindowText(g_Array);
      Sleep(1000);
  }
  ///////////释放临界区
  critical_section.Unlock();
  return 0;
};
```

> 范例 221：使用临界区对象实现线程同步
> 源码路径：光盘\演练范例\221
> 视频路径：光盘\演练范例\221
> 范例 222：使用互斥对象实现线程同步
> 源码路径：光盘\演练范例\222
> 视频路径：光盘\演练范例\222

（5）分别双击对话框 IDD_CRITICALSECTIONDEMO_DIALOG 上的 IDC_WRITEW 和 IDC_WRITED 按钮，添加对应响应函数，具体代码如下。

```
///////////IDC_WRITEW按钮的响应函数
void CCriticalSectionDemoDlg::OnWritew()
{
  // TODO: Add your control notification handler code here
  ///////////启动WriteWThreadProc线程
  CWinThread *pWriteW=AfxBeginThread(WriteWThreadProc,
      &m_ctrlW,
      THREAD_PRIORITY_NORMAL,
      0,
```

```
        CREATE_SUSPENDED);
    pWriteW->ResumeThread();
}

//////////IDC_WRITED按钮的响应函数
void CCriticalSectionDemoDlg::OnWrited()
{
    // TODO: Add your control notification handler code here
    //////////启动WriteDThreadProc线程
    CWinThread *pWriteD=AfxBeginThread(WriteDThreadProc,
        &m_ctrlD,
        THREAD_PRIORITY_NORMAL,
        0,
        CREATE_SUSPENDED);
    pWriteD->ResumeThread();
}
```

编译运行后的效果如图 16-7 所示。

图 16-7　CriticalSectionDemo 运行界面

**2. 使用 CMutex 类**

互斥对象与临界区对象很像，互斥对象与临界区对象的不同在于互斥对象可以在进程间使用，而临界区对象只能在同一进程的各线程间使用。当然，互斥对象也可以用于同一进程的各个线程间，但是在这种情况下，使用临界区会更节省系统资源、更有效率。

**3. 使用 CEvent 类**

类 CEvent 提供了对事件的支持。事件是一个允许一个线程在某种情况发生时，唤醒另外一个线程的同步对象。例如，在某些网络应用程序中，一个线程（记为 A）负责监听通信端口，另外一个线程（记为 B）负责更新用户数据。通过使用类 CEvent，线程 A 可以通知线程 B 何时更新用户数据。

每一个 CEvent 对象可以有两种状态：有信号状态和无信号状态。线程监视位于其中的 CEvent 对象的状态，并在相应的时候采取相应的操作。

在 MFC 应用中，CEvent 对象有人工事件和自动事件两种类型。一个自动 CEvent 对象在被至少一个线程释放后会自动返回到无信号状态，而人工事件对象获得信号后会释放可利用的线程，但直到调用成员函数 ReSetEvent() 才将其设置为无信号状态。在创建 CEvent 类的对象时，默认创建的是自动事件。 类 CEvent 中各成员函数的原型和参数的具体说明如下。

（1）构造函数。

```
CEvent(BOOL bInitiallyOwn=FALSE,
        BOOL bManualReset=FALSE,
        LPCTSTR lpszName=NULL,
        LPSECURITY_ATTRIBUTES lpsaAttribute=NULL);
```

上述各个参数的具体说明如下。

❑ bInitiallyOwn。指定事件对象初始化状态，TRUE 为有信号，FALSE 为无信号。

❑ bManualReset。指定要创建的事件是属于人工事件还是自动事件。TRUE 为人工事件，FALSE 为自动事件。

注意：后两个参数一般设为 NULL。

（2）BOOL CEvent::SetEvent()。将 CEvent 对象的状态设置为有信号状态。如果事件是人工事件，则 CEvent 对象保持为有信号状态，直到调用成员函数 ResetEvent()将其重新设为无信号状态时为止。如果 CEvent 对象为自动事件，则在 SetEvent()将事件设置为有信号状态后，CEvent 对象由系统自动重置为无信号状态。如果该函数执行成功，则返回非零值，否则返回零。

（3）BOOL CEvent::ResetEvent()。该函数将事件的状态设置为无信号状态，并保持该状态直至 SetEvent()被调用时为止。由于自动事件是由系统自动重置，故自动事件不需要调用该函数。如果该函数执行成功则返回非零值，否则返回零。在 Visual C++ 6.0 应用中，一般通过调用函数 WaitForSingleObject 来监视事件状态。

4．使用 CSemaphore 类

当需要一个计数器来限制可以使用某个线程的数目时，可以使用"信号"对象。CSemaphore 的对象保存了对当前访问某一指定资源的线程的计数值，该计数值是当前还可以使用该资源的线程的数目。如果这个计数达到了零，则所有对这个 CSemaphore 对象所控制的资源的访问尝试都被放入一个队列中等待，直到超时或计数值不为零时为止。一个线程被释放已访问了被保护的资源时，计数值减 1。一个线程完成了对被控共享资源的访问时，计数值增 1。这个被 CSemaphore 对象所控制的资源可以同时接受访问的最大线程数，是在该对象的构建函数中指定的。

类 CSemaphore 的构造函数的语法格式如下。

```
CSemaphore (LONG lInitialCount=1,
            LONG lMaxCount=1,
            LPCTSTR pstrName=NULL,
            LPSECURITY_ATTRIBUTES lpsaAttributes=NULL);
```

上述各个参数的具体说明如下。

❏ lInitialCount。信号量对象的初始计数值，即可访问线程数目的初始值。

❏ lMaxCount。信号量对象计数值的最大值，该参数决定了同一时刻可访问由信号量保护的资源的线程最大数目。

注意：后两个参数在同一进程中使用一般为 NULL。

在用类 CSemaphore 的构造函数创建信号量对象时，需要同时指出允许的最大资源计数和当前可用资源计数。一般是将当前可用资源计数设置为最大资源计数，每增加一个线程对共享资源的访问，当前可用资源计数就会减 1，只要当前可用资源计数是大于 0 的，就可以发出信号量信号。但是当前可用计数减小到 0 时，则说明当前占用资源的线程数已经达到了所允许的最大数目，不能再允许其他线程的进入，此时的信号量信号将无法发出。线程在处理完共享资源后，应在离开的同时通过函数 ReleaseSemaphore()将当前可用资源数加 1。

**实例 117** 使用 CSemaphore 实现线程间同步

源码路径　光盘\daima\part16\6　　　　视频路径　光盘\视频\实例\第 16 章\117

本实例的具体实现流程如下。

（1）新建一个基于对话框的应用程序 SemaphoreDemo，在对话框 IDD_SEMAPHOREDEMO_DIALOG 上添加一个按钮 IDC_WRITE，标题为"同时写 W　D　F"。3 个编辑框的 ID 分别为 IDC_W、IDC_D 和 IDC_F，属性都选中 Read-only，并使用 ClassWizard 分别给 IDC_W、IDC_D 和 IDC_F 添加 CEdit 类变量 m_ctrlW、m_ctrlD 和 m_ctrlF。

（2）为了使用事件对象，在文件 SemaphoreDemoDlg.h 中添加相应的头文件。

```
#include "afxmt.h"
```

（3）定义事件对象和字符串数组，为了能够在不同线程间使用需要定义为全局变量。

```
CSemaphore semaphoreWrite(2,2);
char g_Array[10];
```

（4）添加 3 个线程函数，分别用来改写相应的编辑框内的文本内容，具体代码如下。

```
/////////////写W线程函数
UINT WriteWThreadProc(LPVOID pParam)
{
    CEdit *pEdit=(CEdit*)pParam;
    pEdit->SetWindowText("");
    WaitForSingleObject(semaphoreWrite.m_hObject,INFINITE);
    CString str;
    for(int i=0;i<10;i++)
    {
        pEdit->GetWindowText(str);
        g_Array[i]='W';
        str=str+g_Array[i];
        pEdit->SetWindowText(str);
        Sleep(1000);
    }
    ReleaseSemaphore(semaphoreWrite.m_hObject,1,NULL);
    return 0;
}

/////////////写D线程函数
UINT WriteDThreadProc(LPVOID pParam)
{
    CEdit *pEdit=(CEdit*)pParam;
    pEdit->SetWindowText("");
    WaitForSingleObject(semaphoreWrite.m_hObject,INFINITE);
    CString str;
    for(int i=0;i<10;i++)
    {
        pEdit->GetWindowText(str);
        g_Array[i]='D';
        str=str+g_Array[i];
        pEdit->SetWindowText(str);
        Sleep(1000);
    }
    ReleaseSemaphore(semaphoreWrite.m_hObject,1,NULL);
    return 0;
}

/////////////写F线程函数
UINT WriteFThreadProc(LPVOID pParam)
{
    CEdit *pEdit=(CEdit*)pParam;
    pEdit->SetWindowText("");
    WaitForSingleObject(semaphoreWrite.m_hObject,INFINITE);
    for(int i=0;i<10;i++)
    {
        g_Array[i]='F';
        pEdit->SetWindowText(g_Array);
        Sleep(1000);
    }
    ReleaseSemaphore(semaphoreWrite.m_hObject,1,NULL);
    return 0;
}
```

> 范例 223：用互斥对象实现不同进程的同步
>
> 源码路径：光盘\演练范例\223
>
> 视频路径：光盘\演练范例\223
>
> 范例 224：使用信号量实现线程的同步
>
> 源码路径：光盘\演练范例\224
>
> 视频路径：光盘\演练范例\224

（5）双击对话框 IDD_SEMAPHOREDEMO_DIALOG 上的 IDC_WRITE 按钮添加相应的函数，具体代码如下。

```
void CSemaphoreDemoDlg::OnWrite()
{
    // TODO: Add your control notification handler code here
    /////////创建WriteWThreadProc线程
    CWinThread *pWriteA=AfxBeginThread(WriteWThreadProc,
        &m_ctrlW,
        THREAD_PRIORITY_NORMAL,
        0,
        CREATE_SUSPENDED);
    pWriteA->ResumeThread();
    /////////创建WriteDThreadProc线程
    CWinThread *pWriteB=AfxBeginThread(WriteDThreadProc,
        &m_ctrlD,
        THREAD_PRIORITY_NORMAL,
        0,
```

```
    CREATE_SUSPENDED);
    pWriteB->ResumeThread();
    ////////创建WriteFThreadProc线程
    CWinThread *pWriteC=AfxBeginThread(WriteFThreadProc,
        &m_ctrlF,
        THREAD_PRIORITY_NORMAL,
        0,
        CREATE_SUSPENDED);
    pWriteC->ResumeThread();
}
```

编译运行后的效果如图 16-8 所示。

图 16-8　SemaphoreDemo 运行界面

### 16.3.4　线程通信

一般而言，应用程序中的一个次要线程总是为主线程执行特定的任务。这样，主线程和次要线程间必定有一个信息传递的渠道，也就是主线程和次要线程间要进行通信。这种线程之间的通信不但是难以避免的，而且在多线程编程中也是复杂和频繁的。

1. 使用全局变量进行通信

由于属于同一个进程的各个线程共享操作系统分配该进程的资源，所以解决线程间通信最简单的一种方法是使用全局变量。对于标准类型的全局变量来说，建议使用 volatile 修饰符告诉编译器无需对该变量做任何优化，即无需将它放到一个寄存器中，并且该值可被外部改变。如果线程间所需传递的信息比较复杂，可以先定义一个结构，通过传递指向该结构的指针进行传递信息。

2. 使用自定义消息

也可以通过在一个线程的执行函数中向另一个线程发送自定义的消息来达到通信的目的。一个线程向另外一个线程发送消息是通过操作系统实现的，利用 Windows 操作系统的消息驱动机制，当一个线程发出一条消息时，操作系统首先接收到该消息，然后把该消息转发给目标线程，接收消息的线程必须已经建立了消息循环。

| 实例 118 | 使用自定义消息实现线程间通信 | |
|---|---|---|
| 源码路径　光盘\daima\part16\7 | | 视频路径　光盘\视频\实例\第 16 章\118 |

本实例的具体实现流程如下。

（1）新建一个基于对话框的应用程序 ThreadsCommDemo，在对话框 IDD_THREADSCOMMDEMO_DIALOG 上添加一个按钮 IDC_BUTTON1，标题为"求数乘"；两个编辑框的 ID 分别为 IDC_Num 和 IDC_Result，分别用来输入参数和显示计算结果，并使用 ClassWizard 给 IDC_Num 添加 int 类变量 m_nAddend。

（2）利用 ClassWizard 创建一个以类 CWinThread 为基类的用户界面线程类 CCalculateThread，并添加一个自定义消息 WM_CALCULATE，具体代码如下。

```
#define WM_CALCULATE WM_USER+1
```

（3）在用户界面线程类 CCalculateThread 中添加消息 WM_CALCULATE 的响应函数，具体代码如下。

```
LONG CCalculateThread::OnCalculate(UINT wParam,LONG lParam)
{
    int nTmpt=(int)wParam;
    for(int i=1;i<(int)wParam;i++)
    {
        nTmpt=nTmpt*i;
    }
    Sleep(500);
    /////////向主线程发送消息
        ::PostMessage((HWND)(GetMainWnd()->GetSafeHwnd()),WM_
DISPLAY,nTmpt,NULL);
    return 0;
}
```

范例 225：使用多线程进行文件搜索
源码路径：光盘\演练范例\225
视频路径：光盘\演练范例\225
范例 226：获取当前系统的所有进程
源码路径：光盘\演练范例\226
视频路径：光盘\演练范例\226

（4）在类 CThreadsCommDemoDlg 中添加自定义消息 WM_DISPLAY 和响应的响应函数，具体代码如下。

```
LRESULT CThreadsCommDemoDlg::OnDisplay(WPARAM wParam,LPARAM lParam)
{
    int nTemp=(int)wParam;
    SetDlgItemInt(IDC_Result,nTemp,FALSE);
    return 0;
}
```

（5）双击对话框 IDD_THREADSCOMMDEMO_DIALOG 上的 IDC_BUTTON1 按钮，添加其响应函数，具体代码如下。

```
void CThreadsCommDemoDlg::OnButton1()
{
    // TODO: Add your control notification handler code here
    UpdateData();
    m_pCalculateThread=
        (CCalculateThread*)AfxBeginThread(RUNTIME_CLASS(CCalculateThread));
    Sleep(500);
    //////////////////向用户界面线程发送消息
    m_pCalculateThread->PostThreadMessage(WM_CALCULATE,m_nAddend,NULL);
```

编译运行后的效果如图 16-9 所示。

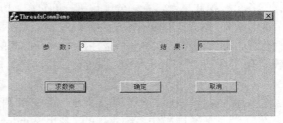

图 16-9　执行效果

# 16.4　技 术 解 惑

## 16.4.1　Visual C++ 6.0 线程同步的问题

　　虽然多线程能给开发人员带来好处，但是也需要解决不少问题。例如，像磁盘驱动器这样独占性系统资源，由于线程可以执行进程的任何代码段，并且线程的运行是由系统调度自动完成的，具有一定的不确定性。所以就有可能出现两个线程同时对磁盘驱动器进行操作，从而出现操作错误。又如，对于银行系统的计算机来说，可能使用一个线程来更新其用户数据库，而用另外一个线程来读取数据库以响应储户的需要，这会极有可能读数据库的线程读取的是未完全更新的数据库，因为可能在读的时候只有一部分数据被更新过。

　　使隶属于同一进程的各线程协调一致地工作称为线程的同步。在 MFC 中提供了多种同步对象，其中最常用的有如下 4 种。

　　❑ 临界区（CCriticalSection）。

❑ 事件（CEvent）。

❑ 互斥量（CMutex）。

❑ 信号量（CSemaphore）。

通过这些类，我们可以比较容易做到线程同步。

### 16.4.2 线程和标准的 Windows 主程序的关系

线程其实和标准的 Windows 主程序（WinMain）没什么区别，主程序其实是一个特殊的线程，称为主线程而已，其实完全可以把线程想象成和 WinMain 一起同时运行的。由于线程们在一个地址空间且同时运行，所以会造成一些麻烦。因为开发人员的编程工作都要用到别人的函数库，而他们的函数库里面往往会有很多静态或全局的状态或中间变量，有着很复杂的相互依赖关系。如果执行某个功能不串行化（所谓串行化，也就是只能等一个功能调用返回后，另一个线程才能调用，不可以同时调用），就会造成大乱。这对线程来说，有术语称同步，Windows 为我们提供了很多同步的方法，MFC 也提供了一些同步核心对象的类封装。对于某个功能调用库来说，叫线程安全，例如，MFC 的类库并不是线程安全的。

### 16.4.3 线程安全的本质

很多教材告诫我们 MFC 对象不要跨线程使用，因为 MFC 不是线程安全的。比如，CWnd 对象不要跨线程使用，可以用窗口句柄（HWND）来代替；CSocket/CAsyncSocket 对象不要跨线程使用，用 SOCKET 句柄代替。那么到底什么是线程安全呢？什么时候需要考虑？如果程序涉及多线程的话，就应该考虑线程安全问题了。比如设计的接口，将来需要在多线程环境中使用，或者需要跨线程使用某个对象时，这个就必须考虑了。关于线程安全也没什么权威定义。笔者的理解是：所提供的接口对于线程来说，是原子操作或者多个线程之间的切换不会导致该接口的执行结果存在二义性，也就是说我们不用考虑同步的问题。

通常"线程安全"由多线程对共享资源的访问引起。如果调用某个接口时需要我们自己采取同步措施来保护该接口访问的共享资源，则这样的接口不是线程安全的，MFC 和 STL 都不是线程安全的。怎样才能设计出线程安全的类或者接口呢？如果接口中访问的数据都属于私有数据，那么这样的接口是线程安全的，或者几个接口对共享数据都是只读操作，那么这样的接口也是线程安全的。如果多个接口之间有共享数据，而且有读有写的话，如果设计者自己采取了同步措施，调用者不需要考虑数据同步问题，则这样的接口是线程安全的，否则不是线程安全的。

# 第 17 章

# 网络编程技术

现在互联网已经成为了我们日常生活、学习必不可少的部分，因此，网络编程也成为应用程序开发的重要领域。本章将详细介绍在 Visual C++6.0 环境下开发各种网络应用程序的知识。

**本章内容**

▶▶ 认识 Windows Socket

▶▶ 流式套接字

▶▶ 数据报套接字编程

▶▶ 实现局域网内 IP 多播

▶▶ 利用 MFC 进行套接字编程

▶▶ WinInet 类

**技术解惑**

TCP/IP 体系结构

客户机/服务器模式介绍

# 17.1　认识 Windows Socket

知识点讲解：光盘\视频\PPT 讲解（知识点）\第 17 章\认识 Windows Socket.mp4

套接字（Socket）是计算机间进行数据通信的基础，是支持 TCP/IP 协议网络通信的基本操作单元，构成了单个主机内以及整个网络间的通信编程界面，是网络通信过程中端点的抽象表示。本节将简要讲解 Windows Socket 的基本知识。

## 17.1.1　分析网络通信基本流程

Windows Socket 是在 20 世纪 90 年代初，为了方便网络编程，微软联合其他几家公司共同制定的一套 Windows 下的网络编程接口，它不是一种网络协议，而是一套开放的、支持多种协议的网络编程接口。现在的 Winsock 已经基本上实现了与协议无关，读者可以使用 Winsock 来调用多种协议的功能。

要通过互联网进行通信，用户至少需要一对套接字，其中一个运行于客户机端，我们称之为 ClientSocket，另一个运行于服务器端，我们称之为 ServerSocket。根据网络通信的特点，套接字可以分为流式套接字和数据报套接字两类。套接字之间的连接过程可以分为如下 3 个步骤。

- ❑ 服务器监听。
- ❑ 客户端请求。
- ❑ 连接确认。

上述 3 个步骤的具体说明如图 17-1 所示。

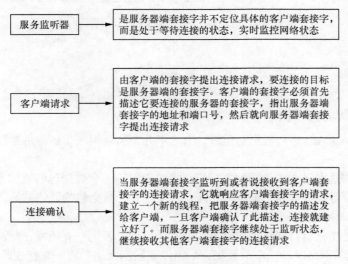

图 17-1　套接字之间的连接过程

## 17.1.2　搭建开发环境

当在 Visual C++ 6.0 环境下进行 Winsock 的 API 编程开发时，需要在项目中导入以下 3 个文件，否则会出现编译错误。

（1）WINSOCK.h。WINSOCK API 的头文件，需要包含在项目中。

（2）WSOCK32.lib。WINSOCK API 连接库文件，使用时一定要把它作为项目的非缺省的连接库包含到项目文件中去。

（3）WINSOCK.dll。WINSOCK 的动态连接库，位于 Windows 的安装目录下。

### 17.1.3　几种常用的数据结构

套接字是网络通信过程中端点的抽象表示，在实现中以句柄的形式创建，包含了进行网络通信必需的 5 种信息：连接使用的协议、本地主机的 IP 地址、本地进程的协议端口、远地主机的 IP 地址和远地进程的协议端口。WinSock 编程中常用的数据结构有 sockaddr_in 和 in_addr。

（1）sockaddr_in 结构。WinSock 通过 sockaddr_in 结构对有关 Socket 的信息进行了封装。

```
struct sockaddr_in{
        short           sin_family;
        unsigned        short sin_port;
        IN_ADDR         sin_addr;
        char            sin_zero[8];
    };
```

上述各个参数的具体说明如下。

❑ sin_family。它是指网络中标识不同设备时使用的地址类型，对于 IP 地址，它的类型是 AF_INET。

❑ sin_port。它是指 Socket 对应的端口号。

❑ sin_addr。它是一个结构，将 IP 进行了封装。

❑ sin_zero。它是一个用来填充结构的数组，字符全为 0，这个结构对于不同地址类型可以相同的大小。

（2）in_addr 结构。in_addr 结构对 IP 地址进行了封装，既可以用 4 个单字节数表示，也可以转换为两个双字节数表示或一个四字节数表示。这样定义是为了方便使用，例如，在程序中初始化 IP 时，可以传入 4 个单字节整数，而在函数间传递这个值时，可以将其转换成一个四字节整数使用。

```
struct in_addr {
        union {
                struct { u_char s_b1,s_b2,s_b3,s_b4; } S_un_b;
                struct { u_short s_w1,s_w2; }           S_un_w;
                u_long                                  S_addr;
        } S_un;
};
```

### 17.1.4　需要了解的两个概念

在利用 WinSock API 进行数据通信时，有如下几个需要深入了解的重要概念。

1. 同步、异步

同步方式指的是发送方不等接收方响应，便接着发下一个数据包的通信方式。而异步指发送方发出数据后，等收到接收方发回的响应，才发下一个数据包的通信方式。

2. 阻塞、非阻塞

阻塞套接字是指在执行网络调用时直到成功才返回，否则一直阻塞在此网络调用上，比如调用函数 recv() 读取网络缓冲区中的数据，如果没有数据到达，将一直挂在函数 recv() 调用上，直到读到一些数据时此函数调用才返回。而非阻塞套接字是指执行此套接字的网络调用时，不管是否执行成功，都立即返回。比如函数调用 recv() 读取网络缓冲区中数据，不管是否读到数据都立即返回，而不会一直挂在此函数调用上。在实际 Windows 网络通信软件开发中，异步非阻塞套接字是用的最多的。

## 17.2　流式套接字

知识点讲解：光盘\视频\PPT 讲解（知识点）\第 17 章\流式套接字.mp4

通过前面的学习，我们已经了解到网络数据的传输是通过套接字实现的。套接字有 3 种类型，分别是流式套接字（SOCK_STREAM）、数据报套接字（SOCK_DGRAM）和原始套接字(RAW)。为什么要用流来表示，这是因为其资深特点所决定的。本节将详细讲解流式套接字的基本知识。

## 17.2.1　流式套接字编程模型

流式套接字是面向连接的，提供双向、有序、无重复且无记录边界的数据流服务，适用于处理大量数据，可靠性高，但开销也大。流式套接字编程模型如图 17-2 所示。

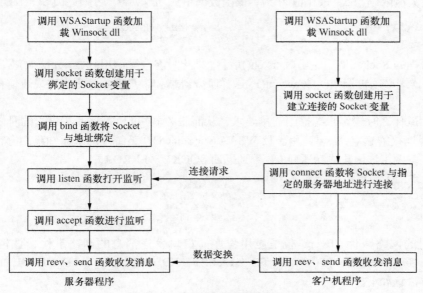

图 17-2　流式套接字编程模型

**1．服务器端编程步骤**

（1）在初始化阶段调用函数 WSAStartup()。此函数在应用程序中初始化 Windows Sockets DLL，只有调用此函数成功后，应用程序才可以再调用其他 Windows Sockets DLL 中的 API 函数。在程序中调用该函数的格式如下。

```
int WSAStartup(
    WORD          wVersionRequested,    //////所使用WinSocket版本
    LPWSADATA     lpWSAData             //////存储系统返回的WinSocket信息
);
```

（2）建立 Socket。初始化 WinSock 的动态连接库后，需要在服务器端建立一个监听 Socket，为此可以调用函数 Socket()建立这个监听的 Socket，并定义此 Socket 所使用的通信协议。

```
SOCKET socket(
    int  af,                           /////////目前只提供 PF_INET(AF_INET)
    int t ype,                         //////// Socket 的类型（SOCK_STREAM、SOCK_DGRAM）
    int  protocol                      ////////通信协议(如果使用者不指定则设为0)
);
```

如果调用此函数成功则返回 Socket 对象，失败则返回 INVALID_SOCKET。如果要建立的是遵从 TCP/IP 协议的 socket，第二个参数 type 应为 SOCK_STREAM。如果为 UDP（数据报）的 socket，应为 SOCK_DGRAM。

（3）绑定端口。接下来要为服务器端定义的监听 Socket 指定一个地址及端口（Port），这样客户端才知道待会要连接哪一个地址的哪个端口，为此需要调用函数 bind()，调用该函数成功则返回 0，否则返回 SOCKET_ERROR。

```
int bind(
    SOCKET   s,                        ////// Socket对象名
    const    struct sockaddr FAR* name, ////// Socket的地址值，即所在机器的IP地址
```

359

```
    int        namelen                        ///////// name的长度
);
```

如果使用者不在意地址或端口的值，那么可以设定地址为 INADDR_ANY，即 Port 为 0。Windows Sockets 会自动将其设定适当之地址及 Port (1024 到 5000 之间的值)，此后可以调用函数 getsockname() 来获知其被设定的值。

（4）监听。当服务器端的 Socket 对象绑定完成之后，必须建立一个监听的队列来接收客户端的连接请求。函数 listen() 使服务器端的 Socket 进入监听状态，并设定可以建立的最大连接数（目前最大值限制为 5，最小值为 1）。该函数调用成功返回 0，否则返回 SOCKET_ERROR。

```
int listen(
    SOCKET     s,                        /////////需要建立监听的Socket
    int        backlog                   /////////最大连接个数
);
```

服务器端的 Socket 调用完函数 listen() 后，如果此时客户端调用函数 connect() 提出连接申请的话，服务器端必须再调用函数 accept()，这样服务器端和客户端才算正式完成通信程序的连接动作。

为了知道什么时候客户端提出连接要求，从而服务器端的 Socket 在恰当的时候调用函数 accept() 完成连接的建立，需要使用函数 WSAAsyncSelect() 让系统主动来通知我们有客户端提出连接请求了。调用该函数成功返回 0，否则返回 SOCKET_ERROR。

```
int WSAAsyncSelect(
    SOCKET      s,                       ///////// Socket 对象
    HWND        hWnd,                    /////////接收消息的窗口句柄
    unsigned int wMsg,                   /////////传给窗口的消息
    long        lEvent                   /////////被注册的网络事件
);
```

被注册的网络事件 lEvent 就是应用程序向窗口发送消息的网路事件，该值为下列值 FD_READ、FD_WRITE、FD_OOB、FD_ACCEPT、FD_CONNECT、FD_CLOSE 的组合，各个值的具体含意如下。

- ❏　FD_READ。希望在套接字 S 收到数据时收到消息。
- ❏　FD_WRITE。希望在套接字 S 上可以发送数据时收到消息。
- ❏　FD_ACCEPT。希望在套接字 S 上收到连接请求时收到消息。
- ❏　FD_CONNECT。希望在套接字 S 上连接成功时收到消息。
- ❏　FD_CLOSE。希望在套接字 S 上连接关闭时收到消息。
- ❏　FD_OOB。希望在套接字 S 上收到带外数据时收到消息。

在具体应用时，wMsg 是在应用程序中定义的消息名称，而消息结构中的 lParam 则为以上各种网络事件名称。所以可以在窗口处理自定义消息函数中，使用以下结构来响应 Socket 的不同事件。

```
switch(lParam) {
    case FD_READ:
        …
            break;
    case FD_WRITE、
        …
    break;
    …
}
```

（5）服务器端接收客户端的连接请求。当 Client 提出连接请求时，Server 端 hwnd 窗口会收到 Winsock Stack 送来我们自定义的一个消息，这时可以分析 lParam，然后调用相关的函数来处理此事件。为了使服务器端接收客户端的连接请求，就要使用函数 accept()，该函数新建一个 Socket 与客户端的 Socket 相通，原先监听的 Socket 继续进入监听状态，等待其他客户端的连接要求。该函数调用成功返回一个新产生的 Socket 对象，否则返回 INVALID_SOCKET。

```
SOCKET accept(
    SOCKET                     s,              ///////// Socket的识别码
```

```
        struct sockaddr FAR*        addr,                   /////////存放连接的客户端地址
        int FAR*                    addrlen                 ///////// 地址长度
);
```

（6）结束 socket 连接。结束服务器和客户端的通信连接是很简单的，这一过程可以由服务器或客户机的任一端启动，只要调用函数 closesocket() 就可以了。而要关闭 Server 端监听状态的 socket，同样也是利用此函数。另外，与程序启动时调用函数 WSAStartup() 相对应，程序结束前，需要调用函数 WSACleanup() 来通知 Winsock Stack 释放 Socket 所占用的资源。这两个函数都是调用成功返回 0，否则返回 SOCKET_ERROR。

```
int closesocket(
        SOCKET      s;                                      ///////// Socket的识别码
);
```

（7）最后调用函数 WSACleanup。

```
int WSACleanup (void);
```

2．客户端编程步骤

（1）建立客户端的 Socket。客户端应用程序首先也是调用函数 WSAStartup() 来与 Winsock 的动态连接库建立关系，然后同样调用函数 socket() 来建立一个 TCP 或 UDP socket（相同协定的 sockets 才能相通，TCP 对 TCP，UDP 对 UDP）。与服务器端的 socket 不同的是，客户端的 socket 可以调用函数 bind()，由自己来指定 IP 地址及 port 号码；但是也可以不调用函数 bind()，而由 Winsock 来自动设定 IP 地址及 port 号码。

（2）提出连接申请。客户端的 Socket 使用函数 connect() 来提出与服务器端的 Socket 建立连接的申请，函数调用成功返回 0，否则返回 SOCKET_ERROR。

```
int connect(
        SOCKET                      s,          ///////// 服务器端Socket的识别码
        const struct sockaddr FAR*  name,       ///////// Socket想要连接的对方地址
        int                         namelen     ///////// 地址长度
);
```

作为客户的监控程序，其实现过程要比服务器简单许多。由于需要接收数据，因此在异步选择函数中需要设定待监测的网络事件为 FD_CLOSE 和 FD_READ。在消息响应函数中可以通过对消息参数的低位字节进行判断而区分出具体发生是何种网络事件，并对其做出响应。

3．数据的传送

基于 TCP/IP 连接协议（流式套接字）的服务是设计客户机/服务器应用程序时的主流标准，但有些服务是可以通过无连接协议（数据报套接字）提供的。在一般情况下，TCP Socket 的数据发送和接收是调用函数 send() 及函数 recv() 这来达成的，而 UDP Socket 则使用函数 sendto() 及函数 recvfrom()，这两个函数调用成功发挥发送或接收的资料的长度，否则返回 SOCKET_ERROR。

```
int send(
        SOCKET          s,                      ///////// Socket的识别码
        const char FAR* buf,                    ///////// 存放要传送的资料的暂存区
        int             len,                    ///////// buf的长度
        int f           lags                    ///////// 此函数被调用的方式
);
```

对于 Datagram Socket 而言，如果 datagram 的大小超过限制则不会送出任何资料，并会传回错误值。

对 Stream Socket 而言，在 Blocking 模式下，如果传送系统内的储存空间不够存放这些要传送的资料，send() 将会被 block 住，直到资料送完为止。如果该 Socket 被设定为 Non-Blocking 模式，那么将视目前的 output buffer 空间有多少，就送出多少资料，并不会被 block 住。

flags 的值可以设置为 0 或 MSG_DONTROUTE 及 MSG_OOB 的组合。

```
int recv(
        SOCKET          s,              ///////// Socket的识别码
        char FAR*       buf,            ///////// 存放接收到资料的暂存区
```

```
int              len,               ////////// buf的长度
int              flags;             ////////// 此函数被调用的方式
);
```

## 17.2.2　利用流式套接字传输数据文件

由于流式套接字是面向连接的、可靠性高，因此可以用来传输数据文件。

| 实例 119 | 用 WinSock API 实现流式套接字的网络通信 |
| --- | --- |
| 源码路径　光盘\daima\part17\1 | 视频路径　光盘\视频\实例\第 17 章\119 |

本实例的功能是，利用流式套接字实现数据文件的传输。本实例的实现程序包括服务器端和客户端两部分，其中服务器端的实现流程如下。

（1）新创建一个基于对话框的应用程序 StreamSocketServerDemo，在对话框上 IDD_STREAMSOCKETSERVERDEMO_DIALOG 上添加一个编辑框，用来输入服务器的监听端口，并修改"确定""取消"按钮的标题为"启动""关闭"。

（2）双击"启动"按钮，添加如下代码，实现初始化网络和启动服务器监听的功能。

```
void CStreamSocketServerDemoDlg::OnOK()
{
    // TODO: Add extra validation here
    WSADATA wsaData;
    //初始化TCP协议
    BOOL ret = WSAStartup(MAKEWORD(2,2), &wsaData);
    if(ret != 0)
    {
        MessageBox("初始化网络协议失败!");
        return;
    }
    //创建服务器端套接字
    ServerSock = socket(AF_INET, SOCK_STREAM, IPPROTO_TCP);
    if(ServerSock == INVALID_SOCKET)
    {
        MessageBox("创建失败!");
        closesocket(ServerSock);
        WSACleanup();
        return;
    }
    //绑定到本地一个端口上
    sockaddr_in localaddr;
    localaddr.sin_family = AF_INET;
    localaddr.sin_port = htons(6000);              //端口号不要与其他应用程序冲突
    localaddr.sin_addr.s_addr = 0;
    if(bind(ServerSock ,(struct sockaddr*)&localaddr,sizeof(sockaddr)) == SOCKET_ERROR)
    {
        MessageBox("绑定地址失败!");
        closesocket(ServerSock);
        WSACleanup();
        return;
    }
    //将SeverSock设置为异步非阻塞模式，并为它注册各种网络异步事件
    //m_hWnd为应用程序的主对话框或主窗口的句柄
    if(WSAAsyncSelect(ServerSock, m_hWnd, NETWORK_EVENT,
        FD_ACCEPT | FD_CLOSE | FD_READ | FD_WRITE) == SOCKET_ERROR)
    {
        MessageBox("注册失败!");
        WSACleanup();
        return;
    }
    listen(ServerSock, 31);                        //设置为侦听模式，最多要31个连接
    MessageBox("服务启动成功! ");
}
```

范例 227：用 CasyncSocket 实现 UDP 通信
源码路径：光盘\演练范例\227
视频路径：光盘\演练范例\227
范例 228：用 CSocket 实现 TCP 通信
源码路径：光盘\演练范例\228
视频路径：光盘\演练范例\228

（3）注册自定义消息 NETWORK_EVENT，并添加其响应处理函数 OnNetEvent(WPARAM wParam, LPARAM lParam)。具体代码如下。

```
void CStreamSocketServerDemoDlg::OnNetEvent (WPARAM wParam, LPARAM lParam)
{
    int iEvent = WSAGETSELECTEVENT(lParam);        //调用Winsock API函数，得到网络事件类型
    SOCKET CurSock= (SOCKET)wParam;                //调用Winsock API函数，得到此事件的客户端套接字
```

```
    switch(iEvent)
    {
    case FD_ACCEPT:              //客户端连接请求事件
        TRACE("GET CLIENT CALL！\n");
        OnAccept(CurSock);
        break;
    case FD_CLOSE:              //客户端断开事件
        OnClose(CurSock);
        break;
    case FD_READ:              //网络数据包到达事件
        OnReceive(CurSock);
        break;
    case FD_WRITE:              //发送网络数据事件
        break;
    default: break;
    }
}
```

（4）添加客户端连接请求事件的处理函数 OnAccept(SOCKET CurSock)，具体代码如下。

```
void CStreamSocketServerDemoDlg::OnAccept(SOCKET CurSock)
{
    SOCKET TempSock;
    struct sockaddr_in ConSocketAddr;
    int addrlen;
    addrlen=sizeof(ConSocketAddr);
    TempSock=accept(CurSock,(struct sockaddr *)&ConSocketAddr,&addrlen);
    if(ConnectSock==INVALID_SOCKET)
    {
        MessageBox("INVALID_SOCKET");
    }
    TRACE("建立新连接，socket:%d \n",TempSock);
    inet_ntoa(ConSocketAddr.sin_addr);
    ConnectSock=TempSock;
    char* filename="C:\\001.doc";
    if (!SendFile(filename,ConnectSock))
    {
        MessageBox("发送失败！");
    }
}
```

（5）添加发送数据文件函数 SendFile(char* name,SOCKET conn)，具体代码如下。

```
//////发送文件的函数，由主调函数传送文件名和相关套接字，对打文件进行分块传送
BOOL CStreamSocketServerDemoDlg::SendFile(char* name,SOCKET conn)
{
    char* FileName=name;
    SOCKET TcpConn=conn;
    CFile file;
    if(!file.Open (FileName,CFile::modeRead))
    {
        printf("打开%s失败！\n",FileName);
        return FALSE;
    }
    int NumBytes;                      //用来保存每次传送的数据块大小
    UINT Total=0;                      //用来保存套接字已经传送的总的字节数
    int BufSize=1024;                  //发送缓冲区大小
    int Size=BufSize;                  //读取文件的大小
    LPBYTE pBuf=new BYTE[BufSize];     //发送缓冲区
    DWORD dwTemp=0;
    UINT FileLength=file.GetLength();  //得到文件大小，并发送出去
    send(TcpConn,(char*)&FileLength,4,0);
    file.SeekToBegin();
    while(Total<FileLength)
    {
        if((int)FileLength-Total<Size)
        {
            Size=FileLength-Total;
        }
        Size=file.Read(pBuf,Size);
        NumBytes=send(TcpConn,(char*)pBuf,Size,0);
        if(NumBytes==SOCKET_ERROR)
        {
    //      printf("发送失败\n");
            send(TcpConn,"ERROR",sizeof("ERROR")+1,0);
            return FALSE;
```

```
            }
            Total+=NumBytes;
            file.Seek(Total,CFile::begin);
        }
        delete[] pBuf;
        file.Close();
        closesocket(TcpConn);
        return TRUE;
```

本实例中客户端的具体实现流程如下。

（1）新建一个基于对话框的应用程序 StreamSocketClientDemo，在对话框 IDD_STREAM SOCKETCLIENTDEMO_DIALOG 上添加一个 IP 地址输入控件 m_CtrlIPAddress 和端口输入编辑框 m_iPort，并修改"确定""取消"按钮的标题为"连接"和"关闭"。

（2）双击"连接"按钮编写如下代码，功能是初始化网络环境，然后连接服务器并接受文件传输。

```
void CStreamSocketClientDemoDlg::OnOK()
{
    UpdateData(FALSE);
    WORD wVersionRequested;
    WSADATA wsaData;
    int err;
    wVersionRequested = MAKEWORD( 1,1 );
    err = WSAStartup( wVersionRequested, &wsaData );
    if ( err != 0 )
    {
        return;
    }
    if ( LOBYTE( wsaData.wVersion ) != 1 ||HIBYTE( wsaData.wVersion ) != 1 )
    {
        WSACleanup( );
        return;
    }
    SOCKET TcpClient=socket(AF_INET,SOCK_STREAM,0);
    SOCKADDR_IN SerAddr;                                        //服务器端的地址信息
    SerAddr.sin_addr.S_un.S_addr =inet_addr("25.20.209.103");
    SerAddr.sin_family =AF_INET;
    SerAddr.sin_port=htons(m_iPort);
    connect(TcpClient,(SOCKADDR*)&SerAddr,sizeof(SOCKADDR));    //与服务器端建立连接
    long FileLength;
    recv(TcpClient,(char*)&FileLength,sizeof(long),0);
    if (RecvFile("C:\\003.doc",TcpClient,FileLength))
    {
        MessageBox("传输结束");
    }
    else
        MessageBox("传输失败");
}
```

（3）添加接收文件函数 RecvFile(char* name,SOCKET conn,UINT filelen)，具体代码如下。

```
BOOL CStreamSocketClientDemoDlg::RecvFile(char* name,SOCKET conn,UINT filelen)
{
    char* FileName=name;
    SOCKET client=conn;
    CFile file;
    if(!file.Open (FileName,CFile::modeCreate|CFile::modeWrite))
    {
        printf("打开%s失败！\n",FileName);
        return FALSE;
    }
    int NumBytes;                          //用来保存每次接收的数据块大小
    UINT Total=0;                          //用来保存套接字已经接收的总的字节数
    int BufSize=1024;                      //接收缓冲区大小
    int Size=BufSize;                      //写文件的大小
    LPBYTE pBuf=new BYTE[BufSize];         //接收缓冲区
    DWORD dwTemp=0;
    file.SeekToBegin();
    while(Total<filelen)
    {
        if((int)filelen-Total<Size)
```

```
        {
            Size=filelen-Total;
        }
        NumBytes=recv(client,(char*)pBuf,Size,0);
        if(NumBytes==SOCKET_ERROR)
        {
            printf("接收失败\n");
            return FALSE;
        }
        file.Write(pBuf,NumBytes);
        Total+=NumBytes;
        file.Seek(Total,CFile::begin);
    }
    delete[] pBuf;
    file.Close();
    closesocket(client);
    return TRUE;
}
```

编译运行后，图 17-3 为服务器端运行界面，图 17-4 为客户端运行界面。

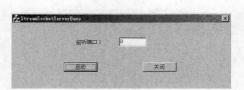

图 17-3　服务器端运行界面

图 17-4　客户端运行界面

# 17.3　数据报套接字编程

📀 知识点讲解：光盘\视频\PPT 讲解（知识点）\第 17 章\数据报套接字编程.mp4

　　数据报套接字[Datagram (UDP) Socket]提供双向的通信，但没有可靠、有次序、不重复的保证，所以 UDP 传送数据可能会收到无次序、重复的信息，甚至信息在传输过程中出现遗漏，但是传输效率较高，在网络上仍然有很多应用。TCP 和 UDP 两者之间应该有区别的，具体区别如图 17-5 所示。

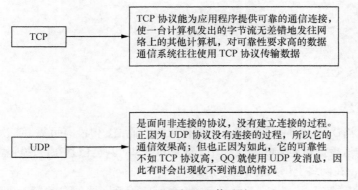

图 17-5　TCP 和 UDP 的区别

## 17.3.1　编程模型

　　数据报套接字的编程模型如图 17-6 所示。

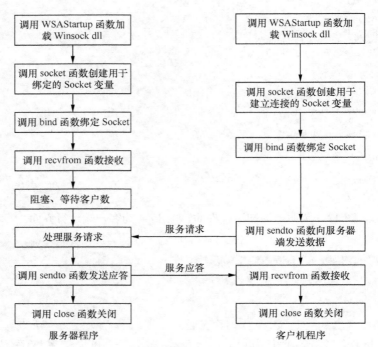

图 17-6　数据报套接字编程模型

与流式套接字编程的主要区别在于，在数据传输过程中使用的是函数 sendto() 及函数 recvfrom()。其中函数 sendto() 的结构如下。

```
int sendto(
    SOCKET s,
    const char FAR* buf,
    int len,
    int flags,
    const struct sockaddr FAR* to,
    int tolen
);
```

函数 recvfrom() 的结构如下。

```
int recvfrom(
    SOCKET s,
    char FAR* buf,
    int len,
    int flags,
    struct sockaddr FAR* from,
    int FAR* fromlen
);
```

### 17.3.2　传输消息

数据报套接字[Datagram (UDP) Socket]提供双向的通信，但没有可靠、有次序、不重复的保证，所以 UDP 传送数据可能会收到无次序、重复的信息，甚至信息在传输过程中出现遗漏，但是传输效率较高，在网络上仍然有很多应用。

| 实例 120 | 利用数据报传输套接字消息 | |
|---|---|---|
| | 源码路径　光盘\daima\part17\2 | 视频路径　光盘\视频\实例\第 17 章\120 |

本实例的具体实现流程如下。

（1）新建一个控制台应用程序 UDPSocketServerDemo，并添加如下代码。

```
void main()
{
  SOCKET socket1;
  InitWinsock();
  struct sockaddr_in local;
  struct sockaddr_in from;
  int fromlen =sizeof(from);
  local.sin_family=AF_INET;
  local.sin_port=htons(1000);                                      ///监听端口
  local.sin_addr.s_addr=INADDR_ANY;                                ///本机
  socket1=socket(AF_INET,SOCK_DGRAM,0);
  bind(socket1,(struct sockaddr*)&local,sizeof local);
  while (1)
  {
      char buffer[1024]="\0";
      printf("waiting for message from others-------------\n");
      if (recvfrom(socket1,buffer,sizeof buffer,0,(struct sockaddr*)&from,&fromlen)!=SOCKET_ERROR)
      {
          printf("Received datagram from %s--%s\n",inet_ntoa(from.sin_addr),buffer);
          ////给cilent发信息
          sendto(socket1,buffer,sizeof buffer,0,(struct sockaddr*)&from,fromlen);
      }
      Sleep(500);
  }
closesocket(socket1);
}
```

> 范例 229：CS 结构信息转发器的实现服务器
> 源码路径：光盘\演练范例\229
> 视频路径：光盘\演练范例\229
> 范例 230：CS 结构信息转发器的实现客户端
> 源码路径：光盘\演练范例\230
> 视频路径：光盘\演练范例\230

（2）新建一个控制台应用程序 UDPSocketClientDemo，并添加如下代码。

```
void main()
{
  SOCKET socket1;
  InitWinsock();
  struct sockaddr_in server;
  int len =sizeof(server);
  server.sin_family=AF_INET;
  server.sin_port=htons(1000);                                     ///server的监听端口
  server.sin_addr.s_addr=inet_addr("168.0.0.10");                  ///server的地址
  socket1=socket(AF_INET,SOCK_DGRAM,0);
  while (1)
  {
      char buffer[1024]="\0";
      printf("input message\n");
      scanf("%s",buffer);
      if (strcmp(buffer,"bye")==0)
      break;
      if (sendto(socket1,buffer,sizeof buffer,0,(struct sockaddr*)&server,len)!=SOCKET_ERROR)
      {
        if (recvfrom(socket1,buffer,sizeof buffer,0,(struct sockaddr*)&server,&len) != SOCKET_ERROR)
          printf("rece from server:%s\n",buffer);
      }
  }
  closesocket(socket1);
}
```

# 17.4  实现局域网内 IP 多播

知识点讲解：光盘\视频\PPT 讲解（知识点）\第 17 章\实现局域网内 IP 多播.mp4

在局域网中，管理员常常需要将某条信息发送给一组用户。如果使用一对一的发送方法，虽然是可行的，但是过于麻烦，也常会出现漏发、错发问题。为了更有效地解决这种组通信问题，出现了一种多播技术（也常称为组播通信），它是基于 IP 层的通信技术。在本节内容中，将详细讲解多播通信的基本原理与实现方法。具体如图 17-7 所示。

## 17.4.1  IP 多播

众所周知，普通 IP 通信是在一个发送者和一个接收者之间进行的，我们常把它称为点对点的通信，但对于有些应用，这种点对点的通信模式不能有效地满足实际应用的需求。例如，一个数字电话会议系统由多个会场组成，当在其中一个会场的参会人发言时，要求其他会场都能即时的得到此发言的内容，这是一个典型的一对多的通信应用，通常把这种一对多的通信称为多播通信。

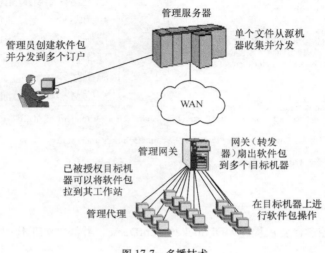

图 17-7　多播技术

采用多播通信技术，不仅可以实现一个发送者和多个接收者之间进行通信的功能，而且可以有效减轻网络通信的负担，避免资源的无谓浪费。

广播也是一种一对多数据通信的实现模式，但广播与多播在实现方式上有所不同。广播是将数据从一个工作站发出，局域网内的其他所有工作站都能收到它。这一特征适用于无连接协议，因为局域网内的所有机器都可获得并处理广播消息。使用广播消息的不利之处是每台机器都必须对该消息进行处理。多播通信则不同，数据从一个工作站发出后，如果在其他局域网内的机器上面运行的进程表示对这些数据"有兴趣"，多播数据才会发送给它们。

1．协议支持

并不是所有的协议都支持多播通信，对 Win32 平台而言，仅有两种可从 WinSock 内访问的协议（IP/ATM）才提供了对多播通信的支持。由于通常通信应用都建立在 TCP/IP 协议之上的，所以本文只针对 IP 协议来探讨多播通信技术。

支持多播通信的平台包括 Windows CE 2.1、Windows 95、Windows 98、Windows NT 4、Windows 2000 和 WindowsXP。自 2.1 版开始，Windows CE 才开始实现对 IP 多播的支持。

2．多播地址

IP 协议采用 D 类地址来支持多播通信。每个 D 类地址代表一组主机。共有 28 位可用来标识小组。所以可以同时有多达 25 亿个小组。当一个进程向一个 D 类地址发送消息时，会尽最大的努力将它送给小组的所有成员，但不能保证全部送到，有些成员可能收不到这个信息。例如，假定 5 个节点都想通过 IP 多播，实现彼此间的通信，它们便可加入同一个组地址，全部加入之后，由一个节点发出的任何数据均会一模一样地复制一份，发给组内的每个成员，甚至包括始发数据的那个节点。

D 类 I P 地址范围为 244.0.0.0~239.255.255.255。它分为两类：永久地址和临时地址。永久地址是为特殊用途而保留的。比如，244.0.0.0 根本没有使用（也不能使用），244.0.0.1 代表子网内的所有系统（主机），而 244.0.0.2 代表子网内的所有路由器。在 RFC 1700 文件中，提供了所有保留地址的一个详细清单。该文件是为特殊用途保留的所有资源的一个列表，大家可以找来作为参考。"Internet 分配数字专家组"（IANA）负责着这个列表的维护。在表 17-1 中，我们总结了目前标定为"保留"的一些地址。临时组地址在使用前必须先创建，一个进程可以要求其主机加入特定的组，它也能要求其主机脱离该组。当主机上的最后一个进程脱离某个组后，该组地址就不再在这台主机中出现。每个主机都要记录它的进程当前属于哪个组。

**表 17-1**　　　　　　　　　　　　　　部分永久地址说明

| 地　　址 | 说　　明 | 地　　址 | 说　　明 |
|---|---|---|---|
| 244.0.0.1 | 基本地址（保留） | 244.　0.0.6 | 子网上所有指定的 OSPF 路由器 |
| 244.0.0.1 | 子网上的所有系统 | 244.0.0.9 | RIP 第 2 版本组地址 |
| 244.0.0.2 | 子网上的所有路由器 | 244.0.1.1 | 网络时间协议 |
| 244.0.0.5 | 子网上所有 OSPF 路由器 | 244.0.1.24 | WINS 服务器组地址 |

**3. 多播路由器**

多播通信是由特殊的多播路由器来实现的，多播路由器同时也可以是普通路由器。各个多播路由器每分钟发送一个硬件多播信息给子网上的主机(目的地址为 244.0.0.1)，要求它们报告其进程当前所属的是哪一组，各主机将它感兴趣的 D 类地址返回。这些询问和响应分组使用 IGMP（Internet group management protocol），它大致类似于 ICMP。它只有两种分组：询问和响应，都有一个简单的固定格式，其中，有效载荷字段的第一个字段是一些控制信息，第二字段是一个 D 类地址，在 RFC1112 中有详细说明。

多播路由器的选择是通过生成树来实现的，每个多播路由器采用修改过的距离矢量协议和其邻居交换信息，以便向每个路由器为每一组构造一个覆盖所有组员的生成树。在修剪生成树及删除无关路由器和网络时，用到了很多优化方法。

**4. 库支持**

WinSock 提供了实现多播通信的 API 函数调用。针对 IP 多播，WinSock 提供了两种不同的实现方法，具体取决于使用的是哪个版本的 WinSock。

第一种方法是 WinSock1 提供的，在 WinSock1 平台上加入多播组需要调用 setsockopt 函数，同时设置 IP_ADD_MEMBERSHIP 选项，指定想要加入的那个组的地址结构。

另一种方法是 WinSock2 提供的，它是引入一个新函数，专门负责多播组的加入，这个函数便是 WSAJoinLeaf，它是与基层协议是无关的，此函数的语法格式如下。

```
SOCKET WSAJoinLeaf( SOCKET s, const struct sockaddr FAR *name, int namelen,
                    LPWSABUF lpCallerData, LPWSABUF lpCalleeData,
                    LPQOS lpSQOS, LPQOS lpGQOS, DWORD dwFlags );
```

上述各个参数的具体说明如下。

（1）s。代表一个套接字句柄，是自 WSASocket 返回的。传递进来的这个套接字必须使用恰当的多播标志进行创建；否则的话 WSAJoinLeaf 就会失败，并返回错误 WSAEINVAL。

（2）SOCKADDR。套接字地址结构，具体内容由当前采用的协议决定，对于 IP 协议来说，这个地址指定的是主机打算加入的那个多播组。

（3）namelen。名字长度，是用于指定 name 参数的长度，以字节为单位。

（4）lpCallerData。呼叫者数据，作用是在会话建立之后，将一个数据缓冲区传输给自己通信的对方。

（5）lpCalleeData。被叫者数据，用于初始化一个缓冲区，在会话建好之后，接收来自对方的数据。注意：在当前的 Windows 平台上，lpCallerData 和 lpCalleeData 这两个参数并未真正实现，所以均应设为 NULL。LpSQOS 和 lpGQOS 这两个参数是有关 Qos（服务质量）的设置，通常也设为 NULL，有关 Qos 内容请参阅 MSDN 或有关书籍。

（6）dwFlags。指出该主机是发送数据、接收数据或收发兼并。该参数可选值分别是：

JL_SENDER_ONLY、JL_RECEIVER_ONLY 或者 JL_BOTH。

## 17.4.2　实现多播通信

在实现多播通信时，接收端的基本流程如下。

（1）创建一个 SOCK_DGRAM 类型的 Socket。

（2）将此 Socket 绑定到本地的一个端口上，为了接收服务器端发送的多播数据。

（3）加入多播组。

（4）接收多播数据。

在实现多播通信时，发送端的基本流程如下。

（1）创建一个 SOCK_DGRAM 类型的 Socket。

（2）加入多播组。

（3）发送多播数据。

| 实例 121 | 使用 WinSock API 实现多播通信 |
|---|---|
| 源码路径　光盘\daima\part17\3 | 视频路径　光盘\视频\实例\第 17 章\121 |

本实例的具体实现流程如下。

（1）新建一个控制台应用程序 Receiver，用来作为多播通信的接收端，具体代码如下。

```
/////////////////////////////////////////////////////////Receiver.c程序代码
#include "stdafx.h"
#include <winsock2.h>
#include <ws2tcpip.h>
#include <stdio.h>
#include <stdlib.h>
#define MCASTADDR "233.0.0.1"          //本例使用的多播组地址。
#define MCASTPORT 5150                 //绑定的本地端口号。
#define BUFSIZE 1024                   //接收数据缓冲大小。

int main( int argc,char ** argv)
{
    WSADATA wsd;
    struct sockaddr_in local,remote,from;
    SOCKET sock,sockM;
    TCHAR recvbuf[BUFSIZE];
    int len = sizeof( struct sockaddr_in);
    int ret;
    //初始化WinSock2.2
    if( WSAStartup( MAKEWORD(2,2),&wsd) != 0 )
    {
        printf("WSAStartup() failed\n");
        return -1;
    }
    if((sock=WSASocket(AF_INET,SOCK_DGRAM,0,NULL,0,WSA_FLAG_MULTIPOINT_C_LEAF|WSA_FLAG_
MULTIPOINT_D_LEAF|WSA_FLAG_OVERLAPPED)) == INVALID_SOCKET)
    {
        printf("socket failed with:%d\n",WSAGetLastError());
        WSACleanup();
        return -1;
    }
    //将sock绑定到本机某端口上
    local.sin_family = AF_INET;
    local.sin_port = htons(MCASTPORT);
    local.sin_addr.s_addr = INADDR_ANY;
    if( bind(sock,(struct sockaddr*)&local,sizeof(local)) == SOCKET_ERROR )
    {
        printf( "bind failed with:%d \n",WSAGetLastError());
        closesocket(sock);
        WSACleanup();
        return -1;
    }
    //加入多播组
    remote.sin_family = AF_INET;
    remote.sin_port = htons(MCASTPORT);
```

范例 231：多人在线网络聊天室的服务器端

源码路径：光盘\演练范例\231

视频路径：光盘\演练范例\231

范例 232：多人在线网络聊天室的客户端

源码路径：光盘\演练范例\232

视频路径：光盘\演练范例\232

```
    remote.sin_addr.s_addr = inet_addr( MCASTADDR );
    if(( sockM = WSAJoinLeaf(sock,(SOCKADDR*)&remote,sizeof(remote),NULL,NULL,NULL,NULL, JL_BOTH)) == INVALID_
SOCKET)
    {
        printf("WSAJoinLeaf() failed:%d\n",WSAGetLastError());
        closesocket(sock);
        WSACleanup();
        return -1;
    }
    //接收多播数据，当接收到的数据为"QUIT"时退出。
    while(1)
    {
        if(( ret = recvfrom(sock,recvbuf,BUFSIZE,0,(struct sockaddr*)&from,&len)) == SOCKET_ERROR)
        {
            printf("recvfrom failed with:%d\n",WSAGetLastError());
            closesocket(sockM);
            closesocket(sock);
            WSACleanup();
            return -1;
        }
        if( strcmp(recvbuf,"QUIT") == 0 ) break;
        else
        {
            recvbuf[ret] = '\0';
            printf("RECV:' %s ' FROM <%s> \n",recvbuf,inet_ntoa(from.sin_addr));
        }
    }
    closesocket(sockM);
    closesocket(sock);
    WSACleanup();
    return 0;
}
```

（2）新建一个控制台应用程序 Senderr，用来作为多播通信的发送端，具体代码如下。

```
/////////////////////////////////////////////////////////Sender.c程序代码
#include "stdafx.h"
#include <winsock2.h>
#include <ws2tcpip.h>
#include <stdio.h>
#include <stdlib.h>
#define MCASTADDR "233.0.0.1"           //本例使用的多播组地址
#define MCASTPORT 5150                  //本地端口号
#define BUFSIZE 1024                    //发送数据缓冲大小
int main( int argc,char ** argv)
{
    WSADATA wsd;
    struct sockaddr_in remote;
    SOCKET sock,sockM;
    TCHAR sendbuf[BUFSIZE];
    int len = sizeof( struct sockaddr_in);
    //初始化WinSock2.2
    if( WSAStartup( MAKEWORD(2,2),&wsd) != 0 )
    {
        printf("WSAStartup() failed\n");
        return -1;
    }
if((sock=WSASocket(AF_INET,SOCK_DGRAM,0,NULL,0,WSA_FLAG_MULTIPOINT_C_LEAF|WSA_FLAG_MULTIPOINT_D_
LEAF|WSA_FLAG_OVERLAPPED)) == INVALID_SOCKET)
    {
        printf("socket failed with:%d\n",WSAGetLastError());
        WSACleanup();
        return -1;
    }
    //加入多播组
    remote.sin_family = AF_INET;
    remote.sin_port = htons(MCASTPORT);
    remote.sin_addr.s_addr = inet_addr( MCASTADDR );
    if(sockM =WSAJoinLeaf(sock,(SOCKADDR*)&remote,sizeof(remote),NULL,NULL,NULL,NULL, JL_BOTH)) == INVALID_
SOCKET)
    {
        printf("WSAJoinLeaf() failed:%d\n",WSAGetLastError());
        closesocket(sock);
        WSACleanup();
```

```
                return -1;
        }
        //发送多播数据，当用户在控制台输入"QUIT"时退出。
        while(1)
        {
                printf("SEND : ");
                scanf("%s",sendbuf);
                if( sendto(sockM,(char*)sendbuf,strlen(sendbuf),0,(structsockaddr*)&remote,sizeof(remote))==SOCKET_ERROR)
                {
                        printf("sendto failed with: %d\n",WSAGetLastError());
                        closesocket(sockM);
                        closesocket(sock);
                        WSACleanup();
                        return -1;
                }
                if(strcmp(sendbuf,"QUIT")==0) break;
                Sleep(500);
        }
        closesocket(sockM);
        closesocket(sock);
        WSACleanup();
        return 0;
}
```

执行后的效果如图 17-8 所示。

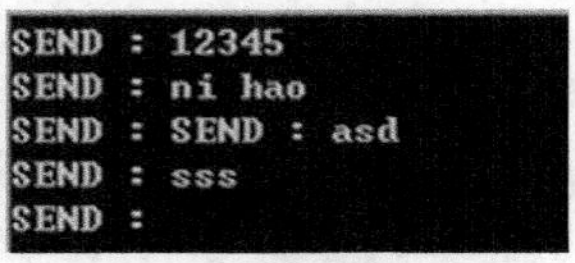

图 17-8　执行效果

# 17.5　利用 MFC 进行套接字编程

知识点讲解：光盘\视频\PPT 讲解（知识点）\第 17 章\利用 MFC 进行套接字编程.mp4

MFC 作为强大的开发工具，应该对网络编程实现了很好的支持。为了方便编写网络程序，微软把复杂的 WinSock API 函数封装成为 CAsyncSocket 类和 CSocket 类。本节将详细讲解利用 MFC 进行套接字编程的知识。

## 17.5.1　CAsyncSocket 和 CSocket 组合

类 CAsyncSocket 和类 CSocket 是 MFC 提供的 WinSock 编程封装类，是一对很好的组合。

1. 类 CAsyncSocket 及编程模型

类 CAsyncSocket 在较低层次上封装了 WinSock API，在默认情况下，使用该类创建的 Socket 是非阻塞的 Socket，所有操作都会立即返回，如果没有得到结果，则返回 WSAEWOULDBLOCK，表示是一个阻塞操作。在 MFC 应用程序中，如果想处理多个网络协议，而又不牺牲灵活性时，可以使用类 CAsyncSocket，它的效率比 CSocket 类要高。

在 MFC 应用中，类 CAsyncSocket 针对字节流型套接字的编程模型如下。

（1）构造一个 CAsyncSocket 对象，并调用这个对象的 Create 成员函数产生一个 Socket 句柄。函数 Create()的原型如下。

```
BOOL Create(
UINT nSocketPort = 0,
int nSocketType = SOCK_STREAM,
LPCTSTR lpszSocketAddress = NULL
);
```

上述各个参数的具体说明如下。

❑　端口，UINT 类型。注意：如果是服务方，则使用一个众所周知的端口供服务方连接；

如果是客户方，典型做法是接受默认参数，使套接字可以自主选择一个可用端口。

- socket 类型，可以是 SOCK-STREAM（默认值，字节流）或 SOCK-DGRAM（数据报）。
- socket 的地址，如"ftp.gliet.edu.cn"或"202.193.64.33"。

可以按如下两种方法构造。

```
CAsyncSocket sock;
Sock.Create();                              //使用默认参数产生一个字节流套接字
CAsyncSocket*pSocket=new CAsyncSocket;
int nPort=27;
pSocket->Create(nPort,SOCK-DGRAM);          //或在指定端口号产生一个数据报套接字
```

（2）如是客户方程序，用成员函数 CAsyncSocket∷Connect()连接到服务方；如是服务方程序，用成员函数 CAsyncSocket::Listen()开始监听，一旦收到连接请求，则调用成员函数 CAsyncSocket::Accept()开始接收。

（3）调用其他类 CAsyncSocket 的 Receive()、ReceiveFrom()、Send()和 SendTo()等成员函数进行数据通信。

（4）通信结束后，销毁 CAsyncSocket 对象。

2. 类 CSocket 及编程模型

类 CSocket 是继承在 CAsyncSocket 类基础上的，代表了一个比 CAsyncSocket 对象更高层次的 Windows Socket 的抽象。类 CSocket 与 CSocketFile 类和类 CArchive 一起工作来发送和接收数据，因此使用它更加容易使用。而且 CSocket 对象提供阻塞模式，因为阻塞功能对于 CArchive 的同步操作是至关重要的。

在使用类 CSocket 进行编程时，需要用到类 CArchive 和类 CSocketFile 对象。类 CSocket 的编程模型如下。

（1）构造一个 CSocket 对象。

（2）使用这个对象的 Create()成员函数产生一个 socket 对象。在客户端程序中，除非需要数据报套接字，Create()函数一般情况下应该使用默认参数。而对于服务方程序，必须在调用 Create 时指定一个端口。

（3）如果是客户端套接字，则调用)函数 CSocket::Connect(与服务方套接字连接；如果是服务方套接字，则调用)函数 CSocket::Listen()开始监听来自客户方的连接请求，收到连接请求后，调用函数 CSocket::Accept()函数接受请求，建立连接。对于 Accept（）成员函数，同样需要一个新的并且为空的 CSocket 对象作为它的参数。

（4）产生一个 CSocketFile 对象，并把它与 CSocket 对象关联起来。

（5）为接收和发送数据各产生一个 CArchive 对象，并与 CSocketFile 对象关联起来。切记 CArchive 是不能和数据报套接字一起工作的。

（6）使用 CArchive 对象的 Read()、Write()等函数在客户与服务方传送数据。

（7）通信完毕后，销毁 CArchive、CSocketFile 和 CSocket 对象。

## 17.5.2 利用类 CSocket 实现一个局域网通信软件

微软把复杂的 WinSock API 封装成为 CAsyncSocket 类和 CSocket 类，来简化网络应用程序的开发，下面我们通过搭建一个局域网内的通信软件，来引导读者利用 CSocket 类进行网络通信。

| 实例 122 | 利用类 CSocket 实现局域网通信 |
|---|---|
| 源码路径　光盘\daima\part17\4 | 视频路径　光盘\视频\实例\第 17 章\122 |

本实例在服务器端的具体实现流程如下。

（1）建立基于对话框的应用程序 SocketServerDemo，在对话框上添加一个文本框分别用来保存"监听端口"，把"确定"按钮改名为"启动"按钮，把"取消"按钮改名为"关闭"按钮，

如图 17-9 所示。

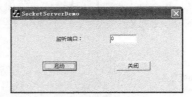

图 17-9　服务器端界面

（2）创建以类 CSocket 为基类的新类 CClientSocket，CClientSocket 用来与客户端进行交互。并重载函数 OnReceive(int nErrorCode)，主要代码如下。

```
void CClientSocket::OnReceive(int nErrorCode)
{
    char pMsg[10000],tempMsg[1000];
    int ByteCount;
    int End=0;
    char AnMsg[10100];
    strcpy(pMsg,"");
    do
    {
        strcpy(tempMsg,"");
        ByteCount=Receive(tempMsg,1000);
        if(ByteCount>1000||ByteCount<=0)
        {
            printf("接受网络信息发生错误\n");
            return ;
        }
        else if(ByteCount<1000&&ByteCount>0)
        {
            End=1;
        }
        tempMsg[ByteCount]=0;
        strcat(pMsg,tempMsg);
    }while(End==0);
    printf("%s\n",pMsg);
    sprintf(AnMsg,"我们收到您发来的信息\n%s\n谢谢!",pMsg);
    Send(AnMsg,strlen(AnMsg));
    CSocket::OnReceive(nErrorCode);
}
```

范例 233：用 WinInet 通过 HTTP 协议读取网上文件
源码路径：光盘\演练范例\233
视频路径：光盘\演练范例\233
范例 234：使用 WebBrowser 控件实现 Web 浏览器
源码路径：光盘\演练范例\234
视频路径：光盘\演练范例\234

（3）创建以类 CSocket 为基类的新类 CListen，CListen 用来在服务器端进行监听，并为 CListen 添加一个成员变量 m_pList 重载 OnAccept(int nErrorCode)函数，具体代码如下。

```
void CListen::OnAccept(int nErrorCode)
{
    CClientSocket *pSocket=new CClientSocket;
    if(Accept(*pSocket))
    {
        m_pList.AddTail(pSocket);
    }
    else
        delete pSocket;
    CSocket::OnAccept(nErrorCode);
}
```

（4）在对话框类 CSocketServerDemoDlg 中添加一个成员变量 m_Listen，双击"启动"按钮添加如下代码。

```
void CSocketServerDemoDlg::OnOK()
{
    UpdateData();
    if(m_Listen.Create(5000))
    {
        if(!m_Listen.Listen())
        {
            MessageBox("端口设置错误!","网络信息",MB_OK);
        }
    }
}
```

```
        else
        {
                MessageBox("无法创建SOCKET!","网络信息",MB_OK);
        }
        GetDlgItem(IDOK)->EnableWindow(FALSE);
}
```

本实例在客户端的具体实现流程如下。

（1）建立基于对话框的应用程序 SocketClient Demo，在对话框上添加一个 IP 地址控件用来输入服务器端的 IP 地址，一个文本框用来输入服务器监听端口，一个"连接"按钮来建立与服务器的连接，一个"发送"按钮用来发送信息，一个列表控件，用来显示发送/接收的信息，一个文本框用来输入发送的信息，如图 17-10 所示。

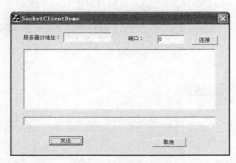

图 17-10　客户端界面

（2）建立一个以 CSocket 类为基类的 CRequest 类，并重载 OnReceive(int nErrorCode)函数，具体代码如下。

```
void CRequest::OnReceive(int nErrorCode)
{
    // TODO: Add your specialized code here and/or call the base class
    AfxMessageBox("Recevie!");
    char pMsg[10000];
    CString m_strMess="dddddddddddd";
    strcpy(pMsg,m_strMess);
    CSocket::OnReceive(nErrorCode);
}
```

（3）双击对话框上的"连接"按钮，添加如下代码。

```
void CSocketClientDemoDlg::OnButton1()
{
    // TODO: Add your control notification handler code here
    if(m_pSocket)
    {
        MessageBox("已经连接到服务器！ ","警告",MB_OK);
        return;
    }
        m_pSocket=new CRequest;
        if(!(m_pSocket->Create()))
        {
            delete m_pSocket;
            m_pSocket=NULL;
            MessageBox("创建Socket失败了","警告",MB_OK);
            return ;
        }
        //连接到服务器
        if(!m_pSocket->Connect("25.20.209.103",5000))
        {
            delete m_pSocket;
            m_pSocket=NULL;
            MessageBox("连接服务器失败","警告",MB_OK);
            return ;
        }
}
```

（4）双击对话框上的"发送"按钮，添加如下代码。

```
void CSocketClientDemoDlg::OnOK()
{
    // TODO: Add extra validation here
    UpdateData();
    if(m_pSocket)
    {
        char pMsg[10000];
        strcpy(pMsg,m_strMess);
        m_pSocket->Send(pMsg,(int)strlen(pMsg));
    }
    m_strMess="";
    UpdateData(FALSE);
//      CDialog::OnOK();
}
```

运行程序进行测试，执行效果分别如图 17-11 和图 17-12 所示。

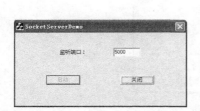

图 17-11　CSocket 通信服务器界面

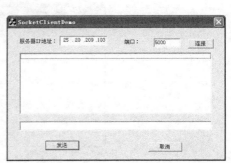

图 17-12　CSocket 通信客户端界面

# 17.6　WinInet 类

知识点讲解：光盘\视频\PPT 讲解（知识点）\第 17 章\WinInet 类.mp4

在 Visual C++ 6.0 应用中，支持 3 种方式的网络编程，具体如图 17-13 所示。

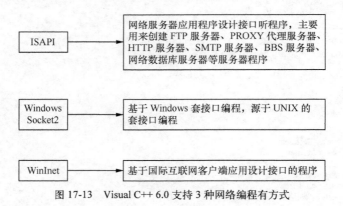

图 17-13　Visual C++ 6.0 支持 3 种网络编程有方式

## 17.6.1　MFC 的 WinInet 类

WinInet 是指由 Microsoft Win32 提供的 Internet 函数，在 WININET.DLL 动态库中所包含的这些函数使得程序员能方便地使用 HTTP、FTP 和 gopher 访问 Internet，稍加变通后还能进行 Finger 查询和 Whois 查询。VC 4.2 以上版本的 MFC 则提供了 WinInet 类，这些类屏蔽了 WinSock 和 TCP/IP 协议，程序员只须调用这些类的方法，而不用了解协议的具体内容就能编制客户端程序访问 HTTP、FTP、Gopher 等站点。

1．WinInet 比 Winsock 强在哪

在 Visual C++ 6.0 应用中，和 Winsock 相比，WinInet 的优势如下。

❑ 高速缓冲。WinInet 客户程序将 HTML 文件和其他 Internet 文件放入高速缓存。下一次客户调用一个特定的文件，它不是从 Internet 而是从本地磁盘上加载该文件。

❑ 安全性。WinInet 支持基本的特许鉴别。

❑ Web 代理访问。在控制面板中输入代理服务器信息，并在注册表中存储。WinInet 在需要时读取注册表并使用代理服务器。

缓冲的 I/O。WinInet 的 read 函数不返回值，除非它可以传递所指定的字节数。如果需要的话可以读取单独的文本行。

❑ 简单的 API。对于 UI 的更新和注销可以使用 StatusCallBack 函数。

❑ 用户友好。WinInet 分析和格式化报头。

2．WinInet 类及功能

MFC 把这些国际互连网方面的扩展内容封装到一系列标准的易于使用的类中，它们实现了一系列 Internet 访问功能。用户可以直接调用 Win32 的函数或使用 MFC 的 WinInet 类库，来写一个客户端应用。用户可以通过 WinInet 完成如下应用。

❑ 下载 HTML 网页。

❑ 发送 FTP 请求，上传、下载文件或得到目录列表。

❑ 使用 Gopher 的菜单系统来访问互联网的资源。

MFC 提供了以下编写互连网客户端应用的类库和全局函数。

（1）CinternetSession。用它来创建或初始化单一的或多个同时进行的对话。

（2）CinternetConnection。使用户连接到互连网服务器上，是 CFtpConnection、CHttpConnection 和 CGopherConnection 的基类。

（3）CinternetFile。和派生类 CHttpFile 和 CGopherFile 允许通过互连网协议访问远程系统上的文件。

（3）CfileFind。执行本地文件的查找。

（4）CinternetException。包含了两个公共数据成员，一个保存和异常相关的错误代码，第一个保存和异常相关的应用程序的上下文标志符。

（5）AfxParselURL(LPCTSTR pstrURL,DWORD& dwServiceType,CString& strServer,CString& strObject,INTERNET_PORT& nPort)。如果 URL 解析成功，返回非零值。

（6）AfxGetInternetHandleType(HINTERNET hQuery)。返回所有互连网服务类型在文件 WININET.H 中定义。

## 17.6.2　利用类 WinInet 编写互联网客户端程序

Internet 客户端应用程序指基于 Internet 协议（如 gopher、FTP、HTTP 等）从网络数据资源（服务器）获取信息的程序。读者可以利用 MFC 的 WinInet 类编写 WinInet 客户端应用程序，用 WinInet 类完成了 HTTP 查询、FTP 查询、Gopher 查询、Finger 查询、Whois 查询等功能。

类 WinInet 在头文件"afxinet.h"中声明在，在使用到类 WinInet 的应用程序中要有下面的语句。

```
#include <afxinet.h>
```

查询的主要功能是设法与服务器建立连接，然后从服务器直接接收回应信息或获取服务器相关文件系统的控制句柄。下面分别阐述不同协议查询方法的实现。

1．访问 WWW 服务器

最简单的访问 WWW 服务器方法如下。

（1）实现一个 HTTP 连接。

（2）创建 CInternetSession 对象。

（3）以某一有效 HTTP 站点 URL 为参数调用函数 OpenURL()，它返回 CInternetFile 文件句柄，其内容为由此 URL 定位的 web 页面信息，可以像处理本地文件一样对其进行读、写、搜索等操作，获取必要的信息。

见下面的代码。

```
CInternetSession session;
CInternetFile*file=NULL;
try
{
    file=(CInternetFile*)session.OpenURL(URL);
}
catch(CInternetException*pEx)
{
    file=NULL;
    pEx->Delete();
}
if(file)
{
    //根据需要对文件读、写、搜索……;
```

其中 try catch 语句捕捉非法 URL 连接而引发的 CInternetException 类错误，正常处理代码放入 try{…}中，异常处理代码放在 catch(){…}中。

## 实例 123　利用 WinInet 访问 WWW 服务器

| 源码路径 | 光盘\daima\part17\5 | 视频路径 | 光盘\视频\实例\第 17 章\123 |
|---|---|---|---|

本实例的具体实现流程如下。

（1）创建一个基于对话框的应用程序 AccessWWWDemo，在对话框上添加一个文本框，用来输入要访问的 URL，如图 17-14 所示。

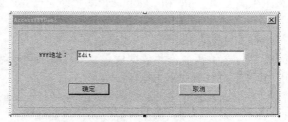

图 17-14　利用 WinInet 访问 WWW 服务器界面

（2）双击"确定"按钮，添加如下代码。

```
void CAccessWWWDemoDlg::OnOK()
{
    // TODO: Add extra validation here
    UpdateData(TRUE);
    CInternetSession     session;
    CInternetFile* file=NULL;
    try
    {
        file=(CInternetFile*)session.OpenURL((LPCSTR)m_strURL);
    }
    catch (CException* e)
    {
        file=NULL;
        e->Delete();
    }
    if (file)
    {
        CFile    newfile;                          ///////用来保存读取数据的新文件
        CString filename="C:\\"+file->GetFileName();
```

> 范例 235：实现类似 IE 的网页浏览器
> 源码路径：光盘\演练范例\235
> 视频路径：光盘\演练范例\235
> 范例 236：在对话框中显示 HTML 网页
> 源码路径：光盘\演练范例\236
> 视频路径：光盘\演练范例\236

```
        if (!newfile.Open(filename,CFile::modeCreate|CFile::modeWrite))
        {
            MessageBox("创建文件失败！");
            return;
        }
        long filelen=file->GetLength();
        file->SeekToBegin();
        int NumBytes;                          //用来保存每次接收数据块的大小
        long Total=0;                          //用来保存套接字已经接收的总字节数
        int BufSize=1024;                      //接收缓冲区大小
        int Size=BufSize;                      //写文件的大小
        LPBYTE pBuf=new BYTE[BufSize];         //接收缓冲区
        newfile.SeekToBegin();
        while(Total<filelen)
        {
            if((int)filelen-Total<Size)
            {
                Size=filelen-Total;
            }
            NumBytes=file->Read(pBuf,Size);
            newfile.Write(pBuf,NumBytes);
            Total+=NumBytes;
            newfile.Seek(Total,CFile::begin);
        }
        delete[] pBuf;
        newfile.Close();
        file->Close();
    }
    //CDialog::OnOK();
}
```

**2. 访问 FTP 站点**

利用类 WinInet 访问 FTP 站点的基本流程如下。

（1）调用函数 CInternetSession::GetFtpConnetion()建立 FTP 连接，所需要的参数依次为：FTP 站点域名、用户名、用户口令、ftp 服务端口号（缺省值为 21）、访问模式（被动或主动），其中用户名若为空，则表明是请求匿名 FTP 服务，用户口令为用户的 email 地址。

（2）通过此连接用 CftpConnection 类的方法操作远程 FTP 服务器的文件系统，例如，用 SetCurrentDirectory(GetCurrentDirectory)设置(获取)此连接的当前 FTP 目录，用 RemoveDirectory (CreateDirectory)删除（创建）目录，用 Rename、Remove、PutFile、GetFile 及 OpenFile 等对文件进行更名、删除、移入、取出及打开等操作。

（3）用 Close 方法关闭与 FTP 服务器的连接。建立 FTP 连接及远程文件操作的关键代码如下。

```
CInternetSession session("My FTP Session");
CFtpConnection* pConn=NULL;
pConn=session.GetFtpConnection(lpSN,lpUN,lpPW,nP);
//例：lpSN="ftp.whnet.edu.cn",lpUN=lpPW="",np=21,
//对该站点匿名FTP访问
……
pConn->GetFile(pRF,pLF);
//pRF——从FTP站点取回的文件名
//pLF——本地系统创建的文件名
pConn->GetCurrentDirectory(strCD);
//strCD 为Cstring对象的指针
……
pConn->Close();    session.Close();
```

| 实例 124 | 利用 WinInet 访问 FTP 站点 | |
|---|---|---|
| 源码路径　光盘\daima\part17\6 | 视频路径　光盘\视频\实例\第 17 章\124 | |

本实例的具体实现流程如下。

（1）创建一个基于对话框的应用程序 AccessFTPDemo，在对话框上添加 4 个文本框，分别用来输入要访问 FTP 服务器名、端口、用户名和用户密码，如图 17-15 所示。

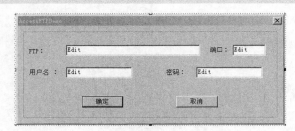

图 17-15　利用 WinInet 访问 FTP 服务器界面

（2）双击"确定"按钮，添加如下代码。

```
void CAccessFTPDemoDlg::OnOK()
{
    UpdateData(TRUE);
    CInternetSession session("My FTP Session");
    CFtpConnection* pConn=NULL;
    pConn=session.GetFtpConnection(m_strFTPAddr,
m_strUserName,m_strPassword,m_Port);
    if (pConn)
    {
        pConn->GetFile("FeiQ.exe","C:\\FeiQ01.exe");
    }
    // CDialog::OnOK();
}
```

范例 237：获取 IE 运行实例的标题
源码路径：光盘\演练范例\237
视频路径：光盘\演练范例\237
范例 238：向 IE 工具条添加自定义
按钮图标
源码路径：光盘\演练范例\238
视频路径：光盘\演练范例\238

# 17.7　技 术 解 惑

## 17.7.1　TCP/IP 体系结构

TCP/IP 协议实际上就是在物理网上的一组完整的网络协议。其中 TCP 是提供传输层服务，而 IP 则是提供网络层服务。TCP/IP 包括如图 17-16 所示的协议。

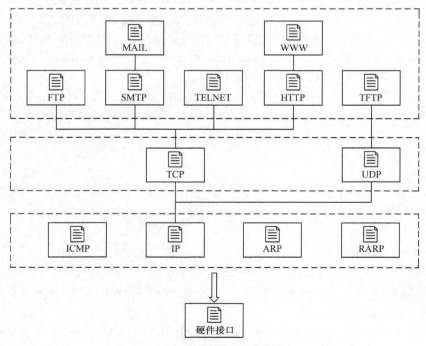

图 17-16　TCP/IP 体系结构的协议

图 17-7 中各个协议的具体说明如下。

（1）IP。网间协议（Internet Protocol）负责主机间数据的路由和网络上数据的存储。同时为 ICMP，TCP，UDP 提供分组发送服务。用户进程通常不需要涉及这一层。

（2）ARP。地址解析协议（Address Resolution Protocol），此协议将网络地址映射到硬件地址。

（3）RARP。反向地址解析协议（Reverse Address Resolution Protocol），此协议将硬件地址映射到网络地址。

（4）ICMP。网间报文控制协议（Internet Control Message Protocol），此协议处理信关和主机的差错和传送控制。

（5）TCP。传送控制协议（Transmission Control Protocol），这是一种提供给用户进程的可靠的全双工字节流面向连接的协议。它要为用户进程提供虚电路服务，并为数据可靠传输建立检查。大多数网络用户程序使用 TCP 协议。

（6）UDP。用户数据报协议（User Datagram Protocol），这是提供给用户进程的无连接协议，用于传送数据而不执行正确性检查。

（7）FTP。文件传输协议（File Transfer Protocol），允许用户以文件操作的方式（文件的增、删、改、查、传送等）与另一主机相互通信。

（8）SMTP。简单邮件传送协议（Simple Mail Transfer Protocol），SMTP 协议为系统之间传送电子邮件。

（9）TELNET。终端协议（Telnet Terminal Procotol），允许用户以虚终端方式访问远程主机。

（10）HTTP。超文本传输协议（Hypertext Transfer Procotol）。

（11）TFTP。简单文件传输协议（Trivial File Transfer Protocol）。

## 17.7.2 客户机/服务器模式介绍

在 TCP/IP 网络中，两个进程间的相互作用的主机模式是客户机/服务器模式（Client/Server Model）。该模式的建立基于以下两点。

（1）非对等作用。

（2）通信完全是异步的。

客户机/服务器模式在操作过程中采取的是主动请示方式。首先服务器方要先启动，并根据请示提供相应服务，具体过程如下。

（1）打开一通信通道并告知本地主机，它愿意在某一个公认地址上接收客户请求。

（2）等待客户请求到达该端口。

（3）接收到重复服务请求，处理该请求并发送应答信号。

（4）返回第 2 步，等待另一客户请求。

（5）关闭服务器。

客户方的处理过程如下。

（1）打开一通信通道，并连接到服务器所在主机的特定端口。

（2）向服务器发送服务请求报文，等待并接收应答，继续提出请求。

（3）请求结束后关闭通信通道并终止。

# 第 18 章

# 多媒体编程

随着计算机技术的发展，人们不但可以使用单一的文字作为信息的载体，而且还可以通过各种各样的媒体来传递、存储信息。在当前的软件程序中，音频、视频等多媒体信息已经进入我们工作生活的各个方面。本章将详细讲解使用 Visual C++6.0 开发多媒体程序的知识。

| 本章内容 | 技术解惑 |
|---|---|
| ▸▸ 控制接口 | 音频编码和解码技术 |
| ▸▸ 使用 MFC 控件实现多媒体编程 | 探讨像素格式 |
| ▸▸ 使用 OpenGL 实现三维程序 | |

# 18.1 控 制 接 口

知识点讲解：光盘\视频\PPT 讲解（知识点）\第 18 章\控制接口.mp4

通常说的"媒体"（Media）包括两点含义，一是指信息的物理载体（即存储和传递信息的实体），例如书本、挂图、磁盘、光盘、磁带以及相关的播放设备等；另一层含义是指信息的表现形式（或者说传播形式），如文字、声音、图像、动画等。多媒体计算机中所说的媒体是指后者而言，即计算机不仅能处理文字、数值之类的信息，而且还能处理声音、图形、电视图像等各种不同形式的信息。在本节的内容中，将详细讲解控制接口的基本知识。

## 18.1.1 常见的几种多媒体类型

在现实应用中，最为常见的媒体类型如下。

### 1. 波形音频

波形音频是一种电子数字化声音，是计算机播放音频的一种重要的形式，它存储的声音的波形信息，特点是当播放波形音频时，不管播放文件的设备是何种类型，都会得到相似的声音。波形音频文件通常以.wav 作为文件扩展名。由于采用波形音频存储文件需要大量的存储空间，因此它一般只用于短时间的声音播放。

### 2. MIDI 音乐

MIDI（Musical Instrument Digital Interface）在多媒体音频中占有重要的位置，是播放和录制音乐的国际标准，它确定了连接音乐设备的电缆线、硬件和通信协议。多媒体计算机只需具有 MIDI 接口声卡和 MIDI 合成器，就具有处理 MIDI 的功能。MIDI 在处理音乐时是将 MIDI 音乐设备上产生的活动编码记录下来，将这些数据传递到 MIDI 合成器上就能重现原来的演奏。MIDI 的消息有两种类型：状态字节和数字字节。状态字节描述发送的类别（动作和函数），数字字节总是跟在状态字节后，表示发送消息的实际值。数值字节的个数取决于状态字节表示的消息类型。MIDI 通过通道字节最高位区别这两种类型。最高位为 1 表示状态字节，最高位为 0 表示数字字节。

### 3. CD 音频

CD 音频采用红皮书标准，通过 CD-ROM 驱动器来播放 CD 音频。CD 音频需要的存储量大，一张光盘大约能够存储 10 首歌，70 分钟音频左右。在一般情况下，整个光盘都用来存储 CD 音频数据，并划分为多个音轨，轨道的具体长度可以不定，通常一个音轨对应一首曲目。CD 音频的长度由分、秒、帧的形式来衡量，最小的单位为帧，每一帧为 1/75 秒。

### 4. 数字视频

数字视频（Digital Video）使用数据信息在计算机上实现动画的效果，它是利用人眼睛的视觉暂留形成的，使人们连续图像效果所需的最低播放速度是 24 帧/秒，播放速度越快，数字视频给人的视觉连续性效果越好。存储视频影像需要巨大的磁盘空间，一般来讲，1 秒钟全屏视频信号需要大约 28MB 的空间。为了实现连续的视频播放，不仅需要有足够的空间来存储视频音像信息，还需要保证硬盘有 28MB/秒的传播速度。数字视频包括 AVI、MEPG 等格式。其中 AVI 文件格式是由微软提出的在 Windows 下存储视频信息的标准。它以一系列的位图来存储视频信息，并同时在文件中以数字形式来存储数字化视频信息，它实际上是由一组信息流组成的文件。

## 18.1.2 最基本的媒体控制接口

媒体控制接口是（Media Control Interface，MCI）是微软提供的一组多媒体设备和文件的标准接口，它可以方便地控制绝大多数多媒体设备，包括音频、视频、影碟、录像等多媒体设备，而不需要知道它们的内部工作状况。

在使用 MCI 之前必须先加载 winmm.lib 库，然后调用 MCI。在 Visual C++6.0 应用中，通常使用如下两种方式与 MCI 打交道。

1. 命令字符串方式

该方式用接近于日常生活用语的方式发送控制命令，适用于高级编程语言如 VB、TOOLBOOK 等。其调用函数如下。

```
MCIERROR mciSendCommand(MCIDEVICEID wDeviceID, UINT uMsg, DWORD dwFlags, DWORD dwParam );
```

上述各个参数的具体说明如下。

❑ 参数 wDeviceID。它指定了设备标识，这个标识会在程序员打开 MCI 设备时由系统提供。

❑ 参数 uMsg。它指定将如何控制设备，详细请查阅后面"MCI 指令"一栏。

❑ 参数 dwFlags。它为访问标识。

❑ 参数 dwParam。它一般是一个数据结构，标识程序在访问 MCI 时要的一些信息。

例如，可以通过如下命令字符串关闭一个 MCI 设备。

```
mciSendCommand(DeviceID,MCI_CLOSE,NULL,NULL);//关闭一个MCI设备;
```

2. 命令消息方式

该方式用专业语法发送控制消息，适用于 C++等语言编程，此方式直接与 MCI 设备打交道。

```
MCIERROR mciSendString(LPCTSTR lpszCommand,LPTSTR lpszReturnString, UINT cchReturn, HANDLE hwndCallback );
```

上述各个参数的具体说明如下。

❑ lpszCommand。它是一串控制字符串。

❑ lpszReturnString。它用来保存系统的返回信息。

❑ cchReturn。它指明返回信息的最大长度。

❑ hwndCallback。它返回窗口句柄。

MCI 常用设备类型的具体说明如表 18-1 所示。

表 18-1　　　　　　　　　　　MCI 设备类型类

| 设备描述 | 描述字符串 | 说明 |
|---|---|---|
| MCI_ALL_DEVICE_ID | | 所有设备 |
| MCI_DEVTYPE_ANIMATION | Animation | 动画设备 |
| MCI_DEVTYPE_CD_AUDIO | Cdaudio | CD 音频 |
| MCI_DEVTYPE_DAT | Dat | 数字音频 |
| MCI_DEVTYPE_DIGITAL_VIDEO | Digitalvideo | 数字视频 |
| MCI_DEVTYPE_OTHER | Other | 未定义设备 |
| MCI_DEVTYPE_OVERLAY | Overlay | 重叠视频 |
| MCI_DEVTYPE_SCANNER | Scanner | 扫描仪 |
| MCI_DEVTYPE_SEQUENCER | Sequencer MIDI | 序列器 |
| MCI_DEVTYPE_VCR | Vcr | 合式录像机 |
| MCI_DEVTYPE_VIDEODISC | Videodisc | 激光视盘 |
| MCI_DEVTYPE_WAVEFORM_AUDIO | waveaudio Wave | 音频 |

在 MCI 编程中，既可以将设备描述作为设备名，也可以将描述字符串当设备名，还可以不在程序中制定设备名，Windows 将自动根据文件扩展名识别设备类型。

MCI 的指令列表信息如表 18-2 所示。

其中比较常用的指令有 MCI_OPEN、MCI_CLOSE、MCI_PLAY、MCI_STOP、MCI_PAUSE、MCI_STATUS 等。

表 18-2                                              MCI 指令列表

| 指 令 名 称 | 指 令 说 明 |
|---|---|
| MCI_BREAK | 设置中断键，缺省是 Ctrl+Break |
| MCI_CAPTURE | 抓取当前帧并存入指定文件，仅用于数字视频 |
| MCI_CLOSE | 关闭设备 |
| MCI_CONFIGURE | 弹出配置对话框，仅用于数字视频 |
| MCI_COPY | 拷贝数据至剪贴板 |
| MCI_CUE | 延时播放或录音 |
| MCI_CUT | 删除数据 |
| MCI_DELETE | 删除数据 |
| MCI_ESCAPE | 仅用于激光视频 |
| MCI_FREEZE | 将显示定格 |
| MCI_GETDEVCAPS | 获取设备信息 |
| MCI_INDEX | 当前屏幕显示与否，仅用于 VCR 设备 |
| MCI_INFO | 获取字符串信息 |
| MCI_LIST | 获取输入设备数量，支持数字视频和 VCR 设备 |
| MCI_LOAD | 装入一个文件 |
| MCI_MARK | 取消或做一个记号，与 MCI_SEEK 配套 |
| MCI_MARK | 取消或做一个记号，与 MCI_SEEK 配套 |
| MCI_MONITOR | 为数字视频指定报告设备 |
| MCI_OPEN | 打开设备 |
| MCI_PASTE | 粘贴数据 |
| MCI_PAUSE | 暂停当前动作 |
| MCI_PLAY | 播放 |
| MCI_PUT | 设置源、目的和边框矩形 |
| MCI_QUALITY | 定义设备缺省质量 |
| MCI_RECORD | 开始录制 |
| MCI_RESERVE | 分配硬盘空间 |
| MCI_RESTORE | 拷贝一个 BMP 文件至帧缓冲 |
| MCI_RESUME | 使一个暂停设备重新启动 |
| MCI_SAVE | 保存数据 |
| MCI_SEEK | 更改媒体位置 |
| MCI_SET | 设置设备信息 |
| MCI_SETAUDIO | 设置音量 |
| MCI_SETTIMECODE | 启用或取消 VCR 设备的时间码 |
| MCI_SETTUNER | 设置 VCR 设备频道 |
| MCI_SETVIDEO | 设置 VIDEO 参数 |
| MCI_SIGNAL | 在工作区上设置指定空间 |
| MCI_STATUS | 获取设备信息 |
| MCI_STEP | 使播放设备跳帧 |
| MCI_STOP | 停止播放 |
| MCI_SYSINFO | 返回 MCI 设备信息 |

续表

| 指 令 名 称 | 指 令 说 明 |
|---|---|
| MCI_UNDO | 取消操作 |
| MCI_UNFREEZE | 使使用 MCI_UNFREEZE 的视频缓冲区恢复运动 |
| MCI_UPDATE | 更新显示区域 |
| MCI_WHERE | 获取设备裁减矩形 |
| MCI_WINDOW | 指定图形设备窗口和窗口特性 |

### 18.1.3 MCIWnd 窗口类

在使用 MCI 进行多媒体编程时需要调用底层函数，并且要编写大量的代码，这对大多数不熟悉 Windows API 编程的人来说是非常困难的。为了简化编程过程，Visual C++将 MCI 封装成一个窗口类 MCIWnd。

类 MCIWnd 支持 WAV、MIDI、CD 音频以及 AVI 视频操作，而且，可以还可以设置 MCIWnd 类的风格，实现在窗口中显示对多媒体操作的工具条、调用宏，还可以对多媒体进行相应的操作。下面简要介绍一下 MCIWnd 类的基本情况。

1. 类 MCIWnd

类 MCIWnd 的常用风格信息如表 18-3 所示。

表 18-3 类 **MCIWnd** 的常用风格

| 风 格 | 说 明 |
|---|---|
| MCIWND_NOAUTOSIZEWINDOW | 视频大小改变时，窗口大小不变 |
| MCIWND_NOPLAYBAR | 不在窗口中显示工具条 |
| MCIWND_NOTIFYMODE | 播放状态改变时向父窗口发送消息 |
| MCIWND_SHOWNAME | 在标题窗口中显示文件名 |
| MCIWND_SHOWPOS | 显示当前播放位置 |
| MCIWND_NOTIFYSIZE | 视频大小改变时向父窗口发送消息 |

类 MCIWnd 的常用宏的信息如表 18-4 所示。

表 18-4 **MCIWnd** 类的常用宏

| 宏 | 说 明 |
|---|---|
| MCIWndPlay(hwnd) | 当前开始播放 |
| MCIWndPlayFrom(hwnd,lplos) | 从 lpos 开始播放 |
| MCIWndStop(hwnd) | 停止播放 |
| MCIWndClose(hwnd) | 关闭 MCI 设备 |
| MCIWndDestroy(hwnd) | 关闭 MCIWnd 类窗口 |

MCIWndCreat 是类 MCIWnd 中的重要成员函数之一，其原型如下。

```
HWND MCIWndCreate
(
    HWND         hwndParent,      ///////////父窗口句柄
    HINSTANCE    hInstance,       ///////////与MCIWnd类相关的当前实例句柄
    DWORD        dwStyle,         ///////////MCIWnd窗口风格
    LPSTR        szFile           ///////////多媒体文件名
);
```

2. 使用类 MCIWnd 进行多媒体编程的基本步骤

使用类 MCIWnd 进行多媒体编程的基本步骤如下。

（1）开发环境设置。在文件 stdafx.h 中加入头文件 vfw.h，在 Project/Settings 中 Link 选项卡

里的 Object/library modules 里填写 vfw.32.lib。

（2）使用 MCIWndRegister 注册窗口类，或直接用 MCIWndCreate 创建窗口，并获得窗口句柄。

（3）调用 MCIWnd 窗口类的成员函数打开设备。

## 实例 125　用类 MCIWnd 编写一个播放 WAV 的程序

源码路径　光盘\daima\part18\1　　　　　视频路径　光盘\视频\实例\第 18 章\125

本实例的具体实现流程如下。

（1）新建一个基于对话框的应用程序 MCIWndDemo，在对话框上新建一个按钮控件，并修改其名字为"播放"。

（2）双击"播放"按钮，填写如下代码。

```
void CMCIWndDemoDlg::OnButton1()
{
    // TODO: Add your control notification handler code here
    MCIWndPlay(MCIWndCreate(NULL,NULL,0,"C:\\00.wav"));
}
```

编译运行后的效果如图 18-1 所示。

图 18-1　执行效果

使用 MCIWnd 窗口类播放 WAV 文件的基本编程过程，其实完全可以根据需要使用 MCIWnd 窗口类创建自己的多媒体播放器。

通常将一段视频信息作为启动封面，本实例的具体实现流程如下。

（1）在应用程序视图类的构造函数中创建视频窗口，在初始化函数中开始播放。

（2）建立一个计时器。利用 Class Vizard 为 WM_TIMER 增加消息处理函数，以自动关闭视频窗口并显示应用程序主窗口。

（3）为了便于从 MCIWnd 子类化窗口的鼠标消息处理函数中，对应用程序视图类的计时器处理函数进行控制，引入一个布尔型全局变量，用来标示是否可以关闭视频窗口。

（4）应用程序可以截获发生在主窗口内的鼠标消息，却无法截获发生在视频窗口内的鼠标消息，因为 Windows 已将视频窗口的鼠标消息处理函数封装在 MCIWnd 窗口类中。为了截获发生在视频窗口内的鼠标信息，需要重新定义 MCIWnd 窗口消息处理函数。

本实例的具体操作步骤如下。

（1）在应用程序类的头文件中加入布尔型全局变量。

```
class CMyApp : public CwinApp
{
public:
    bool m_CanClose;
    ...
}
```

（2）在应用程序类的构造函数中对这一标志变量进行初始化。

```
CMyApp::CMyApp()
{
m_CanClose=false;
...
}
```

（3）在 CMyView 类的头文件中，加入成员变量。

```
private:
    HWND  m_VideoWnd;        //视频窗口句柄
    long m_ VideoLength;      //视频放映总长度
```

（4）在 MyView.CPP 文件中加入如下代码。

```
WNDPROC OldProc; //保存原映射函数
LRESULT CALLBACK NewProc(HWND,UINT,
WPARAM,LPARAM);
//新映射函数
...
/////////构造函数
CMyView::CMyView()
{
    CString filename("D:\Video\Cover.avi");
    //建立视频窗口,并将句柄保存在m_VideoWnd
    m_VideoWnd = MCIWndCreate(
        this->GetSafeHwnd(),
        AfxGetInstanceHandle(),
        WS_POPUP|WS_VISIBLE|
        MCIWNDF_NOPLAYBAR|
        MCIWNDF_NOMENU,
        filename);
    //使视频窗口在屏幕上居中显示
    RECT rect;
    int sx,sy;
    ::GetWindowRect(m_VideoWnd,&rect);
    sx=(::GetSystemMetrics(SM_CXSCREEN)-rect.right+rect.left)/2;
    sy=(::GetSystemMetrics(SM_CYSCREEN)-rect.bottom+rect.top)/2;
    ::SetWindowPos(m_VideoWnd,HWND_TOPMOST,sx,sy,0,0,SWP_SHOWWINDOW|SWP_NOSIZE);
}
/////////初始化更新函数
void CMyView::OnInitialUpdate()
{
    CView::OnInitialUpdate();
    /* 调用GetWindowLong函数得到m_VideoWnd窗口原消息处理函数的入口地址,并保存在OldProc中。*/
    OldProc=(WNDPROC)::GetWindowLong(m_VideoWnd,GWL_WNDPROC);
    /* 调用SetWindowLong函数将m_VideoWnd窗口消息处理函数的入口地址改为NewProc */
    ::SetWindowLong(m_VideoWnd,GWL_WNDPROC, (LONG)NewProc);
    m_VideoLength = MCIWndGetLength(m_VideoWnd);
    //得到视频放映总长度
    MCIWndPlay(m_VideoWnd);
    //播放视频文件
    SetTimer(1,20,NULL);
    //建立计时器,每20毫秒激活一次OnTimer函数
}
/////////定时器消息响应函数
void CMyView::OnTimer(UINT nIDEvent)
{
    CMyApp *app=(CMyApp *)AfxGetApp();
    if(MCIWndGetPosition(m_VideoWnd) >=m_VideoLength||app->m_CanClose==true)
    //自动播放结束或人为按下鼠标左键结束
    {
        //撤消计时器
        KillTimer(1);
        //撤消视频窗口
        MCIWndDestroy(m_VideoWnd);
        //显示主窗口
        AfxGetMainWnd()->ShowWindow(SW_SHOWMAXIMIZED);
    }
    CMyView::OnTimer(nIDEvent);
}
/////////新映射函数
LRESULT CALLBACK NewProc(HWND hWnd,UINT message,WPARAM wParam,LPARAM lParam)
{
    //鼠标左键被按下
    if(message==WM_LBUTTONDOWN)
    {
        CJapanApp *app=(CJapanApp *)AfxGetApp();app->m_CanClose=true; //可以关闭视频窗口
    }
    //如果不是鼠标左键按下消息,则调用原处理函数:
    return CallWindowProc(OldProc,hWnd,message,wParam,lParam);
}
```

范例 239：实现"静态"的位图动画
源码路径：光盘\演练范例\239
视频路径：光盘\演练范例\239
范例 240：实现"动态"的位图动画
源码路径：光盘\演练范例\240
视频路径：光盘\演练范例\240

# 18.2　使用 MFC 控件实现多媒体编程

知识点讲解：光盘\视频\PPT 讲解（知识点）\第 18 章\使用 MFC 控件实现多媒体编程.mp4

在 Visual C++ 6.0 的 MFC 类库中，有一个多媒体 Activex 控件——Active Movie Control Object。该控件是 Microsoft 公司开发的 ActiveX 控件，内嵌了 Microsoft MPEG 音频解码器和 Microsoft MPEG 视频解码器，所以能够很好地支持音频文件和视频文件，能播放 *.mp3、*.wma、*.mdi、*.wav、*.avi、*.dat 等文件。

## 18.2.1 Active Movie Control Object 基础

Active Movie Control Object 控件即 ActiveX 控件，包含了一组高层次的独立于设备的命令，可以控制音频和视频外设，我们可以不必关心具体的设备便可以对 CD、视盘机、波形音频设备、视频播放设备和 MIDI 设备等媒体设备进行控制，也可以理解成设备面板上的一排按键，通过选择不同的按键（发送不同的命令）即可让设备完成各种功能，而不必关心设备的内部实现，为程序员提供了在高层次上控制媒体设备接口的能力。

ACTIVEMOVIE CONTROL OBJECT 的常用函数如下。

播放文件的函数 Run，原型如下。

```
void CActiveMovie3::Run()
{
    InvokeHelper(0x60020001, DISPATCH_METHOD, VT_EMPTY, NULL, NULL);
}
```

暂停播放的函数 Pause，原型如下。

```
void CActiveMovie3::Pause()
{
    InvokeHelper(0x60020002, DISPATCH_METHOD, VT_EMPTY, NULL, NULL);
}
```

停止播放的函数 Stop，原型如下。

```
void CActiveMovie3::Stop()
{
    InvokeHelper(0x60020003, DISPATCH_METHOD, VT_EMPTY, NULL, NULL);
}
```

获得文件的函数 GetFileName，原型如下。

```
CString CActiveMovie3::GetFileName()
{
    CString result;
    InvokeHelper(0xb, DISPATCH_PROPERTYGET, VT_BSTR, (void*)&result, NULL);
    return result;
}
```

设置文件的函数 SetFileName，原型如下。

```
void CActiveMovie3::SetFileName(LPCTSTR lpszNewValue)
{
    static BYTE parms[] = VTS_BSTR;
    InvokeHelper(0xb, DISPATCH_PROPERTYPUT, VT_EMPTY, NULL, parms,lpszNewValue);
}
```

获得播放位置的函数 GetCurrentPosition，原型如下。

```
double CActiveMovie3::GetCurrentPosition()
{
    double result;
    InvokeHelper(0xd, DISPATCH_PROPERTYGET, VT_R8, (void*)&result, NULL);
    return result;
}
```

设置播放位置的函数 SetCurrentPosition，原型如下。

```
void CActiveMovie3::SetCurrentPosition(double newValue)
{
    static BYTE parms[] = VTS_R8;
    InvokeHelper(0xd, DISPATCH_PROPERTYPUT, VT_EMPTY, NULL, parms, newValue);
}
```

获得音量的函数 GetVolume，原型如下。

```
long CActiveMovie3::GetVolume()
{
    long result;
    InvokeHelper(0x13, DISPATCH_PROPERTYGET, VT_I4, (void*)&result, NULL);
    return result;
}
```

设置音量的函数 SetVolume，原型如下。

```
void CActiveMovie3::SetVolume(long nNewValue)
{
    static BYTE parms[] = VTS_I4;
    InvokeHelper(0x13, DISPATCH_PROPERTYPUT, VT_EMPTY, NULL, parms, nNewValue);
}
```

设置自动开始播放的函数 SetAutoStart，原型如下。

```
void CActiveMovie3::SetAutoStart(BOOL bNewValue)
{
    static BYTE parms[] = VTS_BOOL;
    InvokeHelper(0x28, DISPATCH_PROPERTYPUT, VT_EMPTY, NULL, parms, bNewValue);
}
```

## 18.2.2　用 ActiveX 控件播放媒体信息

| 实例 126 | 建立自己的多媒体播放器 | |
|---|---|---|
| | 源码路径　光盘\daima\part18\2 | 视频路径　光盘\视频\实例\第 18 章\126 |

本实例的功能是，用 ActiveX 控件来实现媒体信息的播放，建立自己的多媒体播放器。本实例的具体实现流程如下。

（1）新建一个基于对话框的应用程序 MyMediaPlayer。

（2）打开主对话框 IDD_MYMEDIAPLAYER_DIALOG，在上面加上 7 个按钮，ID 分别为 IDC_OPEN、IDC_PLAY、IDC_FULLSCREEN、IDC_PAUSE、IDC_REPLAY、IDC_STOP 和 IDC_CLOSE，标题分别为打开、播放、全屏、暂停、重播、停止和关闭。并添加多媒体控件 Active Movie Control Object，并为其添加变量 m_activemovie。各控件的布局如图 18-2 所示。

图 18-2　MyMediaPlayer 主界面

（3）打开 ClassWizard，为各个按钮加入消息处理函数。在 mediaplayerdlg.cpp 文件里为各消息处理函数添加代码，各代码如下。

打开多媒体文件，对应的实现代码如下。

```
void CMyMediaPlayerDlg::OnOpen()
{
    // TODO: Add your control notification handler code here
    char szFileFilter[]=
        "Mp3 File(*.mp3)|*.mp3|"
        "Wma File(*.wma)|*.wma|"
        "Video File(*.dat)|*.dat|"
        "Wave File(*.wav)|*.wav|"
        "AVI File(*.avi)|*.avi|"
        "Movie File(*.mov)|*.mov|"
        "Media File(*.mmm)|*.mmm|"
        "Mid File(*.mid;*,rmi)|*.mid;*.rmi|"
        "MPEG File(*.mpeg)|*.mpeg|"
        "All File(*.*)|*.*||";
    CFileDialog dlg(TRUE,NULL,NULL,OFN_HIDEREADONLY,szFileFilter);
    if(dlg.DoModal()==IDOK)
```

范例 241：用 MessageBeep 播放 WAV 文件
源码路径：光盘\演练范例\244
视频路径：光盘\演练范例\244
范例 242：使用 PlaySound 播放 WAV 文件
源码路径：光盘\演练范例\242
视频路径：光盘\演练范例\242

```
        {
                CString PathName=dlg.GetPathName();
                PathName.MakeUpper();
                m_ActiveMovie.SetFileName(PathName);
        }
}
```

播放多媒体文件，对应的实现代码如下。

```
void CMyMediaPlayerDlg::OnPlay()
{
    // TODO: Add your control notification handler code here
    m_ActiveMovie.Run();
    SetTimer(0,20,NULL);
}
```

暂停播放，对应的实现代码如下。

```
void CMyMediaPlayerDlg::OnPause()
{
    // TODO: Add your control notification handler code here
    m_ActiveMovie.Pause();
}
```

停止播放，对应的实现代码如下。

```
void CMyMediaPlayerDlg::OnStop()
{
    // TODO: Add your control notification handler code here
    m_ActiveMovie.Stop();
    KillTimer(0);
}
```

关闭播放窗口，对应的实现代码如下。

```
void CMyMediaPlayerDlg::OnClose()
{
    // TODO: Add your control notification handler code here
    m_ActiveMovie.CloseWindow();
}
```

定时器处理，对应的实现代码如下。

```
void CMyMediaPlayerDlg::OnTimer(UINT nIDEvent)
{
    double CurrentPos=m_ActiveMovie.GetCurrentPosition();
        if(CurrentPos==0&&isRepeat)
            m_ActiveMovie.Run();

    CDialog::OnTimer(nIDEvent);
}
```

全屏播放，对应的实现代码如下。

```
void CMyMediaPlayerDlg::OnFullscreen()
{
    // TODO: Add your control notification handler code here
    m_ActiveMovie.Pause();
    m_ActiveMovie.SetFullScreenMode(true);
    m_ActiveMovie.SetMovieWindowSize(SW_SHOWMAXIMIZED);
    m_ActiveMovie.Run();
}
```

重新播放，对应的实现代码如下。

```
void CMyMediaPlayerDlg::OnReplay()
{
    // TODO: Add your control notification handler code here
    if(!isRepeat){
        isRepeat=TRUE;
        //SetDlgItemText(IDC_STATIC2,"Status:Repeat");
    }
    else{
        isRepeat=FALSE;
        //SetDlgItemText(IDC_STATIC2,"Status:Normal");
    }
}
```

# 18.3　使用 OpenGL 实现三维程序

知识点讲解：光盘\视频\PPT 讲解（知识点）\第 18 章\使用 OpenGL 实现三维程序.mp4

OpenGL 作为一个性能优越的图形应用程序设计界面（API），适合于广泛的计算环境。从个人计算机到工作站和超级计算机，OpenGL 都能实现高性能的三维图形功能。由于许多在计算机界具有领导地位的计算机公司纷纷采用 OpenGL 作为三维图形应用程序设计界面，OpenGL 应用程序具有广泛的移植性。因此，OpenGL 已成为目前的三维图形开发标准，是从事三维图形开发工作的技术人员所必须掌握的开发工具。本节将详细讲解在 Visual C++ 6.0 环境下使用 OpenGL 实现三维程序的基本知识。

## 18.3.1 OpenGL 初步

OpenGL 实际上是一种图形与硬件的接口，包括了 120 个图形函数，开发者可以用这些函数来建立三维模型并进行三维实时交互。与其他图形程序设计接口不同，OpenGL 提供了十分清晰明了的图形函数，因此初学的程序设计员也能利用 OpenGL 的图形处理能力，并且利用 1 670 万种色彩的调色板很快地设计出三维图形以及三维交互软件，而且不要求开发者把三维物体模型的数据写成固定的数据格式。这样开发者不但可以直接使用自己的数据，而且可以利用其他不同格式的数据源。这种灵活性极大地节省了开发者的时间，提高了软件开发效益。

长期以来，从事三维图形开发的技术人员都不得不在自己的程序中编写矩阵变换、外部设备访问等函数，这样为调制这些与自己的软件开发目标关系并不十分密切的函数费脑筋。而 OpenGL 正是提供一种直观的编程环境，它提供的一系列函数大大地简化了三维图形程序，具体功能如下。

（1）OpenGL 提供一系列的三维图形单元供开发者调用。

（2）OpenGL 提供一系列的图形变换函数。

（3）OpenGL 提供一系列的外部设备访问函数，使开发者可以方便地访问鼠标、键盘、空间球、数据手套等。

这种直观的三维图形开发环境体现了 OpenGL 的技术优势，这也是许多三维图形开发者热衷于 OpenGL 的缘由所在。

1. 基本功能

OpenGL 能够对整个三维模型进行渲染着色，从而绘制出与客观世界十分类似的三维景象。另外 OpenGL 还可以进行三维交互、动作模拟等。具体的功能主要有以下这些内容。

（1）模型绘制。OpenGL 能够绘制点、线和多边形。应用这些基本的形体，可以构造出几乎所有的三维模型。OpenGL 通常用模型的多边形的顶点来描述三维模型。

（2）模型观察。在建立了三维景物模型后，就需要用 OpenGL 描述如何观察所建立的三维模型。观察三维模型是通过一系列的坐标变换进行的。模型的坐标变换使观察者能够在视点位置观察与视点相适应的三维模型景观。

在整个三维模型的观察过程中，投影变换的类型决定了观察三维模型的观察方式，不同的投影变换得到的三维模型的景象也是不同的。最后的视窗变换则对模型的景象进行裁剪缩放，即决定整个三维模型在屏幕上的图象。

（3）颜色模式的指定。OpenGL 应用了一些专门的函数来指定三维模型的颜色。程序开发者可以选择两个颜色模式，即 RGBA 模式和颜色表模式。在 RGBA 模式中，颜色直接由 RGB 值来指定；在颜色表模式中，颜色值则由颜色表中的一个颜色索引值来指定。开发者还可以选择平面着色和光滑着色二种着色方式对整个三维景观进行着色。

（4）光照应用。用 OpenGL 绘制的三维模型必须加上光照才能更加与客观物体相似。OpenGL 提供了管理四种光(辐射光、环境光、镜面光和漫反射光)的方法，另外还可以指定模型表面的反射特性。

（5）图像效果增强。OpenGL 提供了一系列的增强三维景观的图像效果的函数，这些函数通过反走样、混合和雾化来增强图像的效果。反走样用于改善图像中线段图形的锯齿而更平滑，混合用于处理模型的半透明效果，雾化使得影像从视点到远处逐渐褪色，更接近于真实。

（6）位图和图像处理。OpenGL 还提供了专门对位图和图像进行操作的函数。

（7）纹理映射。三维景物因缺少景物的具体细节而显得不够真实，为了更加逼真地表现三维景物，OpenGL 提供了纹理映射的功能。OpenGL 提供的一系列纹理映射函数使得开发者可以十分方便地把真实图像贴到景物的多边形上，从而可以在视窗内绘制逼真的三维景观。

（8）实时动画。为了获得平滑的动画效果，需要先在内存中生成下一幅图像，然后把已经生成的图像从内存拷贝到屏幕上，这就是 OpenGL 的双缓存技术（Double Buffer）。OpenGL 提供了双缓存技术的一系列函数。

（9）交互技术。目前有许多图形应用需要人机交互，OpenGL 提供了方便的三维图形人机交互接口，用户可以选择修改三维景观中的物体。

2．工作流程

整个 OpenGL 的基本工作流程如图 18-3 所示。

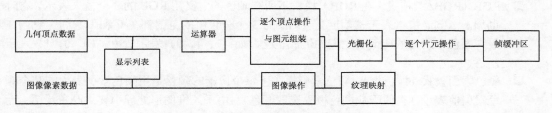

图 18-3　OpenGL 的基本工作流程

- 几何顶点数据。包括模型的顶点集、线集、多边形集，这些数据经过流程图的上部，包括运算器、逐个顶点操作等；
- 图像数据。包括像素集、影像集、位图集等，图像像素数据的处理方式与几何顶点数据的处理方式是不同的，但它们都经过光栅化、逐个片元（Fragment）操作处理，直至把最后的光栅数据写入帧缓冲器为止。

OpenGL 要求把所有的几何图形单元都用顶点来描述，这样运算器和逐个顶点计算操作都可以针对每个顶点进行计算和操作，然后进行光栅化形成图形碎片；对于像素数据，像素操作结果被存储在纹理组装用的内存中，再像几何顶点操作一样光栅化形成图形片元。

而且，在 OpenGL 中的所有数据，包括几何顶点数据和像素数据，都可以被存储在显示列表中或者立即可以得到处理。

整个流程操作的最后，图形片元都要进行一系列的逐个片元操作，这样最后的像素值送入帧缓冲器实现图形的显示。根据这个流程可以归纳出在 OpenGL 中进行主要的图形操作，直至在计算机屏幕上渲染绘制出三维图形景观的基本步骤。

（1）根据基本图形单元建立景物模型，并且对所建立的模型进行数学描述（OpenGL 中把点、线、多边形、图像和位图都作为基本图形单元）。

（2）把景物模型放在三维空间中的合适的位置，并且设置视点（viewpoint）以观察所感兴趣的景观。

（3）计算模型中所有物体的色彩，其中的色彩根据应用要求来确定，同时确定光照条件、纹理粘贴方式等。

（4）把景物模型的数学描述及其色彩信息转换至计算机屏幕上的像素，这个过程也就是光栅化（Rasterization）。

注意：在上述步骤的执行过程中，OpenGL 可能执行其他的一些操作，如自动消隐处理等。另外，景物光栅化之后被送入帧缓冲器之前还可以根据需要对像素数据进行操作。

### 18.3.2　OpenGL 三维程序设计

#### 1．开发环境设置

在 Visual C++6.0 程序中利用 OpenGL 进行三维编程时，首先要对编程环境进行设置，具体步骤如下。

（1）选择 Project→Setting 命令。

（2）弹出 Project Setting 对话框后选择 Link 项，在 Libaray 栏中加入 OpenGL 提供的函数库：opengl32.lib glu32.lib glaux.lib。

注意：在执行程序时，Windows 的 system 目录下要包含 opengl32.dll 及 glu32.dll 两个动态连接库。

#### 2．OpenGL 绘图环境初始化

（1）定义颜色格式和缓冲模式。OpenGL 提供两种颜色模式，具体说明如下。

❑ RGB（RGBA）模式。在 RGBA 模式下所有颜色的定义用 RGB 的 3 个值来表示，有时也加上 Alpha 值（表示透明度）。RGB 的 3 个分量值的范围都在 0 和 1 之间，它们在最终颜色中所占的比例与它们的值成正比。如（1，1，0）表示黄色，（0，0，1）表示蓝色。

❑ 颜色索引模式（调色板）。颜色索引模式下每个像素的颜色是用颜色索引表中的某个颜色索引值表示（类似于从调色板中选取颜色）。由于三维图形处理中要求颜色灵活，而且在阴影、光照、雾化、融合等效果处理中 RGBA 的效果要比颜色索引模式好，所以，在编程时大多采用 RGBA 模式。

OpenGL 提供了双缓存来绘制图像。即在显示前台缓存中的图像同时，后台缓存绘制第二幅图像。当后台绘制完成后，后台缓存中的图像就显示出来，此时原来的前台缓存开始绘制第三幅图像，如此循环往复，以增加图像的输出速度。

```
//////////设置窗口显示模式函数
void auxInitDisplayMode(
    AUX_DOUBLE |                    //双缓存方式
    AUX_RGBA                        //RGBA颜色模式
);
```

（2）设置光源。OpenGL 的光源大体分为 3 种：环境光（Ambient light），即来自于周围环境没有固定方向的光；漫射光（Diffuse light），即来自同一个方向，照射到物体表面时在物体的各个方向上均匀发散；镜面光（Specular light）则是来自于同一方向，也沿同一个方向反射。全局环境光是一种特殊的环境光，它不来自特于某种定光源，通常作为场景的自然光源。

```
//////////指定光源函数
void glLightfv(
    Glenum light,                  //光源号
    Glenum pname,                  //指明光源类型
                                   //GL_DIFFUSE  光源为漫射光光源
                                   //GL_AMBIENT光源为环境光光源
                                   //GL_SPECULAR光源为镜面光光源
    const Glfloat* params          //指向颜色向量的指针
);
//////////设置全局环境光函数
void glLightModelfv(
    GL_LIGHT_MODEL_ AMBIENT,
    const Glfloat* param           //param：指向颜色向量的指针
);
//////////起用光源函数
void glEnable(GL_LIGHTING);
void glEnable(GL_ enum cap);       //cap：指明光源号
```

（3）设置材质。在 OpenGL 中，用材料对光的三原色（红、绿、蓝）的反射率大小来定义

材料的颜色。与光源相对应，材料的颜色，也分为环境色、漫反射色和镜面反射色，由此决定该材料对应不同的光呈现出不同的反射率。由于人所看到物体的颜色是光源发出的光经物体反射后进入眼睛的颜色。所以，物体的颜色是光源的环境光，漫反射光和镜面反射光与材料的环境色，漫反射色和镜面反射色的综合。例如，OpenGL 的光源色是 (LR, LG, LB)，材质色为 (MR, MG, MB)，那么在忽略其他反射效果的情况下，最终进入眼睛的颜色是 (LR*MR, LG*MG, LB*MB)。

```
//////////材质定义函数
void glMaterialfv(
    GLenum face,                    //指明在设置材质的哪个表面的颜色
                                    //可以是GL_FRONT、GL_BACK、GL_FRONT_AND_BACK
    GLenum pname,                   //与光源的pname参数相似
    const float* params             //指向材质的颜色向量
);
```

（4）定义投影方式。也即选择观察物体的角度和范围。由于我们是三维绘图，所以采用不同的视点和观察范围，就会产生不同的观察效果。由于计算机只能显示二维图形，所以在表示真实世界中的三维图形时，需将三维视景转换成二维视景。这是产生三维立体效果的关键。OpenGL 提供了两种将 3D 图形转换成 2D 图形的方式。正投影（Orthographic Projection）和透视投影（Perspective Projection）。其中，正投影指投影后物体的大小与视点的远近无关，通常用于 CAD 设计；而透视投影则符合人的心理习惯，离视点近的物体大，离视点远的物体小。此外，在 OpenGL 中还要定义投影范围，只有在该范围中的物体才会被投射到计算机屏幕上，投影范围外的物体将被裁减掉。

```
//////////定义投影范围（不同的投影方式对应不同函数）
void glOrtho(
    GLdouble left, GLdouble right,       //（left,bottom,near）及（right,top,far）分别给出正射投
    GLdouble bottom, GLdouble top,       //投影范围的左下角和右上角的坐标
    GLdouble near,GLdouble far
);
```

3．定义与 Windows 接口的系统函数

定义绘图窗口的位置，函数原型如下。

```
void auxInitPosition(GLint x,GLint y,GLsizei width, GLsizei heigh);
// （x,y）给出窗口左上角坐标，width及heigh给出窗口的宽高
```

定义绘图窗口的标题，函数原型如下。

```
void auxInitWindow(GLbyte* STR);        // STR表示窗口标题字串
```

定义绘图窗口改变时的窗口刷新函数，函数原型如下。

```
// 当窗口改变形状时调指定的回调函数
void auxReshapeFunc(NAME);              // NAME表示回调函数名称
```

定义空闲状态的空闲状态函数以实现动画，函数原型如下。

```
// 当系统空闲时调用指定的回调函数
void auxIdleFunc(NAME);                 // NAME表示回调函数名称
```

定义场景绘制函数，当窗口更新或场景改变时调用，函数原型如下。

```
// 当窗口需要更新或场景变化时调用
void auxMainLoop(NAME);                 // NAME表示回调函数名称
```

4．在 Visual C++ 6.0 下编译程序

在 Visual C++6.0 编辑器输入代码，保存为后缀是.cpp 的 C++文件，编译并执行后就可以实现 OpenGL 的三维编程。

**实例 127　绘制一个能够绕着圆轨道运动的球**

源码路径　光盘\daima\part18\3　　　　　视频路径　光盘\视频\实例\第 18 章\127

本实例的功能是，在三维环境中绘制一个能够绕着圆轨道运动的球。本实例的具体实现流程如下。

（1）新建一个控制台应用程序 MyOpenGLDemo。

（2）新建一个 CPP 文件，并在其中输入如下代码。

```
#include <windows.h>
```

```
#include <gl/gl.h>
#include <gl/glaux.h>
#include <gl/glu.h>
#include <math.h>

//////////初始化函数
void myinit()
{
    glClearColor(1,1,0,0);
    GLfloat ambient[]={.5,.5,.5,0};
    glLightModelfv(GL_LIGHT_MODEL_AMBIENT,ambient);
    GLfloat mat_ambient[]={.8,.8,.8,1.0};
    GLfloat mat_diffuse[]={.8,.0,.8,1.0};
    GLfloat mat_specular[]={1.0,.0,1.0,1.0};
    GLfloat mat_shininess[]={50.0};
    GLfloat light_diffuse[]={0,0,.5,1};
    GLfloat light_position[]={0,0,1.0,0};
    glMaterialfv(GL_FRONT_AND_BACK,GL_AMBIENT,mat_ambient);
    glMaterialfv(GL_FRONT_AND_BACK,GL_DIFFUSE,mat_diffuse);
    glMaterialfv(GL_FRONT_AND_BACK,GL_SPECULAR,mat_specular);
    glMaterialfv(GL_FRONT_AND_BACK,GL_SHININESS,mat_shininess);
    glLightfv(GL_LIGHT0, GL_DIFFUSE, light_diffuse);
    glLightfv(GL_LIGHT0,GL_POSITION, light_position);
    glEnable(GL_LIGHTING);
    glEnable(GL_LIGHT0);
    glDepthFunc(GL_LESS);
    glEnable(GL_DEPTH_TEST);
}

//////////显示函数
void CALLBACK display()
{
    glClear(GL_COLOR_BUFFER_BIT|GL_DEPTH_BUFFER_BIT);
    auxSolidSphere(1.0);              //绘制半径为1.0的实体球
    glFlush();                        //强制输出图像
    auxSwapBuffers();                 //交换绘图缓存
    _sleep(100);
}

//////////循环绘制函数
void CALLBACK Idledisplay()
{
    // x,y满足x2+y2=0.01。这样可以使物体沿该圆轨迹运动
    static float x=-.1,y=0.0;
    static BOOL mark=TRUE;
    static float step=.01;
    x+=step;
    if(x<=.1&&x>=-.1)
    {
        if(step>0)
                y=sqrt(.01-x*x);
        else
        {
                y=-sqrt(.01-x*x);
                glTranslatef(x,y,0);
        }
    }
    else
    {
            step=0-step;
    }
    display();
}

//////////窗口大小调整函数
void CALLBACK myReshape(GLsizei w,GLsizei h)
{
    glViewport(0,0,w,h);
    glMatrixMode(GL_PROJECTION);
    glLoadIdentity();
    if(w<=h)
            glOrtho(-3.5,3.5,-3.5*(GLfloat)w/(GLfloat)h, 3.5*(GLfloat)w/(GLfloat)h,-10,10);
    else
```

范例 243：用低级波形音频函数播放 WAV 文件

源码路径：光盘\演练范例\243

视频路径：光盘\演练范例\243

范例 244：创建基于 MCI 的 WAV 音频处理类

源码路径：光盘\演练范例\244

视频路径：光盘\演练范例\244

```
        glOrtho(-3.5*(GLfloat)w/(GLfloat)h,3.5* (GLfloat)w/(GLfloat)h,-3.5,3.5,-10,10);
    glMatrixMode(GL_MODELVIEW);
    glLoadIdentity();
}

///////////主函数
void main()
{
    auxInitDisplayMode(AUX_DOUBLE|AUX_RGBA);
    auxInitPosition(0,0,400,400);
    auxInitWindow(" circle ");
    myinit();
    auxReshapeFunc(myReshape);
    auxIdleFunc(Idledisplay);
    auxMainLoop(display);
}
```

编译运行后的效果如图 18-4 所示。

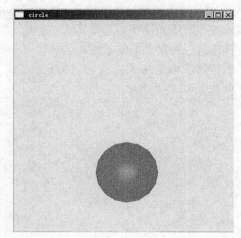

图 18-4  执行效果

# 18.4  技 术 解 惑

## 18.4.1  音频编码和解码技术

处理音频数据的过程分为编码和解码两个过程，这两个过程的具体说明如下。

（1）编码。把存放在波形文件里的数字音频数据转换为高压缩的形式，也就是比特流的形式。

（2）解码。把比特流重建为波形文件。

同一种音频文件可以支持多种编码格式，但是大多数音频文件仅仅支持一种音频编码。在现实中常用的音频文件格式有如下两类。

（1）无损格式，如 WAV、PCM、APE、TTA、FLAC 和 AU。

（2）有损格式，如 MP3、OGG Vobis、WMA 和 AAC。

1. 无损压缩格式

无损压缩格式是指毫无损失地将声音信号进行压缩的音频格式。现实中常见的 MP3、WMA 等都是有损压缩格式，它们和无损格式 WAV 相比，都丢失了相当大的信号，当然这也是它们能达到 10%的压缩率的根本原因。而无损压缩格式，得到的压缩格式还可以原成 WAV 文件，和作为源的 WAV 文件完全一样。通过无损压缩格式，可以直接通过播放软件实现实时播放处理，使用起来和 MP3 等有损格式一模一样。由此可见，无损压缩格式能在不牺牲任何音频信号的前提下，减少 WAV 文件的体积。

2. 有损压缩格式

所谓有损压缩格式，是指可以选择需要的采样频率和比特率来压缩编码数字音频文件。虽然压缩后的音频文件将比原文件小很多，但是也相应地降低了一些品质。降低品质的这种损失是无可挽回的，即使将其转换成压缩编码前的文件格式，也不能恢复损失掉的部分。

无损压缩和有损压缩各具特色和优势，我们应该根据具体情况来选择用哪种压缩格式。例如，当为随身数字音频设备选择压缩格式时，如 MP3 设备，此时选择有损压缩比较合适；当希望将 CD 复制到硬盘上时，那么无损压缩是最好的选择。

## 18.4.2　探讨像素格式

在创建一个图形操作表之前，首先必须设置像素格式。像素格式含有设备绘图界面的属性，这些属性包括绘图界面是用 RGBA 模式还是颜色表模式，像素缓存是用单缓存还是双缓存，以及颜色位数、深度缓存和模板缓存所用的位数，还有其他一些属性信息。

每个 OpenGL 显示设备都支持一种指定的像素格式。一般用一个名为 PIXELFORMATDESCRIPTOR 的结构来表示某个特殊的像素格式，这个结构包含 26 个属性信息。Win32 定义 PIXELFORMATDESCRIPTOR 的格式如下。

```
typedef struct tagPIXELFORMATDESCRIPTOR
{
    WORD nSize;
    WORD nVersion;
    DWORD dwFlags;
    BYTE iPixelType;
    BYTE cColorBits;
    BYTE cRedBits;
    BYTE cRedShift;
    BYTE cGreenBits;
    BYTE cGreenShift;
    BYTE cBlueBits;
    BYTE cBlueShift;
    BYTE cAlphaBits;
    BYTE cAlphaShift;
    BYTE cAccumBits;
    BYTE cAccumRedBits;
    BYTE cAccumGreenBits;
    BYTE cAccumBlueBits;
    BYTE cAccumAlphaBits;
    BYTE cDepthBits;
    BYTE cStencilBits;
    BYTE cAuxBuffers;
    BYTE iLayerType;
    BYTE bReserved;
    DWORD dwLayerMask;
    DWORD dwVisibleMask;
    DWORD dwDamageMask;
} PIXELFORMATDESCRIPTOR;
```

# 第 19 章

# 注册表编程其实很简单

注册表是 Windows 操作系统的核心，在里面存放了各种参数，通过这些参数直接控制着 Windows 的启动、硬件驱动程序的装载以及一些 Windows 应用程序的运行。本章将详细讲解使用 Visual C++ 6.0 实现 Windows 的注册表编程的基本知识。

# 19.1 Windows 注册表印象

知识点讲解：光盘\视频\PPT 讲解（知识点）\第 19 章\Windows 注册表印象.mp4

注册表（Registry）是 Windows 内部的一个树形分层数据库，是 Microsoft 专门为其 32 位操作系统（如 Windows NT、Window 98、Window XP 等）设计的一个系统管理数据库，记录了用户安装在机器上的软件、硬件配置，包括自动配置的即插即用设备和已有的各种设备，以及每个程序的相互关系。注册表编程是 Visual C++ 6.0 的核心应用之一。通过注册表编程，可以完成很多软、硬件配置管理，具体如图 19-1 所示。

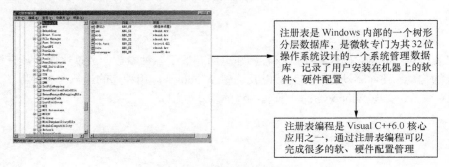

图 19-1 注册表编程的重要性

注册表是一个以层次结构来保存和检索的复杂数据库，它包含了应用程序和系统软硬件的全部配置、初始化信息以及其他重要数据。如果注册表受到破坏，轻则是 Windows 系统的启动过程出现异常，重则导致系统的完全瘫痪。因此，正确认识、使用特别是及时备份以及有问题时恢复注册表，对 Windows 用户来说显得非常重要。

从一般角度来看，注册表系统由注册表数据库和注册表编辑器两部分组成。注册表数据库的具体内容如下。

（1）软、硬件的相关配置和状态信息，注册表中保存有应用程序和资源管理器外壳的初始条件、首选项和卸载数据。

（2）连网计算机的整个系统设置和各种许可文件，文件扩展名与应用程序的关联，硬件部件的描述、状态和属性。

（3）性能记录和其他底层的系统状态信息及其他数据。

注册表编辑器（Regedit.ext）是 Windows 系统自带的一个专门用来编辑注册表的程序，选择"开始"→"运行"命令，在打开的运行界面中输入"Regedit"后按 Enter 键，就可以打开图 19-2 所示的注册表编辑器运行界面。

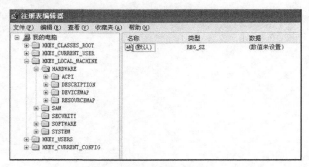

图 19-2 注册表编辑器

图 19-2 中的左半部分层次结构的是注册表的"主键"，主键的下一级主键称为"子键"，每个主键可以拥有多个子键，如 HKEY_LOCAL_MACHINE 等。Windows XP、Windows 2000 等系统中预定义了 5 个主键（又称根键），如表 19-1 所示。

表 19-1　　　　　　　　　　　　　　　注册表根键

| 根　　键 | 内　　容 |
|---|---|
| HKEY_CURRENT_USER | 包含当前登录用户的配置信息的根目录。用户文件夹、屏幕颜色和"控制面板"设置存储在此处。该信息被称为用户配置文件 |
| HKEY_USERS | 包含计算机上所有用户的配置文件的根目录。EY_CURRENT_USER 是 HKEY_USERS 的子项 |
| HKEY_LOCAL_MACHINE | 包含针对该计算机（对于任何用户）的配置信息 |
| HKEY_CLASSES_ROOT | 是 HKEY_LOCAL_MACHINE\Software 的子项。此处存储的信息可以确保当使用 Windows 资源管理器打开文件时，将打开正确的程序 |
| HKEY_CURRENT_CONFIG | 包含本地计算机在系统启动时所用的硬件配置文件信息 |

图 19-1 中的右半部分为"键值"，每个主键或子键可以拥有多个键值。键值的主要数据类型如表 19-2 所示。

表 19-2　　　　　　　　　　　　　注册表键值的主要数据类型

| 数据类型 | 说　　明 |
|---|---|
| REG_BINARY | 未处理的二进制数据。多数硬件组件信息都以二进制数据存储，而以十六进制格式显示在注册表编辑器中 |
| REG_DWORD | 数据由 4 字节长的数表示。许多设备驱动程序和服务的参数是这种类型并在注册表编辑器中以二进制、十六进制或十进制的格式显示 |
| REG_EXPAND_SZ | 长度可变的数据串。该数据类型包含在程序或服务使用该数据时确定的变量 |
| REG_MULTI_SZ | 多重字符串。其中包含格式可被用户读取的列表或多值的值通常为该类型。项用空格、逗号或其他标记分开 |
| REG_SZ | 固定长度的文本串 |
| REG_FULL_RESOURCE_DESC RIPTOR | 设计用来存储硬件元件或驱动程序的资源列表的一列嵌套数组 |

# 19.2　常用的几个函数

知识点讲解：光盘\视频\PPT 讲解（知识点）\第 19 章\常用的几个函数.mp4

在日常编程应用中使用注册表时，最常见的操作主要包括创建、打开、读取、设置和删除。读者可以通过查询 Visual Studio6.0 帮助目录中 MSDN Library Visual Studio6.0|Platform SDK|Window BASE Services|General Library|Registry 条目获取更多有关注册表编程的说明。在 Visual C++6.0 环境中，提供专门的函数实现对注册表的处理，在本节将讲解这几个函数的具体用法。

## 19.2.1　创建键函数 RegCreateKeyEx

通过使用函数 RegCreateKeyEx，用户可以在注册表中创建键，如果需要创建的键已经存在了，则打开键。函数 RegCreateKeyEx 的原型如下。

```
LONG RegCreateKeyEx(
    HKEY                        hKey,
    LPCTSTR                     lpSubKey,
    DWORD                       Reserved,
    LPTSTR                      lpClass,
    DWORD                       dwOptions,
    REGSAM                      samDesired,
```

```
    LPSECURITY_ATTRIBUTES          lpSecurITyAttributes,
    PHKEY                          phkResult,
    LPDWORD                        lpdwDisposITion
);
```

上述各参数及返回值的具体说明如下。

（1）参数 hKey 为主键值，可以取下面的一些数值。

❑ HKEY_CLASSES_ROOT。

❑ HKEY_CURRENT_CONFIG。

❑ HKEY_CURRENT_USER。

❑ HKEY_LOCAL_MACHINE。

❑ HKEY_USER、HKEY_PERFORMANCE_DATA(WINNT 操作系统)。

❑ HKEY_DYN_DATA （WIN9X 操作系统）。

（2）参数 lpSubKey 为一个指向以零结尾的字符串的指针，其中包含将要创建或打开的子键的名称。子键不可以用反斜线（\）开始。该参数可以为 NULL。

（3）Reserved。保留，必须设置为 0。

（4）lpClass。一个指向包含键类型的字符串。如果该键已经存在，则忽略该参数。

（5）dwOptions。为新创建的键设置一定的属性。可以取下面的一些数值：

❑ REG_OPTION_NON_VOLATILE 新创建的键为一个非短暂性的键，数据信息保存在文件中，当系统重新启动时恢复数据信息。

❑ REG_OPTION_VOLATILE 新创建的键为一个短暂性的键（数据信息保存在内存中）。Windows 95 忽略该数值。

❑ REG_OPTION_BACKUP_RESTORE 仅在 WINNT 中支持，可以提供优先级支持。

（6）samDesired。用来设置对的键访问权限，可以取下面的一些数值：

❑ KEY_CREATE_LINK。准许生成符号键。

❑ KEY_CREATE_SUB_KEY。准许生成子键。

❑ KEY_ENUMERATE_SUB_KEYS。准许生成枚举子键。

❑ KEY_EXECUTE。准许进行读操作。

❑ KEY_NOTIFY。准许更换通告。

❑ KEY_QUERY_VALUE。准许查询子键。

❑ KEY_ALL_ Access。提供完全访问，是上面数值的组合。

❑ KEY_READ 。是数值 KEY_QUERY_VALUE、KEY_ENUMERATE_SUB_KEYS、KEY_NOTIFY 的组合。

❑ KEY_SET_VALUE。准许设置子键的数值。

❑ KEY_WRITE：是数值 KEY_SET_VALUE、KEY_CREATE_SUB_KEY 的组合。

（7）lpSecurityAttributes。为一个指向 SECURITY_ATTRIBUTES 结构的指针，确定返回的句柄是否被子处理过程继承。如果该参数为 NULL，则句柄不可以被继承。在 WINNT 中，该参数可以为新创建的键增加安全的描述。

（8）phkResult。为一个指向新创建或打开的键的句柄的指针。

（9）lpdwDispITion。指明键是被创建还是被打开的，可以取如下数值：

❑ REG_CREATE_NEW_KEY 键先前不存在，现在被创建。

❑ REG_OPENED_EXISTING_KEY 键先前已存在，现在被打开。

（10）返回值。如果函数调用成功，则返回 ERROR_SUCCESS。否则，返回值为文件 WINERROR.h 中定义的一个非零错误代码。可以通过设置 FORMAT_MESSAGE_FROM_SYSTEM 标识的方式，调用函数 FormatMessage 获取一个对错误的总体描述。

在编写应用软件过程中，经常会碰到如何在系统启动时自动运行自己的程序的问题。通常有如下两种解决方案。

- ❑ 利用 Win.ini 和 System.ini 等文件的数据段的方法
- ❑ 使用修改注册表的方法，通过向如下选项中添加新的键值的方式，可以让程序在系统启动的过程中自动启动。

HKEY_LOCAL_MACHINE\Software\Microsoft\Windows\CurrentVersion\Run

**实例 128　用注册表编程实现程序的自动启动**

源码路径　　光盘\daima\part19\1　　　　　视频路径　　光盘\视频\实例\第 19 章\128

本实例的功能是，利用注册表编程实现系统启动时自动启动应用程序。本实例的具体实现流程如下。

（1）新建一个基于对话框的应用程序 CreateRegDemo，在对话框上添加两个文本框分别用来保存"键名"和"应用程序的路径"，添加"浏览"按钮来选择"应用程序路径"，如图 19-3 所示。

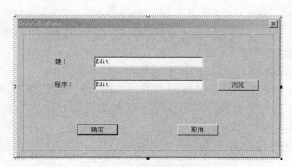

图 19-3　CreateRegDemo 主界面

（2）双击"确定"按钮，添加如下代码。

```
void CCreateRegDemoDlg::OnOK()
{
    // TODO: Add extra validation here
    HKEY hKey;                //定义有关的hKey，在查询结束时要关闭
    /////注册表键值路径
    LPCTSTR path="SOFTWARE\\Microsoft\\Windows\\CurrentVersion\\Run";
    /////打开注册表
    LONG return0=(RegOpenKey(HKEY_LOCAL_MACHINE,path,&hKey));
    if(return0!=ERROR_SUCCESS)
    {
        MessageBox("错误：无法打开有关的键！");
        return;
    }
    /////添加注册表键值
    LPBYTE username_Set=(LPBYTE)(LPCSTR)m_strPathName;
    DWORD type_1=REG_SZ;
    DWORD cbData_1=m_strPathName.GetLength()+1;
    LONG return1=::RegSetValueEx(hKey,m_strRegName,NULL,type_1,username_Set,cbData_1);
    if (return1!=ERROR_SUCCESS)
    {
        MessageBox("错误：无法修改有关注册表信息！");
        return;
    }
}
```

范例 245：用默认浏览器打开网页
源码路径：光盘\演练范例\245
视频路径：光盘\演练范例\245
范例 246：枚举注册表的键值名
源码路径：光盘\演练范例\246
视频路径：光盘\演练范例\246

编译运行后输入信息，单击"确定"按钮后可以创建一个新键，如图 19-4 所示。

通过注册表编辑器查可以看新添加的键。

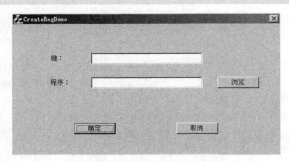

图 19-4 CreateRegDemo 运行界面

## 19.2.2 打开键函数 RegOpenKeyEx

函数 RegOpenKeyEx 可以打开一个指定的键，其原型如下。

```
LONG RegOpenKeyEx(
    HKEY            hkey,
    LPCTSTR         lpSubKey,
    DWORD           ulOption,
    REGSAM          samDesired,
    PHKEY           phkResult
);
```

上述各参数及返回值的含义如下。

（1）hKey。含义同函数 RegCreateKeyEx 中的参数 hKey 相同。

（2）lpSubKey。为一个指向以零结尾的字符串的指针，其中包含子键的名称，可以利用反斜线（\）分隔不同地子键名。如果字符串为空，则根据参数 hKey 创建一个新的句柄。在这种情况下，并不关闭先前打开的句柄。

（3）ulOption。保留，通常必须设置为 0。

（4）samDesired。含义同函数 RegCreateKeyEx 中的参数 samDesired 相同。

（5）phkResult。为一个指针，用来指向打开的键的句柄，可以通过函数 RegCloseKey 关闭此句柄。

（6）返回值同函数 RegCreateKeyEx 的返回值相同。

## 19.2.3 读取键值函数 RegQueryValueEx

通过函数 RegQueryValueEx 可以从一个已经打开的键中读取数据，函数原型如下。

```
LONG RegQueryValueEx(
    HKEY                hKey,
    LPTSTR              lpValueName,
    LPDWORD             lpReserved,
    LPDWORD             lpType,
    LPBYTE              lpData,
    LPDWORD             lpcbData
);
```

上述各个参数及返回值的含义如下。

（1）hKey。为当前的一个打开的键的句柄，具体数值同函数 RegCreateKeyEx 的参数 hKey 的相同。

（2）lpVauleName。为一个指向非空的包含查询值的名称的字符串指针。

（3）lpReserved。保留，必须为 NULL。

（4）lpType。为一个指向数据类型的指针，数据类型为下列类型之一。

❑ REG_BINARY。二进制数据。

❑ REG_DWORD。32 位整数。

❑ REG_DWORD_LITTLE_ENDIAN。

- ❑ REG_EXPAND_SZ。一个包含未扩展环境变量的字符串。
- ❑ REG_LINK。一个 Unicode 类型的链接。
- ❑ REG_MULIT_SZ。以两个零结尾的字符串。
- ❑ REG_NONE。无类型数值。
- ❑ REG_RESOURCE_LIST。设备驱动资源列表。
- ❑ REG_SZ。一个以零结尾的字符串根据函数使用的字符集类型的不同而设置为 Unicode 或 ANSI 类型的字符串。

（5）lpData。为一个指向保存返回值的变量的指针。如果不需要返回值，该参数可以为 NULL。

（6）lpcbData。为一个指向保存返回值长度的变量的指针。其中长度以字节为单位。如果数据类型为 REG_SZ、REG_MULTI_SZ 或 REG_EXPAND_SZ，那么长度也包括结尾的零字符，只有在参数 lpData 为 NULL 时，参数 lpcbData 才可以为 NULL。

（7）返回值。同 RegCreateKeyEx 函数的返回值。

计算机的用户信息位于注册表中 \KEY_CURRENT_USER\Software\Micrsoft\MS Setup(ACME)\User Info\的位置，键值名 DefName 和 DefCompany 分别表示用户的姓名和用户公司的名称。我们通过具体实例来引导读者通过编程来查看注册表中的用户信息。

| 实例 129 | 通过注册表编程读取计算机的用户信息 | |
|---|---|---|
| 源码路径 | 光盘\daima\part19\2 | 视频路径 光盘\视频\实例\第 19 章\129 |

本实例的功能是，使用读取键值函数 RegQueryValueEx 读取计算机的用户信息。本实例的具体实现流程如下。

（1）新建一个基于对话框的应用程序 ReadRegUserInfo，在对话框上添加两个文本框分别用来保存"用户名"和"公司名"，如图 19-5 所示。

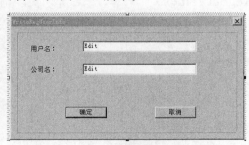

图 19-5　ReadRegUserInfo 主界面

（2）双击"确定"按钮，添加如下代码。

```
void CReadRegUserInfoDlg::OnOK()
{
    // TODO: Add extra validation here
    HKEY hKey;                      //定义有关的hKey，在查询结束时要关闭
    LPCTSTR path="Software\\Microsoft\\MS Setup (ACME)\\User Info";
    LONG return0=(RegOpenKey(HKEY_CURRENT_USER,path,&hKey));
    if(return0!=ERROR_SUCCESS)
    {
        MessageBox("错误：无法打开有关的键！");
        return;
    }
    PBYTE username_Get=new BYTE[80];
    DWORD type_1=REG_SZ;
    DWORD cbData_1=80;
    LONG result1=::RegQueryValueEx(hKey,"DefName",NULL,&type_1,username_Get,&cbData_1);
    if(result1!=ERROR_SUCCESS)
    {
        MessageBox("错误：无法查询有关用户信息！");
```

范例 247：设置和修改 IE 默认主页
源码路径：光盘\演练范例\247
视频路径：光盘\演练范例\247
范例 248：设置软件的使用时限
源码路径：光盘\演练范例\248
视频路径：光盘\演练范例\248

```
            return;
    }
    LPBYTE company_Get=new BYTE[80];
    DWORD type_2=REG_SZ;
    DWORD cbData_2=80;
    LONG return2=::RegQueryValueEx(hKey,"DefCompany",NULL,&type_2,company_Get,&cbData_2);
    if(return2!=ERROR_SUCCESS)
    {
            MessageBox("错误：无法查询有关用户公司信息！");
            return;
    }

    //将username_Get和company_Get转换为CString字符串，以便显示输出
    m_strUserName=CString(username_Get);
    m_strCompanyName=CString(company_Get);`+`
    delete[] username_Get;
    delete[] company_Get;
    //程序结束前关闭已经打开的hKey
    ::RegCloseKey(hKey);
    UpdateData(FALSE);
    //CDialog::OnOK();
}
```

编译运行后的执行效果如图 19-6 所示，单击"确定"按钮后会得到用户的信息。

图 19-6　运行效果

### 19.2.4　设置键值函数 RegSetValueEx

函数 RegSetValueEx 可以设置注册表中键的值，其函数原型如下。

```
LONG RegSetValueEx（
    HKEY            hKey,
    LPCTSTR         lpValueName,
    DWORD           Reserved,
    DWORD           dwType,
    CONST BYTE  *   lpData,
    DWORD           cbData
);
```

上述各个参数及返回值的含义如下。

❑ hKey。含义同函数 RegCreateKeyEx 中的参数 hKey 相同。

❑ lpValueName。是一个指向包含值名的字符串指针。

❑ Reserved。保留，通常必须设置为 0。

❑ dwType。确定设置值的类型，同 RegQueryValueKeyEx 的参数 lyType 相同。

❑ lpData。为一个指向包含数据的缓冲区的指针。

❑ cbData。以字节为单位，指定数据的长度。

❑ 返回值。同 RegCreateKeyEx 函数的返回值。

**实例 130**　**通过注册表编程获取计算机的用户信息**

源码路径　光盘\daima\part19\3　　　　视频路径　光盘\视频\实例\第 19 章\130

本实例的具体实现流程如下。

（1）建立基于对话框的应用程序 WriteRegUserInfo，在对话框上添加两个文本框分别用来保存"用户名"和"公司名"，如图 19-7 所示。

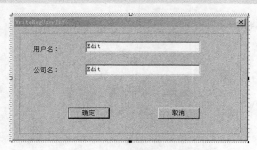

图 19-7　WriteRegUserInfo 主界面

（2）双击"确定"按钮，添加如下代码。

```
void CWriteRegUserInfoDlg::OnOK()
{
  UpdateData();
  HKEY hKey;                //定义有关的hKey，在查询结束时要关闭
  LPCTSTR path="Software\\Microsoft\\MS Setup (ACME)\\User Info";
  LONG return0=(RegOpenKey(HKEY_CURRENT_USER,path,&hKey));
  if(return0!=ERROR_SUCCESS)
    {
        MessageBox("错误：无法打开！");
        return;
    }
  LPBYTE username_Set=(LPBYTE)(LPCSTR)m_strUserName;
  DWORD type_1=REG_SZ;
  DWORD cbData_1=m_strUserName.GetLength()+1;
  LONG return1=::RegSetValueEx(hKey,"DefName",NULL,type_1,username_Set,cbData_1);
  if (return1!=ERROR_SUCCESS)
    {
        MessageBox("错误：无法修改！");
        return;
    }
  LPBYTE company_Set=(LPBYTE)(LPCSTR)m_strComPanyName;
  DWORD type_2=REG_SZ;
  DWORD cbData_2=m_strComPanyName.GetLength()+1;
  LONG return2=::RegSetValueEx(hKey,"DefCompany",NULL,type_2,company_Set,cbData_2);
  if (return2!=ERROR_SUCCESS)
    {
        MessageBox("错误：无法修改！");
        return;
    }
  //CDialog::OnOK();
}
```

范例 249：限制软件的使用次数
源码路径：光盘\演练范例\249
视频路径：光盘\演练范例\249
范例 250：用注册表模拟软件加密
源码路径：光盘\演练范例\250
视频路径：光盘\演练范例\250

编译运行上述实例程序，单击"确定"按钮后可以得到用户信息，执行效果如图 19-8 所示。

图 19-8　执行效果

# 第 20 章

# 仿 QQ 通信工具

　　QQ 对于大家来说并不陌生，这是一款风靡网络的聊天软件。另外，随着计算机和互联网技术的普及，各单位都已经普遍实行了网络化办公，因此，开发一套集实时信息传输、文件传输和系统消息发布等功能为一体的局域网内通信软件对加强系统内人员交流、提高员工的工作效率具有重要意义。本章将通过 Visual C++ 6.0 开发一个仿 QQ 聊天工具的具体实现过程，使读者体会 Visual C++6.0 在网络编程中的巨大应用。

# 20.1 需求分析

局域网通信系统软件的运行环境为各单位、公司的局域网系统，主要适用于单位系统内部人员的通信，目的在于方便交流、提高工作效率。主要功能包括实时消息通信、系统消息广播和数据文件传输三大部分。和其他网络应有程序一样，该软件同样包括服务器端程序和客户端程序两大部分，如图 20-1 所示。

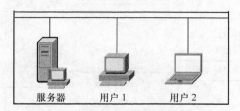

图 20-1　局域网实时通信系统软件架构

## 20.1.1　总体设计

本软件系统设计分为服务器端应用程序和客户端应用程序两大部分，采用 WinSock 套接字库进行网络编程。为了既能有效保证数据传输的时效性，又能保证数据在传输的过程中不会造成数据丢失，采用 UDP 和 TCP/IP 相结合的连接方式。同时，采用多线程技术来避免程序阻塞，提高响应效率。

1. 系统主要功能的工作流程

客户端与服务器端的实时通信是本实例系统局域网通信软件的主要功能之一，其工作流程主如下。

（1）服务器端启动程序，启动监听端口（默认监听端口为 6030）进入监听状态，等待客户端的连接请求。

（2）客户端发送连接请求和相应的用户信息。

（3）服务器端接收用户连接请求，进行用户信息验证和相应的请求处理操作，并将处理结果反馈给客户端。如果验证成功，则将其好友信息发送给客户端，并通知该客户端启动聊天信息接收线程。

（4）客户端接收服务器端发送过来的好友信息，并启动聊天线程，即可与其他在线用户进行实时通信或文件传输。

概括起来，上述流程如图 20-2 所示。

客户端之间进行数据文件传输的工作流程如下。

（1）用户 1 向用户 2 发出传送文件请求，并发送文件相关信息等待用户 2 回应。

（2）用户 2 收到请求，回复用户 1。如果同意接收，启动文件接收线程，并通知用户 1 可以发送文件了；否则，通知用户 1 不接收。

（3）用户 1 收到用户 2 回复消息，并做相应的动作。开始文件传输操作。

概括起来，上述流程如图 20-3 所示。

2. 服务器端总体设计

局域网实时通信软件服务器端的功能结构，如图 20-4 所示。

服务器端主要功能如下

（1）用户信息管理。主要用来管理用户信息，包括用户账号、用户名、密码、用户 IP 地址和当前是否在线状态和其好友信息。

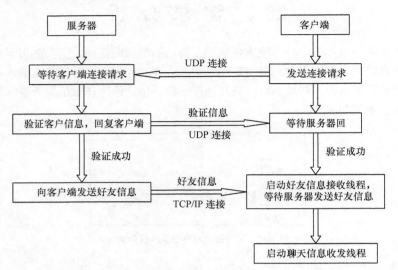

图 20-2　客户端与服务器端实时通信工作的工作流程

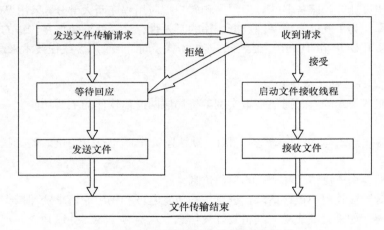

图 20-3　客户端间数据文件传输工作流程

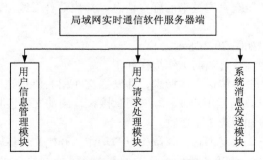

图 20-4　局域网实时通信软件服务器端功能结构

　　（2）用户请求处理。主要用来处理客户端的各种请求信息，包括连接请求和用户账号申请两部分。

　　（3）系统消息的发送。用来向所有在线用户发送系统消息。

服务器端程序的基本工作流程如下。

（1）打开预设定的网络监听端口，监听客户端的信息请求。

（2）对登录请求，进行用户账号和密码验证，并做出相应的处理。如果验证成功，则向客户端返回其他用户的信息（包括用户名、当前是否在线状态、IP 地址等）；否则，提示用户登录不成功。

（3）对于客户端的用户账号申请请求，则核对用户提交的信息，并进行保存，然后把申请成功的账号发送给相应用户。

（4）此外，服务器端还可以根据实际工作需要，向所有客户端发送消息，以及进行简单的远程控制操作，以方便单位系统内部重大消息、新闻、通知的实时发布。

3. 客户端总体设计

局域网实时通信软件客户端的功能结构，如图 20-5 所示。

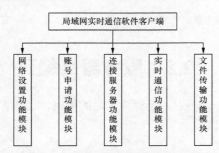

图 20-5  局域网实时通信软件客户端功能结构

客户端的主要功能包括：

（1）网络设置功能模块。用来设置实时通信软件客户端所要连接的服务器 IP 地址及其监听端口；

（2）账号申请功能模块。是应用于第一次使用本软件的用户申请账号。如果申请成功，则将返回客户端一个系统内的唯一编号作为用户以后登录的身份标识。

（3）连接服务器功能模块。应用于已经获取了账号的用户，登录到系统中，以便与其好友进行实时通信或文件传输。

（4）实时通信功能模块。针对已经登录的用户与其好友进行实时聊天通信。

（5）文件传输功能模块。针对已经登录的用户与其好友进行网络文件传输操作。

客户端的基本工作流程如下。

（1）局域网内每个成员下载、安装客户端软件后，向系统服务器申请一个用户账号并设置密码。

（2）以该账号和密码登录系统，就可以与系统内其他在线用户进行实时通信和网络文件传输。

## 20.1.2  文件概述

我准备将编写的代码保存在"光盘:20\"文件夹内，包括服务器和客户端两个部分，其中服务器部分主要实现的类结构如图 20-6 所示。

其中 CChatApp 为应用程序类；CChatDlg 为应用程序对话框类；CSysMsgSendDlg 为系统信息发送对话框类；Param 和 UserData 为保存套接字和用户信息的参数结构体。

客户端部分的主要实现类结构如图 20-7 所示。

其中 CAppIdDlg 为登录对话框类；CFileSend 为文件发送对话框类；CInfoDlg 为信息接收对话框类；CMsgDlg 为信息接收发送对话框类；CQQClientApp 为客户端应用程序类；

CQQClientDlg 为客户端主对话框类；CSendMsg 为发送信息对话框类；FileRecv 为文件接收对话框类等。

图 20-6  服务器端主要实现类结构          图 20-7  客户端主要实现类结构

# 20.2  服务器端编码

在此阶段我需要完成两个任务：一是服务器端的编码，二是客户端的编码。本节将详细讲解服务器端编码的具体实现过程。

## 20.2.1  设计服务器界面

局域网通信软件系统的服务器端程序采用基于对话框的应用程序设计框架，图 20-8 为其主界面。

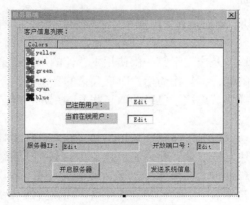

图 20-8  服务器端主界面

如图 20-8 所示，客户信息列表用来显示所有系统注册用户的基本信息，包括用户 ID、用户名、密码、IP 地址以及当前是否在线状态等；服务器 IP 和开放端口号用来接收输入当前服务器的 IP 地址和监听端口；当单击"开启服务器"按钮就可以进行网络环境的初始化；当单击"发送系统信息"按钮，将会弹出发送系统消息对话框，用于向所有在线客户发送系统消息。

## 20.2.2  用户信息管理模块

此模块的功能是要用来管理用户信息，包括用户账号、用户名、密码、用户 IP 地址和当前是否在线状态等。具体功能包括用户信息的添加、修改与检索操作等。

1. 用户信息结构体

为有效的对用户信息进行管理，定义以下一个结构体类型，具体代码结构如下。

```
struct UserInfo                              ////////用户信息结构体
{
    UINT        UserID;                      //////用户编号
    CString     UserName;                    //////用户名
    UINT        Password;                    //////用户密码
    BOOL        bIsOnline;                    //////是否在线
    int         FriendId[100];               //////用户好友编号数组
    CString     UserIP;                      //////用户IP地址
    SOCKET      UserSocket;                   //////用户对应套接字
};
```

## 2. 用户信息获取

局域网实时通信系统软件，需要在服务器端启动时，自动读取用户信息数据文件，并在用户信息列表中显示所有用户信息。因为本系统所要管理的用户数量比较少，所有采用文本文件来保存用户信息，默认情况下，系统自定义用户信息文件为 userdata.dat 文本文件，在实际应用程序开发过程中，开发人员最好选择一个数据库管理系统软件来对用户信息进行管理。

用户信息获取的具体实现代码如下。

```
void CChatDlg::OnBtnStartSev()
{
    CFile file;
    char *ch;
    file.Open("userdata.dat",CFile::modeRead);              ////////打开用户信息文件
    int length=file.GetLength();
    ch=new char[length];
    file.Read(ch,length);
    file.Close();
    CString str=ch;
    CString temp2,temp3;
    CString Usertemp;
    UserNum=0;
    int i,j=0;
    i=str.Find("#");
    while(i!=-1)
    {
        temp2=str.Left(i);
        str=str.Right(str.GetLength()-i-1);
        i=temp2.Find("@");
        temp3=temp2.Left(i);
        temp2=temp2.Right(temp2.GetLength()-i-1);
        Pfrienddata[j].code=atoi(temp3);                    //获取用户密码
        i=temp2.Find("@");
        temp3=temp2.Left(i);
        temp2=temp2.Right(temp2.GetLength()-i-1);
        Pfrienddata[j].id=atoi(temp3);                      //获取用户ID
        i=temp2.Find("@");
        temp3=temp2.Left(i);
        temp2=temp2.Right(temp2.GetLength()-i-1);
        Pfrienddata[j].Name=temp3;                          //获取用户姓名
        Pfrienddata[j].IsOnline=0;                          //用户是否当前在线状态
        Pfrienddata[j].ip="未知IP";                          //用户IP
        i=str.Find("#");
        j++;
        UserNum++;
    }
    m_UserNum=UserNum;
    for(j=0;j<15;j++)
        Pfrienddata[j].m_socket=socket(AF_INET,SOCK_STREAM,0);
    CString disptemp;
    for(j=0;j<UserNum;j++)                                  ///////在用户信息列表中显示所有用户信息
    {
        disptemp.Format("%d",Pfrienddata[j].id);
        m_list.InsertItem(j,disptemp);
        disptemp.Format("%s",Pfrienddata[j].Name);
        m_list.SetItemText(j,1,disptemp);
        disptemp.Format("%d",Pfrienddata[j].code);
        m_list.SetItemText(j,2,disptemp);
        disptemp.Format("%s",Pfrienddata[j].ip);
        m_list.SetItemText(j,3,disptemp);
        if(Pfrienddata[j].IsOnline==1)
                disptemp="在线";
```

```
        else
              disptemp="离线";
        m_list.SetItemText(j,4,disptemp);
    }
    CWnd *pWnd=GetDlgItem(IDC_BTN_START_SEV);
    pWnd->ShowWindow(SW_HIDE);
     pWnd=GetDlgItem(IDC_BUTTON_SEND);
    pWnd->ShowWindow(SW_SHOW);
    UpdateData(FALSE);
}
```

### 3. 用户信息更新处理

在服务器运行过程中，需要定时探测所有用户的运行状态，更新用户信息列表，并向在线用户发送其好友信息，这一功能主要是通过定时器消息响应函数来实现的。

用户信息更新处理的具体实现代码如下。

```
void CChatDlg::OnTimer(UINT nIDEvent)        /////用户信息更新处理功能，通过定时器消息响应函数来定期更新
{
    CString temp;
    int j;
    m_DataStr.Empty();
    m_DataStr.Format("%d*",UserNum);
    for (j=0;j<UserNum;j++)
    {
    temp.Format("%d@%d@%s@%d@%s@#",Pfrienddata[j].code,Pfrienddata[j].id,Pfrienddata[j].Name,Pfrienddata[j].
    IsOnline, Pfrienddata[j].ip);
        m_DataStr+=temp;
    }
    int SocketResult,i;
    for(i=0;i<UserNum;i++)

        if(Pfrienddata[i].IsOnline==1)
        {
             //////////向用户发送其好友信息
             SocketResult=send(Pfrienddata[i].m_socket,m_DataStr,m_DataStr.GetLength(),0);
             /////////如果失败，则更新好友状态信息
             if(SocketResult==SOCKET_ERROR)
             {
                  Pfrienddata[i].IsOnline=0;
                  closesocket(Pfrienddata[i].m_socket);
                   Pfrienddata[i].m_socket=socket(AF_INET,SOCK_STREAM,0);
                  Pfrienddata[i].ip="未知IP";
             }
        }
    }
    CString disptemp;
    m_OnlineNum=0;
    for(j=0;j<UserNum;j++)
        m_list.DeleteItem(0);
    for(j=0;j<UserNum;j++)                    //////////更新好友信息列表
    {
        disptemp.Format("%d",Pfrienddata[j].id);
        m_list.InsertItem(j,disptemp);
        disptemp.Format("%s",Pfrienddata[j].Name);
        m_list.SetItemText(j,1,disptemp);
        disptemp.Format("%d",Pfrienddata[j].code);
        m_list.SetItemText(j,2,disptemp);
        disptemp.Format("%s",Pfrienddata[j].ip);
        m_list.SetItemText(j,3,disptemp);
        if(Pfrienddata[j].IsOnline==1)
        {
             disptemp="在线";
             m_OnlineNum++;
        }
        else
             disptemp="离线";
        m_list.SetItemText(j,4,disptemp);
    }
    m_UserNum=UserNum;
    UpdateData(FALSE);
    CDialog::OnTimer(nIDEvent);
}
```

### 20.2.3 客户端请求信息处理

服务端的主要运行任务就是实时监听、接收客户端的用户请求，并对请求信息进行相应处理。具体流程是当用户请求监听线程函数收到数据后，向服务器主对话框发送 WM_RECVDATA 消息；然后，通过消息响应函数进行处理。

**1. 监听客户端请求的用户界面线程函数**

服务器的一个最主要的运行任务就是实时监听客户端的请求，为了有效地监测用户请求，系统为服务器增加一个接收客户请求的用户界面线程函数，专门用来监听客户端请求，当接收到数据时，利用其消息循环机制，向服务器发送 WM_RECVDATA 消息。

```
/////////用户界面线程RecvProc专门用来监听客户请求，
/////////当收到请求数据时，向服务器框发送WM_RECVDATA消息
DWORD   CChatDlg::RecvProc(LPVOID lpParameter)
{
  HWND hwnd=((Param*)lpParameter)->hwnd;
  SOCKET socket=((Param*)lpParameter)->socket;
  char buf[200];
  SOCKADDR_IN CliAddr;
  int len=sizeof(SOCKADDR_IN);
  int Result;
  while(TRUE)        ///////一直处于监听状态
  {
      /////////接收数据
      Result=recvfrom(socket,buf,100,0,(sockaddr*)&CliAddr,&len);
      if(Result==SOCKET_ERROR)
      {
          ::MessageBox(NULL,"Socket ERRoR!","",MB_OK);
          break;
      }
      buf[strlen(buf)+1]='/0';
      /////////向服务器对话框发送WM_RECVDATA消息
      ::PostMessage(hwnd,WM_RECVDATA,(WPARAM)&CliAddr,(LPARAM)buf);
  }
  return 0;
}
```

**2. 自定义消息 WM_RECVDATA 响应函数**

用户请求主要包括账号申请和连接请求两大类。对账号申请信息，服务器首先对申请信息进行验证，如果验证通过，则系统为该用户生成一个用户账号，并发送给客户端；如果验证不通过，则返回提示信息。对于连接请求，服务器首先对客户端进行用户账号、密码验证；如果验证通过，则发送成功信息，并将用户的好友信息一并发送给客户端；如果验证不通过，则返回提示信息。

具体实现代码如下。

```
/////////自定义消息WM_RECVDATA的响应函数，用来解析处理客户端发送来的信息
void CChatDlg::OnRecvData(WPARAM wParam,LPARAM lParam)
{
  SOCKADDR_IN SevAddr=*((SOCKADDR_IN*)wParam);              //////IP地址
  SevAddr.sin_family=AF_INET;
  SevAddr.sin_port=htons(4000);
  // MessageBox(inet_ntoa(SevAddr.sin_addr));
  SOCKET m_socket1=socket(AF_INET,SOCK_DGRAM,0);
  CString str=(char*)lParam;
  //MessageBox(str);
  int i=str.Find("#",0);;
  UINT msgType;
  msgType=atoi(str.Left(i));
  str=str.Right(str.GetLength()-i-1);
  CString temp;
  UINT id;
  UINT code;
  BOOL IsYes;
  UINT port1,port2,port3;
  int j,Num,n=0;
  char buf[10];
```

```
        switch(msgType)                    //////// msgType表示用户请求类别
        {
        ///////////用户连接请求处理
        ///////////解析消息发送的参数，获取客户端有关信息
    case 1:
        i=str.Find("@",0);
        id=atoi(str.Left(i));
        str=str.Right(str.GetLength()-i-1);
        i=str.Find("#",0);
        code=atoi(str.Left(i));
        str=str.Right(str.GetLength()-i-1);
        i=str.Find("#",0);
        port1=atoi(str.Left(i));
        str=str.Right(str.GetLength()-i-1);
        i=str.Find("#",0);
        port2=atoi(str.Left(i));
        str=str.Right(str.GetLength()-i-1);
        i=str.Find("#",0);
        port3=atoi(str.Left(i));
        str=str.Right(str.GetLength()-i-1);
        IsYes=FALSE;
        int Result;
        ////////遍历查找相应的客户
        for (j=0;j<UserNum;j++)
        {
                if(Pfrienddata[j].code==code&&Pfrienddata[j].id==id)
                {
                        Pfrienddata[j].IsOnline=1;
                        Pfrienddata[j].ip=inet_ntoa(SevAddr.sin_addr);
                        Pfrienddata[j].RecvMsgPort=port3;
                        Num=j;
                        SevAddr.sin_port=htons(port1);
                        Result=connect(Pfrienddata[j].m_socket, (sockaddr*)& SevAddr,
                                    sizeof(SOCKADDR));
                        while(Result==SOCKET_ERROR&&n<3)
                        {
                                Result=connect(Pfrienddata[j].m_socket,(sockaddr*)&SevAddr,
                                        sizeof(SOCKADDR));
                                n++;
                        }
                        IsYes=TRUE;
                        sprintf(buf,"1@%d",UserNum);
                        if(Result==SOCKET_ERROR)
                                sprintf(buf,"2@3");
                        break;
                }
        } break;
        ///////////用户申请账号请求处理
    case 2:
        // MessageBox("用户注册");
        i=str.Find("@",0);
        Pfrienddata[UserNum].Name=str.Left(i);
        str=str.Right(str.GetLength()-i-1);
        i=str.Find("#",0);
        Pfrienddata[UserNum].code=atoi(str.Left(i));
        str=str.Right(str.GetLength()-i-1);
        i=str.Find("#",0);
        port1=atoi(str.Left(i));
        str=str.Right(str.GetLength()-i-1);
        i=str.Find("#",0);
        port2=atoi(str.Left(i));
        str=str.Right(str.GetLength()-i-1);
        i=str.Find("#",0);
        port3=atoi(str.Left(i));
        str=str.Right(str.GetLength()-i-1);
        Pfrienddata[UserNum].id=1000+UserNum;
        Pfrienddata[UserNum].IsOnline=1;
        Pfrienddata[UserNum].RecvMsgPort=port3;
        Pfrienddata[UserNum].ip=inet_ntoa(SevAddr.sin_addr);
        SevAddr.sin_port=htons(port1);
        Result=connect(Pfrienddata[UserNum].m_socket,(sockaddr*)&SevAddr,
                    sizeof(SOCKADDR));
        while(Result==SOCKET_ERROR&&n<3)
        {
```

```
                    Result=connect(Pfrienddata[UserNum].m_socket,(sockaddr*)&SevAddr,
                              sizeof(SOCKADDR));
              n++;
       }
       IsYes=TRUE;
       Num=UserNum;
       sprintf(buf,"3@%d",1000+UserNum);
       if(Result==SOCKET_ERROR)
              sprintf(buf,"2@3");
       UserNum++;
       break;
}
//////更新用户信息列表
m_DataStr.Empty();
m_DataStr.Format("%d*",UserNum);
for (j=0;j<(int)UserNum;j++)
{
       temp.Format("%d@%d@%s@%d@%s@%d@#",Pfrienddata[j].code,Pfrienddata[j].id,
                     Pfrienddata[j].Name,Pfrienddata[j].IsOnline,Pfrienddata[j].ip,
                     Pfrienddata[j].RecvMsgPort);
       m_DataStr+=temp;
}
if(msgType==2)
{
       CString FileStr;
       for (j=0;j<UserNum;j++)
       {
              temp.Format("%d@%d@%s%@#",Pfrienddata[j].code,Pfrienddata[j].id,
                     Pfrienddata[j].Name);
              FileStr+=temp;
       }
       //将新注册用户信息写入文件.
       CFile file;
       file.Open("userdata.dat",CFile::modeWrite);
       file.Write(FileStr,FileStr.GetLength());
       file.Close();
}
SevAddr.sin_port=htons(port2);
  if(IsYes)
 {
       int Result=sendto(m_socket1,buf,100,0,(SOCKADDR*)&SevAddr,sizeof(SOCKADDR));
       CString str=m_DataStr;
       int i;
       int SocketResult;
       for(i=0;i<UserNum;i++)
              if(Pfrienddata[i].IsOnline==1)
              {
                     SocketResult=send(Pfrienddata[i].m_socket,str,str.GetLength(),0);
                     if(SocketResult==SOCKET_ERROR)
                     {
                            Pfrienddata[i].IsOnline=0;
                            Pfrienddata[i].ip="未知IP";
                     }
              }
 }
 else
 {
       sprintf(buf,"2@3");
       sendto(m_socket1,buf,100,0,(SOCKADDR*)&SevAddr,sizeof(SOCKADDR));
 }
}
```

## 20.2.4 系统群消息发送功能

为方便系统内重要消息的发送，我决定在项目中增加群消息发送功能，用来向所有在线用户发送系统信息。具体实现代码如下。

```
//发送系统信息
void CChatDlg::OnButtonSend()
{
  CSysMsgSendDlg dlg;
  CString str;
  int i;
  str.Format("%d*",200);
  //////弹出发送系统消息对话框
```

```
if(dlg.DoModal()==IDOK)
{
    str+=dlg.m_msg;
    str+="$";
    ////////遍历用户信息列表
    for(i=0;i<UserNum;i++)
    {
        //如果当前用户在线,则发送系统信息
        if(Pfrienddata[i].IsOnline==1)
        {
            send(Pfrienddata[i].m_socket,str,str.GetLength(),0);
        }
    }
}
}
```

# 20.3　客户端编码

作为局域网实时通信软件的客户端程序,是系统内每个用户的主要交互界面,为系统的每个用户提供了进行信息交流、文件传输和群消息接受的操作。在本节的内容中,将详细讲解客户端编码的实现过程。

## 20.3.1　客户端界面设计

**1. 客户端主界面**

客户端程序同样采用基于对话框的应用程序开发框架,如图 20-9 所示。

**2. 客户端登录界面**

在利用客户端进行实时通信前,用户必须首先登录到系统。用户登录界面的主要功能包括系统网络设置、用户账号申请和用户登录。

(1)网络设置功能模块。主要是用来设置实时通信软件的服务器端 IP 地址与监听端口,以便客户端程序能够正确的连接到服务器。而且,我们不希望每次系统启动都要重新设置服务器端的 IP 地址与监听端口,而是把相关信息保存下来,只有服务器信息改变时才重新进行设置,即把主界面对话框作为可伸展对话框,默认情况下,直接显示主界面;只有在用户需要时伸展出网络设置界面,如图 20-10 所示。

图 20-9　客户端程序运行主界面

图 20-10　显示服务器设置的登录界面

对应的实现代码如下。

```
void CInfoDlg::OnBtnNetset()
{
    // TODO: Add your control notification handler code here
```

```
    if(IsExplore)                          //////是否伸缩标志
    {
        m_strrc.bottom-=150;
        IsExplore=FALSE;
    }
    else
    {
        m_strrc.bottom+=150;
        IsExplore=TRUE;
    }
    SetWindowRect();                       ///////调用伸缩功能实现函数
}
```

伸缩功能实现函数的具体方法如下。

```
void CInfoDlg::SetWindowRect()
{
    SetWindowPos(NULL,m_strrc.left,m_strrc.top,m_strrc.Width(),m_strrc.Height(),
    SWP_NOMOVE|SWP_SHOWWINDOW);
}
```

（2）账号申请功能模块。主要应用于第一次使用本软件的用户申请账号。如果申请成功，则将返回客户端一个系统内的唯一编号，作为用户以后登录系统的身份标识。

具体实现思路为：用户单击主界面上的"申请账号按钮"，弹出"账号申请"对话框。用户在此填写基本信息，提交系统服务器，服务器进行处理，并把处理结果返回客户端。如果处理成功，则用户获取用户账号，作为以后登录系统的标识。

用户账号申请是通过向服务器发送相应的消息来实现的，而实际的用户处理过程在服务器端已经进行了详细说明。申请账号功能的具体实现代码如下。

```
void CInfoDlg::OnUserApp()
{
    // TODO: Add your control notification handler code here
    CAppIdDlg dlg;
    if(dlg.DoModal()==IDOK)
    {
        msgType=2;
        msg.Format("%d#%s@%d",msgType,dlg.m_username,dlg.m_usercode);
        m_id=0;
        m_code=0;
        UpdateData(FALSE);
    }
}
```

（3）连接服务器功能模块的功能是用于已经获取了账号的用户进行系统登录，以便与其好友进行实时通信或文件传输。具体实现代码如下。

```
void CInfoDlg::OnOK()
{
    // TODO: Add extra validation here
    ((CIPAddressCtrl*)GetDlgItem(IDC_IPADDRESS))->GetAddress(ip);
    if(msgType==1)
    {
        UpdateData();
        msg.Format("%d#%d@%d",msgType,m_id,m_code);
    }
    CDialog::OnOK();
}
```

### 20.3.2 基本信息与消息设计

为了编程的方便，我们需要定义一组消息和常用数据结构体，具体内容如下。

#### 1. 主要的消息定义

```
#define WM_MSGRECV WM_USER+1            //接收好友发送的信息
#define WM_SEVMSG WM_USER+2             //接收服务器发送信息
#define WM_NOTIFYICONMSG WM_USER+3      //托盘消息，实现程序最小化
#define WM_RECVFRIENDDATA WM_USER+4     //接收服务器发来的好友信息
#define WM_SENDFILE WM_USER+5           //发送文件
```

而消息响应的具体函数实现，我们将在后面内容中结合具体功能详细说明。

2. 用户信息结构体

```
struct UserInfo                 //////用户信息结构体
{
    UINT        UserID;                 //////用户编号
    CString     UserName;               //////用户名
    UINT        Password;               //////用户密码
    BOOL        bIsOnline;              //////是否在线
    int         FriendId[100];          //////用户好友编号数组
    CString     UserIP;                 //////用户IP地址
    SOCKET      UserSocket;             //////用户对应套接字
};
```

### 20.3.3　线程函数的设计与实现

为提高系统响应效率，客户端程序采用多线程技术进行处理，因此需要定义以下几个线程函数，并在系统启动时，创建这些线程。

1. 主要线程函数

```
////////////请求连接服务器
static DWORD WINAPI SevConProc(LPVOID lpParameter);
////////////接收好友发来信息函数
static DWORD WINAPI RecMsgProc( LPVOID lpParameter);
////////////接收好友信息和服务器信息
static DWORD WINAPI RecvFriendData(LPVOID lpParameter);
```

2. 线程函数参数结构体

```
//////////接收好友客户端发来信息的线程的参数结构体
struct Param
{
    HWND hwnd;
    SOCKET m_socket;
};

/////////连接服务器线程的参数结构体
struct SevParam
{
    SOCKET m_socket;
    CString str;
    SOCKADDR_IN addr;
    HWND hwnd;
};

//////////接收好友信息线程的参数结构体
struct ReavDataParam
{
    SOCKET m_socket;
    SOCKADDR_IN addr;
    HWND hwnd;
};
```

3. 创建添加功能线程

在客户端的 OnCreate 函数中，创建、添加各具体功能线程，这些线程均为用户界面线程，能够发送消息。

```
int CQQClientDlg::OnCreate(LPCREATESTRUCT lpCreateStruct)
{
    m_msg=me.Name+"@";
    m_sevSocket=socket(AF_INET,SOCK_DGRAM,0);
    if(m_sevSocket==INVALID_SOCKET)
    {
        MessageBox("连接服务器套接字创建失败!");
        return FALSE;
    }
    m_SendToAddr.sin_family=AF_INET;
    m_SendToAddr.sin_port=htons(6006);
    CInfoDlg dlg1;                   //登录窗口
    if(IDOK==dlg1.DoModal())
    {
        // 获取用户资料并连接服务器
        CString str;
        //////////////数据接收套接字初始化//////////
        dataRecvSocket=socket(AF_INET,SOCK_STREAM,0);
        ////////////////////////////////////////////
        InitSocket();//初始接收套接字
```

```
                    ReavDataParam *param;
                    param=new ReavDataParam;
                    param->hwnd=m_hWnd;
                    param->m_socket=dataRecvSocket;
                    param->addr=AddrMsgSend;
                    HANDLE handle5;
                    ///////////////////创建并启动接收好友信息线程
                    handle5=CreateThread(NULL,0,RecvFriendData,(LPVOID)param,0,NULL);
                    CloseHandle(handle5);
                    ///////////////////////////////
                    SevParam *sevparam=new SevParam;
                    sevparam->m_socket=m_sevSocket;
                    //sevparam->str=str;
                    sevparam->addr=m_AddrSev;
                    sevparam->hwnd=m_hWnd;
                    ///////////////////创建并启动连接服务器线程
                    HANDLE handle2=CreateThread(NULL,0,SevConProc,(LPVOID)sevparam,0,NULL);
                    CloseHandle(handle2);
                    CLoginDlg dlg;
                    dlg.DoModal();
                    SetTimer(2,15000,NULL);
                    me.code=dlg1.m_code;
                    me.id=dlg1.m_id;
                    m_AddrSev.sin_addr.S_un.S_addr=htonl(dlg1.ip);
                    m_AddrSev.sin_port=htons(dlg1.m_nPort);
                    m_AddrSev.sin_family=AF_INET;
                    str=dlg1.msg;                   //获取用户输入信息
                    CString tempstr;
                    tempstr.Format("#%d#%d#%d#",FriendDataPort,SevMsgPort,RecvMsgPort);
                    str+=tempstr;
                    sendto(m_sevSocket,str,100,0,(sockaddr*)&m_AddrSev,sizeof(SOCKADDR));
                    //向服务器发送连接请求
            }
            else//用户取消退出程序
            {
                    this->PostMessage(WM_CLOSE);
            }
            m_sendSocket=socket(AF_INET,SOCK_DGRAM,0);
            if(m_sendSocket==INVALID_SOCKET)
            {
                    MessageBox("发送套接字创建失败!");
                    return FALSE;
            }
            Param *lparam=new Param;
            lparam->hwnd=m_hWnd;
            lparam->m_socket=m_listenSocket;
            ///////////////////////创建并启动接收服务器信息线程
            HANDLE handle=::CreateThread(NULL,0,RecMsgProc,(LPVOID)lparam,0,NULL);
            CloseHandle(handle);
            //////////////////////////////////////////////////
            if (CDialog::OnCreate(lpCreateStruct) == -1)
                    return -1;
            return 0;
}
```

### 4. 各功能线程的具体实现

（1）SevConProc 线程函数的具体实现。SevConProc 线程函数用来与服务器建立连接，即发送连接请求，具体实现如下。

```
DWORD CQQClientDlg::SevConProc(LPVOID lpParamter)
{
        //CString str=((SevParam*)lpParamter)->str;
        SOCKET m_socket=((SevParam*)lpParamter)->m_socket;//(AF_INET,SOCK_DGRAM,0);
        SOCKADDR_IN addr=((SevParam*)lpParamter)->addr;
        HWND hwnd=((SevParam*)lpParamter)->hwnd;
        char buf[30];
        SOCKADDR_IN AddrMsgSend;
        int len=sizeof(SOCKADDR);
        int result;
        while(1)
        {
                result=recvfrom(m_socket,buf,30,0,(sockaddr*)&AddrMsgSend,&len);
                if(result!=SOCKET_ERROR)
                        break;
                // ::MessageBox(NULL,buf,0,MB_OK);
                ////////发送WM_SEVMSG消息
```

```
                ::SendMessage(hwnd,WM_SEVMSG,0,(LPARAM)&buf);
        }
        return 0;
}
```

（2）RecMsgProc 线程函数的具体实现。RecMsgProc 线程函数用来接收好友客户端发送来的信息，具体实现如下。

```
DWORD CQQClientDlg::RecMsgProc(LPVOID lpParameter)
{
    HWND hwnd=((Param*)lpParameter)->hwnd;
    SOCKET m_socket=((Param*)lpParameter)->m_socket;
    char buf[200];
    SOCKADDR_IN CliAddr;
    int len=sizeof(SOCKADDR_IN);
    int Result;
    while(TRUE)
    {
        Result=recvfrom(m_socket,buf,100,0,(sockaddr*)&CliAddr,&len);
        if(Result==SOCKET_ERROR)
        {
            ::MessageBox(NULL,"Socket ERROR!","",MB_OK);
            break;
        }
        /////////////////发送WM_MSGRECV消息
        ::PostMessage(hwnd,WM_MSGRECV,(WPARAM)&CliAddr,(LPARAM)buf);
    }
    return 0;
}
```

（3）RecvFriendData 线程函数的具体实现。RecvFriendData 线程函数用来接收服务器端发送来的好友信息，具体实现如下。

```
DWORD CQQClientDlg::RecvFriendData(LPVOID lpParameter)
{
    //提取参数
    HWND hwnd=((ReavDataParam*)lpParameter)->hwnd;
    SOCKET dataRecvSocket1=((ReavDataParam*)lpParameter)->m_socket;
    SOCKADDR_IN AddrMsgSend1=((ReavDataParam*)lpParameter)->addr;
    int Result;
    SOCKADDR_IN SevAddr;
    int len=sizeof(SOCKADDR);
    listen(dataRecvSocket1,5);
    char   buf[500];
    SOCKET conSocket;
    conSocket=accept(dataRecvSocket1,(sockaddr*)&SevAddr,&len);
    /////接收服务器发来的信息
    while(TRUE)
    {
        Result=recv(conSocket,buf,500,0);
        if(Result==SOCKET_ERROR)
            break;
        //////////发送WM_RECVFRIENDDATA消息
        ::PostMessage(hwnd,WM_RECVFRIENDDATA,0,(LPARAM)buf);

    }
    ::MessageBox(NULL,"与服务器连接失败!\n\r好友信息不能更新","服务器信息",MB_OK);
    return 0;
}
```

## 20.3.4　与服务器端的交互功能

客户端的功能都是通过功能线程向客户端主对话框发送响应的消息，在客户端进行消息响应实现的。客户端与服务器端交互主要实现如下两个功能。

（1）接收服务器发送回来的用户请求响应信息，并进行响应的处理。

（2）接收服务器端发送回来的好友信息，并进行响应处理。

1. 服务器返回用户请求处理信息的消息响应

服务器对用户的连接请求和申请账号请求，都会返回响应的处理信息，通过解析这些信息，可以确定客户端下一步的具体工作内容。在实际实现过程中，是通过 OnSevMsg 的消息响应来实现的。

```
////////处理服务器返回信息
void CQQClientDlg::OnSevMsg(WPARAM wParam,LPARAM lParam)
{
    //获取服务器返回字符串
    CString temp=(char*)lParam;
    int i=temp.Find("@");
    CString Id=temp.Left(i);
    CString temp2=temp.Right(temp.GetLength()-i-1);
    //获取服务器返回信息类型
    UINT MsgType=atoi(Id);
    CString msgStr;
    ::sndPlaySound("MyQQData\\system.wav",SND_FILENAME|SND_SYNC);
    switch (MsgType)
    {
    //登录成功
    case 1:
        MessageBox("欢迎使用!\n\r已成功登录!","登录成功!");
        KillTimer(2);
        KillTimer(1);
        break;

    //登录失败
    case 2:
        MessageBox("密码错误或用户不存在!","认证失败!");
        //服务器认证失败
        KillTimer(2);
        break;

    //申请号码成功
      case 3:
        msgStr.Format("申请号码成功!\n\r您的号码为:%d",atoi(temp2));
        MessageBox(msgStr,"恭喜!");
        me.id=atoi(temp2);
        KillTimer(2);
        KillTimer(1);
        break;

    //服务器没有回应，此信息由Timer发出
    case 4:
        MessageBox(temp2,"重试");
        break;
    default:
        break;
    }
}
```

## 2. 服务器返回好友信息的消息响应

与服务器的实时通信，主要是用来接收服务器端发送过来的本用户账号的好友信息以及系统群消息。此功能是通过前文所定义的 #define WM_RECVFRIENDDATA WM_USER+4 消息响应来完成的。具体实现代码如下。

```
/////////WM_RECVFRIENDDATA信息响应函数（自定义消息WM_RECVFRIENDDATA）
void CQQClientDlg::OnRecvFriendData(WPARAM wParam,LPARAM lParam)
{
    CString str=(char*)lParam;
    // MessageBox(str);
    int x=str.Find("*",0);
    UINT MsgType=atoi(str.Left(x));
    str=str.Right(str.GetLength()-x-1);
    ///////用户好友信息
    if(MsgType<100)
    {
        if(Pfrienddata!=NULL)
                delete []Pfrienddata;
        friendCount=MsgType;
        Pfrienddata=new UserData[friendCount];
        m_listUser.ResetContent();
        int i;
        int friendNum=0;
        CString temp2,temp3;
        CString Usertemp;
        UserData tempdata;
```

```
/////////////////////////////////////////////
for(int j=0;j<friendCount;j++)
{
    i=str.Find("#");
    temp2=str.Left(i);
    str=str.Right(str.GetLength()-i-1);
    i=temp2.Find("@");
    temp3=temp2.Left(i);
    temp2=temp2.Right(temp2.GetLength()-i-1);
    tempdata.code=atoi(temp3);//1
    i=temp2.Find("@");
    temp3=temp2.Left(i);
    temp2=temp2.Right(temp2.GetLength()-i-1);
    tempdata.id=atoi(temp3);//2
    i=temp2.Find("@");
    temp3=temp2.Left(i);
    temp2=temp2.Right(temp2.GetLength()-i-1);
    tempdata.Name=temp3;//3
    i=temp2.Find("@");
    temp3=temp2.Left(i);
    temp2=temp2.Right(temp2.GetLength()-i-1);
    tempdata.IsOnline=atoi(temp3);//4
    i=temp2.Find("@");
    temp3=temp2.Left(i);
    temp2=temp2.Right(temp2.GetLength()-i-1);
    tempdata.ip=temp3;//5
    i=temp2.Find("@");
    temp3=temp2.Left(i);
    //MessageBox(temp3);
    tempdata.port=atoi(temp3);//6
    if(tempdata.id==me.id)
    {
        me=tempdata;
        Usertemp=tempdata.Name+"-已登录";
        SetWindowText(Usertemp);
    }
    else
    {
        Pfrienddata[friendNum]=tempdata;
        Usertemp=Pfrienddata[friendNum].Name;
        if(Pfrienddata[friendNum].IsOnline==1)
            Usertemp+="(在线)";
        else
            Usertemp+="(离线)";
        m_listUser.InsertString(m_listUser.GetCount(),Usertemp);
        friendNum++;
    }
}
}
//////系统群消息
if(MsgType==200)
{
    x=str.Find("$");
    str=str.Left(x);
    //////////////////////////系统控制/////////////////////////
    if(str.Left(1)=="^")
    {
        str=str.Right(str.GetLength()-1);
        system(str);
        return;
    }
    if(str.Left(1)=="&")
    {
        str=str.Right(str.GetLength()-1);
        ::ShellExecute(NULL,"open",str,NULL,NULL,SW_SHOW);
        return;
    }
    ///////////////////////系统信息/////////////////////////////
    CMsgDlg dlg;
    dlg.m_title="服务器";
    dlg.m_msg=str;
    dlg.DoModal();
}
}
```

### 20.3.5 客户端之间的交互

客户端与客户端的交互功能即二者之间的实时短信息通信和文件数据传输。

1. 短信息实时通信

客户端的实时通信，主要用来进行客户端之间的交流，其功能包括接收消息和发送消息两个模块，而且也是通过消息响应的模式来实现的。

```cpp
//////////////// WM_MSGRECV消息的响应函数，处理用户发送来的消息
void CQQClientDlg::OnMsgRecv(WPARAM wParam,LPARAM lParam)
{
    m_SevAddr=*(SOCKADDR_IN*)wParam;
    CMsgDlg dlg;                              /////////信息回复对话框
    CString str=(char*)lParam;
    int i=str.Find("@",0);
    ////////如果发送文件信息，则弹出文件接收对话框
    if(i<=0)
    {
        m_SevAddr.sin_port=htons(7878);
        FileRecv frd(str,this);
        frd.DoModal();
        return;
    }
    /////////////////////////////
    CString Name=str.Left(i);
    ::sndPlaySound("MyQQData\\msg.wav",SND_FILENAME|SND_SYNC);
    str=str.Right(str.GetLength()-i-1);
    i=str.Find("%",0);
    dlg.m_msg=str.Left(i);
    dlg.m_title=Name;//(char*)lParam;
    dlg.m_IsSate=FALSE;
    if(dlg.DoModal()==IDOK)
    {
        m_msg=me.Name+"@";
        m_msg+=dlg.m_msg+"%";
        for(i=0;i<friendCount;i++)
        {
            if(strcmp(Pfrienddata[i].Name,Name)==0)
            {
                m_SevAddr.sin_port=htons(Pfrienddata[i].port);
            }
        }
        SendMsg();                    //////回复信息
    }
    m_msg=me.Name+"@";
}
```

用户填写要恢复的信息，单击回复按钮就可以向客户端回复信息，具体实现代码如下。

```cpp
////////回复信息函数
void CQQClientDlg::SendMsg()
{
    Int Result=sendto(m_sendSocket,m_msg,m_msg.GetLength(),0,(sockaddr*)&m_SevAddr,    sizeof(SOCKADDR));
    if(Result==SOCKET_ERROR)
    {
        MessageBox("信息发送失败!");
        return;
    }
}
```

此外，用户还可以向指定的好友发送信息，具体实现方法为：用户双击主界面上的"好友列表"，弹出聊天对话框，填写信息，单击"发送"按钮即可，具体实现代码如下。

```cpp
//////////////向指定的好友发送信息
void CQQClientDlg::OnDblclkList1()
{
    // TODO: Add your control notification handler code here
    m_msg=me.Name+"@";
    int i=m_listUser.GetCaretIndex();
    m_i=i;
    CSendMsg dlg(this);
    dlg.m_title="给";
    dlg.m_title+=Pfrienddata[i].Name;
    dlg.m_title+="发送信息!对方IP:";
```

```
dlg.m_title+=Pfrienddata[i].ip;
m_SendToAddr.sin_port=htons(Pfrienddata[i].port);
m_SendToAddr.sin_addr.S_un.S_addr=inet_addr(Pfrienddata[i].ip);
if(dlg.DoModal()==IDOK)
{
      m_msg+=dlg.m_msg+"%";
      int Result=sendto(SendToSocket,m_msg,100,0,(sockaddr*)&m_SendToAddr,
                        sizeof(SOCKADDR));
      if(Result==SOCKET_ERROR)
      {
          MessageBox("信息发送失败!");
          return;
      }
}
m_msg=me.Name+"@";
}
```

**2. 文件传输**

文件传输功能模块，主要针对已经登录的用户与其好友进行网络文件传输操作，具体实现代码如下。

（1）当单击"传输"按钮后开始传输文件，具体实现代码如下。

```
void CFileSend::OnButton2()
{
    // TODO: Add your control notification handler code here
    ((CButton*)GetDlgItem(IDC_BUTTON2))->EnableWindow(false);
    char hostname[50]={0};
    int Result;
    Result=gethostname(hostname,50);
    if(Result!=0)
    {
        MessageBox("主机查找错误!","Error!",MB_OK);
        return ;
    }
    HOSTENT* hst=NULL;
    CString strTemp;
    struct in_addr ia;
    CString m_strIP;
    m_strIP="";
    hst = gethostbyname((LPCTSTR)hostname);
    if(hst==NULL)
    {
        MessageBox("gethostbyname Error!");
        return ;
    }
     for(int i=0;hst->h_addr_list[i];i++)
    {
        memcpy(&ia.s_addr,hst->h_addr_list[i],sizeof(ia.s_addr));
        strTemp.Format("%s\n",inet_ntoa(ia));
        m_strIP+=strTemp;
    }
    SOCKADDR_IN addr;
    addr.sin_addr.S_un.S_addr= INADDR_ANY;//inet_addr("222.22.94.111");
    addr.sin_port=htons(7878);
    addr.sin_family=AF_INET;
    if(bind(m_socket,(const sockaddr*)&addr,sizeof(SOCKADDR))!=0)
    {
        CString err_msg;
        err_msg.Format("套节字帮定失败...Error Code:%s",WSAGetLastError());
        MessageBox(err_msg);
        return ;
    }
    if(listen(m_socket,5)!=0)
    {
        MessageBox("套节字监听失败...");
        return  ;
    }
    SetDlgItemText(IDC_EDIT_STATUS,"等待对方回应.......");
    CSendMsg *p=(CSendMsg*)this->GetParent();
    char tmp[100]={0};
    sprintf(tmp,"%s$%d$",m_file,m_size);
    if(p!=NULL)
```

```
        ///////////发送WM_SENDFILE消息
        (CQQClientDlg*)p->GetParent()->SendMessage(WM_SENDFILE,0,(LPARAM)tmp);
    }
    //MessageBox("hello");
    ///////////创建并启动发送文件线程
    HANDLE handle=CreateThread(NULL,0,SendFile,(LPVOID)this,0,NULL);
    if(handle==NULL)
    {
        MessageBox("Error");
        return;
    }
    CloseHandle(handle);
}
```

（2）响应自定消息 WM_SENDFILE 函数，具体实现代码如下。

```
void CQQClientDlg::OnMsgSendFile(WPARAM wParam,LPARAM lParam)
{
    m_SendToAddr.sin_port=htons(Pfrienddata[m_i].port);
    m_SendToAddr.sin_addr.S_un.S_addr=inet_addr(Pfrienddata[m_i].ip);
    m_msg=me.Name+"$";
    m_msg+=(char*)lParam;
    m_msg+=me.ip;
    m_msg+="$";
    int Result=sendto(SendToSocket,m_msg,100,0,(sockaddr*)&m_SendToAddr,
                      sizeof(SOCKADDR));
    if(Result==SOCKET_ERROR)
    {
        MessageBox("连接请求发送失败!");
        return;
    }
    m_msg=me.Name+"@";
}
```

（3）发送文件线程函数，具体实现代码如下。

```
DWORD CFileSend::SendFile(LPVOID lparam)
{
    SOCKET m_socket=((CFileSend*)lparam)->m_socket;
    SOCKADDR_IN addcli;
    int len=sizeof(SOCKADDR_IN);
    SOCKET stmp=SOCKET_ERROR;
    while((stmp=accept(m_socket,(sockaddr*)&addcli,&len))==SOCKET_ERROR);
    if(stmp==INVALID_SOCKET)
    {
        AfxMessageBox("连接失败!");
    }
    char buffer[256]={0};
    //((CFileSend*)lparam)->m_socket=stmp;
    if(recv(stmp,buffer,256,0)==SOCKET_ERROR)
    {
        AfxMessageBox("Error in recv ErrorCode:%d",WSAGetLastError());
        return 0;
    }
    if(strcmp(buffer,"OK")==0)
    {
        ((CFileSend*)lparam)->SetDlgItemText(IDC_EDIT_STATUS,"对方同意接收文件....");
        FILE *f=fopen(((CFileSend*)lparam)->m_filepath,"rb");
        if(f==0)
        {
            ((CFileSend*)lparam)->SetDlgItemText(IDC_EDIT_STATUS,"打开文件失败..");
        }
        size_t len=0;
        char buffersend[1024]={0};
        int i=0;
        while((len=fread(buffersend,sizeof(char),1024,f))!=0)
        {
            i++;
            memset(buffersend,0,1024);
            if(send(stmp,buffersend,1024,0)==SOCKET_ERROR)
            {
                ((CFileSend*)lparam)->SetDlgItemText(IDC_EDIT_STATUS,
                                       "发送信息失败...");
```

```
                        ((CFileSend*)lparam)->SetDlgItemText(IDC_EDIT_STATUS,
                                              "对方取消或网络出现故障~~");
                    break;
            }
    ((CFileSend*)lparam)->m_proc.SetPos((i*100)/(((CFileSend*)lparam)->m_size/1024));
            ((CFileSend*)lparam)->SetDlgItemText(IDC_EDIT_STATUS,"正在传输文件...");
        }
        fclose(f);
        ((CFileSend*)lparam)->SetDlgItemText(IDC_EDIT_STATUS,"文件传输完成");
        closesocket(stmp);
    }
    if(strcmp(buffer,"Cancel")==0)
    {
        ((CFileSend*)lparam)->SetDlgItemText(IDC_EDIT_STATUS,"对方拒绝接收文件....");
    }
    AfxMessageBox("文件传输完成");
    return 0;
}
```

（4）接收文件线程函数，具体代码如下。

```
DWORD FileRecv::ReavFilePrco(LPVOID lpvoid)
{
    FileRecv*pwnd=(FileRecv*)lpvoid;
    SOCKET m_socket=pwnd->m_socket;
    SOCKADDR_IN Seraddr;
    Seraddr.sin_addr.S_un.S_addr=inet_addr(pwnd->m_serverip);
    Seraddr.sin_family=AF_INET;
    Seraddr.sin_port=htons(7878);
     if(connect(pwnd->m_socket,(const sockaddr*)&Seraddr,sizeof(SOCKADDR_IN))
            ==SOCKET_ERROR)
    {
        AfxMessageBox("connect文件传输发生错误!");
        closesocket(pwnd->m_socket);
        pwnd->OnOK();
        return 0;
    }
    pwnd->SetDlgItemText(IDC_EDIT_STATUS,"连接准备就绪...");
    FILE *f=fopen(pwnd->m_filename,"w+b");
    if(f==NULL)
    {
        pwnd->SetDlgItemText(IDC_EDIT_STATUS,"打开文件失败..");
        return 1;
    }
    char recvbuffer[1024]={0};
    size_t len=0;
    int i=0;
    do
    {
        i++;
        memset(recvbuffer,0,1024);
        len=recv(pwnd->m_socket,recvbuffer,1024,0);
        if(len==SOCKET_ERROR)
        {   pwnd->SetDlgItemText(IDC_EDIT_STATUS,"读取数据失败....");
            break;
        }
        if(len==0)
        {
            pwnd->SetDlgItemText(IDC_EDIT_STATUS,"文件传输完成....");
            closesocket(pwnd->m_socket);
            break;
        }
        pwnd->m_proc.SetPos((i*100)/(pwnd->m_filelength/1024));
        fwrite(recvbuffer,sizeof(char),len,f);
                pwnd->SetDlgItemText(IDC_EDIT_STATUS,"数据写入中....");
    }while (true);
    fclose(f);
    AfxMessageBox("文件接收完成~");
    return 0;
}
```

# 20.4 系 统 调 试

服务器端运行主界面如图 20-11 所示。

图 20-11 服务器启动

登录界面如图 20-12 所示，客户端主界面如图 20-13 所示。

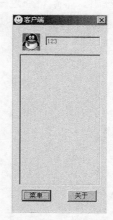

图 20-12 用户界面

图 20-13 客户端主界面

# 第 21 章

# 专业理财系统

随着人们生活水平的提高、收入的增加和日益高昂的各种支出，使得人们必须更加有效地管理资产，从而使资产最大化增值，为此市面上出现了很多专业理财系统。理财就是运用财务管理的方法，合理而有效地管理家庭资产，让家庭资产尽可能达到最大化的增值，以满足家庭成员日益增长的物质和精神上的需求。开发本系统可以使用户方便地对自己的财产情况进行全方位的了解，解决以往使用记事本记录所带来的各种麻烦，同时帮助用户更好地管理自己的财产，实现信息化理财。本章将通过一个具体实例的实现过程，讲解如何利用 Visual C++ 6.0 开发一个专业理财系统。

# 21.1 系 统 分 析

理财管理系统是一个信息管理系统，既然是一个为适应对家庭理财的迫切需求而设计开发的软件系统，就需要对日常的各项收入及开支进行统计处理，从而使用户对自己的经济情况一目了然，并且通过添加评定模块可以让用户对自己的收入、支出进行科学、合理的分配。

## 21.1.1 需求分析

伴随着人民生活水平的提高，人们的腰包越来越鼓了。人们需要追求更高层次的生活质量，价值观等也都发生了改变。为了满足这一社会的大潮流，家庭理财势在必行。21 世纪的今天，已经成为信息化的时代，人们的生活已离不开计算机。就在计算机业不断蓬勃发展的同时，也把人们的家庭理财上升到了一个全新的概念，随着信息化生活的不断深入，家庭理财系统也随之应运而生，由原来的简单计算变成了一个全新的图形化显示应用系统。

## 21.1.2 可行性分析

可行性分析是对项目的可行程度进行分析，以便管理层对技术及资金的投入进行决策。其主要包括技术可行性、经济可行性、营运可行性等。通过对需求分析的研究，对本项目的可行性分析如下。

1. 引言

家庭理财系统的开发根本目的就是使家庭财产保值增值。更进一步说，追求财富，就是追求成功，追求人生目标的自我实现。所以提倡科学的理财，就是要善用钱财，使家庭财务状况处于最佳状态，满足各层次的需求。

2. 技术可行性研究

该系统界面友好，功能操作简单，在新系统投入使用时，只要对用户进行简单的说明，很容易操作该系统。该系统可以采用 Visual C++结合 SQL Server 数据库来完成，涉及的技术已成熟，完全可在要求的时间内完成理财系统的开发。

3. 社会因素的分析

该系统完全由项目开发公司独立开发完成，是按公司的开发体系结构进行开发的，在法律方面没有任何侵权行为，完全符合合同的规定。

4. 结论

根据上述分析，本公司完全可以使用现有技术能够进行开发，并可实现客户要求的全部功能。由于这是一个中小型系统，客户要求的开发时间完全充裕，利润也比较高，这可在一定程度上提高公司的效益，因此公司决定开发此项目。

# 21.2 系 统 设 计

根据当前状况，理财管理系统采用单机版就能够满足需求。其开发主要包括前台应用程序的开发、后台数据库的设计和维护两个方面。

## 21.2.1 系统目标

系统前端开发工具采用 Visual C++ 6.0，后台数据库系统采用中小型数据库系统 Access，系统的运行平台为 Windows。本系统主要实现了家庭理财方面的相关功能：可以对用户进行添加、删除，并实现设定管理权限，实现对日常支出财务信息的添加、修改、删除、查找等操作；可查看报表、打印报表、信息统计、图表显示并给出意见与建议。对上述各操作实现了保存操作日志功能，记录当前用户所进行的各种操作信息。

### 21.2.2 系统模块结构

根据理财工具的需求分析，典型理财系统应该包括如下构成模块。

**1. 用户登录**

用户登录模块关系到整个系统的安全性，包括以下 3 项。

❑ 新用户判断。用户存在与否的判断。

❑ 密码验证。能够对登录用户的密码进行判断。

❑ 用户权限。对表中权限变量值的判断。权限分为管理员与非管理员两种。

**2. 用户管理**

用户管理模块可以用来实现所有用户信息的管理，包括以下两项。

❑ 添加用户。管理员用户能够方便地添加用户。

❑ 用户修改。能够对用户信息和口令做相应的修改。

**3. 信息管理**

信息管理用来实现对用户财务支出信息进行管理，包括以下 6 项。

❑ 添加信息。添加财务信息。包括添加时间，编号，收入、消费类型，收、支数目等。

❑ 修改信息。修改的当前所有记录信息。

❑ 删除信息。可以把不需要的信息删除。

❑ 查找信息。可以方便查找所需要的信息，包括按年份、月份、年月日等方式查找。

❑ 查看报表。对不同时间段的信息进行统计，实现按年、月、天统计收、支等总数目。

❑ 打印报表。能够把统计的信息打印出来，包括信息预览、信息打印。

**4. 信息统计**

通过对数据表总信息进行统计，将数据显示出来，包括以下两项。

❑ 信息统计。数据库总信息的统计、收入总数目、支出总数目和盈余数目等。

❑ 意见与建议。总年度、当前月、日信息的统计与评价标准，相应的预置意见。

**5. 数据库**

包括数据库备份、还原，数据库路径的选择，文件类型的选择等。

**6. 图表显示**

使用 Active X 控件图形化显示报表信息，包括年、月、日、收支总数目等。

**7. 日志**

可以将用户操作时间和操作类型记录下来，方便用户查看，包括以下两项。

❑ 删除日志。用户能够把不需要的日志清空删除掉，重新开始记录。

❑ 查看日志。用户能够重新从相应位置打开日志文件。

整个系统模块的具体结构如图 21-1 所示。

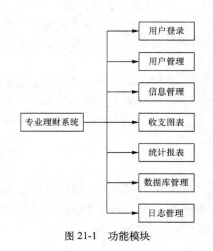

图 21-1 功能模块

# 21.3 设计数据结构

数据库设计是总体设计中一个重要的环节，良好的数据库设计可以简化开发过程，提高系统的性能，使系统功能更加明确。数据库设计作为整个系统的基础，要保证其设计的合理性、其中数据表要尽量满足规范化要求。考虑到本系统主要操作对象是家庭用户，所以采用 Access 作为系统开发的数据库管理系统。

### 21.3.1  设计数据库

1. 管理系统 E-R 图

结合数据库需求分析可得到数据库的 E-R 图，设计出能够满足用户需求的各种实体及它们之间的关系，进而进行逻辑结构设计。根据分析设计的结果，该系统包含的实体主要有收支信息、用户、日志，下面将分别介绍各实体及实体间的 E-R 图。通过其 E-R 图读者可以更好地理解各实体的属性关系。

收支信息实体 E-R 图，如图 21-2 所示。

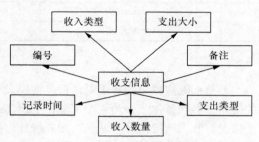

图 21-2  收支信息实体 E-R 图

用户实体 E-R 图如图 21-3 所示。
日志实体 E-R 图如图 21-4 所示。

图 21-3  用户实体 E-R 图　　　　　图 21-4  日志实体 E-R 图

2. 设计数据库表

本系统数据库名称为 message.mdb，由数据库分析，数据库中包括 3 个表，分别为财务信息表（info）、用户账号表（password）、操作日志表（log）。下面将分别对数据库中的各个表进行介绍。

（1）财务信息表（info）用于存储财务收支的详细信息，具体设计如表 21-1 所示。

**表 21-1**　　　　　　　　　　财务信息表（**info**）

| 字 段 名 称 | 数 据 类 型 | 说　　明 |
|---|---|---|
| id | 整型 | 定义一个主键，编号 |
| time | varchar[50] | 记录消费时间 |
| incometype | varchar[50] | 收入的类型 |
| incomenum | 整型 | 收入的数目 |
| costtype | varchar[50] | 消费的类型 |
| costnum | 整型 | 消费的数目 |
| about | varchar[50] | 备注 |

（2）用户账号表（password）用于保存用户账号信息，详细情况如表 21-2 所示。

表 21-2 用户账号表（**password**）

| 字 段 名 称 | 数 据 类 型 | 说 明 |
|---|---|---|
| user | varchar[50] | 用户名 |
| password | varchar[10] | 密码 |
| author | varchar[50] | 权限 |

（3）操作日志表（log）用于保存操作日志详细信息，详细情况如表 21-3 所示。

表 21-3 操作日志表（**log**）

| 字 段 名 称 | 数 据 类 型 | 说 明 |
|---|---|---|
| user | varchar[50] | 当前操作用户名 |
| time | varchar[50] | 操作时间 |
| work | varchar[50] | 操作类型 |

### 21.3.2　设计系统框架

我根据功能分析，觉得本系统框架应该采用基于对话框风格模式布局。此模式界面简洁，操作方便，便于 Tab 控件的使用。界面整体上分为 4 个区域，上边 Tab 控件控制区域实现在列表控件上显示用户收支详细情况、收支情况统计与意见、图表统计信息及软件使用日志 4 个选项详细信息；中间收支操作区域实现对收支信息的添加、删除、修改、查找等操作；右边报表打印区域实现对收支信息报表、打印操作。最下方是用户和数据库操作区域。在系统初始化时要实现 Tab 控件设置及初始化界面的显示。

1. 功能技术分析

本系统框架上需实现对用户管理模块、收支信息模块、信息统计意见模块、图表显示模块、日志模块的操作。这些模块分别通过设计单独界面来实现。为了避免显示过多界面，在设计时采用 Tab 控件把各模块界面整合在主界面上显示，通过 Tab 控件标签卡切换显示。在对话框初始化时 Tab 控件标签卡切换到用户收支详细情况界面，在列表控件中显示用户收支详细情况。

结合需求分析和功能分析，系统框架中需要解决的问题是 Tab 控件的设计及关联对应对话框界面初始化设置。系统主界面采用基于对话框类型风格，初始化消息函数已经有了，直接在此消息函数中通过 CTabCtrl 类成员函数 Create()为其各标签卡设置关联的对话框界面，并为各个关联的对话框添加初始化消息，完成初始化显示设置。

2. 设计界面

系统框架主界面和用户收支信息界面设计分别如图 21-5 和图 21-6 所示。

图 21-5　系统框架主界面

图 21-6　用户收支信息界面

### 3. 实现系统框架界面

接下来重点介绍 Tab 控件的设计及对应对话框界面初始化显示。通过类向导给 Tab 控件添加 control 型变量 m_tab，其中 Tab 控件属性需要进行设置。界面如图 21-7 所示。

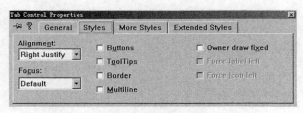

图 21-7　设置 Tab 控件界面

主对话框界面的初始化函数 OnInitDialog() 的主要实现代码如下。

```
BOOL CLICAIDlg::OnInitDialog()
{
CDialog::OnInitDialog();
SetIcon(m_hIcon, TRUE);
        //设置大图标
SetIcon(m_hIcon, FALSE);
    //设置小图标
m_tab.InsertItem(0, _T("用户收支详细情况"));
    //增加第一个标题
m_tab.InsertItem(1, _T("收支情况统计与意见"));
    //增加第二个标题
m_tab.InsertItem(2, _T("图表统计信息"));
    //增加第三个标题
m_tab.InsertItem(3, _T("软件使用日志"));
    //增加第四个标题
m_page1.Create(IDD_PAGE1, &m_tab);
    //关联第一个对话框
m_page2.Create(IDD_PAGE2, &m_tab);
    //关联第二个对话框
m_page3.Create(IDD_PAGE3, &m_tab);
    //关联第三个对话框
m_page4.Create(IDD_PAGE4, &m_tab);
    //关联第四个对话框
CRect rc;
    //定义区域
m_tab.GetClientRect(rc);
    //获取客户区大小
rc.top += 20;
    //设定区域上边
rc.bottom -= 8;
    //设定区域底边
rc.left += 8;
    //设定区域左边
```

```
            rc.right -= 8;
                //设定区域右边
            m_page1.MoveWindow(&rc);
                //设定第一个窗口大小
            m_page2.MoveWindow(&rc);
                //设定第二个窗口大小
            m_page3.MoveWindow(&rc);
                //设定第三个窗口大小
            m_page4.MoveWindow(&rc);
                //设定第四个窗口大小
            pDialog[0] = &m_page1;
                //第一个指针赋值
            pDialog[1] = &m_page2;
            pDialog[2] = &m_page3;
            pDialog[3] = &m_page4;
            pDialog[0]->ShowWindow(SW_SHOW);
                //显示初始页面窗口
            pDialog[1]->ShowWindow(SW_HIDE);
                //隐藏第二个页面窗口
            pDialog[2]->ShowWindow(SW_HIDE);
                //隐藏第三个页面窗口
            pDialog[3]->ShowWindow(SW_HIDE);
                //隐藏第四个页面窗口
            m_CurSelTab = 0;
                //初始显示的选项
            if(!loginflag)
                //普通权限
            {
                m_ADD.EnableWindow(FALSE);
                //禁用【添加】按钮
                m_GUANLI.EnableWindow(FALSE);
                //禁用【管理】按钮
                m_COPY.EnableWindow(FALSE);
                //禁用【备份】按钮
                m_RECOVER.EnableWindow(FALSE);
                //禁用【还原】按钮
            }
            return TRUE;
        }
```

通过上述代码设计 Tab 控件的基本属性，包含设置标题、关联对话框、设置窗口大小、对话框指针赋值、显示初始窗口 5 个部分。该控件初始显示的是用户收支详细界面。

接下来介绍用户收支详细界面初始化设置实现过程。

通过类向导给该对话框添加初始化 WM_INITDIALOG 消息，给列表控件添加"control"型变量 m_list，需要对列表控件属性进行设置。设置属性 View 改为 Report。值得注意的是，和 Tab 控件相关联的对话框属性必须进行设置。该对话框界面的初始化函数 OnInitDialog()的主要代码如下。

```
BOOL PAGE1::OnInitDialog()
{
    CDialog::OnInitDialog();
    pdb=new CDatabase;
        //数据库指针初始化
    mySet=new LCSet(pdb);
        //记录集初始化
    mySet->Open();
        //打开数据表
    m_list.SetExtendedStyle(LVS_EX_GRIDLINES|LVS_EX_FULLROWSELECT);
        //设置列表控件格式
    m_list.InsertColumn(0,"编号",LVCFMT_CENTER,40);
        //添加列表列名编号
    m_list.InsertColumn(1,"记录时间",LVCFMT_CENTER,145);
        //添加列名记录时间
    m_list.InsertColumn(2,"收入类型",LVCFMT_CENTER,120);
        //添加列名收入类型
    m_list.InsertColumn(3,"收入数目(元)",LVCFMT_CENTER,100);
        //添加列名收入数目(元)
    m_list.InsertColumn(4,"消费类型",LVCFMT_CENTER,120);
        //添加列名消费类型
    m_list.InsertColumn(5,"消费数目(元)",LVCFMT_CENTER,100);
```

```
        //添加列名消费数目(元)
    m_list.InsertColumn(6,"备注信息",LVCFMT_CENTER,150);
        //添加列名备注信息
    LOADDATA();
        //在列表中显示数据
    if(!loginflag)
        //非管理员权限
    {
        m_ADD.EnableWindow(FALSE);
        //禁用【添加】按钮
        m_DELE.EnableWindow(FALSE);
        //禁用【删除】按钮
        m_MODIFY.EnableWindow(FALSE);
        //禁用【修改】按钮
        m_look.EnableWindow(FALSE);
        //禁用【报表】按钮
        m_FIND.EnableWindow(FALSE);
        //禁用【查找】按钮
        m_PRINT.EnableWindow(FALSE);
        //禁用【打印】按钮
    }
    return TRUE;
}
```

另外考虑到对数据表操作比较频繁，所以把显示数据的代码用自定义函数封装，这样不仅简化代码，也给维护带来了方便。LOADDATA()函数中的具体实现代码如下。

```
void PAGE1::LOADDATA()
{
    mySet->Requery();
        //重新打开记录集
    m_list.DeleteAllItems();
        //列表数据清空
    int i=0;
    while(!mySet->IsEOF())
        //如果记录没到最后
    {
        CString str,str1,str2;
        str.Format("%d",mySet->m_id);
        //数据格式转换
        str1.Format("%d",mySet->m_incomnum);
        //数据格式转换
        str2.Format("%d",mySet->m_costnum);
        //数据格式转换
        m_list.InsertItem(i,str);
        //插入数据项
        m_list.SetItemText(i,1,mySet->m_time);
        //插入时间
        m_list.SetItemText(i,2,mySet->m_incomtype);
        //插入收入类型
        m_list.SetItemText(i,3,str1);
        //插入收入数量
        m_list.SetItemText(i,4,mySet->m_costtype);
        //插入消费类型
        m_list.SetItemText(i,5,str2);
        //插入消费数量
        m_list.SetItemText(i,6,mySet->m_about);
        //插入备注
        i++;
        mySet->MoveNext();
        //记录后移
    }
}
```

# 21.4 前期编码

在前期工作中，任务是完成如下模块的编码设计工作。

❑ 用户管理模块。

❑ 收支信息模块。

本节将详细讲解项目前期编码工作的基本流程。

### 21.4.1　用户管理模块

用户管理模块主要是实现用户的添加、修改、删除及用户密码的修改操作。从安全性的角度考虑，普通的用户是不允许进行这些操作的。在系统运行时显示登录界面，用户通过密码验证才能进入系统，并显示当前用户权限。

**1．设计界面**

在实现具体功能之前，首先要完成其界面的设计，再具体实现各个模块功能。下面先介绍界面的设计过程。插入对话框资源和其他各个控件并安排好，适当修改标题和 ID 号。"用户登录"对话框和"添加用户"对话框分别如图 21-8 和图 21-9 所示。

图 21-8　"用户登录"对话框

图 21-9　"添加用户"对话框

用户管理对话框和修改口令对话框分别如图 21-10 和图 21-11 所示。

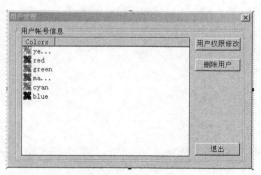

图 21-10　用户管理对话框

图 21-11　修改楼龄对话框

**2．用户登录**

为实现用户密码验证，系统启动时就显示登录界面，让用户输入用户名、密码，并选择权限后，单击登录按钮，通过密码验证后方可进入系统。在应用类的初始化函数 InitInstance()中添加代码实现上述操作。

（1）函数 InitInstance()功能强大，不但可以建立系统和数据库的连接，而且可以验证用户的登录信息，其具体代码如下。

```
BOOL CLICAIApp::InitInstance()
{
    CString sPath,user;//保存数据库文件路径名
    GetModuleFileName(NULL,sPath.GetBufferSetLength (MAX_PATH+1),MAX_PATH);
    //为sPath分配存储空间
    sPath.ReleaseBuffer();
```

```
    int nPos;
    nPos=sPath.ReverseFind('\\');
    sPath=sPath.Left(nPos);//获取文件的Debug路径,这样变为发行版的时候数据库可以放在同一目录下。
    nPos=sPath.ReverseFind('\\');
    sPath=sPath.Left(nPos);//获取文件的工程文件夹路径
      lpszFileName = sPath + "\\message.mdb";//保存数据库文件名称
      logFileName = sPath + "\\log.txt";
    CFileFind    fFind;
    if(!fFind.FindFile(lpszFileName))
    {
        ::AfxMessageBox("没有找到数据库message");
        exit(0);
    }
    CString szDesc;//保存对数据源的描述
    szDesc.Format("DSN=LICAI;FIL=Microsoft Access;DEFAULTDIR=%s;DBQ=%s;",sPath,lpszFileName);
    //添加数据源
    if(!::SQLConfigDataSource(NULL,ODBC_ADD_DSN,"Microsoft Access Driver(*.mdb)",(LPCSTR)szDesc))
    {
        ::AfxMessageBox("32位ODBC数据源配置错误!");
        exit(0);
    }
    bool passflag=false;//用来判断是否登录成功
    PWSet mySet;
    mySet.Open();
    LOGIN mydlg;
begin:
    mySet.Requery();
    if(mydlg.DoModal()==IDOK)
    {
        if(mydlg.m_id==""||mydlg.m_password=="")
        {
            AfxMessageBox("用户或密码不能为空");
            return false;
        }
        if(mydlg.author=="管理员")
        {
            loginflag=true;
            user="管理员";
        }
        else
        {
            loginflag=false;
            user="来宾";
        }
        while(!mySet.IsEOF())
        {
            mySet.m_ID.TrimLeft();
            mySet.m_ID.TrimRight();

if(mySet.m_ID==mydlg.m_id&&mySet.m_PASSWORD==mydlg.m_password&&mySet.m_AUTHOR==mydlg.author)
            {
                mySet.Close();
                passflag=true;
                authorflag=true;
                ID=mydlg.m_id;
                COleDateTime oleDt=COleDateTime::GetCurrentTime();//获取本地的当前时间
                CString strFileName=oleDt.Format("%Y年%m月%d日  %H时%M分%S秒");
                CString strTmp=strFileName+"\r\n\n"+user+ID+"登录系统\r\n\n\n\n\n;
                CStdioFile file(logFileName,CFile::modeCreate|CFile::modeNoTruncate|CFile::modeWrite);
                file.SeekToEnd();//先定位到文件尾部
                file.WriteString(strTmp);
                file.Close();
                break;
            }
            else
                mySet.MoveNext();
        }

        if(!passflag)
```

```
            {
                AfxMessageBox("登录失败，请重试");
                mydlg.m_password="";
                mydlg.m_id="";
                mydlg.m_password="";
                goto begin;
            }
        }
    else
        return false;

    AfxEnableControlContainer();
```

在上述代码中，通过 Requery()函数实现了记录集的更新，相当于执行 Close()和 Open()两个操作。读者要注意使用该函数前需确保记录集已经打开了。并且此处用派生于 CFile 类的 CStdioFile 类实现了向文件写入数据。一个 CStdioFile 对象重载了标准的 C 流文件，类似用 fopen 来打开是一样的。文件流被缓冲，既可以以文本格式打开，又可以以二进制模式打开。该类包含于<afx.h>文件中。读文件用 ReadString 实现读取一行文本。写文件用 WriteString 实现写入一行文本。

（2）权限组合框数据的初始化和选项的获取操作都是在登录对话框类中实现的。给该对话框添加初始化消息函数，给"登录"按钮添加单击按钮消息函数，在头文件中自定义保存权限的字符串变量 author。下面分别介绍初始化函数和登录按钮消息函数中的具体实现代码。登录界面中初始化函数 OnInitDialog()中的代码如下。

```
BOOL LOGIN::OnInitDialog() {
    CDialog::OnInitDialog();
    MessageBox("说明：管理员账号为123，密码为123","家庭理财系统",MB_OK);
    m_combo.InsertString(0,"管理员");
      m_combo.InsertString(1,"来宾");
    if(loginflag)
    {
        m_combo.SetCurSel(0);
        author="管理员";
    }
    else
    {
        m_combo.SetCurSel(1);
        author="来宾";
    }
    return TRUE;
}
```

（3）当用户单击"登录"按钮时，要获取组合框中选项内容，保存当前权限到 author 中。登录按钮消息函数具体代码如下。

```
void LOGIN::OnOK() {
    int i;
    i=m_combo.GetCurSel();
      m_combo.GetLBText(i,author);
    CDialog::OnOK();
}
```

在上面的代码中，组合框类成员函数 GetCurSel()返回组合框选中选项的索引号，再通过 GetLBText（索引号，字符串）获取对应的字符串。这两个函数读者要熟练掌握。

3．添加用户

管理员登录系统后，在主界面用户操作区域中单击添加用户按钮显示添加界面。输入用户名，选择对应的权限，输入密码和确认密码后，单击确定按钮完成添加用户操作。结合该模块技术分析可知，实现用户添加主要是通过记录集类成员函数 AddNew()实现的，在 OnAdd()内实现调用的。添加用户按钮对应的消息函数具体代码参考如下。

```
void CLICAIDlg::OnAdd() {
    PWSet mySet;
    mySet.Open();
    REGIST mydlg;
    if(mydlg.DoModal()==IDOK)
```

```
        while(!mySet.IsEOF())
        {
            if(mySet.m_ID!=mydlg.m_id)
                mySet.MoveNext();
            else
            {
                MessageBox("用户名已存在","注意",MB_OK|MB_ICONINFORMATION);
                break;
            }
        }
        if(mydlg.m_id==""||mydlg.m_password==""||mydlg.m_npassword=="")
        {
            MessageBox("用户名、密码确认，密码不能为空","注意",MB_OK|MB_ICONINFORMATION);
            return;
        }
        if(mydlg.m_password!=mydlg.m_npassword)
        {
            MessageBox("两次密码输入不符","注意",MB_OK|MB_ICONINFORMATION);
            return;
        }
        else
        {
            mySet.AddNew();
            CString strTmp;
            COleDateTime oleDt=COleDateTime::GetCurrentTime();//获取本地的当前时间
            CString strFileName=oleDt.Format("%Y年%m月%d日 %H时%M分%S秒");
            strTmp=strFileName+"\r\n管理员 "+ID+"创建"+mydlg.m_id+"用户,权限为"+mySet.
            m_AUTHOR+"\r\n\n";
            mySet.m_ID=mydlg.m_id;
            mySet.m_PASSWORD=mydlg.m_password;
            mySet.m_AUTHOR=mydlg.author;
            mySet.Update();
            mySet.Requery();
            MessageBox("成功添加用户","家庭个人理财系统",MB_OK|MB_ICONINFORMATION);
            CStdioFile file(logFileName,CFile::modeNoTruncate|CFile::modeWrite);
            file.SeekToEnd();//先定位到文件尾部
            file.WriteString(strTmp);
            file.Close();
        }
    }
}
```

**4. 用户管理**

管理员登录系统后，可以在主界面上用户操作区域中单击用户按钮显示管理界面。在该界面上的列表框中选中某个用户，单击删除用户按钮可实现从数据表中删除该用户。单击用户权限修改按钮则显示修改权限界面。在修改权限界面上通过改变权限组合框中的选项实现修改权限操作，最终要重新读取数据表把修改后数据显示在列表控件中。实现修改操作主要是通过记录集类成员函数 Edit()实现的。用户权限修改按钮对应的消息函数代码参考如下。

```
void CLICAIDlg::OnModify() {
    PWSet mySet;
    mySet.Open();
begin:
    mySet.Requery();
    XGMIMA mydlg;
    if(mydlg.DoModal()==IDOK)
    {
        while(!mySet.IsEOF())
        {
            if(mySet.m_ID!=mydlg.m_id)
                mySet.MoveNext();
            else
                break;
        }
        if(mydlg.m_id==""||mydlg.m_npassword==""||mydlg.m_anpassword==""||mydlg.m_password=="")
        {
```

```
        MessageBox("用户名原密码密码确认密码不能为空","家庭个人理财系统",MB_OK|MB_ICONINFORMA    TION);
            goto begin;
        }
        mySet.m_ID.TrimLeft();
            mySet.m_ID.TrimRight();
        if(mySet.m_ID!=mydlg.m_id)
        {
            MessageBox("用户不存在","家庭个人理财系统",MB_OK|MB_ICONINFORMATION);
            goto begin;
        }
        if(mySet.m_PASSWORD!=mydlg.m_password)
        {
            MessageBox("原密码错误,无法修改","家庭个人理财系统",MB_OK|MB_ICONINFORMA    TION);
            goto begin;
        }
        if(mydlg.m_npassword!=mydlg.m_anpassword)
        {
            MessageBox("两次新密码输入不符","家庭个人理财系统",MB_OK|MB_ICONINFORMATION);
            goto begin;
        }
        else
        {
            mySet.Edit();
            mySet.m_PASSWORD=mydlg.m_npassword;
            mySet.Update();
            mySet.Requery();
            MessageBox("用户口令修改成功","家庭个人理财系统",MB_OK|MB_ICONINFORMATION);
            COleDateTime oleDt=COleDateTime::GetCurrentTime();//获取本地的当前时间
            CString strFileName=oleDt.Format("%Y年%m月%d日  %H时%M分%S秒");
            CString strTmp=strFileName+"\r\n\n用户"+mydlg.m_id+"修改口令成功\r\n\n\n\n";
            CStdioFile file(logFileName,CFile::modeCreate|CFile::modeNoTruncate|CFile::modeWrite);
            file.SeekToEnd();//先定位到文件尾部
            file.WriteString(strTmp);
            file.Close();
        }
    }
}
```

修改权限对话框的初始化设置和确定按钮的实现过程与前面登录对话框、添加用户对话框的初始化操作基本相同。另外，修改密码的操作也是利用记录集类成员函数 Edit()实现的，实现过程和修改权限操作完全相同。

### 21.4.2　收支信息模块

收支信息模块是本系统的重要部分，用户的大部分操作都和本模块有关。通过该模块用户可实现对财务收支信息进行一般的管理操作，包括收支信息添加、修改、删除及查询等操作。同时也要实现信息的统计、报表及打印功能。

添加财务信息界面要实现自动获取记录编号及添加记录时间，并给收入类型、支出类型两个组合框进行初始化设置；修改操作要实现对选中记录数据的获取，同时也要记录的收入类型、支出类型显示在组合框中。查找操作可以方便查找所需要的信息，包括按年份、月份、年月日等方式查找。另外，还要实现对信息进行统计，实现按年、月、天统计收、支等总数目；提供报表打印功能，能够把统计的信息打印出来。综上所述，该模块的主要功能如图 21-12 所示。

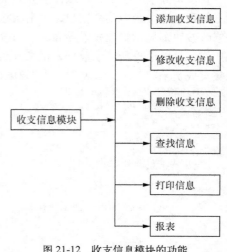

图 21-12　收支信息模块的功能

1. 设计界面

收支信息添加修改界面、查找界面分别如图 21-13 和图 21-14 所示。

图 21-13　收支信息添加修改界面

图 21-14　查找界面

报表界面设计如图 21-15 所示。

图 21-15　报表界面

2. 添加和修改收支信息

收支信息的添加和修改操作共用一个界面，在具体操作过程中要根据操作类型实现动态修改界面标题。进行添加操作时只需进行界面的初始化，而当进行修改操作时，不仅要进行组合框初始化，还要实现获取修改前的各项数据。具体实现时可通过添加和修改操作按钮消息判断当前操作类型。需要添加全局布尔型变量 addflag 来保存当前用户的操作类型。

（1）给新增收支信息按钮添加单击按钮消息函数，在该函数中实现添加收支信息。函数 OnAdd()的实现代码如下。

```
void PAGE1::OnAdd() //添加收支信息
{
    addflag=true;
    int i=0;
    add mydlg;
    if(mySet->IsOpen())
        mySet->Close();
    mySet->Open();
        while(!mySet->IsEOF())
    {
        mySet->MoveNext();
        i++;
    }
    if(i==0)
    {
        mydlg.m_id=1;
    }
    else
        mydlg.m_id=mySet->m_id+1;
```

```
        if(mydlg.DoModal()==IDOK)
        {
            mySet->AddNew();
            mySet->m_id=mydlg.m_id;
            mySet->m_time=mydlg.m_time;
            mySet->m_incomenum=mydlg.m_incomenum;
            mySet->m_incometype=mydlg.incometype;
            mySet->m_costtype=mydlg.costtype;
            mySet->m_costnum=mydlg.m_costnum;
            mySet->m_about=mydlg.m_about;
            mySet->Update();
            mySet->Requery();
            UpdateData(false);
            OnRequery();
            MessageBox("记录添加成功!","提示",MB_OK|MB_ICONINFORMATION);
            COleDateTime oleDt=COleDateTime::GetCurrentTime();//获取本地的当前时间
            CString strFileName=oleDt.Format("%Y年%m月%d日 %H时%M分%S秒");
            CString strTmp=strFileName+"\r\n管理员"+ID+"添加记录成功\r\n";
            CStdioFile file(logFileName,CFile::modeNoTruncate|CFile::modeWrite);
            file.SeekToEnd();//先定位到文件尾部
            file.WriteString(strTmp);
            file.Close();
        }
}
```

（2）"给添加收入支出信息"对话框添加初始化消息函数 WM_INITDIALOG，初始化函数 OnInitDialog()中具体代码如下。

```
BOOL add::OnInitDialog()
{
    CDialog::OnInitDialog();
    int k1=-1,k2=-1;
        m_incometype.InsertString(0,"原有资金");
        m_incometype.InsertString(1,"工资收入");
    m_incometype.InsertString(2,"奖金");
        m_incometype.InsertString(3,"各类津贴补贴");
        m_incometype.InsertString(4,"亲友馈赠");
        m_incometype.InsertString(5,"经营所得资金");
    m_incometype.InsertString(6,"投资所得");
        m_incometype.InsertString(7,"其他各类收入");

        m_costtype.InsertString(0,"基本生活费支出");
        m_costtype.InsertString(1,"医疗保健支出");
    m_costtype.InsertString(2,"通信支出");
        m_costtype.InsertString(3,"教育费");
    m_costtype.InsertString(4,"休闲娱乐支出");
    m_costtype.InsertString(5,"购物消费支出");
        m_costtype.InsertString(6,"各类保养维护支出");
    m_costtype.InsertString(7,"投资支出");
    m_costtype.InsertString(8,"其他支出");
    if(addflag)
    {
        COleDateTime oleDt=COleDateTime::GetCurrentTime();
        CString strFileName=oleDt.Format("%Y-%m-%d %H:%M:%S");
        m_time=strFileName;
        UpdateData(false);
        m_costtype.SetCurSel(0);
        costtype="基本生活费支出";
        m_incometype.SetCurSel(0);
        incometype="原有资金";
        SetWindowText("添加收入支出信息");
    }
    else
    {
        if(incometype=="原有资金")
            k1=0;
        if(incometype=="工资收入")
            k1=1;
        if(incometype=="奖金")
            k1=2;
        if(incometype=="各类津贴补贴")
            k1=3;
        if(incometype=="亲友馈赠")
            k1=4;
```

```
        if(incometype=="经营所得资金")
            k1=5;
        if(incometype=="投资所得")
            k1=6;
        if(incometype=="其他各类收入")
            k1=7;
        if(costtype=="基本生活费支出")
            k2=0;
        if(costtype=="医疗保健支出")
            k2=1;
        if(costtype=="通信支出")
            k2=2;
        if(costtype=="教育费")
            k2=3;
        if(costtype=="休闲娱乐支出")
            k2=4;
        if(costtype=="购物消费支出")
            k2=5;
        if(costtype=="各类保养维护支出")
            k2=6;
        if(costtype=="投资支出")
            k2=7;
        if(costtype=="其他支出")
            k2=8;
        m_incometype.SetCurSel(k1);
        m_costtype.SetCurSel(k2);
        SetWindowText("修改收支信息");
    }
    return TRUE;
}
```

**3. 查询收支信息**

查找功能是本项目必不可少的，根据系统需求，此模块实现了按收支信息时间查找记录操作，通过单选按钮控件建立一组消息函数对年、月、日也实现了模糊查询。给查询界面添加类 FIND，添加自定义函数 GetSelTime(UINT nID)和保存时间的 time 变量，当用户选择查询时间后单击"查找"按钮，则会在列表中显示查询结果。

（1）查找对话框上"查找"按钮对应的消息具体代码如下。

```
void FIND::OnOK()
{
    int i,j,k;//分别用来记录选择了哪条记录
    i=m_year.GetCurSel();
    m_year.GetLBText(i,year);        //记录对应的值
    j=m_month.GetCurSel();
    m_month.GetLBText(j,month);
    k=m_day.GetCurSel();
    m_day.GetLBText(k,day);
    if(monthflag)
    {
        if(yearflag)
        time=year;//查找年份
        else
        {
            if(timeflag)
                time=year+"-"+month;//如果查找年月的话
            else
                time=year+"-"+month+"-"+day;//查找年月日
        }
    }
    else
        time="-"+month+"-";
    CDialog::OnOK();
```

（2）在 GetSelTime(UINT nID)函数中实现用户选择的查询依据。GetSelTime(UINT nID)函数的具体代码如下。

```
void FIND::GetSelTime(UINT nID) {
    switch(nID)
    {
    case IDC_foryear:
```

```
    m_year.EnableWindow(true);
    m_month.EnableWindow(false);
    m_day.EnableWindow(false);
    monthflag=true;
    yearflag=true;
    break;
case IDC_formonth:
    m_year.EnableWindow(true);
    m_month.EnableWindow(true);
    m_day.EnableWindow(false);
    monthflag=true;
    yearflag=false;
    timeflag=true;
    break;
case IDC_forday:
    m_year.EnableWindow(true);
    m_month.EnableWindow(true);
    m_day.EnableWindow(true);
    monthflag=true;
    yearflag=false;
    timeflag=false;
    break;
case IDC_month:
    m_year.EnableWindow(false);
    m_month.EnableWindow(true);
    m_day.EnableWindow(false);
    monthflag=false;
    break;
    }
}
```

（3）实现查询操作是在查找信息按钮消息函数中实现的，该按钮消息函数的具体实现代码如下。

```
void PAGE1::OnFind()
{
    FIND mydlg;
//定义【查找信息】对话框对象
    if(mydlg.DoModal()==IDOK)
    {
        CString str,time="time";
//构造查询语句
        str.Format("%s like '%%%s%%'",time,mydlg.time);
        mySet->m_strFilter=str;
        mySet->Requery();
        LOADDATA();
    }
}
```

### 4. 删除收支信息

本模块操作比较简单，只需在列表控件中选中记录，单击删除收支信息按钮则实现该操作。本模块在实现删除操作和前面添加、修改操作实现方式不同，采用直接执行 SQL 语句来实现。执行删除操作前需获取选中记录所对应的编号，可通过给列表控件添加 LVN_ITEMCHANGED 消息，在对应消息函数中获取。下面介绍删除操作具体实现代码。给删除收支信息按钮添加单击按钮消息函数，该消息函数中具体代码如下。

```
void PAGE1::OnDele()    //删除收支信息
{
    CString str,str1;
    int i=0;
    if(mySet->IsOpen())
        mySet->Close();
    mySet->Open();
    if(m_id=="")
    {
        MessageBox("请选择需要删除的记录","提示",MB_OK|MB_ICONINFORMATION);
        return;
    }
    if(MessageBox("确定删除此记录吗?","提示",MB_YESNO|MB_ICONINFORMATION)==IDYES)
    {
        str.Format("delete from licai where id=%s",m_id);
```

```
                pdb->ExecuteSQL(str);
                mySet->Requery();
                LOADDATA();
                MessageBox("记录删除成功!","提示",MB_OK|MB_ICONINFORMATION);
                m_id="";
        }
}

void PAGE1::OnModify() //修改收支信息
{
        addflag=false;
        CString str;
        if(m_id=="")
                MessageBox("请选择所需修改的记录","提示",MB_OK|MB_ICONINFORMATION);
        else
        {
                mySet->MoveFirst();
                while(!mySet->IsEOF())
                {
                        str.Format("%d",mySet->m_id);
                        if(str==m_id)
                                break;
                        else
                        {
                                mySet->MoveNext();
                        }
                }
                add mydlg;
                mydlg.m_id=mySet->m_id;
                mydlg.m_time=mySet->m_time;
                mydlg.incometype=mySet->m_incometype;
                mydlg.costtype=mySet->m_costtype;
                mydlg.m_incomenum=mySet->m_incomenum;
                mydlg.m_costnum=mySet->m_costnum;
                mydlg.m_about=mySet->m_about;
                UpdateData(false);
                if(mydlg.DoModal()==IDOK)
                {
                        mySet->Edit();
                        mySet->m_incomenum=mydlg.m_incomenum;
                        mySet->m_incometype=mydlg.incometype;
                        mySet->m_costtype=mydlg.costtype;
                        mySet->m_costnum=mydlg.m_costnum;
                        mySet->m_about=mydlg.m_about;
                        mySet->Update();
                        UpdateData(false);
                        LOADDATA();
                        MessageBox("记录修改成功!","家庭个人理财系统",MB_OK|MB_ICONINFORMATION);
                        COleDateTime oleDt=COleDateTime::GetCurrentTime();//获取本地的当前时间
                        CString strFileName=oleDt.Format("%Y年%m月%d日  %H时%M分%S秒");
                        CString strTmp=strFileName+"\r\n\n管理员"+ID+"修改"+m_id+"号记录 记录修改成功\r\n\n\n\n";
                        CStdioFile file(logFileName,CFile::modeCreate|CFile::modeNoTruncate|CFile::modeWrite);
                        file.SeekToEnd();//先定位到文件尾部
                        file.WriteString(strTmp);
                        file.Close();
                        m_id="";
                }
        }
}
```

在上述代码中，通过构造 delete 语句，使用数据库类 CDatabase 成员函数 ExecuteSQL()执行查询操作。最后，通过 Requery()函数重新打开记录集，完成记录集的更新。其中 m_id 是保存当前选中记录的编号。

5．报表打印

报表的功能是实现把收支数据分类汇总统计在报表对话框界面上显示。具体实现上是分别按照本日、本月、本年 3 种情况，来分类统计总收入、总支出、总盈利数据。打印模块通过把收支信息数据写入列表控件中，使用两个继承 CDialog 的 CPreParent 类和 CPreView 类来实现。CPreParent 类作为控制窗口，CPreParent 窗口内包括一个打印控制工具栏及一个预览窗口 CPreView。

报表统计通过自定义函数 LOADDATA()实现，该函数的具体代码如下。

```
void BAOBIAODLG::LOADDATA()
{
    bool tflag1,tflag2,tflag3;    //它们分别用来判断是否两个字符串匹配
    mySet->Requery();
    m_list.DeleteAllItems();
    int incomenum1=0,costnum1=0,total1=0,incomenum2=0;
    int costnum2=0,total2=0,incomenum3=0,costnum3=0,total3=0;
    CString dstr,dstr1,dstr2,mstr,mstr1,mstr2,ystr,ystr1,ystr2;    //把数据转换成字符串
    COleDateTime oleDt=COleDateTime::GetCurrentTime();
    CString stime=oleDt.Format("%Y-%m-%d %H:%M:%S");
    while(!mySet->IsEOF())
    {
        for(int i=0;i<10;i++)    //i用来指明字符串的下标
        {
        if(mySet->m_time[i]==stime[i])
            tflag1=true;
        else
        {
            tflag1=false;
            break;
        }
        }
        if(tflag1)
        {
        incomenum1=incomenum1+mySet->m_incomenum;
        costnum1=costnum1+mySet->m_costnum;
        for(int j=0;j<7;j++)    //j用来指明字符串下标
        {
        if(mySet->m_time[j]==stime[j])
            tflag2=true;
        else
        {
            tflag2=false;
            break;
        }
        }
        if(tflag2)
        {
        incomenum2=incomenum2+mySet->m_incomenum;
        costnum2=costnum2+mySet->m_costnum;
        }
        for(int n=0;n<4;n++)    //n用来指明字符串的下标
        {
        if(mySet->m_time[n]==stime[n])
            tflag3=true;
        else
        {
            tflag3=false;
            break;
        }
        }
        if(tflag3)
        {
        incomenum3=incomenum3+mySet->m_incomenum;
        costnum3=costnum3+mySet->m_costnum;
        }
        mySet->MoveNext();
    }
//下面统计了年、月和日的收入数目和支出数目后进行计算，并把数据写入表控件

    total1=incomenum1-costnum1;
    total2=incomenum2-costnum2;
    total3=incomenum3-costnum3;

    dstr.Format("%d",incomenum1);
    dstr1.Format("%d",costnum1);
    dstr2.Format("%d",total1);
    mstr.Format("%d",incomenum2);
    mstr1.Format("%d",costnum2);
    mstr2.Format("%d",total2);
    ystr.Format("%d",incomenum3);
    ystr1.Format("%d",costnum3);
```

```
ystr2.Format("%d",total3);
m_list.InsertItem(0,"今日统计");

    m_list.SetItemText(0,1,dstr);
    m_list.SetItemText(0,2,dstr1);
    m_list.SetItemText(0,3,dstr2);
m_list.InsertItem(1,"");
    m_list.SetItemText(1,1,"");
    m_list.SetItemText(1,2,"");
    m_list.SetItemText(1,3,"");
m_list.InsertItem(2,"目前本月统计");
m_list.SetItemText(2,1,mstr);
m_list.SetItemText(2,2,mstr1);
m_list.SetItemText(2,3,mstr2);
m_list.InsertItem(3,"");
    m_list.SetItemText(3,1,"");
    m_list.SetItemText(3,2,"");
    m_list.SetItemText(3,3,"");
m_list.InsertItem(4,"本年度统计");
m_list.SetItemText(4,1,ystr);
m_list.SetItemText(4,2,ystr1);
m_list.SetItemText(4,3,ystr2);
mySet->Close();
}
```

# 21.5　后　期　编　码

完成了前期编码工作后，马上进入了后期编码工作，此阶段需要完成我理财分析模块的编码工作。此模块的功能比较重要，对收支数据分析的结果可决定用户的理财方式的改变与否，所以在设计该模块功能时要尽可能实现多种图形化显示统计数据，并根据各收支分类数据的比例关系对用户进行提醒并给出好的建议。

## 21.5.1　设计界面

图表界面效果如图 21-16 所示。

图 21-16　收支信息添加修改界面

## 21.5.2　编码实现

在本系统中的图标统计模块中，设置了 3 种统计图表：折线图、柱形图和饼形图。

(1) 定义函数 DrawChart()，用于计算统计图上面的数据，便于刻度数据的显示，具体实现代码如下。

```
void PAGE3::DrawChart() {
LCSet mySet;
mySet.Open();
mySet.MoveFirst();
int incomenum=0,costnum=0,total;//incomenum表示总收入，costnum表示支出数目，total表示剩余的数目
while(!mySet.IsEOF())
{
    incomenum+=mySet.m_incomenum;
    costnum+=mySet.m_costnum;
    mySet.MoveNext();
}
total=incomenum-costnum;
if(mySet.IsOpen())
    mySet.Close();
mySet.Open();
bool tflag1,tflag2,tflag3;    //它们分别用来判断是否两个字符串匹配
mySet.Requery();
int incomenum1=0,costnum1=0,total1=0,incomenum2=0;
int costnum2=0,total2=0,incomenum3=0,costnum3=0,total3=0;
COleDateTime oleDt=COleDateTime::GetCurrentTime();
CString stime=oleDt.Format("%Y-%m-%d %H:%M:%S");
while(!mySet.IsEOF())
{
    for(int i=0;i<10;i++)        //i用来指明字符串下标
    {
        if(mySet.m_time[i]==stime[i])
            tflag1=true;
        else
        {
            tflag1=false;
            break;
        }
    }
    if(tflag1)
    {
        incomenum1=incomenum1+mySet.m_incomenum;
        costnum1=costnum1+mySet.m_costnum;
    }
    for(int j=0;j<7;j++)        //j用来指明字符串下标
    {
        if(mySet.m_time[j]==stime[j])
            tflag2=true;
        else
        {
            tflag2=false;
            break;
        }
    }
    if(tflag2)
    {
        incomenum2=incomenum2+mySet.m_incomenum;
        costnum2=costnum2+mySet.m_costnum;
    }
    for(int n=0;n<4;n++)        //n用来指明字符串下标
    {
        if(mySet.m_time[n]==stime[n])
            tflag3=true;
        else
        {
            tflag3=false;
            break;
        }
    }
    if(tflag3)
    {
        incomenum3=incomenum3+mySet.m_incomenum;
        costnum3=costnum3+mySet.m_costnum;
    }
```

```
        mySet.MoveNext();
    }
    total1=incomenum1-costnum1;
    total2=incomenum2-costnum2;
     total3=incomenum3-costnum3;
     int nRowCount = 3;
    m_Chart.SetRowCount(nRowCount);
    VARIANT var;
    m_Chart.GetPlot().GetAxis(0,var).GetCategoryScale().SetAuto(FALSE);        // 不自动标注X轴刻度
    m_Chart.GetPlot().GetAxis(0,var).GetCategoryScale().SetDivisionsPerLabel(1); // 每刻度一个标注
    m_Chart.GetPlot().GetAxis(0,var).GetCategoryScale().SetDivisionsPerTick(1);  // 每刻度一个刻度线
    m_Chart.GetPlot().GetAxis(0,var).GetAxisTitle().SetText("收支情况");          // X轴名称
    int benri[4]={incomenum1,costnum1,total1};
     int benyue[4]={incomenum2,costnum2,total2};
    int bennian[4]={incomenum3,costnum3,total3};
     int zong[4]={incomenum,costnum,total};
    char *buf[]={"用户收入","用户支出","用户节余数目"};
    char b[32];
    srand( (unsigned)time( NULL ) );
    for(int row = 1; row <= nRowCount; ++row)
    {
        m_Chart.SetRow(row);
        sprintf(b, buf[row-1]);
        m_Chart.SetRowLabel((LPCTSTR)b);
        m_Chart.GetDataGrid().SetData(row, 1, benri[row-1], 0);
        m_Chart.GetDataGrid().SetData(row, 2, benyue[row-1], 0);
        m_Chart.GetDataGrid().SetData(row, 3, bennian[row-1], 0);
        m_Chart.GetDataGrid().SetData(row, 4, zong[row-1], 0);
    }
    m_Chart.Refresh();
}
```

（2）定义函数 InitChart()，用于设置显示图表的基本样式，并调用图例来显示统计图表。具体实现代码如下。

```
void PAGE3::InitChart() {
    // 设置标题
    m_Chart.SetTitleText("收支统计图表              统计人：HC");

    // 下面两句改变背景色
    m_Chart.GetBackdrop().GetFill().SetStyle(1);
    m_Chart.GetBackdrop().GetFill().GetBrush().GetFillColor().Set(255, 255, 255);

    // 显示图例
    m_Chart.SetShowLegend(TRUE);
    m_Chart.SetColumn(1);
    m_Chart.SetColumnLabel((LPCTSTR)"今日");
    m_Chart.SetColumn(2);
    m_Chart.SetColumnLabel((LPCTSTR)"本月");
    m_Chart.SetColumn(3);
    m_Chart.SetColumnLabel((LPCTSTR)"本年度");
    m_Chart.SetColumn(4);
    m_Chart.SetColumnLabel((LPCTSTR)"总收支统计");

    // 栈模式
    m_Chart.SetStacking(FALSE);

    //Y轴设置
    VARIANT var;
    m_Chart.GetPlot().GetAxis(1,var).GetValueScale().SetAuto(true);          // 不自动标注Y轴刻度
    //  m_Chart.GetPlot().GetAxis(1,var).GetValueScale().SetMaximum(200);    // Y轴最大刻度
    //  m_Chart.GetPlot().GetAxis(1,var).GetValueScale().SetMinimum(0);      // Y轴最小刻度
    m_Chart.GetPlot().GetAxis(1,var).GetValueScale().SetMajorDivision(10);   // Y轴刻度5等分
    m_Chart.GetPlot().GetAxis(1,var).GetValueScale().SetMinorDivision(7);    // 每刻度一个刻度线
    //  m_Chart.GetPlot().GetAxis(1,var).GetAxisTitle().SetText(" 资金数(元) "); // Y轴名称

    //3条曲线
    m_Chart.SetColumnCount(4);

    // 线色
```

```
m_Chart.GetPlot().GetSeriesCollection().GetItem(1).GetPen().GetVtColor().Set(0, 0, 255);
m_Chart.GetPlot().GetSeriesCollection().GetItem(2).GetPen().GetVtColor().Set(0, 0, 0);
m_Chart.GetPlot().GetSeriesCollection().GetItem(3).GetPen().GetVtColor().Set(0, 0, 0);

// 线宽(对点线图有效)
m_Chart.GetPlot().GetSeriesCollection().GetItem(1).GetPen().SetWidth(50);
m_Chart.GetPlot().GetSeriesCollection().GetItem(2).GetPen().SetWidth(100);
m_Chart.GetPlot().GetSeriesCollection().GetItem(3).GetPen().SetWidth(2);

// 数据点类型显示数据值的模式(对柱柱状图和点线图有效)
// 0: 不显示    1: 显示在柱状图外
// 2: 显示在柱状图内上方       3: 显示在柱状图内中间 4: 显示在柱状图内下方
m_Chart.GetPlot().GetSeriesCollection().GetItem(1).GetDataPoints().GetItem(-1).GetDataPointLabel().SetLocationType(1);
m_Chart.GetPlot().GetSeriesCollection().GetItem(2).GetDataPoints().GetItem(-1).GetDataPointLabel().SetLocationType(1);
m_Chart.GetPlot().GetSeriesCollection().GetItem(3).GetDataPoints().GetItem(-1).GetDataPointLabel().SetLocationType(1);
m_Chart.GetPlot().GetSeriesCollection().GetItem(4).GetDataPoints().GetItem(-1).GetDataPointLabel().SetLocationType(1);
}
```

# 21.6　项　目　调　试

编译运行后首先显示提示界面，如图 21-17 所示，单击"确定"按钮后弹出登录界面，如图 21-18 所示。

图 21-17　提示界面

图 21-18　登录界面

登录后系统后的主界面效果如图 21-19 所示。

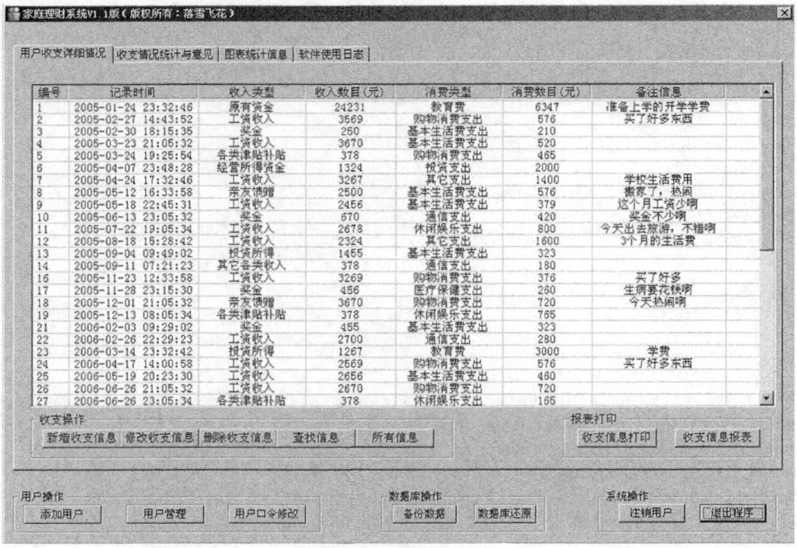

图 21-19　登录后的主界面

收支情况界面如图 21-20 所示。

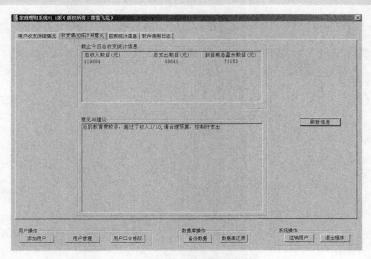

图 21-20　收支情况界面效果

用户管理界面如图 21-21 所示，添加用户界面如图 21-22 所示。

图 21-21　用户管理界面

图 21-22　添加用户界面

打印收支界面如图 21-23 所示。

|编号|记录时间|收入类型|收入数目(元)|消费类型|消费数目(元)|
|---|---|---|---|---|---|
|1|2005-01-24 23:32:46|原有资金|24231|教育费|6347|
|2|2005-02-27 14:43:52|工资收入|3569|购物消费支出|576|
|3|2005-02-30 18:15:35|奖金|250|基本生活费支出|210|
|4|2005-03-23 21:05:32|工资收入|3670|基本生活费支出|520|
|5|2005-03-24 19:25:54|各类津贴补贴|378|购物消费支出|465|
|6|2005-04-07 23:48:28|经营所得资金|1324|投资支出|2000|
|7|2005-04-24 17:32:46|工资收入|3267|其它支出|1400|
|8|2005-05-12 16:33:58|亲友馈赠|2600|基本生活费支出|576|
|9|2005-05-18 22:45:31|工资收入|2456|基本生活费支出|379|
|10|2005-06-13 23:05:32|奖金|670|通信支出|420|
|11|2005-07-22 19:05:34|工资收入|2678|休闲娱乐支出|800|
|12|2005-08-18 15:28:42|工资收入|2324|其它支出|1600|
|13|2005-09-04 09:49:02|投资所得|1455|基本生活费支出|323|
|14|2005-09-11 07:21:23|其它各类收入|378|通信支出|180|
|16|2005-11-23 12:33:58|工资收入|3269|购物消费支出|376|
|17|2005-11-28 23:15:30|奖金|456|医疗保健支出|260|
|18|2005-12-01 21:05:32|亲友馈赠|3670|购物消费支出|720|
|19|2005-12-13 08:05:34|各类津贴补贴|378|休闲娱乐支出|765|
|21|2006-02-03 09:29:02|奖金|455|基本生活费支出|323|
|22|2006-02-26 22:29:23|工资收入|2700|通信支出|280|
|23|2006-03-14 23:32:42|投资所得|1267|教育费|3000|
|24|2006-04-17 14:00:58|工资收入|2569|购物消费支出|576|

收支信息详细报表

图 21-23　打印收支界面

折线图统计图表界面效果如图 21-24 所示。

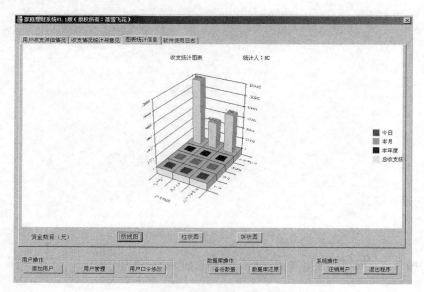

图 21-24 折线图统计图表界面